A. Engler

Notizblatt des Königlichen Botanischen Gartens und Museums zu Berlin

Zweiter Band

A. Engler

Notizblatt des Königlichen Botanischen Gartens und Museums zu Berlin
Zweiter Band

ISBN/EAN: 9783743398481

Hergestellt in Europa, USA, Kanada, Australien, Japan

Cover: Foto ©berggeist007 / pixelio.de

Manufactured and distributed by brebook publishing software (www.brebook.com)

A. Engler

Notizblatt des Königlichen Botanischen Gartens und Museums zu Berlin

Notizblatt

des

Königl. botanischen Gartens und Museums

zu

Berlin.

II. Band

Nr. 11—20 (1897—1899).

Herausgegeben

von

A. Engler.

Leipzig

In Commission bei Wilhelm Engelmann

1899.

Notizblatt

des

Königl. botanischen Gartens und Museums zu Berlin.

No. 11. (Bd. II.)　　Ausgegeben am **29. Dezbr. 1897.**

I. Über Kultur und Gewinnung des Mate. Von Carlos Jürgens.

II. Bemerkungen zu vorstehendem Aufsatze und Nachträge zu seinen früheren Arbeiten über Mate. Von Th. Loesener.

III. Zur Frage der Aufforstung in Deutsch - Ost - Afrika. Von G. Volkens.

IV. Identificierung einiger ostafrikanischer Rinden und Hölzer. Von M. Gürke und G. Volkens.

V. Neue Arten aus Transvaal. Von A. Engler.

Nur durch den Buchhandel zu beziehen.

✳

In Commission bei Wilhelm Engelmann in Leipzig.

1897.

Preis 1 Mk.

Verlag von **Wilhelm Engelmann** in Leipzig.

Soeben erschien:

Pflanzenphysiologie.

Ein Handbuch

der

Lehre vom Stoffwechsel und Kraftwechsel in der Pflanze

von

Dr. W. Pfeffer

o. ö. Professor an der Universität Leipzig.

Zweite, völlig umgearbeitete Auflage.

Erster Band:

Stoffwechsel.

Mit 70 Holzschnitten.

gr. 8.   Geh. M. 20.—; geb. M. 23.—.

═══ Der **II. Band: Kraftwechsel** ist in Vorbereitung. ═══

Notizblatt

des

Königl. botanischen Gartens und Museums zu Berlin.

No. 11. (Bd. II.)　　Ausgegeben am　**29. Dezbr. 1897.**

I. Über Kultur und Gewinnung des Mate.

Von

Carlos Jürgens.

(Santa Cruz in Rio Grande do Sul, Südbrasilien.)

Bereits so lange wie ich im Districto de Couto-Municipio de Rio
Pardo, Estado Rio Grande do Sul, ansässig bin und ein Stückchen Land
mein eigen nenne, hatte ich mir die Aufgabe gestellt, den hiesigen
Erva Mate-Baum aus Samen zu ziehen.

Ich machte bereits vor elf Jahren den ersten Versuch, indem ich
den vollständig reifen Samen sofort nach der Ernte, gleichwie gewöhnliche andere Sämereien in die Erde brachte und nun beobachtete. Da
sich nach etwa acht Monate langer Beobachtung noch kein Pflänzchen
zeigte, gab ich die Sache für verloren.

Ich suchte nun erst zu erforschen, unter welchen Bedingungen sich
der Erva Mate-Baum in der Natur selbständig entwickelt und fort-
pflanzt. Hierbei wurde mir die bekannte Ansicht, dass der Same erst
seine volle Keimfähigkeit erhält, wenn er einen Vogelmagen passiert
hat, bald zur Gewissheit. Dies geht schon daraus hervor, dass man
sehr selten im Urwald unter samentragenden Bäumen mehrere junge
Bäume beisammen findet, sondern dieselben immer nur ganz vereinzelt
und zerstreut antrifft. Zugleich wurde mir diese Annahme auch von
alten erfahrenen Ervateiros bestätigt.

1

Bei der nächsten Ernte wurde daher wieder ein Quantum Samen gesammelt und den Hühnern als Futter vorgelegt, aber die Hühner wollten denselben nicht annehmen. Ich sperrte deshalb zwei Hühner in einen Käfig und fütterte sie täglich zweimal mit Erva Mate-Samen, aber zwangsweise, indem der Samen den Hühnern in den Schnabel gedrückt wurde, auch bekamen sie nebenbei noch ziemlich viel Mais. Der Koth wurde gesammelt und ausgewaschen und die aufgefundenen Samen dann in gute, humusreiche Lauberde schattig im Walde ausgesäet. Die beiden Hühner jedoch kränkelten etwa einen Monat lang hin und starben dann.

Ich gab mir nun alle Mühe, das Saatbeet vom Unkraut rein und beständig feucht zu halten. Nach $5\frac{1}{2}$ Monaten hatte ich das Vergnügen, die ersten Pflanzen hervorkommen zu sehen, nach etwa $6\frac{1}{2}$ Monaten war fast der ganze Samen schön aufgegangen, aber zu meinem Ärger gingen mir diese Sämlinge durch allerlei Missgeschick (Sperlinge, Schnecken, Grillen etc.) bald von etwa 2000 nach und nach auf ungefähr 200 zurück, welche allmählich bis zu 5 cm Höhe heranwuchsen. Aber auch diese gingen bald infolge zu früher und zu heftiger Sonnenbestrahlung, da die Schattenbäume alle zugleich abgehauen worden waren, sämtlich zu Grunde.

Für dieses Jahr war ich also wieder fertig; die Fütterung mit Hühnern gefiel mir auch nicht, es war schon mehr Tierquälerei. Jedoch sagte ich mir: Was ein Vogelmagen bewerkstelligen kann, muss sich auch auf physikalischem oder chemischem Wege herstellen lassen; es handelte sich doch sicherlich nur darum, die steinharte Schale des Samenkornes etwas zu lockern oder zu erweichen. Ich erfuhr nun, dass die Jesuiten-Missionare im vorigen Jahrhundert auch schon Versuche gemacht hätten, und zwar sollten sie den Samen in ziemlich heissem Wasser eingeweicht haben; auch fand ich es glaubwürdig, dass ein gewisser Wärmegrad auf die Lockerung der harten Schale einwirken müsste, denn ich fand häufig an einem Fogaõ im Walde, — dieses ist eine Stelle, wo die Ervateiros die grünen abgehauenen Zweige durch die Flamme eines sehr lebhaften Feuers ziehen, das sogenannte „Sapeken", — dass in der Umgebung eine Menge junger Erva-Pflanzen standen. Es war hier gerade in der Zeit der Samenreife (Februar) der Mate fabrizirt worden und dabei sicherlich viele Samen abgefallen und durch die Leute beim Herumgehen in den Boden eingetreten; diejenigen Körner nun, welche den genügenden Wärmegrad bekommen hatten, waren aufgegangen.

Die Ergebnisse der Versuche mit Erwärmen der Samen bestanden nun darin, dass von Samen, welche während 48 Stunden einer Temperatur von 40° R. ausgesetzt gewesen waren, nach etwa 8 Monaten

15—20 % zur Keimung gelangten. Geringere Temperatur und kürzere
Dauer der Einwirkung derselben hatten entsprechend längere Keim-
dauer zur Folge. Indessen wurden auch diese Kulturen noch vor Ab-
lauf des zweiten Jahres teils durch Ungeziefer, teils durch zu feuchte
oder zu heisse und trockene Witterung bis auf 4 Pflanzen gänzlich
vernichtet.

Hiernach wurden die verschiedenartigsten Versuche angestellt. Die
Samen wurden in Kalk, gelöschten sowohl wie ungelöschten, geschüttet,
mit Essig gebeizt, mit Spiritus, Kampferspiritus, Salzlauge, Aschenlauge,
Sodalauge, Eisenvitriol u. a. behandelt, keimten aber meistens erst nach
dem elften Monate.

Schliesslich wurde ich durch einen Artikel von Rektor Drogemüller
im „Praktischen Ratgeber in Obst- und Gartenbau" von Trowitzsch
und Sohn auf ein Verfahren, bestehend in Behandlung mit Salzsäure,
aufmerksam gemacht. Ich wandte dasselbe nun bei den Matesämereien
an und meine Versuche sollten von bestem Erfolge gekrönt werden.
Seither wende ich folgendes Verfahren an:

Die frisch geernteten reifen Früchte werden in einen sogenannten
Pilaõ gethan. — Unter Pilaõ versteht man in Brasilien einen Holz-
klotz, in dem ein rundes Loch von etwa 25 cm Weite und Tiefe,
unten kegelförmig zugespitzt, ausgearbeitet ist und mittels eines Stossers
Reis, Mais, Salz oder sonstige Sachen geschält oder zerkleinert werden. —
In diesem Pilaõ werden nun die weichen Erva Mate-Früchte leicht ge-
stampft und zerquetscht; hierauf schlemmt man den erhaltenen Brei in
fliessendes Wasser ab, bis die Samen in Form und Grösse von Kümmel-
körnern ganz rein zurückbleiben. Alle Körner, welche hierbei auf dem
Wasser zu schwimmen kommen, lässt man mit abfliessen, weil sie taub
sind. Den so gereinigten Samen lässt man gut abtropfen und übergiesst ihn sogleich mit purer rauchender Salzsäure, lässt ihn
drei Minuten stehen, giesst dann schnell die Salzsäure wieder ab und
schüttet den Samen in ein Gefäss mit Wasser; dieses Wasser giesst
man ebenfalls gleich wieder ab unb ersetzt es durch anderes, was man
nun so lange wiederholt, bis der Same keinen Salzgeschmack mehr
besitzt. Wer fliessendes Wasser hat, thut am besten den Samen in
kleine Säckchen und legt dieselben in das Wasser.

Den nun entwässerten Samen kann man gleich säen, oder, wenn
man ihn noch etwas aufbewahren will, muss man ihn gut abtrocknen
und luftig in Säcken aufhängen.

Meine Aussaaten bewerkstellige ich nun auf folgende Art:' Ich
baue mir Kästen auf geebneter Erde ohne Boden, also nur Rahmen;
diese erhalten eine Breite von 1½ Meter und eine beliebige Länge von
ganzen Metern; auf diese Kästen lege ich sogenannte Schattenrahmen;

dieselben werden 1½ Meter lang und 1 Meter breit gemacht, halten also in ihrer Länge die Breite der Kästen; diese Rahmen werden mit gewöhnlicher Sackleinwand überzogen.

Ausserdem verfertige ich mir noch kleine Kästen mit Boden von ungefähr 30 cm Breite und 40 cm Länge. In diese kleineren Kästen bette ich nun den gebeizten Samen in reinen groben Flusssand ein und lasse ihn hierin etwa 4 Monate gut feuchtgehalten stehen. Dies ist das sogenannte „Stratifizieren". Nach dieser Zeit richte ich mir die oben beschriebenen grossen Kästen zurecht und stelle sie so auf, dass sie in ihrer Längenrichtung Ost-West stehen und nach der Sonnenseite, also hier in Südbrasilien nach der Nordseite, etwa 15 cm niedriger sind als an der entgegengesetzten Seite. Aus diesen Kästen wird nun etwa 25—30 cm tief der Erdboden herausgehoben und auf einen Spatenstich Tiefe der Boden gut aufgelockert, hierauf die Oberfläche schön wagerecht geebnet und geglättet.

Es wird nun an anderer Stelle eigens zu diesem Zweck hergerichtete Komposterde, bestehend aus allerlei Abfällen, Laub, Unkräutern u. s. w., welche bereits ein Jahr auf Haufen gelegen und deshalb gut verfault sein müssen, mit gleichen Theilen von grobem Flusssand durchgesiebt und von dieser Mischung eine etwa 35—40 cm hohe Schicht in dem Kasten gleichmässig vertheilt. Nachdem die Oberfläche in dem Kasten wieder wagerecht geebnet ist, streue ich den stratifizierten Samen mit sammt dem Sande, worin er eingeschichtet war, gleichmässig oben auf und bedecke das Ganze hierauf etwa 1 cm hoch mit derselben gesiebten Erdmischung, drücke dann die Oberfläche in dem ganzen Kasten gleichmässig und leicht an. Hierauf überbrause ich die Oberfläche stark mit Bach- oder Regenwasser und lege dann die Schattenrahmen auf, worauf ich nur noch, wenn die Oberfläche trocken werden sollte, begiesse, gewöhnlich bei trockener Witterung jeden Abend.

So behandelt, fängt nun der Samen nach 1½—2 Monaten an zu keimen. Die Hauptsache ist jetzt, die Saatkästen recht feucht zu halten und alles entstehende Unkraut rechtzeitig zu vertilgen. Wenn der Samen anfängt aufzugehen, so lasse man in den Kasten etwas Luft von der Sonnenseite her eintreten, indem man dort unter den Schattenrahmen kleine Hölzer steckt, beim weiteren Heranwachsen wird allmählich immer mehr gelüftet, aber man beachte, dass nicht die Sonne direkt auf die jungen Pflänzchen fällt; denn nur eine Stunde würde genügen, die Pflanzen, selbst wenn sie schon 10—15 cm Höhe haben, dem sicheren Verderben zu weihen.

Das Stratifizieren des Samens in reinem Sand hatte den Zweck, dass der Samen während der vier Monate vorkeimen konnte und man während dieser Zeit keine Arbeit mit dem Unkraut hatte.

Wenn nun die Pflanzen mit der Zeit zu 8—10 cm herangewachsen sind, so werden sie pikiert. Zu diesem Zwecke werden wieder andere Kästen hergerichtet, gerade so wie die Saatkästen. Aus diesen wird aber der Erdboden etwa 50 cm tief ausgehoben, dann darunter wieder gut gelockert und geebnet, hierauf wieder 50—60 cm von derselben Erdmischung, mit dem Unterschied, dass nur ein Drittteil Sand beigemischt wird, aufgetragen. Die Oberfläche wird gut geebnet und stark überbraust; ebenso werden auch die auszuhebenden Pflanzen im Saatkasten tüchtig begossen, hiervon dann eine Partie behutsam herausgenommen und in den neu hergerichteten Kasten auf etwa 15 cm Entfernung wieder eingepflanzt. Besser noch würden die kleinen Pflanzen jede einzeln in kleine Blumentöpfe gepflanzt. Ich habe Töpfe von 8—10 cm Weite verwendet, die Erdmischung ist für Töpfe dieselbe; ich stelle dann dieselben in die oben beschriebenen Kästen, aus denen jedoch dann nur 30 cm Erdboden ausgehoben werden und auch keine andere Erde hineingebracht werden braucht. Hierbei habe ich es in den Händen, wenn einige Pflanzen zurückbleiben und von den anderen unterdrückt werden sollten, diese herausnehmen und ihnen mehr Raum geben zu können.

Wenn die Kästen vollgepflanzt, ob auf die eine oder andere Art, werden sie wieder gut angegossen und mit den Schattenrahmen geschlossen zugedeckt. Ich halte dann die Kästen so lange geschlossen, bis die Pflanzen sicher angewachsen sind, dann aber gebe ich wieder Luft; erst wenig, mit der Zeit aber immer mehr, dabei ist stets das Unkraut zu entfernen und reichlich zu giessen.

Bei trübem Wetter und an Regentagen nehme ich die Schattenrahmen ganz ab. Bis zur Winterszeit sind auf diese Art die Pflanzen allmählich so weit abgehärtet, dass die Schattenrahmen gänzlich entfernt werden können. Wenn jedoch im Winter Nachtfröste zu erwarten sind, so decke ich die ganzen Kästen des Nachts wieder zu.

Um die Grillen und Schnecken, welche manchmal viel Schaden in den Saatkästen anrichten, zu vertreiben, habe ich mit etwas Erfolg Schwefelblüte oder auch Stückchen Kampfer angewandt. Die hier in Brasilien so ungeheuer viel Schaden anrichtenden pflanzenfressenden Ameisen haben mir an meinen Erva Mate-Pflanzen noch wenig Schaden angerichtet; es scheint, als wenn dieselben keine grosse Vorliebe zu diesen Pflanzen haben. Wenn sie jedoch sonst wenig passendes Futter finden, so befallen sie auch die Erva-Mate. Man spare deshalb niemals Zeit und Mühe, die Ameisen-Nester aufzufinden und dieselben zu vertilgen. Das beste Vertilgungsmittel für dieses Ungeziefer ist kaltes Wasser und Petroleum, indem man in ein Ameisennest je nach Grösse 1—2 Eimer Wasser mit 4—6 Esslöffel Petroleum hineinschüttet und das

Ganze mit Zunahme von Erde zu einem dicken Brei rührt. Eine genauere Beschreibung der hiesigen pflanzenfressenden Ameisen, deren Lebensweise und Vertilgung habe ich im Praktischen Ratgeber, Jahrgang 1891, veröffentlicht.

Den jetzt folgenden Winter sind nun die Pflanzen so weit herangewachsen, auch gegen Luft und Sonne so weit abgehärtet, dass sie im Freien an Ort und Stelle ausgepflanzt werden können; sie haben meistens eine Höhe von 30—50 cm. Die beste Pflanzzeit dürfte in den Monaten Juli und August sein, wenigstens für Südbrasilien.

Ich pflanze dieselben in Reihen mit $3\frac{1}{2}$ m Abständen nach allen Richtungen und finde es sehr gut, dass man im Frühjahr, d. h. im September, diese Mate-Anpflanzung noch mit Mais bepflanzt, da der Mais sehr schnell heranwächst und in den Monaten November bis Januar Schatten für die Mate-Bäumchen spendet, weil sonst die heisse Sonne im ersten Sommer den jungen Bäumchen noch nachteilig werden könnte. Wenn die Anpflanzung diesen ersten Sommer überstanden hat, so ist sie so ziemlich gesichert; um aber das Land nicht ganz nutzlos bearbeiten zu müssen, kann man die ersten Jahre ohne Nachteil etwas weitläufig noch Mais dazwischen pflanzen. Die Hauptsache ist jedoch für ein gutes Gedeihen, dass der Boden von Unkraut reingehalten wird.

Im dritten Jahre nach der Anpflanzung finde ich es gut, die kleinen Bäumchen, die jetzt vielleicht eine Höhe von $1\frac{1}{2}$—2 m haben, etwas zurückzuschneiden, damit sie mehr die Buschform annehmen; man hat dadurch schon eine kleine Ausbeute. Ich halte es auch unbedingt für das zweckmässigste, von jetzt ab jedes Jahr die allmählich mehr heranwachsenden Bäume etwas auszulichten, entgegen dem Verfahren der hiesigen Ervateiros, die im Walde alle drei oder vier Jahre die ganzen Zweige bis zu Doppeldaumenstärke und noch dicker herunterhauen, wodurch man deutlich wahrnehmen kann, dass diese Bäume alljährlich mehr zu Grunde gehen. Meiner Ansicht nach wäre es weit ratsamer, alljährlich in den Wintermonaten etwa ein Drittel der Zweige herunter zu nehmen, aber nicht etwa einseitig, sondern so verteilt zwischenheraus, dass die übrigen Zweige alle Luft, Licht und Platz genug bekommen, um sich auf Kosten der fortgenommenen schneller und besser ausbilden zu können. Hierdurch würden die Bäume nicht zurückgesetzt werden wie bei gänzlicher Verstümmelung, im Gegenteil, sie würden sich viel schneller und besser entwickeln können.

Was nun die Fabrikation des Mate für sich anbelangt, so wird dieselbe hier heute noch sehr primitiv betrieben. Von den, wie bereits erwähnt, abgehauenen Ästen werden die Zweige bis zu Kleinfingerstärke abgebrochen und auf Haufen gelegt, so viel wie ein Mann tragen kann, zusammengeschnürt und nach dem sogenannten „Fogaõ" getragen.

Unter „Fogaõ“ versteht man eine kleine freigemachte Stelle im Walde, in dessen Mitte zwei armdicke Pfähle im Abstand von ungefähr 1½ m eingeschlagen werden, welchen eine schwache Neigung nach einer Seite hin gegeben wird; an diese Pfähle, etwa 80 cm bis 1 m hoch, werden 25—30 cm dicke, grüne Baumstämme von ungefähr 2 m Länge angelegt, und zwar so, dass sie an den Pfählen einen Ruhepunkt finden. An der überhängenden Seite dieser Schutzwehr werden die zugetragenen grünen Zweige der Erva Mate niedergelegt, an der anderen Seite wird ein lebhaftes Flammenfeuer von gut trockenem Holze unterhalten. Nun nimmt der Ervateiro so viel von den Zweigen, wie er mit einer Hand am Stammende gut fassen kann, und führt dieselben durch die Flamme, dreht und wendet sie schnell darin, damit alle Blätter gut angewelkt werden, aber womöglich nicht anbrennen; hierin muss der Ervateiro eine gewisse Kenntnis haben. Diese Prozedur nennt man „Sapecar“, sie hat den Zweck, die Blätter aus ihrer spröden und steifen Beschaffenheit in eine lederartige weiche zu bringen. Würde man dieses unterlassen, so bekämen die Blätter während des Dörrens eine schwarze Farbe. Es entsteht, während die Blätter mit der Flamme in Berührung kommen, ein starkes Knistern, welches davon herrührt, dass die saftstrotzenden Blattzellen durch die Hitze zerplatzen, wobei die Feuchtigkeit verdampft und die Blätter weicher werden.

Diese so präparierten Zweige werden nun gleichmässig, mit den Stammenden alle nach einer Richtung hin, aufeinander geschichtet, und zwar so, dass die Stammenden eine möglichst ebene Fläche bilden, dann in Bündel, genannt „Fecho“, bis zu 30 Kilo Gewicht fest mit Schlingpflanzen zusammengeschnürt und jetzt nach der sogenannten „Carijo“ getragen.

Die Carijo ist ein provisorisch gebauter Schuppen, der im Urwalde gebaut, gewöhnlich mit Blättern der Cocos campestris (palhas de coqueiro) gedeckt wird; die Seiten bleiben offen. In diesem Gebäude, dessen Grösse dem mutmaasslich zu fabrizierenden Quantum Erva Mate entspricht, wird nun die „Girao“ (Gerüste) gebaut. Es werden zu diesem Zwecke an die Seitenpfosten in etwa 1,7—1,8 m Höhe vom Erdboden starke Stangen in wagerechter Lage gebunden, auch womöglich noch mit Gabeln von passender Länge unterstützt; auf diese Stangen werden nun von Seite zu Seite reichende dünnere Stangen in Abständen von 30 cm gelegt und festgebunden. Das Bindematerial besteht aus Schlingpflanzen.

Auf diesem Girao werden nun die Ervabündel eins fest neben das andere gestellt, immer die Stammenden-Fläche nach unten. Ist nun allmählich alle Erva sapekiert und untergebracht, so wird unter der ganzen Carijo Feuer gemacht. Nachdem das Feuer überall gut im Gange ist, wird nur noch grünes Holz in ziemlich dicken Stämmen verwandt. Es wird unter allen Umständen darauf geachtet, dass das Feuer überall gleichmässig brennt und keine lebhafte Flamme erzeugt; zu diesem Zweck steht ein Gefäss mit Wasser bereit, um die zu hoch werdende Flamme durch Begiessen zu unterdrücken.

Diese Feuerung wird gewöhnlich des Nachts veranstaltet. An dem Aufsteigen der Dämpfe, sowie auch durch Befühlen im Innern der Mate-Bündel weiss der Ervateiro den Zeitpunkt zu bestimmen, wann das Feuer wieder entfernt werden muss.

Nun bleibt die erhitzte Erva 4—6, auch 8 Tage stehen, je nachdem warme oder kalte Witterung herrscht; sie hat in dieser Zeit zu schwitzen (fermentieren). Ist dies geschehen, wobei es auf einen Tag mehr oder weniger nicht ankommt (jedoch darf es nicht zu lange dauern, da die Erva dann an Stärke und Aroma verliert), so wird eines Abends wieder Feuer gemacht auf dieselbe oben beschriebene Art. Diesmal wird nun so lange gefeuert, bis die Erva ganz trocken und leicht brüchig ist, je trockener, desto besser. Es kommt hierbei häufig vor, dass, wenn die Hitze übertrieben wird, die Erva an einer Stelle Feuer fängt, das in einem Augenblick sich über die ganze Carijo verbreitet; gewöhnlich ist dann die ganze Arbeit verloren.

Es ist keinesfalls gleichgültig, was für Holz zum Feuern gebraucht wird. Man verwendet hauptsächlich nur harte Hölzer und hiervon auch wieder nur Sorten, die wenig oder gar keinen Tanningehalt haben, da weiche und tanninhaltige Hölzer zu viel Rauch entwickeln und dadurch dem Mate einen sehr räucherigen Geschmack verleihen. Die bevorzugten Hölzer sind: Araçá, Guavijú, Guavirova, Cereja und Pitanga, alle fünf Arten aus der Gattung Eugonia.

Hat nun der Mate den richtigen Grad der Trockenheit erlangt, so wird das Feuer entfernt, die Bündel heruntergenommen, auseinander-gerissen und auf die Cancho geworfen und kleingeschlagen. Alle Zweige und Holzteile werden so viel wie möglich mit zerschlagen und bleiben dazwischen.

Die Cancho ist eine eigens konstruierte Tenne. Auf ebener Erde werden in der Mitte gespaltene Cocosstämme von etwa 5 m Länge mit der Aussenseite nach oben neben einander gelegt, ungefähr 2 m breit; an beiden Seiten dieser Tenne werden ebenfalls an schräg nach aussen geneigten Pfählen Cocoshälften bis zu einer Höhe von einem Meter be-festigt, die beiden Kopfenden bleiben frei.

Das Zerschlagen wird mittels Säbeln (Espada), aus hartem Holz fabriziert, bewerkstelligt.

Die Säbel haben eine Länge von 1,5 m und sind in der Mitte gleichmässig breit; nur wo sie mit der Hand gefasst werden, sind sie von gut fassbarer Stärke und abgerundet. Diese Säbel sind stark gebogen und an der auswärts gebogenen Seite zu einer Art Schneide verschmälert.

An jedem Ende der Cancho stellen sich ein oder zwei Arbeiter auf und beginnen, nachdem der trockene Mate auf die Cancho geworfen ist, taktmässig zu schlagen. Hierbei wird der Säbel in kreisender Bewegung nach hinterrücks in die Höhe geschwungen und dann nach vorne auf den Mate niedergeschlagen, dabei immer abwechselnd einmal auf einer Seite, dann auf der andern geschwungen; dabei wird ab und zu die entweichende Erva immer wieder zusammengerafft.

Ist der Mate auf diese Art klein genug geschlagen, so wird er in Körbe, aus Taquararohr geflochten und an den Seiten mit Taquaralaub ausgefüttert, fest eingestampft. In Körben (Cesta), die gewöhnlich 3 Arobas à 15 Kilo enthalten, wird der Erva nun auf Maultieren aus dem unwegbaren Urwalde zur Ervamühle transportiert. Vielfach kommt er schon in dieser Form als Erva canchada in den Handel; für den Export jedoch kommt er in den Mühlen in Pochwerke, darauf wird er gesiebt und die gröberen Holztheile dann noch einmal in den Pochwerken gehörig zerkleinert und wieder mit der gesiebten Ware vermischt; dieses Produkt kommt unter dem Namen Erva moida in den Handel.

II. Bemerkungen zu vorstehendem Aufsatze und Nachträge zu seinen früheren Arbeiten über Mate.

Von

Th. Loesener.

1. Bemerkungen zu dem Aufsatze von Herrn Jürgens.

Dass schwer keimende, hartschalige Samen durch Behandlung mit Salzsäure eine Beschleunigung im Keimen erfahren, war zwar schon bekannt. Auch hatte ich selbst solche Versuche mit Matesamen gemacht, welche aber ein negatives Resultat ergaben, zum Teil weil die Zahl der mir zur Verfügung stehenden Samen zu gering war, hauptsächlich aber wohl deshalb, weil verdünnte Salzsäure angewandt worden war. So erfreulich es nun ist, dass Herr Jürgens mit seinem Verfahren vollkommen zufriedenstellende Ergebnisse erzielte, so interessant dürfte es sein, dass die Matekerne die wenn auch nur kurze Behandlung mit concentrierter rauchender Salzsäure ohne Schaden ertragen können.

Das Verfahren beim Dörren und beim Zerkleinern des Rohmateriales
scheint, wenigstens in Rio Grande do Sul, nach obiger Schilderung
noch fast genau dasselbe zu sein, wie zu Sellows Zeiten vor 70 Jahren.
Durch das Dörren über offenem Feuer bekommt der Mate einen Bei-
geschmack nach Rauch und dies dürfte ein Hauptgrund dafür sein,
dass er sich bei uns so schwer einbürgert. Von diesem Gesichtspunkte
aus wäre es sehr erwünscht, Versuche anzustellen, die auf ein Dörren
abzielen, ohne das Material der Flamme und dem Rauche auszusetzen.

Was nun die auch in dem Werke von Semler, Die tropische
Agrikultur, 2. Auflage, Bd. I, p. 577—578, besprochene Frage betrifft,
ob es sich lohnen würde, den Mate in unsern afrikanischen Kolonieen
anzubauen, und wo, so seien mir hier noch einige Bemerkungen gestattet. Über die Frage der Rentabilität solcher Kulturen in Kamerun
oder in Ostafrika lässt sich augenblicklich noch nichts Bestimmtes aussagen. Darüber aber scheinen sich die interessierten Kreise einig zu
sein, dass, falls die Kulturen ein dem brasilianischen Mate nicht nach-
stehendes Produkt liefern sollten, der Mate für die in den afrikanischen
Kolonieen lebenden Europäer sicher ein, in mehr als einer Beziehung
wichtiges, Genussmittel liefern würde. Ja, ob es nicht vielleicht gelingen
sollte, ihn auch in Deutschland selbst allmählich einzubürgern, mag
noch dahingestellt bleiben.

Dr. Warburg äussert sich in dieser Hinsicht folgendermassen[1]):
„Eine andere Frage ist natürlich die, ob in Gegenden, welche den
(gegenwärtigen) Konsumtionsländern so fern liegen, wie die angeführten
(nämlich Natal, Südjapan, Formosa, Südchina, Sandwichs Inseln etc.),
die Matekultur sich wird rentabel machen lassen .... Nicht ernst
zu nehmen sind natürlich Vorschläge, die Matepflanze auf einem
so tief im Innern Afrikas und so fern von jedem Konsumtionsland gelegenen Berg, wie der Kilimandscharo es ist, zu kultivieren. Anzuraten
sind hingegen für uns Deutsche vorbereitende Versuche am Kamerun-
gebirge, da sich im Falle des Gelingens der Kultur ein Export des
Produktes nach Südamerika schon schaffen liesse." Dieser Ansicht
kann ich nicht zustimmen. Der Gedanke an einen Mateexport nach
Südamerika dürfte denen, welche bisher die Anpflanzung des Mate
in Afrika befürworteten, überhaupt ganz fern gelegen haben. Man hat
dabei wohl sicher nur an einen aus kleinen Anfängen heraus später
sich vielleicht etwas steigernden Konsum in den Kolonieen selbst und
höchstens noch auf einen Absatz im kleinen Kreise europäischer Lieb-
haber gedacht. Südamerika dürfte sich für absehbare Zeit, zumal auch
dort neuerdings die Herva wieder in verstärktem Masse in Kultur ge-

---

[1]) Semler, Trop. Agrikultur, l. c., p. 578.

nommen wird, seinen Bedarf selbst decken können. Der oben ange-
deutete Vorzug Kameruns vor Ostafrika kommt also zunächst gar nicht
in Betracht. Es kann sich ferner auch nicht darum handeln, plötzlich
einen irgendwie erheblichen Konsum an Ort und Stelle oder bei uns
zu schaffen, wie es der Verfasser im oben angeführten Werke für
nötig zu erachten scheint[1]), um die Hervakultur empfehlen zu können.
Ein Konsum, der von den Interessenten geschaffen wird, würde die
Generation derer, die ihn schufen, kaum überdauern. Ob aber der
Mate, zumal wenn man ein zweckmässigeres, rauchfreies Dörrverfahren
ausfindig gemacht haben sollte, sich nicht allmählich auch bei uns, oder
wenigstens in den Kolonieen einen Konsumentenkreis erobern werde,
muss der Versuch lehren. Die aus der Kolanuss, die früher bei uns
gänzlich unbekannt war, hergestellten Präparate bürgern sich doch
auch immer mehr ein. Warum sollte es bei der Begeisterung, die in
vielen Kreisen für unsere Kolonieen herrscht, nicht auch die Herva
Mate thun? Die Anlage grösserer Plantagen lässt sich natürlich
augenblicklich noch nicht empfehlen.

Endlich wollte ich hier noch einen Punkt zur Diskussion stellen,
der meines Erachtens Kulturversuche in den Kolonieen empfehlenswert
erscheinen lässt.

Bereits in meiner vorigen Arbeit über diesen Gegenstand[2]) ist der
sog. Caúna, Ilex amara (Vell.) Loes. (= I. Humboldtiana Boupl. = I.
ovalifolia Boupl. etc.), dahin Erwähnung gethan, dass Beimischungen
von dieser Art in grösseren Mengen schädlich wirken sollen. Wenn
nun auch bessere Firmen danach streben werden, möglichst unver-
fälschten Mate zu liefern[3]), so ist doch immerhin die Möglichkeit, dass
in der in Brasilien selbst produzierten Waare Caúna mit beigemengt ist,
nicht ausgeschlossen. So habe ich diese Art auch in verschiedenen
Proben bereits nachweisen können. Bei unter wissenschaftlicher Kon-
trolle stehenden Kulturen in den Kolonieen wäre es nun ja ein Leichtes,
die Einführung von Caúna überhaupt zu verhindern, sowie dafür Sorge
zu tragen, dass ausser Ilex paraguariensis in späterer Zeit höchstens nur solche Arten in Kultur genommen werden, die vorher auf
Coffeïngehalt, Schmackhaftigkeit und sonstige Nützlichkeit oder Schäd-
lichkeit untersucht sind.

---

[1]) l. c., p. 577.

[2]) Vergl. Notizblatt 1897, No. 10, p. 317.

[3]) Wie z. B. C. Köhler in Itajahy (S. Catharina) und Hamburg 4, dessen
Marke „Gertrudes superior" eine äusserst reine, soweit ich beurteilen kann, ausschliesslich aus I. paraguariensis bestehende Sorte ist.

2. Nachträge zu meiner früheren Arbeit.

In No. 10 dieses Blattes wird auf S. 316 unten eine dritte Sorte
Herva erwähnt, welche den Namen „orelho de burro" führt und deren
Zugehörigkeit zur Gattung Ilex ich wegen der verhältnissmässig äusserst
grossen Blätter in Zweifel zog. Die dort angegebenen Maasse scheinen
nun allerdings die äusserste Grenze darzustellen. Es haben neuerdings
Blätter, welche mir Herr Jürgens von dieser Sorte mitbrachte und die
bei weitem noch nicht die in No. 10 angegebene Grösse besitzen, gezeigt, dass es sich auch hier nur um eine aussergewöhnlich gross-
blättrige Form von I. paraguariensis St. Hil., vielleicht zur Form
„sorbilis Reiss." gehörig, handeln kann.

Ferner brachte mir Herr Jürgens noch eine Pflanze mit, die er
als Matepflanze erhalten hatte und welche sich als zu Ilex brevicuspis Reiss. gehörig herausstellte. Diese Art, welche ich bisher
absichtlich mit Stillschweigen überging, weil mir die darüber in der
Litteratur gemachten Angaben zu unsicher erschienen, ist somit von
nun an auch zu den Matepflanzen zu rechnen. Im Bau des Blattes ist
sie der I. paraguariensis St. Hil. ähnlich, aber die Blätter, auch die
älteren, sind im Querschnitt viel dünner und besitzen im trocknen Zustande eine mehr ins Graue spielende, weniger braungrüne Farbe. Die
Zellen der einzelnen Gewebe sind beträchtlich kleiner und besonders
die Wände zarter als bei der echten Herva mate. Die Epidermiszellen
der Oberseite sind auf dem Querschnitt breiter als hoch und die Cuti-
cula noch viel dünner als bei I. paraguariensis, die Aussenwand
der Epidermiszellen der Oberseite daher kaum dicker als die Innenwände.
Über die Qualität der aus dieser Art hergestellten Sorte, ist mir nichts
bekannt.

III. Zur Frage der Aufforstung in Deutsch-Ost-Afrika.

Von

G. Volkens.

Immer mehr bricht sich die Erkenntnis Bahn, dass im deutsch-ostafrikanischen Schutzgebiet Aufforstung und Forstschutz zu den dringend-
sten Kulturaufgaben gehören. Wie die englischen Behörden in Indien
und Ceylon, die holländischen auf Java und Sumatra eine besondere
Forstabteilung innerhalb ihrer Verwaltung gebildet und bedeutende Erfolge damit errungen haben, so wird man sich auch bei uns und insbesondere in Deutsch-Ost-Afrika und Deutsch-Südwest-Afrika entschliessen

müssen, eine Zentralstelle zu schaffen, die in der Erhaltung und Mehrung
des Waldes, in der Anpflanzung von Bäumen aller Art ihre alleinige
Aufgabe sieht. Das Ziel, dem diese Zentralstelle zuzustreben hat, liegt
nicht in erster Linie wie bei einer heimischen Forstverwaltung in der
Erzeugung von Nutz- und Brennholz, das teils den eigenen Bedarf deckt,
teils eine Exportwaare liefert, sondern das Ziel muss darauf gerichtet
sein, dem betreffenden Lande möglichst schnell in einzelnen Teilen eine
Vegetationsdecke zu geben, die auf die Dürftigkeit und Unregelmässigkeit
der jährlichen Regenmengen bessernd und regulierend einwirkt. Das
namentlich für die Kultur einjähriger Gewächse auf weite Strecken hin un-
günstige Klima in ein günstigeres umwandeln, das ist es, worin eine Forst-
behörde in den oben angeführten Kolonien ihren Haupterfolg zu suchen hat.
Daraus ergiebt sich aber von selbst, dass die Ansprüche, die man hier
für die Verwendung einer specifischen Baumart im forstmässigen Be-
triebe stellen muss, für die Kultur in Ost-Afrika, um bei diesem Gebiete
zu bleiben, nicht die gleichen sein können. Raschwüchsigkeit und
möglichst ausgedehnte Kronenbildung für die Beschattung des Bodens
sind drüben zunächst von grösserem Werte, als Produktion eines Holzes,
das auf dem Weltmarkte mit dem erstklassigen Material anderer Tropen-
länder konkurrieren könnte. Erst muss der Wald da sein und seine
Aufgabe als Regenbildner und Regenspeicherer erfüllen, erst dann ist
es Zeit, ihn allmählich zu einem möglichst reinen Bestande eines hervorragenden Nutzholzes umzuwandeln. Immerhin aber lässt sich natürlich
schon bei der ersten Auslesung der Bäume, welche man in Kultur zu
nehmen gesonnen ist, eine Wahl treffen, die auch auf einen günstigen
Holzertrag, auf Verwertbarkeit von Rinde, Harz, Gummi u. dergl. für
technische und industrielle Zwecke Rücksicht nimmt.

Von den gekennzeichneten Gesichtspunkten ausgehend, will ich im
Folgenden eine Aufzählung solcher Baumarten geben, die mir im Hinblick auf die besonderen klimatischen Verhältnisse für eine Aufforstung
in Ost-Afrika ganz besonders empfehlenswert zu sein scheinen. Ich bin
dabei der Ansicht, dass es besser ist, von vornherein möglichst auf das
einheimische Material Rücksicht zu nehmen, auf solche Species, die
durch ihren natürlichen Standort schon verraten, für welche Höhenlage,
für welchen Boden, für welches Klima sie sich vorzugsweise eignen und
deren Gedeihen damit garantirt ist. Die Neigung, alles Heil immer
nur von dem Fremdeingeführten zu erwarten, von dem, was sich in
Indien, Australien oder Süd-Afrika bewährt hat, ist menschlich erklärlich, aber doch nur in engen Grenzen berechtigt. Nur anhangsweise
sollen darum immer zum Schluss auch eine Anzahl fremdländischer, für
eine Anpflanzung in Ost-Afrika in Betracht kommender Bäume besprochen werden.

Eine Aufforstung in Ost-Afrika hat drei Regionen ins Auge zu fassen, die Gebirge, den Küstensaum und die flachen, mehr oder weniger den Charakter einer Steppe tragenden, ausgedehnten Gebiete des Inneren. Alle drei sind durchaus verschieden zu behandeln und durchaus verschiedene Baumarten sind für ihre Bepflanzung in Vorschlag zu bringen. Als wichtigste für die erstrebte Aenderung der klimatischen Faktoren, für die Vermehrung des Regenfalles insbesondere, sind die Gebirge in den Vordergrund der Betrachtung zu rücken. Was eignet sich da zunächst für die Aufforstung der höchsten Kuppen und Plateaus, die über 1600 und mehr Meter Meereshöhe hinausliegen? Die botanische Zentralstelle ist für solche, aus einer naheliegenden Eingebung heraus, um Samen von Coniferen ersucht worden. Aber Ost-Afrika besitzt in der angeregten Höhenlage eine wenn auch beschränkte Zahl vortrefflicher Coniferen, warum diese nicht verwenden? **Podocarpus Mannii** Hk. f. findet sich als schlanker, bis 25 m hoher Baum wohl auf allen Gebirgen des ganzen tropischen Afrikas, denn wo auch botanisch gesammelt wurde, ist er immer bald vereinzelt, bald in Menge vorkommend festgestellt worden. **Podocarpus falcata** (Thbg.) R. Br., der gewiss an 30 m hoch wird, bildet im Magamba-Walde in Usambara fast reine Bestände; **Podocarpus elongata** l'Hérit dürfte auch noch hier oder dort gefunden werden, da er einerseits vom Kenia, andererseits vom Kaplande, wo seine Kultur bereits forstmännisch betrieben wird, in Belegexemplaren heimgebracht wurde. Dem Kilimandscharo, Pare und Usambara ist **Juniperus procera** Hochst. eigen, dem Milandschi-Hochlande und wahrscheinlich auch anderen Bergrücken des Nyassalandes die **Callitris Whytei** (Rendle) Engl., von der gesagt wird, dass sie bei 40—45 m Höhe einen Stammdurchmesser von 2 m erreicht. Ohne Zweifel liefern alle genannten ein ganz hervorragendes Nutzholz, dazu Produkte wie Theer und Harz, die ja der überwiegenden Menge der Coniferen gemeinsam sind. Die Samen sind für den, der die Bäume kennt, aufs leichteste und in Menge zu beschaffen, diese Samen keimen, wie es wenigstens von einigen in den Kulturhäusern des botanischen Gartens festgestellt werden konnte, überaus leicht und geben junge Pflanzen, die schnell in die Höhe schiessen. In dem gegebenen Zusatz „für den, der die Bäume kennt" liegt allerdings eine Schwierigkeit. Aber solche ist zu überwinden, wenn darauf gesehen wird, dass die hinausgehenden Offiziere und Beamten, vor allem die in Aussicht genommenen Förster, sich vor ihrer Ausreise eine ausreichende Kenntnis der Produkte des Landes verschaffen. Leider ist darin bisher viel versäumt worden.

Für die tieferen Lagen der Gebirge sind Laubbäume heranzuziehen. Eine sehr ansehnliche Reihe davon vermögen die bisher allein botanisch mehr oder weniger gut durchforschten Wälder des Kilimandscharo,

Usambaras und der Ulugurnberge zu liefern. Ganz in erster Linie nenne ich **Chrysophyllum Msolo** Engl. und einen bisher noch nicht klassifizierten Gelbholzbaum, den ich in der Umgebung Deremas und Nguelos in einer Höhenlage von 800—1000 m massenhaft verbreitet fand. Beide gehören zu den Riesen Ost-Afrikas, wenn auch eine Stammlänge von 60 m, wie Holst angiebt, als bei weitem überschätzt zu gelten hat. Wie kaum ein anderes dürfte ihr gelbliches, leicht zu bearbeitendes Holz die vorzüglichsten Bretter abgeben. Von weiteren Laubbäumen, die sich zur Schaffung von Gebirgswäldern eignen, bezw. die in den vorhandenen zu schonen und nach Herausschlagen des Unbrauchbaren zu vermehren wären, nenne ich sodann:

Hagenia abyssinica Willd. Am Kilimandscharo und in ganz Usambara verbreiteter Baum mit gradem, 20 m hohem Stamm und schön entwickelter Krone, die in den Umrissformen an die der Linde erinnert. Die erst gelblichen, später roten fuchsschwanzartig herniederhängenden Blütenstände liefern das bekannte Wurmmittel Flores Koso oder Kousso. Das Holz, welches leicht Politur annimmt, ist schön gezeichnet und zweifellos sehr brauchbar für die Möbelfabrikation.

Parinarium Holstii Engl. Wie die vorige zur Familie der Rosaceen gehörig. Samen können von Mlalo bezogen werden, wo sich besonders längs der Bachbetten bei 1400 m Meereshöhe zahlreiche und sehr stattliche Exemplare finden. Obgleich das graugelbe Holz ziemlich schwer ist, lässt es sich doch leicht schneiden.

Piptadenia Buchananii Bak. Bekannt vom Nyassalande und aus der Umgebung Nguelos und Mlalos in Usambara. Die gleiche oder doch eine nahe verwandte Art traf ich auch im Walde der Kahe-Oase im Norden des Schutzgebietes. Die reifen Hülsen des Baumes lagen hier im April so massenhaft am Boden, dass man die flachen, mit einem Hautflügel umrandeten Samen hätte in kurzer Zeit pfundweis zusammenbringen können. Holst führt das Holz von **Piptadenia** als eins der besten Nutzhölzer an, welches ihm zu Gesicht gekommen ist. Es ist ausgezeichnet durch einen roten, harten Kern, um den sich ein hellgelber Splint herumlegt.

Ekebergia Rueppelliana A. Rich. und **Trichilia emetica** Vahl. Nicht selten sowohl in der Kulturregion als im sogenannten Mischwalde am Kilimandscharo. Bäume mit breiter, weit nach unten sich ausdehnender Krone. Das Holz dürfte wie das fast aller Meliaceen sich für mannigfache Zwecke als brauchbar erweisen; es ist bei grosser Leichtigkeit sehr fest.

Agauria salicifolia (Comm.) Hook. f. Wie die aufgeführten Coniferen besonders für höhere Lagen geeignet und hier weniger durch Stammlänge als durch einen oft mehrere Meter betragenden Stammumfang

gekennzeichnet. Kommt wahrscheinlich allen Gebirgen des Schutzgebietes zu, die sich über 1400 m erheben.

Chlorophora excelsa (Welw.) Benth. et Hook. In West-Afrika
weiter verbreitet, aber auch in Ost-Afrika vorkommend, wie von Dr.
Stuhlmann aus den Ulugurubergen eingesandtes Material beweist. Der
Baum liefert das bekannte Odumholz, welches für Bauzwecke darum
besonders geschätzt ist, weil es sowohl den Angriffen der Ameisen und
Termiten, als den Einflüssen von Wind und Wetter gut widersteht.

Brochoneura usambarensis Warb. Häufig in der Umgebung der
Kaffeeplantage Buloa und dort einen Hauptbestandteil des Urwaldes bei
rund 1000 m Meereshöhe ausmachend. Wahrscheinlich ist dies derselbe
Myristicaceenbaum, von dem Holst angiebt, dass sein prächtiger,
schlanker Stamm reichlich ein siegellackartiges Harz, also einen technisch
verwendbaren Kinosaft ausscheide.

Ocotea usambarensis Engl. und **Paxiodendron usambarense** Engl.
Beide zu den Lauraceen gehörig und in Usambara stellenweise reichlich, Paxiodendron auch am Kilimandscharo vertreten. Das Holz duftet
angenehm und wird von den Eingeborenen seiner leichten Bearbeitung
wegen zur Herstellung von Brettern und Schnitzwerken fast allem
anderen vorgezogen.

Ficus Holstii Warb. und andere Arten. Obwohl die Feigenbäume
ausnahmslos ein sehr minderwertiges Holz besitzen, können sie doch
vermöge ihrer Raschwüchsigkeit und ungemein leichten Vermehrung
auf vegetativem Wege Anspruch auf Beachtung erheben. Ficus Holstii
Warb., der in Usambara und am Kilimandscharo, ja selbst in der
Küstenregion anzutreffen ist, hat eine um so grössere Bedeutung, als
er von Milchsaft strotzt und darum eventuell, wie die ihm sehr
ähnliche Art **Ficus elastica** L., als Kautschukproduzent in Betracht
kommen kann. Ich habe Ficus Holstii selbst in der Umgebung der
ehemaligen wissenschaftlichen Station in Marangu bei 1500 m in ungefähr 1000 Exemplaren zur Anpflanzung gebracht, einfach indem ich
von grösseren Bäumen losgeschlagene, bis armstarke und ein bis zwei
Meter lange Zweige fusstief in die Erde senken liess. Nur etwa fünf
Prozent gingen ein, alle übrigen wurzelten, obwohl bald darauf die
Trockenzeit eintrat, gut an und haben sich, wie ich höre, grösstenteils
bereits zu kleinen Bäumchen entwickelt.

Alle eben genannten Laubbäume sind hochstämmig, da sie völlig
ausgewachsen, wenigstens 22—25 Meter Höhe erreichen, zum Teil bis
50 Meter lang werden. Sie gestatten es also als Unterholz eine Reihe
von Arten aufzuforsten, die in unserem nordischen Klima immer noch
als ansehnliche Bäume gelten würden. Von solchen möchte ich, ohne
näher auf ihren Wert und die Bezugsquelle ihrer Samen einzugehen,

die Aufmerksamkeit auf **Ptaeroxylon obliquum** (Thbg.) Radlk., **Bersama usambarensis** Gürke und **B. Volkensii** Gürke, **Carpodiptera africana** Mast., **Dombeya reticulata** Mast. und **D. Leucoderma** K. Sch., **Olinia Volkensii** Gilg., **Olea chrysophylla** Lam. und **Cordia Holstii** Gürke lenken.

Aus anderen Tropengebieten einzuführende Arten müssen, um die Wahrscheinlichkeit eines Gedeihens auf Gebirgen Ost-Afrikas zu bieten, natürlich möglichst aus Gegenden entnommen werden, die ein übereinstimmendes Klima besitzen. Zunächst wird man da an West-Afrika denken, weil ja zur Zeit schon eine Reihe von Bäumen sich quer über den ganzen afrikanischen Tropengürtel verbreitet. **Irvingia gabonensis** (Aub.-Lec.) Baill., **Khaya senegalensis** Juss., **Cola acuminata** R. Br., **Pentadesma butyraceum** Don, **Butyrospermum Parkii** (Don) Kotschy und vielleicht noch manche andere geben, wie ich glaube, die Gewähr, dass sie auch an geeigneten, regenreicheren Stellen Ost-Afrikas in Kultur genommen werden können. Nächst West-Afrika hat Indien als beste Bezugsquelle tropischer Waldbäume zu gelten. Die so vielfältig nutzbaren **Pterocarpus**-Arten, **Mesua ferrea** L., die Gummigutt spendenden **Garcinien**, ferner verschiedene **Dipterocarpus**-Species, **Shorea robusta** Gärtn. f., **Tectona grandis** L. und **Terminalia tomentosa** Bedd. verdienen sicher den späteren Baumschulen Ost-Afrikas einverleibt zu werden.

Nicht verfehlen möchte ich endlich für die höheren Gebirgslagen auf einen Baum hinzuweisen, der zwar keinem eigentlichen Tropengebiet entstammt, der aber doch seiner scheinbar grossen Anpassungsfähigkeit wegen auch in Ostafrika möglichenfalls eine Zukunft hat. Ich meine die virginische Ceder, **Juniperus virginiana** L., die in Nord-Amerika auszusterben beginnt. Es ist bekannt, dass der süddeutsche Grossindustrielle von Faber, um der Gefahr zu begegnen, von der die Bleistiftfabrikation durch das Aussterben der Ceder bedroht ist, den Baum sogar in Deutschland mit Aussicht auf Erfolg zur Anpflanzung gebracht hat. Diese Angewöhnung an ein Klima, das dem der eigentlichen Heimat (Florida und Alabama) doch ziemlich fern steht, scheint mir dafür zu sprechen, dass Juniperus virginiana L. auch in den nicht ganz frostfreien Höhenlagen unserer Kolonie gedeihen wird.

Nach der Aufforstung der Gebirge beansprucht die des Küstenstreifens die meiste Beachtung. Von der Erhaltung und Vermehrung der Mangrove will ich hier nicht reden, sondern allein das feste Land ins Auge fassen, soweit es jetzt von Busch oder einer Salzflora bedeckt ist. Hoffentlich wird hier eine Bepflanzung mit Palmen und tropischen Obstarten wie Artocarpus, Persea, Mangifera, Anacardium, Psidium u.s.w. in immer steigendem Masse von selbst vor sich gehen, aber daneben muss auch etwas geschehen, um die Bestände an hochwüchsigen und in geschlossener Masse auftretenden Bäumen zu mehren. Von den bereits vorhandenen nenne ich als einer Aufzucht im Grossen für würdig:

Casuarina equisetifolia Forst. Der Baum eignet sich vorzüglich zur Bepflanzung der tristen, salzhaltigen Sandflächen, die sich auf weite Strecken landeinwärts der Mangrove ausdehnen und die zur Zeit kaum eine andere Vegetation zeigen, als ein Paar Suaeda-Büsche und spärliche Rasenflecke von Arthrocnemum indicum. Er giebt gutes Bauholz, während die gerbstoffreiche Rinde einen braunen Farbstoff enthält, der in Ost-Indien zur Färbung von Wolle und Seide gebraucht wird.

Baphia Kirkii Bak. Liebt wie der vorige die unmittelbare Nähe des Meeres. Sein Holz ist bisher noch nicht zur Untersuchung gekommen, aber da ein Gattungsgenosse, die **Baphia nitida** Afzel., in West-Afrika das hochgeschätzte Camwood liefert, dürfte es zum wenigsten brauchbar sein. Ein schönes Exemplar des Baumes, auf Kisuaheli Mkurudi genannt, sah ich unmittelbar am Zollschuppen von Tanga so reichlich in Frucht, dass gewiss tausende von Samen von ihm allein hätten geerntet werden können.

Pterocarpus erinaceus Poir. Das rote, harte Holz, das als afrikanisches Rosenholz bekannt ist, wird von Süd-Afrika aus namentlich zur Herstellung von Turngeräten in grosser Menge nach England exportirt; auch für den Schiffsbau ist es von Bedeutung.

· **Trachylobium verrucosum** (Gaertn.) Oliv. Diese Stammpflanze des Kopals giebt durch ihr massenhaft halbfossil im Boden verborgenes Produkt den Beweis, dass die ostafrikanische Küste vordem viel reicher bewaldet gewesen sein muss als jetzt. Eine Anpflanzung des Baumes und Inkulturnahme kann nicht dringend genug befürwortet werden.

Copaiba Mopane (Kirk) O. Ktze. Soll in Mossambik von Sena bis Chiramba ausgedehnte Wälder bilden. Das schwere, dunkelbraune Kernholz ist ganz ausgezeichnet, daneben lässt sich sicher auch ein Balsam oder Harz aus den Stämmen gewinnen.

Calophyllum inophyllum L. Von riesigem Wuchs und in der Belaubung und Kronenbildung so prächtig, dass er schon seiner Schönheit wegen gepflanzt zu werden verdiente. Aber sein Holz ist auch technisch von grossem Werthe, da es beim Schiffsbau eine ausgedehnte Verwendung findet. Ausserdem birgt der Stamm reiche Mengen eines unter dem Namen Tacamahac in den Handel gelangenden Harzes. In Ost-Indien und Polynesien ist Calophyllum bereits in Kultur.

Azedirachta indica A. Juss. Dr. Gilg, dessen Zusammenstellung der Nutzhölzer Ost-Afrikas[1]) die eingehendste Beachtung verdient, lässt sich folgendermassen aus: „Das Holz dieses Baumes ist in Indien

---

[1]) Die Pflanzenwelt Ost-Afrikas in „Deutsch-Ost-Afrika" Bd V. Teil B.

sehr geschätzt. Es ist von ausserordentlicher Härte, besitzt eine gelbgraue, schwach rötliche Farbe und wird durch die breiten, dunklen
Markstrahlen schön gezeichnet. Es widersteht sowohl dem Angriff der
Insekten, als auch dem von Wind und Wetter wie kaum ein anderes
Holz, wird ausserdem infolge seiner schönen Farbe und der ausgezeichneten Politurfähigkeit zu den feinsten Holzarbeiten verwendet."
Albizzia Lebbek Benth. Empfiehlt sich besonders als Alleebaum,
liefert aber auch ein gutes Nutzholz. Die Schnellwüchsigkeit ist eine
ganz auffallende, dazu besteht eine Leichtigkeit in der vegetativen Ver-
mehrung, wie vielleicht bei keiner anderen Holzpflanze. Jeder abge-
schnittene Zweig wurzelt sich ohne weiteres an. Der Baum sollte als
Schattenspender namentlich auch in den Städten an der ostafrikanischen
Küste verbreitet werden, nicht minder verdient er die Beachtung der
Plantagenbesitzer. Werden Reiser davon heute längs der Wege in den
Kaffeepflanzungen gesetzt, so kann man nach 10 Jahren schon im
Schatten hochstämmiger Bäume wandeln.

Was die Arten angeht, die man aus anderen Tropengegenden ein-
führen könnte, so ist man für die Küste nicht so an bestimmte Länder
gebunden, wie es für die Gebirge galt. Ich beschränke mich darauf,
die Namen derer aufzuzählen, die vor anderen für eine Aufforstung
gewisser Küstenstrecken in Betracht kämen. Es sind **Michelia Champaca** L., **Haematoxylon campecheaneum** L., **Caesalpinia echinata** Lam.,
C. Sappan L., **C. Coriaria** Willd., **Baphia nitida** Afzel., **Chloroxylon
Swietenia** DC., **Swietenia Mahagoni** L., **Chrysophyllum-** und **Eucalyptus-Arten,** endlich **Tectona grandis** L.

Während eine Aufforstung des Küstenstreifens sich bei genügenden
Geldmitteln schnell und ohne Schwierigkeiten durchführen lässt, ist eine
Bewaldung der weiten Steppengegenden des Innern natürlich nur in
gewissen Grenzen möglich. Sie kann allein von einzelnen Kulturcentren
aus geschehen, indem diese ihr Areal durch Anpflanzen von Bäumen
zu vergrössern sich bestreben, und indem man die schwachen Waldstreifen längs der Flussläufe zu erhalten und zu verbreitern trachtet.
In diesen Waldstreifen findet man auch die Bäume, die es lohnt, in
dem durch seine grosse Trockenheit gekennzeichneten Innern des Landes,
wo nur irgend möglich, anzupflanzen. Es sind in erster Linie eine
Reihe von **Albizzien** und **Acacien,** dann **Trema guineensis** (Schum.)
Engl., **Croton macrostachys** Hochst., **Mimusops usambarensis** Engl.,
Tamarindus indica L., **Pteleopsis variifolia** Engl., eine noch nicht
näher bekannte **Parkia-, Pterygota-** und **Melia-Art,** endlich ein Baum,
den ich in der Steppe und längs der Flussläufe in der Umgebung der
Kahe-Oase fand. Auf prächtigem, säulengradem, bis 30 m hohem
Stamme zeigt er eine ausgebreitete Krone eines fein gefiederten Laubes

2*

und entwickelt mangoähnliche, birnengrosse, goldgelbe Früchte von grossem Wohlgeschmack. Er gehört wohl zweifellos zur Familie der Anacardiaceen.

Ob es lohnen würde, einzelne nutzbare Bäume und Sträucher der Steppen selbst in Kultur zu nehmen, bleibt mir fraglich. Immerhin könnte man einen Versuch mit **Dalbergia Melanoxylon** L. und **Dios-pyros-Arten** z. B., beides Ebenholz liefernde Gewächse, unternehmen, auch unter den **Terminalien** und **Combreten** werden sich manche finden, die einen Handelswert besitzen.

Zur Einführung von auswärts ist für die Steppengegenden Ost-Afrikas der Blick vorzugsweise auf Australien zu richten. Von dort sind **Albizzia lophantha** Benth., **Acacia pycnantha** Benth., **Acacia homalophylla** A. Cunn. und **melanoxylon** R. Br. zu beziehen, ferner **Grevillea robusta** A. Cunn., **Eucalyptus-** und **Melaleuca-Arten**, alles Pflanzen, die teils durch ihre gerbstoffreiche Rinde, teils durch ihr Holz eine Bedeutung schon haben oder sie doch einst erringen werden.

IV. Identificierung einiger ostafrikanischer Rinden und Hölzer.

Von

M. Gürke und G. Volkens.

Im Laufe der letzten beiden Jahre sind dem Königl. botanischen Museum durch Herrn Regierungsrat Dr. Stuhlmann in Dar-es-Salâm eine Reihe von Holz- und Rindenproben aus Deutsch-Ostafrika zugegangen, die ersteren in z. T. recht ansehnlichen Stammstücken; von den ersten Sendungen konnten anfänglich nur wenige der Proben wissenschaftlich bestimmt werden, da dieselben nur mit ihren einheimischen Namen bezeichnet waren, und das mitgesandte Herbarmaterial meist aus wenigen losen Blättern bestand, nach welchen man höchstens Vermutungen über die Familienangehörigkeit der Proben aussprechen konnte. Spätere Sendungen aber, besonders diejenige, welche auf Veranlassung des Herrn Forstassessor von Bruchhausen durch den am Rufiyi stationierten Bauleiter Kunz zusammengebracht worden, und von ausreichendem Herbarmaterial und von trockenen Früchten begleitet waren, gestatteten, die wissenschaftlichen Namen der Mehrzahl dieser Proben mit Sicherheit festzustellen.

Besonderes Interesse bieten unter diesen zunächst mehrere Mangrovenrinden. Es ist bereits früher in diesem Notizblatt (siehe Bd. I.

S. 169 und 251) auf die Wichtigkeit der Mangrovenrinden als Gerbmaterial hingewiesen worden, und es konnten auch schon die Resultate
der von Herrn Dr. Paessler, dem ersten Chemiker an der Deutschen
Gerberschule zu Freiberg in Sachsen, vorgenommenen Gerbstoff-Unter-
suchung mehrerer Mangrovenrinden mitgeteilt werden. In der Erkenntnis
der Wichtigkeit dieses Gerbmaterials veranlasste Herr Dr. Stuhlmann
nun neuerdings die Einsendung grösserer Quantitäten der Rinden, welche
jetzt am Kaiserl. Gesundheitsamte und an der Gerberschule zu Freiberg
sowohl auf ihren Gerbstoffgehalt, als auch auf ihre praktische Verwendung bei dem Gerben verschiedener Ledersorten einer Untersuchung
unterzogen werden. Die Feststellung der wissenschaftlichen Namen
dieser Rinden bestätigte (mit einigen orthographischen Änderungen)
die Richtigkeit der in diesem Notizblatt Bd. I. S. 171 bereits für die
drei wichtigsten derselben gegebenen Namen; diese letzteren waren aus
dem am botanischen Museum vorhandenen Material entnommen (siehe
auch Engler, Pflanzenwelt Ostafrikas, Teil A, S. 6 und Teil B, S. 287)
und allerdings nicht ganz frei von einigem Zweifel, der nun durch diese
neueren Einsendungen gehoben wird.

In Folgendem geben wir also die einheimischen Namen im Kisuaheli
und die wissenschaftlichen Bezeichnungen nach den jetzigen Fest-
stellungen:

mkaka ist Rhizophora mucronata Lam., die häufigste und am
weitesten in dichten Beständen in das Meer vordringende Mangrovenart
in Ostafrika, welche durchschnittlich eine Höhe von 7—10, selten mehr
als 20 m erreicht. Nach der Angabe von Holst wird der Baum von
den Eingeborenen mkoko genannt.

msimsi oder **mshinzi** ist Bruguiera gymnorrhiza (L.) Lam.,
der stattlichste Baum der ostafrikanischen Mangrovenbestände mit
schlankem Stamme und pyramiden- oder schirmförmiger Krone.

mkandaa ist Ceriops Candolleana Arn., kleiner als die beiden
vorhergenannten Arten, wohl meist strauchartig bleibend und selten
höher als 4 m werdend, im Allgemeinen mehr landwärts vorkommend,
nach Holst von den Eingeborenen mkoko mkandala genannt.

Diese drei Bäume gehören der Familie der Rhizophoraceen an und
sind auch dem Laien schon auffällig durch ihr eigentümliches Gerüst
von elastischen Stütz- und Luftwurzeln oder knieförmig aus dem Wasser
auftauchende Atemwurzeln und ihre von den Zweigen herabhängenden,
mit zuweilen fast meterlangen Keimlingen ausgezeichneten Früchten.

milana ist Sonneratia caseolaris (L.), den Sonneratiaceen angehörend; es ist ein kleiner Baum mit kurzem, dickem Stamm und
weit abstehenden, bogig gekrümmten Ästen, kugeligen, 10—20fächerigen

Früchten, und gleichfalls durch knieförmige Atemwurzeln ausgezeichnet. Holst giebt hierfür den Namen mkoko mpia an.

mkomavi ist die Bezeichnung für Xylocarpus Granatum Koen. (Carapa moluccensis Lam.) und X. obovatus A. Juss. (C. obovata Blume). Beide Arten, welche in ihrem Wachstum nicht sehr verschieden sind, kommen an der ostafrikanischen Küste in der Mangroveformation vor. Sie besitzen kugelige Früchte, welche eine Anzahl tetraëdrische oder pyramidenförmige Samen mit korkiger, zum Schwimmen geeigneter Samenschale einschliessen; die Früchte der ersteren Art erreichen einen Durchmesser von 15—25 cm, die der letzteren sind nur von Orangengrösse. Von beiden liegt Fruchtmaterial vor; zu welcher aber die unter dem oben erwähnten Namen eingesandte Rinde gehört, lässt sich nicht feststellen; offenbar unterscheiden die Eingeborenen die beiden Arten nicht durch den Namen.

mshanti ist die Combretacee Lumnitzera racemosa Willd., ein kleiner, höchstens bis 4 m hoch werdender Strauch der Mangroveformation, besonders am Rande der Creeks vorkommend; seine Atemwurzeln sind sehr scharf knieartig umgebogen; die einsamigen Früchte besitzen ein schwammiges, leichtes Pericarp, in Folge dessen sie leicht schwimmen. Der von Holst für diesen Strauch angegebene Name mtwuim-twui ist mit dem hier festgestellten nicht in Übereinstimmung zu bringen.

mtschu ist Avicennia officinalis L.; diese meist strauchige Verbenacee findet sich wie die vorige Art in grossen, sich weit ausdehnenden Beständen auf Sandflächen landeinwärts der eigentlichen, sich in das Meer vorschiebenden Mangrove. Sie ist die Mangrove des festen Bodens, während namentlich Rhizophora und Bruguiera die Mangrove des Schlammbodens darstellen. Avicennia besitzt kleine gelbe, betäubend riechende Blüten und eiförmige, dünnschalige weichhaarige Früchte. Ihre in grosser Zahl hervorgebrachten Atemwurzeln gleichen 20—50 cm langen, gerade aufstrebenden, mitunter gablig verzweigten Ruten.

sikundazi ist Heritiera litoralis Dryand. Dieser den Sterculiaceen angehörende Baum oder Strauch wird 6—10 m hoch und fällt durch die länglichen, unterseits mit silbergrauen und rostfarbenen Schuppenhaaren dicht bedeckten Blätter und durch die 4—5 cm langen, holzigen, ovalen, braunglänzenden, etwas zusammengedrückten, an der Rückseite in einen flügelförmigen Kiel erweiterten Früchte auf. Er findet sich meist mit Avicennia zusammen am inneren Rande der Mangroveformation. Der von Holst für diesen Baum angegebene Name Mogongo ongo gehört vielleicht, wie der und jener der oben angegebenen, dem diesem Sammler geläufigeren Mdigo- oder Machambaa-Dialekt an.

Ausser diesen, die Mangroveformation zusammensetzenden Bäumen konnten noch von den folgenden, teils der Küstenregion, teils dem Inlande angehörenden Bäumen die Namen ermittelt werden.

shandaruzi, der bekannte Kopalbaum Ostafrikas, Trachylobium verrucosum (Gaertn.) Oliv. (siehe Notizbl. Bd. I. S. 162, 198, 284), dessen Holz offenbar ein gutes Nutzholz ist.

miongo. Das unter diesem Namen eingesandte Material ist Berlinia Eminii Taub., ein Leguminosen Baum mit einfach-gefiederten Blättern und ansehnlichen Blüten, ein Hauptbestandteil des besonders in Unjamwesi auftretenden, lichten Steppengehölzes. Frühere Reisende haben den Baum vielfach als myombo erwähnt, und nach diesem Namen hat man darum die Steppenformation, die er mit zusammensetzt, als Myombo-Wald unterschieden. Der Baum besitzt für die Eingeborenen einige Wichtigkeit, da nicht nur sein brauchbares Nutzholz zu Beilstielen verwendet wird, sondern auch der Bast zur Herstellung einer Art Schachteln, bei den Wanjamwesi lindi genannt, dient; aus der Rinde stellen die Eingeborenen Kleidungsmaterial her. Böhm, welcher den Baum als Hauptbestandteil des „Waldes" bei Igonda anführt, giebt dafür den Namen muba an.

mrongamo ist Ochna alboserrata Engl. Dieser etwa 6 m hohe Baum oder Baumstrauch der Buschvegetation des Küstenlandes besitzt ein Holz, welches sich ebenso durch seine schön hellrote Färbung als auch durch seine ausserordentliche Gleichmässigkeit und feines Korn auszeichnet. Die aussen graubraune, rissige Rinde ist innen hellgelb und findet als Farbmaterial bei den Eingeborenen Verwendung. Nach Stuhlmann wird sie auch in gepulvertem Zustande mit Kokosfett und Baumwolle zur Heilung der Wunde bei der Beschneidung gebraucht. Holst giebt für den Baum die Bezeichnung mungamo an (also dem oben angeführten ähnlich), ausserdem aber auch mkumbi als den bei Amboni gebräuchlichen.

mkwatschu oder **mquadju** ist der bekannte Tamarindenbaum, Tamarindus indica L., der ja in allen Tropengegenden seiner Früchte wegen gebaut wird. Es möge hier aber noch einmal auf das vorzügliche Holz aufmerksam gemacht werden, welches nun in einem ansehnlichen Stammstücke vorliegt. Der Stamm besitzt ein schwaches pupurfarbenes Kernholz und einen sehr feinkörnigen, harten, hellgelben Splint; besonders das Kernholz ist wegen seiner Dauerhaftigkeit zu allerhand Bauten sehr geschätzt, wenn es auch wegen seiner Härte schwer zu bearbeiten ist.

mwinja ist das bekannte, von Casuarina equisetifolia Forst. stammende Eisenholz. Dieser Baum mit quirlig angeordneten, schuppenförmigen Blättern und kleinen, in Kätzchen und Köpfchen stehenden Blüten stammt aus Australien, und wird in Ostafrika, ebenso wie in allen Tropenländern kultiviert. Sein durch grosse Härte und Schwere ausgezeichnetes Holz wird besonders bei Schiffsbauten verwendet. Der Baum zeichnet sich durch rasches Wachstum aus, gedeiht aber nur in dem salzhaltigen Boden der Küstenebenen, wenn in einer Tiefe von 1—2 m Grundwasser vorhanden ist.

mguruti ist Dichrostachys nutans Benth., ein charakteristischer Dornstrauch der Ebene, der Familie der Leguminosen angehörend, mit doppelt gefiederten Blättern; die Blüten in dichten Ähren, die oberen in jeder Ähre gelb, die unteren rosenrot.

mpingo oder **mpinju**, Dalbergia Melanoxylon Guill. et Perr., ein Charakterbaum der Steppe, aus der Familie der Leguminosen. Der Stamm besitzt ein sehr hartes, dichtes, tief purpurrotes bis fast schwarzes Kernholz, welches in Westafrika das sogenannte Senegal-Ebenholz liefert; in Ostafrika, besonders in dem portugiesischen Gebiet kommt es als Grenadilleholz in den Handel und wird zu Spazierstöcken und kleineren Holzarbeiten verwendet. Es ist kaum zweifelhaft, dass auch das in Sansibar und längs der deutsch-ostafrikanischen Küste in den Handel gebrachte und besonders zu Spazierstöcken verarbeitete Ebenholz von Dalbergia Melanoxylon abstammt.

mlibu, der bekannte Cachu- oder Acachu-Baum, Anacardium occidentale L. Ursprünglich in Amerika einheimisch, wird derselbe jetzt überall in den Tropen wegen seiner essbaren Früchte kultiviert; von diesen wird der zu einem birnenförmigen Gebilde sich vergrössernde Fruchtstiel genossen; aber auch der in der eigentlichen nierenförmigen Frucht enthaltene Same ist in geröstetem Zustande essbar. Ausserdem liefert der Baum noch brauchbares Gummi. Holst führt die ähnlich klingenden Namen mbibo und mbiba an, während die Frucht nach Denhardt und Kaerger mit dem Namen koroscho bezeichnet wird.

mrungkwitschi ist der Name für Sideroxylon inerme L., ein Sapotaceenbaum von mässiger Höhe, welcher auf dem sandigen Boden hinter den Mangrovenbeständen und auf den Koralleninseln in ziemlich grossen Beständen vorkommt. Sein Holz ist im Kaplande, wo er sich ebenfalls findet, wegen seiner Schwere und Härte sehr geschätzt und wird besonders beim Schiffsbau verwendet. Holst giebt für den Baum zwei gänzlich verschiedene Namen an, den schon für Heritiera gebrauchten mogongoonga und mtunda.

ntandi ist Kigelia aethiopica Dene., ein hoher Bignoniaceenbaum, in der Belaubung ähnlich unseren Wallnussbäumen, mit einfach

gefiederten Blättern, grossen Blüten in hängenden Trauben, und gurken-
oder wurstartig an sehr langen Stielen herabhängenden Früchten; sein
Holz ist hart und schwer und zu Bauten gut verwendbar. Es wird für
diesen Baum noch der Name mea-gea angeführt, welcher Ähnlichkeit
hat mit dem von Grant angegebenen: milaegea.

mkurudi ist Baphia Kirkii Bak., ein Leguminosenbaum mit über
fingerlangen Hülsen und einfachen, eiförmigen, zugespitzten Blättern.
Eine Holzprobe davon wäre sehr erwünscht, da wir es möglicherweise
mit einem Material zu thun haben, das dem hochgeschätzten Camwood
Westafrikas, von Baphia nitida Afz. herrührend, an die Seite gestellt werden kann.

Ausser diesen Bäumen konnten noch einige andere wenigstens der
Gattung nach bestimmt werden:

mtundu eine Cassia-Art.
mtanga Albizzia spec.
mfule Ficus spec.
mpinga Tetracera spec.

V. Neue Arten aus Transvaal.

Von

A. Engler.

Kirkia Wilmsii Engl. n. sp.; ramulis suboppositis vel subverticil-
latis, apice dense foliatis; foliis glabris subtus costa et costulis pur-
purascentibus exceptis glaucescentibus, multi- (10—12-) pinnatis, rhachi
inter foliola anguste alata; foliolis brevissime petiolulatis vel subsessilibus, lanceolatis, a medio apicem versus remote crenulatis apice cuspide
falciformi instructis; pedunculis folia aequantibus superne corymbosis;
bracteis lineari-lanceolatis deciduis; floribus breviter pedicellatis 4-meris
glabris; sepalis lanceolatis (in alabastro quam petala lanceolata longioribus); staminibus brevibus, antheris ovatis; fructibus quadrangulis
glabris, mericarpiis 4 ab axi persistente secedentibus.

Die an ihrem Ende einen Schopf von zahlreichen Blättern tragenden Zweige
sind etwa 4—6 mm dick. Die Blätter sind 1,2 dm lang, die Zwischenräume
zwischen den mehr oder weniger aufgelösten Blattpaaren 4—5 mm lang und
1—1,5 mm breit; die Blättchen sind 1,5—1,7 cm lang, 4—5 mm breit und am
Rande mit 1,5—2 mm langen Kerben versehen, am Ende mit einer 1,5—2 mm
langen, leicht gekrümmten Spitze. Die Blütenrispen sind von der Länge der
Blätter, zur Zeit der Fruchtreife etwa 1,3 dm lang. Die Früchte sind ungefähr
9 mm lang und 4 mm dick, die Teilfrüchte mit 1 mm breitem Flügelrand versehen.

Transvaal: Am grossen Wasserfall bei Lydenburg (Dr. Wilms, n. 147 — blühend im November 1884; n. 162 — mit jungen Blättern im September 1885; n. 148 — mit entwickelten Blättern und fruchtend im Februar 1895).

Diese Art steht der Kirkia acuminata Oliv. ziemlich nahe; besitzt aber mehr Paare von Blättchen an den Blättern und viel schmalere Blättchen; zudem ist sie durch die schmal geflügelten Blattstiele ausgezeichnet.

Thamnosma africanum Engl. in Bot. Jahrb., X, 33, var. **crenatum** Engl.; candice caules plures emittente, caulibus inflorescentia excepta haud ramosis; foliis pinnatisectis 1—2-jugis, segmentis lanceolatis obtusis crenulatis; inflorescentiae paniculatae ramulis brevibus.

Transvaal: Rustplaats bei Origstadt im Gebiet von Lydenburg (Dr. F. Wilms, n. 202 — blühend und fruchtend im November 1880).

Diese Pflanze weicht von dem im Damaraland gefundenen Th. africanum hauptsächlich dadurch ab, dass die Stengel nicht schon unterhalb der Inflorescens verzweigt sind und eine gedrängtere Inflorescenz besitzen; sodann sind die Blattabschnitte etwas breiter und am Rande schwach gekerbt.

Pittosporum Krügeri Engl. n. sp.; arbuscula glabra; foliis coriaceis glaberrimis utrinque viridibus obovatis vel oblanceolatis obtusis et brevissime apiculatis, in petiolum brevem cuneatim angustatis, nervis lateralibus tenuibus vix prominulis; inflorescentia terminali corymbosa, 7—10-flora, bracteis bracteolisque deciduis; pedicellis flore brevioribus; calyce breviter campanulato, breviter 5-lobo, lobis late triangularibus tubo duplo brevioribus margine ciliolatis; petalis linearibus quam calyx 3-plo longioribus; filamentis crassiusculis, utrinque angustatis; antheris ovatis quam filamenta $3^{1}/_{2}$—4-plo brevioribus; ovario breviter stipitato oblongo in stylum aequilongum attenuato.

Ein immergrüner Strauch, der dem P. viridiflorum Sims durch seine Blätter sehr ähnlich ist. Die dicht stehenden Blätter haben 3—4 mm lange Stiele und 2—4 cm lange, 1,5—2 cm breite Spreiten. Der Blütenstand ist etwa 2 cm lang. Die Blütenstiele sind 3—4 mm lang. Der Kelch ist 1,5 mm lang, die Blumenblätter 6 mm und dabei etwas über 1 mm breit. Die Antheren sind 1 mm, die Staubfäden 4 mm lang.

Transvaal: Klof bei Stephan Schoemans Farm im Gebiet von Lydenburg (Dr. F. Wilms, n. 213 — blühend im Oktober 1887).

Diese Art ist von dem im südlichen Kapland vorkommenden P. viridiflorum hauptsächlich durch die kurzen Kelchlappen und kleineren Blumenblätter unterschieden.

.

Buchenau, Franz, Monographia Juncacearum. Mit 3 Tafeln und 9 Holzschnitten. (Separat-Abdruck aus Engler's Botanischen Jahrbüchern. Band XII.) gr. 8. 1890. M. 12.—.

— **Flora der nordwestdeutschen Tiefebene.** 8. 1894. geh. M.7.—, geb. M.7.75.

— **Flora der ostfriesischen Inseln** (einschliesslich der Insel Wangeroog). Dritte umgearbeitete Auflage. 8. 1896. geh. M. 3.60; geb. M. 4.10.

Bütschli, O., Untersuchungen über mikroskopische Schäume und das Protoplasma. Versuche und Beobachtungen zur Lösung der Frage nach den physikalischen Bedingungen der Lebenserscheinungen. Mit 6 lithographischen Tafeln und 23 Figuren im Text. 4. 1892. M. 24.—.

Daffner, Franz, Die Voralpenpflanzen. Bäume, Sträucher, Kräuter, Arzneipflanzen, Pilze, Kulturpflanzen, ihre Beschreibung, Verwerthung und Sagen. 8. 1893. geh. M. 8.—; geb. M. 9.—.

Frank, A. B., Lehrbuch der Botanik. Nach dem gegenwärtigen Stand der Wissenschaft bearbeitet. Zwei Bände. Mit 644 Abbildungen in Holzschnitt. gr. 8. 1892/93.

geh. M. 26,—; geb. M. 30,—.

„Das vorliegende Lehrbuch der Botanik ist eine selbständige Neubearbeitung jenes berühmten und seiner Zeit in jeder Beziehung mustergültigen Sachs'schen Lehrbuches der Botanik, welches zuletzt in 4. Auflage im Jahre 1874 erschienen war. Das neue Werk bringt in seiner jetzigen Form unter Beibehaltung aller Vorzüge des alten Sachs'schen die veränderten Anschauungen und alle neue Fragen, die sich auf den verschiedenen Gebieten der Botanik in der langen Zeit von fast zwanzig Jahren gebildet haben und muss aus diesem Grunde als ein durchaus auf der Höhe der heutigen Forschung stehendes Hülfsmittel bezeichnet werden."
Botanisches Centralblatt. 1892. Nr. 17.

Knight, Thomas Andrew, Sechs pflanzenphysiologische Abhandlungen. (1803—1812.) Uebersetzt und herausgegeben von H. Ambronn. (Klassiker der exakten Wissenschaften. Nr. 62.) 8. 1895. geb. M. 1.—.

Kölreuter's, D. Joseph Gottlieb, Vorläufige Nachricht von einigen das Geschlecht der Pflanzen betreffenden Versuchen und Beobachtungen, nebst Fortsetzungen 1, 2 und 3. (1761—1766.) Herausgegeben von W. Pfeffer. (Klassiker der exakten Wissenschaften. Nr. 41.) 8. 1893. geb. M. 4.—.

Pasteur, L., Die in der Atmosphäre vorhandenen organisirten Körperchen. Prüfung der Lehre von der Urzeugung (1862). Uebersetzt von A. Wieler. (Klassiker der exakten Wissenschaften. Nr. 39.) Mit 2 Tafeln. 8. 1892. geb. M. 1.80.

Saussure, Théod. de, Chemische Untersuchungen über die Vegetation. Uebersetzt von A. Wieler. Zwei Hälften. Mit 1 Tafel. (Klassiker der exakten Wissenschaften. Nr. 15 und 16.) 8. 1890. geb. M. 3.60.

Sprengel, Christian Konrad, Das entdeckte Geheimniss der Natur im Bau und in der Befruchtung der Blumen. (1793.) Herausgegeben von Paul Knuth In vier Bändchen. Mit 25 Tafeln. (Klassiker der exakten Wissenschaften. Nr. 48—51.) 8. 1894. geb. à Bändchen M 2.—.

Druck von E. Buchbinder in Neu-Ruppin.

Notizblatt

des

Königl. botanischen Gartens und Museums zu Berlin.

No. 12. (Bd. II.)   Ausgegeben am **12. Februar 1898.**

I. Bericht über Kulturversuche in Deutsch-Ostafrika. (Für das Jahr vom Juni 1896 bis Juni 1897.)

II. Chlorophora excelsa (Welwitsch) Bentham et Hooker fil., ein wertvolles Bauholz in Deutsch-Ostafrika. Von A. Engler.

III. Über Cardiogyne africana Bureau, ein Farbholz aus Deutsch-Ostafrika. Von A. Engler.

IV. Zygostates Alleniana Krzl. Von F. Kränzlin.

V. Camptostylus, eine neue Gattung der Flacourtiaceae. Von E. Gilg.

Nur durch den Buchhandel zu beziehen.

✻

In Commission bei Wilhelm Engelmann in Leipzig.

1898.

Preis 0,80 Mk.

Notizblatt

des

Königl. botanischen Gartens und Museums zu Berlin.

No. 12. (Bd. II.)   Ausgegeben am 12. Februar 1898.

I. Bericht über Kulturversuche in Deutsch-Ostafrika.

(Für das Jahr vom Juni 1896 bis Juni 1897).

Durch die gütige Vermittelung der Kolonialabteilung des Auswärtigen Amtes sind der Botanischen Centralstelle die Berichte zugänglich gemacht worden, die eine Reihe von Küsten- wie Inlandstationen Deutsch-Ostafrikas über den Stand ihrer Kulturen um die Mitte des verflossenen Jahres geliefert haben. Von der erteilten Erlaubnis, diese Berichte für das Notizblatt zu verwenden, mache ich dankend Gebrauch, indem ich im Folgenden zuerst nach dem Wortlaut die Zusammenstellung zum Abdruck bringe, welche Herr Regierungsrat Dr. F. Stuhlmann über die seiner Leitung direkt unterstellten Gouvernements-Pflanzungen verfasst hat. Ein zweiter Abschnitt stützt sich auf die Berichte der Militärstationen, einzelner privater Gesellschaften und Missionare. Naturgemäss fallen solche sehr ungleich aus und da sie ausserdem sich fast sämtlich in einer für den Druck wenig geeigneten tabellarischen Form geben, war hier eine Überarbeitung unumgänglich. Herr Prof. Dr. Volkens hat sich dieser unterzogen, indem er in abgerundeter Darstellung unter Weglassung alles Nebensächlichen aus den Einzelübersichten alles das zusammenfasste, was von allgemeinerem Interesse sein dürfte.   A. Engler.

A. Pflanzungen des Gouvernements.

1. Agavenpflanzung auf Kurazini.

Es sind nunmehr im ganzen 100 ha mit ca. 110000 Pflanzen von Fourcroya gigantea bepflanzt, die ein prächtiges Wachstum zeigen.

3

Die von den Blütenschäften abgefallenen Bulbillen kommen zunächst in 10—15 cm Abstand in Saatbeete, von denen jetzt etwa 300 neu angelegt sind. Sehr selten kommt eins dieser Pflänzchen nicht an. Schaden thun ihnen nur Krähen und Ratten. Die etwa 15—20 cm hohen Pflanzen werden nach etwa sechs Monaten in einer Entfernung von 3 × 3 m an ihren Standort versetzt, nachdem das Land vorher sorgfältig geklärt ist. Die besten Umpflanzzeiten sind die Regenperioden. Es kommt nur äusserst selten vor, dass eine Pflanze nicht gedeiht. Von Zeit zu Zeit wird das Unkraut zwischen den Pflanzenreihen entfernt. Die Anlage ist im Mai 1895 begonnen, und es dürften im Oktober 1897 die ältesten Pflanzen zur Ernte reif sein. Ihre Blätter haben dann eine Länge bis zu 1,85 m, bei einer grössten Breite von 22 cm, einer Dicke am Fuss von 6 cm und einem Gewicht von 2,2 kg. Wie viel Fasern die Blätter geben werden, lässt sich noch nicht feststellen. Ebenso bleibt noch zu entscheiden, wie lange eine Pflanze Ertrag bringt, und ob man durch Ausschlagen des Blütenschaftes die Lebenszeit der Agaven verlängern kann. Wurzelschösslinge treibt Fourcroya fast nie. Es wird durchweg eine stachellose Varietät gepflanzt. Die Maschinen, als Extractor und Bürstenmaschine, sind bei Barraclough in England bestellt, ebenso eine 10-pferdige Lokomobile, ein grosser Brunnen ist fertig, so dass zu hoffen ist, dass mit Jahresschluss der Betrieb anfangen kann, allerdings zunächst nur mit einigen Tausend ausgewachsenen Pflanzen.

Die Regenmenge in Dar-es-salam hat 1145—1354 mm betragen, die mittlere Durchschnittstemperatur 25,4⁰ C.

Einige Exemplare der Sisal-Agaven sind auch vorhanden und gedeihen gut. Leider ist die Beschaffung von Saatgut dieser Pflanze recht schwer. Die Regierung von Mexiko legt grossen Exportzoll darauf, und ein Versuch der Deutsch-Ostafrikanischen Gesellschaft zeigt, dass 80 % der bestellten Pflänzchen verdorben ankamen.

Zwischen den Agaven werden Kokospalmen gepflanzt, damit, wenn wirklich der Versuch mit den Agaven resultatlos sein sollte, das Land einen Ertrag geben kann.

Kleine Versuche wurden mit Canaigre gemacht.

2. Tabakplantage in Mohorro.

Die Versuche sind diesmal auf 35 Feldern à 6000 qm angestellt worden. Von den chinesischen Arbeitern trafen 23 im Mai und 10 im August 1896 ein, von ihnen sind 3 gestorben, 2 an Fieber und 1 durch Selbstmord. Diese Chinesen sind zur Präparation des Tabaks nicht zu entbehren, alle andere Arbeit, wie roden, pflanzen u. s. w. wird von Einheimischen gethan, von denen etwa 50—70 im Monatslohn (durchschnittlich 10—12 Rp pro Monat) und zwischen 20 und 300 Mann im Tagelohn (von 8—16 Pesas) beschäftigt wurden. Das Einsetzen der Tabakspflänzchen begann im November 1896 und dauerte bis Februar 1897, und zwar wurden 350000 Pflanzen ausgesetzt. Die Ernte begann im Anfang Januar und schloss Ende April mit 158000 Pflanzen ab. Es ergab sich demnach der enorme Ausfall von 200000 Pflanzen, hervorgerufen einerseits dadurch, dass der stellvertretende Leiter der Plantage während der Hauptpflanzzeit als Zeuge und Dolmetscher zum Gericht nach Dar-es-salam musste und deshalb die Pflanzarbeit nicht schnell genug gefördert wurde, andererseits durch einen abnormen Regenfall des Jahres, der ganze Strecken unter Wasser setzte und die Pflanzen dort tötete. Bei der diesjährigen Neuanlage ist besonders auf sorgfältige Dränierung des etwas undurchlässigen Bodens Bedacht genommen. Die Anlage der Felder ist nach Sumatra-Weise im ersten Jahre einseitig vom grossen Pflanzwege.

Zwischen der Ernte nahm das Bündeln und Stapeln seinen Fortgang, wobei Ganzblatt und Stückblatt schon sortiert wurden. Die Fermentierung verlief regelmässig bei täglicher Beobachtung. Es hat sich herausgestellt, dass zukünftig schon Ende Oktober mit der Pflanzarbeit begonnen und Ende Dezember aufgehört werden muss. Was später in die Felder kommt, verkrüppelt.

Die Regenmenge des Jahres betrug rund 1400 mm.

Als erster Versuch 1895 gelangte Tabakssaat von Lewa zur Aussaat, die aber eine schlechte Qualität erzeugte. Besonders war der Brand mangelhaft. Der zweite Versuch (1896) geschah mit Sumatra-Samen (Plantage St. Cyr) und gelang besser. Der Brand ist gut und weiss, die Struktur des Blattes zufriedenstellend, die Farben sind durchweg hell, so dass hoffentlich ein konkurrenzfähiges Deckblatt erzielt wird. Die erste Probe ist im Juli nach Bremen gesandt worden, wo auch die ganze Ernte, die diesmal nur 90,8 Zentner beträgt, auf den Markt kommen soll. Die Ernte ist im November 1897 nach Bremen gesandt. Die noch unfermentiert abgesandte Probe ist nicht günstig beurteilt. Der Boden ist durchweg sehr gut, so dass eine künstliche Düngung nicht nötig erscheint, höchstens ist vielleicht etwas Kalizusatz nothwendig. Die Bodenanalyse hat sehr gute Resultate ergeben. So z. B. enthielt die Probe eines Tabaksfeldes bei kaltem 48stündigem Auszug in Salzsäure von 1,15 spec. Gewicht: Kieselsäure 0,135, Feuchtigkeit 2,944, Glühverlust 8,72, Stickstoff 0,2074, Kalk 0,605, Magnesia 0,558, Phosphorsäure 0,144, Kali 0,2770, Eisen und Thonerde 3,28 %. Der Boden ist äusserst feinkörnig, stellenweise aber auch leider recht wenig durchlässig. Trotzdem vielfach eine Sandschicht in der Tiefe liegt, steht das Wasser oft tagelang in Vertiefungen.

3*

Für spätere Tabaksplantagen im Rufiyi-Delta kommen nur die Strecken in betracht, die nicht den regelmässigen Überschwemmungen unterworfen sind. Die letzteren nur mit Gras bestandenen Flächen sind für Reis und Zuckerrohr, vielleicht auch für Opium geeignet. Wenn vorher für Kanalisation, Dämme u. s. w. gesorgt ist, so kann man dort mit Dampfpflug arbeiten. Für Tabak kommen die höheren, mit lichtem Akazienwald bestandenen Alluvien in Frage, unter denen die mit durchlässigem Boden die besseren sind.

An Gebäuden sind in Mohorro ausser dem Europäerhaus mit Nebengebäude eine Fermentierscheune, zwei grosse Trockenscheunen und Chinesenwohnungen hergestellt. Das Holz kommt aus den nahen Mangrowewaldungen und die zum Decken nötigen Palmenblätter aus Mafia.

Die Vorarbeiten für die nächste Pflanzperiode haben mit Anlage des Pflanzweges, der Gräben und mit Roden begonnen. Es sind 100 Felder à 6000 qm in Aussicht genommen. Ein Urteil über den Preis des Tabaks steht noch aus. Der Gesundheitszustand der Europäer war durchweg zufriedenstellend, schwere Malariaerkrankungen sind trotz aller Erdarbeiten nicht vorgekommen.

3. Kulturstation Kwai in West-Usambara.

Die Station ist im Juni 1896 östlich vom Fusse des Magamba-Massivs in rund 1600 m Meereshöhe angelegt.

Für die Auswahl des Platzes sprachen folgende Gründe: Einmal wehen in den der Steppe naheliegenden Bergpartien infolge des Ausgleichs zwischen der heissen Steppenluft und der erheblich kühleren der Berge unausgesetzt scharfe Winde, und die Wolken der Steppe hängen sich an die Berge, schlüpfen zwischen Schluchten hindurch ins Innere derselben und lagern sich hier als dichter Nebel über dem Boden; ein weiteres Vordringen derselben hindern die dann folgenden höheren Bergpartien. Diese tags und nachts aus verschiedenen Himmelsgegenden wehenden Winde in Verbindung mit dem fast permanenten Nebel sind den Pflanzen nachteilig, wie die Versuche in der provisorischen Unterkunftsstation Muhafa bewiesen haben. — Zweitens musste ein für Fuhrwerk passierbarer Abstieg aus den Bergen berücksichtigt werden, der bei den fast senkrecht abfallenden, felsenreichen Steppenbergen eine gewichtige Rolle spielt. Es ist nur einer — der jetzt gewählte — gefunden und wahrscheinlich ist ein zweiter nicht vorhanden. Dieser Weg führt auf seiner ganzen Länge bis Kwai durch anbaufähiges, besonders für Besiedelung mit Bauern geeignetes Terrain und ermöglicht überdies den bequemen Anschluss nach benachbarten fruchtbaren Thälern. Der Entschluss, nicht das der Steppe zunächst-

liegende, anbaufähige Land für die Station zu wählen, sondern weiter
ins Innere zu gehen, folgerte aus der Erwägung, dass sich die Versuchsstation im Herzen des für spätere Ansiedelung bestimmten Gebietes
befinden müsse, um den kommenden Besiedlern möglichst schnell er-
reichbar und nutzbar sein zu können; auch reizt eine bereits fertige
Kommunikationsverbindung mehr zur Ansiedelung als die ungangbare
Wildnis. Ferner finden sich in den Höhenlagen von Kwai — 1500
bis 1700 m — sehr günstige Bedingungen für europäische Kulturen,
da die Flora hier in ihrer Zusammensetzung viel mehr an die gemässigte
wie an die heisse Zone erinnert, und der Boden nicht nur aus dem
roten Laterit besteht, sondern wie in der Heimat aus den verschiedensten
Bodenarten zusammengesetzt ist. Ausgedehnte Weideflächen, wie nirgend
sonst im Gebirge zu finden, laden ausserdem zur Viehzucht ein, und
die Temperaturverhältnisse sind die denkbar günstigsten für Viehhaltung;
dem entspricht auch der Reichtum der dortigen Bevölkerung an Gross-
und Kleinvieh, im Gegensatz zu dem ziemlich geringen Viehbestand —
besonders an Grossvieh — in den niedriger gelegenen Teilen des
Gebirges. Endlich schliesst der Weg das grosse, unbewohnte Hochplateau Schumme auf, dessen Reichtum an Juniperuswaldungen die eingehendste Berücksichtigung verdient. Die an dem Wege von Kwai zur
Steppe liegenden Fälle des Mkusu-Flusses ermöglichen den Bau von
Schneidemühlen zum marktfertigen Verarbeiten dieses für die Bleistiftfabrikation so wertvollen Materials.

Die Station befindet sich in einer Höhenlage von 1602 m auf dem
sanft ansteigenden Ostabhange des Ngundo-ya-ngombe-Berges; der
terrassenförmige Aufbau desselben ist zur Aufnahme der einzelnen
Versuchspflanzungen bestimmt, während der zu einer weiten, schönen
Wiese abfallende Fuss des Berges für die europäischen Kulturen verwandt wird. Die Bodenbeschaffenheit wechselt vom schwersten Thon-
boden bis zum leichten Sand, was für die einzelnen, verschiedene
Bodenarten beanspruchenden Pflanzen von grossem Vorteil ist. Die
Fläche von 60 Morgen, die bis jetzt in Kultur genommen ist, erscheint
vielleicht gering für das Bestehen der Station, doch muss hierbei berücksichtigt werden, dass in dem für europäische Getreide etc. bestimmten Boden jeder Baumstumpf, jeder Stein, überhaupt jedes kleine
Hindernis beseitigt werden muss, um die Bearbeitung des Bodens mit
Zugtieren zu ermöglichen. Auch können die ersten drei Monate des
Bestehens der Station nicht gerechnet werden, da die Arbeiterverhältnisse
im Anfange die denkbar ungünstigsten waren. Am 16. Juni 1896
siedelte der Stationsleiter, Herr Landwirt Eick, von Muhafa nach Kwai
über, während die übrigen Beamten noch zwei Monate in Muhafa blieben,
um die Überführung des Inventars nach Kwai zu überwachen. Die Be-

mühungen, Arbeiter zu gewinnen, waren lange erfolglos. Die Berg-
bevölkerung war mit wenigen Ausnahmen nicht zum Arbeiten zu bewegen; sie wollten nicht arbeiten, da sie den Zweck der Arbeit bei
dem Reichtum der Berge, die ihnen ihre Erzeugnisse mühelos hergeben,
nicht einsehen, und ausserdem ein Grundzug des Charakters der männlichen Bevölkerung eine unüberwindliche Arbeitsscheu ist, die so weit
geht, dass Greise und kleine Kinder die Äcker bestellen müssen,
während die rüstigen Männer pfeiferauchend der Arbeit ihrer Eltern
und Kinder zusehen und sie zur schnellen Thätigkeit antreiben. Da
es weder durch Geld noch durch gute Worte gelang, Arbeiter zu erhalten, wurden die einzelnen Ortsältesten für das Erscheinen ihrer
Leute verantwortlich gemacht. Auf der Station war inzwischen alles
geschehen, um den Leuten den Aufenthalt möglichst angenehm zu
machen. Es waren gute Unterkunftsräume gebaut, das nötige Koch-
geschirr an Thontöpfen gekauft, und ein Händler zur Niederlassung in
Kwai veranlasst, um den Leuten unter kontraktlich festgesetzten Bedingungen das leichte Umsetzen des verdienten Geldes in Zeug etc. zu
ermöglichen, auch trug die ruhige Behandlung von seiten der Europäer
dazu bei, die scheuen Eingeborenen mit den neuen Verhältnissen ver-
traut zu machen. Ein Markt, der ebenfalls von Massinde aus befohlen
war, hatte anfangs nicht den gewünschten Erfolg, da die Marktleute
das für ihre Waren eingetauschte Geld nicht kannten, und die Pesas
in Ermangelung einer anderen Verwendung als Hals- und Ohrenschmuck
benutzten. Erst nach und nach entschlossen sich die Leute durch
eifriges Zureden, den Erlös ihrer Produkte beim Händler im Dorfe in
Waren umzusetzen, und jetzt herrscht ein fast täglicher reger Marktverkehr. Ausserdem hatte die Station einen festen Stamm von
24 Arbeiterfamilien von der Küste erhalten, zu denen noch einige
Massaifamilien hinzukamen, die ihre frühere Heimat infolge der dort
ausgebrochenen Hungersnot verlassen hatten. Um diese Familien an
die Station zu fesseln und sie unabhängiger von dem anfangs sehr
wechselnden Marktverkehr zu machen, erhielt jede derselben ein Stück
Land zugewiesen, das zur Beschaffung ihrer Nahrungsbedürfnisse genügte.
Es bedurfte allerdings anfangs eines sehr energischen Vorgehens, um die
trägen Küstenweiber an die Bearbeitung der ihnen zugewiesenen Land-
parzellen zu gewöhnen, doch fügten sich dieselben schliesslich in das
Unvermeidliche und sind jetzt froh über die gute Ernte, die sie gemacht
haben.

    Die Regelung der Arbeiterverhältnisse bleibt immer noch eine der
schwierigsten und wichtigsten Probleme der Station. Die Berg-
bevölkerung wird erst nach langem Bemühen sich zur regelmässigen
Thätigkeit verstehen, und den Leuten der Küste ist das Klima zu kalt.

Das Gouvernement hat deshalb Vorkehrungen getroffen, dass an raueres Klima gewöhnte Leute aus den Plateaus von Uhehe und Ussangu sich bei Kwai ansiedeln, und dass ausserdem den Leuten Wolldecken und wärmere Kleidung für die Abend- und Morgenstunden verschafft werden. Der Gesundheitszustand der Arbeiter leidet zeitweise, besonders während und nach der Regenzeit, stark unter der geringen Temperatur und der grossen Feuchtigkeit, und die Leute bekommen Erkältungskrankheiten, die hoffentlich durch umfangreichen Hüttenbau und Lieferung warmer Kleidung abnehmen werden. Häufig ist auch ein langsames, schleichendes Fieber, dort Kunguru genannt, das alle befällt, die zum erstenmal wieder aus dem kühlen Gebirgsklima kommend, sich vorübergehend in den Ebenen am Pangani-Flusse etc. aufhalten. Sie leiden hieran ebenso wie die Europäer oft wochenlang, doch sollen sich bei einer zweiten Reise zur Steppe die Symptome schon vermindern und meistens das drittemal ganz ausbleiben. Es handelt sich offenbar um einen aus der Ebene mitgebrachten Krankheitskeim, der nach einigen Tagen im kälteren Klima zum Ausbruch kommt. Gerade diese Krankheit bedarf noch des genauen Studiums, wenn einmal kleine Ansiedler, die ihre Kräfte zur Arbeit nötig haben, sich niederlassen sollen. Es ist deshalb dringend wünschenswert, dass ein Arzt vor dem Beginn der Besiedelung das Land genau studiert. Allem Anscheine nach ist das Hochland von West-Usambara ganz oder fast ganz malariafrei, und die klimatischen Verhältnisse sind derart, dass ein Europäer sehr gut den grössten Teil des Tages im Freien körperlich arbeiten kann. Durch vernünftigen Wechsel in der Kleidung muss man sich natürlich gegen die Temperatureinflüsse schützen, die überdies für neu aus Europa Ankommende weit weniger unangenehm sind, als für die an langjährigen Tropenaufenthalt gewöhnten Leute.

Es werden regelmässig meteorologische Beobachtungen, auch mit selbst registrierenden Instrumenten, angestellt und in Dar-es-salam von dem Meteorologen Dr. Maurer berechnet. In den letzten Monaten sind die in beigefügter Tabelle (S. 34 u. 35) gestellten Resultate dabei gewonnen.

Die Bauten der Station sind durchweg aus Felsen, die an Ort und Stelle gesprengt sind, oder aus Luftziegeln hergestellt. Als Mörtel dient eine Mischung aus Lehm und Kuhdung. Neuerdings sind Ziegel mit gutem Erfolg gebrannt worden und werden jetzt ausschliesslich verwandt. Es ist bis jetzt ein Rinderstall mit Korn- und Heuboden, ein Wohnhaus für die Europäer und die Fundamente der Wirtschaftsgebäude hergestellt worden. Für die Arbeiter ist ein Dorf aus 90 einzelnen Hütten gebaut. Sämtliches Holz wird in den nahen Waldungen geschlagen und in Bretter, Balken etc. gesägt. Im Europäerhause mussten der Kälte wegen alle Zimmer gedielt werden.

		November 1896		December 1896	
		mm		mm	
Barometerstand in mm Quecksilber von 0⁰ ohne Höhen- u. Schwere-Korrektion	7 a	630,5		630,8	
	2 p	630,1		631,0	
	9 p	630,6		631,4	
	Mittel	630,4		631,1	
Lufttemperatur nach Celsius	7 a	14,9⁰		15,8⁰	
	2 p	19,0⁰		22,4⁰	
	9 p	15,5⁰		16,3⁰	
	Mittel	16,5⁰		18,2⁰	
	absolutes Maximum	24,5⁰		25,7⁰	
	mittleres „	20,5⁰		23,5⁰	
	absolutes Minimum	10,0⁰		10,4⁰	
	mittleres „	20,8⁰		13,5⁰	
	grösste Tagesschwankung	13,3⁰		15,3⁰	
	kleinste Tagesschwankung	1,8⁰		4,2⁰	
		mm	%	mm	%
Dampfspannung in Millimetern und Procenten der relativen Feuchtigkeit	7 a	11,3	89	11,5	86
	2 p	12,6	78	12,7	64
	9 p	12,0	92	11,9	86
Niedrigste um 2 p beobachtete Feuchtigkeit			54		49
Regenmenge in Millimetern		320,7		47,4	
Anzahl der Tage mit über 0,5 mm Regen		21		8	

Zu Beginn der Beobachtungen war eine Regenperiode im Gang, die bis zum (17. und 18.), regenarm. Die längste regenfreie Periode währte vom 18. Januar regenarm gewesen sein; die Winde wehten bis in den März vorherrschend aus änderlich, um im Mai vorwiegend in den südwestlichen Quadranten überzugehen.

NB. Aus den Beobachtungen eines Jahres, bis incl. Oktober 1897, in dem temperatur 17,5⁰ C. war, das äusserste Minimum etwa 6,5⁰, das äusserste Maximum

---

') Diese Zahlen gelten für 8 p.

Kwai.

38° 17'; südliche Breite 4° 45'.

1602 m.

Januar 1897		Februar 1897		März 1897		April 1897		Mai 1897	
mm		mm							
630,2		629,4							
630,1		628,9							
630,4		629,2							
630,2		629,1							
16,1°		15,2°		15,2°		14,9°		14,4°	
22,7°		22,7°		22,5°		19,0°		17,3°	
17,3°		17,1°		16,7°		15,8°		14,8°	
18,7°		18,7°		18,3°		16,6°		15,4°	
26,1°		27,2°		26,5°		24,6°		21,3°	
24,4°		24,5°		24,1°		20,2°		18,3°	
10.7°		11,4°		11,8°		10,2°		11,6°	
14,0°		13,6°		13,4°		13,8°		13,6°	
14,8°		15,4°		14,0°		12,7°		9,1°	
6,0°		7,0°		7,1°		3,0°		1,8°	
mm	%	mm	%	mm	%	mm	%	mm	%
11,7	88	11,2	87	11,8	93	11,4	91	10,8	88
12,7	63	12,4	61	13,0	63	12,9	80	11,8	80
12,4	85	12,3	85	12,4	88	12,3	90	11,4	90 [1])
	41		41		46		54		61
88,9		86,3		88,0		106,5		128,1	
8		10		13		19		17	

1. Dezember 1896 anhielt; der Dezember war, abgesehen von zwei Regentagen
bis 7. Februar 1897, Ende Mai liessen die Niederschläge nach; der Juni dürfte
östlichen bis südöstlichen Richtungen, waren im April in der Richtung sehr ver-
Nebel oder Dunst in der Frühe war fast täglich zu beobachten.

---

aber ein Monat noch nicht berechnet ist, ergiebt sich, dass die Durchschnitts-
26,5° und die Regenmenge 1150 mm gegen 3390 mm in Handei (Kwamkoro).

Für die Viehhaltung sind die besten Aussichten vorhanden. Die Rinder der Eingeborenen sehen vortrefflich aus; da sich die Leute nur sehr schwer von ihnen trennen, so musste der Stamm aus anderen Gegenden bezogen werden. Die Weide besteht aus saftiger, harter Grasnarbe, in der Kräuter vorkommen, die ganz an unsere Kleearten, an Storchschnabel, Vergissmeinnicht u. s. w. erinnern. Der lästige Adlerfarn des übrigen Usambara, der sofort alles Brachland bedeckt, kommt bei Kwai nur ganz selten vor. Eine Reihe von Ochsen sind zum Pflügen und Herbeischaffen von Holz eingefahren. Einige eingeborene Esel halten sich recht gut und sind zum Tragen abgerichtet, dagegen sind die der Station überwiesenen Maultiere gestorben. Schweine gedeihen ganz vorzüglich. Zu Versuchszwecken sind Angoraziegen aus Südafrika bestellt.

Die Pflanzungen sind eingeteilt in:

1. Einen Versuchsgarten im Westen der Station, der bestimmt ist, auf seinen einzelnen am Berge emporsteigenden Terrassen die gesandten Sämereien aufzunehmen, die Baumgattungen zu verschulen, und die Kaffeepflänzchen zur Auspflanzung vorzubereiten.
2. Eine europäische Feldwirtschaft im Osten und Süden der Station, in der mit sämtlichen Kulturgewächsen des gemässigten und heissen Klimas Anbauversuche gemacht werden.
3. Eine Kaffee- und Tabakpflanzung im Westen und dem Gemüsegarten hinter dem Wohnhause mit dem sich daran anschliessenden Weinberge. Die gesandten Obstbäume aus Hamburg und Neapel haben ein besonderes Quartier erhalten, in dem sie als Spalier- und Pyramidenbäume gezogen werden. Dieses Quartier dient ausserdem noch zur Anlegung von Samen- und Schulbeeten für die zahlreichen einheimischen und fremden Baumsämereien.

Im speziellen verdienen die Gemüse Erwähnung, die in vorzüglicher Qualität gedeihen. Es sind mit fast allen europäischen Arten mit Erfolg Versuche gemacht. Alles gedeiht wie in Deutschland und fast das ganze Jahr hindurch. Von den zahlreichen Baumsamen zeigen verschiedene Eucalyptus- und Akazien-Arten ein sehr schönes Wachstum, ebenso eine Reihe von Coniferen. Sehr interessant ist, dass die europäischen Obstbäume sowie die Weinreben während der kalten Monate Mai, Juni ihre Blätter verloren und im Juli wieder neue Triebe ansetzten. Es sind im ganzen 283 verschiedene Versuche mit Sämereien gemacht.

Für die europäischen Getreidearten ist ein Land von 60 Morgen sorgfältig gepflügt und geeggt. Die Einsaat geschieht fast ausschliesslich mit einer Drillmaschine, da sich gezeigt hat, dass bei der Aussaat mit der Hand die Körner zu ungleich keimen und die Ähren später zu ungleich reifen, um ein regelmässiges Mähen zu ermöglichen. Weizen, Gerste und Hafer, Luzerne, Lupine, Kleearten, Linsen u. s. w. gedeihen ausgezeichnet. Mit Roggen sind die Versuche noch resultatlos wegen ungeeigneten Saatgutes. (Neuerdings ist Roggen ebenfalls gediehen.) Wicken sind aus unbekannter Ursache nicht gediehen. Ganz ungewöhnliche Resultate wurden mit Runkelrüben erzielt, von denen die schwersten 15 kg erreichten, und die das ganze Jahr hindurch gedeihen.

Einige besondere Ergebnisse mit europäischen Kulturen seien hier erwähnt:

Weizen wurde am 22. August 1896 gesät und geerntet 600 kg pro Morgen.

Erbsen, gesät am 22. August 1896 und geerntet 700 kg pro Morgen.

Gerste, gesät am 22. August 1896 und geerntet 700 kg pro Morgen.

Hafer, Probsteier, gesät am 24. August 1896 und geerntet 750 kg pro Morgen.

Gerste, Oderbruch, gesät am 24. August 1896 und geerntet 620 kg pro Morgen.

Kartoffeln, gepflanzt 25. August 1896 und geerntet 3600 kg pro Morgen.

Weizen, englischer, gesät 2. November 1896 und geerntet 750 kg pro Morgen.

Erbsen, gesät 25. November 1896, geerntet 750 kg pro Morgen.

Buchweizen, gesät 10. Aug. 1896, geerntet 500 kg pro Morgen.

Eine sehr wichtige Arbeit für die Zukunft der Station, und damit für die aller Pflanzungen in diesen Gebieten, ist durch Bau eines etwa 35 km langen Weges gemacht worden, der von Kwai ausgehend, den Mkusufluss überschreitet und über den Pass Kikulunge durch das Rusottothal zur Panganisteppe bei Mombo führt. Landwirt Eick hat den grössten Teil des Weges selbst ausgesteckt und den Bau geleitet, nur der letzte schwierigste Abstieg zur Steppe ist von Fachleuten ausgemessen und noch in Bau begriffen. Die grösste Strecke des Weges ist von den Eingeborenen der Berge gemacht, ohne dass das Gouvernement Unkosten davon gehabt hat. Der Weg ist, von einigen Sprengungen abgesehen, schon jetzt für Reit- und Lasttiere gangbar und wird es nach einigen Verbesserungen bald auch für Wagen sein. Die nächste Aufgabe wird sein, ihn nach der Küste bis zum Endpunkt der Eisenbahn fortzuführen.

Aus den bisherigen Resultaten geht hervor, dass der Beweis geliefert ist, dass der deutsche Bauer in den Hochländern von West-Usambara in der ihm gewohnten Weise seine Nahrung bauen kann, und dass er zwei Ernten im Jahre haben wird. Es ist ferner ziemlich wahrscheinlich, dass er, ohne an seiner Gesundheit Schaden zu nehmen, dort leben und arbeiten kann, wofern er vernünftig ist. Sobald der Weg zur Eisenbahn fertig gestellt ist, oder noch besser, falls die Eisenbahn — möglichst bis Massinde — fortgeführt wird, kann der Ansiedler auch seine Feldfrüchte, wahrscheinlich auch Butter und Käse, für den Bedarf der Küste, Sansibar u. s. w. auf den Markt bringen. Ebenso wird er sich durch Viehhaltung und Anbau von einigen Kaffeebäumen einen Erwerb schaffen können. Mittellos darf der Ansiedler allerdings nicht sein, denn er hat eine Anzahl von Arbeitern anzustellen und muss sich mindestens zwei Jahre unterhalten können.

Bevor mit einer etwaigen Besiedelung vorgegangen werden kann, müssen die Versuche noch weiter geführt werden, besonders mit bezug auf Kaffee. Es versteht sich von selbst, dass nur wirklich tüchtige Landwirte etwas erreichen werden, und diese auch nur mit Arbeit und Mühe. Es wird sich herausstellen, dass ein deutscher Bauer bald zu einer kombinierten Tropenwirtschaft übergehen wird, weil für die Bearbeitung mit dem Pflug zu wenig ebene Flächen vorhanden sind. Er wird von europäischen Gewächsen so viel bauen, wie er für seinen Haushalt und den Verkauf an der Küste gebraucht, im übrigen aber Kaffee, Thee, Wein, Coca u. s. w. pflanzen. Mit den selbstgebauten Feldfrüchten wird er sich solange ernähren müssen, bis die Tropenpflanzen ihm Erträge liefern, und diese wird er am besten auf dem Genossenschaftswege verwerten.

Wenn überhaupt irgendwo in Ostafrika, so ist es in den Hochländern von West-Usambara möglich, den deutschen Bauer anzusiedeln. Geht es hier, so wird es auch in den Hochländern anderer Gebirge möglich sein, die nicht so nahe der Küste gelegen sind. Es ist zu hoffen, dass schon im nächsten Berichtsjahre einige Landwirte sich in West-Usambara ansiedeln werden.

4. Versuchsgarten in Dar-es-salam.

Im Versuchsgarten wurden wie bisher die Arbeiten weiter geführt. Es soll kein botanischer Garten angelegt werden, zu dem die Bedingungen nicht vorhanden sind, sondern es sollen Alleebäume und Zierpflanzen für die Anlagen in Dar-es-salam und in anderen Küstenorten vermehrt bezw. akklimatisiert werden. Grössere Gartenanlagen wurden um das neue Hospital hergestellt und dabei der Versuch gemacht, aus einheimischen Gräsern, die sorgfältig gepflanzt wurden, einen Rasen herzustellen. Es wurden eine grosse Zahl von Alleebäumen angeschult, besonders Poinciana regia und Albizzia Lebbeck. Es würde zu weit führen, alle Versuche mit verschiedenen Sämereien hier aufzuführen. Eine Kulturnachweisung konnte leider nicht aufgestellt werden, da ein zu häufiger Wechsel im Gärtnerpersonal infolge von Erkrankungen und notwendigen Versetzungen eintreten musste. Es seien hier nur einzelne Pflanzen erwähnt:

1. Gewürze, Reizmittel etc.

Coffea arabica ist in zwei Bäumen im Garten, die reichlich Frucht tragen. Die Blattentwickelung ist schwach, obgleich sich Hemileia nicht gezeigt hat.

Coffea liberica. Von den vor drei Jahren gepflanzten Bäumen haben sich eine Anzahl erholt und sind jetzt $1\frac{1}{2}$—2 m hoch. Die ersten Blüten wurden entfernt. Jetzt haben einige Pflanzen gut Früchte angesetzt.

Vanille. Offenbar aus Mangel an Humus im Boden kränkeln die Pflanzen und sehen gelblich aus. Auch bewährte sich Jatropha Curcas als Schutz- und Schattenpflanze schlecht. Die Anlage wird demnächst erneuert unter natürlichen Schatten-Akazien, ausserdem ist eine Windschutzhecke von Bixa orellana geplant. Trotz der ungünstigen Verhältnisse sind einige Schoten von guter Länge und feinem Aroma gewonnen.

Pfeffer, junge von den Seychellen bezogene Pflänzchen kommen bis jetzt gut, doch habe ich keine Hoffnung auf Gedeihen, da das Klima zu trocken ist.

Erythroxylon Coca. Ein Busch entwickelt sich gut und trägt sehr reichlich Früchte. Es ist bis jetzt aber nicht gelungen, diese Früchte auszupflanzen. Sie sind stets im Boden verdorben. Ebenso kamen aus Ceylon bezogene Früchte in Kwai verfault an.

Cacao. Die Pflanzen wurden immer etwa nur $\frac{1}{2}$ m hoch und gingen dann ein. Neuerdings gezogene Sämlinge von den Seychellen stehen gut.

Thee (assam, sinensis, hybrida). Junge Sämlinge stehen gut.

Ficus elastica gedeiht sehr gut, doch glaube ich nicht, dass er Kautschuk liefern wird, ebenso wächst Manihot Glaziovii sehr rasch, giebt aber fast keinen Kautschuk.

Kickxia africana kam als Samen von Kamerun, die sämtlich angefressen waren; die Aussaat war deshalb vergeblich.

Euphorbia sp., die in Süd-Madagaskar eine der besten Kautschuksorten produziert, ist in einem sehr langsam wachsenden Exemplar vorhanden. Es sollen Vermehrungsversuche vorgenommen werden, wenn die Pflanze etwas grösser ist.

Vahea sp. von Madagaskar (Nossibé-Majunga) kommen gut. Recht schön sind einige Pflanzen in Tanga gediehen. Sie sind von unseren einheimischen Landolphien sehr verschieden.

2. *Fruchtbäume.*

Spondias dulcis wächst sehr üppig, die Bäume sind 3—4 m hoch, aber noch ohne Blüten.

Persea gratissima. Sämlinge entwickeln sich gut und sind jetzt 1 m hoch.

Eriobotrya japonica. Einige Pflanzen entwickeln sich sehr kräftig, nachdem ein grosser Teil eingegangen war.

Durio zibethinus. Die Anzucht der Samen, die aus Sansibar frisch bezogen, gelang zweimal nicht; junge Pflanzen aus Sansibar schienen zuerst gut zu gedeihen, zeigen jetzt aber auf Erscheinungen, die ein baldiges Absterben befürchten lassen.

·Anona cherimolia. Sämlinge stehen recht gut.

A. muricata. Die Bäume sind jetzt 3—4 m hoch, tragen aber noch keine Blüten. A. muricata wächst überall halb wild.

Tamarindus indica ist in einigen Bäumen vorhanden, die aber viel unter einer Blattkrankheit leiden. Sämlinge vertragen das Verpflanzen sehr schlecht.

Ceratonia siliqua wächst sehr langsam und bildet keinen rechten Stamm. Die Pflanzungen sind in 3 Jahren nur $^3/_4$ m hoch.

Eugenia jambosa. Sämlinge stehen ausgezeichnet.

3. *Faserpflanzen.*

4 Arten Sanseviera gedeihen alle sehr langsam. An eine Kultur dieser Pflanzen ist nicht zu denken. Verschiedene Agaven kommen recht gut.

Corchorus capsularis. Der von Berlin gesandte Samen ging ausgezeichnet auf, die Pflanzen wurden aber nur ca. 50 cm lang, die Samenbildung war gut. Jetzt werden mit hier gezogenem Samen die Versuche fortgesetzt.

Pandanus sp. von hier, und Pandanus utilis von Madagaskar kommen gut vorwärts.

Phormium will nicht recht gedeihen.

4. *Alleebäume und Nutzhölzer.*

Tectona grandis. Die erste Sendung Teck-Samen keimte gut, die letzte der Sendungen dagegen recht mangelhaft (kaum 1 %). Die Pflanzen entwickeln sich sehr rasch, schiessen ohne Seitenäste etwa 6 m in 1½ Jahren in die Höhe. Jetzt haben sie auch vielfach ihre Blätter eingebüsst, wahrscheinlich infolge Heimsuchung durch eine Blattlaus, der man bei der Höhe der Bäume schlecht beikommen kann. Es bleibt abzuwarten, wie die Pflanzen sich erholen. Es wurden neuerdings, leider mit der schlechten Saat, weit über 100 Saatbeete angelegt, auf denen nur einige Hundert Pflänzchen aufgekommen sind.

Terminalia Catappa kommt überall verwildert vor. Es sind eine Menge Bäume zur Bepflanzung einer Strasse angezüchtet. Die Entwickelung ist ungleichmässig, ein Baum ist oft doppelt so hoch als der Nachbar. Die jungen Blätter wurden zeitweise stark von einer Ameise mitgenommen.

T. tomentosa ist in zwei etwa $2\frac{1}{2}$ m hohen Bäumen vorhanden.

Poinciana regia ist der Alleebaum par excellence. Er wächst enorm rasch und bietet in 2—3 Jahren einen stattlichen Baum. Der Fehler ist, dass die Äste sehr lang und überhängend werden, so dass man viel Arbeit mit der Beschneidung hat.

Albizzia Lebbek gedeiht vorzüglich und wächst ebenfalls sehr rasch. Es sind schon einige Strassen damit bepflanzt. Junge Bäume sind in vielen Tausenden gezüchtet und auch an andere Küstenorte abgegeben. Die Bäume werfen leider hier ihre Blätter im August, aber nur auf kurze Zeit.

Acacia arabica gedeiht gut, ist aber der dünnen Belaubung wegen als Alleebaum nicht verwendbar.

Pithecolobium dulce wächst sehr gut und wird zu Hecken verwandt.

Sterculia alata und St. quadrifolia sind in einigen 3—4 m hohen Bäumen vorhanden, die rasch wachsen.

Cassia florida ist als Alleebaum fast unbrauchbar.

Erythrina indica und E. tomentosa werden im Mai und Juni von einem Käfer an der Vegetationsspitze angestochen und gehen dann ein oder verkrüppeln.

Schizolobium excelsum ist 1 m hoch und kräftig. Coccoloba uvifera ebenso.

Melaleuca Leucadendron kommt recht gut. Die Bäumchen sind fast 1 m hoch. Sehr gut kommen sie in Mohorro fort.

Eucalyptus sind in vielen Arten gepflanzt, gut gedeihen hier aber bis jetzt nur Eucalyptus occidentalis und E. citriodora. Die Versuche mit anderen Arten werden fortgesetzt, da der Misserfolg möglicherweise in der Art des Verschulens liegt. Geradezu grossartig wachsen die meisten Eucalypten in Kwai, besonders Eucalyptus globulus ist nach 1 Jahr 5 m hoch und 2 Finger dick. Mit vielen anderen Arten ist dort ein ganzes Gebiet quartierweise angeschult.

Acacia dealbata kommt leidlich, ebenso Acacia heterophylla; die australischen Gerberakazien wollen hier nicht gedeihen, besser kommen sie aber in Kwai.

Casuarina equisetifolia (hier wild), E. tenuissima von Bourbon und E. quadrivalvis kommen gut. Albizzia molluccana gedeiht sehr schön und bildet jetzt nach 12 Monaten 3—4 m hohe Bäume allerdings meist mit wenig Laub.

5. *Zierpflanzen, Palmen u. s. w.*

An Palmen gedeihen Elais guineensis sehr gut, die Kerne brauchen aber oft 18 Monate zum Keimen, ebenso Phoenix sylvestris, Washingtonia filifera, Latania borbonica, Arenga saccharifera, Chamaerops excelsa, Caryota urens und viele andere sind noch zu klein (ca. $\frac{1}{2}$ m hoch), um ein Urteil über das definitive Gedeihen zu geben.

Encephalartus Hildebrandtii, der hier wild wächst, findet in den Anlagen Verwendung. Ebenso eine Zamiaart. Verschiedene Dracaenen, Araucaria excelsa und A. Cunninghami, Ravenala madagascariensis, eine Reihe von Bambusarten aus Java, Croton und andere buntblätterige Gewächse sind als Zierpflanzen noch erwähnenswert. Sehr schön gedeiht Melia Azedarach. Über zahllose Blumensorten, Palmen u. s. w., mit denen jetzt Versuche angestellt werden, wird der nächste Jahresbericht Aufschluss geben.

5. Andere Kulturen.

Bei der Viehzuchtstation Msikitini auf Mafia werden kleinere Versuche mit Cocos, Coffea liberica und anderem gemacht, ebenso auf dem Viehdepot in Pugu bei Dar-es-salam, das erst in der Entstehung begriffen ist.

B. Pflanzungen der Bezirksämter, Militärstationen und einzelner Privater.

Während über den Stand der Kulturen auf den Plantagen der grösseren Pflanzungsgesellschaften keine Berichte vorliegen, sind die der behördlichen Organe fast vollzählig eingetroffen, dazu haben einige Missionsstationen, der Versuchsgarten der Deutsch-Ostafrikanischen Gesellschaft in Tanga, die Herren Perrot in Lindi und von Quast in Mikindani Übersichten über ihre Erfolge oder Misserfolge gegeben. Das Bild, welches wir gewinnen, bleibt also lückenhaft. Um es auszufüllen, wäre namentlich erwünscht, dass die katholischen Missionsanstalten Bagamoyo, Mrogoro, Kilema u. a., die sich ja stets mit besonderem Eifer der Einführung und Pflege von Nutzpflanzen hingegeben haben, uns in der Zukunft eine Zusammenstellung alles dessen brächten,

was sie zur Zeit in Kultur haben, und uns gleichzeitig die Erfahrungen
mitteilten, welche sie im Laufe der Jahre nach positiver oder negativer
Seite hin gewonnen haben. Fliessen diese Berichte an einem Punkt
zusammen, so ist es möglich, durch jährliche, zusammenfassende Ver-
öffentlichungen jeden der über das ganze Schutzgebiet verteilten
Kultivateure aus den Erfahrungen der anderen Nutzen schöpfen zu
lassen. Auch die schwierige Frage der Beschaffung keimfähigen Saatgutes kann dadurch wesentlich gefördert werden. Erfährt man, wo
irgend ein eingeführter wertvoller Baum oder sonst ein Nutzgewächs
zum Fruchtansatz gelangt ist, so steht seiner schnellen Verbreitung
nichts mehr im Wege und man ist der Kosten, des Ärgers und der
vielen vergeblichen Mühen enthoben, die immer mit dem überseeischen
Bezuge der Samen von Tropenpflanzen verknüpft sind.

Zu den Einzelberichten übergehend, muss vorangeschickt werden,
dass den breitesten Raum in ihnen die Mitteilungen über den Gemüsebau einnehmen. Eine Reihe von Stationen beschränkt sich ganz auf
diesen und betreibt ihn nur zum Zweck der Eigenernährung. Ganz
vereinzelt wird gemeldet, dass Saat auch an Eingeborene abgegeben
worden sei. — Was wir über das Gedeihen der europäischen Gemüse-
arten in Ostafrika zur Zeit wissen, gestattet uns ein so abschliessendes
Urteil zu fällen, dass eigentlich weitere Berichte darüber in der Zukunft kaum noch nötig erscheinen. In den kühleren und regenreicheren
Lagen sämtlicher Gebirge, die sich über 1000 m erheben, wächst fast
alles, was wir in Deutschland an Gemüsen und Hülsenfrüchten erzeugen, genau so, zum Teil sogar noch besser. 1500 m Meereshöhe
scheint im allgemeinen die günstigste Zone zu sein. Misserfolge sind
hier immer auf schlechtes Saatgut, auf Wahl einer ungeeigneten Pflanzzeit oder auf tierische Feinde zurückzuführen. Unter letzteren spielen
weisse Ameisen die Hauptrolle, daneben besonders Tausendfüssler,
Raupen und Schnecken, endlich Käferlarven, die die Wurzeln der Keim-
linge zerstören. Hervorragend günstige Resultate im Gemüsebau berichtet ausser Kwai, wo man sich auch der Samenzucht widmet,
namentlich die neugegründete Militärstation Iringa in Uhehe, die einen
Garten im Thal bei 1500 m und einen zweiten auf der Höhe bei
1600 m unterhält. Im ersten gelangte Rotkohl zur Entwicklung, dessen
grösste, überaus feste Köpfe bei einem Gewicht von 15 Pfd. englisch
einen vertikalen Durchmesser von 90 und einen horizontalen von 110 cm
erreichten. Ebenda gezogene Zwiebeln von 330 g und rote Beten
von 1200 g können gleichfalls als gärtnerische Musterleistungen gelten.
Wie Iringa betont Manow und Rungwe im Kondeland auch für Gemüse
die Notwendigkeit der Düngung. Alle Kohlarten, Gurken und Erbsen
geben in Rungwe auf gedüngtem Boden einen vorzüglichen, auf unge-

4

düngtem einen sehr geringen Ertrag. Kartoffeln lieferten in einem Fall eine 50—90fache, im andern nur eine 10—15fache Ernte.

Ausnahmslos weniger gut als in den Gebirgen gedeihen naturgemäss die Gemüse und Hülsenfrüchte an der Küste und auf den Stationen des flachen Innern. Nur bei der Anzucht unter Schattendächern ist es hier möglich, einigermassen befriedigende Ergebnisse zu erzielen. Überall gut, da sie auch vom Ungeziefer verschont bleiben, sind die Möhren, überall schlecht und darum am besten von der Liste der Kulturpflanzen zu streichen, sind Sellerie, Schnittlauch, Spinat und Kohlrabi. Erbsen wachsen merkwürdigerweise vortrefflich in Tabora, überall sonst geben sie nicht die Aussaat. Sie gehen unter der Hitze zu Grunde, während in Kwai davon auf den Morgen 700 kg geerntet werden; in Iringa ist sogar ihr Anbau überall auch bei den Eingeborenen verbreitet. Sehr mässig sind die Erfolge auch mit europäischen Gurkenarten, der japanischen Klettergurke und Kürbissen. Von zwei Seiten wird erwähnt, dass ein fliegenartiges Insekt mit langem Legestachel seine Eier in die jungen Früchte senke und die bereits nach 3 Tagen daraus entwickelten Maden die Ernte völlig vernichten. Als sehr wirksam hiergegen wird durch den Bezirksrichter Herrn von Reden empfohlen, die Früchte von ihrem ersten Erscheinen an in kleine Säckchen zu binden.

. Verschiedentliche Versuche sind mit Spargel angestellt worden. Tanga und Iringa scheinen damit Erfolg gehabt zu haben, Bagamoyo hat nur bleistiftstarke, unverwendbare Schosse erzeugt. Manow berichtet, dass der einheimische Spargel, der von den Bakinga im Livingstonegebirge genau wie unserer gegessen wird, auch dem unsrigen durchaus gleiche. Da es wilde Spargelsorten überall im Schutzgebiete giebt, in den Wäldern wie in den trockensten Steppen, dürfte dieser Fingerzeig von Wert sein. — Was Kartoffeln angeht, so hat Kwai davon auf dem Morgen 3600 kg gewonnen. Iringa berichtet, dass es nach 3½ Monaten von 200 Stauden 400 Pfd. engl. geerntet habe; einzelne Pflanzen hätten bis zu 50 Knollen getragen, doch liessen diese noch an Mehligkeit zu wünschen übrig. Der Grund hierfür mag in mangelnder Düngung zu suchen sein, denn Manow sagt, dass ohne Dung nur haselnussgrosse Knollen zur Ausbildung kämen, und dies stimmt mit den schon oben erwähnten Erfahrungen Rungwes überein. Vom Kilimandscharo, wo sicher im Schutzgebiet der ausgedehnteste Kartoffelbau betrieben wird, erfahren wir nur, dass nach Kisuani Saat abgegeben worden sei, hier aber nur ein ungeniessbares Produkt geliefert habe. Denselben Misserfolg hat Kisokwe, Kilossa und Kilimatinde zu verzeichnen, während Mpapua von einem guten Stande der Kulturen, Pangani von einer 8½fachen Ernte zu erzählen weiss.

Eine allseitige Verbreitung hat ein von der Kulturabteilung Dar-
es-salam verteiltes Gewächs gefunden, das darum nicht ohne Wichtigkeit ist, weil es den Stationsküchen ein als gutes Kompott zu ver-
wendendes Beerenobst zuführt. Ich meine Physalis peruviana, vielfach als Cape gooseberry bezeichnet. Die Pflanze ist nur in Bagamoyo
eingegangen, Herr Perrot behauptet, der Ertrag lohne nicht den Anbau, überall sonst, in Tanga, Massinde, Sakane, Mpapua, Kilimatinde,
Tabora, Iringa wird von überreichem Erntesegen gesprochen, auch
betont, dass die Pflanze sich von selbst aussäe und verwildere. Der
Chef von Kisuani empfiehlt, um ein besonders wohlschmeckendes Kompott zu erhalten, die Beeren mit Arrac einzukochen.

Die Anpflanzung tropischer und subtropischer Obstbäume und
Sträucher nimmt in erfreulicher Weise zu. Eine grössere Anzahl von
Stationsleitern, die an der Küste sich an den Genuss erfrischender
Dessertfrüchte gewöhnt hatten, nahmen bei ihrer Versetzung ins Innere
Samen und Stecklinge mit sich oder liessen sich später solche kommen.
Apfelsinen, Citronen, Orangen oder Limonen wurden in Kwai,
Sakane, Kisuani, Kisokwe, Kilossa, Kilimatinde und Iringa früher oder
neuerdings ausgesät und haben sich zum Teil wenigstens bereits zu kleinen
Bäumchen entwickelt. Feigen besitzen dazu Kwai, Iringa und Manow,
letzteres auch den Granatapfel. Den Mangobaum ins Innere verpflanzt hat besonders Mpapua, wo sich bereits beiderseits der Karawanenstrasse nach Tabora auf 400 m Länge eine Allee 2 m hoher Bäumchen
findet. In einigen Exemplaren wenigstens hat ihn Sakane, Kisuani und
Kilimatinde. Nur an den beiden letzteren Orten wird auch Ananas gezogen, während Papayen fast überall vorhanden zu sein scheinen. Von
weniger häufigen Tropenfrüchten erfreuen sich im Innern die Anonen,
besonders A. squamosa (Mstapheli), offenbar der meisten Anerkennung,
denn ich finde Notizen über ihre Anpflanzung in Kwai, Kisuani, Kilossa
und Kilimatinde. Sonstige, ursprünglich nicht afrikanische tropische
Fruchtbäume und -Sträucher scheinen vorläufig, von Kwai und Stationen
abgesehen, über die wir überhaupt aus den Berichten nichts erfahren,
ganz auf die Küste beschränkt zu sein. Die reichhaltigste Kollektion
davon besitzt der Versuchsgarten in Dar-es-salam, ferner Mohorro und
der Garten der Deutsch-Ostafrikanischen Gesellschaft in Tanga. Erwähnt werden Persea gratissima, Passiflora edulis, 4 Anona-
Arten, Aegle Marmelos, 3 Psidium-Arten, Eugenia edulis und
Jambosa, Spondias dulcis, Eriobotrya japonica und Durio
zibethinus. Wenn von einigen Seiten geklagt wird, dass die weissen
Ameisen dem Aufkommen der Fruchtbäume grossen Schaden bereiten,
so ist es vielleicht von Wichtigkeit, hier eine Bemerkung wiederzugeben,
die Rev. Cole in Kisokwe (Ugogo) macht. Er räth Mango und Jack-

frucht in tiefgründigen und vor allem schwarzen Boden zu pflanzen, weil die weissen Ameisen diesen mieden.

Mit europäischen Obst- und Nuss-Arten sind Versuche in Kwai und Iringa angebahnt worden. Ersteres hat Aprikosen, Pfirsiche, Mandeln, Äpfel, Brombeeren, Wallnüsse, Haselnüsse und echte Kastanien ausgelegt, letzteres will demnächst ausserdem auch Pflaumen, Kirschen, Birnen, Blaubeeren und Hagebutten zur Aussaat bringen. Ob ein Erfolg zu verzeichnen sein wird, lässt sich noch nicht übersehen. Ausbleiben wird ein solcher ganz zweifellos in Tanga, höchstens Pfirsiche dürften dort ein Gedeihen finden, dazu vielleicht der Johannisbrotbaum, der im Garten der Deutsch-Ostafrikanischen Gesellschaft daselbst sich bereits in $1^{1}/_{2}$ m hohen Exemplaren, ferner auch in Lindi und Kwai findet.

Um eventuell die Bedingungen für Seidenkultur zu schaffen, sind vor einigen Jahren vom Gouvernement Samen des Maulbeerbaumes verteilt worden. Obwohl Ostafrika in der Nähe vieler alter Araberniederlassungen einen wahrscheinlich verwilderten Maulbeerbaum besitzt, wären Mitteilungen über das Schicksal jener Samen doch nicht ohne Nutzen gewesen. Indessen ich finde nur bei Mpapua den Vermerk: Maulbeeren wachsen vorzüglich und ist Vermehrung durch Stecklinge sehr leicht, keiner geht ein.

Wie aus dem im Wortlaut abgedruckten Bericht der Kulturstation Kwai hervorgeht, sind dort umfassendere Anpflanzungen von Wein · unternommen worden. Ausserdem hat man im Bezirksgarten von Tanga, auf der Plantage des Herrn Perrot in Lindi, in Kilossa, Tabora und Iringa Samen oder Stecklinge ausgesetzt. In Iringa sollen die Stöcke gut im Blatt stehen, Tanga berichtet von zwei bereits sehr alten Pflanzen, die aber niemals Frucht ansetzen.

Von Palmen hat man versucht, der Kokosnuss auch nach dem Innern zu ein weiteres Areal zu gewinnen. Mandera in Useguha erhält schon zwei Ernten jährlich, eine im März, die andere im September. Kisuani hat zwar ein langsames Wachstum zu melden, hofft aber, von einer sich scheinbar bewährenden Salzdüngung bessernden Einfluss. Mpapua, das alte Bäume besitzt, hat neue Nüsse gelegt, indessen ein schlechtes Keimungsresultat erhalten. Kilimatinde und Iringa dürften kaum auf Erfolg rechnen können. Die Palme wächst zwar noch und wird auch da, wie ich es am Kilimandscharo beobachten konnte, ihre natürliche Grösse erreichen, aber sie bringt keine Früchte mehr hervor. — Ölpalmen kultiviert Mohorro und Mikindani, andere vorläufig wohl nur als Zierpflanzen gezüchtete Palmen hat ausser Dar-es-salam die Deutsch-Ostafrikanische Gesellschaft in Tanga aufzuweisen; es sind

Oreodoxa regia, Phoenix spec., Strelitzia reginae, Washingtonia filifera, Arenga saccharifera, Hyophorbe amaricaulis
und Verschaffeltii, Latania amara, borbonica, Loddigesii
und Commersonii. Ein geringer Teil davon steht auch in Lindi
und Mohorro. Raphia Ruffia, die durch die Thienemann'sche
Expedition nach Madagaskar eingeführt wurde, scheint sich nicht
zu bewähren; im Tangagarten der Deutsch-Ostafrikanischen Gesellschaft, der sich zweifellos bester Pflege erfreut, ist sie nach guter
Keimung doch wieder eingegangen. Besser steht es mit der ebenfalls
von Madagaskar stammenden, palmenähnlichen Ravenala, dem bekannten Baum der Reisenden. Er entwickelt sich wenigstens in Tanga
vorzüglich, während er in Mohorro, das für Palmen und Verwandte
offenbar zu schweren Boden hat, ebenso wie in Kwai nicht aufgegangen ist. Ein auffallendes und wenn es sich bewahrheiten sollte,
sehr erfreuliches Resultat in der Palmenkultur hat das Bezirksamt in
Lindi zu verzeichnen. 38 polynesische Steinnüsse, die ihm (unbekannt woher) zugegangen sind, haben sämtlich gekeimt und sich
bereits zu schönen Pflanzen herangebildet.

Fremde Nutzhölzer und Schattenbäume sind bereits in grösserer
Zahl vorhanden, doch noch fast ganz auf die Küste und das Plantagen-
gebiet Usambaras beschränkt. In blühbaren und fruchttragenden Pflanzen
sind vorerst nur einige wenige der niedrig bleibenden Schattenbäume, wie
Leucaena glauca und Cassia-Arten, herangewachsen. Von Coniferen
scheint für den Küstenstreifen nur Araucaria excelsa einer weiteren
Verbreitung würdig zu sein, wenn auch Mohorro berichtet, dass daneben
Pinus Khasya gut fortkomme. Es darf hier eben nicht vergessen werden, dass die Gartenkultur von Holzgewächsen ganz andere und im
allgemeinen immer bessere Ergebnisse zeitigt, als eine Anspflanzung in
das freie Land, wo namentlich das fortwährende Begiessen wegfällt.
Es ist darum auch absolut nichts gewonnen, wenn es Tanga z. B. gelingt, einige Pflänzchen unserer gemeinen Kiefer hochzubringen, oder
wenn Kilossa sich bemüht, eine Anzahl von Cupressus-Arten zum
Keimen zu bringen. Solche Versuche, die nie einen der aufgewendeten
Mühe entsprechenden Erfolg haben können, sollten in Zukunft lieber unterbleiben. Etwas anderes ist es selbstverständlich, wenn in Kwai und
Iringa europäische oder sonstige fremde Coniferen in die Anzuchtsbeete
gelangen. In Kwai sind bereits aufgegangen die Samen von Cupressus
Lawsoniana, Pinus canariensis und einer Taxodium-Art, bisher nicht gekeimt haben Pinus excelsa, Cedrus Libani und deo-
dora, Abies firma und Veitchii, eine Reihe von Cupressus- und
Thuja-Arten, Juniperus Bermudiana. Sehr der Nachahmung wert
ist es auch, dass Kwai in Ostafrika einheimische Coniferen, so Podo-

carpus, Juniperus procera und Callitris Wightii seiner Baumschule einverleibt hat.

Um die Auspflanzung laubtragender Nutzhölzer und Schattenbäume hat sich ausser Dar-es-salam besonders die Deutsch-Ostafrikanische Gesellschaft ein Verdienst erworben. In ihrem Garten in Tanga stehen zur Zeit in bereits kräftig herangewachsenen Exemplaren Pterocarpus indicus, Poinciana regia und pulcherrima, Pithecolobium Saman, Sapindus Saponaria, Albizzia moluccana, Terminalia tomentosa, Tectona grandis, Pongamia glabra, Adenanthera pavonina, Calophyllum inophyllum, Grevillea robusta, Dalbergia latifolia und Lawsonia alba, während Swietenia mahagoni, Cynometra cauliflora, Canarium striatum, Catalpa syringifolia, Eugenia brasiliensis und Erythrina indica noch jung, aber durchaus gesund sind. Der Teckbaum dessen Samen an eine grössere Zahl von Stationen verteilt wurde scheint ausser in Mohorro fast überall nicht gekommen zu sein, wohl aber nur deshalb, weil das Saatgut verdorben war. Von Laubbäumen, die sonst noch, freilich überall meist erst in 1—2 m hohen Exemplaren vorhanden sind, wäre noch zu nennen ein Bestand von Poinciana regia, Albizzia Lebbek und moluccana, Melaleuca Leucadendron und Adenanthera pavonina in Mohorro, von Adenanthera, Eriodendron anfractuosum und Albizzia Lebbek in Lindi. Die beiden letzerwähnten Arten kultiviert auch Mikindani. Versuche in grösserem Umfange hat das Gouvernement mit Eucalypten und Gerberakazien angeregt. Besonders Kwai sind Samen einer grossen Anzahl von Eucalyptus-Arten zugewiesen worden; welche davon sich besonders für das Klima eignen werden, bleibt noch ungewiss. Eucalyptus globulus scheint für die Küste nicht zu passen, jedenfalls entwickelt sich E. drepanophylla, occidentalis und robusta in Tanga und Mohorro besser. — Über Gerberakazien (Acacia pycnantha, decurrens, melanoxylon und dealbata) lässt sich noch wenig sagen. In Bagamoyo und Tabora sind sie eingegangen oder gar nicht gekommen, in Mohorro und Kilossa haben sie gekeimt, stehen aber schlecht, in Langenburg sind gegen 100 2—4 m hohe Bäume vorhanden. Casuarinen, deren Gedeihen an der Küste bekannt ist, wurden auch zu einigen Inlandstationen übergeführt, so nach Iringa und Kilossa. Dieses berichtet, dass die Bäume in 2 Jahren 3 m Höhe erreicht hätten.

Über Pflanzen, die Gewürze, Fasern, Farbstoffe, Kautschuk, Öl oder andere Rohprodukte liefern, erfahren wir ausserordentlich wenig. Ich führe der Reihe nach auf, was ich in den Berichten darüber andeutungsweise habe entdecken können.

A. Faserpflanzen.

Secchium edule. Nur in Kwai haben 10% der ausgelegten Knollen getrieben, in Bagamoyo, Tanga und Mohorro sind sie verfault.

Baumwolle. In Mandera die Kultur eingestellt.

Luffa. In Kwai Keimpflanzen davon, auf der Plantage Perrot in Lindi bereits fruchttragende Exemplare. Viele Früchte werden durch Insektenstiche verdorben.

Jute. In Mikindani stehen die Pflanzen sehr gut.

B. Ölpflanzen.

Aleurites triloba. Im Tangagarten der Deutsch-Ostafrikanischen Gesellschaft ein blühender Baum.

Erdnuss (Arachis hypogaea). In Kisuani gepflanzt und Samen an die Eingeborenen verteilt. Wird bereits überall in der Umgebung angebaut.

C. Farbpflanzen.

Bixa Orellana, Garcinia xanthochymus und Acacia Catechu. Im Tangagarten der Deutsch-Ostafrikanischen Gesellschaft. Erstere trägt schon Früchte.

D. Gewürzpflanzen.

Vanille. In Mohorro, Lindi und Mikindani ausgepflanzt.

Cardamom, Kümmel, Senf, Wermut in Kwai gesät.

Zimmt (Cinnamomum ceylanicum). Junge Pflanzen im Tangagarten der Deutsch-Ostafrikanischen Gesellschaft.

E. Kautschukpflanzen.

Vahea madagascariensis. Blüht im Tangagarten der Deutsch-Ostafrikanischen Gesellschaft.

Castilloa elastica. Ebenda, 1—2 m hohe, gut gedeihende Bäume.

Euphorbia gummifera. Ebenda, junge gesunde Pflanzen.

Kickxia africana. Kwai: Noch nicht gekeimt.

F. Reizpflanzen.

Liberia-Kaffee. 1. Lindi: im Garten des Bezirksamtes von 117 Pflanzen nur 30 erhalten, die übrigen an einer Blattkrankheit zu Grunde gegangen; auf der Plantage Perrot die Anpflanzungen in schwarzer Erde schlecht, die auf rotem Laterit gut. 2. Mikindani: gedeiht scheinbar gut.

Arabischer Kaffee. 1. Kisuani: 100 gut wachsende Bäumchen. 2. Mpapua: Kräftige Pflänzlinge. 3. Kilossa: Samen zuerst von einer Made, später von weissen Ameisen gefressen. Von Mrogoro bezogene einjährige Pflanzen gedeihen gut. 4. Kilimatinde: Aussaat ergebnislos, da die Samen verdorben waren. 5. Tabora: Samen gut gekeimt, aber noch nicht verpflanzt.

Cacao. Lindi: Von vielen Keimlingen wegen Insekten- und Schneckenfrass nur ein Exemplar durchgebracht.

Thee. Ebenda: Nicht gekeimt. Kwai: Noch nicht gekeimt.

Tabak. Manow: Aus Havana bezogener Same giebt riesige Pflanzen von $2\frac{1}{2}$ m Höhe und mit gewaltigen Blättern. Die Eingeborenen verschmähen ihn, da er ihnen nicht stark genug sei.

Es bleibt noch übrig der Versuche zu gedenken, die mit Cerealien und Futterpflanzen angestellt wurden. Reis pflanzen Mhonda in Nguru und besonders Kisuani. Für Kisuani, das sein Saatgut aus Gondja bezogen hat, ist Reisbau geradezu eine Spezialität. Bei der ersten reichlichen Ernte wurden die Ähren kurz vom Halm geschnitten und nach 6 Monaten konnte vom selben Halm zum zweitenmal nicht minder ausgiebig geerntet werden. Die Enthülsung wird nach Art der Eingeborenen vollzogen, indem man die durch Schlagen mit Stöcken ausgedroschenen Körner im Holzmörser stampft. Ein Handel mit Reis hat sich besonders nach dem Kilimandscharo entwickelt. Kisuani hat sich ferner das nicht zu unterschätzende Verdienst erworben, den Maisbau der Eingeborenen dadurch ungemein zu heben, dass es aus Europa bezogene Saat an die Jumben der Umgegend verteilte. Der Stationschef von Stümer meldet, dass er bei einer Inspektionsreise in Süd-Pare dort bereits grosse Felder mit europäischen, die afrikanischen bei weitem übertreffenden Maissorten bestanden gefunden habe. Ein Kolben wies 600 Körner auf.

Weizen baut Kwai, Kisuani, Mpapua, Iringa und Rungwe. Die Resultate Kwais sind bereits oben angeführt. Kisuani spricht von dauerndem Anbau und reichlichen Ernten, Mpapua von einem guten Stande der Kulturen. Ausführlicher ist Iringa, indem es berichtet: „Der Weizen reifte durchaus gleichmässig. Die Ernte erfolgte etwas spät, infolgedessen ein gewisser Prozentsatz Körner ausfielen. Der Boden war ein dunkler, schwerer, etwas kiesiger. Gedüngt und begossen wurde überhaupt nicht. Reife erfolgte Ende März, 3—4 Monate nach der Aussaat. Die Ernte begann Mitte April. Das Resultat war 36 Pfd. engl. von $1\frac{1}{2}$—2 Pfd. Aussaat. Die Halme waren viel kürzer als in Deutschland, doch soll dies auch in Tabora der Fall sein, wo jede Mühe von den Arabern aufgewendet wird." In Rungwe, das ein kaltes und regnerisches Klima hat, sät man Weizen in der Zeit vom Februar bis Mai und erntet 5 Monate später. Man erhält auf ungedüngtem Boden die 10—20fache, auf gedüngtem die 60—100fache Aussaat.

Andere europäische Getreidesorten als Roggen, Gerste und Hafer
sind bisher nur in Kwai und Rungwe zum Anbau gelangt. Letzteres
erzielte vom Roggen auf gedüngtem Boden eine 60—100 fache Ernte;
Gerste kam gut, wurde aber nach der Reife durch Ratten vernichtet;
der Haferanbau wurde aufgegeben. — Futterpflanzen zieht Kwai
allein. Luzerne, Lupine, Inkarnatklee und Rotklee zeigen
einen guten, geschlossenen Stand. Runkelrüben wachsen vortrefflich,
bei einer Probeernte konnten Exemplare von 11 kg Gewicht ausgenommen werden.

Nachtrag.

Ein vom 1. November 1897 datierter Bericht Kwais weiss von
weiteren, höchst erfreulichen Fortschritten der Kulturstation zu erzählen.
Der äusserst rührige Stationsleiter, Landwirt Eick, schreibt darin: „Im
Versuchsgarten hat sich in letzter Zeit alles sehr entwickelt, auch der
Kaffee wird von Tag zu Tag besser und zeigt eine dunkelgrüne, saftige
Farbe, besonders einige versuchsweise bereits ins Feld gebrachte
Pflänzchen. Der Thee, der von Anfang an ohne Schutzdächer ein befriedigendes Aussehen zeigte, entwickelt sich sehr kräftig und scheint
für das hiesige Klima geeigneter zu sein wie der empfindlichere Kaffee.
— Die europäischen Obstbäume haben ihren Winterschlaf beendet und
holen jetzt in doppelter Eile den Stillstand während der kalten Jahreszeit nach. Ein Weizen- und ein Gersten-Feld ist abgeerntet und hat
ein sehr befriedigendes Resultat ergeben. Hafer ist noch nicht reif,
doch hoffe ich, denselben noch vor Eintritt der Regenzeit ernten zu
können, derselbe steht wie immer ganz hervorragend. Ausserdem
stehen noch im Felde Luzerne, Rüben, Mais und Roggen, die alle
ein sehr befriedigendes Resultat versprechen. Auch für den Roggen habe
ich jetzt nach einer Reihe missglückter Versuche die richtigen Bedingungen gefunden.
In der Molkerei habe ich mit den Milchproben vermittelst des
Acid-Butyrometers begonnen und habe durch häufige Untersuchungen
einen durchschnittlichen Fettgehalt von 5,8 % für die Morgenmilch und
5,45 % für die Abendmilch ermittelt (bei reiner Weidefütterung auf den
wegen längerer Trockenheit jetzt mageren Naturwiesen). Leider hält
mit diesem ganz abnorm hohen Fettgehalt der Milch die Quantität derselben nicht gleichen Schritt, da man im Durchschnitt pro Kuh und
Tag kaum mehr wie 1 1/2 Liter Milch rechnen kann, doch hoffe ich, dass
sich durch Kreuzung mit dem Vieh der Heimath auch in Bezug auf
Quantität erheblich günstigere Resultate werden erzielen lassen. Pugu-
vieh und 11 Angoraziegen sind angekommen."

II. CHLOROPHORA EXCELSA (Welwitsch) Bentham et Hooker fil., ein wertvolles Bauholz in Deutsch-Ostafrika.

Von

A. Engler.

Schon seit langer Zeit benutzen die Eingeborenen und die Kolonisten in den Küstenländern des tropischen Westafrika von Togo bis
Angola das Holz des zuerst von **Welwitsch** in Angola entdeckten Mo-
raceen-Baumes Chlorophora excelsa als Bauholz, weil das im
frischen Zustand weisse oder schwach gelbliche, später bräunliche und
von mannigfachen gekrümmten oder welligen dunkleren Linien durch-
zogene Holz sehr fest und dauerhaft ist und den Angriffen der weissen
Ameisen zu widerstehen vermag. — Nun stellt sich bei der Bearbeitung
der afrikanischen Moraceen heraus, dass der Baum auch ausserhalb
Westafrikas nicht bloss im Ghasalquellengebiet, im Lande der Niamniam, von Prof. Dr. **Schweinfurth** und im centralafrikanischen Seengebiet in Uganda von Dr. **Stuhlmann**, sondern auch in Deutsch-Ostafrika in Usambara von Prof. Dr. **Volkens** und in Uluguru von Dr.
Stuhlmann gesammelt wurde. Es ist dies von grosser Bedeutung und
dringend zu wünschen, dass auf die Schonung des Baumes geachtet
wird, und dass wenigstens die bei der Rodung der Urwälder unumgänglich zu fällenden Stämme nicht verbrannt oder der Fäulnis überlassen werden, sondern zur nützlichen Verwendung gelangen. Der
Baum wächst in Nderema im Urwald um 900—1000 m, in Gesellschaft
der durch gefingerte Blätter ausgezeichneten Moracee Myrianthus
arboreus, und in Uluguru in den östlichen Vorhügeln, an Flussufern
um 160 m; in Togo hat ihn Dr. **Büttner** bei Bismarckburg nachgewiesen, und in Kamerun fand ihn der verstorbene Stationsgärtner **Staudt**
bei Johann-Albrechtshöhe um 400 m.

Der Baum wird in Angola mucamba-camba, in Ober-Guinea
roko, iroko, odum, in Uluguru mbundu genannt. Er ist leicht
kenntlich, schon durch seine Höhe, da er 30—40 m hoch wird; der
Stamm ist cylindrisch, hat 6—10 m Umfang und graue, nicht tief
rissige Rinde. Ältere Exemplare sind erst bei 13—20 m Höhe verzweigt und entwickeln von da eine breite, niedergedrückt halbkugelige
Krone. Die horizontal stehenden, etwas hin und her gewundenen Äste
sind graubraun, die Endzweigchen hin und her gebogen, kahl, in der
Jugend purpurn, mit langen weisslichen Lenticellen versehen und mehr

oder weniger weichhaarig. Die Blätter sind zwar einjährig, fallen aber ziemlich spät ab. Die Blätter der jungen Bäume sind von denen der älteren verschieden, namentlich sind sie länger und dabei kürzer gestielt als die Blätter der älteren Bäume; ihre Spreite ist 1,5—1,8 dm lang und 7,5—12 cm breit, am Grunde schwach oder tief herzförmig, am Rande kerbig-gezähnt, an der Spitze in eine fast 1,5 cm lange Spitze ausgezogen, oberseits zerstreut borstig, unterseits dicht weichhaarig. An den älteren Bäumen hingegen sind die Nebenblätter 1,5— 1,8 cm lang, die Blattstiele bis 4 cm lang, die Blattspreiten 1—1,3 dm lang und 5—7,5 cm breit, am Grunde abgerundet oder ausgerandet, am Ende kurz zugespitzt, am Rande leicht wellig und nur bisweilen von der Mitte bis zur Spitze kurz gezähnelt, oben grün und ganz kahl, unterseits blassgrün und nur an den Nerven dünn weichhaarig oder mit schwacher, nur bei starker Vergrösserung sichtbarer, sammetartiger Behaarung. Die 13—17, meist 15, auf jeder Seite von der Mittelrippe unter spitzem Winkel abgehenden Seitennerven sind unter sich vollkommen parallel, viel dünner als die Mittelrippe und nahe am Rande verbunden. Die stets diöcischen Blütenstände treten nach Welwitsch erst an 15—20jährigen Bäumen auf, und zwar am Grunde der einjährigen Sprosse. Die männlichen Blütenstände werden 1—2 dm lang und sind nur etwa 8 mm dick; das Perigon der männlichen Blüten hat nur 4 kurze deltaförmige Zähne. Die weiblichen Blütenstände sind 5—6 cm lang und 2—2,5 cm dick, fleischig, am Ende stumpf und schwach kapuzenförmig, verdickt und kurz behaart. Der Fruchtknoten ist etwa 2 mm und der Griffel 6—7 mm lang. Die reife Frucht ist kurz gestielt, höchstens 3 mm lang, stark zusammengedrückt, mit sehr dünnem Sarcocarp und etwas dickerem Endocarp. Der linsenförmig zusammengedrückte Same ist mit brauner krustiger Schale versehen, der Embryo hufeisenförmig gekrümmt, mit einem Stämmchen, welches die Kotyledonen überragt.

Ende Januar fallen die reifen, fleischigen Fruchtstände, welche die Länge und Dicke eines menschlichen Daumens haben, herunter und verraten die Anwesenheit des Baumes, wenn man ihn sonst wegen allzu hoher Krone nicht erkennen sollte.

III. Über CARDIOGYNE AFRICANA Bureau, ein Farbholz aus Deutsch - Ostafrika.

Von

A. Engler.

Im Küstenland von Deutsch - Ostafrika ist ebenso wie in Mossambik und im unteren Sambesegebiet eine Moracee verbreitet, die bald als Dornstrauch in dichten Complexen allein vorkommt, bald in Gehölzen an Stämmen anderer Bäume aufsteigt und von Sir **John Kirk** schon vor längerer Zeit (1867) wegen des zum Färben geeigneten Holzes besprochen wurde. Die äussere Rinde ist mit tiefen Längsrissen versehen, die innere Rinde und das weisse Splintholz sind reich an gelblichem Milchsaft, das Kernholz, welches bei starken Stämmen bis über 1 dm Durchmesser erreicht, ist sehr schwer und mehr oder weniger rot gefärbt. In Alaun gebeizte Leinwand giebt mit dem Kernholz eine schöne hellgelbe Farbe, welche der Seife widersteht. Im Jahre 1867 wurde in England die Tonne (20 Centner) dieses Kernholzes auf 6 Lstr. 10 sh. geschätzt; ob es dann wirklich in den Handel gekommen ist, ist mir nicht bekannt; ich möchte aber doch die Aufmerksamkeit unserer Kolonisten auf dieses Holzgewächs lenken, da es in dem deutsch - ostafrikanischen Küstengebiet, bei Amboni, in der Siginiederung, bei Dar-essalam, am Rovuma häufig vorkommt.

Die Zweige sind in der Jugend dicht mit rostbraunen abstehenden Haaren besetzt und tragen vollkommen horizontal abstehende, in Dornen endigende, höchstens 1 dm lange Seitenäste mit einigen Seitenästen und Dornen. An den Hauptästen sind die Internodien 2—3 cm lang. Die Nebenblätter sind dreieckig bis lanzettlich, etwa 2 mm lang, 1 mm breit und abfällig. Die Blattstiele sind etwa 1,5 cm lang, anfangs, so wie die Mittelrippe, mit abstehenden Haaren besetzt, später kahl. Die eiförmige Blattspreite ist etwa 7—9 cm lang und 4 cm breit, fast lederartig, oberseits dunkelgrün, unterseits mit Ausnahme der Nerven und Adern graugelblich-grün, mit eingesenkten dünnen Seitennerven I. Grades und Netzadern zwischen denselben. In den Achseln der meisten Blätter bleibt der Achselspross kurz und wird zu einem 1 cm langen Dorn, an dessen Basis sich 2 Inflorescenzen oder nur eine auf 5—7 cm langen Stielen entwickeln. Dieselben sind in der Jugend dicht behaart, die Haare anfangs rostfarben, später mehr grau. Die Blüten sind diöcisch. Sowohl die männlichen wie die weiblichen

Blütenstände erreichen einen Durchmesser von 1 cm; in beiden stehen zwischen den Blüten ziemlich unregelmässig kurz eiförmige Bracteen. Die Blütenhülle der männlichen Blüten ist tief 4 spaltig, mit dicken, sehr abgestutzten, sich dachig deckenden Abschnitten; die 4 Staubblätter haben schmale und flache, zugespitzte, eingebogene Staubfäden und fast kugelige Antheren, deren Theken sich an den Seiten durch Längsspalten öffnen. Die Blütenhülle der weiblichen Blüten ist verkehrt-pyramidal, 4lappig, mit sehr dicken stumpfen Lappen. Der Fruchtknoten ist verkehrt-eiförmig, der Griffel endständig, kurz fadenförmig, ausserhalb der Blütenhülle in eine etwa 4 mm lange, pfriemenförmige Narbe übergehend. Bei der Reife bleibt das Perigon der weiblichen Blüten erhalten und wird mit Ausnahme des sammetartig behaarten Scheitels kahl. Die Fruchtwandung ist krustig, kahl und glänzend. Der Same ist eiförmig, etwa 6 mm lang und 4,5 mm dick, mit dünner Schale. Der Embryo ist gekrümmt, sein Stämmchen fast so lang wie die beiden Keimblätter, welche mit Längsfalten versehen, zusammengefaltet sind und das Stämmchen umschliessen. Der reife Fruchtstand hat höchstens 1,5 cm Durchmesser und ist frisch essbar, schmeckt aber wie ein fader, schlechter Apfel.

IV. ZYGOSTATES ALLENIANA Krzl.

Von

F. Kränzlin.

Zygostates Alleniana Krzl. n. sp.; bulbis aggregatis minimis 3—4 mm altis subcompressis monophyllis, foliis lineari-lanceolatis acuminatis carnosis 2—3 cm longis, 1—2 mm latis, scapo tenui longiore erecto supra fractiflexo, racemo paucifloro (3—5), bracteis minutissimis quam ovaria pedicellata multoties brevioribus, toto scapo incl. racemo 3—4 cm alto; sepalis reflexis brevi-unguiculatis obovato-spathulatis rotundatis, petalis unguiculatis spathulatis antice latioribus margine anteriore serrulatis, labello margine integro petalis aequilongo cymbiformi antice acuto intus praesertim basin versus furfuraceo-puberulo, basi utrinque rectangulo; gynostemii brachiis carnosis linearibus obtusis a basi gynostemii antheram usque porrectis, androclinio plano vix excavato, rostello longissimo sigmoideo deflexo deinde ascendente quam pars basilaris gynostemii plus duplo longiore, anthera et polliniis generis. — Flores minuti pellucidi, sepala 3 mm, petala et labellum 4 mm longa.

Paraguay. Colonia Cosme via Estacion Sosa (Cyrill Allen).

Diese neue interessante Orchidee kam leider in völlig abgestorbenem Zustand im hiesigen botanischen Garten an. Von den 4 bisher beschriebenen Arten der Gattung Zygostates steht sie keiner besonders nahe. Die sehr winzigen Bulben bilden dichtgedrängte Rasen. Die Blätter sind schmal linealisch, ziemlich fest und fleischig. Die Blütenstände entspringen ziemlich reichlich aus den grossen weisslichen Niederblättern neben den Bulben und erreichen eine Höhe von circa 4 cm. Die 3 Sepalen sind fast parallel zum Ovarium zurückgelegt, die Petalen stehen aufrecht und sind nur am Vorderrande gesägt; die Lippe ist vollkommen kahnförmig, am Rande ganz und gar glatt und im Innern flockig oder kleienähnlich behaart. Die Seitenarme der Säule reichen bis zum Antherenlager, sie sind ziemlich fleischig und vorn nicht geteilt. Das Rostellum ist 2 bis $2\frac{1}{2}$ mal so lang als die übrige Säule und am vordersten Ende zur Aufnahme der sehr winzigen Klebscheibe leicht ausgerandet.

Fasst man die Merkmale kurz zusammen, so möchten die flockige Behaarung im Innern der Lippe und das Fehlen der für die übrigen Arten charakteristischen Teilungen und Zähnelungen bezeichnend sein. Abgesehen von den am Vorderrand schwach gezähnelten Petalen sind diese Blütenteile sowohl, wie auch die — sonst meist gezähnelte — Lippe ganzrandig, desgleichen die Seitenarme der Säule. — Von den 3 am besten bekannten Arten dieser recht ungenügend bekannten Gattung steht Zygost. pellucida Lindl. dieser Art noch am nächsten.

Über die geographische Verbreitung von Zygostates Alleniana kenne ich nur die oben angegebenen Daten, kann aber nicht sagen, ob der Standort in der Nähe der brasilianischen Grenze liegt oder nicht. Bisher galt Zygostates als eine specifisch brasilianische Gattung. Die Angaben über die Provenienz der anderen Arten sind aber ebenso ungenügend, da mit der Notiz „Brasilien" recht wenig gesagt ist. In Herrn Barb. Rodriguez' Werk „Genera et Spec. Orchid. novar." finden wir ebenfalls keine Notizen über diese recht interessante Gattung. — Aus der Reihe der anderen Arten tritt Zygost. Greeniana Rchb. f. heraus, da sie einen Sporn besitzt. (Sollte es eine neue Gattung sein?). Von dieser Art wenigstens ist Rio als Standort genannt, doch ist auch das bei der Grösse der Provinz eine immer noch ziemlich unbestimmte Angabe. Angesichts der Seltenheit dieser Pflanzen in den Sammlungen und der Thatsache, dass die Küstenprovinzen ziemlich abgesucht sind, glaube ich folgern zu dürfen, dass die Gattung den südbrasilianischen Binnenprovinzen angehört.

V. CAMPTOSTYLUS, eine neue Gattung der Flacourtiaceae.

Von

E. Gilg.

Camptostylus Gilg gen. nov.

Flores diclini vel polygami, pseudoracemosi (i. e. in axi aphylla axillari in fasciculos numerosos 4 — 2 - floros dispositi), omnibus in inflorescentia lateralibus ♂ ovario destitutis, terminali hermaphrodito vel verosimiliter physiologice ♀. Perigonii phylla 10 — 12 spiralia, 2 — 3 exteriora sepaloidea, brunneo-punctata et sub anthesi persistentia, suborbicularia, interiora caducissima tenerrima, obovata breviter unguiculata, apice rotundata. Flores albi (ex Preuss), ♂: stamina ∞, dense conferta, libera, filamentis filiformibus parce pilosis, antheris linearibus, glabris, loculis parallelis, connectivo subdilatato ad basin cum filamento connato; ovario omnino nullo. Flores ♂♀ (masculis paullo majores, sed omnibus partibus ♂ aequalibus): stamina numero et forma ut in floribus ♂, sed polline (ut videtur) spurio, filamentis basi in annulum brevissimum coalitis; ovarium antheras longitudine aequans, ovatum profunde 8-striatum, uniloculare, placentis 4 parietalibus ovula ∞ biseriata gerentibus; stylus crassus ovarii ½ longit. subadaequans profunde 4-ramosus, ramis usque ad styli basin retroflexis stigmatibus capitato-dilatatis instructis.

C. caudatus Gilg n. sp.; foliis longipetiolatis, oblongis, basi sensim in petiolum angustatis, apice longissime acuminatis (acumine angustissimo plerumque subcurvato apice rotundato), integris, subchartaceis, glabris, utrinque nitidulis, nervis 7 — 8 marginem petentibus et inter sese valde curvato-inflexis, venis densissime et eleganter reticulatis, nervis venisque utrinque manifeste prominentibus.

Der Blattstiel der elegant geformten Blätter ist 2,5 — 3 cm lang und am oberen Ende etwas polsterförmig verdickt, die Blattspreite ist 15 — 23 cm lang, 4 — 6 cm breit, die meist säbelförmig gekrümmte, schmale Träufelspitze ist meist 1,5 — 2,2 cm lang. Die scheinbar traubigen Blütenstände sind ungefähr 10 cm lang und tragen in der unteren Hälfte keine Blüten. Die Stiele der in etwa 8 — 9 Büscheln am Blütenstande stehenden Blüten sind 4 — 6 mm lang. Die Perigonblätter sind 11 — 6 mm lang, so zwar, dass sie von aussen nach innen an Grösse abnehmen. Die Perigonblätter der ♂♀ Blüten sind deutlich grösser als die der ♂. Der Fruchtknoten ist etwa 4 — 5 mm hoch; der einfache Teil des Griffels ist 1,5 — 2 mm lang, ebensolang sind auch die zurückgeschlagenen Griffeläste, welche in den ♂♀ Blüten weit aus der Blüte herausragen und so sehr auffallen.

Kamerun: im Urwald westlich Buea (Kamerun-Pic), ein häufiger Baum in 1200 m Meereshöhe (Preuss, im Dezember blühend).

Die neue Gattung gehört zu der Gruppe der *Erythrospermeae* und wohl in die nächste Verwandtschaft zu der Gattung *Cerolepis* Pierre. Von dieser Gattung unterscheidet sich *Camptostylus* ausser anderen sofort durch die durchweg spiralige Blüte, während bei *Cerolepis* Kelch- und Blumenblätter streng dekussiert stehen. Beide Gattungen sind sich in der Form des Blütenstandes, in der Anordnung der ♂ und ♀ Blüten und im Bau des Fruchtknotens sehr ähnlich. Sie scheinen sich am meisten an die Gattung *Dasylepis* Oliv. anzuschliessen, von welcher sie jedoch hauptsächlich durch die schuppenlosen Petalen abweichen.

Andersson, Gunnar, Die Geschichte der Vegetation Schwedens. Kurz dargestellt. Mit 2 Tafeln und 13 Figuren im Text. (Sep.-Abdruck aus Engler's Botan. Jahrb. XXII. Bd. 3. Heft). gr. 8. 1896. M. 4,—.

Garten, Der botanische, „'S Lands Plantentuin" zu Buitenzorg auf Java. Festschrift zur Feier seines 75jährigen Bestehens. (1817—1892.) Mit 12 Lichtdruckbildern u. 4 Plänen. gr. 8. 1893. M. 14,—

Haberlandt, G., Physiologische Pflanzenanatomie. Zweite neubearbeitete und vermehrte Auflage. Mit 235 Abbildungen. gr. 8. 1896. geh. M. 16,—; geb. M. 18,—.
— **Eine botanische Tropenreise.** Indo-malayische Vegetationsbilder und Reiseskizzen. Mit 51 Abbildungen. gr. 8. 1893.
geh. M. 8,—; geb. M. 9,25.

Lauterborn, Robert, Untersuchungen über Bau, Kernteilung und Bewegung der Diatomeen. Aus dem zoologischen Institut der Universität Heidelberg. Mit 1 Figur im Text und 10 Tafeln. 4. 1896. M. 30,—.

Niedenzu, Franz, Handbuch für botanische Bestimmungsübungen. Mit 15 Figuren im Text. 8. 1895.
geh. M. 4,—; geb. M. 4,75.

Noll, F., Ueber heterogene Induktion. Versuch eines Beitrags zur Kenntnis der Reizerscheinungen der Pflanzen. Mit 8 Figuren in Holzschnitt. gr. 8. 1892. M. 3,—.

Pax, Ferd., Monographische Uebersicht über die Arten der Gattung Primula. (Sep.-Abdr. aus Engler's Botan. Jahrb. X. Bd.) gr. 8. 1888. M. 3,—.

Sachs, Julius, Gesammelte Abhandlungen über Pflanzenphysiologie. 2 Bände.
I. Band. Abhandlung I bis XXIX vorwiegend über physikalische und chemische Vegetationserscheinungen. Mit 46 Textbildern. gr. 8. 1892.
geh. M. 16,—, geb. M. 18,—.
II. Band. Abhandlung XXX bis XLIII vorwiegend über Wachsthum, Zellbildung und Reizbarkeit. Mit 10 lithographischen Tafeln und 80 Textbildern. gr. 8. 1893. geh. M. 13,—, geb. M. 15,—.

Schumann, Karl, Neue Untersuchungen über den Blüthenanschluss. Mit 10 lithographirten Tafeln. gr. 8. 1890. M. 20,—.
— **Morphologische Studien.** 1. Heft. Mit 6 lithogr. Tafeln. gr. 8. 1892. M. 10,—.

Druck von E. Buchbinder in Neu-Ruppin.

Notizblatt

des

Königl. botanischen Gartens und Museums zu Berlin.

No. 13. (Bd. II.) Ausgegeben am **8. Juli 1898.**

Die Flora von Neu-Pommern. Unter Mitwirkung von P. Hennings, G. Hieronymus, Kränzlin, Th. Reinbold bearbeitet von K. Schumann.

———

Nur durch den Buchhandel zu beziehen.

———— ✱ ————

·

In Commission bei Wilhelm Engelmann in Leipzig.
1898.

Preis 2,50 Mk.

Notizblatt

des

Königl. botanischen Gartens und Museums zu Berlin.

No. 13. (Bd. II.)   Ausgegeben am 8. Juli 1898.

Die Flora von Neu-Pommern.

Unter Mitwirkung von
P. Hennings, G. Hieronymus, F. Kränzlin, Th. Reinbold
bearbeitet von
K. Schumann.
(Mit einer Karte.)

Einleitung.

Das Gebiet, dessen Vegetation im Folgenden besprochen werden soll, ist ein Teil jener grossen Inselgruppe, welche nach der Besitzerklärung des deutschen Reiches im Jahre 1885 den Namen Bismarckarchipel erhielt. Sie wurde schon im Jahre 1700 von Dampier entdeckt, dessen Beobachtungen und Aufnahmen durch Carteret, Bougainville, D'Entrecasteaux, D'Urville, Simpson, neuerdings aber besonders durch das deutsche Kriegsschiff „Gazelle" unter Führung des Kapitän v. Schleinitz ergänzt und verbessert wurden. Neben einigen Gruppen kleinerer Inseln, von denen die Admiralitäts-Inseln die wichtigsten und bekanntesten sind, besteht der Bismarck-Archipel aus drei grösseren Inseln: zwei merkwürdig schmale, langgestreckte schliessen einen etwa parabolischen, nach West offenen Bogen ein, an dessen nördlichem Schenkel eine dritte kleinere Insel vorgelagert ist. Diese führt noch heute wie von altersher den Namen Neu-Hannover; die beiden anderen aber haben seit der deutschen Besitzergreifung ihre Namen gewechselt: ursprünglich hiess die grösste von beiden Neu-Britannien, oder nach einer noch heute geltenden Benennung einer Landschaft im äussersten Nordost Birara; sie wird gegenwärtig Neu-Pommern genannt. Die kleinere von beiden, ausserordentlich schmale, von jener durch den Georgs-Canal getrennte Insel führte den Namen Neu-Irland; gegenwärtig nennen wir sie Neu-Mecklenburg.

5

Beide Inseln sind noch recht unvollkommen botanisch erforscht.
Neu-Mecklenburg wurde von den oben genannten Seefahrern und ihren
naturwissenschaftlich gebildeten Begleitern noch öfter besucht als Neu-
Pommern; von beiden Gebieten aber kannte man eigentlich nur eine
ziemlich kärgliche Küstenflora. Über Neu-Pommerns Flora erhielten
wir erst durch die Gazelle-Expedition genauere Kenntnis. Dabei ist
das Gebiet, dessen Vegetation durch Naumann's sorgfältig angelegte
Sammlungen bekannt wurde, nur ein bescheidener Teil der ganzen
Insel. Neu-Pommern ist ein mit ausserordentlich reich gegliederter
Küstenentwicklung versehenes Land, das über 60 deutsche Meilen lang,
an der breitesten Stelle kaum 10 Meilen misst. Seine Axe stellt einen
flachen Kreisbogen dar, der zuerst von West nach Ost gerichtet ist und
dann nach Nord-Nord-Ost aufbiegt. An zwei Stellen wird die Insel so
eng zusammengezogen, dass die Verbindungsstellen kaum zwei Meilen
breit bleiben. Der nördlichste dieser halbinselartigen Annexe ist die
Gazelle-Halbinsel, das eigentliche Feld, mit dem wir uns beschäftigen
werden.

In unmittelbarer Nähe der Nordküste von der Gazelle-Halbinsel
befindet sich eine Inselgruppe, welche mitten zwischen ihr und Neu-
Mecklenburg gelegen, von mir eine besondere Berücksichtigung erfahren
wird, da sie von verschiedenen Botanikern besucht wurde. Die Haupt-
insel hiess früher Duke of York und nach dieser wurde die ganze
Gruppe benannt; heute führt sie offiziell den Namen Neu-Lauenburg,
obgleich auch jener noch gebräuchlich ist. An der Südküste liegen von
Ost nach West geordnet folgende kleinere Eilande: Mioko, Utuan und
das grösste, die Schweine-Insel mit der später bisweilen zu nennenden
Landschaft Ulu; südlich von ihr befindet sich die Insel Kerawara; eine
andere, Kabakon, hat für uns kein Interesse, weil wir über ihre Vegetation keine Kenntnisse besitzen. Auf dem halben Wege zwischen Neu-
Lauenburg und Neu-Pommern finden wir die Credner-Insel, die zu Ehren
eines Lieutnants zur See, Offiziers der Gazelle-Expedition, benannt
wurde. In der tief einschneidenden Blanche-Bai, nach einem englischen
Kriegsschiffe benannt, das dieses Gestade anlief, liegt die Insel Matupi
und fast genau über der Mitte der Nordküste von der Gazelle-Halbinsel
treffen wir noch die vulkanische, bewaldete Insel Uatom. Dies sind die
grösseren und kleineren Gebiete, mit welchen wir es im Folgenden zu
thun haben werden und deren Namen immer wiederkehren werden.

Die Gazelle-Halbinsel und die Neu-Lauenburggruppe wurden botanisch zuerst, wie erwähnt, gründlich von Naumann erforscht; nach ihm
sind noch vier deutsche Gelehrte an denselben Orten gewesen: Hollrung, der im Jahre 1887 von Kerawara und Mioko einige wenige
Pflanzen mitbrachte; sie sind von mir in der Flora von Kaiser Wilhelms-

land*) behandelt worden. Im Jahre 1889 hat sich Warburg mehrere Tage in dem Gebiete aufgehalten und namhafte Sammlungen gemacht, die in seinen Beiträgen zur Papuanischen Flora**) berücksichtigt sind. In dankenswertester Weise hat er mir seine Notizen über die Vegetation zur Verfügung gestellt, so dass manche Pflanze noch Aufnahme finden konnte, von der keine Belagstücke vorhanden waren. Etwas später berührte auch Lauterbach diese Gegenden auf seiner ersten Reise nach Kaiser Wilhelmsland; die gemachte pflanzliche Ausbeute harrt noch der Bearbeitung. Am längsten aber war es Dahl vergönnt, auf der Gazelle-Halbinsel und den umliegenden Inseln naturwissenschaftliche Studien zu machen. Er war von Mai 1896 bis März 1897 in Ralum stationiert. Allerdings waren zoologische Untersuchungen seine Hauptaufgabe; aber schon der Umstand, dass es ihm bei seinen biologischen Forschungen häufig von Wert war, die Pflanzen zu kennen, mit welchen die Tiere in Wechselwirkung standen, führte ihn dazu, der Vegetation eine höhere Berücksichtigung zu schenken. Ausserdem aber hatte er ein besonderes Interesse an den Nutz- und Zierpflanzen der Eingeborenen; endlich erfüllte er den von dem Direktor des Königlichen botanischen Museums geäusserten Wunsch, die Flora dieses Gebietes möglichst vollständig zu sammeln, in einem solchen Masse, dass er eine Kollektion von mehr als 500 Nummern zusammenbrachte, die uns ein schon recht vollständiges Bild der Flora dieses Gebietes gewähren. Einen erhöhten Wert hat diese Sammlung dadurch, dass nicht blos die Örtlichkeiten genau bezeichnet sind, an welchen Dahl die Pflanzen aufnahm, sondern dass auch fast ausnahmslos die Standortsverhältnisse derselben und die Beschaffenheit des Bodens angegeben worden sind. Ich war auf diese Weise imstande, schon nach Eingang der ersten Sendung eine Übersicht über die Vegetationsformationen***) in der Umgebung von Ralum zu entwerfen.

Die Ursache, dass gerade dieses Gebiet von Neu-Pommern wiederholt von Botanikern besucht wurde, liegt darin, dass sich hier die Niederlassungen verschiedener Handelsfirmen befinden, welche den Ausflügen der genannten Gelehrten als Stützpunkte dienten. In Herbertshöhe, 5—6 km von der Dahl'schen Station Ralum gelegen, ist der Sitz der Verwaltung der Neu-Guinea-Co., welcher das Besitzrecht über diesen Teil der deutschen Schutzgebiete in der Südsee zusteht. Auf der Insel Matupi liegt die Centralstation der Firma Hernsheim u. Co. Die Insel Mioko ist der Sitz der Deutschen Handels- und Plantagen-

---

*) K. Schumann, Flora von Kaiser Wilhelmsland, Berlin 1889.
**) Warburg in Engler's Jahrb. XIII. 230.
***) K. Schumann im Notizblatt des Königl. botan. Gartens u. Museums I. 206.

Gesellschaft in der Südsee; in Ralum wohnt der Holsteiner Parkinson, welcher sich den erwähnten Botanikern und auch dem verstorbenen Baron Ferd. v. Müller freundlich und hilfreich erwiesen hat: Eucalyptus Parkinsonii F. v. Müll. und Elaeocarpus Parkinsonii Warb. geben Zeugnis von der Ehrung, welche ihm für seine Verdienste von den Botanikern zu teil wurde. Endlich muss auch noch einer tüchtigen und thatkräftigen Frau Erwähnung gethan werden, welche schon seit längerer Zeit ausgedehnten Besitz auf der Gazelle-Halbinsel erworben hat und diesen mit grosser Umsicht und bemerkenswertem Erfolg im Plantagenbetrieb bewirtschaftet. Frau E. E. Forsayth, bekannt unter dem Namen Queen Emma, ist die Tochter eines amerikanischen Bürgers Coe und einer Samoanerin; Frau Parkinson ist ihre Schwester. Auf ihren Plantagen baut sie Kaffee und Baumwolle (Sea Island Cotton); zwischen die letztere sind in regelmässigen Abständen Cocospalmen gepflanzt, welche, nachdem sich der Boden für die Baumwolle nicht mehr geeignet erweist, die nötige Entwicklung zur Copragewinnung erreicht haben. Auch Kapokbäume (Ceiba pentandra Gaertn.) sind in Menge gepflanzt, um ein Polstermaterial zu liefern; übrigens soll ein ähnlicherr Baum, Bombax malabaricum L., wie er ja auch in Kaiser Wilhelmsland wild gedeiht, in den Wäldern indigen sein.

Nachdem die geographischen Verhältnisse oben in groben Zügen ihre Darstellung erfahren haben, will ich jetzt genauer auf die Einzelheiten eingehen, wobei zu gleicher Zeit den geologischen und den allgemeinen Vegetationsverhältnissen eingehende Beachtung geschenkt werden soll. Für das genauere Verständnis des speziellen Teiles ist eine Kenntnis über die Örtlichkeiten, an denen Dahl sammelte, unerlässlich. Die Gazelle-Halbinsel hat die Form eines Trapezoids; die Nordküste läuft fast genau von West nach Ost. Fast in der Mitte, etwas weiter nach Ost gerückt, ist wieder eine vierseitige Halbinsel aufgesetzt, von deren Nordostecke eine Halbinsel wie ein gekrümmter Finger nach Südost gerichtet ist. Diese Landzunge, die Krater-Halbinsel genannt, schliesst die Blanche-Bai von der offenen See ab. In ihr liegt, wie schon bemerkt, die Insel Matupi und ausserdem noch ein kleines Eiland, die Vulkan-Insel oder Raluan, die im Jahre 1878 aus der dort 49—65 m tiefen See auftauchte und sich zu einer Höhe von 21 m auftürmte. Auf ihr hat Dahl eine grössere Anzahl Pflanzen gesammelt, wobei er hauptsächlich auf diejenigen sein Augenmerk richtete, welche als die Erstlinge auf Neuland in diesem Gebiete auftreten. Zwei eigentümliche Felskegel, die sich in der Höhe von Matupi aus dem Meere erheben, werden wegen ihrer Form die Bienenkörbe genannt.

Die Krater-Halbinsel ist wie die Gazelle-Halbinsel in dem von uns behandelten Teile wenigstens durchaus vulkanischer Natur. Auf der

Centrale derselben, welche von Praed Hoek im Süden nach Kap Stephens an der Nordecke verläuft, liegt eine Eruptionsspalte, die sich bis zur Insel Uatom (Mau-Insel) verfolgen lässt. Auf ihr sind drei, heute übrigens nicht mehr lebhaft thätige Vulkane aufgesetzt. Im Südost liegt die Süd-Tochter (Tawurwur oder Tokuman) mit 536 m Höhe; an sie schliesst sich die Mutter an, welche aus Naumann's Sammlung als Vulkan Kambiu bekannt ist und sich bis 771 m Höhe erhebt. Im Nordwest befindet sich die Nord-Tochter (Towannumbattir), deren Kegel eine Höhe von 598 m erreicht. Diese Bucht, welche insonderheit von der Vulkau-Halbinsel abgeschlossen wird, Simpson-Hafen, sowie der Greet-Hafen in der Halbinsel selbst zeigen durch zahllose heisse Quellen die lebhafte vulkanische Thätigkeit dieses Gebietes noch heute an; einzelne derselben entspringen auf dem Grunde des Meeres und erwärmen die Temperatur des Meereswassers bis auf 50^0 und darüber. An vielen Stellen finden sich auch Exhalationen von Schwefelwasserstoff und die Felswände sind bedeckt von den gelben und roten Flocken ausgeschiedenen Schwefels.

Tritt man aus der Blanche-Bai heraus, so streicht die Küste genau nach Ost und hier liegen die wichtigsten Distrikte und Plantagenanlagen der ganzen Halbinsel. Man durchschreitet die Landschaften Lalawon oder Rarawun*), Raluana, Ralum oder Ralun mit der Station gleichen Namens, dann gelangt man nach Herbertshöhe, der Landschaft Kabakaul und an den östlichsten Vorsprung nach der Landschaft Birara, von der ich schon oben sagte, dass sie eine sehr alte Eingeborenen-Besiedlung ist, die einstmals den Namen für die Insel Neu-Pommern gab. Genau südlich von der südlichsten Stelle der Blanche-Bai liegt auf einer Entfernung von etwa 10 km ein vulkanischer Kegel, der für die ganze Natur der Gazelle-Halbinsel von grosser Bedeutung gewesen ist, der Varzin oder Wunakukur, auch Beautemps-Beaupré genannt, welcher eine Höhe von 605 m erreicht.

Die Nord- und Ostküste dieses Anhängsels der Gazelle-Halbinsel wird von einer ausgesprochenen Steilküste gebildet; der Strand ist oft nur wenige Meter breit. Die Westküste am Weber-Hafen dagegen hat einen Flachstrand; nördlich von diesem aber springt ein scharfes Horn in westlicher Richtung tief in die See vor, welches von den Naumann-Bergen eingenommen wird. Ein viel ausgedehnteres Gebirge beginnt

---

*) Wie viele östliche Völkerschaften, z. B. die Chinsen und Japaner, so unterscheiden auch die Bewohner der Gazelle-Halbinsel keineswegs mit der uns geläufigen Schärfe die Vokale und die Konsonanten, namentlich l und r, daher die oft dem Anschein nach gar nicht in Einklang zu bringende Bezeichnungsweise der Land- und Ortschaften.

südlich von der Halbinsel, welche wir geschildert haben, und durchzieht
die Mitte der eigentlichen Gazelle-Halbinsel, indem es sich in einem
flachen Bogen nach Nordwest wendet: das Baining-Gebirge, an dessen
Nordfuss Dahl ebenfalls gesammelt hat.

Über die geologische Beschaffenheit der Gazelle-Halbinsel sind wir
heute durch Studer in seinem Bericht über die Gazelle-Expedition,
sowie in neuster Zeit durch Danneill,*) den Arzt der Neu-Guinea-Co.
in Herbertshöhe, genauer unterrichtet worden. Auf der Nordküste, also
in dem Gebiet, welches unsere Aufmerksamkeit in besonderem Masse
in Anspruch nimmt, an der Blanche-Bai und den sich anschliessenden
Ortschaften, erhebt sich das Land nach einem oft nur wenige Meter
breitem Strande sogleich zu einer 10—15 m hohen Steilküste und bildet
zunächst eine Terrasse, welche für die Wohnungen der Europäer Raum
bietet. Nach dem Binnenlande hin wird sie begrenzt von einer Hügel-
zone, die sich wiederum ziemlich schroff bis 80—100 m ü. M. erhebt.
In Wahrheit liegt aber keine eigentliche Bergkette vor; das Gebiet,
welches als solche erscheint, ist vielmehr der durch Schluchten zer-
klüftete Absturz eines Plateaus, welches die ganze Fläche der Gazelle-
Halbinsel einnimmt und auf dem der Wunakukur oder Varzin als ein-
samer Bergkegel aufgesetzt ist.

Der Boden der Vorlandsterrasse, so wie des Hochplateaus ist nach
der gegenwärtigen Kenntnis nur aus jungvulkanischen Aufschüttungen
zusammengesetzt. Man hat Bohrungen bis zu 60 m ausgeführt, ohne
dass man dieselben durchstossen konnte und auf gewachsenen Fels traf.
Die Thätigkeit der jetzt erloschenen Hauptkegel muss früher ausserordentlich rege gewesen sein, denn die vulkanischen Aufschüttungsmassen,
die mehr als haushoch die Insel überdecken, können nur als Produkte
derselben, wahrscheinlich nur als Auswürflinge des Wunakukur angesehen werden. Die grösste Masse derselben ist eine feine vulkanische
Asche, in welche die kleineren und grösseren Brocken einer Augit-
andesitlava, angeblich auch von Bimstein eingebettet sind. Durch die
Verwitterung dieser Auswürflinge und durch die Bindung derselben
mittels verrotteter Pflanzenreste ist die mehr oder minder dicke, oberflächliche Humusschicht gebildet worden. Das lose aufgeschüttete
Material kann, wie leicht ersichtlich ist, dem Einfluss der Tageswässer
keinen grossen Widerstand leisten; unter der Wirkung des bewegten
Wassers werden erhebliche Mengen desselben leicht fortgeführt. Trotz
der leichten Verschiebbarkeit seiner Teile hat das Material aber doch,
selbst an senkrechten Wänden eine bemerkenswerte Kohaerenz: es
stürzt bei Einschnitten nicht nach, sondern erzeugt relativ feste Wände.

---

*) Danneill in Nachrichten der Neu-Guinea-Co. 1897, p. 33.

Diese beiden Umstände bedingen eine sehr bemerkenswerte Gliederung des Bodens: Die oft sehr heftigen Regengüsse erzeugen Rinnsale und Bäche, welche endlich in sehr tiefen und steilwandigen Schnitten ihren Weg finden. Ohne irgend welche Vermittlung durch allmähliche Abfälle sind diese Thäler mit senkrechtem Absturz gewissermassen in das Plateau der Gazelle-Halbinsel eingesägt. Warburg hat diese engen Schluchten sehr treffend mit dem Namen Ravinen belegt.

Durch die Natur des Aufschüttungsmateriales wird noch ein zweiter wichtiger Charakter des Bodens bedingt. Indem unendlich viele feine und feinste Teilchen individuell getrennt neben und über einander gelagert sind, wird eine ausserordentliche Porosität erzeugt, die ihrerseits wieder die lebhafteste Aufsaugungsfähigkeit hervorruft. Erst sehr allmählich bereitet sich auf dem untersten Grunde der Asche ein Verkittungsprozess vor, indem die von den Tagewässern gelösten Substanzen in der Tiefe wieder niedergeschlagen werden. Jeder Regenguss, selbst wenn er, wie keineswegs selten, auf einmal 70—80 mm Wasser bringt, wird vom Boden wie durch einen Schwamm aufgesaugt. Die Flüssigkeit sinkt mit solcher Geschwindigkeit auf den Grund, dass selbst nach den heftigsten Güssen der Zeitraum einer Stunde genügt, um jede Wasseransammlung vollkommen verschwinden zu machen. In dieser Erscheinung liegt auch die Ursache, dass jeder Versuch, auf dem Plateau durch das Graben von Brunnen Wasser zu erlangen, völlig aussichtslos ist. Das Wasser sinkt mit grösster Geschwindigkeit bis zur Tiefe des Meeresspiegels und deshalb gelingt es am Strande sehr leicht, durch die Aushebung des Sandes bis zu geringer Tiefe auf das Grundwasser zu kommen und süsses Wasser zu erhalten, welches die Eingeborenen für filtriertes Seewasser ansehen.

Bei einer so hochgradigen Porosität des Bodens kann von einem langandauernden Bestande oder einem kontinuierlichen Flusse der Wasserrinnsale keine Rede sein; bald nach jedem Regenfalle lösen sie sich zuerst in eine Reihe hinter einander gelegener Tümpel auf, um endlich ganz zu versiegen. Auch Quellen gehören zu den seltensten Erscheinungen und sind wahrscheinlich nur an den Orten vorhanden, an welchen der oben erwähnte Verkittungsprozess der Aufschüttungsmassen schon ein umfangreicheres Mass gewonnen hat, oder an welchen feste Lava ansteht, wie z. B. unterhalb des Gipfels des Wunakukurs.

Den geologischen und meteorologischen Verhältnissen entsprechend gliedert sich auch die Vegetation in verschiedene Formationen. In der Nähe der See finden wir eine ausgeprägte Strandflora. Da an den untersuchten Gebieten die Steilküste mit schmalem Strande vorherrscht, so ist auf der Gazelle-Halbinsel die Mangroveformation nicht überall entwickelt. Dafür tritt sie aber an den flacheren Küsten der Inseln der

Neu-Lauenburg-Gruppe, am Strande von Kerawara und Mioko typisch
auf und wird durch Bruguiera gymnorrhiza, Rhizophora mucronata
gebildet; auf dem Übergangsgebiet, dem Rand der Strandflora nehmen
dann Heritiera littoralis, Cerbera lactaria, Excoecaria Agallocha, Hernandia peltata ihren Platz. Die weitere Strandflora wird zunächst
durch folgende Holzgewächse zusammengesetzt: Calophyllum Inophyllum,
Colubrina asiatica, Caesalpinia Nuga und C. Bonducella, Pterocarpus
indicus, Afzelia bijuga, Pongamia glabra, Inocarpus edulis, Erythrina
indica und die alles durchflechtende Liane Derris uliginosa; dazu treten
ferner Terminalia Catappa, Pometia pinnata (welche die sehr geschätzten,
unter dem Namen Ataun bekannten Früchte liefert), Cordia subcordata
mit ihren schönen Blüten und wertvollem Nutzholze, Bikkia grandiflora
durch die grossen und wie bei Guettarda speciosa wohlriechenden Blüten
ausgezeichnet, die grossblütige Malvaceae Thespesia macrophylla und
Hibiscus tiliaceus, Premna integrifolia, Casuarina equisetifolia, Tournefortia argentea, sämtlich durch ihre ausserordentlich weite, zum Teil
sich noch viel weiter nach Polynesien erstreckende Verbreitung ausgezeichnet. Von krautigen Pflanzen erscheint zunächst massenhaft die
Allerweltsstrandpflanze der Tropen, Ipomaea pes caprae, ausser ihr aber
Adenostemma viscosum, Boerhaavia diffusa, Bidens pilosa, Siegesbeckia
orientalis, Scaevola novo-guineensis, Euphorbia Atoto, Calonyction grandiflorum und die alle Sträucher umrankende Cassytha filiformis.

Die zweite Formation ist die der reich bewaldeten Ravinen. In
ihnen treten zunächst einige höhere Palmen auf, von denen sich Caryota,
wahrscheinlich C. Rumphii und Areca jobiensis durch Grösse aus-
zeichnen, dazu kommt der schlanke zierliche Pipturus incanus, ferner
Goniothalamus uniovulatus, Evodia tetragona, Dysoxylon Kunthianum
und D. amooroides, Hearnia sapindina, Melia Azedarach, Ficus-Arten,
Macaranga tanarius und M. densiflora, Endospermum formicarum,
Lophopyxis pentaptera, Leea macropus, Elaeocarpus Parkinsonii,
Octomeles moluccana, Clerodendron fallax und C. Novae Pommeraniae,
Gardenia Hansemannii. An den Bäumen klimmen mannigfaltige Araceae,
Asclepiadaceae (Dischidia, Gongronema membranifolium) Vitaceae, Mucuna
und andere Pflanzen empor. Der Wald ist nirgends ausserordentlich
dicht, so dass er an vielen Orten, besonders an den Rändern der durch-
geschlagenen Wege einer Grasflora ihren Bestand gewährt, welche hauptsächlich aus breitblättrigen, zum Teil ansehnlichen Formen zusammengesetzt wird (Polytoca macrophylla, Panicum sulcatum, Centotheca
lappacea); aber auch zahlreiche Unterholzgesträuche und Waldkräuter
werden gefunden, wie Costus speciosus, Pollia sorzogonensis, Laportea
sessiliflora, Maesa, Macaranga Schleinitziana, Desmodium dependens,
Solanum Dunalianum, Hemigraphis reptans. Mit ihnen mischen sich

schon nicht selten diejenigen weitverbreiteten, niederen Holzgewächse, welche an allen vom Primärwalde befreiten und sich dann selbst überlassenen Orten auftreten und den sogenannten Sekundärwald bilden. Zu ihnen gehören ausser den oben erwähnten äusserst häufigen Mallotus und Pipturus, die in der Tracht ähnliche Trema amboinensis, Solanum verbascifolium, Laportea crenulata u. a., zwischen denen sich Rubus moluccanus in oft sehr wenig angenehmer Weise bemerkbar macht.

Auf dem Hochplateau tritt die Alang-Alang-Formation in besonderer Ausdehnung auf, eine echt xerophytische Vegetation, welche darauf hinweist, dass der Wasservorrat in keiner übermässigen Fülle den Wurzeln zu gebote steht. An vielen Stellen wird sie durchsetzt von den eingestreuten Stämmen der Albizzia procera, welche von weitem in diesen Gebieten den Eindruck hervorruft, als ob sie von einem lockeren Waldbestande bedeckt wären. Die wichtigsten Elemente in dieser Formation sind Hochgräser, neben dem Alang-Alanggrase im engeren Sinne des Wortes, der Imperata cylindrica, treten hauptsächlich auf Apluda mutica, Andropogon australis und Pennisetum macrostachyum. Eingewirkt sind in das Grasfeld die auch sonst mit den Gramineen regelmässig vergesellschafteten Leguminosen Cassia mimosoides, Uraria lagopodioides, Crotalaria alata und C. biflora, Glycine javanica, Desmodium latifolium, sowie einige Compositen aus der Gattung Blumea, Euphorbia serrulata und Oxalis stricta.

Eine sehr bemerkenswerte Erscheinung ist die Thatsache, dass die Alang-Alangformation nicht blos die flache Hochebene und ihre Hügelzüge bedeckt, sondern sich auch an den Vulkanen der Kraterhalbinsel, an einzelnen Abhängen bis auf den Gipfel, wie an der Mutter, heraufzieht; auch Warburg fand an der Nord-Tochter die gleiche Vegetation, mit den Grasflächen wechselten in den Schluchten Waldvegetation mit ausserordentlich reichen Farrnbeständen. Hier wie an vielen Orten des Hochplateaus oberhalb Ralums ist allerdings die ursprüngliche Vegetation schon in weiter Ausdehnung der Kultur von Nutzpflanzen gewichen. Namentlich finden sich auf der Nord-Tochter streifenweise bis zum Gipfel grosse Bananenfelder, deren Zugang häufig durch ein dichtes Gehege von Saccharum spontaneum umgrenzt wird. Die Eingeborenen bauen neben diesen hauptsächlich Bataten und Taro und in diesen Feldern hat sich die reiche Ruderalflora des östlichen malayischen Archipels eingestellt, die aus Cyperus longus, C. radiatus, C. umbellatus, Fimbristylis diphylla, Kyllingia monocephala, Setaria viridis und S. glauca, Perotis indica, Sporobolus indicus, Eleusine indica, Fleurya interrupta, Pouzolzia indica, Cyathula geniculata, Acalypha boehmerioides Desmodium gangeticum, Bonnaya veronicifolia, Solanum nodiflorum, Physalis minima u. a. zusammensetzt.

Die Eingeborenen sind grosse Blumenfreunde, sie kultivieren deshalb in ihren Gärten eine grosse Anzahl von duftenden, schön blühenden und mit bunten Blättern versehenen Pflanzen, deren abgebrochene Zweige mit Blättern sie als Schmuck ihres Körpers und als Parfüm vielfach verwenden. Zu diesen Gewächsen, deren Anzucht weit über den Archipel und Polynesien verbreitet ist, gehören viele Arten, über deren Heimat wir noch keineswegs endgiltig aufgeklärt sind, wie z. B. die buntblättrigen Formen der Cordyline terminalis, Evodia hortensis und ihre Varietäten mit einfachen und geschlitzten Blättern, Eranthemum pacificum, Justicia Gendarussa, Graptophyllum pictum, Codiaeum variegatum und das äusserst angenehm duftende Ocimum sanctum, sowie das kampherartig riechende O. canum, die buntblättrigen Plectranthus-, Acalypha- und Amarantus-Arten u. s. w. Die Eingeborenen tragen Büschel dieser Pflanzen zumal bei festlichen Angelegenheiten, aber auch sonst in ihren Armringen, am Nacken, sowie auf dem Rücken in den Lendenschurz gesteckt. Nicht minder finden sie Anwendung bei der Anfertigung der zu den mysteriösen Festen gebrauchten Duck-Duck-Maskerade.

In den Gärten der Plantagenbesitzer aber befinden sich heute eine grosse Auswahl von auswärts eingeführter Nutz- und Zierpflanzen. Ausser den schon erwähnten, Kaffee und Baumwolle, werden die bekannten Anona-Arten, der Soursop- und Custard-Apfel (A. squamosa und A. muricata), Grenadilla (Passiflora quadrangularis) Papaya (Carica Papaya), von den Eingeborenen merkwürdigerweise Tabak genannt, gute Mango (Mangifera indica) und Orangen gebaut. Von Zierpflanzen werden erwähnt Sambac (Jasminum Sambac), Plumiera rubra, Bignoniaceae nicht bestimmter Arten, das prachtvolle afrikanische Clerodendron Thompsonae.

Diese kurze Übersicht möge genügen, um eine zusammenhängende Vorstellung von den Vegetationsverhältnissen auf einem beschränkteren Gebiete von Neu-Pommern zu geben. Wir können mit Sicherheit behaupten, dass auf den noch nicht bekannten Teilen der Insel dieselben Formen in ihrer grössten Mehrzahl wiederkehren müssen. Namentlich die Strandpflanzen und der Bestand des sekundären Waldes haben in diesen Gegenden eine ausserordentlich weite Verbreitung. Damit sich nun auch weniger fachmännisch geschulte Beobachter leichter mit diesem Teile der Flora bekannt machen können, habe ich im Auftrage des Direktoriums des königlichen botanischen Gartens und Museums diese Flora zusammengestellt. Der grösste Teil der Pflanzen wird für sich getrennt im Herbar aufbewahrt bleiben, damit ein jeder, welcher einmal Neu-Pommern oder auch die angrenzenden Länder besuchen wird, schon in Berlin imstande ist, sich an der Hand der Flora und dieses Teiles des pflanzengeographischen Herbars mühelos eine Kenntnis der häufiger begegnenden Pflanzen zu verschaffen. Behufs leichterer Wiedererkennung an Ort und Stelle sind diese Gewächse durch einige Worte möglichst präzis charakterisiert.

Wir sind der Überzeugung, dass für jeden Pflanzensammler diese Vorbereitung grossen Nutzen stiften wird, denn er wird gerade diejenigen Gewächse, welche ihm zuerst und in der grössten Fülle begegnen, leicht erkennen und zu beurteilen imstande sein. Die gemeinen und alltäglichen Objekte werden also seine Aufmerksamkeit nicht in dem Masse in Anspruch nehmen, dass für ihn die spezifischen und wichtigeren Gewächse in dieser Masse untertauchen. Wenn für ihn mehrere Hundert Formen aus der genaueren Beachtung ausfallen, so kann er seine Kräfte viel mehr konzentrieren und auf die bedeutungsvolleren Gewächse hinwenden. Er hat dann auch nicht nötig, seine Zeit mit der Sammlung der gewöhnlicheren Sachen zu vergeuden; es genügen kleine Proben oder auch Notizen, welche das Vorkommen dieser Dinge verbürgen.

Abteilung Euthallophyta.

„Algae".

Bearbeitet von

Th. Reinbold.

Das nicht gerade reichhaltige, in Spiritus konservierte Material von Algen, welches Dr. Dahl bei Gelegenheit seiner zoologischen Forschungen sammelte, bietet im allgemeinen das Bild der ziemlich bekannten Vegetation der Korallenriffe der tropischen und subtropischen Meere dar; immerhin erscheint die Veröffentlichung dieser Algen aber doch von einigem Interesse, da eine grössere Anzahl Arten konstatiert wurde, welche für dieses besondere Meeresgebiet (Neu-Guinea und nähere Umgebung) noch nicht namhaft gemacht sind.*)

---

*) Die bisher für das spezielle Gebiet noch nicht konstatierten Arten sind mit einem † bezeichnet. Abgesehen von in der Litteratur hie und da verstreuten Standortsangaben kommen hier hauptsächlich folgende Schriften in betracht: Zanardini, Phyceae Papuanae in Nuov. Giorn. Bot. Ital. 1878; Schumann und Hollrung „Die Flora von K. Wilhelms Land"; Beiheft z. d. Nachr. über K. Wilh. Land u. den Bismarck Archipel (Algen von Grunow); F. Heydrich, Beitr. z. Kenntn. der Algenfl. von K. Wilh. Land (Deutsch Neu-Guinea) in Bericht. der Deutschen Bot. Gesellsch. 1892. Bd. X. H. 8. In zweiter Linie ist auch Sonder, Algen des tropischen Australiens zu berücksichtigen.

Klasse **Schizophyceae-Cyanophyceae.**

† **Lyngbya aestuarii** (Jürg.) Liebm. in Kroy. Tidskr. — Oscillatoria aestuarii Jürg. Alg. Dec. VIII, No. 2.
Überall verbreitet im Süss- und Salzwasser.

† **Microchaete vitiensis** Asken. Gazelle p. 2. t. 2. Epiphytisch
auf Cladophora und Acetabularia.
Bekannt von den Fidji- und Samoa-Inseln.

Goniotrichum elegans (Chauv.) Le Jol. Alg. mar. Cherbg. p. 103.
— Bangia elegans Chauv. Alg. Norm. No. 159. Epiphytisch
auf Hypnea.
Ziemlich weit verbreitet, hauptsächlich in wärmeren Meeren, aber
auch in Nord- und Ostsee.

Klasse **Chlorophyceae.**

Familie Ulvaceae.

Enteromorpha lingulata J. Ag. Alg. Syst. III. Abt. p. 143.
Bekannt aus dem Atlantischen Ocean, aus Australien.
Die Art wird zusammen mit E. crinita (Roth) J. Ag., von welcher
sie wohl kaum zu trennen ist, vermutlich in fast allen Meeren verbreitet sein.

Familie Cladophoraceae.

Cladophora (Aegagr.) **patentiramea** (Mont.) Kg.? — Conferva
patentiramea Mont. Prodr. Phyc. antarct. p. 15.
Verbreitet im südlichen stillen Ozean.
Das sehr kleine Fragment gestattete keine absolut sichere Bestimmung.

Familie Caulerpaceae.

Caulerpa Freycinetti Ag. Spec. Alg. p. 446 (ind. Caulerpa
Boryana J. Ag.).
Verbreitet im indischen und im südlichen und mittleren stillen
Ozean.

C. cupressoides (Vahl) Ag. — Fucus cupressoides Vahl in Skrivt.
af Nat. Hist. Selsk. II. p. 38.
Verbreitet in West-Indien, Neu-Guinea (Gazelle).
Die Bestimmung dieser Alge verdanke ich der Freundlichkeit von
Mad. A. Weber-van Bosse.

† **C. sedoides** (R. Br.) Ag. — Fucus sedoides R. Br. msc. Turn.
Hist. fuc. t. 172.
Verbreitet im südlichen stillen Ocean.

Familie Codiaceae.

Avrainvillea papuana (Zan.) Murray, Gen. Avrainvillea in Journ. of Botany. 1889. — Chloroplegma papuanum Zan. Phyc. papuan.

Bekannt aus dem südlichen und mittleren stillen Ozean.

Die vorliegenden Exemplare sind ziemlich lang gestielt und bieten dadurch im Habitus Ähnlichkeit mit A. longicaulis (Kg) Murray resp. A. Mazei Murray, mit welchen sie aber in der inneren Structur nicht übereinstimmen. Diese entspricht dagegen völlig derjenigen von A. papuana. Vielleicht ist die Länge des Stieles bei dieser Art sehr wechselnd, vielleicht liegt hier aber auch eine gute Varietät vor.

Halimeda opuntia (L.) Lamx. — Corallina opuntia L. Syst. Nat. Ed. XII. p. 1304.

Überall verbreitet in den wärmeren Meeren.

H. papyracea Zanard. in Regensb. Flora. 1851. p. 37.

Bekannt aus dem indischen, dem südlichen und mittleren stillen Ozean.

H. macroloba Dene. Corall. p. 91.

Ziemlich verbreitet im indischen und südlichen wie mittleren stillen Ocean.

Familie Valoniaceae.

† **Valonia ventricosa** J. Ag. Alg. Syst. V. Abt. p. 101. — Valonia ovalis Crn. in Mazé et Schramm, Alg. de Guadel.

Verbreitung: West-Indien, Samoa-Inseln.

Die Art steht der V. Forbesii Harv. nahe, von welcher sie sich durch das Fehlen eines Stieles und die fast kugelrunde Form unterscheidet.

Familie Dasycladaceae.

Acetabularia dentata Solms, Monogr. of Acetabularieae in Transact. Lin. Soc. 1895. Vol. V. part 1. p. 23.

Bekannt von Neu-Guinea, Celebes, Flores.

Die Pflanze lag mir in verschiedenen Entwickelungsstadien vor; sowohl die Beschreibung von Solms als auch ein mir von Frau Weber-van Bosse gütigst zur Verfügung gestelltes authentisches Exemplar von A. dentata stimmen im allgemeinen gut mit der vorliegenden Alge. Einige Abweichungen scheinen mir zu geringfügig, um eine besondere Varietät oder Form darauf zu begründen. Diese kleinen Unterschiede sind folgende: Ziemlich dicke Membran, — Solms bezeichnet dieselbe als „very delicate" —; stipes nicht über 1 cm lang, wodurch die Pflanze weniger zierlich aussieht, — Solms giebt dem stipes eine Länge bis zu 2 cm —; radii 25—30, — bei Solms 30—40 —. Die charakteristische Zuspitzung der Radien sowie die Beschaffenheit der oberen und unteren corona stimmen genau mit Solms' Beschreibung und dem mir vorliegenden authentischen Exemplar. Die Alge befand sich auf einer Muschelschale.

Klasse **Phaeophyceae.**

Familie Sphacelariaceae.

Sphacelaria furcigera Kg. Tab. Phyc. V. t. 90; Reinke, Sphacel. p. 14, t. 4.
Verbreitet im indischen und stillen Ozean.

Sp. tribuloides Menegh. Lett. Corin. p. 2; Reinke, Sphacel. p. 8. t. 3.
Verbreitet im mittelländischen und roten Meere sowie in einzelnen Teilen des stillen Ozeans.

Beide, mit den charakteristischen Brutästen versehenen Sphacelaria-Arten befanden sich auf ein und derselben Muschel.

Familie Encoeliaceae.

Hydroclathrus cancellatus Bory, Dict. class. p. 419.
Verbreitet in fast allen wärmeren Meeren.

Familie Cutleriaceae.

† **Aglaozonia reptans** (Crn.) Kg. — Padina reptans Crn. in Arch. bot. II. 1833. p. 398.
Korallenstücke überziehend.
Verbreitung: Atlantischer Ozean, mittelländisches Meer.

Aglaozonia gehört wahrscheinlich in den Entwickelungskreis der Gattung Cutleria, welche im indischen Ozean durch C. multifida (Australien sec. Harvey) und C. pacifica Grun. (Samoa Inseln sec. Grunow) vertreten ist. Heydrich l. c. p. 473 beschreibt eine Zonaria parvula Grev. var. duplex, mit welcher ich aber meine Pflanze nicht zu identifizieren vermag. Irgend eine Fruktifikation habe ich nicht vorgefunden und möchte daher die Bestimmung nur mit einigem Vorbehalt geben.

Familie Fucaceae.

† **Sargassum duplicatum** J. Ag. Spec. Sarg. p. 90.
Bekannt aus dem stillen Ozean.

Turbinaria vulgaris J. Ag. Spec. Alg. I. p. 267.
In den tropischen und subtropischen Meeren verbreitet in verschiedenen leicht in einander übergehenden Formen.

Klasse **Dictyotales.**

Familie Dictyotaceae.

Padina Pavonia (L.) Gaill. Dict. Hist. nat. 53. p. 371. — Fucus
Pavonius L. Spec. plant. II. 719.
Verbreitet in allen wärmeren Meeren.
Fragmente!

Klasse **Rhodophyceae.**

Familie Helminthocladiaceae.

† **Liagora elongata** Zanard. in Regensb. Flora. 1851. p. 35.
Bekannt aus dem roten Meere sowie von den Hapai-Inseln im
südlichen stillen Ozean (Grunow Alg. Fidji-Ins.).

Familie Chaetangiaceae.

† **Actinotrichia rigida** (Lamx.) Dene. — Galaxaura rigida Lamx.
Polyp. flex. p. 265. t. 8. F. 4.
Verbreitet im indischen sowie im stillen Ozean.

† **Galaxaura rugosa** (Sol.) Lamx. — Corallina rugosa Sol. in Ellis,
Zooph. 115. t. 22. F. 3.
Verbreitet im wärmeren atlantischen und stillen Ozean (sowie im
indischen Ozean?).

G. lapidescens (Sol.) Lamx. — Corallina lapidescens Sol. in Ellis,
Zooph. p. 112. t. 21. Fig. g. t. 22. Fig. 9.
Verbreitet im wärmeren atlantischen, im indischen und stillen Ozean.

Familie Sphaerococcaceae.

† **Gracilaria dumosa** Harv. Friendl. Isl. Alg. No. 37. — Kützing,
Tab. phyc. XIX, t. 21.
Verbreitung: Südlicher stiller Ozean (Freundschaftsinseln).

† **Hypnea pannosa** J. Ag. Alg. Liebm. p. 14.
Verbreitung: Busen von Mexiko, südlicher und mittlerer stiller
Ozean.

Familie Rhodymeniaceae.

† **Champia compressa** Harv. Gen. South. Africa Plants p. 402.
Verbreitung: Cap. d. g. H., Ceylon, südlicher stiller Ozean.
Vereinzelte kleine Fragmente!

† **Chrysymenia concrescens** J. Ag. Alg. Syst. IV. Abt. p. 48.
Aus Ost-Australien bekannt.
Das Material war zu fragmentarisch, um bezüglich der Species
sicher bestimmt werden zu können.
Grunow in Schum. u. Hollr. l. c. beschreibt eine Chr. Kaernbachii
n. sp. aus N. Guinea, welche der Ch. concrescens nahe steht.

Familie Grateloupiaceae.

Halymenia Durvillei Bory, Voy. Coq. No. 69. t. 15.

Verbreitet im indischen und südlichen wie mittleren stillen Ozean. Ich folge Grunow und ziehe H. formosa Harv. und H. ceylanica Harv. als Varietäten zu obiger Art.

Familie Corallinaceae.

† **Amphiroa cuspidata** (Ell. et Sol.) Lamx. — Corallina cuspidata Ell. et Sol. p. 124. t. 21.

Verbreitung: West-Indien.

Die Art dürfte wohl nur eine Varietät der in den wärmeren Meeren verbreiteten A. fragilissima (L.) Lamx sein.

Unterabteilung Eumycetes (Fungi).

Bearbeitet von

P. Hennings.

Klasse Basidiomycetes.

Familie Auriculariaceae.

Auricularia delicata (Fr.) P. Henn. in Engl. bot. Jahrb. XVIII, p. 24.

Bei Ralum auf Holz. (Dahl, Juni 1896.)

Überall in den Tropen an Stämmen und auf Holz verbreitet, durch ohrmuschelartige, gallertige, auf der Innenseite netzaderige, rasig wachsende Fruchtkörper ausgezeichnet. Von den Eingeborenen des malayischen Archipels, sowie von den Chinesen gegessen.

Familie Tremellaceae.

Tremella Dahliana P. Henn. n. sp.*)

Bei Ralum im oberen Lowon auf trockenem Holze, bildet lappige, bis 10 cm grosse, rotbraune, anfgeblasen-gewundene Gallertmassen. — (Dahl, 31. Januar 1896.)

Familie Dacryomycetaceae.

Guepinia fissa Berk. Fung. Brit. Mus. p. 383 t. XII f. 15.

Cap Gazelle im Hochwald bei Birara point an Stämmen. (Lauterbach, 25. Mai 1890.)

Kleine, kaum 1 cm hohe, unten filzig behaarte, oben fast breitspatelförmige, orangenrote Keulen. In den Tropen verbreitet.

---

*) Die neuen Arten werden gleichzeitig in Engler's botan. Jahrbüchern 1898 veröffentlicht.

Guepinia ralumensis P. Henn. n. sp.*)

Bei Ralum auf faulendem Holze. (Dahl, Juni 1896.)

Zerstreut wachsende, bis 1½ cm hohe Pilze, von gallertiger Beschaffenheit, mit rundlichen, graufilzigen Stielen und gelbroten, spatelförmigen, an der Spitze gabelförmig eingeschnittenen Keulen.

Familie Thelephoraceae.

Stereum lobatum Fries Epicr. p. 547.

Bei Ralum auf faulendem Holze. (Dahl, 7. Februar 1897.)

Rasig wachsende, halbirt hutförmige, lederartige, bis 12 cm breite, oberseits braune, gezonte, unterseits blasse Pilze, die an Baumstämmen und an Holz in allen Tropenländern verbreitet sind.

Thelephora caperata Berk. et Mont., Cent. VI. No. 99.

Im Hochwald bei Birara point am Cap Gazelle an altem Holze. (Lauterbach, 25. Mai 1890, N. 56.)

Trichterförmige, gestielte, lederig-häutige, oberseits graubraune, im Centrum behaarte Pilze, mit eingeschnittenem oder gefurchtem Rande, unterseits runzelig, blass, bis 10 cm hoch und breit.

In allen Tropenländern an Baumstämmen verbreitet.

Thelephora ralumensis P. Henn. n. sp.*)

Hut dünnhäutig, fast papierartig, nierenförmig oder trichterförmig, strahlenförmig gestreift, glatt, weiss, 3—4 cm im Durchmesser; am Rande lappig eingeschnitten und gezähnelt, mit excentrischem, ca. 1 bis 1½ cm langem, blassen Stiel.

Bei Ralum, im oberen Lowon an Waldwegen, auf Holz. (Dahl.)

Familie Clavariaceae.

Lachnocladium cladonioides P. Henn. n. sp.*)

Etwa 2 cm hoher, korallenartig-gabelig verzweigter Pilz von hellbrauner Färbung mit stumpfen oder an der Spitze kammförmigen Zweigen.

Bei Wuna marita auf dem Erdboden. (Dahl, 11. März 1897).

Lachnocladium ralumense P. Henn.*)

Fruchtkörper gabelig oder mehrfach verzweigt, weiss. 3—4 cm hoch. Zweige meist rundlich, an der Spitze kurzgabelig oder kammförmig eingeschnitten.

Bei Ralum auf Erdboden. (Dahl, 7. Februar 1897.)

Lachnocladium subpteruloides P. Henn. n. sp.*)

Fruchtkörper dicht rasig, korallenartig stark verzweigt, ockergelb, 7—9 cm hoch, filzig, mit wiederholter gabeliger Verzweigung. Zweige sehr dünn, an der Spitze pfriemenförmig-spitz, sparrig.

Im Walde bei Kabakaul. (Dahl, 27. Februar 1897.)

---

*) Vgl. S. 74.

6

Lachnocladium Englerianum P. Henn. n. sp.*) in Engl. u. Prantl, Natürl. Pflanzenf. I. 1. Fig. 73. F—H.

Fruchtkörper fast lederartig, 15—20 cm hoch, braun, weichfilzig, mit fast holzartigem, rundlichem, bis 7 cm langem, 1½—2 cm dickem, glattem Stiel, aus dem wiederholt gabelig verzweigte, rundliche Aeste hervorgehen, die an der Spitze meist pfriemlich sind.

Bei Ralum auf Holz. (Dahl, 29. September 93.) Ausserdem von Celebes bekannt.

Familie Polyporaceae.

Fomes Dahlii P. Henn. n. sp.*)

Zimmetfarbig, Hut hufförmig, hart, korkig, concentrisch gefurcht, mit schwach-glänzender oder bereifter Kruste, 3—5 cm im Durchmesser, innen blass mit zimmetfarbigen Poren.

Ralum an Baumstämmen. (Dahl.)

Fomes pectinatus Klotzsch in Linn. VIII. p. 485.

Hut dreieckig, korkig-holzig, oberseits concentrisch gefurcht, filzig, schmutzig- oder ockerbraun mit kleinen, stumpfen, gelblichen Poren, 2—5 cm im Durchmesser, fast in allen tropischen und subtropischen Gebieten verbreitet.

Bei Ralum, in einer Thalschlucht an Stämmen. (Lauterbach, 24. Mai 1890. No. 245.)

Polyporus dichrous Fries Syst. Myc. I. p. 364.

Hut dünn, zähfleischig, oft krustenförmig, weich, weiss, seidenhaarig, mit kleinen, kurzen, rundlichen, zimmetfarbigen Poren. Ueberall auf der Erde, auch in Deutschland verbreitet.

Bei Ralum an Holz. (Dahl.)

Polyporus arcularius (Batsch) Fries Syst. Myc. I. p. 342.

Hut centralgestielt, zäh lederartig, ohne Zonen, braunschuppig, später kahl, 1—2½ cm breit, gelblich mit schwärzlichem Rande. Stiel kurz, schuppig, graubraun. Poren rhombisch, weisslich, später bräunlich. Überall auf Holz und Stämmen zerstreut, auch in Deutschland.

Bei Ralum auf Holz. (Dahl, Juni 1896.)

Polystictus Personii Fries in Cooke, Praec. No. 850.

Hüte meist dachziegelförmig; oft muschelförmig oder nierenförmig, lederartig, über 10 cm breit, undeutlich gezont, blutrot oder braunrot, verbleichend, meist mit weissem Rand. Poren oft labyrinthförmig, lederfarben. In allen Tropenländern gemein.

Bei Ralum auf Holz. (Dahl, Juni 1896).

Polystictus occidentalis (Klotzsch) Sacc. Syll. VI. p. 274.

Hüte lederartig, halbiert-hutförmig, filzig, concentrisch gefurcht,

---

*) Vgl. S. 74.

gelbbraun, 5—15 cm breit, mit gelbbraunen, rundlichen Poren. An Baumstämmen in allen Tropenländern gemein.

Bei Ralum auf Holz. (Dahl, Juni 1896.)

Polystictus hirsutus Fries, Syst. Myc. I. p. 367.

Hut halbkreisrund, flach, 5—10 cm breit, korkig-lederartig, steif-haarig-gezont und konzentrisch gefurcht, weisslich-gelb oder grau-weisslich mit runden, weisslichen Poren. Rasig an alten Baumstämmen in allen Gebieten der Erde verbreitet.

Bei Ralum auf Holz. (Dahl, Juni 1896.)

Polystictus Dahlianus P. Henn. n. sp.*)

Hut dünn, lederartig, starr, halbkreisrund oder fächerförmig, ungestielt, umbrabraun, etwas runzelig, seidig glänzend, 2—3 cm breit und lang, Hutsubstanz weiss, faserig. Poren kurz, klein, rundlich.

Bei Ralum an Stämmen. (Dahl, Juni 1896.)

Polystictus flabelliformis Klotzsch in Linn. 1833. p. 483.

Hut lederartig, dünn, fächerförmig, flach, braun, mit graufilzigen, später kahlen Zonen, seitlich gestielt, mit kleinen, rundlichen, blassen Poren. Überall in den Tropen an Stämmen gemein.

Bei Birara am Cap Gazelle im Walde an Stämmen. (Lauterbach, 25. Mai 1891.)

Trametes elegans (Spr.) Fries, Epier. p. 492.

Mit halbkreisförmigem, lederartigem, weissem, 7—12 cm breitem Hut, der mit schildförmiger Basis angewachsen ist. In den Tropen verbreitet.

Ralum an Holz. (Dahl, Juni 1896.)

Hexagonia Wightii Klotzsch in Linn. VII. p. 200. t. 10.

Hut lederartig, halbkreisrund, ungestielt, flach, ungezont, schwarz-braun, mit schwärzlichen Fasern bedeckt, etwa 10 cm breit, 5—7 cm lang, unterseits mit wabenförmigen, weiten, sechseckigen Poren. In Ost-Indien, auf Ceylon, Luzon, Neu-Guinea an Baumstämmen.

Im Walde bei Ralum. (Lauterbach, No. 1607, 20. Mai 1890.)

Laschia Lauterbachii P. Henn. in Engl. bot. Jahrb. XVIII. 3. p. 33.

Hüte fleischig-gallertig, gewölbt, etwas runzelig, 2—5 mm breit mit zentralem, borstenförmigem, gekrümmtem, bis 4 cm langem Stiel, unterseits mit rundlich sechseckigen, gelblichen Poren.

Im Hochwalde am Kap Gazelle bei Birara point an Baumstümpfen. (Lauterbach, No. 264, 25. Mai 1890.)

---

*) Vgl. S. 74.

Familie Agaricaceae.

Schizophyllum alneum (Lin.) Schröt. Pilze Schles. I. p. 553.

Halbkreisförmige oder fächerförmige, flache, am Rande ein-
geschnittene und gelappte, ungestielte, oberseits grauweissliche, weiss-
zottige, 1—3 cm breite Hüte, mit grauen oder graubraunen, gespaltenen
Lamellen. Heerdenweise an Baumästen und Stämmen, auch an Holz
in allen Gebieten der Erde verbreitet.

Bei Ralum an Zweigen. (Dahl, 16. Jan. 1896.)

Lentinus novo-pommeranus P. Henn. n. sp.*)

Hut häutig - lederartig, trichterförmig, oberseits strahlenförmig
gefurcht, umbrabraun, weichhaarig mit schwärzlichen Flecken, in denen
kleine filzige Warzen stehen, am Rande ungeteilt, dünn, 6—8 cm breit,
zentralgestielt, mit angewachsenen, nicht herablaufenden, 5—6 mm
breiten Lamellen.

Bei Ralum im Hochwalde auf Holz. (Dahl, 26. August 1896.)

Marasmius novo-pommeranus P. Henn. in Engl. bot. Jahrb. XVIII.
Beibl. 44. p. 35.

Hut dünnhäutig, gewölbt, dann ausgebreitet, im Zentrum genabelt,
oberseits strahlig gefaltet, weisslich 2—5 cm breit mit zentralem, dünnem,
glattem Stiel und entfernt stehenden, freien, blassen, oft adrig verbundenen Lamellen.

Im Hochwalde bei Birara point am Kap Gazelle an altem Holze.
(Lauterbach, No. 263, 25. Mai 1890.)

Marasmius Dahlii P. Henn. n. sp.*)

Hut häutig, exzentrisch, gewölbt, strahlig gefurcht, gelbbraun, 8 bis
18 mm breit, mit exzentrischem, gekrümmtem, ca. 1 cm langem Stiel
und breit angewachsenen, hellgelblichen Lamellen.

Bei Ralum auf Baumrinden. (Dahl, 1896.)

Chalymotta campanulata (Lin.) Karst. Myc. Fenn. 1879.

Hut dünnfleischig, glockenförmig 1—3 cm hoch und breit, glatt,
kahl, graubräunlich mit schlankem, steifem, 6—9 cm langem, bräunlichem
Stiel und bauchigen, graugefleckten, später schwarzen Lamellen.
Überall auf Mist und gedüngtem Boden verbreitet.

Bei Ralum auf Pferdemist. (Dahl, 24. September 1896.)

Naucoria Dahliana P. Henn. n. sp.*)

Hut fast häutig, gewölbt, dann flach, glatt, rotbraun, 6—7 cm
breit, mit zähem, etwas schuppigem, braunem, ca. 2 cm langem Stiel
und gelbbräunlichen Lamellen mit weisslicher Schneide.

Bei Ralum auf faulendem Holze im Waldpfade. (Dahl, 16. Juni 1896.)

---

*) Vgl. S. 74.

Locellina noctilucens P. Henn. n. sp.*)

Hut fast häutig, glockenförmig gewölbt, in der Mitte abgeplattet, glatt, strahlenförmig gestreift, kahl, weiss, ca. 1½ cm breit, mit etwas gekrümmtem, glattem, hohlem, weissem, 1½ cm langem Stiel, der am Grunde eine weisse, fast scheibenförmige Scheide trägt, mit blassen freien Lamellen. Der Pilz verbreitet im Dunkeln ein grünliches Licht.

Ralum auf einem Holzstück am Hause. (Dahl, 27. Mai 1894.)

Volvaria ralumensis P. Henn. n. sp.*)

Hut fleischig, glockenförmig, in der Mitte breit gebuckelt, 5 cm breit, zimmetfarben, mit angedrückten, faserigen, grauen Schuppen bedeckt; Stiel cylindrisch, hohl, 5—8 cm lang, 4—6 cm dick, striegelig behaart, am Grunde mit weiter, zerschlitzter Scheide; Lamellen frei, fleischfarben, bauchig.

Bei Ralum im Waldthal auf Erde. (Dahl.)

Omphalia collybioides P. Henn. n. sp.*)

Rasig auf faulendem Holz wachsend, mit 2½—3 mm breiten, häutigen, gewölbten, weissen Hüten, mit blassem, glattem, 3—4 mm langem, dünnen Stiel, und angewachsenen, fast dreieckigen Lamellen.

Bei Ralum. (Dahl, 7. Februar 1897.)

Omphalia ralumensis P. Henn. n. sp.*)

Hüte halbkugelig-glockig, häutig, weissgelblich, in der Mitte niedergedrückt, strahlenförmig gefurcht, fast gefaltet, 3—5 cm breit, mit dünnem, blassen, bis 1 cm langem Stiel und wenigen (9—12) entfernt stehenden, herablaufenden weissen Lamellen.

Bei Ralum an lebenden Baumstämmen. (Dahl, 28. Dezember 1896).

Mycena pellucida P. Henn. n. sp.*)

Sehr kleine, ca. 1—2 cm breite, dünnhäutige, glockenförmige, gestreifte, gelbgraue Hüte, mit haarförmig dünnen, bis 5 cm langen Stielen und wenigen, entfernt stehenden Lamellen.

Im Waldthal bei Herbertshöhe auf faulenden, am Boden liegenden Blättern. (Dahl, 30. Dezember 1896.)

Familie Phallaceae.

Dictyophora phalloidea Desv. var. **Lauterbachii** E. Fisch., Neue Unters. der Phalloideen 1893. p. 32.

Aus einem anfangs geschlossenen eiförmigen Fruchtkörper erhebt sich ein ca. 12—15 cm langer, 2½—3 cm dicker, weisser, cylindrischer Stiel, an dessen Grunde eine zerrissene, häutige Scheide verbleibt und auf dessen Gipfel ein glockenförmiger, etwa 3 cm hoher, 2½ cm breiter, anfangs mit olivenfarbiger, stinkender Sporenmasse bedeckter Hut sitzt.

---

*) Vgl. S. 74.

Unterhalb des Hutes hängt bis zur Basis des Stieles ein netzartiger, weiter, weisser Schleier herab. — Der Pilz verbreitet einen widerlichen Geruch und lockt dadurch besonders die Schmeissfliegen an. Die Art ist in fast allen Tropenländern verbreitet.

Bei Ralum, oberes Lowon auf dem Erdboden. (Dahl, 24. Januar 1897).

Echinophallus P. Henn. n. gen. — E. **Lauterbachii** P. Henn. in Engl. bot. Jahrb. XVIII p. 36.

Neu-Pommern bei Ralum, oberes Lowon auf Erdboden (Dahl).

Von dem Pilze liegen verschiedene unentwickelte Stadien vor. Diese sind kugelig oder eiförmig, $1^1/_2$—2 cm im Durchmesser, mit pfriemenförmigen, stacheligen Auswüchsen bedeckt, weiss. Bei dem entwickelten Pilz ist der Stiel cylindrisch mit kurzem, kragenförmigen Schleier. Der Hut ist durchbrochen netzartig und von der dunkel olivenfarbigen Sporenmasse, die einen widerwärtigen Gestank verbreitet, bedeckt.

Da nur unentwickelte Stadien vorliegen, lässt es sich vorläufig allerdings nicht mit Sicherheit fesstellen, ob diese zu E. Lauterbachii gehören, vielleicht stellt der Pilz eine besondere Art dar, die als E. Dahlii zu bezeichnen wäre.

Familie Lycoperdaceae.

Geaster fimbriatus Fries. Syst. Myc. III. p. 16.

Fruchtkörper anfangs kugelig-eiförmig von 3—6 cm im Durchmesser. Äussere Peridie dann in 6—10 Lappen sternförmig gespalten und zurückgeschlagen. Innere Peridie fast kugelig, gelbbraun, glatt, am Scheitel mit vorstehender, abgegrenzter, seidenfaseriger Mündung, im Innern von braunem Fasergeflecht und zahllosen braunen Sporen erfüllt. Überall auf der Erde verbreitet.

Ralum, oberes Lowon auf Erdboden. (Dahl, 31. Januar und 7. Februar 1897.)

Familie Nidulariaceae.

Cyathus striatus (Huds.) Hoffm. Veg. Crypt. p. 33 t. VIII, f. 3.

Fruchtkörper becherförmig, ca. 1 cm hoch, aussen rostbraun, zottigfilzig, innen bleigrau, gestreift, mit kleinen, etwa 2 mm breiten, kreisförmigen, weisslichen, samenähnlichen Sporangien erfüllt. Überall auf der Erde verbreitet.

Bei Ralum auf dürren Holzstücken. (Dahl, 18. März 1897.)

Klasse **Ascomycetes.**

Familie Hypocreaceae.

Corallomyces novo-pommeranus P. Henn. n. sp.

Sehr kleine, verästelte, dunkel- oder weissrote, auf faulendem Holze wachsende Pilze, die an aufrechten, etwa 1—$1^1/_2$ mm hohen

Zweigen kleine, bis 0,5 mm grosse, kugelige, weissliche, aus Conidien bestehenden Köpfchen tragen, während seitlich die sehr kleinen, weissroten, eiförmigen Perithecien gehäuft an den Zweigen stehen.

Am Wunakukur. (Dahl, 28. Februar 1897).

Cordiceps Muscae P. Henn. n. sp.

Aus dem Körper von Fliegen zu beiden Seiten des Flügelansatzes wächst je ein pfriemliches, gekrümmtes, hornförmiges, gelbrotes Gebilde, das 4—5 cm lang ist, hervor. Die Fliegen sitzen auf Grasblättern.

Bei Ralum. (Dahl, 7. Januar 1894.)

Cordiceps Mölleri P. Henn. in Hedwig. 1897. p. 221, Naturw. Wochenschrift 1896, N. U. p. 318. Fig. 4.

Aus dem Körper des auf Blättern festgeklammerten Nachtschmetterlings erheben sich zahlreiche, ca. 1 cm lange weissliche Stiele, die am Ende mit dichtstehenden, sehr kleinen, kegelförmigen Auswüchsen, den Perithecien bedeckt und zu einer haarförmigen Spitze verlängert sind. Bisher nur aus Brasilien bekannt.

Bei Ralum, oberes Lowon. (Dahl, 14. und 22. Februar 1897).

Balansaea Paspali P. Henn. in Engl. bot. Jahrb.

Die Ährenspindel des Grases ist verdickt und aus derselben brechen kleine, gestielte, ca. 1 mm breite, kugelige, schwarze Köpfchen hervor, welche gekrümmte, schwarze, 1—2 mm lange Stiele besitzen.

Bei Ralum auf Paspalum. (Dahl N. 210, Juni 1896.)

Familie Xylariaceae.

Daldinia concentrica de Not. et Ces.

Der Pilz bildet an Stämmen und Ästen halbkugelige, schwarzkohlige, etwa $1^1/_2$—5 cm breite Fruchtkörper, die auf dem Längsschnitt im Innern konzentrische Zonen zeigen. Überall auf der Erde verbreitet.

Bei Ralum an Stämmen. (Lauterbach N. 1608, 20. Mai 1890; Dahl, Juni 1896.)

Familie Helotiaceae.

Pilocratera tricholoma (Mont.) P. Henn. in Engl. bot. Jahrb. XIV. p. 363.

Gestielte, schlüsselförmige, schön rot gefärbte, aussen mit langen, feinen Borsten bekleidete, 1—$2^1/_2$ cm breite Pilze, deren Schüssel wie der Becher einer Eichenfrucht vertieft, innen glatt, unten mit einem $^1/_2$—1 cm langen Stiele auf Holz angewachsen ist. Auf Inseln des malayischen Archipels, in Neu-Guinea, Kamerun, Togo, Brasilien verbreitet.

Bei Ralum, oberes Lowon an Baumstämmen. (Dahl, 17. Januar 1894.)

Pilocratera Hindsii (Berk.) P. Henn. in Engl. bot. Jahrb. XVIII. p. 39.

Fruchtkörper becherförmig, gestielt, rosenrot, etwa 1—2½ cm breit, aussen unterhalb des Randes mit 2 konzentrischen Streifen, gewimpert; innen glatt, mit 1—2 cm langem Stiel auf Holz sitzend. Auf Inseln des malayischen Archipels, in Neu-Guinea.

Bei Ralum, oberes Lowon auf trockenen Ästen. (Dahl, 2. Jannar 1894.)

Familie Hyphomycetes.

Cladosporium flexuosum Corda, Jc. Fung. I. p. 13. t. 3. F. 196.

Cladosporium graminum Lk. in Linn. Spec. Pl. c. Willd. VI. I. p. 42.

Beide auf Gräsern schwarzrussige Überzüge bildend.

Neu-Pommern. (Naumann.)

Unterabteilung Pteridophyta.

Bearbeitet von

G. Hieronymus.

Klasse Filicales.

Familie Cyatheaceae.

Alsophila lunulata R. Br. Prodr. 158.

Neu-Lauenburg-Gruppe, Haupt-Insel, in Niederungen auf Korallenkalkboden (Dahl, im November 1896).

Neu-Pommern, Gazelle-Halbinsel, an der Nord-Tochter, im Grasland mit zerstreuten Bäumen auf vulkanischem Boden, von 250—550 m ü. M. (Dahl, im Oktober 1896).

Alsophila Naumannii Kuhn in Engl. Gazelle-Exp. 13.

Neu-Pommern, Gazelle-Halbinsel, an der Mutter (Vulkan Kambiu) bei 630 m (Naumann, im August 1875).

Familie Polypodiaceae.

Heteroneuron repandum (Bl.) Fée, Acrost. p. 96. t. 58.

Ralum, in Waldthälern auf schwarzem, vulkanischem Boden (Dahl n. 174, Mai 1896).

In Süd-China und auf den Bonin-Inseln, und von hier bis nach dem malayischen Archipel, Polynesien und Queensland, sowie zu den Seychellen verbreitet.

Antrophyum semicostatum Bl. Fil. Jav. 77. t. 33.

Ralum, Lowon im Wald auf Baumstämmen (Dahl n. 169, im Juni 1896).

Von Ceylon über Malakka bis nach Polynesien.

Polypodium punctatum (L.) Sw. in Schrad. Journ. 1800. II. p. 21.

Ralum, an Baumstämmen in den Waldschluchten (Dahl n. 171, im Juni 1896); auf der Vulkan-Insel in der Blanche Bai auf felsigen Stellen des neugehobenen Meeresboden (Dahl, im März 1897).

Von der Westküste Afrikas bis nach dem malayischen Gebiet und bis Polynesien (Tahiti) verbreitet.

Polypodium Phymatodes Linn. Mant. p. 300.

Ralum, am Strande auf Baumstämmen (Dahl n. 167, im Juni 1896); bei Herbertshöhe im Walde auf vulkanischem Boden (Dahl, im August 1896).

Ist in den tropischen und subtropischen Gebieten der alten Welt weit verbreitet.

Polypodium acrostichoides Forst. Prodr. 81.

Ralum, in Waldthälern und am Strande an Bäumen (Dahl n. 170, im Juni 1896, Januar 1897); im Innern der Gazelle-Halbinsel am Wunakukur auf felsigem, vulkanischem Boden bei 500 m ü. M. (Dahl, im Februar 1897).

Neu-Lauenburg-Gruppe, auf Kerawara im Cocoshain (Warburg).

Von Ceylon bis zu den Neu-Hebriden und Queensland verbreitet.

Pteris tripartita Sw. in Schrad. Journ. 1800. II. p. 67.

Ralum, im Waldthal auf schwarzem, vulkanischem Boden (Dahl n. 180, im Juni 1896; Warburg).

Von West-Afrika über Vorder-Indien bis zu den Karolinen, dem malayischen Archipel und bis nach Polynesien verbreitet.

Pteris ensiformis Burm. Fl. Ind. 230 (Pt. crenata Sw.).

Ralum, Lowon, in bergigen Gegenden, auf schwarzem, vulkanischem Boden (Dahl, im August 1896); an Waldrändern (Warburg).

Von Vorder-Indien bis nach Polynesien verbreitet.

Pteris moluccana Bl. Enum. fil. Javan. p. 208.

Ralum, auf trockenem, vulkanischem, mit Blöcken bestreutem Sande, gehört zu den ersten Ansiedlern (Dahl, im November 1896).

Pteris moluccana Bl. Var. **ralumensis** Hieron. n. var.

Differt a forma typica pinnis latioribus usque ad 2 cm basi latis minus firme membranaceis basi truncatis subsessilibus, venis c. $3/4$ mm distantibus.

Ralum, in der Nähe des Strandes am Abhange unter Bäumen auf lockerer, vulkanischer Erde (Dahl n. 179, im Juni 1896).

Eine sehr ähnliche Form, die etwas näher an einander gerückte Venen zeigt, wurde von Gaudichaud auf der Insel Pisang (Molukken) gesammelt und als Pteris indica in Gaud. Voy. p. 386 beschrieben.

Adiantum lunulatum Burm. Fl. Ind. 235.

Ralum, auf nassen Felsen nahe einer schattigen Quelle bei Takabur,

100 m ü. M. (Dahl, im Januar 1897); Lowon auf feuchtem, vulkanischem Boden (Derselbe im März 1897); Insel Uatom im schattigen Busch bei 100 m ü. M. (Dahl, im November 1896).

Innerhalb der Wendekreise beider Erdhälften weit verbreitet.

Onychium auratum Kaulf. Enum. fil. p. 144.

Ralum, im lichten Gebüsch auf vulkanischem Boden der Vulkan-Insel (Dahl, im Dezember 1896).

Vom Himalaya verbreitet bis in den malayischen Archipel.

Cheilanthes hirsuta Mett. Cheil. 25.

Ralum, auf gehobenem, vulkanischen Meeresboden der Vulkan-Insel (Dahl, im März 1897).

Von China durch den malayischen Archipel bis nach Nord-Australien, den Neuen Hebriden und Tahiti verbreitet.

Polybotrya tenuifolia (Desv.) Kuhn, Fil. Afric. p. 52.

Ralum, im Lowon auf Bäumen (Dahl, im März 1897).

Asplenum resectum Sm. Icon. ined. t. 72; Sw. Syn. fil. p. 80 (exclus. syn. Plum.).

Ralum, im oberen Lowon, an Felsen bei der Quelle (Dahl, im Februar 1897); steile Bachufer bei Tawanagummu (Derselbe n. 179 b, im Juni 1896).

Sehr weit verbreitet von der Küste von Ober-Guinea über Ceylon und den malayischen Archipel bis Japan und zu den Sandwich-Inseln.

Asplenum affine Sw. in Schrad. Journ. 1800. II. p. 56.

Ralum, im Lowon auf Bäumen im Waldthale (Dahl, im März 1897).

Weit verbreitet von den Mascarenen bis zu den Sandwich-Inseln.

Asplenum cuneatum Lam. Encycl. II. 309; Kuhn in Engl. Gazelle-Exped. 7.

Blanche Bai, in Wäldern der Mutter auf feuchten Stellen am Fusse der Bäume 500 m ü. M. (Naumann, im August 1875).

Der vorigen Art nahe verwandt und noch viel weiter verbreitet, da es auch in Amerika, am Kap und in China vorkommt.

Asplenum Nidus Linn. Spec. Pl. p. 1537.

Ralum, im Lowon, im Walde auf Bäumen (Dahl n. 168, im Juni 1896).

Von den Mascarenen bis nach den Gesellschafts-Inseln, China und Queensland häufig.

Asplenum macrophyllum Sw. Syn. 77. 261.

Ralum, am abschüssigen Strande unter Bäumen auf vulkanischem Boden (Dahl n. 179a, im Juni 1896, Warburg).

Von der gleichen Verbreitung wie die vorige Art.

Phegopteris (Dictyopteris) **Dahlii** Hieron. n. spec.

Dictyopteris foliis longe petiolatis; petiolo (in specimine ultra $\frac{1}{2}$ m longo) supra rufescenti-striato, ceterum nigrescenti-fusco, nitido, angulatocanaliculato, basi praesertim supra squamis fuscis linearibus usque ad 1¹/₂ cm longis vestito, crasso (diametro basali ca. 8 mm longo); laminis ambitu elongato-ovatis, bipinnatis, rachibus rufescenti-fuscis vel rufis glabratis vel rufescenti-puberulis; pinnis membranaceis, glabris, supra rufescenti-viridibus, subtus glauco-viridibus ca. 4—6 cm longis, ca. 1 bis 1¹/₂ cm latis, lineari-oblongis, acutis, usque ad medium vel paulo ultra inciso-lobatis, lobis (usque ad 15) apice obtusis rotundatis, obsolete crenatis, nervis primariis pinnarum utrinque glabris, supra canaliculatis, prominentibus, secundariis vel primariis loborum supra prominulis, glabris; soris rotundatis (diametro vix 1 mm) 1—6 ad apicem loborum sitis, margini valde approximatis, sporangiis paraphysibus inter-mixtis.

Die Art ist dem Phegopteris (Dictyopteris) Brongniartii Bory von den malayischen Inseln und Philippinen nahe verwandt, unterscheidet sich durch die stärker eingeschnittenen, lappigen Fiedern, das weniger Areolen aufweisende Nervennetz derselben, den besonders im unteren Teil schwarz-braunen Blattstiel, die feine, fuchsrote Behaarung des oberen Teiles der Blattspindel ersten Grades und der Blattspindeln zweiten Grades u. s. w.

Neu-Lauenburg-Gruppe, Haupt-Insel, auf Korallenkalkboden im Walde (Dahl, 15. November 1896).

Nephrodium subtriphyllum (Hook.) Bak. Syn. 296.

Gazelle-Halbinsel, Insel Uatom auf felsigem Korallenkalk (Dahl, Oktober 1896).

Von den Mascarenen bis nach Polynesien verbreitet.

Nephrodium pachyphyllum (Kze.) Bak. Syn. 299; Kuhn in Engl. Gaz.-Exped. 9, forma scabra Kuhn l. c.

Blanche Bai am Fusse der Bäume (Naumann, im August 1875, Warburg).

Nephrodium nudum Bak. in Seem. Journ. bot. II. ser. VIII. 41 (nach der Beschreibung).

Ralum, im Walde an Fusspfaden auf schwarzem, vulkanischem Boden (Dahl n. 173, im Mai 1896).

Wurde aus Nord-Borneo beschrieben.

Nephrodium melanocaulon (Bl.) Bak. Syn. 296.

Neu-Lauenburg-Gruppe, im Buschland auf Mioko (Warburg).

Auf den Philippinen und malayischen Inseln verbreitet.

Nephrodium cucullatum (Bl.) Bak. Syn. 290.

Neu-Lauenburg-Gruppe, Kerawara im Kokoshain (Warburg).

Aspidium Harveyi (Carr.) Mett. bei Kuhn in Linnaea XXXVI. 115.

Gazelle-Halbinsel, auf Grasland mit vulkanischem Boden an der

Nord-Tochter bei 200 m ü. M. (Dahl, im Oktober 1896); Ralum, in Waldthälern (Derselbe n. 176, im Mai 1896).

Sonst nur von den Fidji- und Samoa-Inseln bekannt.

Aspidium dissectum (Forst.) Mett. Fil. ind. 232; Nephrodium invisum Carr., non Polypodium invisum Forst.

Ralum, gemein in der Alang-Alang-Formation auf trockenem, vulkanischem Boden (Dahl 177, im Mai 1896).

In Polynesien verbreitet.

Aspidium truncatum (Prsl.) Metten. Fil. ind. 234.

Neu-Lauenburg-Gruppe, Haupt-Insel im Walde auf Korallenkalk (Dahl, im November 1896).

Von Nord-Indien durch den malayischen Archipel bis Australien und Polynesien verbreitet.

Nephrolepis hirsutula (Sw.) Prsl. Tent. pteridogr. 79.

Blanche Bai, Vulkan-Insel auf vulkanischem, mit Blöcken überstreutem Sande, gehört zu den ersten Ansiedlern (Dahl, im November 1896).

Vom Himalaya durch den malayischen Archipel bis Polynesien verbreitet.

N. biserrata Schott, Gen. tab. 3.

Ralum, im Wald, auf schwarzem vulkanischen Boden (Dahl n. 178, im Juni 1896); im Lowon auf Bäumen (Derselbe, im März 1897). Neu-Lauenburg-Gruppe, Haupt-Insel im Wald auf Korallenkalk (Derselbe, im November 1896); auf Mioko (Warburg).

Davallia solida Sw. in Schrad. Journ. 1800. II. p. 87.

Blanche Bai, Vulkan-Insel, im lichten Gebüsch auf vulkanischem Boden (Dahl, im Dezember 1896).

Lindsaya retusa (Cav.) Metten. Fil. hort. Lips. 105.

Gazelle-Halbinsel, Naumann-Berge, bei Pallabia, im lichten Busch auf lockeren, vulkanischen Boden bei 140 m ü. M. (Dahl, im März 1897).

Von den Philippinen über Amboina bis zu den Salomons-Inseln und Neu-Caledonien.

Microlepia exserta Metten. bei Kuhn in Linn. XXXVI. 148.

Ralum, in einem Waldthal mit schwarzem, vulkanischen Boden (Dahl No. 181, im Mai 1896).

Von den Philippinen durch den malayischen Archipel verbreitet.

Familie Schizaeaceae.

Lygodium circinnatum Sw. Syn. 153.

Gazelle-Halbinsel, am Fusse des Baining, im dichten Busch auf Korallenkalkboden (Dahl, im März 1897).

Von China bis zu dem malayischen Archipel.

Anmerkung: Auf dem Tami-Archipel wird die Stengelrinde zu Flechtarbeiten verwendet; dort heisst die Pflanze Dipi (Bamler).

Lygodium scandens Sw. in Schrad. Journ. 1800. II. p. 106.

Gazelle-Halbinsel, auf vulkanischem Boden im Grasland auf der Nord-Tochter (Dahl, im Oktober 1896); an der Blanche Bai, gegenüber der Insel Matupi, in einem Feisenkessel fast im Wasser (Dahl, im März 1897); wird zum Korbflechten benützt.

Von Süd-China und dem Himalaya bis Queensland und Ceylon; auch auf der Küste des tropischen Westafrika.

Familie Marattiaceae.

Angiopteris caudata de Vriese, Monogr. Maratt. 20.

Ralum, im oberen Lowon (Dahl).

Im malayischen Archipel.

Angiopteris longifolia Grev. et Hook. Enum. fil. in Hook. Bot. misc. III. 227.

Neu-Lauenburg-Gruppe, Haupt-Insel, auf Korallenkalkboden (Dahl, im November 1896).

Im malayischen Archipel.

Klasse **Lycopodiales.**

Familie Lycopodiaceae.

Lycopodium cernuum Linn. Spec. pl. ed. II. 1566; Kuhn in Engl. Gazelle-Exp. 16.

Blanche-Bai, im und am Krater der Mutter unter beständiger Einwirkung heisser Schwefeldämpfe (Naumann, im August 1875); am Wunaknkur auf Grasfeldern mit Gebüsch (Dahl, im Februar 1897). Auf den Vorbergen des Naumann-Gebirges, auf Grasland mit vulkanischem Boden (Dahl).

Innerhalb der Tropen weit verbreitet.

Lycopodium Phlegmaria Linn. Spec. pl. ed. II. 1564.

Ralum, auf Bäumen verbreitet (Dahl, im Februar und März 1897); wird von den Eingeborenen gebraucht.

In Ost-Afrika, Asien und Polynesien weit verbreitet.

Lycopodium carinatum Desv. in Encycl. Suppl. III. 559.

Ralum, an Bäumen verbreitet (Dahl, im März 1897); wird von den Eingeborenen gebraucht.

Von den Sunda-Inseln über Neu-Guinea, Neu-Mecklenburg bis zu den Fidji-Inseln verbreitet.

Familie Selaginellaceae.

Selaginella canaliculata (Linn.) Bak. in Journ. bot. 1885, p. 21.
Gazelle-Halbinsel, neben einer Quelle am Wunakukur, an schattigen
Orten ca. 100 m ü. M. (Dahl, im Januar 1897).

Vom Ost-Himalaya und China über den malayischen Archipel, die
Philippinen, bis nach Polynesien.

Selaginella birarensis Kuhn in Engl. Gazelle-Exped. 19.

Gazelle-Halbinsel im Grasfeld, das mit Busch bestanden ist, am
Wunakukur (Dahl, im Februar 1897); an Felsen bei einer Quelle bei
Takabur (Derselbe, im Januar 1897); an feuchten Stellen im Walde
an der Mutter, 3—500 m ü. M. (Naumann, im August 1875).

Ist endemisch auf Neu-Pommern.

Selaginella Belangeri (Bory) Spring, Mon. Lycop. II. 242; Kuhn
in Engl. Gazelle-Exp. 19.

Blanche-Bai, an der Mutter auf feuchten, schattigen Orten (Naumann, im August 1875).

Durch Vorder- und Hinter-Indien, sowie den malayischen Archipel
verbreitet.

Abteilung Embryophyta siphonogama.

Unterabteilung Gynospermae.

Familie Cycadaceae.

Cycas circinalis L. quoad syn. Fl. Malab. III. (1) 3. 21; Engl.
in Gaz. Exp. 2.

Gazellen-Halbinsel verbreitet, Cap Gazelle, Birara Point sicher wild
(Lauterbach); sonst geschont bei Ralum, vor dem Hause von Parkinson:
derselbe. Die Samenschale wird zu Rasseln benutzt.

Anmerkung. Die Pflanze bildet einen bis 10 m hohen, kräftigen
Baum, der sich oben bisweilen verzweigt und auch nach Verletzung
des Scheitels aus dem Grunde treibt; der Stamm ist durch die bleibenden Blattbasen beschuppt; die Blätter gleichen denen von Cycas
revoluta, nur sind die Fiedern länger und breiter. Wächst durch
das ganze südliche Asien von Vorder-Indien an bis zu den Fidji-
Inseln.

Unterabteilung Angiospermae.

Klasse **Monocotyledoneae.**

Familie Pandanaceae.

Pandanus dubius Spr. Syst. veg. III. 987; Engl. Gaz. Exp. 3;
Warb. Pl. Pap. 257.

Ralum (Lauterbach); auf Mioko und Kerawara, Neu-Lauenburg-Gruppe häufig (Warburg), Uom der Eingeborenen.

Er ist durch die sehr breiten, getrocknet geschmeidigen, weisslichen, unterseits nicht bewehrten Blätter gekennzeichnet. Im malayischen Archipel bis zu den Mariannen.

Pandanus fascicularis Lam. Encycl. 1. 372.

Ralum (Dahl).

Anmerkung. Er ist durch die schmaleren, getrocknet braunen und und steiferen, unterseits am Mittelnerv stachelig bewehrten Blätter gekennzeichnet. In Süd-Asien der gemeinste Pandanus, der bis nach Polynesien und Australien geht.

Pandanus Kurzianus Solms in Linn. XLII. 4; Warb. Pl. Pap. 257.

Neu Lauenburg-Gruppe, auf der Insel Ulu (Warburg).

Anmerkung. Er ist an den verhältnissmässig kleinen, in reichen Kolben zusammenstehenden Früchten zu erkennen. Im malayischen Gebiet verbreitet.

Familie Hydrocharitaceae.

Enalus acoroides (L. fil.) Stend. Nom. I. 554; Engl. Gaz. Exped. 3.

Ralum (Dahl).

Anmerkung. Die aufgeschlissenen Scheiden (die stehen gebliebenen Gefässbündel) dieser auf dem Grunde des Meeres wachsenden Pflanze erzeugen an der Axe Gebilde, die mit einem Hasenfusse verglichen werden können. Sie ist die einzige Art der Seegräser um Neu-Pommern mit breit riemenförmigen Blättern.

Thalassia Hemprichii Aschers. in Peterm. Geogr. Mitt. 1871. S. 242.

Ralum (Dahl).

Anmerkung: Leicht zu erkennen an den kugelförmigen, gestielten, zugespitzten Früchten.

Verbreitet vom roten Meer bis nach Neu-Kaledonien und den Liukiu-Inseln.

Familie Gramineae.

Polytoca macrophylla Benth. in Journ. Asiat. 501. XIX. 51; K. Sch. Notizbl. I. 206.

Ralum, auf Waldlichtungen in schwarzer vulkanischer Erde (Dahl n. 209, abgeblüht und fruchtend im Juni 1896), Lowon (Dahl ohne nr.).

Anmerkung. Ein ansehnliches, sehr breitblättriges, weiches Gras, das als Futtergras wie Mais zu verwenden sein muss. Lange war es nur von den Luisiaden bekannt, bis Warburg es von Neu-Guinea mitbrachte, auch Lauterbach hat es mehrfach gesammelt. Ausser den auffallend breiten, nicht gefalteten Blättern ist dieses Gras dadurch

gekennzeichnet, dass der obere Teil der Ähre durchaus von dem unteren
verschieden ist: dieser ist weiblich und sieht mit den verhärteten
äusseren Spelzen wie eine Rottboellia aus; jener ist männlich und hat
vierreihige, fast krautige Spelzen. Ist der männliche Teil nach der
Vollblüte abgebrochen, so hat man sich davor zu hüten, die Pflanze als
Rottboellia anzusprechen.

Coix lacryma Jobi L. Spec. pl. ed. 1.; Engl. Gaz.-Exp. 3.

Nord-Tochter, auf vulkanischem Boden (Dahl); an der Blanche
Bai und auf dem Gipfel der Mutter (Naumann, blühend im August
1876).

Anmerkung. Sehr leicht an den eiförmigen oder fast cylindrischen,
knochenharten Hüllen der weiblichen Blütenstände zu unterscheiden.
An einzelnen Hüllen der von Dahl gesammelten Pflanzen ist der Über-
gang zu jenen Formen der Hülle zu sehen, nach welcher Hackel die
Art C. tubulosa aufstellte. Ich erkenne in ihr nur eine Varietät des
Typus; eine noch schmalere und beträchtlich längere Form dieser
Hüllen kommt C. lacryma Jobi L. var. stenocarpa Oliv. (Icon.
pl. t. 1764) zu. In den tropischen und subtropischen Gebieten der
alten Welt verbreitet.

Anmerkung. Die von Warburg fraglich als Saccharum
edule Hassk. bezeichnete Pflanze möchte ich für eine eigene erbliche
Form von S. spontaneum Linn. halten, welche dadurch ausgezeichnet
ist, dass die Blüten niemals zur vollen Entwicklung kommen. Nach
meinen Untersuchungen über S. officinarum Linn. halte ich nicht für
unwahrscheinlich, dass das letztere eine Kulturform von S. spontaneum L. ist.

Imperata arundinacea Cyr. Pl. rar. Neap. II. 26 var. **Koenigii**
Benth. Fl. Hongk. 419; Engl. Gaz.-Exp. 3; Warbg. Pl.
Pap. 260.

Ralum, auf schwarzer vulkanischer Erde in den Kokospflanzungen
(Dahl n. 204); auf Grasflächen, Alangfeldern, an der Blanche Bai
(Naumann, Warburg); auf der Vulkan-Insel, im vulkanischen Sande
des kürzlich gehobenen Meeresbodens; gehört zu den ersten Ansiedlern
(Dahl). Sie ist gemein vom Kap bis nach Polynesien.

Manisuris granularis Linn. fil. Nov. gram. gen. 37. fig. 4—7.

Auf der Nord-Tochter auf vulkanischem Boden, 300 m ü. M.
(Dahl).

Anmerkung. Diese Pflanze ist leicht an den hohlkugeligen Hüllspelzen zu erkennen, welche aussen grubig punktiert sind; die Blätter
sind am Grunde herzförmig. Verbreitet in den Tropen der alten und
neuen Welt, bis China und Australien, aber bisher aus dem deutschen
Schutzgebiet noch nicht bekannt.

Ischaemum muticum Linn. Spec. pl. ed. I. 1049; K. Sch. in Engl. Jahrb. IX. 197; Engl. Gaz.-Exp. 4; foliis majoribus Hack. in Wrbg. Pl. Pap. 261.

Ralum, schwarze Erde, etwas sandiger Strand bei Raluana (Dahl).

Anmerkung. Von den Verwandten durch die einzelnen, unbegrannten Ähren unterschieden; in Süd-Asien, Polynesien und in Queensland am Strande verbreitet.

Ischaemum Turneri Hack. in Suit. au prodr. VIII. 232; K. Sch. in Notizb. I. 206.

Ralum, auf vulkanischer Erde unter Bäumen, nahe am Strande (Dahl n. 206).

Anmerkung. Der vorigen Art in den gelben, glänzenden Hüllspelzen ähnlich, aber mehrährig, bisher nur von Neu-Irland und Neu-Caledonien bekannt.

Ischaemum intermedium Brongn. in Duperr. Voy. Bot. 70; Hack in Warb. Pl. Pap. 261.

Neu-Lauenburg, Mioko, auf Korallenboden, lichte Waldwege (Dahl).

Anmerkung. Die Ähren stehen immer zu dreien zusammen; die Ährchen sind begrannt; von den Molukken und Neu-Mecklenburg bekannt.

Andropogon serratus Thbg. Fl. Jap. 41; Hack. in Engl. Gaz.-Exp. 5.

Ralum, gemeinstes Gras der Alang-Alangfelder auf hochliegendem Boden (Dahl n. 214).

Anmerkung. Durch die fuchsigbehaarten Ährchen, die dunkelbraune, stark glänzende Hüllspelze und den Mangel an Grannen unter den Gräsern des Alang-Alang sehr ausgezeichnet. Im tropischen Australien, in Süd- und Ost-Asien von Ost-Indien an verbreitet.

Andropogon Nardus Linn. Spec. pl. ed. I. 1046 (sens. ampa.) var. **flexuosa** Hack. in Suit. au prodr. VI. 601.

Ralum, am hohen Uferrande in lockerer vulkanischer Erde (Dahl n. 213[a]).

Anmerkung. Das Citronellgras wird von den Eingeborenen kultiviert und ist auch bereits versuchsweise von Kolonisten ausgebeutet worden. Die weitschweifige Rispe dieser Varietät besitzt hin- und hergeknickte Zweige. In den Tropen der alten Welt verbreitet.

Apluda mutica Linn. Spec. pl. ed. I. 82; K. Sch. in Notizbl. I. 207.

Ralum, auf schwarzer vulkanischer Erde an den Rändern der Alang-Alangfelder häufig (Dahl n. 213); auf der Mutter, Grasland auf vulkanischem Boden (Derselbe).

Anmerkung. Die Ährchen bilden Büschel, die wieder zu reich beblätterten Scheinrispen zusammentreten. Diese sind blaugrau bereift. Von Südost-Asien verbreitet bis Polynesien und ins wärmere Australien.

Themeda gigantea (Cav.) Hack. Suit. au prodr. 670.

Auf der Nord-Tochter, auf vulkanischem Boden, in Alang-Alang-feldern, bei 400 m (Dahl).

Anmerkung. Diese Pflanze ist im Bismarck-Archipel besonders auf Neu-Mecklenburg der wichtigste Zusammensetzungsteil der Alang-Alang-felder; sie ist durch die dichte goldbraune Behaarung der Hüllspelzen gut zu erkennen. Sie ist in Süd-Asien bis zu den Philippinen ver-breitet.

Paspalum longifolium Roxb. Fl. Ind. III. 280.

Gazelle-Halbinsel, Nodup auf vulkanischem Boden, am Rande eines Kraterteichs (Dahl).

Anmerkung. Aus der Gattung Paspalum sind 2 Arten in dieser Gegend verbreitet, neben dieser noch P. orbiculare Forst., bei jener wird die glänzende harte, braune, äussere Deckspelze durch eine häutige Vorspelze verborgen, während sie bei dieser frei liegt. P. longi-folium Roxb. ist in Süd-Asien verbreitet.

Panicum sanguinale Linn. Spec. pl. I. 57. var. **microbachne** Hack. in Wrbg. Pl. Pap. 259; P. Microbachne Prsl. Reliq. Hank. I. 297.

Kakarra, auf Korallenkalkboden im Eingeborenen-Dorfe, 515 m ü. M. (Dahl); auf schwarzem, vulkanischem Boden, in jungem Rasen gemein (Dahl n. 208).

Anmerkung. Über die ganze Erde verbreitet; die Var. in den Tropen Ost-Asiens. Die einzige Art der Gattung mit gefingerten und quirlständigen Ähren in dieser Gegend.

Panicum trachyrachis Benth. Fl. austr. VII. 490; Engl. Gaz.-Exp. 8; Warbg. Pl. Pap. 258.

Ralum, in Pflanzungen auf vulkanischem Boden (Dahl).

Anmerkung. Diese Art kennzeichnet sich durch die langen rauhen Inflorescenzzweige, die an der Spitze gehäuft die Ährchen tragen. Sie ist in Nord-Australien und Queensland verbreitet und findet sich in Timor.

Panicum ambiguum Trin. in Mem. ac. St. Petersb. VI. sér. VIII. 243; Hack. in Engl. Gaz.-Exp. 7, in Warb. Pl. Pap. 258 (Urochloa paspaloides Prsl. Reliq. Hank. I. 318.

Neu-Lauenburg-Gruppe: Mioko (Warburg).

Anmerkung. Wurde bereits von Naumann auf Neu-Hannover ge-sammelt; sonst in Polynesien, auf den Philippinen und westlich bis Mauritius verbreitet.

Panicum trigonum Retz. Observ. III. 9; Hack. in Engl. Gaz-Exp. 8; Warbg. Pl. Pap. 259 (Panicum carinatum Prsl.).

Ralum, stellenweise auf schwarzer vulkanischer Erde an schattigen Waldpfaden (Dahl n. 216).

Anmerkung. Auch diese Art hat lange, aber haarfeine Seiten-
zweige, an denen die kleinen, im Umfange dreiseitigen Ährchen mit
langen Stielen angeheftet sind. Sie findet sich von Ceylon bis Australien.

Panicum pilipes Nees et Arn. ex Büse in Miq. Pl. Jungh. III. 376.

Ralum, auf vulkanischer, schwarzer Erde an Waldpfaden (Dahl).

Anmerkung. Ist der vorigen Art ähnlich, aber durch die ver-
kürzten Stiele der Ährchen, welche eine zusammengezogene Rispe
bedingen, verschieden. Von Madagaskar bis Australien verbreitet.

Panicum distachyum Linn. Mant. I. 138.

Ralum, einzeln in dem oberen Teil der Kokos- und Baumwollenpflanzungen auf schwarzer, vulkanischer Erde (Dahl n. 212).

Anmerkung. Leicht zu erkenen an den horizontal abstehenden
Ähren, welche die Ährchen streng einseitig, zweizeilig gestellt tragen.
Die Farbe des Grases ist bleich, es ist ein gutes Futtergras.

Panicum sulcatum Aubl. Pl. guian. I. 50; Hack. in Engl. Gaz.-
  Exp. 8, in Warbg. Pl. Pap. 258; Panicum plicatum Lam.
  Encycl. IV. 736; P. neurodes Schult. Mant. II. 228.

Ralum, auf schwarzer, vulkanischer Erde, einzeln auf Waldlichtungen
in den Schluchten (Dahl n. 245); Neu-Lauenburg-Gruppe, Hauptinsel
im Wald auf Korallenboden (Dahl).

Anmerkung. Diese Art ist an den sehr breiten, längsgefalteten
Blättern leicht zu erkennen; sie ist zweifellos in den Tropen der ganzen
Erde verbreitet; wie Hooker in der Flora of Brit. Ind. VII. 55 die
zahlreichen Formen nicht unterscheiden konnte, so bin ich nicht im
Stande, zwischen den amerikanischen, afrikanischen und indischen zahl-
los aufgestellten Arten einen Unterschied zu machen.

Oplismenus setarius (Lam.) Roem. et Schult. Syst. veget. II. 481.

Ralum, auf schwarzer, vulkanischer Erde an Waldpfaden häufig
(Dahl).

Anmerkung. Ist in den Tropen der alten und neuen Welt verbreitet. An den fast kugelförmigen, sitzenden, mit spreizenden Grannen
versehenen Inflorescenzzweigen leicht zu erkennen.

Oplismenus compositus (Linn.) Pal. Beauv. Agrost. 54.

Neu-Lauenburg-Gruppe, Hauptinsel, in Lichtungen auf Korallenboden (Dahl); Ralum, auf schwarzer, vulkanischer Erde an Waldpfaden häufig (Dahl).

O. compositus P. B. var. **pubescens** Hack. in Warbg. Pl. Pap. 259.

Neu-Lauenburg-Gruppe, Mioko, in den kleinen Graslücken zwischen
den Kokosgärten (Warburg).

Anmerkung. Diese Art ist an den verlängerten Blütenstandsästen
leicht zu erkennen; sie ist im ganzen tropischen Asien weit verbreitet.

7*

Thonarea sarmentasa Pers. Syn. I. 110.

Blanche-Bai, Credner-Insel, auf Korallenboden (Dahl).

Anmerkung. Ein niederliegendes, vielästiges, kleines Strandgras; die Ährchen sitzen einseitig, auf breiter Spindel, die von einer weiten Scheide umhüllt ist. Verbreitet von Madagaskar bis Polynesien und Australien.

Setaria glauca (L.) Pal. Beauv. Agrost. 51.; var. aurea K. Sch.

Ralum, in Pflanzungen auf schwarzem, vulkanischem Boden (Dahl No. 200); auf der Mutter, auf vulkanischem Boden, 700 m ü. M. (Dahl).

Anmerkung. Die verhältnismässig dicken Ähren sind mit schön goldgelben Borsten versehen. Die Art ist über die ganze Erde, die Varietät innerhalb der Wendekreise verbreitet.

Setaria verticillata (L.) Pal. Beauv. Agrost. 51.

Ralum, auf vulkanischem Boden unter Bananen (Dahl); in Kokosgärten (Derselbe n. 203).

Anmerkung. Durch dickere, zusammengesetzte, grüne Blütenstände von voriger verschieden. In den gemässigten und warmen Gegenden der ganzen Welt.

Pennisetum macrostachyum Trin. in Mém. acad. St. Petersb. VI. sér. III. 177; Hack. in Engl. Gaz.-Exp. 8, in Warb. Pl. Pap. 259.

·   In der Blanche-Bai, häufig an der Mutter (Naumann); Ralum, auf Alang-Alang-Feldern, in Einsenkungen, auch an dem steilen Ufersaum des Meeres (Dahl n. 201).

Anmerkung. Durch die grossen, cylinderförmigen, langgrannigen Blütenstände ausgezeichnet. In Java und von dort durch die Molukken bis Neu-Guinea verbreitet.

Perotis indica (Linn.) K. Sch. in Pflanzenw. Ost-Afr. C. 99.; (Perotis latifolia Ait. Hort. Kew. I. 85; Hack. in Engl. Gazell.-Exp. 6, in Warb. Pl. Pap. 260).

Ralum, auf schwarzer, vulkanischer Erde und frisch beackertem Boden gemein (Dahl n. 202); in Bananenanpflanzungen der Blanche-Bai (Naumann); in Savannengebüsch häufig (Warburg).

Anmerkung. An den dünnen, sehr langen, steifen, locker mit Ährchen besetzten, fast violetten, begrannten Ähren zu erkennen. Vom tropischen Ost-Afrika bis nach Neu-Pommern verbreitet.

Sporobolus elongatus R. Br. Prodr. I. 170; Hack. in Warb. Pl. Pap. 261.

Neu-Lauenburg-Gruppe, auf Mioko, offene Waldstellen (Warburg). Ralum, auf schwarzem, vulkanischem, frisch geackertem Boden gemein (Dahl n. 218).

Anmerkung. Ein steifes, aufrechtes Gras mit ziemlich langer, aber wegen der angepressten Zweige enger Rispe. In Süd-Asien bis Australien gemein.

Eragrostis zeylanica Nees in Nov. act. nat. cur. XIX. Suppl. 204; Hack. in Engl. Gaz.-Exp. 12.

An der Blanche-Bai (Naumann); Matupi, auf sandigem, vulkanischem Boden in der Nähe des Meeresstrandes (Dahl); Grasland auf der Nord-Tochter (Dahl).

Anmerkung. Gehört zu den Arten mit unterbrochenen Rispen, deren Äste der Hauptaxe mehr oder minder anliegen und bei welchen die Ährchen knäulförmig zusammengezogen sind. Geht von Vorder-Indien bis Neu-Kaledonien. E. elongata ist wahrscheinlich nicht verschieden.

Eleusine indica Gaertn. Fruct. I. 7; Hack. in Engl. Gaz.-Exp. 11., in Warb. Pl. Pap. 262.

Ralum, auf schwarzer, vulkanischer Erde, im jungen Rasen gemein (Dahl n. 207); auf Bananenfeldern in der Blanche-Bai (Naumann).

Anmerkung. Ein mittelhohes Gras mit gefingerten Ähren; die Ährchen stehen auf der Oberseite der Spindel in mehreren Reihen. Ein gemeines tropisches Unkraut.

Cynodon Dactylon Pers. Syn. I. 85; Hack. in Warb. Pl. Pap. 261.

Neu-Lauenburg-Gruppe: Mioko auf Grasplätzen bei der Station (Warburg).

Anmerkung. Durch die gefingerten Ähren zu erkennen; unterscheidet sich von der vorigen Pflanze durch viel dünnere Ähren mit einblütigen Ährchen und weithin kriechende Rhizome gegen das dicht rasenförmige Wachstum jener. Dies Gras ist wahrscheinlich nicht ursprünglich heimisch; in der alten und jetzt in der neuen Welt weit verbreitet.

Centotheca lappacea Desv. in Journ. de bot. 1813, p. 70; Hack. in Warb. Pl. Pap. 262.

Gazelle-Halbinsel (Warburg); Ralum auf Waldpfaden (Dahl n. 217); auf der Nord-Tochter, im Gebüsch 500 m ü. M. (Dahl). Neu-Lauenburg-Gruppe, Haupt-Insel, in Lichtungen auf Korallenboden (Dahl).

Familie Cyperaceae.

Cyperus Iria Linn. Spec. pl. ed. I. 67.

Ralum, oberer Teil der Pflanzungen in schwarzer, vulkanischer Erde (Dahl n. 197); Gunantambo, auf sumpfigem, vulkanischem Boden (Dahl).

Anmerkung. Wird leicht erkannt an den lockerstehenden, gelben Deckblättern; ist in dem tropischen Asien verbreitet und geht bis Australien.

Cyperus longus Linn. Spec. pl. ed. I. 67.

Ralum, Strandweg nach Herbertshöhe, auf sandigem, vulkanischem Boden (Dahl); eignet sich zur Befestigung des Bodens.

Anmerkung. Drei Arten von Cyperus, die alle in den Tropen vorkommen, sind einander sehr ähnlich. C. rotundus L., C. esculentus Linn. und C. longus. Von den beiden ersten unterscheidet sich diese dadurch, dass sich an den Wurzeln keine Knollen finden, die Farbe der Ährchen ist braun. Überall in den Tropen verbreitet.

Cyperus esculentus Linn. Spec. pl. ed. I. 67.

Ralum, in Baumwollen- und Kokospflanzungen auf schwarzem, vulkanischem Boden (Dahl n. 194).

Anmerkung. Kennzeichnet sich leicht durch die knollig angeschwollenen Wurzeln und die gelbbraune Farbe der Ährchen. Verbreitung gleich derjenigen der vorigen Art.

Cyperus ferax L. C. Rich. in Act. soc. hist. nat. Paris I. 106.

Lowon, Waldlichtungen mit vulkanischem Boden (Dahl); Ralum, in Pflanzungen (Dahl n. 195); Kakara, in den Pflanzungen der Eingeborenen auf Korallenkalkboden (Derselbe).

Anmerkung. Die Art ist vielfach verkannt worden, sie wurde nicht weniger als 53 mal benannt; sie lässt sich an den gewöhnlich recht verzweigten Blütenständen und den gelbbräunlichen, kurzen Ährchen erkennen. Durch die Tropen der ganzen Welt verbreitet.

Cyperus pennatus Lam. Illustr. genr. I. 144 (1791); K. Sch. in Warbg. Pl. Pap. 264; C. canescens Vahl, Enum. II. 355; Mariscus albescens Gaud. in Freyc. voy. bot. 415.

Ralum, Strand nach Raluana hin, im Schatten auf schwarzer Erde (Dahl 198); Vulkaninsel auf vulkanischem Sande (Dahl); Gunantambo auf sumpfigem, vulkanischem Boden (Derselbe), diese Pflanze gehört auf Neuland zu den ersten Ansiedlern; Lauenburg-Gruppe, auf Mioko (Warburg).

Anmerkung. Die Blätter sind graugrün, getrocknet eingerollt und gefeldert, die ziemlich aufgetriebenen Ährchen rötlich. Ist vom tropischen Afrika bis Polynesien verbreitet, bleibt aber gern in der Nähe des Seestrandes.

Cyperus Sieberianus (Nees) K. Sch.; Mariscus Sieberianus Nees in Linnaea IX. 286; Cyp. umbellatus Miq.; C. cylindrostachys Bckbr zum grösseren Teil).

Ralum, in Pflanzungen gemein, auf vulkanischer Erde (Dahl n. 191).

Anmerkung. An den cylindrischen, dicht buschigen Doldenstrahlen leicht zu erkennen. In den Tropen der alten Welt verbreitet.

Kyllingia monocephala Rottb. Icon. et descr. 13. t. 4. Fig. 4.

Vlavelo, in Gärten auf vulkanischem Boden (Dahl).

Anmerkung. Eine dicht rasig wachsende Pflanze mit kugelförmigen Köpfen, die von Bracteen überragt werden. Von West-Afrika durch Süd-Asien bis Polynesien verbreitet.

Kyllingia triceps Rttb. Icon. et descr. 4. t. 4. Fig. 6.

Ralum, überall in den Baumwollenpflanzungen, einzeln in Rasen auf schwarzer Erde (Dahl 190).

Anmerkung. Das Untersuchungsmaterial ist unvollständig, so dass ich über die Art nicht ganz sicher bin; sie ist aber von Naumann schon auf Neu-Hannover gesammelt worden. Hier ist die Inflorescenz häufiger dreilappig, als sonst. In der Verbreitung stimmt sie mit der vorhergehenden überein.

Scirpus setaceus Linn. Spec. pl. ed. I. 73.

Auf der Vulkan-Insel auf fast unbewachsenem, vulkanischem Sande (Dahl); an der Blanche-Bai, Matupi gegenüber auf vulkanischem Sandstrande (Dahl).

Anmerkung. Eine niedrige, kaum 10 cm hohe Art mit haarfeinen Blättern. Durch ganz Europa, Asien und Afrika bis Australien verbreitet.

Scirpus squarrosus Linn. Mant. 181.

Blanche-Bai, auf der Farm in Matupi, auf Grasfeldern vulkanischen Bodens (Dahl).

Ebenfalls eine kleine Art, aber leicht erkennbar an den nach rückwärts gebogenen Spitzen der Deckblätter. Vom tropischen Afrika bis zum Bismarck-Archipel und China verbreitet.

Heleocharis plantaginea R. Br. Prodr. 224, in nota.

Nodup, im Wasser eines Kraterteiches (Dahl).

Anmerkung. An dem völlig blattlosen Stengel mit endständiger, dichter Ähre sogleich zu erkennen. In den Tropen der alten Welt weit verbreitet.

Fimbristylis diphylla Vahl, Enum. II. 289.

Ralum, im oberen Teil der Pflanzungen auf vulkanischer Erde (Dahl n. 192 u. 193); Nodup, am Rande eines Kraterteiches auf vulkanischem Boden (Dahl); Gunantambo, in einem Wassergraben mit sumpfigem Boden (Derselbe).

Anmerkung. Eine äusserst variable Art, die durch die langen, graugrünen Blätter, besonders aber die silberweissen, regelmässig langreihig gegitterten Früchte erkannt wird. Über die ganze Erde in tropischen und subtropischen Gegenden verbreitet.

Fimbristylis Novae Britanniae Bcklr. in Engl. Jahrb. V. 93, in Engl. Gaz.-Exped. 17.

Auf dem nördlichsten Teil der Gazelle-Halbinsel (Naumann).

Anmerkung. Die Pflanze ist der vorigen sehr ähnlich, hat aber braune Früchtchen. Bisher nur von Neu-Pommern bekannt.

Fimbristylis ferruginea Vahl, Enum. II. 291.

An der Blanche-Bai gegenüber von Matupi in einem Kessel mit felsigen Wänden im Wasser (Dahl); Ralum und Gunantambo, in Sümpfen auf vulkanischem Boden (Dahl).

Anmerkung. Wird an der geringen oder fehlenden Beblätterung und an den braunen, gegitterten Früchten erkannt. Ist auch über die ganze Erde verbreitet.

Fimbristylis glomerata (Retz.) Nees in Linnaea IX. 290.

Kerawara, an sonnigen Kalkfelsen in der Nähe des Meeres (Dahl).

Anmerkung. An dem dicht rasigen Wuchse, den kleinen, etwas gekrümmten Blättern, besonders aber den sehr kleinen, braunschwarzen, schwach geböckerten Früchten zu erkennen. In den wärmeren Gegenden beider Hemisphären. F. Warburgii K. Sch. in Warbg. Pl. Pap. 265, halte ich heute für dieselbe Art.

Fimbristylis miliacea Vahl, Enum. II. 287.

Matanetá, auf nassem, vulkanischem Boden (Dahl).

Anmerkung. Kennzeichnet sich durch die kleinen, zahllosen Spezialblütenstände, von den beiden vorigen durch drei (nicht zwei) Griffeläste. In warmen Gegenden der ganzen Welt.

Remirea maritima Aubl. Pl. guian. I. 45. t. 46.

In der Blanche Bai, auf Matupi, am Sandstrande (Dahl).

Anmerkung. Der meist kurz gestielte, kopfig gedrängte Blütenstand wird von den steifen, stechenden Blättern gewöhnlich, zumal an älteren Exemplaren überragt. An den tropischen Seeküsten verbreitet.

Scleria elata Thw. Enum. pl. Ceyl. 353.

An der Mutter, Grasland auf kultiviertem Boden bei 700 m (Dahl); Neu-Lauenburg, Haupt-Insel, im Wald auf Korallenboden (Derselbe).

Anmerkung. Ein hohes grasartiges Gewächs mit sehr rauhen schneidenden Blättern. Die kugelrunden, porzellanartigen Früchte sind kaum netzartig skulpturiert und etwas behaart.

Familie Palmae.

Calamus ralumensis Warb. ms.

Ralum, in den bewaldeten Ravinen (Warburg).

Ist endemisch.

Caryota Rumphiana Mart. Palm. 195, var. **papuana** Warb. ms.

Auf der Gazelle-Halbinsel, ein bis 13 m hoher Baum, bei Ralum (Warburg, Dahl).

Ist ebenfalls nur in dem Gebiet vorhanden.

Cocos nucifera Linn. Spec. pl. ed. I. 1188.

Am Strande und auch weiter im Innern von der Gazelle-Halbinsel überall kultiviert, zuerst gewöhnlich zwischen Baumwolle gepflanzt; zur Herstellung der Copra dienend.

Areca jobiensis Becc. Males. I. 21.

An der Blanche Bai (Lauterbach).

Anmerkung. Warburg hat gezeigt, dass die Fruchtstände der früher als A. macrocalyx Zipp. bestimmten Pflanze zu A. jobiensis Becc. gehören, eine Ansicht, die auch ich zu teilen geneigt bin.

Familie Araceae.

Pothos insignis Engl. in Bull. soc. ort. Tosc. 1879, p. 267; Warb. Pl. Pap. 267.

Neu-Lauenburg-Gruppe, Insel Ulu (Warburg).

Anmerkung. Diese sehr grossfrüchtige mit grossen, schönen Blättern versehene Art ist bis Neu-Guinea und Celebes verbreitet.

Raphidophora Dahlii Engl. in Bot. Jahrb. XXV. 9.

Ralum, an Bäumen kletternd (Dahl).

Anmerkung. Ist nur auf Neu-Pommern gefunden.

Epipremnum Dahlii Engl. in Bot. Jahrb. XXV. 11.

Ralum, bei Matanetá (Dahl).

Anmerkung. Wie die vorige verbreitet.

Homalonema cordata (Houtt.) Schott, Melet. I. 20.

Ralum (Dahl).

Anmerkung. Von Celebes durch die Molukken bis zu dem Bismarck-Archipel.

Schismatoglottis calyptrata (Roxb.) Zoll. et Mor. Syst. Verz. 83.

var. **Dahlii** Engl. in Jahrb. XXV. 19.

Ralum, bei Lowon (Dahl).

Anmerkung. Ist im ganzen indisch-malayischen Gebiet weit verbreitet und sehr formenreich.

Amorphophallus campanulatus Bl. in Dcne. Descr. herb. Timor 38.

Ralum (Dahl).

Anmerkung. Ein Amorphophallus, den Warburg (Pl. Pap. 268) auf der Nord-Tochter im Walde fand, gehört wahrscheinlich ebenfalls hierher; die Art ist von Madagaskar bis Polynesien weit verbreitet.

Familie Commelinaceae.

Pollia sozorgonensis (E. Mey.) Endl. Gen. 1029.

Ralum, im Walde auf schwarzer, vulkanischer Erde (Dahl).

Anmerkung. Verbreitet durch das indisch-malayische Gebiet, bis Ceylon, China und Neu-Caledonien.

Commelina cyanea R. Br. Prodr. 269; Warb. Pl. Pap. 268.

Neu-Lauenburg-Gruppe, Insel Kerawara, im Kokoshain (Warburg).

Anmerkung. Bisher aus Australien und von Neu-Caledonien bekannt.

Commelina nodiflora Linn. Spec. pl. 41.

Ralum, lichte Waldstellen auf schwarzer Erde (Dahl n. 112).

Anmerkung. Eine schlaffe, aufsteigende, krautartige Pflanze mit schönen, himmelblauen Blüten.

In den Tropen beider Hemisphären verbreitet.

Commelina undulata R. Br. Prodr. 270.

Ralum, im Gebüsch auf feuchten Stellen (Dahl n. 111).

Anmerkung. Ist durch gedrungeneren Blütenstand und weniger vorgezogene Scheiden an demselben von der vorigen Art verschieden. In Süd- und Ost-Asien verbreitet.

Aneilema papuanum Warb. Pl. Pap. 269.

Ralum, häufig in den Ravinen (Warburg).

Anmerkung. Bisher nur von dieser Örtlichkeit bekannt; sie wurde von Dahl nicht gesammelt.

Aneilema acuminatum R. Br. Prodr. 270; Warb. Pl. Pap. 270.

Ralum, in einer Waldschlucht (Warburg).

Anmerkung. Von Australien und den Molukken bekannt.

Familie Liliaceae.

Cordyline terminalis Kth. in Act. acad. Berol. 1820. p. 30.

Neu-Lauenburg-Gruppe, auf der Haupt-Insel, im Walde auf Korallenkalk; Blüten hellpurpurrot (Dahl).

Anmerkung. Ein 2—3 m hohes, wenig verzweigtes Bäumchen, welches auch in der Heimat dasselbe Aussehen gewählt wie die bei uns so oft kultivierte Pflanze. Sie wird äusserst häufig zu Umzäunungen benutzt und zwar meist in den buntblättrigen Formen. Von Ost-Indien bis Australien, wahrscheinlich häufig durch Kultur verbreitet.

Smilax timorensis A. DC. in Suit. au prodr. I. 189; Warb. Pl. Pap. 272.

Neu-Lauenburg-Gruppe, Insel Ulu, im primären Walde (Warburg).

Anmerkung. Sie ist durch ihre ausserordentlich langen, am Grunde des Waldes dahinkriechenden Sprosse ausgezeichnet, die sich oft erst nach einer Länge von 30—45 m an den Bäumen aufwärts bewegen. Bisher nur von Timor bekannt.

Geitonoplesium cymosum Cunn. in Bot. mag. t. 3131; Warb. Pl. Pap. 271.

Gazelle-Halbinsel, an den Rändern eines Waldgebüsches (Warburg).

Anmerkung. Eine hochansteigende Liane mit rötlich-grünen Blüten und für die Familie breiten Blättern, die von Australien bis Polynesien verbreitet ist.

Familie Amaryllidaceae.

Crinum macrantherum Engl. in Jahrb. VII. 448, in Gaz.-Exped. 19.

Am Fusse der Baiuingberge, überhaupt an der Nordseite der Gazelle-Halbinsel, im lichten Wald auf Korallenkalk und vulkanischem Boden (Dahl).

Anmerkung. Ein ansehnliches Zwiebelgewächs, dessen Schaft aus gemeinschaftlicher Scheide mehrere weisse, grosse Blüten erzeugt, Staubblätter und Griffel sind rötlich. Vom Bismarck-Archipel bis Neu-Guinea.

Familie Taccaceae.

Tacca pinnatifida Forst. Pl. escul. 59 (excl. syn. Rumph.); Engl. in Gaz.-Exp. 19.

Neu-Lauenburg-Gruppe, Creduer-Insel, auf sandigem Korallenkalkboden (Dahl).

Anmerkung. Durch die langgestielten, vielfach geteilten Blätter und den gestielten Schopf mit dunklen, gestielten Blüten kenntlich. Von der Sundastrasse bis zu den Samoa-Inseln verbreitet. Die Knolle ist nicht schmackhaft.

Familie Dioscoriaceae.

Dioscorea pentaphylla Linn. Spec. pl. ed. I. 1032.

Ralum, bei Raluana im lichten Busch auf vulkanischem Boden (Dahl).

Anmerkung. Unter den übrigen Arten des Gebietes durch die tief drei- bis fünfteiligen Blätter verschieden.

Von Ceylon bis nach den Molukken verbreitet, in Afrika kaum heimisch.

Familie Zingiberaceae.

Costus speciosus (Koenig) Sm. in Trans. Linn. soc. I. 249; Warb. Pl. Pap. 276.

Lowon, im Waldthal auf vulkanischem Boden (Dahl); wahrscheinlich von derselben Örtlichkeit (Warburg).

Anmerkung. Die weissen Blüten sitzen in roten Bracteen und sind kopfig zusammengestellt.

Von Ceylon bis Neu-Guinea verbreitet.

Tapeinochilus Dahlii K. Sch. foliis haud exstantibus; inflorescentia caulem terminante ramis vegetativis tribus validis circumdata densa, mediocri, apice truncata, orthostichis 13 inferne paucioribus; bracteis glaberrimis sublignosis arcte recurvatis apice rotundatis et brevissime in acumen parvum contractis; lobis calycis glabri tribus, impari multo aliis breviore obtuso, majoribus excurvatis, tubo margine acuto ut ovarium loco eodem ciliato, corolla subrectangule curvata, tubo angusto praecipue superne hirsuto, lobis aequalibus ovatis apiculatis basi extus sericeis, labello et stamine cucullato prope apicem indumento simili obtectis.

Die Länge der aufrechten Staude beträgt 4 m, des oben noch blühenden Zapfens beträgt 13 cm, der Durchmesser 9 cm; er wird von einem sehr kräftigen 7 cm hohen Stiele getragen. Die eiförmigen Bracteen haben eine Länge von 4 cm und sind 3 cm breit, die ziemlich eng zurückgebogene Spitze ist kaum über 1 cm lang, Fruchtknoten und Kelch sind zusammen 3,5 cm lang, die grösseren Kelchzipfel messen 1 cm, der kürzere, unpaare hat eine Länge von 3—5 mm. Die nach unten verschmälerte Röhre ist 15 mm lang, die Zipfel messen 16—18 mm in der Länge, der oberste hat eine Breite von 9 mm. Labell und Staubgefäss sind 13 mm lang. Der Griffel mit der halbelliptischen, konvex-konkaven Narbe ist etwas kürzer.

Ralum, im lichten Wald auf vulkanischem Boden (Dahl ohne Nummer).

Anmerkung. Diese Art steht dem T. Naumannianus Warb. wohl am nächsten, unterscheidet sich aber durch die Form der an der Spitze abgerundeten und kurz zugespitzten, derben Deckblätter. Während bei jenen die Schuppenzeilen an der mittleren Inflorescenz schräg verlaufen, sind sie bei den obigen Arten völlig gerade.

Alpinia Engleriana K. Sch. herba perennis elata vel altissima caulibus glabris; foliis alte vaginatis, vaginis glabris, brevissime petiolatis, ligula brevi obtusa coriacea glabra, lamina lanceolata breviter et acute acuminata basi attenuato-acuta utrinque glabra; racemo erecto terminali stricto, bracteis late ovatis apice rotundatis minute puberulis flores plures foventibus; ovario ovato glabro; calyce tubuloso minutissime puberulo trilobo; corollae tubo angusto tubuloso glabro, lobis lanceolatis; labello oblongo-lanceolato obtuso, carnosulo; anthera glabra, connectivo obtuso brevi.

Alpinia nutans Engl. in Gaz.-Exped. 20, nicht Roscoe.

Die aufrechte Staude erreicht eine Höhe von 3 m. Die getrocknet rötlichen Blattscheiden sind stark gestreift; die Ligula misst noch nicht 5 mm. Der Blattstiel misst kaum 5 mm und geht allmählich in die Spreite über; diese ist 25—35 cm lang und in der Mitte oder etwas höher 4—7 cm breit. Der unten von leeren Bracteen gestützte Blütenstand hat eine Länge von 9—11 cm; die kahle Spindel ist dreiseitig. Die Bracteen sind 25—32 mm lang und nur um ein weniges schmaler. Die Farbe der Blüten ist weiss. Der Fruchtknoten ist 3,5—4 mm lang. Der Kelch hat eine Länge von 20—22 mm, die Zähne messen 5 mm. Die Blumenkronenröhre hat eine Länge von 19 mm, die Zipfel messen 17 mm. Das Labell ist 12 mm lang. Die halbcylindrische Drüse ist 3,5 mm lang. Beeren weiss.

Ralum, in Schluchten auf vulkanischem Boden (Dahl n. 7); Neu-

Hannover, in Dschungeln, nahe am Strande (Naumann, Labuó der Eingeborenen); Cap Queen Charlotte (Derselbe), blühend im Juli.

Alpinia malaccensis Rosc. in Trans. Linn. soc. VIII. 315.

Ralum, bei der Kolonie auf vulkanischem Boden (Dahl); in einem Waldthal bei Herbertshöhe. Früchte schön rot (Dahl).

Anmerkung. Ist an dem verhältnismässig grossen Labell von weisser Farbe mit gelber und roter Zeichnung und den unterseits behaarten Blättern leicht zu erkennen.

Alpinia nutans (L.) K. Sch. non Rosc. Fl. Kais.-Wilhelmsland 29.

Lowon, im Waldthal auf vulkanischem Boden (Dahl n. 7); Mioko, Kerawara (Hollrung 844). Die Pflanze wird 3 m hoch, die Blüten sind weiss.

Alpinia grandis K. Sch. herba perennis elata vel altissima, caulibus superne saltem dense tomentosis mollibus; foliis alte vaginatis, vaginis puberulis superne praecipue prope petiolum villoso-tomentosis, ligula ampla obtusa ciliata; petiolis longis superne canaliculatis apicem versus glabrescentibus, lamina lanceolata breviter et obtuse acuminata, acumine brevi, basi longe attenuata et in petiolum decurrente; racemo nutante terminali laxo, bracteis ellipticis sessilibus obtusis extus inferioribus tomentosis, superioribus sensim glabratis intus glabris striatis; bractea anteriore latere dorsali ad basin fere fissa bicarinata; floribus pro bractea solitariis breviter pedicellatis, pedicellis puberulis; ovario glabro triloculari, pluriovulato; calyce angustissime clavato tubuloso striato glabro superne unilateraliter fisso, bidentato, dentibus incrassatis pilosulis; corollae tubo angustissime tubulosa glabra, lobis lanceolatis obtusis aequalibus; labello laciniis corollae lobis triente breviore triplo bilobo crispulo; anthera intus villosa, connectivo trilobo superata; stilo superne breviter piloso, stigmate ciliato.

Curcuma longa Engl. in Gaz.-Exped. Siphonog. 20, nicht L.

Die aufrechte in einen Blütenstand endende Staude hat eine Höhe von 3—5 m. Der Stengel ist wenigstens oben dicht gelbfilzig. Die Blattscheiden zeigen oben, zumal am Blattstiel die gleiche Behaarung, die Ligula misst 6—8 mm. Die Spreite hat eine Länge von 40—80 cm und eine Breite von 10—14 cm; sie wird von einem Stiele getragen, der sich wegen der herablaufenden Spreite nicht deutlich von der Spreite abhebt. Der Blütenstand hat eine Länge bis zu 60 cm. Die purpurvioletten Bracteen werden 3—6 cm lang und 2—5 cm breit, sie sind kahnförmig zusammengebrochen. Das vorstehende Vorblatt ist 2 cm lang; an seiner Rückseite ist die äusserst winzige Anlage einer zweiten Blüte. Der Blütenstiel misst 2 mm, der Fruchtknoten 3 mm. Der dünne, offenbar wohl auch rotgefärbte Kelch hat eine Länge von 2,3 cm und ist oben auf 5 mm Länge einseitig gespalten. Die Blumenkronenröhre ist 27 mm lang, die Zipfel messen 12 mm. Der Staubbeutel misst 5,5 mm; er wird von einem 2 mm langen Mittelbandanhang überragt.

Ralum, auf der Nordtochter auf vulkanischem Boden (Dahl); Neu-Hannover auf der Südküste in Waldungen, auch im Gebirge (Naumann); Neu-Guinea (Lauterbach n. 160).

Zingiber officinale Rosc. in Trans. Linn. soc. VIII. 348; Warb. Pl. Pap. 276.

Ralum, bei Walavolo (Dahl); auf Mioko (Warburg).

Anmerkung. Der gewöhnliche Ingwer, durch seine schmalen, fast grasartigen Blätter ausgezeichnet, findet sich im ganzen Gebiet verbreitet.

Globba marantina Linn. Mant. II. 170.

Ralum, im Lowon, im Waldthal bei einer Quelle (Dahl).

Anmerkung. Dieses schlanke, krautartige Gewächs wird leicht daran erkannt, dass einzelne Blüten in Knollen verwandelt sind. Findet sich von dem östlichen Himalaya bis nach Neu-Guinea und zu den Philippinen.

Familie Marantaceae.

Clinogyne grandis (Miq.) Benth. et Hook. Gen. pl. III. 651.

Lowon, im Waldthal auf vulkanischem Boden (Dahl).

Anmerkung. Die Pflanze geht als Spreizklimmer in den Gebüschen in die Höhe. Von Malakka bis nach Neu-Guinea verbreitet.

Familie Orchidaceae.

Bearbeitet von **F. Kränzlin.**

Cyrtopera papuana Krzl. n. sp. Caule primario semisubterraneo tuberoso, internodiis 5—6 brevissimis, foliis hysteranthiis mihi non visis, caule florifero (speciminis unici optime siccati) 74 cm alto gracili, catophyllis inferioribus vaginantibus obtusis valde distantibus, foliolis in bracteis decrescentibus 2—3 in scapo, racemo plurifloro, bracteis lineari-lanceolatis aristatis quam ovaria longe pedicellata brevioribus 1,8 cm longis, 1—2 mm latis. Sepalis lanceolatis acuminatis, petalis e basi paulo angustiore dilatatis oblongis acutis multo tenerioribus, labello brevissime sacculato cuneato antice trilobo lobis lateralibus paulum evolutis triangulis antice obtusis, lobo intermedio oblongo margine crispulo antice retuso bilobulo, callis 2 e fundo calcaris ad $\frac{1}{3}$ disci procurrentibus antice liberis linearibus (non triangulis), venis radiantibus elevatulis per discum, parte mediana disci papillosi-scaberula, gynostemio basi et apice paulum dilatato, ceterum omnino generis. Sepala 1,5 cm longa, 3 mm lata, petala 1 cm longa, 5 mm lata, labellum 1,3 cm longum et inter lobos laterales 1 cm latum.

Ralum, im Grasfeld auf vulkanischem Boden 100 m ü. M. (Dahl n. 90, blühend im Oktober 1896).

Anmerkung. Von allen bisher beschriebenen Arten steht diese Pflanze der Cyrtopera Zollingeri Rchb. f. am nächsten. Die Lippe lässt sich jedoch absolut nicht in Übereinstimmung mit Reichenbach's Beschreibung bringen und daraufhin habe ich die Pflanze als neu beschrieben. Leider fehlen in der Diagnose Reichenbach's die Masse der Blütenteile, sonst stimmen die meisten Charaktere ziemlich gut überein, und die Blütenzeit ist nahezu dieselbe.

Eulophia Dahliana Krzl. n. sp. Bulbis elongatis e basi longe ovata attenuatis, foliis 2 petiolatis oblongi-lanceolatis acuminatis cum petiolo ad 30 cm longis, lamina circ. 20 cm longa ad 4 cm lata, scapo circ. 60 cm alto vaginis perpaucis valde distantibus vestito, racemo longiusculo (circ. 15 cm) multifloro, bracteis triangulis aristatis quam ovarium vix 1 cm longum brevioribus. Sepalis petalisque paulo majoribus lanceolatis acuminatis more Eul. guineensis erectis, labelli lobis lateralibus magnis rhombeis, lobo intermedio omnino nullo sinu obtusangulo inter lobos laterales, disco glabro callo didymo minuto in fauce, calcari brevissimo sacculato a latere viso malleiformi, gynostemio generis. — Flores albi? rubro-venosi, sepala petalaque 1—1,2 cm longa, labellum 5 mm longum, expansum 1 cm latum.

Ralum, auf sandigem Korallenkalkboden am Fusse der Bainingberge nahe am Strande (Dahl, blühend im März 1897).

Anmerkung. Die Art hat habituell eine entfernte Ähnlichkeit mit Eul. alismatophylla Rchb. f. und Verwandten (von Madagaskar). Die Lippe ist aber ganz apart, sie besteht aus 2 grossen Seitenlappen ohne Andeutung eines Mittellappens. Die Säule war, soweit das ziemlich dürftige Material es erkennen liess, völlig die der typischen Eulophia-Arten. Die nahezu gleichen, lanzettlichen Sepalen und Petalen erinnern an Eul. guineensis.

Grammatophyllum Guilelmi Secundi Krzl. in Gartenfl. XLIII. 114 (1894).

Ralum, auf Bäumen (Dahl, im Dezember 1896).

Bisher nur von Neu-Guinea bekannt.

Spiranthes australis Lindl. Bot. Reg. t. 823.

Gazelle-Halbinsel, Grasland mit vulkanischem Boden an den Abhängen der Mutter, 700 m ü. M. (Dahl, blühend im März 1897).

Von dem östlichen Russland durch Sibirien, China, Indien, die grossen Sunda-Inseln bis Australien und Neu-Seeland verbreitet.

Dendrobium podograria Hook. f. in Fl. Brit. Ind. V. 728.

Ralum, auf Bäumen am Strande (Dahl, im Dezember 1896).

Findet sich sonst in Hinter-Indien, besonders im westlichen Teil, von Birma bis Tenasserim.

Dendrobium Schwartzkopffianum Krzl. n. sp. Caule bambusiformi elato valido folioso, foliis arcte vaginantibus e basi ovata longe acuminatis ad 20 cm longis basi 1 cm latis, racemis bifloris brevissimis. Sepalis petalisque ovatis in caudas tenues filiformes leviter circinatas? 6 cm longas auctis, sepalis lateralibus in mentum rotundatum incurvum coalitis, labelli lobis lateralibus oblongis minutissime ciliato-dentatis acutis, lobo intermedio ter vel quater longiore augusto triangulo in lacinias numerosissimas filiformes simplices vel bi-tri-partitas dissoluto, callo satis elevato in basi intra lobos laterales, gynostemio brevi crasso utrinque in labellum descendente, anthera plana, androclinio utrinque obtuse lobulato, dente postico subulato. — Flores pulcherrimi albi (fugaces eheu!) 6 cm longi, labellum 2—3 cm longum. — Februario.

Ralum, auf lebenden Baumstämmen am Mangrove-Fluss (Dahl).

Die Pflanze gleicht vollständig einem kleinen Bambus. Die Blüten entspringen zu je 2 an sehr kurzen Blütenständen und sind ausserordentlich zart, leider aber auch sehr hinfällig. Die Sepalen und Petalen sind in dünne, 6 cm lange Fäden ausgezogen. Die Lippe ist halb so lang und ist beiderseits in unendlich viele überaus zarte Fäden zerschlitzt. Das ganze Gebilde ist sehr elegant, übertrifft die Ausführung des Labellum von Dendr. Brymerianum bei weitem.

Dendrobium eboracense Krzl. in Östr. bot. Zeit. XLIV. 419 (1894).
Neu-Lauenburg-Gruppe, Haupt-Insel (Micholitz).
Ist hier endemisch.

Dendrobium Cognauxianum Krzl. in Warb. Pl. Pap. 281.
Neu-Lauenburg-Gruppe, Insel Mioko, an Küstenbäumen (Warburg).
Anmerkung. Bisher nur noch von Neu-Guinea bekannt.

Pogonia flabelliformis Lindl. Orchid. 415.
Gazelle-Halbinsel, Insel Uatom auf Grasland, 200 m ü. M. (Dahl, im November 1896).
In ganz Süd-Asien verbreitet.

Habenaria Dahliana Krzl. n. sp. Caule ad 40 cm alto, foliis distantibus 3—4 majoribus lanceolatis acuminatis acutisve ad 12 cm longis, 1 cm latis sensim in foliola crebra lineari-lanceolata aristata bracteiformia transeuntibus, spica densa congesta subcapitata, bracteis ovati-lanceolatis aristatis ovarium subaequantibus 1 cm — 1,2 cm longis, bracteis multo minoribus in apice spicae inanibus comosis. Sepalo dorsali ovato acuto concavo, sepalis lateralibus dimidiatis ovatis acutis paulo longioribus, petalis lanceolatis falcatis ascendentibus quam sep.

dorsali paulo longioribus, labelli brevi-unguiculati lobis cruciatis lateralibus quam intermedius brevioribus angustioribusque omnibus apice obtusis, calcari quam ovarium bene breviore lobum medianum labelli acquante vix incrassato; processubus stigmaticis crassis clavatis deflexis basi connatis (hippocrepicis si mavis), anthera satis alta, rostello minuto sub anthera abscondita cum canalibus antherae utrinque contiguo. — Flores rosei! omnes partes sub anthesi ringentes, sepala 5 mm longa, petala 6 mm, labellum et calcar fere 7 mm longa.

Ralum, auf vulkanischem Boden, am Grasland auf der Mutter, 700 m ü. M. (Dahl, blühend im März 1897).

Anmerkung. Habituell steht die Pflanze sowohl H. stauroglossa Krzl. wie (mit dieser zusammen) der H. viridiflora R. Br. nahe, übertrifft aber letztere zunächst in den Dimensionen und unterscheidet sich von beiden Arten in der Blütenfarbe, welche rosarot ist, was ohnehin bei Habenaria selten vorkommt. Die Pflanze erinnert habituell sehr an unsere europäische Anacamptis pyramidalis. Von H. stauroglossa unterscheiden sie nur die minutiösen Merkmale, besonders die des Gynostemiums. Die Narbenfortsätze sind hier enorm entwickelt, ebenso die Anthere, dagegen ist das Rostellum winzig und folglich sind auch die Antherenkanäle kurz.

Cleisostoma Hansemannii Krzl. in Östr. bot. Zeit. XLIV. 254 (1894).
Neu-Lauenburg-Gruppe, Mioko (Micholitz, im Oktober 1893).
Ist hier endemisch.

Cleisostoma Micholitzii Krzl. in Östr. bot. Zeit. XLIV. 462; XLV. 177.
Neu-Lauenburg-Gruppe, ohne genaueren Standort (Micholitz, im Oktober 1893).
Wie die vorige Art endemisch.
Im malayischen Archipel weit verbreitet.

Cyrtopodium Parkinsonii Krzl. in Östr. bot. Zeitung XLIV. 256 (1894).
Neu-Pommern, wahrscheinlich bei Ralum (Parkinson n. 56).
Ist hier endemisch.

Latourea oncidiochila Krzl. in Östr. bot. Zeit. XLIV. 336 (1894); (Bulbophyllum oncidiochilum Krzl. in Engl. Jahrb. XVIII. 485).
Ralum, am Strande nach Raluana auf Baumstämmen (Dahl n. 79, Parkinson).
Neu-Lauenburg-Gruppe, Haupt-Insel (Betcke).
Bisher von Neu-Guinea bis Timorlaut bekannt.

Spathoglottis albida Krzl. n. sp. Tuberidio? foliis longe petiolatis lanceolatis acuminatissimis, petiolis basi dilatatis 10—15 cm longis,

8

laminis 27—40 cm longis 2,5—3,5 cm latis, scapo gracili 70—80 cm alto, vaginis perpaucis brevibus vestito. Racemo paucifloro (6 v. 7); floribus valde remotis parvis, bracteis linearibus acutis pedicellos longos non aequantibus, supremis ne alabastra quidem superantibus, pedicellis 2,5 cm, ovariis 2 cm longis. Sepalis lanceolatis acutis, petalis oblongis acutis tenerioribus, labelli aequilongi lobis lateralibus late linearibus antice vix dilatatis rotundatis, intermedio lineari-obovato apice acutato, callo inter ipsos lobos laterales crasso quasi quadripartito, utrinque sulco transverso bipartito, pilis quibusdam sparsis ante callum in basi lobi intermedii, gynostemio omnino generis labellum aequante. — Flores albidi, extus et intus omnino calvi, sepala petala labellum gynostemium 1 cm longa.

Ralum, Grasland auf vulkanischem Boden (Dahl n. 650, blühend im März 1897).

Diese Art ist von allen bisher bekannt gewordenen die am wenigsten schöne, die Blüten sind klein und weisslich, im Übrigen aber typische Spathoglottis-Blüten.

Gazelle-Halbinsel, Grasland auf vulkanischem Boden, an den Abhängen der Nordtochter, 300 m ü. M. (Dahl, im September 1896).

Klasse **Dicotyledoneae.**

Reihengruppe Archichlamydeae.

Familie Casuarinaceae.

Casuarina equisetifolia Forst. Gen. pl. austral. 103. Fig. 52; Warbg. Pl. Pap. 285.

Ralum, in der Nähe des Strandes auf vulkanischem Boden (Dahl); Neu-Lauenburg-Gruppe und Gazelle-Halbinsel (Warburg).

Anmerkung. Der Baum ist an seinen hängenden Zweigen mit Schachtelhalm ähnlicher Tracht sehr leicht zu erkennen. Das Holz ist gut verwendbar.

Familie Piperaceae.

Piper Betle Linn. Sp. pl. ed. I. 28.

Ralum, Waldthal vor Herbertshöhe auf vulkanischem Boden (Dahl, fruchtend im Januar 1897).

Anmerkung. Die im Verhältnis zur Kulturpflanze kurzen und dicken Kätzchen der hoch rankenden Pflanze werden zum Betelkauen verwendet. Sie ist wahrscheinlich in den Molukken heimisch, wird aber jetzt durch ganz Süd-Asien kultiviert.

Piper Seemannianum C. DC. in Prodr. XVI (1). 347; Warb. Pl. Pap. 283.

Neu-Lauenburg-Gruppe, Insel Kerawara und Insel Ulu an Dorfbäumen kletternd (Warburg).

Anmerkung. Bisher nur noch von Nusa in Neu-Mecklenburg bekannt, wo die Blätter als Betel gekaut werden.

Piper spec.

Ralum, im Waldthal bei Herbertshöhe, hoch in die Bäume steigend (Dahl, blühend im Dezember 1896).

Anmerkung. Ist bei ähnlicher Bildung der Blätter durch viel längere und schlankere Ähren ausgezeichnet.

Familie Ulmaceae.

Trema amboinensis (Willd.) Bl. Mus. bot. II. 61.

Ralum, Strandgebüsch auf vulkanischem Boden (Dahl, blühend im August 1896); Vulkan-Insel, am Strande, gehört zu den ersten Besiedlern des Neulandes (Dahl, blühend im November 1896).

Anmerkung. Das Strandgewächs kennzeichnet sich durch eine weiche, weisse, seidenartige Samtbekleidung der Neutriebe. Vom Himalaya bis Neu-Guinea verbreitete Pflanze, besonders am Strande.

Familie Urticaceae.

Piptnrus incanus Wedd. in DC. Prodr. XVI (1.) 235[18]; Warb. Pl. Pap. 288.

Ralum, Strand namentlich in Waldschluchten (Dahl n. 145. blühend im Mai und Juni 1896); Gazelle-Halbinsel (Warburg).

Anmerkung. Der kleine Baum ist an den unterseits fast schneeweissen Blättern und an den lockerährigen Blütenständen zu erkennen, welche in beiden Geschlechtern aus sitzenden Köpfchen gebildet werden.

Im malayischen Archipel verbreitet.

Leucosyke capitellata Wedd. in P. DC. Prodr. XVI. (1). 235[27]; Engl. Gaz. Exp. 25; Warb. Pl. Pap. 290.

Gazelle-Halbinsel, Vulkan-Halbinsel, an trockenen Abhängen der Nord-Tochter (Warburg).

Anmerkung. Es giebt zwar mehrere Urticaceae mit unterseits weissen Blättern, diese Art hat aber dort eine besonders auffallende, reine Färbung; die Blütenständchen sind kugelförmige Köpfchen.

Maoutia rugosa Warb. Pl. Pap. 289.

Gazelle-Halbinsel, Blanche-Bai, Insel Matupi (Warburg).

Anmerkung. Bisher nur noch von Finschhafen bekannt.

Pouzolzia indica Gaud. in Freyc. Voy. bot. 503; Warb. Pl. Pap. 292.

Ralum, besonders im frisch geackerten Boden der Pflanzungen (Dahl, blühend Mai und Juni, Warburg), Mioko, an bebauten Orten (Warburg).

Anmerkung. Erinnert in der Tracht an schwächlichere Exemplare unserer **Parietaria**. Als Ackerunkraut von Ost-Indien bis China und Australien gemein.

Pouzolzia pentandra (Roxb.) R. Br. Pl. Benn. 64. t. 14.

Lamellamá, in vulkanischem Boden (Dahl, Ende August 1896 blühend).

Anmerkung. Leicht zu erkennen an der plötzlichen Verkleinerung der Blätter in der Blütenregion. Von Ost-Indien bis China und Neu-Guinea verbreitet.

Fleurya interrupta (Linn.) Gaud. in Freyc. voyage bot. 497. t. 83; Warb. Pl. Pap. 292.

Ralum, auf schwarzem, vulkanischem Boden (Dahl, Juni 1896 blühend, Warburg).

Anmerkung. Erinnert in der Tracht an eine Nessel mit länger gestielten Blättern. Von Ceylon bis zu den polynesischen Inseln verbreitet.

Laportea crenulata (Roxb.) Gaud. in Freyc. voy. bot. 498.

Ralum, im Gebüsch, nahe der See (Dahl, blühend im Juni 1896); Lowon, in einem Waldthal mit vulkanischem Boden (Dahl, blühend im Januar und Februar 1897).

Das mittelhohe Bäumchen ist an der See im Gebüsch verbreitet und an den kahlen, nicht gekerbten Blättern zu erkennen. Vom östlichen tropischen Himalaya bis nach Neu-Guinea verbreitet.

Laportea sessiliflora Warbg. Pl. Pap. 292.

Ralum bei Alowon, im Waldthal auf vulkanischem Boden (Dahl n. 15, blühend im Juni 1896); Neu-Lauenburg-Gruppe, Insel Kerawara im Secundärwald und auf der Insel Mioko (Warburg).

Anmerkung. Das kleine Bäumchen mit reich rispigem Nesselblütenstande ist durch die sehr grossen Blätter gekennzeichnet. Nur noch auf Neu-Guinea beobachtet.

Familie Moraceae.

Fatoua pilosa Gaud. Voy. Freyc. bot. 509; Warb. Pl. Pap. 294.

Ralum (Dahl, blühend im August); Mioko, an lichten Stellen auf Korallenboden (Dahl n. 00, blühend im November 1896, Warburg); Uatom, bei 300 m ü. M. (Dahl, gelb blühend, im November 1896).

Anmerkung. Die Pflanze kann sehr leicht für eine **Urtica** oder **Fleurya** gehalten werden; die Blüten bilden gestielte, kugelförmige Köpfchen. Von Japan bis Polynesien und Australien verbreitet.

Artocarpus incisa Forst. Plant. escul. 23; Engl. Gaz. Exped. 27; Warb. Pl. Pap. 295.

Gazelle-Halbinsel (Warburg).

Anmerkung. Der schlitzblättrige Brotbaum ist an seinen sehr grossen, mehr oder weniger tief buchtig gezähnten Blättern leicht zu erkennen. In Polynesien und dem malayischen Archipel, auch sonst in den Tropen als Kulturpflanze weit verbreitet.

Cudrania javanensis Tréc. in Ann. sc. nat. III. ser. VIII. 123.

Ralum, Strand mit sandiger, vulkanischer Erde (Dahl n. 186, blühend im Juni 1896).

Anmerkung. Die ziemlich dicke Liane ist schwach bestachelt, in anderen Gegenden ist die Pflanze stark bestachelt und strauchartig. Die Blüten stehen am Ende der Zweige in Köpfchen. Von Japan durch die Molukken bis Australien verbreitet.

Ficus gibbosa Bl. Bijdr. 406; King, Ficus 4. t. 2; Ficus altimeraloo Roxb. ms. bei Miq. in Lond. jour. bot. VII. 435 (z. T.); K. Sch. in Fl. deutsch. ostas. Schutzgeb. 199.

Neu-Lauenburg-Gruppe, Mioko, im Waldbusch (Warburg n. 20844); an steilen Korallenkalkfelsen (Derselbe n. 20845).

Anmerkung. Die Blätter sind meist schief, ziemlich derb und unterseits weisslich gegittert.

Ficus pisifera Wall. Cat. 4504; King, Ficus 1. t. 1.

Neu-Pommern, Gazelle-Halbinsel, Blanche Bai auf neu gehobenem Meeresboden der Vulkan-Insel (Dahl, blühend im März 1897).

Anmerkung. Diese Art ist ein kleines Bäumchen oder ein Strauch mit schnabelförmig ausgezogenen, mehr oder weniger schiefen und gezähnten, am Grunde spitzen, oberseits sehr rauhen Blättern und kleinen, kugelrunden Feigen. Sie ist in Südost-Asien verbreitet.

Ficus Dahlii K. Sch. arbor alta ramis modice validis, novellis ipsis glabris; foliis breviter petiolatis, petiolo supra canaliculato, lamina oblonga subobovato-oblonga vel suborbiculari obtusa vel breviter obtuse vel acute acuminata basi rotundata utrinque glabra, coriacea manifeste trinervia; stipulis subulatis extus papillosis; receptaculo pedunculato bracteis ovatis 3 subtomentosis mox caducis velato, globoso vel piriformi glabro, ostiolo prominente; floris masculi perigonio triphyllo, phyllis obtusis, stamine filamento munito, foeminei phyllis 3 acutis demum stilo alte superatis.

Ein hoher Banyanbaum mit vielen Luftwurzeln und zusammengesetztem Stamme. Die blühenden Zweige sind kaum 2 mm dick. Der Blattstiel ist 5—10 mm lang, die Spreite misst 5—8 cm in der Länge und hat eine Breite von 4—5 cm; ausser den Grundnerven wird sie jederseits des Medianus von zahlreichen (über 12) beiderseits wie das Venennetz vorspringenden Seitennerven durchzogen, die jungen Blätter werden getrocknet leberbraun, die ausgebildeten sind leder- oder mehr graugelb. Der Blütenstiel wird bis 10 cm lang, ist im oberen Viertel

gegliedert, unter der Gliederungsstelle feinfilzig, über derselben kahl.
Die eiförmigen, abfälligen Bracteen sind 3—4 mm lang; die rötliche
Feige hat 6—8 mm im Durchmesser. Die männliche Blüte ist 1 mm,
die weibliche 2 mm lang.

Ralum, Strand nach Herbertshöhe (Dahl, blühend im Februar
1897, Lauterbach n. 215, blühend im Mai 1890).

Anmerkung. Die Art steht der F. retusa nahe, unterscheidet sich
aber durch gestielte Feigen; die verhältnismässig kleinen, lederartigen
Blätter sind sehr deutlich dreinervig.

Ficus semicordata Miq. in Ann. Mus. Lugd.-Bat. III. 226. 293;
King, Ficus 79. t. 97.

Neu-Pommern, Blanche Bai, auf jung gehobenem Meeresboden der
Vulkan-Insel (Dahl, blühend im März 1897); Ralum überall in lichten
Gebüschen (Dahl, blühend im Februar 1897, Warburg n.20824 u.20825).

Anmerkung. Dieser Strauch oder kleine Baum ist durch seine im
höchsten Masse schiefen, halbherzförmigen Blätter sehr auffällig, die
Feigen sind klein und rot. Bisher nur von Amboina bekannt.

Ficus ralumensis R. Sch. arbor foliis petiolatis, petiolo valido
supra plano, lamina oblonga acuta basi late cuneata hinc inde pilulo
setuloso inspersa subtus scabrida rigide coriacea; receptaculo piriformi
pedunculato piloso, demum ut videtur glabrato, bracteis ovatis acutis
munito, ostiolo vix prominente; floris foeminei perigonio brevissimo
subinfundibuliformi infra stipitem ovarii instructo; stilo piloso.

Der Blattstiel wird bis 3 cm lang; die Spreite hat eine Länge von
22 cm und in der Mitte eine Breite von 14 cm; sie ist nicht auffällig
dreinervig und wird jederseits des Medianus von etwa 10 kräftigeren
unterseits stärker als oberseits vorspringenden Seitennerven durchzogen;
das transversale Venennetz ist wenig hervortretend; die Farbe ist an
dem getrockneten Blatte kastanien- bis lederbraun. Die Feige wird
von einem kräftigen 8 mm langen Stiel getragen, sie ist 2 cm hoch
und hat einen grössten Durchmesser von 3 cm. Die weibliche Blüte
ist 2 mm lang.

Ralum (Warburg n. 20828).

Anmerkung. Die Art ist an den grossen leder- bis kastanienbraunen
Blättern, sowie an den langgestielten weiblichen Blüten mit behaarten
Griffeln zu erkennen.

Ficus fistulosa Reinw. in Bl. Bijd. 470; King, Ficus 114.

Gazelle-Halbinsel, Blanche Bai im Gebüsch der Vulkan-Insel
(Dahl, blühend im März 1897); Neu-Lauenburg-Gruppe, Haupt-Insel
im Wald auf Korallenkalk (Derselbe, blühend im Februar 1897);
Mioko im Buschwald (Warburg n. 20830); Kerawara im Kokoshain
(Derselbe n. 20870).

Anmerkung. Ist ein Bäumchen oder Strauch bis 5 m Höhe mit ziemlich dicken, hohlen Zweigen und glatten, ganzrandigen Blättern. Die grünen Feigen stehen sowohl in den Achseln der Blätter als am alten Holze. Ist im malayischen Archipel verbreitet.

Ficus duriuscula King, Ficus 155. t. 195.

Neu-Lauenburg-Gruppe, auf Kerawara (Warburg n. 20856).

Sonst nur noch von Neu-Guinea bekannt.

Anmerkung. Diese Art ist durch die langspatelförmigen, zugespitzten Blätter mit langen Stielen zu erkennen.

Familie Aristolochiaceae.

Aristolochia megalophylla K. Sch. Fl. Kaiser-Wilhelmsland 104; Warb. Pl. Pap. 300.

Ralum, erstes und zweites Waldthal im lichten Wald auf vulkanischem Boden (Dahl n. 227, blühend November 1896 bis Januar 1897, Warburg); Mioko (Warburg).

Anmerkung. Sie hat durchaus die Tracht anderer schlingender Aristolochien; die Blüte ist schwarzbraun und im Innern gelblichweiss.

Familie Polygonaceae.

Mühlenbeckia platyclada (F. v. Müll.). Meissn. in Bot. Zeit. XXIII. 313 (1865).

Neu-Lauenburg-Gruppe, Insel Mioko (Parkinson).

Anmerkung. Durch ihre verbreiterten, blattartigen Stengel und Zweige sehr auffällig; zuerst auf den Salomons-Inseln entdeckt.

Familie Amarantaceae.

Achyranthes aspera L. Spec. pl. ed. I. 204 (excl. n. 3).

Ralum, am Strand, namentlich auf Waldschluchtpfaden (Dahl n. 127, blühend im Mai und Juni 1896).

Anmerkung. Ein ausserordentlich weit verbreitetes Tropenunkraut, welches sich durch die langen, reichblütigen Ähren aus spitzen, seidig glänzenden Blüten auszeichnet.

Deeringia indica Zoll. u. Moritzi, Syst. Verz. 72; Warbg. Plant. Pap. 303.

Lowon, im Walde auf schwarzer, vulkanischer Erde (Dahl, blühend im Juni 1896, Warburg).

Anmerkung. Eine strauchartige Pflanze mit grossen, gestielten Blättern und kleinen, achselständigen Ähren. Von Java bis zu den Philippinen und bis nach Neu-Guinea bekannt.

Alternanthera sessilis R. Br. Prodr. 417.

Lamellamá, im Eingeborenen-Dorf auf vulkanischem Boden (Dahl, blühend Ende August).

Anmerkung. Ein niederliegendes Tropenunkraut mit achselständigen, kugelförmigen, seidig glänzenden, sitzenden Köpfchen.

Amarantus melancholicus Linn. Spec. pl. ed. I. 989.

Ralum, einzeln in den Pflanzungen neben einem Eingeborenen-Dorfe (Dahl n. 166, blühend im Juni 1896).

Var. **tricolor** Lam. Ill. genr. t. 767. fig. 1; Engl. in Gaz.-Exp. 28; Warb. Plant. Pap. 302.

Blanche Bai, am Vulkan Kambiu (Mutter), in trocknen Wäldern (Naumann).

Anmerkung. Die buntblättrige Form dieser neuerdings mit A. gangeticus L. verbundenen Art wird auch bei uns kultiviert; sie ist in Süd-Asien bis Polynesien verbreitet.

Amarantus oleraceus Linn. Spec. pl. ed. II. 1403.

Ralum, gemeines Unkraut in den Eingeborenen-Pflanzungen (Dahl n. 8; blühend Mai und Juni 1896).

Amarantus spinosus Linn. Spec. pl. ed. I. 991.

Ralum, gemeines Unkraut in den Pflanzungen (Dahl n. 8a, blühend im März 1897).

Anmerkung. Ist die einzige bestachelte Art der ganzen Gattung; in Süd-Asien verbreitet, geht bis Neu-Guinea.

Celosia argentea Linn. Spec. pl. ed. I. 296; Warb. Plant. Pap. 302.

Ralum, in den Gärten (Dahl, blühend am 20. März 1897); am Fusse der Baining Berge, in Eingeborenen-Dörfern auf Korallenkalkboden (Dahl, blühend am 12. März 1897); Neu-Lauenburg-Gruppe auf Kerawara und Mioko (Warburg).

Anmerkung. Eine weit verbreitete Zier- und Ruderalpflanze, deren Typ weisse, seidenglänzende, zugespitzte Ähren bildet. Die rote Varietät oder Form in Fasciation ist der bekannte Hahnenkamm. Im malayischen Gebiete bis Japan verbreitet.

Cyathula geniculata Lour. Fl. Cochinch. I. 101; Warb. Pl. Pap. 303.

Ralum, in etwas beschattetem Rasen der Pflanzungen häufig (Dahl n. 137, blühend im Mai und Juni 1896); Kakarra, im Eingeborenen-Dorf auf Korallenkalk (Dahl, blühend im März 1897).

Neu-Lauenburg-Gruppe, auf Mioko (Warburg).

Anmerkung. Die dünnen zierliche Ähren tragen entfernt gestellte Blüten; die Früchte sind mit Widerhaken versehen, durch die ganze Stücke der Pflanze abgerissen und verschleppt werden.

Familie Nyctaginaceae.

Boerhavia diffusa Linn. Spec. pl. ed. I. 3.

Ralum, auf frisch geackertem Boden in den Pflanzungen gemein (Dahl n. 1; Mai und Juni 1896).

Anmerkung. Ein niederliegendes Unkraut mit gegenständigen Blättern und kleinen, rötlichen Blüten, welche wirtelig verzweigte Rispen zusammensetzen.

Pisonia Brunoniana Endl. Fl. norf. 43 (P. excelsa Bl. Bijdr. 735).

Lowon, im Wald auf vulkanischem Boden (Dahl, Anfang August 1896).

Anmerkung. Ein hoher Baum mit grossen, oblongen, gegenständigen, matten Blättern und reichen Rispen von weissen Blüten.

Familie Aizoaceae.

Sesuvium portulacastrum Linn. Syst. pl. ed. X. 1058.

Neu-Lauenburg-Gruppe, Credner-Insel im Korallensand (Dahl, blühend Anfang August 1896).

Anmerkung. Ein succulentes Gewächs mit schmalen, linealischen, stumpfen Blättern. In den Tropen beider Erdhälften verbreitet.

Portulaca oleracea Linn. Spec. pl. ed. I. 445; Warb. Pl. Pap. 305.

Ralum, gemeines Unkraut auf geackertem, schwarzem Boden (Dahl n. 33, blühend im Juni 1896, Warburg).

Anmerkung. Ein niederliegendes, etwas succulentes Gewächs mit kurzen, fast spathelförmigen Blättern, kleinen, gelben Blüten und umschnitten aufspringenden Kapseln. Tropen und gemässigte Länder der ganzen Erde; bisher aus den deutschen Schutzgebieten nicht bekannt.

Familie Caryophyllaceae.

Drymaria cordata (Linn.) Willd. in Roem. et Schult. Syst. V. 406.

Kakarra, im Dorfe auf Korallenkalkboden, 515 m ü. M. (Dahl, blühend im März).

Anmerkung. Dieses am Boden liegende, in der Tracht an die gemeine Vogelmiere erinnernde, aber mit etwas grösseren, breit eiförmigen Blättern versehene Gewächs ist über die Tropen beider Hemisphären weit verbreitet; aus unserem Gebiete war es bisher nicht bekannt.

Familie Anonaceae.

Goniothalamus uniovulatus Laut. et. K. Sch., arbuscula ramis gracilibus teretibus glabris innovationibus tantum pulchre chryseo-fuscis sericeis; foliis breviter petiolatis oblongis breviter et obtuse acuminatis basi acutis utrinque glabris, juventute sola ut rami novelli indutis, herbaceis; floribus e ligno vetere pluribus fasciculatis longe pedicellatis, pedicello apicem versus subincrassato glabro; calyce parvo patente vel subrecurvato undulato glabro; petalis exteris ovatis coriaceis apice acutis utrinque papillosis, basi acutis glabris; interioribus subquadruplo

brevioribus acutis basi contractis margine incrassatis et sericeis; staminibus brevibus, connectivo carnoso in acumen longiusculum teres
contracto; ovariis ∞ sericeis, ovulum solitarium et massam gelatinosam
superius alterum simulantem includentibus.

Das Bäumchen wird 6—7 m hoch; die Zweige haben bei einer
Länge von 20 cm kaum einen Durchmesser von 2 mm; sie sind mit
grauer Rinde bedeckt. Der Blattstiel ist 5 mm lang und wird von
einer Hohlkehle durchlaufen; die Spreite ist 15—20 cm lang und in
der Mitte 4—7 cm breit, getrocknet hat sie die eigentümlich graugrüne
Farbe vieler Anonaceae. Sie wird jederseits des Medianus von 9—11
beiderseits schwach vorspringenden Seitennerven durchzogen. Fünf
Blüten bilden zusammen einen Büschel. Der Blütenstiel ist 3—4,5 cm
lang und am Ende kurz gekrümmt. Der Kelch ist 2,5 mm lang. Die
äusseren, schmutziggelblichen Blumenblätter sind 3—3,5 cm lang; die
inneren messen 7 mm. Die Staubblätter sind 3 mm lang, davon kommt
auf das Konnektiv die Hälfte. Die goldbraunen, seidigen Fruchtblätter
sind ein wenig kürzer. Die Früchte sind rot.

Ralum, im Waldthal bei Herbertshöhe auf vulkanischem Boden
(Dahl, im Dezember 1896).

Anmerkung. Die Art ist besonders dadurch eigentümlich, dass nur
eine einzige Samenanlage vorhanden ist; oberhalb derselben finde ich
regelmässig einen Schleimpfropf, der zweifellos als Pollenleiter dient.

Familie Menispermaceae.

Stephania hernandiifolia (Willd.) Walp. Rep. I. 96; Warb. Pl.
Pap. 314.

Blanche Bai, Vulkan-Insel auf gehobenem Meeresboden (Dahl,
blühend im März 1896); Neu-Lauenburg-Gruppe, Insel Ulu (Warburg).

Anmerkung. Eine Liane der Waldränder, die sich durch die
schildförmigen Blätter leicht erkennen lässt; sie ist im malayischen
Archipel sehr häufig und geht bis nach Australien, westwärts bis Afrika.

Anamirta Cocculus Wight et Arn. Prodr. I. 446; Warb. Pl.
Pap. 314.

Neu-Lauenburg-Gruppe, Insel Ulu (Warburg).

Anmerkung. Im östlichen malayischen Archipel und auf Neu-
Guinea weit verbreitet.

Familie Hernandiaceae.

Hernandia peltata Meissn. in DC. Prodr. XV. (I). 263; Warb. Pl.
Pap. 315.

Ralum, Strand, auf sandigem, vulkanischem Boden (Dahl n. 83,
blühend im Juni 1896); Bismarck-Archipel häufig (Warburg).

Anmerkung. Das steif aufrechte Bäumchen ist an den schildförmigen Blättern und den weissen Blüten zu erkennen. In den Tropen der alten Welt verbreitet.

Familie Lauraceae.

Cryptocarya depressa Warb. Pl. Pap. 316.

Neu-Lauenburg-Gruppe, Insel Ulu, im primären Wald (Warburg).
Anmerkung. Auf der Insel endemisch. Auch von einer Cylico-daphne fand Warburg hier Blätter.

Cassytha filiformis Linn. Spec. pl. ed. I. 35.

Blanche Bai, Vulkan Insel, im niederen Teile derselben, gehört zu den ersten Ansiedlern (Dahl, blühend und fruchtend im November 1896).
Anmerkung I. Der gelbbraune Schmarotzer verhält sich wie unsere Flachsseide; ist über die Tropen beider Hemisphären verbreitet.

Anmerkung II. Eine dritte vorliegende Pflanze aus der Familie, ein hoher Baum des Primärwaldes, wurde nur in Früchten gesammelt, so dass ich sie nicht bestimmen kann.

Familie Myristicaceae.

Horsfieldia ralumensis Warbg. Mon. Myrist. 336 (M. pinnaeformis Warb. Pl. Pap. 306 ex p. non Miq.).

Ralum, im primären Ebenenwald (Warburg, blühend im April).
Anmerkung. Bisher nur von der Gazelle-Halbinsel bekannt.

Horsfieldia tuberculata (K. Sch.) Warb. Mon. Myr. 279; M. tuberculata K. Sch. in Warb. Pl. Pap. 308.

Neu-Lauenburg-Gruppe, Insel Ulu (Warburg).
Anmerkung. Bisher nur noch von der Bat-Insel bekannt.

Horsfieldia Novae Lauenburgiae Warb. Mon. Myr. 278 (M. neso-phila Warb. Pl. Pap. 311, nicht Miq.).

Neu-Lauenburg-Gruppe, Insel Ulu, ein mittelhoher Baum des primären Ebenenwaldes (Warburg).
Anmerkung. Auf der Insel Ulu endemisch.

Myristica Schleinitzii Engl. Gaz. Exp. 29. t. 8; Warb. Pl. Pap. 308, Mon. Myrist. 392.

Neu-Lauenburg-Gruppe, Insel Mioko (Warburg n. 20711).
Anmerkung. Von Kaiser-Wilhelmsland bis zu den Salomons-Inseln verbreitet.

Myristica bialata Warb. Pl. Pap. 308, Mon. Myrist 482.

Neu-Lauenburg-Gruppe, Insel Ulu, ein mittelhoher Baum des primären Ebenenwaldes (Warburg n. 20706).
Anmerkung. Auf der Insel endemisch.

Familie Ranunculaceae.

Clematis Pickeringii A. Gr. in Wilk. exped. I. 1; Warb. Pl. Pap. 313.

Neu-Lauenburg-Gruppe, Insel Mioko, im schattigen, sekundären Wald (Warburg).

Anmerkung. Die hoch aufsteigende Pflanze ist bald mit einfachen, bald mit dreizähligen Blättern versehen; an den geschwänzten Früchtchen, welche dichte Köpfchen bilden, ist sie leicht kenntlich. Sie findet sich auf den Fidji-Inseln, Neu-Kaledonien und in Kaiser-Wilhelmsland.

Familie Rosaceae.

Rubus moluccanus Linn. Spec. pl. ed. I. 1197.

Ralum, in Schluchten auf vulkanischem Boden (Dahl n. 42, blühend im Juli 1896).

Anmerkung. Eine kletternde, äusserst vielgestaltige Brombeere mit ganzen Blättern. In Süd-Asien von Vorder-Indien bis Australien weit verbreitet.

Rubus rosifolius Sm. Icon. ined. III. 60. t. 60.

Kakarra, auf Korallenkalkboden im Dorf und in der Umgebung, auf der Mutter, im lichten Gebüsche, 600 m ü. M. (Dahl).

Anmerkung. Ein niedriger Brombeerstrauch, an die Himbeere erinnernd, mit weissen Blüten und roten, wenig schmackhaften Beeren. In Süd-Asien bis Australien verbreitet.

Familie Leguminosae.
Unterfamilie Mimosoideae.

Albizzia procera Benth. in Lond. Journ. bot. III. 89; Warb. Pl. Pap. 333.

Ralum, in Pflanzungen und einzeln im Grasfelde auf vulkanischem Boden (Dahl, blühend im Januar 1897).

Anmerkung. Der mittelhohe, mit weissen, kopfigen, kugelrunden Akazienblüten reich beladene Baum liefert ein geschätztes Nutzholz. In der Savannenformation des malayischen Archipels sehr verbreitet.

Unterfamilie Caesalpinioideae.

Caesalpinia pulcherrima Sw. Obs. 165.

Gazelle-Halbinsel, als Zierpflanze kultiviert (Warburg).

Anmerkung. Dieser durch seine prachtvollen, feuerroten Blütentrauben ausgezeichnete Baum ist in Süd-Asien weit verbreitet und wird überall in den Tropen gezogen.

Caesalpinia Nuga Ait. Hort. Kew. III. 23.

Ralum, am Strande in sandiger, vulkanischer Erde (Dahl n. 35, blühend im Mai und Juni 1896).

Anmerkung. Der kriechende Strauch trägt reiche, weisse Trauben; die zusammengesetzten, doppelt gefiederten, kahlen Blätter mit etwas lederartigen Blättchen tragen an den Spindeln gekrümmte Stacheln.

Caesalpinia Bonducella Flem. in Asiat. research. XI. 159; Warb.
Pl. Pap. 331.

Ralum, vulkanisch sandige Stellen am Strande (Dahl n. 142,
blühend im Mai und Juni 1896).

Anmerkung. Der Strauch unterscheidet sich von dem vorigen durch
die Behaarung, die Trauben sind viel kürzer und mit Bracteen versehen.

Cassia occidentalis Linn. Spec. pl. ed. I. 377; Warb. Pl. Pap. 332.

Ralum, im Rasen von Pflanzungen, nahe dem Strande (Dahl n. 34,
im Mai und Juni 1896); Kerawara (Warburg).

Anmerkung. Halbstrauchig, die verhältnismässig grossen Blätter
mit grossen (bis 7 cm langen), zugespitzten Blättchen und die langen,
schmalen Schoten kennzeichnen die Art. Tropisches Unkraut in beiden
Hemisphären verbreitet.

Cassia Tora Linn. Spec. pl. ed. I. 376.

Neu-Lauenburg-Gruppe, Haupt-Insel, Hunter-Hafen auf Korallenkalkboden (Dahl, blühend im Februar 1897).

Anmerkung. Eine krautige Art mit kurzen, gestutzten Blättchen
und gelben Blüten; Dahl empfiehlt die Pflanzen als Futterpflanze.

Cassia mimosoides Linn. Spec. pl. ed. I. 379.

Ralum, im Alang-Alang-Gebiet auf schwarzer, vulkanischer Erde,
100 m ü. M. (Dahl n. 144, blühend im Juni 1896).

Anmerkung. An den winzig kleinen Blättchen zu erkennen. In
allen Weltteilen ausser Europa weit verbreitet.

Unterfamilie Papilionatae.

Sophora tomentosa Linn. Spec. pl. ed. I. 373.

Mioko, lichter Wald auf Korallenkalkboden (Dahl, blühend im
November 1896).

Anmerkung. Ein Strauch oder kleiner Baum mit weicher, weisser,
seidiger Bekleidung und gelben Blüten. In den Tropen beider Hemisphären längs der Küsten verbreitet.

Crotalaria linifolia L. fil. Suppl. 322.

Lamellamá, in den Alang-Alangfeldern auf vulkanischem Boden
(Dahl, blühend Ende August 1896).

Anmerkung. Eine aufrechte Staude mit einfachen, schmallineali-
schen, ganz stumpfen Blättern. Von Vorder-Indien bis Australien und
zu den Philippinen häufig.

Crotalaria alata Ham. ex Roxb. in Don, Prodr. 241.

Ralum, im Alang-Alang-Felde gemein, auf dem oberen Teile der
Pflanzungen, bis 100 m ü. M. (Dahl, n. 105, blühend im Mai und
Juni 1896).

Anmerkung. Besitzt ebenfalls einfache, aber elliptische Blätter und
geflügelte Stengelglieder. In Hinter-Indien und dem anstossenden

Himalaya, sowie auf Java; bis jetzt noch nicht aus den Schutzgebieten bekannt.

Crotalaria biflora Linn. Maut. II. 570.

Ralum, im Alang-Alang-Gebiet und auch in den Pflanzungen (Dahl n. 106, blühend im Mai und Juni 1896).

Anmerkung. Beide vorhergehende Arten unterscheiden sich durch aufrechten Wuchs, während diese am Boden liegt; auch sie hat einfache, aber kleine, fast kreisförmige Blätter und wenigblütige Inflorescenzen. In Vorder-Indien und Ceylon, sowie auf Java .verbreitet, neu für das Schutzgebiet.

Indigofera trifoliata Linn. Amoen. acad. IV. 327.

Lamellamá, im Alang-Alang-Gebiet auf vulkanischem Boden (Dahl, blühend im August 1896).

Anmerkung. Die aufrechte, schwach graubaarige Staude ist durch dreizählige Blätter ausgezeichnet. Durch das tropische Süd-Asien bis Australien verbreitet.

Indigofera hirsuta Linn. Spec. pl. ed. I. 851.

Ralum, in den oberen Teilen der Pflanzungen, auf schwarzer, vulkanischer Erde (Dahl n. 157, blühend im Mai und Juni 1896).

Anmerkung. Die aufrechte Staude ist an den Stengeln braun behaart, die Blätter sind gefiedert. In Süd-Asien bis Australien.

Ormocarpus sennoides P. DC. Prodr. II. 315; Warb. Pl. Pap. 322.

Gazelle-Halbinsel im Savannengebüsch (Warburg).

Anmerkung. An den warzig punktierten Gliedern der Hülse leicht kenntlich; in Süd-Asien und von hier bis Polynesien und Queensland verbreitet.

Desmodium umbellatum (Linn.) P. DC. Prodr. II. 325; Warb. Pl. Pap. 322.

Ralum, bei Ralnaua, in lockerer, vulkanischer Erde am Strande (Dahl n. 155, blühend im Juni 1896); Ralum, ohne weitere Angabe (Warburg).

Anmerkung. Die strauchartige Pflanze mit dreizähligen Blättern ist an den doldigen, achselständigen Inflorescenzen leicht zu erkennen. In Süd-Asien bis nach Polynesien verbreitet, im Gebiet äusserst gemein und bis auf eine Stunde Entfernung in das Land eindringend.

Desmodium gangeticum (Linn.) P. DC. Prodr. II. 327; Warb. Pl. Pap. 322.

Ralum, überall in den Pflanzungen (Dahl n. 64 u. 159, blühend im Juni bis August 1896).

Anmerkung. Halbstrauchig bis über 1 m hoch, durch die einfachen oblongen Blätter und die ziemlich langen und dichten, aufrechten Ähren kenntlich. Vom Himalaya bis zu den Philippinen und nach Neu-Guinea verbreitet.

Desmodium dependens Bl. in Miq. Fl. ind.-bat. I. 248.

Ralum bei Tawanagumu, am Bach zwischen steilen Wänden (Dahl n. 160, blühend im Juni 1896); Neu-Lauenburg-Gruppe, Mioko, im lichten Wald auf Korallenkalkboden (Dahl, blühend im November 1896).

Anmerkung. Ein kleiner Halbstrauch mit grossen, einfachen, kahlen, glänzenden Blättern und lockeren Trauben weisser Blüten. Von den Molukken bis zu den Neu-Hebriden verbreitet.

Desmodium latifolium (Roxb.) P. DC. Prodr. II. 328; Engl. Gaz.-Exp. 31.

Ralum, im Alang-Alang-Gebiet (Dahl n. 102[b]), eine kleinere Form mit gedrungenerem Wuchs und stärkerer Bekleidung; in schwarzer Erde des Waldes (Dahl n. 102, blühend im Juni), eine schlankere Form mit grösseren Blättern; auch von Naumann gesammelt.

Anmerkung. Besitzt ebenfalls einfache, aber deutlich herzförmige Blätter, stets ist eine gelbliche, bisweilen seidige Filzbekleidung vorhanden. Vom tropischen Afrika bis Neu-Guinea verbreitet.

Desmodium polycarpum (Lam.) P. DC. Prodr. II. 334.

Ralum, oberer Teil der Pflanzungen (Dahl n. 233, blühend im August 1896).

Anmerkung. Ein steifer, aufrechter Halbstrauch mit angepresster, grauer Bekleidung und dreizähligen Blättern. Von Zanzibar bis nach Neu-Guinea, Polynesien und Japan verbreitet.

Desmodium ormocarpoides P. DC. Prodr. II. 327; Warb. Pl. Pap. 323.

Neu-Lauenburg-Gruppe, auf der Insel Mioko, Kerawara, Ulu in den Kokoshainen häufig (Warburg).

Anmerkung. Im malayischen Archipel verbreitet.

Uraria picta (Jacq.) Desv. in Journ. bot. III. 122.

Ralum, am Fusse der Naumannberge auf Grasfeldern (Dahl, blühend im März 1897).

Anmerkung. Eine unten verholzende Staude mit 3—5jochigen Fiederblättern; Blättchen linealisch, kaum 1 cm breit, hart und lederartig. Von Ost-Indien bis Neu-Guinea verbreitet.

Uraria lagopodoides (Burm.) P. DC. Prodr. II. 324.

Ralum, im Alang-Alang-Gebiet, auch auf den oberen Pflanzungen (Dahl n. 104, blühend im Mai und Juni 1896).

Anmerkung. Von der vorigen Art schon durch die Tracht, dann durch die meist einfachen, breitelliptischen Blätter sehr verschieden. Von Ost-Indien bis Nord-Australien verbreitet.

Abrus precatorius Linn. Syst. veget. 533; Warb. Pl. Pap. 323.

Blanche Bai, auf Matupi (Dahl, fruchtend im August, Warburg).

Anmerkung. Eine im Strandgebüsch häufige, kletternde Liane, die an den roten Beeren mit schwarzem Fleck leicht erkannt wird. Die Blätter sind vieljochig gefiedert, die Fiederblättchen klein, oblong linealisch, gestutzt und sehr kurz stachelspitzig. Verbreitet in den Tropen beider Erdhälften.

Glycine javanica Linn. Spec. pl. ed. I. 175.

Ralum, Tawaruga im Grasfeld auf vulkanischem Boden, im Garten eines Eingeborenen, im Alang-Alangfeld (Dahl n. 158), auf dem Vulkan Mutter auf Grasland bei 700 m ü. M. (Dahl, scheint das ganze Jahr zu blühen).

Anmerkung. Eine niederliegende, an Grashalmen aufsteigende Staude mit gelber Bekleidung. Blätter dreiblättrig, seidig behaart, die kleinen, rosaroten Blüten sitzen in kurzen, gestielten Ähren zusammen. Vom tropischen Afrika bis Neu-Guinea verbreitet.

Clitoria ternatea Linn. Spec. pl. ed. I. 753; Warb. Pl. Pap. 325.

Gazelle-Halbinsel, Blanche Bai, Matupi, im sekundären Gebüsch (Warburg).

Anmerkung. Fällt durch ihre wickenartige Tracht, verbunden mit den grossen, schön blauen Blüten sehr auf. In Süd-Asien, Nord-Australien und Süd-Amerika verbreitet.

Canavalia ensiformis (Linn.) P. DC. Pr. II. 404; Engl. in Gaz.-Exp. 31.

Ralum, Waldschlucht auf vulkanischem Boden (Dahl n. 103, blühend im Juni und Juli 1896).

Canavalia obtusifolia P. DC. Prodr. II. 404; Warb. Pl. Pap. 327.

Ralum, Sandstrand (Dahl n. 66, blühend im Juni 1896); Great Harbour, nordöstlicher Teil der Blanche Bai (Naumann).

Anmerkung. Die beiden genannten Arten unterscheiden sich dadurch, dass jene oben spitze, diese stumpfe Blätter, jene eine reicherblütige Inflorescenz hat. Ich bin heute noch gegen Warburg der Meinung, dass beide verbunden werden müssen; bei Ralum kommen sie an einer Stelle vor. Die Annahme, dass die Blüten bisweilen gelb seien, ist irrtümlich. In den Tropen beider Erdhälften verbreitet.

Erythrina indica Lam. Encycl. II. 391. var *a*.

Ralum, am Strande, nicht im dichten Wald (Dahl n. 234, blühend im August 1896).

Anmerkung. Die grossen, korallenroten Blüten erscheinen in Ähren zur Zeit des Blattfalls; der Strauch wird häufig zu lebenden Hecken verwendet. In Süd-Asien bis Australien verbreitet.

Mucuna gigantea (Willd.) P. DC. Prodr. II. 405.

Ralum, Strandgebüsch auf vulkanischem Boden (Dahl n. 65, blühend Ende Juli 1896).

Anmerkung. Eine hochrankende, starke, holzige Liane mit gelben Blüten. Die Früchte sind die sogenannten Brennschoten; sie sind dicht mit empfindlich stechenden Haaren bedeckt. Von Vorder-Indien bis nach den Philippinen und dem tropischen Australien.

Strongylodon lucidus Seem. Fl. Vitiens. 61.

Ralum, im primären Wald des Binnenlandes (Dahl, blühend im Januar 1897).

Anmerkung. Eine hochaufsteigende, verholzende Liane mit sehr reichblütigen, dichten roten Inflorescenzen. Von Ceylon bis Polynesien verbreitet.

Pueraria novo-guineensis Warb. Pl. Pap. 326.

Gazelle-Halbinsel, weit verbreitet im sekundären Gebüsch und an den Rändern der Alang-Alang-Felder (Warburg, liefert den Eingeborenen eine ausgezeichnete Faser zum Binden und zur Herstellung ihrer Netze).

Anmerkung. Wird an den grossen dreizähligen Blättern, deren gelappte Blättchen unterseits seidenglänzend behaart sind, leicht erkannt. Findet sich noch in Neu-Guinea.

Flemingia strobilifera (Linn.) R. Br. in Ait. Hort. Kew. ed. II. vol. IV. 350.

Ralum, Waldlichtung, auf vulkanischem Boden (Dahl n. E. E.).

Anmerkung. Ein bis 3 m hoher Strauch, leicht kenntlich an den gefärbten, grossen, häutigen Bracteen, welche dem Blütenstand das Aussehen eines grossen, Strobilus verleihen. In Vorder-Indien, in Assam, bis zu den Philippinen und Neu-Guinea, neuerdings hier entdeckt.

Pongamia glabra Vent. Jard. Malm. t. 28.

Neu-Lauenburg-Archipel, auf der Credner-Insel auf Korallenboden (Dahl, blühend Anfang August 1896); Gazelle-Halbinsel, Kabakaul nach Herbertshöhe hin, im Walde am Strande (Dahl, blühend im Februar 1897; das Holz wird als Bauholz geschätzt).

Anmerkung. Ein ansehnlicher Strandbaum mit Trauben aus rosenroten Blüten. Von den Seychellen bis Neu-Guinea verbreitet.

Derris uliginosa (Willd.) Benth. Pl. Jungh. I. 252.

Ralum, auf vulkanischem Sandstrand bei Raluana (Dahl n. 156, blühend im Mai 1896); Blanche Bai, Matupi gegenüber, im Gebüsche neben dem felsigen Strand (Dahl).

Anmerkung. Eine hoch aufsteigende Liane mit weissen, in Trauben stehenden Blüten, die vom Zambesiland bis Nord-Australien und China verbreitet ist.

9

Derris elliptica Benth. in Journ. Linn. soc. IV. Suppl. 111.

Ralum, bei Walavolo im Wald (Dahl, blühend im März 1897).

Anmerkung. Durch das Trocknen wird die Pflanze kastanienbraun; besonders die jungen Triebe haben eine goldbraune, seidige Bekleidung. Die zerriebene Wurzel dient, in das Wasser geworfen, zur Betäubung der Fische. Auch die vorige Art ist giftig. Verbreitet von Hinter-Indien bis Neu-Guinea.

Familie Oxalidaceae.

Oxalis corniculata Linn. Spec. pl. ed. I. 435; Warb. Pl. Pap. 337.

Ralum, im Rasen der Pflanzungen (Dahl n. 37, blühend im Mai und Juni 1896, Warburg); Herbertshöhe im Alang-Alang-Gebiet auf schwarzer, vulkanischer Erde (Dahl n. 143, blühend im Juni 1896).

Anmerkung. Der gewöhnliche Sauerklee ist hier, wie im ganzen Archipel, stark weiss behaart.

Familie Rutaceae.

Evodia hortensis Forst. Char. gen. 13. t. 7; Warb. Pl. Pap. 338.

Ralum, Gärten der Eingeborenen (Dahl n. 184, blühend im Juli 1896).

Forma laciniosa K. Sch. foliis trifoliatis foliolis vario modo laciniosis interdum angustissimis et serratis.

Ralum, in Gärten der Eingeborenen (Dahl, blühend im August 1896).

Anmerkung. Ein in den Blättern und Blüten äusserst angenehm riechender Baum mit grünlichen Blüten, die in Rispen gestellt sind. Von Neu-Guinea bis zu den Freundschafts-Inseln verbreitet.

Evodia tetragona K. Sch. Fl. Kaiser Wilh. L. 57.

Ralum, Waldthal bei Herbertshöhe auf vulkanischem Boden (Dahl, blühend im Februar 1897); Lowon, in Waldschluchten (Dahl, blühend im August 1896).

Anmerkung. Ein 15—25 m hoher Baum mit roten, stammblütigen Rispen. Sie findet sich sonst noch bei Finschhafen.

Citrus hystrix P. DC. Prodr. I. 539; Warb. Pl. Pap. 340.

Neu-Lauenburg-Gruppe, Insel Kerawara (Warburg).

Anmerkung. Ist die einzige im Gebiet heimische Orange mit stark dornigen Zweigen und einfachen Blättern, deren Stiel breit geflügelt ist; im malayischen Archipel verbreitet.

Familie Meliaceae.

Dysoxylon Kunthianum (A. Juss.) Miq. in Ann. Lugd.-Bat. IV. 13;
Dysoxylon Forsaythianum Warb. Pl. Pap. 343.

Ralum, Lowon in einem Waldthal auf vulkanischem Boden (Dahl, Warburg).

Anmerkung. Die Warburg'sche Art ist, wie auch Harms meint, von dem typischen D. Kunthianum nicht verschieden. Das kleine Bäumchen ist leicht an den zweijochig gefiederten Blättern mit ziemlich grossen Blättchen zu erkennen, die durch das Trocknen bräunlich werden. Die Blüten in sehr lockeren, nicht reichblütigen Rispen sind weiss. Bisher nur in dem Gebiete und auf Neu-Guinea gefunden.

Dysoxylon amooroides Miq. in Ann. Lugd.-Bat. IV. 16.

Ralum, im Waldthal bei Lowon auf vulkanischem Boden (Dahl, blühend im Dezember 1896 und Februar 1897).

Anmerkung. Ein hoher Baum, der durch seine grossen, zehnjochigen Blätter ausgezeichnet ist, die im jungen Zustande getrocknet gern gelb werden. Die Kelchblätter sind bis zum Grunde frei, die weissen Blüten sind aussen seidig behaart. Findet sich ausser auf Neu-Pommern auf Neu Guinea; auch von Java wird die Art genannt, ob wirklich wild? ist die Frage. Warburg's D. vestitum (Pl. Pap. 343), nur nach einem schlecht erhaltenen, fruchtenden Exemplar aufgestellt, von derselben Lokalität, ist wahrscheinlich dieselbe Pflanze.

Hearnia sapindina F. v. Müll. Fragm. phyt. V. 56; Warb. Pl. Pap. 342.

Gazelle-Halbinsel, Fuss des Baining (Dahl, steril im März 1897); Neu-Lauenburg-Gruppe, Kerawara (Warburg); Mioko, auf Korallenkalk (Dahl, blühend im November 1896).

Anmerkung. Ein Bäumchen des Unterholzes, dessen Blätter getrocknet graugrün werden, die weisslichen Blüten sind äusserst klein und bilden grosse Blütenstände. Geht über Neu-Guinea bis Queensland.

Melia Azedarach Linn. Spec. pl. ed. I. 384.

Ralum, auf vulkanischem Boden in einem Waldthal bei Lowon (Dahl).

Anmerkung. Ist sehr leicht vor allen anderen Meliaceae durch die doppelt gefiederten Blätter zu erkennen. In ganz Süd-Asien verbreitet bis Australien.

Familie Anacardiaceae.

Mangifera minor Bl. Mus. Lugd.-Bat. I. 198; Warb. Pl. Pap. 361.

Neu-Lauenburg-Gruppe, Insel Ulu im primären Walde, in der Nähe der Dörfer in sekundären Hainen häufig (Warburg).

Anmerkung. Nur von Neu-Guinea und den Molukken bekannt.

Spondias dulcis Forst. Prodr. n. 198; Engl. Gaz.-Exp. 36; Warb. Pl. Pap. 361.

Neu-Lauenburg-Gruppe, Insel Mioko, im Kokoshain (Warburg); die Pflanze war nur steril und durch linealisch lanzettliche, äusserst spitze Blätter auffällig.

Anmerkung. In Süd-Asien und Polynesien weit verbreitet.

Familie Malpighiaceae.

Tristellateia australasica A. Rich. Sert. Astrol. 38. t. 15.

Ralum, Herbertshöhe am Strande (Dahl, blühend Anfang Juli 1896); bei Kabakaul im Walde (Dahl, blühend im Februar 1897).

Anmerkung. Die gelbblühende Liane steigt im Küstengebüsch in die Höhe; die grünen, sternförmigen Früchte erinnern entfernt an Sternanis, nur sind sie kleiner. Sie ist von Singapore bis nach Neu-Guinea verbreitet.

Rhyssopteris timorensis (P. DC.) Juss. Mon. 133; Deless. Icon. III. 21. t. 350.

Kabakaul, am Strande hinter Herbertshöhe (Dahl, blühend im Februar 1897); neu für die deutschen Schutzgebiete.

Anmerkung. Diese Liane hat ebenfalls gelbe Blüten, die Blütenstandsaxen sind aber, wie der Kelch, striegelhaarig, während sie bei jener kahl sind. Von Java bis zu den Philippinen und Neu-Pommern verbreitet.

Familie Euphorbiaceae.

Phyllanthus Finschii K. Sch. in Engl. Jahrb. IX. 204; Warb. Pl. Pap. 356.

Ralum, bei Ralnana am Strande auf vulkanischem Sande (Dahl n. 108, blühend im Juni 1896); Neu-Lauenburg-Gruppe, auf Mioko (Warburg).

Anmerkung. Unter den im Gebiet vorkommenden Arten durch die weissen, sich vergrössernden Blütenhüllzipfel auffällig. Nur noch von Neu-Guinea bekannt.

Phyllanthus Niruri Linn. Spec. pl. ed. I. 981.

Ralum, Pflanzungen auf vulkanischem Boden (Dahl, blühend Anfang August 1896).

Phyllanthus societatis Müll.-Arg. in P. DC. Prodr. XV. (2). 364; Warb. Pl. Pap. 355.

Kerawara (Warburg).

Anmerkung. Ich habe diese Art nicht gesehen, sie soll aber der vorigen ähnlich sein; sie gehören beide zu jenen Arten, deren kleine Blätter zweizeilig gestellt, gefiederte Blätter nachahmen.

Phyllanthus philippinensis Müll.-Arg. in Fl.; Ratisb. 1865, p. 376; Warb. Pl. Pap. 355.

Ralum, im lichten Walde, auf vulkanischem Boden (Dahl n. B. B., blühend im Juli 1896); Neu-Pommern, Gazelle-Halbinsel (Warburg).

Anmerkung. Unter den grossblättrigen Arten durch rückseits behaarte Blätter ausgezeichnet. Von Java bis zu den Philippinen und Süd-China verbreitet.

Claoxylon longifolium (Bl.) Müll.-Arg. in P. DC. Prodr. XV. (2). 781; Warb. Pl. Pap. 348.

Gazelle-Halbinsel an steilen Abhängen und im secundären Wald (Warburg).

Anmerkung. Durch die zahlreichen Staubblätter und die grossen, dickhäutigen, hellgrünen Laubblätter ausgezeichnet. Bisher von den Khasia-Bergen, Pulo Penang, Java und Neu-Guinea bekannt.

Breynia cernua (Poir.) Müll.-Arg. in P. DC. Prodr. XV. (2). 439; Warb. Pl. Pap. 354.

Ralum, auf vulkanischem Boden (Dahl, blühend im August 1896); Neu-Lauenburg-Gruppe, Insel Ulu (Warburg).

Anmerkung. Ist leicht an der schwarzen Farbe der getrockneten Pflanze zu erkennen. Verbreitet von Timor bis zu den Philippinen und Neu-Guinea.

Codiaeum variegatum Bl. Bijdr. 606; Warb. Pl. Pap. 353.

Ralum, bei der zoologischen Station auf vulkanischem Boden (Dahl, blühend im Dezember 1896); Neu-Lauenburg-Gruppe, Mioko, im lichten Wald auf Korallenkalk (Dahl, blühend im November 1896, Warburg).

Anmerkung. Diese Pflanze wird im Gebiete und darüber hinaus, bei uns in Gewächshäusern unter dem Namen „Croton" in vielfarbigen Blattformen kultiviert; wild findet sich nur die grünblättrige Form an den Rändern des primären Waldes. Verbreitet von den Molukken bis Nord-Australien.

Acalypha boehmerioides Miq. Fl. ind.-bat. Suppl. I. 459.

Ralum, in den Pflanzungen (Dahl n. 166^a, blühend im Juni 1896).

Anmerkungen. Die Pflanze ist neu für das Gebiet und Neu-Guinea; ich habe sie in der Sammlung von Hollrung (n. 148, 610) verkannt und als A. indica L. bestimmt, von der sie aber, wenn auch die Tracht einige Ähnlichkeit hat, doch ganz verschieden ist. Sie gleicht etwa unseren Nesseln im Aussehen, die Blüten stehen in kurzen, grünen, ungestielten Ähren zusammen. Sie ist von Java bis Polynesien beobachtet worden.

Acalypha grandis Müll.-Arg. in Linnaea, XXXIV. 10; Warb. Pl. Pap. 358.

Ralum, am Strande (Dahl, blühend im Mai und Juni 1896); Neu-Lauenburg-Gruppe, Insel Mioko (Warburg).

Anmerkung. Ist eine von den zu vielfachen Verbildungen in den Blättern geneigten Gartenpflanzen, die im ganzen Gebiet gepflegt werden. Im malayischen Archipel und bis Polynesien verbreitet.

Acalypha Sanderiana N. E. Br. in Gard. Chron. 1896. II. S. 392; Wittm. in Gartenfl. 1898. p. 275, Abb. 74.

Bismarck-Archipel nahe dem Meere (Micholitz).

Anmerkung. Nach Warburg dürfte die Pflanze identisch mit jener sein, die er bei Mioko fand (Pl. Pap. 358) mit Vorbehalt als A. Wilkesiana Müll.-Arg. bestimmte und später (Pl. Hellwig. 198) als A. hispida Burm. erkannt hat.

Mallotus philippinensis (Lam.) Müll.-Arg. in Linnaea XXXIV. 196; Engl. in Gazelle-Exp. 25; Warb. Pl. Pap. 348.

Neu-Pommern, am Nordrande der Gazelle-Halbinsel (Naumann, im August 1875, Warburg).

Anmerkung. Ist durch die eigentümliche graue Farbe der Blattunterseite und die roten Drüsen der weiblichen Blüten auffällig und kenntlich. Von Vorder-Indien bis China und Australien verbreitet.

Mallotus ricinoides (Juss.) Müll.-Arg. in Linnaea XXXIV. 187.

Ralum, lichter Wald, auf vulkanischem Boden (Dahl X und n. 164, blühend Juni und Juli 1896).

Anmerkung. Die Art ist kenntlich an dem pulverig rostbraunen Filz der sehr schwach schildförmig gestielten Blätter. Von Java bis China und Neu-Guinea verbreitet.

Macaranga Schleinitziana K. Sch. in Engl. Jahrb. IX. 207.

Ralum, Waldschlucht, im Gebüsch in der Nähe des Strandes (Dahl n. 84, blühend im Juni 1896).

Anmerkung. Hat eine ähnliche Bekleidung wie die vorhergehende Pflanze, aber gelappte Blätter und zusammengesetzte Blütenstände. Bisher nur von Neu-Guinea bekannt.

Macaranga Harveyana Müll.-Arg. in P. DC. Prodr. XV. (2). 998.

Ralum und Neu-Lauenburg-Gruppe, auf den Inseln Ulu und Mioko (Warburg).

Anmerkung. Sie ist ebenfalls eine der buntblättrigen Zierpflanzen und war bisher aus Polynesien bekannt.

Macaranga densiflora Warb. Pl. Pap. 350; Mallotus acuminatus K. Sch. Fl. Kais. Wilh.-Land 77, non Müll.-Arg.

Ralum, Wald mit vulkanischem Boden (Dahl AA, blühend Ende Juli 1896).

Anmerkung. Die eiförmigen Blätter sind in lange Spitzen ausgezogen und unterseits weich behaart; die Rispen werden aus kugelförmigen Köpfchen zusammengesetzt. Bisher nur von Neu-Guinea bekannt.

Macaranga Tanarius (Linn.) Müll.-Arg. in P. DC. Prodr. XV. (2). 997; Warb. Pl. Pap. 352.

Ralum, Waldthal vor Herbertshöhe (Dahl, blühend im Februar 1897); Neu-Lauenburg-Gruppe, Mioko, lichter Wald auf Korallenkalk (Dahl, blühend im November 1896).

Anmerkung. Ein Strauch oder kleiner Baum mit deutlich schild-förmigen Blättern, die regelmässig auf den nach dem Grunde zu-strebenden Nerven auffallende, scharlachrote Drüsen tragen. Von Java bis China und Australien, oft sehr häufig. Die Drüsen kommen der Art immer zu, so dass M. quadriglandulosa Warb. (Pl. Pap. 356) von Mioko und Kerawara wohl kaum spezifisch zu trennen ist.

Endospermum formicarum Becc. Males. II. t. 2; Warb. Pl. Pap. 348.

Ralum, im Waldthal bei Lowon (Dahl, blühend im Februar 1897, Warburg).

Anmerkung. Der hohe Baum wird in den hohlen Zweigen regel-mässig von Ameisen bewohnt. Die grossen Blätter sind schildförmig, tragen aber keine Drüsen. Bisher nur in Neu-Guinea gefunden.

Carumbium populneum (Geisel.) Müll.-Arg. in P. DC. Prodr. XV. (2). 1144.

Ralum, erstes Waldthal, im lichten Wald (Dahl, blühend im Februar 1897).

Anmerkung. Die zierlichen, dünnen, männlichen Ähren werden aus gebüschelten, männlichen Blüten aufgebaut, jede hat zwei fast gleiche Kelchblätter. Von Ceylon verbreitet bis nach den Philippinen und Australien.

Excoecaria Agallocha Linn. Spec. pl. ed. I. 1288.

Neu-Lauenburg, am Strand auf Korallenkalk (Dahl, blühend im Februar 1887); Ralum, am heissen Salzfluss am Ufer (Dahl, blühend im August 1896).

Anmerkung. An den glänzenden, lederartigen Lorbeerblättern, die gebüschelt am Ende der Zweige stehen, zu erkennen. Verbreitet durch Süd-Asien bis Australien und Polynesien.

Euphorbia thymifolia Burm. Fl. ind. 2.

Blanche-Bai, Insel Matupi, an Fusswegen neben den Häusern auf nacktem Boden (Dahl, blühend im März 1897).

Anmerkung. Ein ganz flach angepresstes Kraut mit kleinen, gegen-ständigen Blättern. Verbreitet in den Tropen beider Erdhälften. ·

Euphorbia serrulata Reinw. in Bl. Bijdr. 635, var. **pubescens** Warb. Pl. Pap. 347.

Ralum, in Pflanzungen des Alang-Alang-Gebietes und am steilen Ufer (Dahl, blühend im Juni 1896).

Anmerkung. Eine aufrechte Staude mit schmal lanzettlichen Blättern. Von Timor bis China und Neu-Guinea verbreitet.

Euphorbia pilulifera Linn. Spec. pl. ed. I. 454.

Ralum, gemeines Unkraut in den Pflanzungen (Dahl n. 110, blühend Mai und Juni 1896).

Anmerkung. Ein aufrechtes Kraut mit gelber Behaarung des Stengels und für die Gattung ziemlich grossen, gezähnten Blättern. In den Tropen der ganzen Erde gemein.

Euphorbia Atoto Först. Florul. ins. austr. prodr. 36.

Neu-Lauenburg-Gruppe, Credner-Insel auf Korallenboden, am Strande (Dahl, blühend im August 1896).

Anmerkung. An den etwas fleischigen Stengelgliedern und den purpurroten Hüllen leicht erkennbar. In Süd-Asien, von Ceylon bis Polynesien verbreitet.

Antidesma sphaerocarpum Müll.-Arg. in DC. Prodr. XV. (2). 255; Warb. Pl. Pap. 361.

Neu-Lauenburg-Gruppe, auf Kerawara im Kokoshain (Warburg). Anmerkung. Bisher nur von den Fidji-Inseln bekannt.

Familie Icacinaceae.

Lophopyxis pentaptera (K. Sch.) Engl. Nat. Pflanzfam. III. (5) 257; Lophopyxis Schumannii Boerl. Fl. Nederl. Ind. I. (2). 674; Combretopsis pentaptera K. Sch. Fl. Kaiser-Wilhelmsland 69.

Ralum, auf vulkanischem Boden eines Waldthales bei Lowon (Dahl, blühend im Februar 1897).

Anmerkung. Ein kleines Bäumchen oder eine Liane mit braunen, fünfflügeligen Früchten. Bisher nur von Neu-Guinea bekannt.

Cardiopteryx moluccana Bl. Rumphia III. 207. t. 177. Fig. 1. A und B.

Ralum, im Waldthal bei Herbertshöhe auf vulkanischem Boden (Dahl, blühend im Januar 1897).

Anmerkung. Diese hochanfsteigende Liane ist sowohl an den herzförmigen, deutlich fünfnervigen Blättern, wie besonders an den hellgrünen, seidenglänzenden, dreiflügeligen Früchten sogleich zu erkennen. Die ersteren dienen als Gemüse (olus sanguinis des Rumphius). Auf den Molukken verbreitet, geht bis Neu-Guinea.

Familie Vitaceae.

Leea Naumannii Engl. in Bot. Jahrb. VII. 466.

Ralum, im lichten Wald des zweiten Thales (Dahl n. 244).

Anmerkung. Ein kleiner Baum mit grünlichen Blüten und sehr grossen, einfach oder doppelt gefiederten Blättern; Blättchen rückseits fein behaart. Bis jetzt nur von Neu-Hannover bekannt.

Leea macropus Laut. et. K. Sch. n. sp. foliis magnis vel maximis pinnatis tri- vel quadrijugis petiolatis, petiolo valido supra sulcato; foliolis pro rata maximis petiolulatis, petiolulo compresso sulcato glabro, lamina oblonga breviter et obtusiusculo acuminata basi truncata vel subcordata obsolete serrulata utrinque glabra pellucide striolata herbacea; inflorescentia terminali laxissima, rachi compressa glabra ramis valde elongatis; floribus pedicellatis, calyce glabro lobis obtusis; fructu succoso mono- vel hexaspermo.

Die sehr kräftigen, stielrunden, mit Lenticellen besetzten Äste tragen die grossen Narben der abgefallenen Blätter und gehen am Ende in den viel dünneren Blütenstand aus, unter dem sich noch ein Blatt mit einer Achselknospe befindet. Die Blätter sind ca. 70 cm lang, wovon 12—15 cm auf den sehr kräftigen Stiel kommen. Das Blattstielchen misst 0,8—2,5 cm, die Spreite ist 15—30 cm lang und 6 bis 11 cm breit, sie wird von 12—18 stärkeren, unterseits mehr als oberseits vorspringenden Seitennerven durchzogen, welche durch Transversalvenen verbunden sind. Der sehr schlaffe Blütenstand ist etwa 60—70 cm lang und trägt nur 2 Paar primäre Seitenstrahlen. Die Fruchtstiele werden keulenförmig verdickt und messen 1,2—1,8 cm. Die Frucht hat einen Durchmesser von 1—2 cm.

Ralum, in der Waldschlucht des oberen Lowon (Dahl, fruchtend im Februar 1897).

Anmerkung. Durch die äusserst schlanken und dünnen Inflorescenzstrahlen und die grossen Blätter ausgezeichnet und von jeder bekannten Art verschieden.

Cissus adnata Roxb. Fl. ind. I. 405.

Kabakaul, auf Korallenkalk (Dahl, blühend im Februar 1897); Lowon im Waldthal (Derselbe, blühend im Januar).

Anmerkung. Die Rebe ist leicht an der braunen Sammetbekleidung der ganzen Blätter zu erkennen. In Südasien bis Australien verbreitet.

Cissus pedata Lam. Encycl. I. 31.

Ralum, auf vulkanischem Boden, im lichten Gebüsch bei Mataneta (Dahl, blühend im Februar 1897).

Anmerkung. Diese Rebe erkennt man an den fingerförmig zusammengesetzten Blättern. Sie ist von Ceylon bis Neu-Guinea verbreitet.

Familie Rhamnaceae.

Colubrina asiatica Brongn. et Rich. in Ann. scienc. nat. I. sér. X. 368. t. 15. Fig. 3.

Ralum, am Strand auf lockerem, sandig vulkanischem Boden (Dahl n. 19, blühend im Mai und Juni 1896).

Anmerkung. Ein aufstrebender, 4—5 m hoher Strauch mit grünen Blüten wie unser Kreuzdorn und kugelrunden Beeren. Verbreitet in Süd-Asien, bis Australien und Polynesien.

Familie Sapindaceae.

Pometia pinnata Forst. Charact. gen. 110 (1776); Warb. Pl. Pap. 364.

Ralum, Waldthal auf vulkanischem Boden (Dahl, blühend im Januar); Neu-Lauenburg-Gruppe, Kerawara (Warburg), Neu-Lauenburg, Port Hunter, auf Korallenkalk, an offenen Plätzen (Dahl, blühend im Februar 1897).

Anmerkung. Einer der grössten und dicksten Waldbäume der Insel, gekennzeichnet durch grosse, kahle Fiederblätter, welche am Grunde zwei an Nebenblätter erinnernde, kleine Fiedern tragen. Die Samen des Ataun genannten Baumes werden gegessen. Im östlichen malayischen Archipel häufig, bis nach Polynesien verbreitet.

Allophylus littoralis Bl. Rumphia III. 124.

Kabakaul, im Wald am Strande (Dahl, blühend im Februar 1897); Neu-Lauenburg-Gruppe, Credner-Insel auf Korallenkalk (Dahl, blühend im August 1896), Mioko im lichten Wald auf Korallenkalk (Dahl, blühend im November 1896).

Anmerkung. Warburg nennt auch A. timorensis Bl. (Pap. Pl. 384) vom Bismarck-Archipel, der in der Dahl'schen Sammlung nicht vorliegt. Dieser unterscheidet sich durch verlängerte, einfache, steife Ähren von A. littoralis Bl., der kürzere, am Grunde verzweigte Blütenstände hat. Beide sind im malayischen Archipel bis Neu-Guinea verbreitet.

Dodonaea viscosa Linn. Mant. alt. 228.

Ralum, am Strande auf sandig vulkanischem Boden (Dahl, blühend im Mai und Juni 1896).

Anmerkung. Dieser Strandbaum wird leicht an den einfachen, glänzenden Blättern und den geflügelten Früchten erkannt.

Familie Elaeocarpaceae.

Elaeocarpus Parkinsonii Warb. Pl. Pap. 377.

Ralum, auf vulkanischem Boden, im Walde bei Lowon (Dahl n. 163, blühend im August 1896).

Anmerkung. Die Art erinnert in der Tracht an El. Ganitrus Roxb., unterscheidet sich aber durch die behaarten Blüten. Bisher nicht anderswo gefunden.

Familie Tiliaceae.

Corchorus acutangulus Lam. in Encycl. II. 104; Warb. Pl. Pap. 371.

Ralum, auf einer Lichtung des Waldweges nach Lowon, auf vulkanischem Boden (Dahl, blühend im Februar 1897, Warburg).

Anmerkung. Die Blätter sind am Grunde mit zwei kurzen Schwänzchen versehen; die geflügelte und gehörnte Frucht lässt die krautige Pflanze sehr leicht erkennen. Ein tropisches Unkraut in beiden Hemisphären.

Triumfetta rhomboidea Jacq. Am. 147. t. 90.

Ralum, im Gebüsch am Strande und an freien Waldstellen häufig (Dahl n. 36, blühend im Mai und Juni 1896).

Anmerkung. Die in bezug auf Bekleidung und Blattform äusserst veränderliche Pflanze ist leicht an den oben erweiterten, fünflappigen, fünfhörnigen Blütenknospen, so wie an den grauhaarigen Früchten zu erkennen.

Familie Malvaceae.

Sida rhombifolia Linn. Spec. pl. ed. I. 684; Warb. Pl. Pap. 374.

Ralum, im Rasen und auf freien Waldstellen (Dahl, blühend im Mai und Juni 1896, Warburg).

Anmerkung. Die halbstrauchartige Pflanze ist an den oberen rhombischen, gesägten Blättern und den einzelnen achselständigen, gelben Blüten leicht zu erkennen. In den tropischen Gegenden beider Erdhälften sehr verbreitet, geht auch bisweilen in die Subtropen.

Abutilon indicus (Linn.) G. Don, Gen. syst. I. 504; Warb. Pl. Pap. 373.

Ralum, am Strand, am hohen, vulkanischen Ufer (Dahl n. 89, blühend Mai und Juni 1896); Neu-Lauenburg-Gruppe, Insel Ulu (Warburg).

Anmerkung. Der Halbstrauch ist durch eine äusserst zarte, graue Behaarung und ziemlich ansehnliche, gelbe Blüten gut gekennzeichnet. In den Tropen beider Hemisphären gemein.

Urena lobata Linn. Spec. pl. ed. I. 692.

Ralum, auf freien Waldstellen und in dem Rasen der Pflanzungen häufig (Dahl n. 58, blühend im Mai oder Juni 1896).

Anmerkung. In der Tracht der vorigen Pflanze ähnlich, die Blätter aber gezähnt bis tief gelappt und nicht zartgrau behaart. Ebenfalls in den Tropen beider Erdhälften gemein.

Thespesia macrophylla Bl. Bijdr. 73.

Neu-Lauenburg-Gruppe, Credner-Insel, auf Korallenkalk (Dahl, blühend im August 1896).

Anmerkung. Ein Baum mit herzförmigen, allmählich zugespitzten, endlich an den Spitzen stumpfen Blättern, und becherförmigen Kelchen. Auf den Molukken und Neu-Guinea; vielleicht nicht von Th. populnea Corr. verschieden.

Hibiscus tiliaceus Linn. Spec. pl. ed. I. 694.

Gazelle-Halbinsel, nördliche Küste, am Fusse des Baining (Dahl, blühend im März 1897), Ralum, im Walde am Strande (Derselbe n. 60, blühend Mai und Juni 1896).

Anmerkung. Der schöne Baum ist an den kreis-herzförmigen, kurz zugespitzten, unterseits dünn-weissfilzigen Blättern leicht zu erkennen. Die grossen Blüten haben einen tief geteilten Kelch mit Aussenkelch. Verbreitet in den Tropen beider Erdhälften.

Abelmoschus esculentus (Linn.) W. et Arn. Prodr. I. 53.

Gazelle-Halbinsel und Neu-Lauenburg-Gruppe, Insel Mioko, vielfach als Gemüse gepflanzt (Warburg; da die Pflanze steril war, ist die Bestimmung nicht ganz sicher).

Anmerkung. An den gelappten Blättern und dem abfälligen Kelche leicht zu erkennen. In den Tropen weit verbreitet.

Familie Bombacaceae.

Ceiba pentandra (Linn.) Gaertn. Fruct. II. 244. t. 133.

Ralum (Warburg).

Anmerkung. Der Kapokbaum, kenntlich an seinen gefingerten Blättern, weissen Blüten und mit baumwollartigen Haaren gefüllten Kapseln wird jetzt vielfach kultiviert. Durch die Tropen beider Hemisphären bis Vorder-Indien. Der wilde Kapokbaum mit grossen, roten Blüten wächst auf Neu-Guinea und soll auch in Neu-Pommern vorkommen.

Familie Sterculiaceae.

Abroma molle P. DC. Prodr. I. 485; Warb. Pl. Pap. 377.

Ralum, an Waldrändern auf vulkanischem Boden (Dahl n. 189, blühend und fruchtend Ende Juni 1896); Neu-Lauenburg-Gruppe, bei Kerawara im sekundären Wald (Warburg).

Anmerkung. An den ansehnlichen, blutroten Blüten und den grossen, gehörnten, innen rauhhaarigen Kapseln sogleich zu erkennen. Von den Molukken bis Neu-Guinea verbreitet.

Kleinhofia hospita Linn. Spec. pl. ed. II. 1365; Warb. Pl. Pap. 377.

Neu-Lauenburg-Gruppe (Warburg, nach handschriftlichen Aufzeichnungen hier sehr häufig).

Anmerkung. Ein schöner, häufig kultivierter Zierbaum mit grossen, reichblütigen, rosaroten Rispen; im malayischen Archipel als Sekundärbaum verbreitet, geht er bis zu den Fidji-Inseln.

Commersonia echinata R. et G. Forst. Charact. gen. 43. t. 22.

Ralum, im sekundären Wald auf vulkanischem Boden (Dahl n. 10; Ende Juli blühend).

Anmerkung. Durch sehr grosse, herzförmige, buchtig doppelt gezähnte Blätter ausgezeichnet. Blüten klein, weiss, in Rispen, welche den Blättern gegenüberstehen. In Süd-Asien verbreitet, bis Nord-Australien und Polynesien.

Heritiera littoralis Dryand. in Ait. Hort. Kew. III. 546; Warb. Pl. Pap. 377.

Neu-Lauenburg-Gruppe, Insel Kerawara am Strande (Warburg).

Anmerkung. Die grossen, lederartigen Blätter sind unterseits silberschülfrig. Von Ost-Afrika bis nach Polynesien und dem tropischen Australien verbreitet.

Familie Bixaceae.

Bixa Orellana Linn. Spec. pl. ed. I. 512.

Ralum, in lichtem Busch bei Matanetá, auf vulkanischem Boden (Dahl, blühend im Februar 1897).

Anmerkung. Die Blüte sieht derjenigen einer Hundsrose nicht unähnlich; auch hier bemalen sich die Eingeborenen mit der roten Farbe in der Kapsel das Gesicht. Die Pflanze ist im wärmeren Amerika heimisch.

Familie Begoniaceae.

Begonia Rieckei Warb. Pl. Pap. 387.

Ralum, im Schatten einer Quelle im Fels am Wunakukur (Dahl, blühend im Januar 1897).

Anmerkung. Durch die langgestielten, sehr breit herzförmigen Blätter ausgezeichnet. Nur noch auf Neu-Guinea beobachtet.

Familie Papayaceae.

Carica Papaya Linn. Spec. pl. ed. I. 1036; Warb. Pl. Pap. 385.

Gazelle-Halbinsel, Blanche-Bai, Insel Matupi (Warburg, von den Eingeborenen Tabak oder seltener Mammcapple genannt).

Anmerkung. Der Melonen-Baum, durch seine kürbisartigen Früchte ausgezeichnet, stammt aus Amerika, gehört aber jetzt zu den am weitesten verbreiteten Kulturpflanzen.

Familie Datiscaceae.

Octomeles moluccana Warb. Pl. Pap. 385.

Ralum, im Waldthal bei Lowon auf vulkanischem Boden (Dahl, blühend im Februar 1897).

Anmerkung. Ist wahrscheinlich der grösste und mächtigste Baum des Gebietes, der bis 60 m Höhe erreicht, mit breiten Brettstützen am Grunde, besonders auffallend durch die aufgesprungen elfenbeinweissen Kapseln, die oft den Boden bedecken. Wahrscheinlich von O. sumatrana Miq. nicht verschieden.

Familie Clusiaceae.

Calophyllum Inophyllum Linn. Spec. pl. ed. I. 513; Warb. Pl. Pap. 381.

Neu-Lauenburg-Gruppe (Warburg).

Anmerkung. Ein sehr häufiger Baum der Gestade des indischen und pazifischen Ozeans, der durch seine reichen Rispen mittelgrosser weisser Blüten und durch die glänzenden, sehr eng parallel-nervigen, lederartigen Blätter auffällt.

Familie Lythraceae.

Pemphis acidula R. et G. Forst. Charact. gen. 64. t. 34.

Neu-Lauenburg-Gruppe, Kerawara, sonnige Kalkfelsen am Meere (Dahl, blühend im Februar 1897), auf der Vulkan-Insel, auf Korallen- und älterem, vulkanischen Boden (Dahl, blühend im November 1896). Anmerkung. Der niedrige, kleinblättrige Strandstrauch mit den weissen Blütchen ist von Ost-Afrika bis Polynesien weit verbreitet.

Familie Rhizophoraceae.

Rhizophora mucronata Lam. Dict. VI. 169; Warb. Pl. Pap. 394.

Neu-Lauenburg-Gruppe, Haupt-Insel (Dahl, im Februar 1897). Anmerkung. Die gemeinste Mangrovepflanze, deren breites, leder- artiges Blatt mit einem feinen Endspitzchen versehen ist. Von Ost- Afrika bis Polynesien und bis Neu-Süd-Wales verbreitet.

Familie Lecythidaceae.

Barringtonia speciosa Linn. fil. Suppl. 312.

Ralum, auf vulkanischem Boden am Strande bei Herbertshöhe (Dahl, blühend August 1896); Neu-Lauenburg-Gruppe, auf der Credner- Insel auf Korallenkalk (Derselbe).

. Anmerkung. Ein häufiger Strandbaum, der an den sehr grossen, weissen Blüten mit grossem Kelch und den prismatischen, korkigen Früchten leicht kenntlich ist. In Süd-Asien weit verbreitet, geht bis Polynesien.

Careya Niedenzuana K. Sch. n. sp. arbor mediocris ramis gra- cilibus novellis ipsis glabris vel minute papillosis tantum, teretibus; foliis prope apicem ramulorum congestis petiolatis, petiolo supra appla- nato basi incrassato, lamina oblongo-lanceolata breviter et acute acu- minata, basi cuneata utrinque glabra, herbacea; inflorescentia stricte racemosa elongata laxa; pedicello gracili supra basin articulato, brac- teis squamosis; ovario ellipsoideo; ovulis pluribus trienti superiori anguli interioris adnatis; seminibus pro loculo solitariis.

Die blühenden Zweige haben bei einer Länge von 5—8 cm einen Durchmesser von 3—4 mm, sie sind mit schwarzgrauer Rinde bekleidet. Der Blattstiel ist 2—2,5 cm lang; die Spreite hat eine Länge von 16—20 cm und in der Mitte eine Breite von 5,5—8 cm; sie wird jeder- seits des Medianus von 10—12 kräftigeren, ober- wie unterseits mässig stark vorspringenden Seiten-Nerven durchzogen. Die Traube ist 40 bis 45 cm lang; der Blütenstiel misst 1,5 cm, der unter der Articulations- stelle gelegene Teil beträgt kaum 2 mm. Der Fruchtknoten ist 4—5 mm, der Kelch 1,5—2 mm lang, napfförmig und schwach gekerbt oder bisweilen einseitig aufgerissen. Die Blüten liegen nur in Knospen und nach der Anthese vor, deshalb ist die Länge der Blumenblätter und der gebündelten Staubblätter nicht zu bestimmen. Der fadenförmige, mit sehr schwach kopfiger Narbe versehene Griffel ist nicht ganz 2 cm lang.

Ralum, in einem Waldthale des Lowon auf vulkanischem Boden (Dahl, im Februar 1897).

Anmerkung. Diese Pflanze sieht einer Barringtonia aus der Sect. Stravadium täuschend ähnlich. Ich konnte sie aber wegen des Charakters des Fruchtknotens hier nicht unterbringen, weil sie eine entschiedene Neigung zu Careya zeigte. Ich legte deshalb die Pflanze Herrn Professor Niedenzu in Braunsberg vor, der sich mit diesen Gattungen eingehend befasst hat. Er erkannte in ihr ebenfalls eine Form, die zwischen beiden Gattungen steht; meinte aber, dass sie noch bei Careya bleiben müsste. Er teilte die Gattung in zwei Sektionen:

I. **Eucareya** Nied. Samenanlagen mehr oder weniger längs des ganzen Innenwinkels; in jedem Fache mehrere Samenanlagen reifend. Die bisher bekannten vier Arten.

II. **Barringtoniopsis** Nied. Samenanlagen am obersten Drittel des Innenwinkels angeheftet; in jedem Fache eine reifend, die übrigen arbortierend. Hierher C. Niedenzuana K. Sch.

Familie Myrtaceae.

Eugenia cornifolia (Bl.) K. Sch. Fl. Kais.-Wilh.-Land 89; Warb. Pl. Pap. 389.

Neu-Lauenburg-Gruppe, Insel Mioko und Insel Kerawara im Gebüsch der Kokoshaine häufig (Warburg).

Anmerkung. Von Celebes bis Neu-Guinea verbreitet.

Eugenia malaccensis Linn. Spec. pl. ed. I. 470; Warb. Pl. Pap. 389.

Ralum, am Strande, wohl häufig kultiviert der essbaren Beeren halber (Dahl 44, blühend im Juni 1896); Neu-Lauenburg-Gruppe, Inseln Kerawara und Ulu (Warburg).

Anmerkung. Der bis 30 m hohe Baum trägt stammblütige Rispen von rosaroten Blüten. Verbreitet in Süd-Asien und Polynesien.

Familie Combretaceae.

Terminalia Catappa Linn. Mant. 519.

Ralum, am Strande auf sandigem, vulkanischem Boden (Dahl n. 86, blühend im Juni 1896).

Anmerkung. Der hohe Baum mit den keilförmigen, kurz und stumpf zugespitzten Blättern ist in ganz Süd-Asien verbreitet und geht bis Polynesien; häufig wird er als Fruchtbaum kultiviert, weil die Samen gern gegessen werden.

Familie Melastomataceae.

Otanthera bracteata Korth. Verh. nat. Gesch. bot. 235. t. 51.

Gazelle-Halbinsel, Naumannberge, bei Pallabia, auf vulkanischem Boden, 140 m ü. M. (Dahl, blühend im März 1897).

Anmerkung. Der mässig hohe Waldstrauch ist an den mit Bracteen besetzten Blütenständen und den gebüschelten Haaren des Fruchtknotens zu erkennen. Verbreitet von Java bis Neu-Guinea.

Familie Araliaceae.

Eschweileria Pfeilii Warb. Pl. Pap. 396.

Neu-Lauenburg-Gruppe, Insel Ulu, am Rande des Waldes (Warburg).

Anmerkung. Ein ansehnlicher Baum mit sehr grossen, bis 1,3 cm im Durchmesser haltenden, doppelt fiederspaltigen Blättern; er ist auf der Insel endemisch.

Polyscias Rumphiana Harms in Nat. Pflanzenf. III. (8) 45; Panax pinnatum Lam. Dict. II. 715, K. Sch., Warb. etc., an Polyscias pinnata Först.? — Aralia Naumannii Marchal in Bot. Jahrb. VII. 468, bei Engl. Gaz. Exp. 40.

Ralum, Strandgebüsch auf vulkanischem Boden (Dahl n. 138, 241, blühend und fruchtend im August 1896); am Vulkan Kambiu, an der Blanche-Bai in Wäldern (Naumann, blühend im August 1875); Neu-Lauenburg-Gruppe, auf der Insel Kerawara (Warburg).

Anmerkung. Ein Strauch mit grossen, gefiederten Blättern, deren Blättchen sehr verschieden gestaltet sind. Verbreitet in den Molukken bis Neu-Guinea.

Polyscias fruticosum (Linn.) Harms in Nat. Pflzfam. III. (8.) 44; Panax fruticosum L. Warb. Pl. Pap. 397.

Neu-Lauenburg-Gruppe (Warburg).

Anmerkung. Leicht kenntlich an den zerschlitzten Blättchen; die Pflanze riecht nach Kräuterkäse. Verbreitet und häufig kultiviert in den Molukken, auf Neu-Guinea und in Polynesien.

Reihengruppe Sympetalae.

Familie Myrsinaceae.

Maesa Hernsheimiana Warb. Pl. Pap. 398.

Ralum, Strand nach Raluana, auf vulkanischem Boden (Dahl LL., blühend im August 1896, Warburg).

Anmerkung. Ein Strauch mit breit elliptischen, stumpflichen Blättern, die beim Trocknen rotbraun werden; Blüten winzig klein in kurzen, achselständigen Rispen. Bisher nur von Neu-Pommern bekannt.

Familie Oleaceae.

Jasminum Sambac (Linn.) Ait. Hort. Kew. ed. I. vol. I. 8.

Ralum (Dahl, wahrscheinlich Gartenpflanze).

Anmerkung. Der schwach aufsteigende Strauch hat einfache Blätter und sehr wohlriechende, weisse, achtgliedrige Blüten. Am Gestade von Ost-Indien heimisch, ist er durch die Kultur weit verbreitet.

Familie Apocynaceae.

Cerbera lactaria Ham. in A. DC. Prodr. VIII. 353.

Ralum, sandiger Strand, auf vulkanischem Boden (Dahl n. 18, blühend im Juni 1896); an der Nordküste der Gazelle-Halbinsel bei Lawuspangepange (Derselbe, blühend im März 1897).

Anmerkung. Ein etwas fleischiger, sehr stark milchender Strauch oder Baum mit weissen Blüten, die in der Mitte ein gelbes Auge haben und lanzettlichen oder etwas spatelförmigen Blättern, die durch das Trocknen schwarz werden. Im malayischen Archipel verbreitet, geht bis Nord-Australien und Polynesien.

Cerbera floribunda K. Sch. Fl. Kaiser-Wilhelmsland 111; Warb. Pl. Pap. 404.

Ralum (Warburg).

Anmerkung. Unterscheidet sich von der vorhergehenden Art durch den reicheren Blütenstand und sehr auffällig durch die blauen Früchte; wie jener wächst er an der Küste. Er ist nur noch von Kaiser-Wilhelmsland bekannt.

Lochnera rosea (Linn.) Reich. Consp. n. 2353; Vinca rosea Linn. K. Sch. Fl. Kais.-Wilh.-Land 112; Warb. Pl. Pap. 405.

Ralum, am Strande (Dahl n. 126, blühend im Juni 1896), auf Matupi in der Blanche Bai (Hollrung n. 846); Neu-Lauenburg-Gruppe (Warburg).

Anmerkung. Eine aufrechte Staude mit gegenständigen, oblongen Blättern und rosenroten oder weissen Blüten. In den Tropen beider Erdhälften gemein.

Anodendron Aambe Warb. Pl. Pap. Anhang 454; Strophanthus Aambe Warb. l. c. 407.

Neu-Lauenburg-Gruppe, Insel Ulu im primären Ebenenwalde (Warburg, Aambe der Eingeborenen).

Anmerkung. Die Pflanze giebt eine sehr schöne, weisse, dauerhafte Faser; sie wurde auch in Kaiser-Wilhelmsland gefunden.

Lyonsia pedunculata Warb. Pl. Pap. 407.

Neu - Lauenburg - Gruppe, Insel Mioko, im dichten Gebüsch (Warburg).

Anmerkung. Auf der Insel endemisch.

Parsonsia spiralis Wall. Cat. n. 163; Warb. Pl. Pap. 406.

Ralum, auf dem Sandstrand, an schattigen Stellen bei Raluana (Dahl n. 243, blühend im Oktober 1896); Neu-Lauenburg-Gruppe, auf Mioko und Kerawara (Warburg).

Anmerkung. Eine über das Gesträuch kriechende, milchende Liane mit ziemlich grossen, eiförmigen Blättern und doldentraubigen Blüten, in denen die kegelförmig zusammengeneigten Staubgefässe die Blumenkrone überragen. In Süd-Asien verbreitet, bis China und Neu-Guinea.

Ichnocarpus frutescens (Linn.) R. Br. in Ait. Hort. Kew. II. ed. vol. II. 69.

Ralum, im Waldthal bei Herbertshöhe auf vulkanischem Boden (Dahl, blühend im Januar 1897).

Anmerkung. Eine milchende Liane mit elliptischen, nach der Spitze zu etwas zusammengebogenen Blättern und reichblütigen, achselständigen Rispen aus kleinen Blüten, deren Korollenzipfel lang geschwänzt und gewunden sind. Von Vorder-Indien bis zu den Philippinen und nach Queensland verbreitet. I. ovatifolius A. DC. Prodr. 435, den Warburg auf der Gazelle-Halbinsel fand, ist wohl kaum verschieden (Warb. Pl. Pap. 407).

Familie Asclepiadaceae.

Gongronema membranifolium Laut. et K. Sch., frutex scandens ramis gracilibus inter folia minute bifariam puberulis; foliis petiolatis ellipticis vel oblongis manifeste asymmetricis breviter et acutissime acuminatis basi rotundatis, membranaceis tri- vel subquinquenerviis utrinque glabris; inflorescentia floribunda pedunculata interfoliacea; floribus longe et tenuiter pedicellatis, pedicellis appresse pilosulis; calyce minuto, lobis subliberis ovato-triangularibus extus puberulis, glandulis intus 0; corolla subrotata ad medium divisa glabra, lobis ovato-triangularibus; coronae lobis elongato-trapezoideis basi minuto auriculatis horizontaliter ad basin gynostegii minutissime explanatis; capito stigmatis vix umbilicatis.

Die hellgrünen, stielrunden, blühenden Zweige haben kaum bis 2 mm im Durchmesser. Der Blattstiel ist 1—3 cm lang und dünn; die Spreite hat eine Länge von 3—11 und in der Mitte eine Breite von 2—8 cm; sie wird ausser den Grundnerven nur von 2—3 Paar Seitennerven durchzogen und ist getrocknet hellgrün; am Grunde befindet sich auf der Oberseite ein Häufchen gelber Drüsen. Die reichblütige

Dolde wird von einem 2—4 cm langen, dünnen Stiel getragen. Die Blütenstielchen sind 2—3 cm lang. Der Kelch ist nur 1 mm, die gelbe Blumenkrone 5 mm lang, wovon die Hälfte auf die Zipfel kommen. Die Coronazipfel messen 1,8 mm, das Gynosteg 0,4 mm.

Ralum, im Waldthal auf vulkanischem Boden (Dahl, blühend im Januar 1897).

Anmerkung. Bisher ist nur die folgende Art aus dem Gebiete bekannt gewesen, die sich durch zusammengesetzte Blütenstände (3 bis 4 Dolden bilden eine Rispe), kürzere Blütenstielchen und durch kleinere und festere Blätter auszeichnet.

Gongronema glabriflorum Warb. Pl. Pap. 411.

Gazelle-Halbinsel, im Gebüsch (Warburg).

Marsdenia verrucosa Warb. Pl. Pap. 410.

Ralum, in einer Lichtung des Waldthales bei Lowon auf vulkanischem Boden (Dahl, blühend im Januar 1897).

Anmerkung. Unter den milchenden Lianen des Gebietes kennzeichnet sie sich durch ansehnliche, herzförmige, weich sammetartig behaarte Blätter; die reichblütigen Rispen tragen schmutzig orangefarbene, kleine Blüten.

Dischidia Collyris Wall. Pl. asiat. rar. II. 36; Warb. Pl. Pap. 409.

Auf der Gazelle-Halbinsel (Warburg); Neu-Lauenburg-Gruppe, auf der Credner-Insel (Dahl, blühend im August 1896).

Anmerkung. Die fast kreisförmigen Blätter sind dem Stamm, an dem die Pflanze in die Höhe kriecht, flach angepresst, unter ihrem Schutze entwickeln sich die Wurzeln. Im malayischen Archipel verbreitet.

Dischidia Nummularia R. Br. Prodr. fl. Nov. Holl. 461.

Neu-Lauenburg-Gruppe, auf der Credner-Insel auf Baumfarnen (Dahl, blühend im August 1896).

Anmerkung. Durch die kleinen, kaum centimetergrossen Blätter sehr leicht zu erkennen. In den Molukken und auf Neu-Guinea heimisch.

Dischidia neurophylla Laut. et K. Sch. herba perennis subcarnosa scandens glabra; foliis breviter petiolatis ovatis acutis basi rotundatis sicc. saltem plicatis et manifeste quinquenerviis; umbellis uniaxillaribus pedunculatis, pedunculo subduplo petiolo longiore, pedicello brevi; calyce minuto glabro; corolla elongato-urceolata, dentibus acutis; coronae lobis bicruribus petiolatis, lobis sub angulo obtuso conniventibus, cruribus antice excisis; gynostegio corollam mediam aequante, capite stigmatis umbonato.

10*

Die Zweige sind wahrscheinlich stielrund, werden aber durch das Austrocknen zweischneidig. Der Blattstiel ist 2—4 mm lang und ziemlich dick; die Spreite ist 3—3,5 cm lang und 1,7—2,3 cm unterhalb der Mitte breit; sie läuft stets in eine sehr feine Stachelspitze aus. Der Blütenstiel beträgt höchstens 1 cm in der Länge, die Blütenstielchen messen 3—4 mm. Der Kelch ist kaum 1 mm lang, die Blumenkrone 5 mm. Die Coronazipfel sind 1 mm frei und 1,5 mm breit. Das Gynosteg misst 2,5 mm.

Ralum, an Baumstämmen bei Herbertshöhe (Dahl, blühend im Juli 1896).

Anmerkung. Ist durch die Form der Blätter und die Gestalt der Coronazipfel sehr ausgezeichnet.

Hoya Rumphii Bl. Bijdr. 1065 (1827); Sperlingia opposita Vahl in Skrivt. nat. selsk. Kjob. VI. 114 (1812).

Ralum, auf Bäumen am Strande (Dahl).

Hoya papillantha K. Sch. frutex scandens ramis validis teretibus glabris; foliis petiolatis, petiolis crassis teretibus, lamina oblonga acuta basi subrotundata carnosa utrinque glaberrima; umbella extraxillari breviter pedunculata, floribus pedicellatis bracteolis binis squamosis ciliolatis prope basin pedicellorum suffultis; pedicellis elongatis teretibus glabris superne minutissime pilosulis; sepalis ovatis obtusis pariter sub lente pilosulis; corollae lobis ovatis acutis margine at vix apice recurvatis intus minute papillosis; coronae lobis apice ovatis obtusis superne impresso.

Der blütentragende Zweig hat 5 mm im Durchmesser. Der Blütenstiel ist 2 cm lang und fast 5 mm dick; die Spreite hat eine Länge von 11 cm und eine Breite von 7 cm in der Mitte; sie wird jederseits des Medianus von etwa sechs eingedrückten, stärkeren Seitennerven durchlaufen. Der Blütenstiel ist 1 cm lang; die Stielchen messen 3—3,5 cm. Die Kelchblätter haben eine Länge von 2,5—3 mm, die Blumenkrone ist 7 mm lang. Die Coronazipfel sind 2 mm hoch.

Neu-Lauenburg-Gruppe, Credner-Insel, an einem Stamme von Cordia subcordata (Dahl n. 239, blühend im Juli 1896).

Anmerkung. Ist zweifellos mit H. carnosa R. Br. verwandt, unterscheidet sich aber durch viel schwächere Behaarung der Blütenteile und durch kürzere, stumpfe Scheitel der Coronaschuppen.

Familie Convolvulaceae.

Calonyction speciosum Chois. in P. DC. Prodr. IX. 345.

Ralum, im lichten Wald bei Herbertshöhe auf vulkanischem Boden (Dahl, blühend im August 1896).

Anmerkung. Diese Winde ist an den sehr grossen, weissen Blüten und den mit hornförmigen Anhängseln versehenen Kelchblättern zu erkennen. In den Tropen der beiden Erdhälften verbreitet.

Calonyction grandiflorum Chois. in P. DC. Prodr. IX. 346; Warb. Pl. Pap. 413.

Neu-Lauenburg-Gruppe, Mioko am Seestrande (Warburg).

Anmerkung. Ist der vorigen ähnlich, hat aber keine Hörnchen an den Kelchblättern. Im malayischen Archipel bis Australien verbreitet.

Quamoclit vulgaris Chois. Conv. or. 52.

Ralum, in Gärten in Walavolo (Dahl, blühend im März 1897, wohl nur kultiviert).

Anmerkung. Die schöne purpurrot blühende Winde ist sehr leicht an den tief fiederschnittigen Blättern zu erkennen. Ursprünglich in West-Indien und Süd-Amerika heimisch.

Operculina peltata (Linn.) Hallier in Engl. Jahrb. XVI. 549; Ipomoea peltata Choisy in P. DC. Prodr. IX. 359; Warb. Pl. Pap. 412.

Ralum, im Waldthal auf vulkanischem Boden bei Lowon (Dahl, blühend im Dezember 1896); Neu-Lauenburg-Gruppe, Insel Ulu im sekundären Walde (Warburg).

Anmerkung. Eine hoch in die Bäume steigende Winde mit weissen Blüten und grossen, schildförmigen Blättern. Von den Maskarenen bis nach Neu-Guinea.

Ipomoea Pes caprae (Linn.) Roth, Spec. pl. nov. 109; I. biloba Forsk. Warb. Pl. Pap. 412.

Ralum, am Strande auf sandig vulkanischem Boden (Dahl n. 128, blühend im Juni 1896, Warburg).

Anmerkung. Eine der allerhäufigsten Strandpflanzen der Tropen, die durch die an der Spitze tief zweilappigen Blätter sehr auffällt; die Blüten sind dunkel rosenrot.

Ipomoea denticulata (Desr.) Choisy in P. DC. Prodr. IX. 379.

Ralum, überall in den Pflanzungen, an etwas sonnigen Stellen (Dahl n. 16, blühend im Mai und Juni 1896).

Anmerkung. Erinnert in der Tracht an unsere Zaunwinde, hat aber rote Blüten und kleinere Blätter. Im malayischen Archipel und in Süd-Asien überhaupt verbreitet; sie geht bis Australien und Polynesien.

Ipomoea congesta R. Br. Prodr. Fl. Nov. Holl. 485.

Ralum, im lichten Wald auf vulkanischem Boden bei Lowon (Dahl n. 237, blühend im August 1896, Dahl, blühend im Februar 1897).

Anmerkung. Die hochkletternde Liane ist durch seidige Behaarung der herzförmigen Blätter und durch schöne, blaue Blüten ausgezeichnet.

Lepistemon asterostigma K. Sch. in Engl. Jahrb. IX. 216; Warb. Pl. Pap. 412.

Ralum, in dem Waldgebüsch der Schluchten häufig (Warburg).

Anmerkung. Ist sonst noch von Kaiser-Wilhelmsland bekannt.

Familie Borraginaceae.

Tournefortia argentea Linn. fil. Suppl. 133; Warb. Pl. Pap. 421.

Neu-Lauenburg-Gruppe, auf der Credner-Insel auf Korallenkalk (Dahl, blühend im August 1896); Kerawara (Warburg).

Anmerkung. Häufiger Strandbaum mit grossen, büschelig gestellten, spatelförmigen, seidenglänzenden Blättern und grünlichen Blüten. In Süd-Asien verbreitet, bis Formosa und Polynesien.

Cordia subcordata Lam. Illustr. genr. II. 421; Warb. Pl. Pap. 423.

Ralum, in sandiger, vulkanischer Erde am Strande (Dahl n. 20).

Anmerkung. Ein Strandbaum mit breit elliptischen Blättern und ansehnlichen, windenartigen, orangefarbigen Blüten. In Süd-Asien verbreitet, bis Australien und Polynesien.

Familie Verbenaceae.

Callicarpa cana Linn. Mant. 198.

Gazelle-Halbinsel, auf der Nordtochter und auf der Insel Uatom auf vulkanischem Boden bei 200 m ü. M. (Dahl, blühend im Oktober).

Anmerkung. Ein Strandstrauch mit gegenständigen, unterseits grau- und weichfilzigen, gezähnten Blättern; Blüten und Früchte sind violett. In Süd-Asien verbreitet bis zu den Philippinen und Australien.

Callicarpa repanda K. Sch. et Warb.; C. cana Linn. var. repanda Warb. Pl. Pap. 426.

Wir haben uns überzeugt, dass diese Pflanze doch zu weit von C. cana abweicht, als dass sie nur eine Varietät ausmachen sollte.

Ralum, im Walde auf vulkanischem Boden (Dahl, blühend im August 1896).

Anmerkung. Durch die sehr grossen Blätter und den flockig grau-braunen Wollfilz sehr gut kenntlich.

Premna integrifolia Linn. Mant. 252.

Ralum, am Strande, auf sandig vulkanischem Boden (Dahl, blühend im Juni 1896), bei Lowon (Derselbe, im Februar 1897 blühend).

Anmerkung. Ein sehr gemeiner Strandbaum mit gegenständigen, kahlen, fast kreisrunden Blättern. In Süd-Asien verbreitet, geht bis Australien und Polynesien.

Vitex trifolia Linn. fil. Suppl. 293..

Ralum, auf sandig vulkanischem Boden am Strande (Dahl n. 149, blühend im Juli 1896).

Anmerkung. Ein Baum mit dreizähligen Blättern, die Blättchen sind auf der Unterseite sehr fein weiss behaart. In Süd- und Ost-Asien weit verbreitet.

Clerodendron inerme Gärtn. Fr. I. 271. t. 57. fig. 1.

Ralum, auf sandig vulkanischem Boden am Strande (Dahl n. 52, blühend im Mai und Juni).

Anmerkung. Ein Strauch mit einfachen, kahlen, elliptischen, nicht grossen Blättern und lang trichterförmigen Blüten, deren Korollen hoch von den vier Staubblättern überragt werden. In Süd-Asien am Strande weit verbreitet, geht bis Australien und Polynesien.

Clerodendron fallax Lindl. Bot. Reg. 1844. t. 19; Warb. Pl. Pap. 428.

Ralum, im Walde bei Lowon (Dahl, blühend im Juni 1896, Warburg).

Anmerkung. Ein bis 10 m hoher Baum mit dicken, hohlen Zweigen und langgestielten, herzförmigen, filzig behaarten Blättern; Blüten sehr langröhrig, rot. Verbreitet im Sekundär-Wald des malayischen Archipels bis Neu-Guinea.

Clerodendron Novae Pommeraniae Warb. Pl. Pap. 429.

Ralum, in Schluchten (Warburg); auf vulkanischem Boden im Waldthal bei Lowon (Dahl, blühend im Februar 1897).

Anmerkung. Ein grosser Waldbaum mit gefingerten Blättern; die Lippenblüten sind grünlich-gelb, die Unterlippe ist violett geadert. Auf der Insel endemisch.

Petraeovitex Riedelii Oliv. in Hook. Icon. pl. t. 1420; Warb. Pl. Pap. 427.

Neu-Lauenburg-Gruppe, auf der Insel Ulu, im Ebenenwalde (Warburg).

Anmerkung. Eine Liane mit doppelt dreizähligen Blättern und zu Flügeln auswachsenden Fruchtkelchen. Von der Insel Buru bis Neu-Guinea verbreitet.

Familie Labiatae.

Anisomeles salviifolia R. Br. Prodr. 303.

Ralum, im Eingeborenen-Dorfe bei Lamellamá auf vulkanischem Boden (Dahl, blühend August 1896).

Anmerkung. Etwa vom Aussehen der Ballota nigra, Blätter gesägt, schmutzig-filzig. Verbreitet von Neu-Guinea bis Australien.

Coleus scutellarioides Benth. in Wall. Pl. asiat. rar. II. 16. t. 53.

Ralum, am Strand, auf freien Waldstellen (Dahl, n. 48, blühend im Mai und Juni 1896); in Eingeborenen-Gärten, auf vulkanischem Boden (Dahl, blühend im August 1896).

Anmerkung. Im malayischen Archipel und in Australien verbreitet, häufig mit zerschlitzten oder bunt gefärbten Blättern.

Ocimum basilicum Linn. Spec. pl. ed. I. 597; Engl. Gaz. Exped. 48; Warb. Pl. Pap. 426; var. **acutifolia** Briq.

Ralum, Neu-Lauenburg-Gruppe, Insel Ulu und Insel Kerawara (Warburg).

Anmerkung. Das Basilicumkraut ist an seinem eigenartig gewürzigen Geruch leicht erkennbar; in den Tropen der ganzen Erde verbreitet.

Ocimum sanctum Linn. Mant. 85; Warb. Pl. Pap. 425.

Ralum, am Strande und in den Gärten der Eingeborenen (Dahl n. 51, blühend im Mai und Juni 1896); Neu-Lauenburg-Gruppe, Insel Mioko (Warburg).

Anmerkung. Die ganze Pflanze ist ausserordentlich aromatisch, sie unterscheidet sich von dem verwandten O. canum Sims dadurch, dass sie sehr süss riecht, während bei dieser ein deutlicher Geruch nach Kampfer, so wenigstens an den trocknen Pflanzen, wahrnehmbar ist.

Moschosma polystachya (Linn.) Bth. in Wall. Pl. as. rar. II. 13.

Ralum, Eingeborenen-Pflanzungen auf vulkanischem Boden (Dahl n. 50, blühend Juni und Juli 1896).

Anmerkung. Durch die ziemlich dichten, traubigen, fast ährenförmigen Blütenstände und die sehr kleinen, trocken geruchlosen Blätter ausgezeichnet. Neu für das Gebiet, aber von West-Afrika bis zu den Philippinen, Molukken und nach Nord-Australien verbreitet.

Familie Solanaceae.

Physalis minima Linn. Spec. pl. ed. II. 183; Engl. Gaz. Exp. 43.

Ralum, überall in den Pflanzungen (Dahl n. 139, blühend Mai und Juni 1896), bei Lamellamá, im Eingeborenen-Dorf, blühend im August 1896); in Bananengärten mitten im Wald am Vulkan Kambiu (Naumann).

Anmerkung. Ein gemeines Tropenunkraut der alten Welt, welches leicht an den aufgeblasenen Fruchtkelchen erkannt wird.

Lycopersicum esculentum Mill. Dict. n. 2.

Ralum, in den Gärten der Europäer und Eingeborenen häufig gebaut (Warburg handschriftlich aufgezeichnet).

Anmerkung. Die Tomate ist an den roten Früchten und den gelben Blüten leicht zu erkennen. Wird gegenwärtig in den Tropen und den gemässigten Gegenden häufig kultiviert, stammt aus Amerika.

Solanum nodiflorum Jacq. Icon. rar. II. t. 326; S. nigrum Warb. Pl. Pap. 414, nicht Linn.

Ralum, neben einem Eingeborenen-Dorfe bei Lowon auf schwarzer, vulkanischer Erde (Dahl n. 187, blühend im Juni 1896).

Anmerkung. Vertritt in Süd-Asien an vielen Orten unser S. nigrum L., dem es sehr ähnlich ist.

Solanum verbascifolium Linn. Spec. pl. ed. I. 186; Engl. Gazelle-Exped. 42.

Ralum, im Walde und im Gebüsch auf schwarzer, vulkanischer Erde (Dahl n. 101, blühend im Mai und Juni 1896); Blanche-Bai, in Wäldern am Vulkan Kambiu, 630 m ü. M. (Naumann).

Anmerkung. Ein Strauch mit pulverig gelbem Filz bekleidet, der an den Kelchen flockig wird; im malayischen Archipel gemein, auch sonst überall in den Tropen.

Solanum decemdentatum Roxb. Hort. beng. 16; Warb. Pl. Pap. 415.

Ralum, zweites Waldthal, im lichten Gebüsch auf vulkanischem Boden (Dahl n. 245, blühend im November 1896); in bewaldeten Schluchten (Warburg).

Anmerkung. Von allen Arten des Gebietes durch einen zehnzipfligen Kelch verschieden, sonst sehr formenreich. Von Hinter-Indien bis China und zu den Bonin-Inseln verbreitet.

Solanum Dammerianum Laut. et K. Sch. n. sp.

Fruticosum inerme ramis teretibus gracilioribus, novellis subfurfuraceo-subtomentosis demum glabratis; foliis petiolatis oblongo-ovatis acutis basi rotundatis utrinque subtomentosis subrepandis; inflorescentia subglobosa multiflora pedunculata, pedunculo petiolo longiore subtomentoso, floribus pedicellatis; calyce turbinato ad medium lobato stellato-tomentoso, lobis acutis; corolla altissime partita extus stellato-tomentosa, lobis lanceolatis; staminibus lanceolatis, filamentis brevissimis, aequalibus; ovario glabro; bacca globosa glaberrima pisiformi; seminibus suborbicularibus minute scrobiculatis.

Ein aufrechter Strauch, dessen blühende und fruchtende Zweige bei 30 cm Länge kaum 4 mm im Durchmesser halten. Blätter von einem 1—2 cm langen Stiele getragen, der Stiel wie die Spreite und die oberen Teile der Zweige sind mit einem kurzen, gelblich rostfarbigen Filze aus Sternhaaren bekleidet, die Spreite ist bis 10 cm lang und im unteren Drittel bis 5 cm breit; die Nerven und das Venennetz sind unten deutlich, oben nicht auffallend sichtbar. Der Blütenstand wird aus 20—25 Blüten gebildet und von einem 3—4 cm langen Stiele (wenigstens zur Fruchtzeit) getragen. Die Blütenstielchen sind etwa 1 cm lang. Der rostfarbig behaarte Kelch misst 2,5 mm, die violette Blumenkrone 7 mm, sie ist bis fast 1 mm über dem Grunde geteilt. Die Staubblätter sind 5—6 mm lang, die Fäden kaum 1 mm. Der Stempel hat eine Länge von 6 mm. Die schwarze Beere hat 5 mm im Durchmesser, während die dünn scheibenförmigen, gelblichen Samen fast 2 mm im Durchmesser halten.

Ralum, auf dem Vulkan Wunakukur (Varzin) auf rotem, vulkanischem Lehm, bei 600 m (Dahl, blühend im Februar 1897).

Anmerkung. Die Pflanze wurde von meinem Kollegen Herrn Dr. Dammer als neu erklärt; sie gehört in die Sektion Leptostemon, Subsektion Eulepistemon, § 1. Graciliflorae, Persicifoliae. Von S. gracili florum Dun. und S. parvifolium R. Br. unterscheidet sie sich durch die unbewehrten Zweige, von S. virido R. Br. durch violette Blüten; andere Arten kommen zum Vergleich kaum in Betracht.

Solanum Dunalianum Gaud. Voy. 448. t. 58; K. Sch. in Notizb. I. 207; — S. pulvinare Scheff. in Ann. jard. Buitenz. I. 39, Warb. Pl. Pap. 415.

Ralum, an schattigen Stellen auf dem schwarzen, vulkanischen Boden des Strandes bei Raluana (Dahl n. 185); Neu-Lauenburg-Gruppe, Insel Kerawara im Kokoshain (Warburg).

Anmerkung. Ein schöner, stattlicher, kahler Strauch mit kurz bestachelten Ästen, grossen, unbewehrten Blättern und viergliedrigen, weissen Blüten. Bisher von den Molukken und Neu-Guinea bekannt.

Solanum ferox Linn. Spec. pl. ed. I. 267.

Ralum, im jungen Busch auf schwarzem, vulkanischem Boden bei Herbertshöhe (Dahl n. 188, blühend im Juni 1896).

Anmerkung. Die mit kleinen Stacheln bewehrte Pflanze ist namentlich in den jugendlichen Teilen mit einem goldig schimmernden, bräunlich-gelben Filz bedeckt, die grossen Blätter sind buchtig-gezähnt. Sie gehört zu den gemeinen Pflanzen des Archipels, für das deutsche Schutzgebiet ist sie neu.

Solanum repandum Först. Prodr. n. 105.

Gazelle-Halbinsel, Nordküste, am Fusse des Baining, im Busch auf Korallenkalk (Dahl, blühend im März 1897).

Anmerkung. Der hohe Strauch hat in der Blattform und Bekleidung grosse Ähnlichkeit mit der vorigen Art, er ist aber unbewehrt; die weissen Blüten sind viel grösser. Bisher von den Gesellschafts-Inseln; neu für die deutschen Schutzgebiete.

Solanum lasiophyllum Dun. in Poir. Encycl. suppl. III. 764; Engl. Gaz.-Exp. 43, nicht H. B. Kth. — S. eriophyllum Dun. Syn. 79.

Neu-Pommern (Naumann).

Anmerkung. Die mit einem dichten, weissen, wolligen Filze bekleidete Pflanze ist mit nadelförmigen Stacheln bewehrt; sie findet sich noch in Nord- und West-Australien.

Familie Scrophulariaceae.

Vandellia crustacea (Linn.) Benth. Scroph. Ind. 35; Warb. Pl. Pap. 417.

Ralum, auf frisch geackertem Boden der Pflanzungen (Dahl n. 49, blühend im Mai und Juni 1896, Warburg).

Anmerkung. Ein reich verzweigtes Ackerunkraut mit kleinen, unansehnlichen Blütchen; unterscheidet sich von der ähnlichen, meist mit ihr zusammen vorkommenden Bonnaya veronicifolia Spr. durch die nur 3—4 mm, nicht bis 1 cm langen Kapseln. In Süd-Asien verbreitet, bis nach Polynesien.

Familie Gesneraceae.

Baea Commersonii R. Br. in Horsf. et Benn. Pl. jav. rar. 120; Warbg. Pl. Pap. 417.

Neu-Lauenburg-Gruppe, Insel Mioko und Haupt-Insel, häufig in Spalten von Korallenfelsen bei 20 m ü. M. (Dahl, blühend im November, Warburg).

Anmerkung. Die kurzaxige, sehr dünn graufilzige Pflanze hat langgestielte, purpurrote Blüten. Sie wächst von Neu-Seeland bis Java.

Isanthera lanata Warb. Pl. Pap. 418.

Gazelle-Halbinsel, auf dem Wunakukur (Varzin), auf nassen, bruchigen Stellen an Felsen bei einer schattigen Quelle, 100 m ü. M. (Dahl, blühend im Januar 1897).

Anmerkung. Die dunkelgrüne, auf der Blattunterseite rostbraun behaarte Staude hat fast kopfig zusammengedrängte, weisse Blüten. Bisher nur in Neu-Guinea; sie steht der I. permollis Nees vielleicht zu nahe.

Familie Acanthaceae.

Hemigraphis reptans (Forst.) Engl. in Bot. Jahrb. VII. 473; Warb. Pl. Pap. 419.

Ralum, auf Waldpfaden, in schwarzem, vulkanischem Boden häufig (Dahl n. 148); Neu-Lauenburg-Gruppe, auf der Insel Mioko (Warburg).

Anmerkung. Das niederliegende, mit wenigblütigen, achselständigen Ähren versehene Kraut wächst im sekundären Wald und in Kokoshainen; von den Aru-Inseln bis Polynesien verbreitet.

Eranthemum pacificum Engl. in Bot. Jahrb. VII. 475; Warb. Pl. Pap. 420.

Ralum, im Wald auf vulkanischem Boden (Dahl); Neu-Lauenburg-Gruppe, auf Mioko, Korallenkalk (Dahl, blühend im November 1896); auf der Insel Kerawara (Warburg).

Anmerkung. Die kräftige, kahle Staude trägt einen längeren, ährenförmigen Blütenstand von violetten Blüten. Im deutschen Schutzgebiete verbreitet.

Lepidagathis hyalina Nees in Wall. Pl. as. rar. III. 95.

Insel Uatom, im Norden der Gazelle-Halbinsel, im schattigen Busch (Dahl, blühend im November 1896).

Anmerkung. Die Äste gehen in sehr dichte, schwanzartige Ähren aus; die braunen Deckblätter lassen die gelben Blüten kaum erkennen. In Süd-Asien weit verbreitet.

Graptophyllum pictum (Linn.) Griff. Not. IV. 139.

Neu-Lauenburg-Gruppe, Haupt-Insel, im lichten Wald auf Korallenkalk (Dahl, blühend im November 1896).

Anmerkung. Die strauch- oder halbstrauchartige Pflanze ist an den bunten Blättern und dem äusserst reichen, purpurroten Blütenschmuck zu erkennen. Im östlichen malayischen Archipel sehr verbreitet, aber wohl meist verwildert.

Familie Rubiaceae.

Oldenlandia tenelliflora (Bl. Bijdr. 971) K. Sch.

Ralum, im Grasland auf vulkanischem Boden des Kambin (der Mutter) bei 700 m ü. M. (Dahl, blühend im März 1897).

Anmerkung. Ein schlankes, sehr schmalblättriges Kraut mit kleinen, einzelnen, weissen Blütchen. Im malayischen Archipel, wie es scheint, sehr spärlich verbreitet; neu für die deutschen Schutzgebiete.

Oldenlandia herbacea (Linn.) P. DC. Prodr. IV. 425; Warbg. Pl. Pap. 430.

Ralum, einzeln in den Pflanzungen, an mehr trockenen Stellen, auch an den Rändern der Graslandschaften (Dahl n. 14, blühend im Mai und Juni, Warburg).

Anmerkung. Zwei Arten der Gattung sind gemeine tropische Unkräuter, diese und O. corymbosa Linn. Die erstere hat an verhältnismässig langem Stiele Einzelblüten, jene trägt 2—3-blütige Döldchen. Beide sind an den linealischen, kreuzgegenständigen Blättern und den kleinen, weissen Blüten leicht zu erkennen.

Ophiorrhiza uniflora Laut. et K. Sch. herba prob. annua humilis nana, caule brevissimo puberato apice rosulam foliorum et florem solitarium gerente; foliis breviter petiolatis oblongo-lanceolatis acutis vel obtusiusculis, basi acutis membranaceis integerrimis vel vix denticulatis supra glabris subtus in nervis puberulis, stipulis minutissimis bidenticulatis; floribus terminalibus solitariis breviter pedicellatis; ovario obovato complanato lateribus carinatis vix papilloso, calyce quadrilobo; corolla extus glabra, lobis intus papillosis.

Das kleine, einjährige Kraut ist bis zur Spitze der Blüte kaum 2 cm hoch; es trägt unter der letzteren nur 3 bis höchstens 4 Paar Blätter, der Stengel ist mit einem sehr kurzen, rötlichen Filze bekleidet; die Blätter werden von einem 1—2 mm langen Stiele getragen; die Spreite ist 0,8—5 cm lang und in der Mitte 3—15 mm breit, sie ist

getrocknet rötlich überlaufen. Blütenstiel und Fruchtknoten messen
kaum 1 mm, die Blütenkrone ist 5 mm lang, wovon auf die Lappen
1 mm kommt. Die für die Gattung typische Frucht ist 8 mm breit.

Ralum, an nassen, bruchigen, felsigen Stellen bei einer schattigen
Quelle, nahe Tapiko, ca. 100 m ü. M. (Dahl, blühend im Januar 1897).

Anmerkung. Diese Art ist die kleinste der ganzen Gattung und
ist an der Einzelblüte bei dem zwergigen Wuchs leicht zu erkennen.

Bikkia grandiflora Reinw. in Bl. Bijdr. 1017; Warb. Pl. Pap. 430.

Neu-Lauenburg Gruppe, Insel Mioko (Warburg).

Anmerkung. Ein sparriger Strauch der Steilküsten, namentlich
auf Korallenkalk, mit schönen, grossen, weissen, duftenden Trichter-
blüten; im östlichen Malesien und auch noch in Polynesien verbreitet.

Stephegyne parvifolia Korth. Verh. nat. Gesch. Bot. 161.

Blanche Bai, Vulkan-Insel, im lichten Gebüsch auf gehobenem
Meeresboden (Dahl, blühend im Dezember 1896).

Anmerkung. Der vielverzweigte Strauch hat kreuzgegenständige,
glänzende Blätter und die gelblichen Blüten in Köpfchen. Von Vorder-
Indien bis Neu-Guinea verbreitet.

Ourouparia ferrea (DC.) K. Sch. Fl. Kaiser-Wilhelmsland 128;
Warb. Pl. Pap. 430.

Gazelle-Halbinsel, im primären Walde der Schluchten (Warburg).

Anmerkung. Durch die lockere, bräunliche Behaarung der jungen
Äste und der Blätter kenntlich; im malayischen Archipel bis Neu-Guinea
verbreitet.

Mussaenda frondosa Linn. Spec. pl. ed. I. 177; var. **tomentosa**
Laut. et K. Sch. Foliis inflorescentia et floribus tomentosis at
minus dense quam in var. pilosissima Engl., foliis discoloribus, subtus
canescentibus.

Blanche Bai, Vulkan-Insel, im lichten Gebüsch auf vulkanischem
Boden (Dahl, blühend im Dezember 1896); auf der Nord-Tochter und
auf der Insel Uatom (Dahl, blühend im Oktober 1896).

var. **pilosissima** Engl. Gaz.-Exp. 47; Warb. Pl. Pap. 431.

Blanche Bai (Naumann, blühend im August 1875).

Anmerkung. Dieser Strauch ist durch seine weissen Schaublätter
im Blütenstande ausgezeichnet. Sie sind vergrösserte Kelchzipfel, die
an einigen wenigen Blüten in der Einzahl auftreten und bis 10 cm
Länge erreichen können. Die Pflanze ist in bezug auf die Behaarung
äusserst veränderlich.

Gardenia Hansemannii K. Sch. in Engl. Jahrb. IX. 220; Warb.
Pl. Pap. 432.

Ralum, in einer Waldschlucht auf vulkanischem Boden und bei
Walavolo (Dahl, blühend im August und Oktober); hier und da im

Bismarck-Archipel, wenn nicht angepflanzt, so doch in der Nähe der Wohnungen der Eingeborenen geduldet (Warburg).

Anmerkung. Dieser Baum von 5—8 m Höhe ist eine der schönsten Pflanzen des Gebietes, welcher durch seine grossen, weissen, später orangefarbenen Blüten und die ansehnlichen, durch Harzerguss bisweilen lackierten Blätter auffällt; die Kelchabschnitte sind gross und blattartig. Sonst nur von Neu-Guinea bekannt.

Knoxia corymbosa Willd. Spec. pl. I. 582.

Ralum, im Grasfeld bei 100 m ü. M. (Dahl n. 247, blühend im November); in den Alang-Alang-Feldern von Lamellamá auf vulkanischem Boden (Dahl, im August 1896).

Anmerkung. Ein steif aufrechtes, dünnfilziges Kraut mit sehr kleinen, dicht zusammengestellten, weissen Blüten und kleinen, kugelrunden, in zwei geschlossene Kokken zerfallenden Früchten. Durch das ganze tropische Süd-Asien bis Queensland verbreitet.

Psychotria Schmielei Warb. Pl. Pap. 440.

Neu-Lauenburg-Gruppe, Insel Ulu, am Rande des primären Ebenenwaldes (Warburg).

Anmerkung. Für die Insel endemisch.

Coffea arabica Linn. Spec. pl. ed. 1. 172.

Ralum, in den Plantagen der Frau Forsayth in einer sehr grossblättrigen Form kultiviert (Warburg, nach handschriftlichen Aufzeichnungen).

Anmerkung. Der in Abyssinien heimische Kaffeebaum wird jetzt in den Tropen der alten und neuen Welt kultiviert.

Timonius pleiomera Laut. et K. Sch. fruticosa erecta ramosa, ramis modice validis, novellis indumento generi peculiari strigoso-sericeo indutis; foliis breviter petiolis oblongis breviter et obtusiuscule acuminatis basi acutis, integerrimis coriaceis supra pilis tenuissimis appressis sub lente modo conspicuis munitis subtus in nervis strigulosis; floribus decameris in dichasia simplicia pedunculata axillaria dispositis, pedunculis ut bracteae bracteolaeque caducae, ovarium et calyx appresse strigulosis; ovario globoso; calyce quinquelobo ad medium in lobulos subspathulatos diviso; corolla decamera calyce quadruplo longiore; staminibus et ramis stili 10; bacca globosa dura.

Die jungen Zweige sind wie die scheidigen Nebenblätter aussen goldig behaart. Der Blütenstiel ist kaum jemals länger als 8 mm; die Spreite ist 12—17 cm lang und in der Mitte 4,5—7 cm breit, sie wird von 7—8 Nerven jederseits des Medianus durchzogen, die oberseits eingesenkt sind, unterseits vorspringen. Der Blütenstiel ist etwa 1,5 cm lang; die seitlichen Blüten sind 2—2,5 mm lang gestielt. Der Fruchtknoten ist 4—5 mm lang, ellipsoidisch; der ganze Kelch misst 7 mm, wovon 2—3 auf die Zipfel kommen. Die ganze Blumenkrone ist 12, die Zipfel sind 4 mm lang. Die Staubgefässe sind 5 mm über der Basis der Korollenröhre angewachsen, die Beutel sind 1,8 mm lang. Der Griffel hat eine Länge von 11 mm. Die Frucht ist fast kugelförmig, 10 mm lang und hat 9 mm im Durchmesser; sie wird von der bleibenden Kelchröhre gekrönt.

Ralum, in einem Dorfe mit Buschbestand auf Korallenboden, bei Massawa (Dahl, blühend im März 1897).

Anmerkung. Leicht an der goldseidigen Behaarung der jungen Triebe und daran zu erkennen, dass die Blumenkrone 10 Zipfel hat und dass 10 Staubblätter vorhanden sind.

Guettarda speciosa Linn. Spec. pl. ed. I. 997.

Neu-Lauenburg-Gruppe, Credner-Insel, auf Korallenkalk (Dahl, blühend im August 1896).

Anmerkung. Eine weit verbreitete von den Küsten Ost-Afrikas bis nach Polynesien reichende Strandpflanze, deren weisse, ziemlich ansehnliche Blüten äusserst wohlriechend sind; die grossen, umgekehrt eiförmigen, lederartigen Blätter sind sehr charakteristisch.

Geophila reniformis G. Don, Prodr. Fl. nep. 136.

Ralum, in den Waldthälern bei Tapiko und Lowon (Dahl, scheint das ganze Jahr zu blühen).

Anmerkung. Erinnert in der Tracht an ein kriechendes Veilchen; zwischen den beiden endständigen, nierenförmigen Blättern erscheint eine kleine, weisse Blüte, die eine rote, kugelförmige Beere erzeugt. In den Tropen der alten und neuen Welt verbreitet.

Morinda citrifolia Linn. Spec. pl. ed. I. 176; Warb. Pl. Pap. 438.

Ralum, im Strandgebüsch nach Raluana zu, Blanche Bai, auf der Vulkan-Insel, auf trocknem, vulkanischem Sand, zu den ersten Ansiedlern gehörig (Dahl n. 113, blüht wohl das ganze Jahr hindurch); Bismarck-Archipel (Warburg).

Anmerkung. Die Blüten sitzen in kurzgestielten Köpfchen zusammen und bilden eine saftige Sammelfrucht; die Pflanze dient zum Gelbfärben. In ganz Süd-Asien verbreitet, geht bis Australien und Polynesien.

Myrmecodia Dahlii K. Sch. tubere maximo irregulari subellipsoideo laevi haud costato spinulis brevibus simplicibus oblitterantibus armato superne ramos paucos crassos emittente, his validissimis spinosis, spinis haud valde pungentibus, alveolaribus inconspicue scutatis, alveolis extra-scutellaribus irregularibus paleaceis; foliis longe petiolatis, petiolis triangularibus validis, stipulis coriaceis ad medium bilobis, lamina coriacea oblonga vel oblongo-lanceolata acuta basi cuneata glabra coriacea; floribus sessilibus, ovario hexamero, calyce tubuloso integerrimo; corolla tetramera quadrante superiore lobata, tubo ad medium infra stamina annulo villoso cincto, stilo sexlobo; bacca crassa fusiformi; seminibus rotundato-trigonis.

Die vorliegende Knolle ist 27 cm lang und hat einen grössten Durchmesser von 15 cm; die sehr dicken und bald verschwindenden Stachelchen messen noch nicht 1 cm. Die blättertragenden Zweige sind 15—20 cm lang und 2—3 cm dick; die an den Blattfüssen sitzenden Wurzelstacheln werden bis 1,5 cm lang. Der Blattstiel ist 5—7 cm lang, die Nebenblätter erreichen eine Länge von 1,2 cm, sie verschwinden bald. Die Spreite hat eine Länge von 11—17 cm und in der Mitte eine Breite von 4,5—6,5; sie wird jederseits des Medianus von 7—8 beiderseits kaum vortretenden, stärkeren Nebennerven durchzogen. Die Blüten sind zu mehreren in den Alveolen eingesenkt. Der Fruchtknoten ist 2 mm lang, der Kelch 1,8 mm. Die Blumenkrone hat eine Länge von 10 mm, wovon auf den Zipfel 2,5 mm kommen. Die Staubgefässse sind 7 mm hoch über dem Grunde der Blumenkrone angeheftet. Der Griffel misst 6 mm in der Länge; die Narben sind 1,5 mm lang. Die Beere ist 12 mm lang und 5 mm dick. Der Same hat eine Länge von 4—5 mm.

Ralum (Dahl).

Anmerkung. Diese Art ist wegen des sechsfächrigen Fruchtknotens nur mit M. oninensis Becc., M. jobiensis Becc. und M. Albertisii Becc. verwandt. Durch den schmalen, wolligen Ring unter den Staubgefässen ist sie von der letzeren verschieden, von den beiden anderen weicht sie dadurch ab, dass die Knollenstacheln einfach, nicht verzweigt sind.

Myrmecodia pentasperma K. Sch. tubere minore subcordiformi costato, spinulis mediocribus simplicibus diutius persistentibus armatis ramum solitarium emittente, hoc brevi tereti omnino non scutellato alveolari, foliis petiolatis, petiolo trigono supra sulcato, stipulis coriaceis ad basin bilobis, lamina lanceolata acuta basi cuneata coriacea; floribus sessilibus basi paleis suffultis; ovario pentamero; calyce truncato; corolla quadrante superiore tetralobo, tubo ad medium annulo villoso cincto; stilo quinquelobo.

Die Knollen sind 10—12 cm hoch und breit, mehr oder weniger asymmetrisch. Der einzige Stengel auf denselben ist nur 7—9 cm hoch; die etwas derberen Stacheln auf Knollen und Stengeln sind kaum 1 cm lang. Der Blattstiel ist 2—2,5 cm lang; die Nebenblätter messen kaum 5 mm. Die Spreite hat eine Länge von 8—9 cm und eine Breite von ca. 2,5 cm; sie wird jederseits des Medianus von 4—5 nicht vortretenden, stärkeren Seitennerven durchzogen. Der von braunen Spreuschuppen verhüllte, tief eingesenkte Fruchtknoten ist 2 mm, der Kelch ist 1 mm lang. Die weisse Blumenkrone ist 8 mm lang, wovon 2 mm

auf die Zipfel kommen. Die Staubgefässe sind 5 mm über dem Grunde
der Blumenkrone befestigt. Der Griffel ist 3—4 mm lang.

Ralum (Dahl).

Familie Cucurbitaceae.

Alsomitra trifoliolata (F. v. Müll.) K. Sch.; A. Hookeri F. v.
Müll. Fragm. phyt. V. 181; Warb. Pl. Pap. 444.

Ralum, Wald am Strande bei Kabakaul auf Korallenkalkboden
(Dahl, blühend im Februar 1897).

Anmerkung. Ein Schlinggewächs mit dreizähligen Blättern und
sehr grossen, ausserordentlich reichblütigen Blütenständen; die grünen,
kleinen Blüten brechen an einem Gelenk von dem haarfeinen Stielchen
ab. Bisher aus Neu-Guinea und Nord-Australien bekannt.

Melothria maderaspatana (Linn.) Cogn. in Suit. prodr. III. 623;
Engl. Gaz.-Exp. 47.

Neu-Pommern (Naumann).

Anmerkung. Verbreitet im tropischen Asien.

Melothria indica Lour. Fl. cochinch. 43.

Ralum, am Wege im Waldthal von Lowon (Dahl, blühend im
Juli 1896).

Anmerkung. Schlingt wie die vorige, etwa nach Art unserer
Bryonia an den Rändern und in den Lichtungen des primären Waldes;
ebenfalls in Süd-Asien, bis China und Japan verbreitet.

Momordica Charantia Linn. Spec. pl. ed. I. 1009.

Ralum, auf fruchtbarem, vulkanischem Boden, an sonnigen Stellen
bei Gunantambo (Dahl n. 107).

Anmerkung. Eine rankende, hoch aufsteigende Pflanze mit fingerförmig geteilten Blättern und kleinen, gelben Blüten. Verbreitet innerhalb der Tropen der beiden Erdhälften.

Citrullus vulgaris Schrad. in Linnaea 1848. p. 412.

Ralum, am Strande im sandigen, vulkanischen Boden (Dahl 82,
blühend im Mai 1896).

Anmerkung. Die gemeine Wassermelone zeichnet sich durch die
zottige Behaarung der Neutriebe und durch die doppelt buchtig fiederspaltigen Blätter aus. Ursprünglich im tropischen und südlichen Afrika
heimisch, findet sich die Pflanze kultiviert und verwildert in den Tropen
und auch den wärmeren gemässigten Gegenden der ganzen Erde.

Cucumis Melo Linn. Spec. pl. ed. I. 1011.

Ralum, überall im Busch und Alang-Alang-Gebiet (Dahl n. 121,
blühend im Mai und Juni 1896).

Anmerkung. Die echte Melone hat herzförmige, schwach gelappte
Blätter. Im tropischen Asien und Afrika heimisch, wird aber jetzt in
den Tropen, in kälteren Gegenden in Gewächshäusern kultiviert.

11

Var. **agrestis** Naud. in Ann. sc. nat. IV. sér. XI. 73; Warb. Pl. Pap. 443.

Gazelle-Halbinsel, auf altem Kulturland (Warburg).

Bryonopsis laciniosa Naud. in Ann. sc. nat. V. sér. VI. 30; Warb. Pl. Pap. 443.

Auf der Gazelle-Halbinsel an Gebüschrändern (Dahl); Neu-Lauenburg-Gruppe, Insel Kerawara (Warburg).

Anmerkung. Die mit grossen, gelappten Blättern versehene Liane geht von Mittel-Afrika bis Nord-Australien.

Benincasa hispida (Thunb.) Cogn. in Suit. prodr. III. 513.

Ralum, auf schwarzem, lockerem, vulkanischem Boden, am Strande (Dahl n. 120, blühend im Mai 1896).

Anmerkung. Durch die braune, fast zottige Behaarung der ganzen Pflanze, die grossen Blüten und gelappten, sowie gezähnten Blätter ausgezeichnet. Als Kulturpflanze durch die Tropen der alten Welt bis Polynesien verbreitet.

Familie Goodenoughiaceae.

Scaevola Koenigii Vahl, Symb. III. 36; Warb. Pl. Pap. 444.

Neu-Lauenburg-Gruppe (Warburg, nach handschriftlicher Aufzeichnung).

Anmerkung. Ein sparrig und locker verzweigtes Bäumchen der Strandflora, mit verhältnismässig wenigen, etwas fleischigen, an den Spitzen der Zweige versammelten Blättern; verbreitet in den Tropen der alten Welt.

Familie Compositae.

Vernonia cinerea (Linn.) Less. in Linnaea 1829. p. 291.

Neu-Lauenburg-Gruppe, Insel Mioko, Unkraut auf lichten Waldwegen, Korallenkalk (Dahl, blühend im November 1896).

Anmerkung. Ein sparrig verzweigtes Unkraut mit kleinen Köpfchen und vielen violetten Blüten, welches durch die Tropen der alten Welt bis nach Australien verbreitet ist.

Adenostemma viscosum Forst. Gen. nov. n. 15.

Ralum, im Walde auf schwarzem, vulkanischem Boden, an Wegen (Dahl n. 75, blühend im Mai und Juni 1896).

Anmerkung. Das sparrige Kraut ist kenntlich an den kleinen Blütenköpfchen, deren Hüllblätter verwachsen sind; in den Tropen der alten Welt weit verbreitet, geht bis nach Polynesien.

Ageratum conyzoides Linn. Spec. pl. ed. I. 839.

Ralum, in den Pflanzungen das gemeinste Unkraut (Dahl n. 71, blühend im Mai und Juni 1896).

Anmerkung. Unter den kleinköpfigen, mit Drüsen besetzten Compositen durch mehrreihigen, freiblättrigen Hüllkelch ausgezeichnet.

Erigeron albidum (Linn.) A. Gray in Proc. Am. acad. V. 319; Warb. Pl. Pap. 448.

Auf der Gazelle-Halbinsel (Warburg); Ralum, im Alang-Alang-Gebiet (Dahl n. 74, blühend im Mai und Juni 1896).

Anmerkung. Ursprünglich in Amerika heimisch, ist jetzt aber in Polynesien weit verbreitet; leicht zu erkennen an den zahllosen kleinen Köpfchen.

Mikania scandens (Linn.) Willd. Spec. pl. III. 1473.

Ralum, auf rotem, vulkanischem Lehm am Wunakukur (Varzin) bei 600 m (Dahl, blühend im Februar 1897).

Anmerkung. Diese windende Composite ist durch vierblättrige Hüllkelche und grünliche Blüten ausgezeichnet. Über die Tropen beider Hemisphären verbreitet.

Dichrocephala latifolia (Lam.) P. DC. Prodr. V. 372.

Ralum, auf Korallenkalkboden des Eingeborenen-Dorfes Karra (Dahl, blühend im März 1897).

Anmerkung. Die Köpfchen dieser durch die Tropen der alten Welt gemeinen Pflanze sind aussen gelbrot, innen grün.

Eclipta alba (Linn.) Hassk. Pl. jav. rar. 528.

Nordküste der Gazelle-Halbinsel am Fusse des Baining auf Korallenkalkboden der Eingeborenen-Dörfer (Dahl, blühend im März 1897); Neu-Lauenburg-Gruppe auf Mioko, auf sandigem Korallenkalk (Dahl, blühend im Februar 1897).

Die Blüten dieses in den Tropen beider Erdhälften gemeinen Unkrautes sind rötlich-weiss.

Wedelia strigulosa (P. DC.) K. Sch. in Engl. Jahrb. IX. 223.

Ralum, in lockerem, sandigem, vulkanischem Boden am Strande u. s. w. (Dahl n. 72, blühend im Mai und Juni 1896).

Anmerkung. Diese im Gebüsch aufsteigende Komposite ist mit gelben Blüten und mehrblättrigen Hüllkelchen versehen. Im malayischen Archipel und in Polynesien verbreitet.

Siegesbeckia orientalis Linn. Spec. pl. ed. I. 900; Warb. Pl. Pap. 449.

Ralum, im lichten Wald, auf vulkanischem Boden bei Lowon (Dahl, blühend Mitte Januar 1897); Neu-Lauenburg-Gruppe, Insel Mioko, auf Grasland, Korallenkalk (Dahl, blühend im November 1896), im Bismarck-Archipel verbreitet (Warburg).

Anmerkung. Die Köpfchen sind gelb, die Früchtchen mit dickstieligen Drüsenköpfchen besetzt. In den Tropen beider Hemisphären gemein.

Blumea laciniata P. DC. Prodr. V. 436; Warb. Pl. Pap. 445.

Neu-Lauenburg-Gruppe, Insel Mioko, auf Feldern und auch im Alang-Alang-Gebiet (Warburg).

Anmerkung. Ein durch ganz Süd-Asien verbreitetes Unkraut mit sehr veränderlicher Blattform und kleinen, weissen Köpfchen.

Bidens pilosa Linn. Spec. pl. ed. I. 832; Warb. Pl. Pap. 449.

Ralum, im Walde, Alang-Alang-Gebiet an Pfaden, in den Pflanzungen (Dahl n. 73, blühend im Mai und Juni 1896); Bismarck-Archipel (Warburg).

Anmerkung. Die schlanken, schwarzen Früchtchen tragen an der Spitze zwei oder drei gelbe, mit Widerhaken versehene Borsten. Ein Unkraut, das über die Tropen beider Hemisphären verbreitet ist.

Emilia sonchifolia (Linn.) P. DC. in Wight, Contr. 24.

Gazelle-Halbinsel, auf der Nordtochter bei 300 m, Ralum auf vulkanischem Boden im Graslande (Dahl, blühend im Oktober 1896); Matupifarm, an Wegen (Derselbe, blühend im März 1897).

Anmerkung. Das zierliche Kraut ist an den schönen roten Blüten köpfchen zu erkennen. In den Tropen weit verbreitet.

Der nordöstliche Teil
der
Gazelle-Halbinsel

Verlag von **Wilhelm Engelmann** in Leipzig.

Soeben erschien:

Handbuch der Blütenbiologie

unter Zugrundelegung von **Hermann Müller's** Werk:
„Die Befruchtung der Blumen durch Insekten"
bearbeitet von
Dr. Paul Knuth
Professor an der Ober-Realschule zu Kiel,
korrespondierendem Mitgliede der botanischen Gesellschaft Dodonaea zu Gent.

I. Band:
Einleitung und Litteratur.
Mit 81 Abbildungen im Text und 1 Porträttafel.
gr. 8. Geh. M. 10.—; geb. (in Halbfranz) M. 21,40.

II. Band:
Die bisher in Europa und im arktischen Gebiet
gemachten blütenbiologischen Beobachtungen.
I. Teil:
Ranunculaceae bis Compositae.
Mit 210 Abbildungen im Text und dem Porträt Hermann Müller's.
gr. 8. Geh. M. 18.—; geb. (in Halbfranz) M. 21.—.

In Vorbereitung befindet sich:
II. Band, 2. Teil: Lobeliaceae bis Coniferae.
III. Band: Die aussereuropäischen blütenbiologischen Beobachtungen.

Pflanzenphysiologie.
Ein Handbuch
der
Lehre vom Stoffwechsel und Kraftwechsel in der Pflanze
von
Dr. W. Pfeffer
o. ö. Professor an der Universität Leipzig.
Zweite, völlig umgearbeitete Auflage.
Erster Band: Stoffwechsel.
Mit 70 Holzschnitten. gr. 8. 1897. Geh. M. 20.—; geb. M. 23.—.

=== Der **II. Band** erscheint im Laufe des Jahres 1899. ===

Druck von E. Buchbinder in Neu-Ruppin.

Notizblatt

des

Königl. botanischen Gartens und Museums zu Berlin.

No. 14. (Bd. II.)   Ausgegeben am **5. August 1898.**

I. Kulturerfolge des Versuchsgartens von Victoria in Kamerun mit den von der Botanischen Centralstelle in Berlin gelieferten Nutzpflanzen. Nach Berichten des Direktors Dr. Preuss zusammengestellt von G. Volkens.

II. Über den Gerbstoffgehalt einiger Mangroverinden. Von M. Gürke.

III. Gummi aus Deutsch-Ostafrika. Von G. Volkens.

IV. Über ein deutsch-ostafrikanisches Gummi. Mitteilung aus dem Pharmaceutisch - Chemischen Laboratorium der Universität Berlin. Von H. Thoms.

V. Herrn M. Dinklage's Beobachtungen über die Raphia - Palmen Westafrikas. Von A. Engler.

VI. Bemerkenswerte seltenere oder bisher noch nicht in den Gärten verbreitete Pflanzen des Berliner Gartens, welche in denselben in letzter Zeit aus ihrer Heimat eingeführt wurden.

Nur durch den Buchhandel zu beziehen.

✶

In Commission bei Wilhelm Engelmann in Leipzig.
1898.

Preis 0,80 Mk.

Notizblatt

des

Königl. botanischen Gartens und Museums zu Berlin.

No. 14. (Bd. II.)   Ausgegeben am **5. August 1898.**

I. Kulturerfolge des Versuchsgartens von Victoria in Kamerun mit den von der Botanischen Centralstelle in Berlin gelieferten Nutzpflanzen.

Nach Berichten des Direktors Dr. **Preuss** zusammengestellt

von

G. Volkens.

Die Berichte, auf welche die folgenden Ausführungen sich gründen, datieren vom 27. April 1897 und vom 5. Mai 1898. Der erstere ist bereits im Deutschen Kolonialblatt VIII, 14. p. 441 zum Abdruck gelangt und zwar in der Form, dass die Pflanzen, um die es sich handelt, in alphabetischer Folge besprochen wurden. Es erschien mir angebracht, beide Berichte für das Notizblatt miteinander zu kombinieren, dabei aber die Pflanzen in Gruppen nach der Art ihrer Verwendung zu ordnen. Es wird dadurch eine bessere Übersicht über alles das gewonnen, was sich von dem Erprobten als besonders vorteilhaft für die Kultur herausgestellt hat. — Die Überführung der Pflanzen vom Berliner Botanischen Garten nach Kamerun begann bereits im Sommer 1889. Sobald Herr Prof. Engler im Oktober 1889 die Direktion des Königl. botanischen Gartens und Museums zu Berlin übernommen hatte, fanden auf Grund seiner Vorschläge betr. die Nutzbarmachung der ihm unterstellten Anstalten für die Förderung der Pflanzenkulturen in den Kolonieen Verhandlungen zwischen dem preussischen Kultusministerium und der Kolonialabteilung des Auswärtigen Amtes statt, welche zur

12

Gründung der botanischen Centralstelle im Jahre 1891 führten. Nachdem nunmehr die Einrichtungen zur Anzucht grösserer Qualitäten tropischer Nutzpflanzen im botanischen Garten getroffen waren und die Persönlichkeit des Herrn Dr. Preuss Gewähr für eine verständige und sorgfältige Überwachung der nach Kamerun übergeführten Pflanzen bot, nachdem auch fortdauernd im Königl. botanischen Garten ausgebildete und mit den übergeführten Pflanzen vertraute Gärtner im Gouvernementsgarten von Kamerun und in dem botanischen Garten von Victoria thätig waren, erfolgten vom Jahre 1892 ab immer reichlichere Sendungen von Pflanzen und Samen tropischer Nutzpflanzen nach Kamerun, zum grösseren Teil lebende Pflanzen im Sommer 1892, im April 1893, August 1894 und Oktober 1896 in Ward schen Kästen, zum kleineren Teile zu verschiedenen Zeitpunkten Sämereien. Da streng daran festgehalten wurde, Ward sche Kästen nur dann hinauszusenden, wenn ein gleichzeitig ausreisender Gärtner die Pflege der Pflanzen während der Seefahrt übernehmen konnte, haben sich erfreulicherweise keine nennenswerten Verluste unterwegs ergeben, und es konnten die in Kamerun anlangenden Gewächse als „in gutem Zustande" verpflanzt werden. Ich beginne mit den

1. Gewürzpflanzen.

1. **Zimmt, Cinnamomum zeylanicum** Breyn. Am aussichtsreichsten hat sich von allem, was übergeführt worden ist, der Zimmt erwiesen. Ein Sonderbericht im Tropenpflanzer I, 12 p. 307 bringt näheres über den Stand der Kulturen vor einem Jahre und wiederholt ausserdem ein Gutachten, welches die Firma Brückner, Lampe & Cie. über den Wert der Jungfernernte abgegeben hat. Danach war Geruch, Geschmack und Farbe des Produkts tadellos. Weniger günstig lautet eine inzwischen eingetroffene Bewertung der Firma Bassermann & Herrschel in Mannheim. Was noch zu fehlen scheint, um dem Produkt einen günstigen Marktpreis zu sichern, ist eine grössere Gleichmässigkeit der Rinden. Es hat sich herausgestellt, dass unter den vom Berliner Garten gelieferten und jetzt durch Absenker und Samen sehr vermehrten Pflanzen sich nach Form der Blätter, Farbe der jungen Stämmchen und Geschmack der Rinden drei Varietäten unterscheiden lassen. Seit dem letzten Jahre werden nun diese gesondert kultiviert und vermehrt und ist zu hoffen, dass auf solche Weise eine Ware erzielt werden wird, die dem Ceylon-Zimmt nicht nachsteht. Gelingt es Kamerun, dem Ceylon-Zimmt erfolgreich Konkurrenz zu machen, so wäre dadurch in der Prosperität der Kolonie ein mächtiger Schritt vorwärts gethan, denn, so lautet das Urteil der ersterwähnten obigen Firmen: „Guter Zimmt ist in jedem Quantum zu verkaufen".

2. Muskatnuss, Myristica fragrans Houtt. Weniger Glück wie mit Zimmt hatte die Botanische Centralstelle mit der Ueberführung der Muskatnuss. Nur ein einziges Bäumchen kam lebend an, ging aber später wieder ein. Ersatz wurde dem Victoria-Garten durch zwei Exemplare, die aus Singapore bezogen wurden. Sie sind zu mehrere Meter hohen Pflanzen herangewachsen, gedeihen gut und lassen die Aussicht gerechtfertigt erscheinen, dass auch dieses schwer zu behandelnde Tropenprodukt in der Kolonie als eingebürgert gelten darf.

3. Pfeffer, Piger nigrum L., wird seit 1890 mit Spondias lutea L. als Stützbaum kultiviert, liefert auch ein gutes Gewürz, dürfte aber der geringen Ernten und des niedrigen Preises wegen sich in der Zukunft als kaum lohnend erweisen. Einige Stöcke konnten nach Gabun abgegeben werden.

4. Piper Cubeba L. fil. ist von der Liste der vertretenen Nutzpflanzen zu streichen, da das einzige vorhandene Exemplar beim Jäten versehentlich vernichtet wurde, und ebenso droht

5. Piper officinarum (Miq.) DC., das schon 2 m hohe Büsche bildete, allmählich wieder einzugehen. Die Hälfte der Sträucher ist aus unbekannten Ursachen abgestorben. Dagegen klettert

6. Betelpfeffer, Piper Betle L., allenthalben bereits an Ölpalmen hoch empor, und

7. Piper angustifolium R. et P., dessen Früchte in Peru wie Cubeben gebraucht werden und dessen Blätter die offizinellen Folia matico liefern, ist man in der Lage unbeschränkt zu vermehren und zu verteilen, da die drei vorhandenen Sträucher reichlich fruktifizieren.

2. Reizpflanzen.

8. Thee, Thea sinensis L. Über den Stand des Kaffee- und Cacaobaus zu berichten, fällt hier aus, weil das betreffende Saatgut naturgemäss nicht aus Berlin, sondern teils von den in Kamerun bereits vorhandenen Pflanzungen, teils von St. Thomé und anderswoher bezogen wurde. Dagegen verdankt der Victoria-Garten seine jetzt bereits blühenden Theesträucher der Botanischen Centralstelle und zwar sowohl solche der Thea sinensis L., als der Varietät assamica J. W. Mast. Von beiden ist wie im vergangenen, so auch in diesem Jahre für den Garten selbst nichts Günstiges zu sagen, sie sehen nicht gesund aus, wachsen auch ausserordentlich langsam. Ein Teil der Sträucher wurde deshalb nach der höher gelegenen Gebirgsstation Buëa verpflanzt und hier scheinen sie, wie auch zu erwarten war, alle Bedingungen für ein gutes Gedeihen zu finden. Sie sind dort nach einer Mitteilung des Gärtners Lehmbach bereits 1 m hoch, haben volle runde Kronen, blühen reichlich, so dass es bald möglich sein wird, ein dafür bestimmtes Stück bis zum Waldrand mit selbstgezogenen Samen zu bepflanzen. Das Gouvernement hat zugestimmt, dass hier ein Versuch im grösseren mit Theebau unternommen werde.

3. Medizinalpflanzen.

Mit solchen ist Victoria besonders reichlich versehen worden und sind die Erfolge mit fast allen als sehr gute zu bezeichnen. Ausführlicheres ist zunächst von

9. Croton Tiglium L. zu berichten. „Es trägt reichlich Früchte und ist in bescheidenem Masse vermehrt worden. Über eine kleine Menge nach Europa gesandter Samen lief von der Firma Brückner, Lampe & Cie. in Berlin folgendes Gutachten ein: Der Samen besteht aus solchem verschiedenen Alters, repräsentiert aber sonst eine gute Handelsware, deren Wert noch gesteigert werden könnte durch Auslesen der ganz schwarzen, teilweise runzligen Samen ohne Kern. Wir haben diesen Samen pressen lassen und entspricht die Ausbeute derjenigen einer guten Handelsware, auch ist das Öl von heller Farbe und dürfte in therapeutischer Beziehung dem Crotonöl anderer Herkunft nicht nachstehen. Crotonsamen kommt hauptsächlich aus China und kostet ungefähr 90 bis 100 Mark p. 100 Kilo franco Hamburg. Der Markt für Crotonsamen ist ein sehr beschränkter, da die Verwendung des Öls abnimmt und dürften von der Ware nicht zu grosse Mengen geschickt werden, sagen wir nicht über 500 bis 1000 Kilo auf einmal, um mit einiger Sicherheit verkäuflich zu sein. Auf den letzten Auctionen in London war auch von Shanghai Crotonsamen eingeführt und dass man dies für erwähnenswert betrachtet und einen Artikel in einer Fachzeitung darüber schreibt, beweist, dass der Konsum nur ein beschränkter ist, trotzdem der Croton Tiglium - Baum in China, auf den Malayischen Inseln bis Malakka, Burma, Bengalen, Assam und Ceylon verbreitet ist. —

Auch dem Reichsgesundheitsamt wurde eine Probe von den in Victoria geernteten Crotonsamen zugesandt und es kam darüber folgender Bescheid an das Auswärtige Amt: Die von Dr. Preuss eingesandten Croton - Samen habe ich im diesseitigen Laboratorium untersuchen lassen. Die Samen sehen gut aus und „taube" (hohle) Exemplare sind selten. Die von der Schale befreiten Kerne enthalten 57,40 % durch Aether auszichbares Gesamtfett. Durch Behandlung der Kerne mit heissem absolutem Alkohol wurde ein bräunlich - gelbes, dickflüssiges, fast klares Öl erhalten. Dieses besass das specif. Gewicht 0,9393 und entsprach in seinem physikalischen und chemischen Verhalten den von dem deutschen Arzneibuch für Oleum Crotonis gegebenen Vorschriften. Hinsichtlich der äusseren Beschaffenheit und des Fettgehaltes dürfen die Kameruner Croton-Samen mit solchen aus anderen Ursprungsgebieten die Konkurrenz wohl aufnehmen können. — Da das Croton Tiglium gute Hecken liefert und als Windschutz zu gebrauchen ist, da ferner die Kultur keinerlei Schwierigkeiten bietet, der Strauch bereits am Ende des zweiten Jahres anfängt zu fruktifizieren und die Ernte sehr leicht ist, so soll dieser Art mehr Beachtung geschenkt werden. Im botanischen Garten werden jetzt einige Saatbeete damit bestellt, und der Strauch soll so vermehrt werden, dass eine Ernte von einigen Centnern erreicht werden kann."

Von weiteren Medizinalpflanzen, die gut einschlagen, seien folgende erwähnt:

„10. **Strophanthus scandens** Griff., wächst auffallend schnell und hat sich bereits bis über die höchsten Spitzen der Ficus religiosa L. emporgeschlungen. Ausser dieser Art befinden sich noch in Kultur S. **hispidus** DC., S. **Kombé** Oliv., S. **gratus** und zwei unbestimmte, der letztgenannten nahestehende Arten, deren eine bereits geblüht hat.

11. **Strychnos nux vomica** L., wächst jetzt allmählich schneller als früher und treibt Stämmchen von mehr als 2 m Höhe.

12. **Marsdenia Condurango** Rchb. f. (Gonolobus Condurango Triana) schlingt an einer Jacaranda ovalifolia R. Br. in die Höhe, blüht und fruktifiziert reichlich, die Samen keimen sehr gut. Einige Früchte sind an den Botanischen Garten in Gabun abgegeben worden." Es sei erwähnt, dass Condurango-Rinde im Engros-Handel mit 1 bis 2 Mark für das Kilo zu haben ist.

„13. **Curcuma longa** L., C. **aromatica** Salisb. und C. **leucorrhiza** Roxb. gedeihen jetzt sehr gut, besonders die C. longa, welche 1 m hoch ist.

14. **Alpinia Galanga** Willd.; diese dem Ingwer ähnliche Art war bereits in Victoria vorhanden. Sie wuchert sehr üppig und pflanzt sich durch den kriechenden, halb oberirdischen Wurzelstock schnell fort. Sie ist wegen der schönen, grossen, leuchtend weissen Blüthen, welche einen ungemein starken Wohlgeruch ausströmen, allgemein als Gartenblume beliebt.

15. **Kaempheria Galanga** L., ist wiederum vermehrt worden und blüht reichlich.

16. **Toluifera Pereirae** (Kl.) Baill. Von den Bäumen ist im vergangenen Jahr eine Quantität Rinde behufs chemischer Untersuchung an das Reichsgesundheitsamt gesandt worden. Hoffentlich wird sich dort herausstellen, dass diese Art wirklich die den echten Perubalsam liefernde ist.

17. **Cinnamomum Camphora** (L.) Nees et Eberm. Die Kampferbäume haben im Laufe des letzten Jahres sehr zufriedenstellende Fort-

schritte gemacht und eine Höhe von 2,50 m erreicht. Das Vermehren
der Art durch Stecklinge gelingt zwar, aber leider nur in sehr geringem
Procentsatz. Es ist beabsichtigt, auf dem Kaffeeberge einen kleinen
geschlossenen Bestand von Kampferbäumen anzulegen. Einige Pflanzen
sind an die Station Buëa abgegeben."

Diesen erfreulichen Erfolgen im Anbau von Medizinalpflanzen steht
nur ein Misserfolg gegenüber, dieser freilich ein Gewächs betreffend,
dessen Bedeutung in der Pharmacopoe ganz oben ansteht, die

18. Ipecacuanha, Uragoga Ipecacuanha Baill., nämlich. Wie es
sich auch mit den von Berlin nach der Versuchsstation Kwai in
Usambara übergeführten Exemplaren dieser Art herausgestellt hat,
gehen sie entweder bald wieder ein oder wachsen doch so langsam,
dass vorläufig an einen rentablen Anbau nicht gedacht werden
kann. Die Centralstelle hat es trotzdem für angebracht gehalten,
sich neuerdings frische Rhizome der Ipecacuanha aus Ceylon zu
beschaffen, um sie nach Anzucht in ihren Kulturhäusern in aber-
maliger Sendung nach Ost- wie Westafrika abzugeben. Es ist nämlich
nicht ausgeschlossen, dass die bisherigen Fehlschläge nur an der Wahl
eines ungeeigneten, vielleicht zu schweren Bodens liegen.

4. Tropische Obstarten.

Dass diese fast ausnahmslos in Kamerun eine Heimat finden würden,
war von vornherein anzunehmen, werden sie doch überall im heissen
Erdgürtel, wo es an Regen nicht fehlt, mit dem gleichen befriedigenden
Ergebnis angebaut. Die Centralstelle glaubte sie auch darum Kamerun
und ebenso neuerdings einer grösseren Zahl ostafrikanischer Stationen
ganz in erster Linie zuführen zu müssen, weil der Gesundheitszustand
der Europäer in unseren doch nun einmal nicht fieberfreien Kolonien
von dem Vorhandensein guter, frisch und als Kompot zu geniessender
Obstarten nicht unwesentlich und im günstigen Sinne beeinflusst wird.
Dr. Preuss schreibt:

„19. Averrhoa Carambola L. hat in diesem Jahre ungemein reichlich
Früchte getragen. Einige aus Samen gezüchtete Pflanzen wurden nach
Buëa und an die Missionen und Plantagen abgegeben. Die Früchte
sind in rohem Zustande wohl sauer, geben aber mit Zucker eingekocht
wegen ihrer ausgesprochenen, angenehmen Fruchtsäure ein gutes Kompot.

20. Jambosa vulgaris DC. gedeiht vorzüglich, blüht und trägt
Früchte, welche zur Vermehrung der Art benutzt werden.

21. Anona squamosa L. hat fruktifiziert und ist reichlich vermehrt
worden. Die Früchte von

22. Anona reticulata L. sind erst in einem Zustande von Überreife
geniessbar.

23. Mango, Maugifera indica L., von den Molukken stammend, bildet bereits stattliche Bäume, hat aber noch nicht fruktifiziert. Die gleichaltrigen Bäume von Ceylon (1892 ausgesät) haben in diesem Jahre die ersten Früchte getragen. Dieselben waren grösser und wohlschmeckender als diejenigen der in Kamerun allgemein kultivierten Art, jedoch war das Fruchtfleisch auch stark mit Fasern durchsetzt und der Kern verhältnismässig gross. Als eine sehr gute Erwerbung für den Garten sind fünf Varietäten von veredelten Mangos zu betrachten, welche mir der Direktor des Botanischen Gartens von Gabun, Herr Chalot, kürzlich gelegentlich eines Besuches in Victoria überbrachte und von deren Wohlgeschmack, faserlosem, zartem Fruchtfleisch und sehr kleinen Kernen ich mich schon in Gabun überzeugt hatte. Die veredelten Mangobäume sollen nach Mitteilung des Herrn Chalot vegetativ sehr zurückbleiben, aber bereits im Alter von einem Jahre anfangen, Früchte zu tragen. Hier möchte ich erwähnen, dass veredelte Orangenbäumchen, welche ich vor $2\frac{1}{2}$ Jahren ganz jung aus Gran Canaria erhielt, jetzt bereits fruktifizieren, obwohl sie erst 1,30 bis 1,50 m hoch sind, während gewöhnliche aus Kernen gezüchtete Bäume in Victoria sieben Jahre bis zur Frucht brauchen.

24. Anona Cherimolia Mill. Die beiden von der Centralstelle stammenden, sowie andere aus Samen von Madeira gezüchtete Sträucher sind bis zu der Höhe von $2\frac{1}{2}$ m emporgewachsen, jedoch ist die Belaubung stets dürftig. In der Trockenzeit sehen die Blätter krank aus, was ich auch in Madeira selbst bemerkt habe. Einige Pflanzen sind an die Station Buëa, an die dortige Mission und an die Mission in Mapanja abgegeben worden, desgleichen an den Botanischen Garten in Gabun.

25. Nephelium Longana Cambess. Im Garten befinden sich Sträucher von einem Alter von neun Jahren, welche aber noch nicht geblüht haben.

26. Flacourtia inermis Roxb. Zwei gut wachsende Sträucher.

27. Garcinia cochinchinensis Choisy und **G. Xanthochymus** Hook. (über 1 m hoch) sehen kräftig aus, wachsen aber nur langsam.

28. Psidium Guayava Raddi. Die Samen haben gekeimt und sechs Pflänzchen ergeben. Jedoch ist diese Art in Victoria überall gemein. Die anderen im Garten kultivierten Psidium-Arten, wie **P. pyriferum** L. und **P. Araça** Raddi, liefern sämtlich weit wohlschmeckendere Früchte.

29. Spondias lutea L. (Sp. Mombin Jacq., non L.). Die gelbe Mombinpflaume (in Sierra Leone hog-plum genannt); für Menschen nicht gut essbar; aber in der Versuchsplantage als Stützbaum für Vanille und schwarzen Pfeffer, sowie als Schattenbaum für Kaffee, Kakao, Cardamom etc. und zum Bau von lebenden Zäunen verwendet.

5. Nutzhölzer.

Die von der Centralstelle gelieferten Nutzhölzer sind natürlich sämtlich noch nicht so weit, um schon Erträge liefern zu können. Immerhin lässt sich aber schon übersehen, welche von ihnen später für eine Anpflanzung im grösseren in betracht kommen können.

„30. Teakholz, Tectona grandis L. Das einzige im Vorjahre vorhandene Pflänzchen von 30 cm Höhe ist zu einem 5 m hohen Baum mit grossen Blättern und reichlicher Verzweigung herangewachsen. Der erste Versuch, die Art durch Stecklinge fortzupflanzen, scheint zu gelingen.

31. Schleichera trijuga Willd. wird jetzt baumförmig mit voller Krone.

32. Michelia Champaca L. Drei herrliche, von unten auf beblätterte Bäume von Pyramidenform, 15 m hoch.

33. Mahagoni, Swietenia Mahagoni L. Die älteren Bäume sind jetzt 2½ m hoch. Die Kultur dieses Nutzholzes scheint in Victoria keinerlei Schwierigkeiten zu begegnen.

34. Calophyllum Inophyllum L. Diese, das Rosenholz liefernde Art ist reichlich vermehrt worden. Die Sämlinge werden als Alleebäume an den Buëa-Weg gepflanzt. Ausserdem wird ein geschlossener Bestand dieses aus Neu-Guinea reichlich exportierten Nutzholzes auf dem Kaffeeberge angelegt worden. Es lassen sich nach Form und Lage der Blätter deutlich zwei Varietäten unterscheiden.

35. Stadmannia australis Don ist jetzt ein mehr als 5 m hoher Baum ohne jede Verzweigung und mit sehr kleiner Blätterkrone."

Mässige oder schlechte Erfolge wurden mit

36. Mesna ferrea L. und Guajacum sanctum L. erzielt, denn es heisst von der ersteren, dass nur ein lebendes, langsam wachsendes Exemplar übrig geblieben sei, von dem letzteren, dass die sechs davon vorhandenen Bäumchen fortfahren, nur sehr wenig an Grösse zuzunehmen, so dass eine weitere Kultur kaum lohnen dürfte.

6. Palmen.

An Palmen ist der Victoria-Garten vorläufig noch sehr arm zu nennen, da es der Centralstelle erst in neuester Zeit gelungen ist, durch Verbindung mit überseeischen Botanischen Gärten zu einer hoffentlich andauernden Versorgung mit Früchten und Samen dieser teils so dekorativ wirkenden, teils so nützlichen Bäume zu gelangen. Dr. Preuss kann daher in seinem Bericht nur vier Arten Erwähnung thun.

37. Areca Catechu L., die Betelnusspalme, ist zur Zeit 4 m hoch, wächst sehr schnell und zeichnet sich durch schnurgraden, infolge der Blattnarben scharf geringelten Stamm aus.

38. Corypha Gebanga Blume wächst langsam, zeigt aber ein gesundes Aussehen.

39. Corypha umbraculifera L. ist in sämtlichen vorhandenen Exemplaren eingegangen,

40. Euterpe edulis Mart. ebenso. Für beide Arten ist die in Kamerun herrschende Trockenzeit offenbar zu lange andauernd.

7. Schattenbäume.

Für einen Versuchsgarten, dessen Hauptaufgabe es ist, den Plantagenleitungen fördernd zur Seite zu stehen, ist die Ausprobung bezw. Auffindung für diese oder jene Kultur sich eignender Stütz- und Schattenbäume von hoher Bedeutung. Eines schickt sich nicht für alle, kann man hier mit besonderer Betonung sagen, denn was z. B. sich für Kaffee empfiehlt, ist für Kakao unbrauchbar und was für beide in Ceylon oder Indien gilt, kann in Kamerun durchaus verkehrt sein. Dr. Preuss spricht sich über die Erfahrungen, die er mit den ihm von der Zentralstelle zugeführten Schattenbäumen gemacht hat, in folgender Weise aus:

41. Acrocarpus fraxinifolius Wight et Arn. Das einzige vorhandene Bäumchen hat in einem Jahre um 5 m an Höhe zugenommen und ist jetzt bereits 6 m hoch. Die Kronenbildung beginnt bei 4 m Stammhöhe. Der Baum scheint sich mit dem Kakao, den er beschattet, vorzüglich zu vertragen und dürfte sich vielleicht als guter Schattenbaum erweisen.

42. Albizzia moluccana Miq. Die Bäume, welche schon im vergangenen Jahre, wo sie 4½ Jahr alt waren, durchschnittlich 20 m Höhe und 1,15 m Umfang hatten, haben noch bedeutend an Umfang und Höhe zugenommen. Die Masse besagen, mit welch enormer Geschwindigkeit die Art wächst. Kein anderer Baum im Garten kommt ihr darin gleich. Die Casuarina erreicht wohl eine grössere Höhe, aber nicht den gleichen Umfang des Stammes und der Manihot Glaziovii Muell. Arg. wächst nur im ersten Jahr schneller, bleibt dann aber zurück. Albizzia moluccana beeinträchtigt durch ihr stets abfallendes Laub, durch die ungemein leicht abbrechenden Zweige und besonders durch die oberflächlich und weithin verlaufenden Wurzeln die Pflanzen, welche sie beschattet, zu sehr, als dass ich sie für einen guten Schattenbaum, welcher sie sein soll, bezeichnen könnte. Sie hat reichlich geblüht und fruktifiziert, jedoch wird die Art nur in bescheidenem Masse vermehrt.

43. Albizzia stipulata Boiv. macht einen mehr versprechenden Eindruck. Beschattung bieten die Bäume freilich vorläufig noch zu wenig, jedoch sind sie bereits bis 5 m hoch, und die infolge des Überhängens der Äste sehr sperrigen Kronen dürften sehr bald voller werden. Einige Bäume tragen zur Zeit die ersten Blüten. Die Blätter nehmen bei Nacht Schlafstellung ein.

44. Artocarpus integrifolia Forst. wächst sehr üppig und hat eine Höhe von mehr als 9 m erreicht. Unter den zwölf von der Central-stelle in Berlin stammenden Bäumen lassen sich deutlich zwei Varietäten unterscheiden. Die eine hat durchgängig grössere, eiförmige Blätter mit sehr kurzen Spitzchen, eine viel dichtere Belaubung, wächst schneller als die andere, trägt aber noch keine Früchte; die zweite unterscheidet sich durch kleinere, eiförmig-längliche, länger zugespitzte Blätter, ein bedeutend lichteres Laub und vor allem durch reichliches Fruktifizieren. Diese letztere Varietät ist jedenfalls ein weit besserer Schattenbaum als die erstere, bei welcher die Kronen so dicht sind, dass die darunter oder daneben wachsenden Kakaobäume teilweise ab-getötet werden, was sehr auffallend ist, da doch der Jackbaum all-gemein als guter Schattenbaum gerühmt wird. Zu einer genaueren Feststellung der Varietäten ist das Fruktifizieren beider abzuwarten.

45. Canarium zeylanicum Blume hat sich jetzt besser entwickelt und wird anscheinend einen guten Schattenbaum für Muskatnuss liefern. Im Anschluss hieran ist zu erwähnen, dass der in Kamerun einheimische Baum **Pachylobus edulis** G. Don, der Saphu jetzt in grösserer Anzahl gezüchtet wird zum Zwecke der Beschattung von Kakao, Kaffee, Kar-damom u. s. w. Nach brieflichen Mitteilungen des Herrn Dr. Preuss an Herrn Prof. Engler lassen sich zweierlei Saphu unterscheiden, der „echte Saphu" mit dichter stehenden, kleineren und mehr glänzenden Blattfiedern und der „unechte Saphu" mit breiter Krone, entfernter stehenden und grösseren matteren Blattfiedern und weniger guten Früchten. Prof. Engler bezeichnet jetzt den echten Saphu als **Pachy-lobus edulis** G. Don var. **Saphu** Engl., den unechten als **P. edulis** G. Don var. **Preussii** Engl.

46. Erythrina corallodendron L. Diese Art wird wie die beiden folgenden als Schattenbaum für Kakao und Kaffee empfohlen. Indessen scheint mir dieses mit Unrecht zu geschehen. In Victoria bildet die Art ohne sehr sorgfältiges Stützen und Beschneiden überhaupt keinen rechten Stamm. Die junge Pflanze schiesst so schnell in die Höhe, dass der schwache Stamm selbst die verhältnismässig kleine Krone nicht tragen kann und sich zur Erde beugt. Ebenso geht es den dann in Menge hervorwachsenden Sprossen. Erst ganz allmählich kann man durch Ausschneiden einen einigermassen geraden Stamm erzielen. (So 1897. Im letzten Bericht von 1898 schreibt Dr. Preuss: Erythrina corallodendron L. fängt jetzt an baumartig zu werden, hat auch geblüht, ohne jedoch Frucht anzusetzen.)

47. **Erythrina lithosperma** Blume wächst sehr üppig, jedoch für einen Schattenbaum zu buschig.

48. **Erythrina umbrosa** W. B. K. wächst gut und ist von den hier aufgeführten Erythrinaarten der beste Schattenbaum. In dem in diesem Jahre neuangelegten Teile des Gartens fand ich eine der E. umbrosa sehr ähnliche Art wild vor. Sie wird demnächst reife Früchte haben und vermehrt werden. Drei andere im Gebiet einheimische Arten befinden sich bereits in Kultur. Als Schattenbäume haben sie alle den grossen Fehler, dass sie gerade während eines grossen Teils der Trockenzeit, wo die Pflanzen den Schatten am notwendigsten gebrauchen, unbeblättert sind. Leider haben auch alle im Garten kultivierten Erythrinaarten sehr unter den Angriffen eines Käfers zu leiden, dessen Larve in den Stammspitzen und dann auch im alten Holz lebt. (Die letzte Klage kommt auch aus Ostafrika. V.)

49. **Pithecolobium Saman** Benth. Die Bäume bilden jetzt breite und lichte Kronen und harmonieren mit dem Kakao, den sie beschatten, sehr gut. Leider sind die Kronen aber zu niedrig für die Kakaobäume. Für Cardamom und andere niedrige Gewächse aber dürfte das Pithecolobium ein sehr guter Schattenbaum sein. Die Blätter zeigen Schlafstellung.

50. **Crescentia Cujete** L. ist sehr reichlich durch Stecklinge vermehrt worden, so dass in dieser Regenzeit daraus eine grössere Anpflanzung von Stützbäumen für Vanille und schwarzen Pfeffer gemacht werden kann. Die Vermehrung durch Stecklinge ist sehr leicht.

51. **Crescentia cucurbitana** L. Von ähnlichem Wuchs wie die vorige Art, wird sie im botanischen Garten als Stützbaum für Vanille benutzt, indessen scheint es mir nicht, als ob sie sich hierzu in hervorragendem Masse eignet. Der Baum zeigt jetzt Früchte von 25 cm Durchmesser, die als Gemüse verwendet werden sollen, denen ich aber keinen Geschmack abgewinnen kann. Eine Frucht ist auf Wunsch an die Landeshauptmannschaft von Togo gesandt worden.

8. Pflanzen verschiedener, meist technischer Verwendung.

a. Kautschukpflanzen.

52. **Hevea brasiliensis** (H. B. K.) Müll. Arg. In der Kultur des Parakautschukbaumes ist ein erfreulicher Fortschritt zu verzeichnen, da verschiedene der im Jahre 1892 aus Stecklingen gezüchteten und als Bäumchen direkt von Para gekommenen Pflanzen geblüht haben. Früchte setzen sie freilich noch nicht an. Diese Bäume sind jetzt 12 m hoch und geben dem Kakao guten Schatten. Die aus Berlin im November 1896 angekommenen Pflanzen sind jetzt bereits $4\frac{1}{2}$ m hoch.

53. **Landolphia Watsoni** Dyer. An eine reguläre, rentable Kultur dieser Kautschukliane ist des langsamen Wachstums wegen nicht zu denken. Pflanzen von mehr als sieben Jahren sind noch im entferntesten nicht so weit, dass sie mit Erfolg angezapft werden könnten.

54. **Ficus religiosa** L. gedeiht sehr gut.

b. Ölpflanzen.

55. **Aleurites moluccana (L.)** Willd. befindet sich in bester Entwickelung, hat geblüht und Früchte getragen, aus denen 27 Pflänzlinge gezüchtet worden sind. Dieselben sollen als Alleebäume Verwendung finden oder auf den Kaffeeberg verpflanzt werden.

56. **Illipe latifolia (Roxb.)** Engl. Die hübschen Bäume mit sehr runder und dichter, dunkelgrüner Krone haben eine Höhe von 3,50 m erlangt und haben in diesem Jahre reichlich geblüht, ohne jedoch bis jetzt Frucht angesetzt zu haben. **Illipe malabrorum** König (Bassia longifolia L.) wächst jetzt bedeutend schneller als im Anfang, hat ein gesundes Aussehen und eine Höhe von $3\frac{1}{2}$ m.

57. **Melaleuca Leucadendron** L. var. **Cajeputi** Roxb. Die einzige hier angekommene Pflanze wurde Nachts von Grillen abgefressen und ging ein.

58. **Terminalia Catappa** L. Drei schöne, sehr rasch wachsende Bäume, welche durch ihren ganz eigentümlichen, etagenförmig schirmartigen Wuchs selbst die Bewunderung der Eingeborenen erregen. Sie sind vorzügliche Alleebäume, widerstehen der Seebrise und sind daher gut an Uferstrassen zu pflanzen. Sie geben tiefen Schatten und unterdrücken leider alle anderen Bäume in ihrer Nähe. Sie haben in diesem Jahr zum ersten Mal teils rote, teils gelbe Früchte getragen und sind reichlich vermehrt worden.

c. Farbpflanzen.

59. **Caesalpinia (Coulteria) tinctoria** Domb. Nur zwei Exemplare befinden sich noch am Leben. Der Pflanze scheint das Klima nicht zu behagen.

60. **Garcinia cochinchinensis** Choisy. Zwei junge Pflanzen. Alle Garciniaarten im Botanischen Garten zeichnen sich leider durch ein ausserordentlich langsames Wachstum aus, so besonders die durch ihre Frucht gerühmte **G. Mangostana** L., aber auch die **G. Kola** und **G. Xanthochymus** Hook., von der mehrere kräftige Exemplare vorhanden sind.

61. **Mallotus philippinensis** Muell. Arg. Ein üppiger Strauch, der reichlich blüht.

d. Faserpflanzen.

62. Calotropis gigantea Dryand. Die im November 1896 hier angelangten drei Pflänzchen entwickelten sich ungemein üppig und blühten bereits im März 1897. Jetzt sind es grosse Büsche von unschöner Form, die stets mit Blüten und auch mit Früchten beladen sind.

63. Corchorus capsularis L. var. **attariya.** Die Jutepflanze wuchs bei einem im Laufe des Jahres angestellten Anbauversuche meiner Ansicht nach zu sparrig und auch nicht hoch genug. Die Pflanzen erreichten eine Höhe von durchschnittlich 1,30 m. Eine grössere Fläche wird nicht mit dieser Art bestellt werden, da bei dem Mangel einer Maschine doch über die Beschaffenheit des Produktes kein Urteil gefasst werden kann.

64. Bambusa arundinacea Willd. Die beiden jungen Pflanzen sind durch Hochwasser im Limbefluss fortgerissen worden, **B. regia** Thoms. dagegen ist reichlich vermehrt und einige Pflanzen sind an die Landeshauptmannschaft in Togo abgegeben worden.

65. Dendrocalamus strictus Nees wächst ausserordentlich langsam. Die einzelnen Exemplare vermehrten sich zwar bereits durch unterirdische Ausläufer, aber die Stämmchen sind nur bis 60 cm hoch. Einige Pflänzchen sind nach Buëa abgegeben worden, da dieser Art Hochlandklima mehr zusagen soll. — Das Wachstum geht bei allen Bambusarten im Anfange sehr langsam vor sich. Ist aber der Wurzelstock genügend erstarkt, so schiessen die Sprosse mit ausserordentlicher Schnelligkeit empor."

Herr Dr. Preuss schliesst seinen Bericht mit den Worten: „Die gegebene Übersicht zeigt, dass bei weitem der grösste Teil der genannten Pflanzen mit gutem Erfolge kultiviert wird. Wenn einzelnes trotz aller Mühe fehlschlägt, so ist das wohl nur natürlich und nicht zu vermeiden. Wirklichen Nutzen kann die Kolonie freilich erst dann von diesen Kulturversuchen haben, wenn alle nutzbringenden Arten in ausreichendem Masse vermehrt werden können und überall im Schutzgebiet bei Europäern und Eingeborenen Verbreitung finden. Dieses ist einer der Hauptzwecke der Versuchsplantage, welcher freilich nur ganz allmählich erreicht werden kann, aber zum Teil schon erreicht ist und mit jedem Jahre vollständiger erreicht werden wird."

Auch die Botanische Centralstelle kann mit den gewonnenen Resultaten zufrieden sein, und auf Grund dieser wird sie jetzt, wo ihr grössere Mittel zur Verfügung stehen, danach trachten, den Victoria-Garten noch reichlicher mit Nutzpflanzen aller Art zu versehen, als es bisher hat geschehen können. Im Laufe der letzten sechs Monate sind bereits gegen 200 Samenprisen, ebensovielen Arten angehörig, Herrn

Dr. Preuss übermittelt worden, dazu ein Ward'scher Kasten, 29 lebendige Species bergend. Letzterer ist wieder in vortrefflichem Zustande angekommen. Von den Sämereien liegen erst über 35 Nachrichten dahin lautend vor, dass zwölf davon bereits gekeimt und junge Pflänzchen geliefert haben.

Alphabetisches Verzeichnis.

Acrocarpus fraxinifolius W. et A. Nr. 41
Albizzia moluccana Miq. 42
Albizzia stipulata Boiv. 43
Aleurites moluccana (L.) Willd. . 55
Alpinia Galanga Willd. 14
Anona Cherimolia Mill. 24
Anona reticulata L. 22
Anona squamosa L. 21
Areca Catechu L. 37
Artocarpus integrifolia Forst. . . 44
Averrhoa Carambola L. 19

Bambusa arundinacea Willd. . . 64
Bambusa regia Thoms. 64
Bassia longifolia L. 56
Betelpfeffer 6

Caesalpinia tinctoria Domb. . . 59
Calophyllum Inophyllum L. . . 34
Calotropis gigantea Dryand. . . 62
Canarium zeylanicum Blume . . 45
Cinnamomum Camphora (L.) Nees et Eberm. 17
Cinnamomum zeylanicum Breyn . 1
Corchorus capsularis L. 63
Corypha Gebanga Blume . . . 38
Corypha umbraculifera L. . . . 39
Crescentia cucurbitana L. . . . 51
Crescentia Cujete L. 50
Croton Tiglium L. 9
Cubeben 4
Curcuma aromatica Salisb. . . . 13
Curcuma leucorhiza Roxb. . . . 13
Curcuma longa L. 13

Dendrocalamus strictus Nees . . 65

Erythrina corallodendron L. . . 46
Erythrina lithosperma Blume . . 47

Erythrina umbrosa HBK. . . . 48
Euterpe edulis Mart. 40

Ficus religiosa L. 54
Flacourtia inermis Roxb. . . . 26

Garcinia cochinchinensis Choisy 27, 60
Garcinia Mangostana L. 60
Garcinia Xanthochymus Hook. 27, 60
Gonolobus Condurango Triana . . 12
Guajacum sanctum L. 36

Hevea brasiliensis (HBK.) Muell. Arg. 52

Illipe latifolia (Roxb.) Engl. . . 56
Illipe malabrorum König . . . 56
Ipecacuanha 18

Jacaranda ovalifolia R. Br. . . 12
Jambosa vulgaris DC. 20
Jute 63

Kaempferia Galanga L. 15
Kampfer 17

Landolphia Watsonii Dyer . . . 53

Mahagoni 33
Mallotus philippinensis Muell. Arg. 61
Mango 23
Mangifera indica L. 23
Manihot Glaziovii Muell. Arg. . 42
Marsdenia Condurango Rchb. f. . 12
Melaleuca Leucadendron L. . . 57
Mesua ferrea L. 36
Michelia Champaca L. 32
Muskatnuss 2
Myristica fragrans Houtt. . . . 2

Nephelium Longana Cambess. . . 25

Pachylobus edulis G. Don .	45	Stadmannia australis Don	35
Pfeffer	3	Strophanthus gratus	10
Piper angustifolium R. et P. . .	7	Strophanthus hispidus DC. . . .	10
Piper Betle L.	6	Strophanthus Kombe Oliv. . . .	10
Piper Cubeba L. fil.	4	Strophanthus scandens Griff. . .	10
Piper nigrum L.	3	Strychnos nux vomica L. . . .	11
Piper officinarum (Miq.) DC. . .	5	Swietenia Mahagoni L.	33
Pithecolobium Saman Benth. . .	49		
Psidium Araça Raddi	28	Teakholz	30
Psidium Guayava Raddi	28	Tectona grandis L.	30
Psidium pyriferum L. . . .	28	Terminalia Catappa L.	58
		Thea sinensis L.	8
Sapha	45	Thee	8
Schleichera trijuga Willd. . . .	31	Toluifera Percirae (Kl.) Baill. . .	16
Spondias lutea L.	3, 29		
Spondias Mombin L.	29	Uragoga Ipecacuanha Baill. . .	18
Spondias purpurea L.	29	Zimmt	1

II. Über den Gerbstoffgehalt einiger Mangroverinden.

Von

M. Gürke.

Wie in diesem Notizblatt Bd. II, S. 21, bereits mitgeteilt wurde, sind die Rinden von einer Anzahl Mangrovebäumen aus dem Rufidschi Delta in Deutsch-Ostafrika an der Deutschen Gerberschule zu Freiberg in Sachsen einer Untersuchung auf ihren Gerbstoffgehalt unterzogen worden. Die Ergebnisse der chemischen Prüfung sind uns jetzt durch die Güte der Direktion der Gerberschule mitgeteilt worden. Es ergaben sich folgende Resultate:

	Kisuaheli-Name	Wasser %	Lösliche gerbende Substanzen %	Lösliche Nicht-gerb-stoffe %	Unlös-liches %
Bruguiera gymnorrhiza (L.) Lam.	msimsi	12,16	21,53	14,80	51,51
Ceriops Candolleana Arn. . . .	mkandaa	10,35	15,00	18,40	56,25
Xylocarpus Granatum Koen. (Carapa moluccensis Lam.) oder X. obovatus A. Juss. (C. obovata Blume).	mkomavi	12,00	13,87	20,61	53,52
Ochna alboserrata Engl. . . .	mrongamo	11,27	12,50	11,30	64,93
Rhizophora mucronata Lam. .	mkaka	12,40	11,40	19,93	56,27
Sonneratia caseolaris (L.) . .	milana	10,61	6,93	3,80	78,66
Avicennia officinalis L. . . .	mtschu	13,39	4,04	20,07	62,50

Aus diesen Resultaten geht zunächst hervor, dass aller Wahrscheinlichkeit nach weder die Rinde von Sonneratia caseolaris, noch
diejenige von Avicennia officinalis mit ihrem geringen Gerbstoffgehalt von 6,93 % bezw. 4,04 % Aussicht hat, jemals praktisch als Gerbstoff verwendet zu werden. Aber auch von den übrigen untersuchten
Rinden ist der Gerbstoffgehalt nur gering; er übersteigt nur bei Bruguiera gymnorrhiza 20 %, also denjenigen Gehalt, welchen man beispielsweise als Durchschnitt für Quebrachoholz annimmt. Am auf-
fallendsten ist die Differenz, welche sich in den vorstehenden Resultaten
bei Rhizophora mucronata zeigt gegenüber einer früher vorgenommenen Untersuchung, deren Ergebnisse in diesem Notizblatt Bd. I,
S. 251 und 252 mitgeteilt wurden. Es handelt sich dort um die von
den Gebrüdern Denhardt aus Witu eingesandte Rinde, welche zwar
nicht absolut sicher, aber doch mit grösster Wahrscheinlichkeit derselben
Art angehört. Dort ergab sich in dem einen Fall ein Gerbstoffgehalt von
36,10 %, in dem anderen von 45,65 %. Auch die übrigen untersuchten Rinden, deren Zusammensetzung dort mitgeteilt wird, ergaben ähnlich hohen
Gerbstoffgehalt, nämlich zwei Rinden von Jamaika (sehr wahrscheinlich von
Rhizophora Mangle stammend) 34,24 % und 26,86 % und eine ostafrikanische Rinde (vielleicht auch von Rhizophora mucronata)
38,62 %. Die grosse Differenz zwischen den früheren Untersuchungen und
den jetzigen, wo für Rhizophora mucronata nur 11,40 % Gerbstoffgehalt gefunden wurde, ist allerdings sehr auffallend. Es ist aber keineswegs
anzunehmen, dass sie auf verschiedenen angewandten Untersuchungs-
methoden beruht, wenngleich nicht ausser Acht zu lassen ist, dass die
günstigste Extraktionstemperatur selbst bei Rinden derselben Abstam-
mung vielleicht eine verschiedene ist, und Temperaturgrade, welche bei
der einen Rinde schon zersetzend auf den Gerbstoff einwirken, bei einer
anderen derselben Provenienz noch nicht diese Störung hervorrufen.
Doch ist dies eine Frage, zu deren Beantwortung nur ein Chemiker
kompetent sein kann. Wohl aber ist die Differenz in der Untersuchung
auch dem Nichtchemiker schon ohne weiteres bei dem blossen Betrachten der untersuchten Rinden erklärlich. Die von Witu stammende
Rinde ist mindestens 5—6 mal so stark als die aus dem Rufidschi-
Delta und offenbar sehr alten Bäumen entnommen, während die letztere
allem Anschein nach von jungen Exemplaren abstammt. Und dass das
Alter der Rinde in hohem Grade für den Gerbstoffgehalt massgebend
sein muss, ist ja schon oft hervorgehoben worden. Es geht eben daraus
die Notwendigkeit hervor, von jeder Gerbstoff liefernden Pflanze eine
ganze Reihe von Untersuchungen auszuführen und erst dann, wenn
man über den Gerbstoffgehalt in den verschiedenen Altersstufen der
Pflanze, und ausserdem auch von einer genügenden Anzahl auf

verschiedenem Boden gewachsenen Exemplaren unterrichtet ist, werden derartige Differenzen, wie sie sich hier ergeben haben, nicht auffallend sein. In vielleicht noch höherem Grade ist die Jahreszeit, in welcher die Rinde dem Stamme entnommen wurde, bezw. in welcher der Baum gefällt worden ist, für den Gehalt an Gerbstoff ausschlaggebend, da ja der letztere keineswegs immer das Endprodukt des Stoffwechsels zu sein braucht, sondern im Verlaufe der Vegetationsperiode ein durchaus wechselnder sein kann.

In dieser Beziehung sind einige Analysen lehrreich, welche Jenks ausgeführt und im Imper. Institut Journ. II 1896, Nr. 13 bekannt gemacht hat. Er fand bei Terminalia Chebula in

kleinen dunklen Früchten	13,30 %	Gerbstoff
langen, dünnen, eingeschrumpften Früchten .	18,45 „	„
kleinen, eingeschrumpften, blassen Früchten .	27,02 „	„
runden, aufgeblasenen Früchten	38,94 „	„

und ferner bei Cassia auriculata

Wurzelrinde	0,24 %	Gerbstoff
Junge Ausläufer	6,98 „	„
3jährige Stammrinde . . .	10,22 „	„
Rinde von dünnen Zweigen	11,29 „	„
Handelsmuster	16,32 „	„

Ueber die Verwendung von Ceriops Candolleana Arn. als Gerb- und Farbmaterial in Hinterindien werden im Kew Bulletin 1897, S. 91, einige Notizen gegeben. Aus denselben geht hervor, dass die Rinde dieses in den Straits Settlements sehr häufigen Baumes, welcher von den Eingeborenen Tengah genannt wird, sowohl zum Gerben, als auch, besonders in Verbindung mit Indigo, zur Herstellung einer dunkelroten oder schwarzen Farbe benutzt wird. Wie hoch sich der Gerbstoffgehalt dieser Rinde beläuft, ist aus den Mitteilungen nicht ersichtlich. Von der zweiten ostindischen Ceriops-Art, C. Roxburghiana Arn., giebt Jenks einen Gerbstoffgehalt von 10,36 % an, während Hooper in der Rinde von Kandelia Rheedii Walk. et Arn., ebenfalls einer ostindischen Mangroven-Art, 27,4 % Gerbstoff fand.

Von Interesse dürfte noch eine Mitteilung im Tropenpflanzer 1897, S. 263, über die Verwendung der Blätter der Mangroven als Gerbmaterial sein. Es heisst dort, dass in Joinville in St. Catharina in Brasilien die Blätter zerkleinert und dann wie Lohe zum Gerben benutzt werden. Man hat auch bereits versucht, die getrockneten Blätter in Fässer verpackt, nach Montevideo zu senden, weil es dort an Gerbstoffen fehlt. Es würde sich empfehlen, auch in Ostafrika einen Versuch damit zu machen. Zu diesem Zwecke müsste zunächst festgestellt werden, wie hoch sich der Gerbstoffgehalt der Blätter beläuft, und zwar muss hier in erster

13

Linie die Zeit des Einsammelns der Blätter berücksichtigt und mehrere
Analysen der zu verschiedener Zeit geernteten Blätter vorgenommen
werden. Sollte sich ein für technische Zwecke genügend hoher Prozentsatz an Gerbstoff ergeben, so würde die Verwendung der Blätter an-
statt der Rinde in zweierlei Beziehung Vorteile bieten; einmal würde
die dunkle Färbung, welche das Leder durch die Mangroven-Rinde erhält
und den Preis derselben herabdrückt, wegfallen, und andererseits würden
die Mangrovenbestände mehr geschont werden. Zwar sind dieselben im
Rufidschi-Delta und auch sonst in so grossen Mengen vorhanden, dass
eine Abnahme in absehbarer Zeit nicht zu befürchten ist, aber bei der
Brauchbarkeit des Holzes würde das Schlagen desselben nur zu dem
Zwecke der Rindengewinnung doch nicht zu empfehlen sein. Die Man-
grovenhölzer sind besonders desshalb für Bauzwecke so wertvoll, weil
sie nicht von den Termiten angegriffen werden und auch in Folge des
hohen Gerbstoffgehaltes vor Fäulniss geschützt und daher für Wasser-
bauten sehr gut verwendbar sind.

III. Gummi aus Deutsch-Ostafrika.

Von

G. Volkens.

Herr Paul Knochenhauer, z. Z. in Stargard in Mecklenburg,
hielt sich gegen Schluss des vergangenen Jahres als Elephantenjäger
etwa 6 Monate im Hinterlande von Kilwa auf und brachte von dort
eine Gummiprobe mit, die er der Botanischen Centralstelle zur Prüfung
und Abgabe eines Gutachtens überliess. Als nähere Ursprungsstätte
des Produkts wird von ihm das Wadonde-Gebiet bezeichnet, und zwar
eine Gegend sowohl nördlich wie südlich des Bwemkuru. Auf meine
Anfrage, welcher Art von Bäumen das Gummi entnommen sei und in
welchen Mengen es vorkomme, erhielt ich von Herrn Knochenhauer
einige dankenswerte Aufschlüsse, denen ich manches aus dem Folgenden entnommen habe. Es handelt sich der Beschreibung nach zweifellos um Akazienbäume mit ausgesprochener Schirmkrone. Sie sind gegen
12 bis 14 Meter hoch, haben eine graue, rissige Rinde, etwa wie die
des Wallnussbaums, und zeichnen sich anderen Vertretern der Gattung
gegenüber dadurch aus, dass die die Zweige bedeckenden Dornen eine
kurze, gedrungene, schwach abwärts gekrümmte Gestalt haben. Die
Angaben genügen nicht, um danach die Art mit Sicherheit bestimmen
zu können. Nach den Erfahrungen, die ich selbst in den Steppen-

gebieten Ostafrikas gemacht habe, ist die Bedornung der Akazien ein trügerisches Kennzeichen. Ganz abgesehen von den mannigfachen Verunstaltungen, die durch Insektenstiche an den Dornen hervorgerufen werden, bleiben sich diese auch in den verschiedenen Altersstadien ein und desselben Baumes durchaus nicht gleich. Im allgemeinen werden sie an den Zweigen in dem Maasse kürzer und gedrungener, als die Stammeshöhe zunimmt. Hohe Schirmakazien, die in der Jugend als Buschwerk von bleichen, fingerlangen Dornen starren, zeigen an Ästen, die der Krone entnommen sind, oft überhaupt keine Dornen mehr, nur an etwaigen sogenannten Wasserreisern findet man sie in ihrer ursprünglichen Form dann noch vor. Der Laie, der Gummi einsammelt und dem daran liegt, die Art bestimmt zu wissen, der er sein Produkt entnimmt, wird darum gut thun, auf noch andere Kennzeichen als nur die Dornen zu achten. Auf die Blätter kommt es nicht so sehr an, denn die sind sich bei verschiedenen Arten täuschend ähnlich. Ein besseres Merkmal bieten schon die Blüten, ob sie gelb oder weiss sind, ob sie zu einem gestielten, kugligen Köpfchen oder zu Ähren vereint stehen u. s. w. Aber leider sind Blüten gerade dann nicht zu haben, wenn man Gummi sammelt, was doch wohl immer in der Trockenheit geschehen wird. Ohne auf weiteres einzugehen, betone ich darum, dass die Früchte, die Hülsen, die besten Kennzeichen der Art sind. Diese verbleiben an den Bäumen selbst schon ausserordentlich lange, sodann sind sie wohl fast stets, wenn sie wirklich sämtlich abgefallen sind, am Boden in dem Buschwerk und Grase zu finden, das die Stammbasis jeder Akazie umgiebt. Nach völlig intakten braucht man nicht zu suchen, auch die Klappen der aufgesprungenen Hülsen genügen, um nach ihrer Einsendung an das Berliner Botanische Museum den Namen der Art, um die es sich handelt, mit Sicherheit zu erfahren. Um es dem Reisenden auch an Ort und Stelle zu ermöglichen, die am meisten verbreiteten Akazien Ostafrikas unter günstigen Umständen, d. h. beim Vorhandensein von Blüten und Früchten unterscheiden zu können, gebe ich folgenden von dem verstorbenen Dr. Taubert (in Engler, Pflanzenwelt Ostafrikas, Theil B. p. 425) entworfenen, aber hier sehr vereinfachten Schlüssel wieder.

A. Blüten in Aehren.

   a) Nebenblätter in grade, an der Blattbasis rechts und links abstehende Dornen umgewandelt, Hülse hellgelb, dick holzig, zum Kreise gewunden . . . . **Acacia albida** Del.

   b) Nebenblätter nicht in Dornen umgewandelt; infrastipulare, d. h. unterhalb der Blattbasis befindliche Dornen meist vorhanden.

I. Blättchen 1-jochig, d. h. aus einem Paar
bestehend, Hülse flach, dünn, höchstens
doppelt so lang wie breit . . . . . . **A. mellifera** Benth.

II. Blättchen 10—20-jochig.

  1. Blütenähren länger als die Blätter. Hülse
flach, 1,5—2,5 cm breit, etwa 12 cm lang,
schwach gekrümmt . . . . **A. Senegal** Willd.

  2. Blütenähren kürzer als die Blätter. Hülse
1,4—1,8 cm breit, etwa 8 cm lang, dünn
flach, grade . . . . **A. glaucophylla** Steud.

B. Blüten in Köpfchen.

a) Nebenblätter linealisch, nicht dornig. Hülse
dick, etwa 2 cm breit und bis 14 cm lang,
schwach gekrümmt . . . . **A. pennata** Willd.

b) Nebenblätter dornig.

  1. Pflanze besonders an jüngeren Zweigen
dicht- und langzottig-filzig behaart. Hülse
von Fingerdicke und Fingerlänge, aussen filzig **A. Stuhlmannii** Taub.

  2. Pflanze kurzhaarig oder kahl.

    α. Hülse grade oder schwach gebogen.

      † Hülse zwischen den Samen nicht stark
eingeschnürt.

        § Fiedern 3-jochig, Blättchen meist
10-jochig, Hülse mit geflügelten
Rändern . . . . **A. subalata** Vatke.

        §§ Fiedern 3—6-jochig, Blättchen
14—30-jochig, Hülse 0,7—0,8 cm
breit, daumenlang . . . . . **A. etbaica** Schwfrth.

        §§§ Fiedern 4—10-jochig, Blättchen
20—25-jochig, Hülse 1,6 cm breit,
9 cm lang . . . . **A. Holstii** Taub.

      †† Hülse rosenkranzartig, zwischen den
Samen stark eingeschnürt . . . . **A. arabica** Willd.

    β. Hülse deutlich sichelförmig gekrümmt.

      † Hülse zwischen den Samen ein-
geschnürt, höchstens 0,6 cm breit . . **A. Seyal** Del.

      †† Hülse zwischen den Samen nicht oder
kaum eingeschnürt.

        § Hülse höchstens 0,4 cm breit . . **A. stenocarpa** Hochst.

        §§ Hülse 1 cm breit . . . . . . **A. usambarensis** Taub.

γ. Hülse spiralig eingerollt.

† Hülse behaart . . . . **A. spirocarpa** Hochst.

†† Hülse kahl . . . . **A. tortilis** Hayne.

Um auf das ausgeschwitzte Produkt, das Gummi selbst zu kommen, so teilt Herr Knochenhauer mit, dass es an den die ganze Gegend licht bestehenden Akazien in ausserordentlich reicher Menge sich finde. Er glaubt hunderte von Centnern davon in wenigen Wochen zusammenbringen zu können. Zwei kleine Jungens sammelten für ihn in zwei Stunden 20 kg. Er machte auch Versuche, das ausfliessende Gummi durch künstliche Einschnitte zu vermehren und erhielt auf diese Weise ein in der Farbe verschiedenes Produkt, je nachdem der Schnitt bis ins Holz oder nur bis zur Cambialschicht bezw. nur in oberflächliche Rindenteile gedrungen war. Bäume, von denen die Eingeborenen zu Bastseilen verwendbare Rindenstreifen losgelöst hatten, waren längs der ganzen Wundfläche bis zur Stammbasis herunter mit Gummi „bekleckert", ähnlich wie abtropfendes Stearin eine schief gehaltene Kerze überzieht. Die nach einem Einschnitt frisch austretende Masse, die bald bis Eigrösse heranwächst, ist zunächst weich und gelatinös und von hellgelber Farbe, erst später wird sie von aussen nach innen härter und mehr oder weniger dunkler getönt. Zerteilt man die noch weichen Stücke und trocknet sie an der Sonne, so erzielt man auf diese Weise ein fast weisses Produkt. Damit mag es auch zusammenhängen, dass in der dem Botanischen Museum übergebenen Probe die bis kinderfaustgrossen Stücke dunkelbraun, die schneller getrockneten, kleinen „Thränen" aber hellgelblich erscheinen.

Um den Wert des eingelieferten Gummis kennen zu lernen, wandte sich die Botanische Centralstelle an Herrn Prof. Dr. Thoms und an die Firma Brückner, Lampe & Co. Das Gutachten des ersteren ist diesem Aufsatze angehängt; die Firma schreibt: „Das Gummi löst sich schleimig, hat aber nur eine ganz geringe Klebekraft und ist daher als eine sehr minderwertige Waare zu bezeichnen, deren Verwendung durch die ihr anhaftenden Holzteile sehr erschwert wird. Der Marktwert wird ungefähr auf 25—30 Mk. für 100 kg geschätzt, doch ist ein abschliessendes Urteil erst möglich, sobald grössere Muster der Ware vorliegen, mit welchen Versuche in Fabriken gemacht werden können."

Vergleicht man die beiden abgegebenen Gutachten, so wird man sie im grossen und ganzen übereinstimmend finden, namentlich darin, dass man es mit einem Gummi zu thun hat, dessen Export, so wie es vorliegt, sich sicherlich nicht lohnen dürfte. Eine andere Frage ist, ob die Ware nicht verbesserungsfähig ist, und hierauf möchte ich bei der grossen Bedeutung, die eine Gummiausfuhr für Ostafrika haben könnte,

mit einigen Worten eingehen. Bisher ist ostafrikanisches Gummi der
Botanischen Centralstelle nur von dem verstorbenen Holst aus Usambara und von den Gebrüdern Denhardt aus Witu zugegangen. Das
letztere ist schon dem äusseren Ansehen nach das minderwerthigste von
allen und ist auch von der Firma Brückner, Lampe & Co. dem
Einsender direkt geraten worden, mit dem Einsammeln weder Zeit noch
Geld zu verschwenden. Die von Holst gelieferten 6 Proben sind unter
sich ziemlich verschieden, stehen aber zweifellos dem oben besprochenen
Gummi aus dem Wadonde-Gebiet in ihrem Werte ziemlich nahe. Alle
sind sie zu gering an Masse ausgefallen, als dass man damit Versuche
machen könnte. Von einer der Proben ist sicher festgestellt, dass sie
von Albizzia fastigiata E. Mey. herrührt, eine zweite und jedenfalls
wertvollste hat Acacia usambarensis Taub. als Stammpflanze, von den
übrigen heisst es nur: Akaziengummi. Eine Sorte, als „Ngundi" bezeichnet, soll angeblich vom Somallande eingeführt sein und von den
Eingeborenen bei Zahnschmerz gekaut werden, auch die übrigen werden
von den Bewohnern Usambaras, aber unter dem Namen „magwede"
gekaut.

Ich selbst habe sowohl auf einer 10tägigen Reise im Hinterlande
von Tanga als besonders später während meines Rückmarsches vom
Kilimandscharo auf den Gummireichtum der durchzogenen Gegenden
geachtet und eine grosse Zahl der verschiedensten Akazienarten immer
wieder daraufhin gemustert, ob sich überhaupt Ausschwitzungen und
in welcher Art und Menge daran zeigten. Ich kam sehr bald zu der
Ueberzeugung, dass nichts verkehrter ist, als im Norden unserer Kolonie,
wie es in bekannter schönfärbender Manier geschehen ist, von Gummi-
wäldern zu sprechen. An Akazien fehlt es nicht, auch Acacia Senegal
Willd., welche die Hauptmenge des Kordofan- wie des Senegalgummi
liefert, ist in verhältnismässig reichlicher Menge vertreten, aber nirgends
habe ich das geschätzte Produkt daran in Mengen gesehen, die überhaupt den Gedanken an ein Sammeln im grossen zum Zwecke der
Ausfuhr hätten aufkommen lassen. In meinem Kilimandscharobuche
sprach ich darum die Erwartung aus, dass es im Süden des Schutzgebietes in Bezug auf Gummireichtum besser stehen möge. Die aus
dem Wadondelande gemachten Mitteilungen bestätigen nun diese Erwartung wenigstens insoweit, als sich dort in Bezug auf Quantität sehr
günstige Aussichten eröffnen. Leider lässt die Qualität des Gummis
zu wünschen übrig. Ich glaube aber, dass man hier zu besseren
Resultaten kommen kann. Die Gummisorten, die die verschiedenen
Akazienarten liefern, sind nicht gleichwertig, und das Produkt, welches
ein und derselbe Baum sowohl in verschiedenen Gegenden als zu verschiedenen Jahreszeiten giebt, ist auch nicht dasselbe. Hier gilt es

also eine Auslese zu halten. Auch die von Herrn Knochenhauer eingesandte Musterprobe, bin ich der Ansicht, ist insofern kein reines Produkt, als sie nicht streng aus den Ausschwitzungen nur eines spezifischen Baumes besteht. Der Einsender giebt zu, dass an dem von ihm ausgebeuteten Fundort zwei Akazienarten untermischt vorkamen, von denen die eine, eine schlechtere Sorte Gummi liefernde sich durch doppelte Stammhöhe von der anderen unterschied. Aber wie dem auch sei, der eine Fehlschlag sollte nicht abhalten, nach dem nun feststehenden Reichtum des Südens an Gummi, zunächst einmal an ein systematisches, wenn auch vorerst nur auf Gewinnung kleinerer Mengen gerichtetes Einsammeln heranzutreten. Dabei wäre darauf zu achten, dass man die verschiedenen Sorten, auf die man stösst, gewissenhaft scheidet, zuerst nach der Stammpflanze, dann nach der Farbe und Grösse der Stücke, endlich auch nach den Jahreszeiten, während deren man die Ernte zusammengebracht hat. Selbstverständlich sind in jedem Fall alle fremdartigen Beimischungen, wie Holz- und Rindenstücke, Erd- und Steinpartikelchen aus dem Produkt nach Möglichkeit zu entfernen. Über den Wert der einzelnen, auf diese Weise gewonnenen Sorten kann man sich dann, im ungefähren wenigstens, schon an Ort und Stelle überzeugen, indem man ein abgemessenes Quantum mit der doppelten Menge Wasser übergiesst. Der nach etwa eintägigem Stehen ungelöst bleibende Rückstand steht im umgekehrten Verhältnis zum Wert der Ware. Je grösser er ist, um so geringer wird die Preisbewertung ausfallen. — Es folgt nun das Gutachten des Herrn Prof. Dr. Thoms.

IV. Über ein deutsch-ostafrikanisches Gummi.

Mitteilung aus dem Pharmaceutisch-Chemischen Laboratorium der Universität Berlin.

Von

H. Thoms.

Eine mir von der Direktion des Königl. botanischen Museums in Berlin zugegangene, aus Deutsch-Ostafrika eingesandte Gummiprobe habe ich auf ihre pharmaceutische, bezw. technische Verwendbarkeit geprüft. Von welcher Akazienart das Gummi stammt, ist nicht bekannt.

Die Gummiprobe stellt grössere, hellgelb bis braun gefärbte Stücke dar, welche muschligen Bruch zeigen und durchsichtig sind. Die grösseren Stücke besitzen beim Durchbrechen im Innern noch eine weiche

Beschaffenheit; beim Liegen an der Luft werden sie jedoch schon nach wenigen Tagen hart und brüchig.

Eine Durchschnittsprobe ergab einen Aschengehalt von 3,47 %. Für die pharmaceutische Verwendbarkeit eines Gummis wird die Forderung erhoben, dass es mit 2 Teilen Wasser zwar langsam, aber vollständig sich zu einem klebenden, geruchlosen, schwach gelblichen Schleime von fadem Geschmacke lösen müsse. Diese Forderung erfüllt nun die vorliegende Gummi-Probe nicht. Selbst bei einem Verdünuungsgrade von 1 Teil Gummi und 4 Teilen Wasser liess sich eine völlige Lösung nicht erzielen. Es hinterblieben gegen 20 % eines unlöslichen, mit Wasser teilweise quellbaren Rückstandes, der an Alkohol eine kleine Menge harziger, mit conc. Schwefelsäure sich rot färbender Substanz abgab.

Wenn somit eine pharmaceutische Verwendung dieses Gummis nicht in Frage kommen kann, so dürfte eine technische Verwendung des Gummis, z. B. zu Klebezwecken vielleicht in's Auge zu fassen sein. Der in Wasser lösliche Teil des Gummis liefert einen Schleim, der eine gute Klebkraft besitzt. Streicht man die Lösung auf Postpapier, so bildet das eingetrocknete Gummi einen gleichmässigen, nicht abblätternden Ueberzug, der beim Befeuchten mit Wasser gut klebt.

Eine Einfuhr dieses Gummis für den erwähnten technischen Zweck dürfte daher wohl anzuraten sein.

V. Herrn M. Dinklage's Beobachtungen über die Raphia-Palmen Westafrikas.

Von

A. Engler.

Herr Dinklage, der als Beamter auf den Faktoreien Herrn Woermann's in Grand Bassa, Liberia, ebenso wie früher in Batanga sehr sorgfältige und wertvolle Beobachtungen über die daselbst vorkommenden Pflanzen gemacht hat, übersandte dem Berl. botanischen Museum Fruchtstände zweier verschiedener Raphia-Palmen, einen mit etwa 6—7 cm langen, kurz zugespitzten Früchten und einen mit mehr länglichen, wenigstens 10 cm langen und länger zugespitzten Früchten. Die kurzfrüchtige Raphia bezeichnet er als Piassave-Palme, die langfrüchtige als Bambu-Palme. Er teilt mit, dass die Bambu-Palme beiderseits grüne, die Piassave-Palme unterseits grau bereifte Blätter besitze, dass ferner die erstere an Flussufern, die letztere in stagnierenden Sümpfen wachse. Herr Dinklage ist der Ansicht, dass die beiden Arten scharf getrennt sind. Der Vergleich der eingesendeten Früchte mit den Abbildungen in der Abhandlung von Mann und Wendland über die Palmen des tropischen Westafrika (On the palms of Western tropical Africa in Transactions Linn. Soc. XXIV. 437—439, Taf. 39, 42) ergiebt nun, dass die Piassave-Palme, also die kurzfrüchtige, als Raphia vinifera Pal. Beauv., die langfrüchtige Bambu-Palme als Raphia Hookeri Mann et Wendl. zu bezeichnen ist. Mann hatte die erstere an den Ufern des Old-Calabar-River, die zweite an feuchten Plätzen längs der Küste auf Corisco, in Kamerun und Old-Calabar beobachtet, woselbst sie auch von den Eingeborenen unter dem Namen Ucot kultiviert wird.

VI. Bemerkenswerte seltenere oder bisher noch nicht in den Gärten verbreitete Pflanzen des Berliner Gartens, welche in denselben in letzter Zeit aus ihrer Heimat eingeführt wurden.

a) Freilandpflanzen.

1. Aus Europa und dem Mittelmeergebiet.

Carex alpina Sw.	Tauern (Engler 1897).
Scirpus Duvalii Hoppe	Regensburg (Graebner 1896).
Sparganium diversifolium Graebner	Westpreussen (Graebner 1897).
Draba Dedeana Boiss.	Spanien.
„ scabra C. A. Mey.	Kaukasus.
Iberis commutata Schott et Kotschy	Cilicischer Taurus (Siehe 1897).
Onobrychis hypargyrea Boiss.	Paphlagonien (Sintenis).
Medicago Pironae Vis.	Isonzothal (Engler und Peters 1896).
Viola gracilis Sibth. et Sm. var. aetnensis Guss.	Aetna (Engler 1898).
Epilobium supinum L.	Norwegen (Graebner).
Galium aetnicum Biv.	Aetna (Engler 1898).
Campanula abietina Griseb. et Schenk	Siebenbürgen (Engler 1890).
Robertsia taraxacoides DC.	Aetna (Engler 1898).
Senecio aetnensis Jan.	Aetna (Engler 1898).

2. Aus Nordamerika.

Saxifraga leucanthemifolia Michx. Rocky mount. (Harland und
                                             Kelsey 1897).
Epilobium luteum Pursh. . . . . Cascadengebirge.
Pentastemon glaucus Grah. . . . Rocky mountains (Purpus).
Mimulus subreniformis Greene . . Kalifornien (Hansen).
Erigeron trifidus Hook. . . . . . Rocky mountains (Purpus).
      „ leiomerus Asa Gray . .   „   „   „
Eriophyllum coronarium (Asa Gray)
    Graebner . . . .   „   „   „
Layia heterotricha Hook. et Arn. . Kalifornien (Hansen).

3. Aus Neu-Seeland durch Herrn Cockayne 1897 und 1898.

Carex appressa R. Br.	Epilobium melanocaulon
Urtica incisa Poir.	Hook. f.
Colobanthus quitensis Baill.	Epilobium nummularifolium
„ subulatus Hook.f.	A. Cunn.
„ acicularis Hook.f.	Epilobium Cockaynianum
Ranunculus Buchananii Hook.f.	Petrie.
Lepidium sisymbrioides	Ligusticum latifolium Hook. f.
Hook. f.	Myosotis antarctica Hook. f.
Acaena glauca Cockayne.	Exarrhena Traversii Hook. f.
Epilobium Hectori Hausskn.	Plantago Raoulii DC.
	Cotula Trailii Kirk.

b) Gewächshauspflanzen.

1. Aus dem tropischen Afrika.

Aspidium camerunianum (Hook.)
        Mett. . . . . Kamerun (Scholz 1894).
Culcasia humilis Engl. . . . . Kamerun (Scholz 1894).
Palisota Staudtii K. Schum. . . Kamerun (Staudt 1894).
Chlorophytum inornatum Gawl. . Kamerun (Scholz 1894).
Dorstenia scabra (Bur.) Engl. var.
      denticulata Engl. Monogr.
      afr. Pfl. I. 20 . . . . . Kamerun (Lehmbach 1896).
    „ prorepens Engl. Bot.
      Jahrb. XX. 144 . . . . Kamerun (Preuss 1894).
    „ multiradiata Engl.
      Monogr. afr. Pfl. I. 15 . . Kamerun (Preuss 1894).
    „ subtriangularis Engl.
      Monogr. afr. Pfl. I . . . . Kamerun (Preuss 1894).

Bauhinia Volkensii Taub. in Engl.
Pflanzenwelt Ostafr. C. 200 . Kilimandscharo (Volkens 1895).
Bruguiera gymnorrhiza Lam. . Ostafrika (Stuhlmann 1897).
Mussaenda tonuiflora Benth. . . Kamerun (Staudt 1895).
Trichostachys Lohmbachii K.
Schum. . . . . Kamerun (Lehmbach 1896).

2. Aus dem tropischen Asien 1897 und 1898.

Aglaonema Treubii Engl. Bot. Jahrb. XXV. 22 . Celebes.
Alocasia porphyroneura Hallier fil. . . . . . Borneo.
Arisaema Davidianum Engl. Bot. Jahrb. XXV. 27 Yunnan.
    „ Lackneri Engl. n. sp. (siehe S. 186) . . Birma.
Pothos macrophyllus de Vriese . . . . Java.
Raphidophora oblongifolia Schott . . . . . . Java.
    „ peeploides Engl. Bot. Jahrb. XXV. 7 . Java.
    „ sylvestris (Blume) Engl. . . . . . Java.
Scindapsus grandifolius Engl. Bot. Jahrb. XXV. 13 Ind. Archipel.
    „ Treubii Engl. Bot. Jahrb. XXV. 13 . . Ind. Archipel.
Mit Ausnahme des Arisaema Davidianum, welches uns aus
Paris zuging, und des Arisaema Lackneri erhielt der botanische
Garten diese Araceen durch den botanischen Garten iu Buitenzorg.

3. Aus dem tropischen Amerika durch Herrn Direktor Glaziou
1884—1886.

Anthurium Eichleri Engl. Bot. Jahrb. XXV. 396 . . Brasilien.
    „ insculptum Engl. Bot. Jahrb. XXV. 413 . Brasilien.
    „ longipetiolatum Engl. Bot. Jahrb. XXV. 400 Brasilien.
    „ longilaminatum Engl. Bot. Jahrb. XXV. 399 Brasilien.
    „ nitidulum Engl. Bot. Jahrb. XXV. 397 . . Brasilien.

4. Aus Südafrika durch Herrn R. Schlechter 1894—1896.

Psoralea pinnata L.
Rhus cuneifolia L. fil.
Gymnosporia laurina (Eckl. et
    Zeyh.) Szysz.
Dombeya Bourgessiae Gerr.
Bupleurum difforme L.
Peucedanum ferulaceum Thbg.
Glossostephanus linearis
    (Thbg.) E. Mey.

Selago tephrodes E. Mey.
    „ spuria L.
Scabiosa africana L.
Kedrostis nana Cogn.
Athanasia parviflora L.
Conyza ivifolia Less.
Athrixia capensis Ker-Gawl.

5. Aus Neu-Seeland durch Herrn Cockayne 1892.

Pittosporum tenuifolium Banks et Sol.

Myoporum laetum Forst.

Arisaema Lackneri Engl. n. sp.; cataphyllis longis viridibus inferiorem partem petioli folii unius post inflorescentiam evoluti includentibus; petiolo longo viridi e basi crassa sursum valde attenuato, lamina trisecta lacte viridi, costis et nervis pellucidis instructa, segmentis oblongo-lanceolatis acuminatis acutis, lateralibus basi obliquis, nervis lateralibus utrinque circ. 15—16 parallelis patentibus in nervum collectivum a margine paullum remotum conjunctis; pedunculo cum folio haud coaetaneo pallide viridi, quam spatha duplo longiore; spathae tubo angusto albescente, lamina tubo subaequilonga ad faucem utrinque lobata, deinde ovato-lanceolata, acuminata, in caudam angustissimam quam tota spatha 3—3½-plo longiorem exeunte; inflorescentia speciminis masculi elongato-conoidea dimidium tubi paullo superante in appendicem tenuem teretiusculam laevem flavescentem paullo breviorem et tubi faucem attingentem exeunte; floribus plerumque 4-andris; antheris subsessilibus didymis violaceis.

Eine sehr stattliche Pflanze mit etwa 1 dem langen Niederblättern, welche den im Juni entwickelten Stiel der Inflorescenz am Grunde umgeben. Der Stiel des dem Fortsetzungsspross angehörigen und nach der Inflorescenz im Juli auftretenden einzigen Laubblattes ist etwa 4—5 dem lang und unten 2 cm dick, die Blattabschnitte sind etwa 1,5 dem lang und 8 cm breit, freudig grün und an den Nerven durchscheinend; die Seitennerven stehen etwa 6—8 mm von einander ab und sind durch einen 3—4 mm vom Rande entfernten Collectivnerv verbunden. Der Stiel der Inflorescenz ist etwa 2,5 dem lang, der röhrige, aber durchweg nicht geschlossene Teil der Spatha ist 6 cm lang und 2,5 cm weit, der obere Teil der Spatha etwa 6—7 cm lang und 4 cm breit, in eine 5—5,5 dem lange, nur 1 mm breite Geissel ausgehend. Der ganze Kolben ist etwa 7,5 cm lang, davon kommen etwa 4 cm auf die lang kegelförmige, unten 5 mm dicke männliche Inflorescenz.

Das Vaterland ist Birma, von wo Herr Gartendirektor Lackner die Pflanze zusammen mit Cypripedium Charleworthii erhielt.

Die neue Art gehört in die Verwandtschaft von A. speciosum Mart., A. intermedium Blume, A. costatum (Wall.) Mart., unterscheidet sich aber von allen durch die überaus lang geschwänzte Spatha.

•

Verlag von **Wilhelm Engelmann** in Leipzig.

Demnächst erscheint:

Monographien
afrikanischer
Pflanzen-Familien und -Gattungen
herausgegeben von
A. Engler.

I. *Moraceae (excl. Ficus)*
bearbeitet von
A. Engler.
Mit Tafel I—XVIII und 4 Figuren im Text.
Veröffentlicht mit Unterstützung der Königl. preussischen Akademie der Wissenschaften.
gr. 4⁰. M. 12,—.

II. *Melastomataceae*
bearbeitet von
E. Gilg.
Mit Tafel I—X.
Veröffentlicht mit Unterstützung der Königl. preussischen Akademie der Wissenschaften.
gr. 4⁰. M. 10,—.

Soeben erschien:

Handbuch der Blütenbiologie
unter Zugrundelegung von **Hermann Müller's** Werk:
„Die Befruchtung der Blumen durch Insekten"
bearbeitet von
Dr. Paul Knuth
Professor an der Ober-Realschule zu Kiel,
korrespondierendem Mitgliede der botanischen Gesellschaft Dodonaea zu Gent.

I. Band:
Einleitung und Litteratur.
Mit 81 Abbildungen im Text und 1 Porträttafel.
gr. 8⁰. Geh. M. 10.—; geb. (in Halbfranz) M. 12,40.

II. Band:
Die bisher in Europa und im arktischen Gebiet
gemachten blütenbiologischen Beobachtungen.
I. Teil:
Ranunculaceae bis Compositae.
Mit 210 Abbildungen im Text und dem Porträt Hermann Müller's.
gr. 8⁰. Geh. M. 18.—; geb. (in Halbfranz) M. 21.—.

In Vorbereitung befindet sich:
II. Band, 2. Teil: Lobeliaceae bis Coniferae.
III. Band: Die aussereuropäischen blütenbiologischen Beobachtungen.

Druck von E. Buchbinder in Neu-Ruppin.

Notizblatt

des

Königl. botanischen Gartens und Museums zu Berlin.

No. 13. (Bd. II.)   Ausgegeben am 5. November 1898.

I. Bestimmungen wertvoller von Herrn Premierlieutenant Brosig gesammelter Nutzhölzer aus Kilossa.   Von A. Engler und H. Harms.

II. Über den Ölgehalt der Samen von Telfairia pedata Hook.   Von H. Thoms.

III. Die Centrifugation der Kautschuksäfte.   Von K. Schumann.

IV. Über Gambia-Mahagoni in Ostafrika.   Von G. Volkens.

V. Aufzählung der lebenden Nutzpflanzen u. Sämereien, die seitens der Botanischen Centralstelle vom 1. Oktober 1897 bis zum 1. Oktober 1898 in die Kolonien entsandt wurden.

VI. Populus euphratica Olivier subspec. Denhardtiorum Engl. im tropischen äquatorialen Afrika.   Von A. Engler.

Nur durch den Buchhandel zu beziehen.

✳

In Commission bei Wilhelm Engelmann in Leipzig.

1898.

Preis 0,80 Mk.

Notizblatt

des

Königl. botanischen Gartens und Museums zu Berlin.

No. 15. (Bd. II.) Ausgegeben am **5. November 1898.**

Abdruck einzelner Artikel des Notizblattes an anderer Stelle ist nur mit Erlaubnis des Direktors des botanischen Gartens zulässig. Auszüge sind bei vollständiger Quellenangabe gestattet.

I. Bestimmungen wertvoller von Herrn Premierlieutenant Brosig gesammelter Nutzhölzer aus Kilossa.

Von

A. Engler und H. Harms.

Nebst Bemerkungen über die Verwendung der Hölzer

von

Herrn Premierlieutenant **Brosig.**

Der botanischen Centralstelle ging durch Vermittlung der Kultur-Abteilung in Dar-es-Salam eine Sammlung von Holzproben zu, welche Herr Premierlieutenant Brosig bei Kilossa gesammelt hatte. Da dieser Sammlung bessere Proben von blühenden oder fruchtenden Zweigen beilagen, als es leider sonst bei derartigen Sendungen von Hölzern aus den Kolonieen der Fall ist, so konnten die meisten Hölzer bestimmt werden.

Die Hölzer wurden auf Grund von Angaben gut bewanderter Eingeborener gesammelt. Herr Premierlieutenant Brosig schreibt: „Es sind selten mit harten Hölzern gut bekannte Eingeborene zu finden, selbst gelernte Holzfundis wissen darin erstaunlich wenig Bescheid. Einmal liegt dies in dem mangelnden Interesse an allem über die täglichen Lebensbedürfnisse hinausgehenden, dann auch hüten sich häufig die Neger wohl, in Voraussicht auf die sie erwartende harte Arbeit, den Europäer gerade mit den härtesten Hölzern bekannt zu machen. Erklärten doch hier nach Beendigung der Mkata-Brücke die Arbeiter

14

in biederer Offenheit, sie würden jetzt keinem Europäer mehr Mkambala-Bäume zeigen. Nur von zwei Volksstämmen sind eingehendere Kenntnisse in Erfahrung zu bringen, deren einen sein Beruf in die eigentlichen Wälder und Steppengebiete führt und deren anderer durch das Naturbedürfnis festerer und grösserer Bauten, als die Eingeborenenhütten, auf die Verwendung harter, haltbarer Bauhölzer von altersher hingewiesen ist. Es sind dies die der Elephantenjagd sich widmenden Makua und die als geschickte Baumeister ihrer festen Bomas bekannten Waniamwesi. Für die Makua ist die Kenntnis der härtesten Hölzer ausserdem deswegen erforderlich, weil sie von ihnen ihre Daua nehmen, die allein nach ihrem Glauben zum Erfolg verhilft. Betrachten sie doch dieselben als eine Aufspeicherung zäher Kräfte, welche sie in der Zeit der Vorbereitung für die Jagd sich anzueignen streben. Abkochungen aus Wurzeln, Blättern, Zweigen der Harthölzer dienen ihnen während 7 Tagen Morgens und Abends in abgeschlossener Zurückgezogenheit zum Baden, durch welches sie ein Übergehen deren Widerstandsfähigkeit auf sich gegen die Angriffe eines verletzten Elephanten erhoffen."

Zu den einzelnen Holzarten hat der Einsender ebenfalls Bemerkungen gemacht, die der Veröffentlichung wert sind; wir führen die Hölzer hier nicht in systematischer Reihenfolge, sondern in der des Berichtes auf.

1. Mkonga (Waniamwesi und Suaheli).
Novire (Makua).

Balanites aegyptiaca Delile in DC. Prodr. I. 708; Engl. Pflanzenwelt Ostafrikas C., 227. Bisher aus dem südlichen D.O.Afr. nicht bekannt.

„Dient den Makua als Daua in der Weise, dass sie kleine geschnitzte Hölzchen davon in die gefundene Elephantenlosung stecken und mit weiteren derselben die zerstreut herumliegende darauf aufhäufen. Dies soll ein Mittel gegen die Wildheit der Elephanten sein."

2. Msiga (Waniamwesi und Suaheli).
Mtere (Makua).

Dobera glabra (Forsk.) Juss. Gen. 425. var. **subcoriacea** Engl. et Gilg; foliis petiolo brevi leviter deflexo instructis subcoriaceis oblongis majoribus 6—7 cm longis, circa 4 cm latis, nervis (in sicco) magis prominulis.

Es sind nur Blattzweige vorhanden, aber die anatomische Struktur der Blätter stimmt nach der Untersuchung von Dr. Gilg mit derjenigen von D. glabra überein, auch finden sich im Holzkörper Leptomstränge.

Vielleicht wird sich die Pflanze später als selbständige Art herausstellen.

Bisher war D. glabra nur aus dem nordöstlichen Afrika bekannt.

3. Mkwisimkwi oder Mkemini (Makua).

Cassia Fistula L. Spec. ed. I. 540; Engl. Pflanzenwelt Ostafrikas C. 200.

„Abkochung von Wurzeln, Rinde und Blättern werden von Missionaren und Eingeborenen als Mittel gegen perniciöses Fieber getrunken. Den Makua gilt der Baum als besonders starke Daua bei Durchfall. Derselbe kommt als mittelgrosser Baum und strauchartig vor und ist in hiesiger Gegend ziemlich häufig."

4. Mkoko.

Faurea speciosa Welw. in Transact. Linn. Soc. XXVII. 63, t. 30; Engl., Pflanzenwelt Ostafrikas C. 164.

5. Mtakala.

Terminalia spinosa Engl. Pflanzenwelt Ostafrikas, C. 294.

6. Mfrikiu (Waniamwesi und Suaheli).
Nyanda (Makua).

Albizzia Pospischilii Harms im Notizblatt des bot. Gartens und Museums zu Berlin Nr. 5 S. 183.

„Ein grosser, sehr harter Baum mit roten Blüten. Die Leute sagen, er habe keine Früchte; die Blätter fallen ab. Am Mkata-Fluss."

7. Mkowe.

Garcinia kilossana Engl. n. sp.; ramulis viridibus, adultis brunnescentibus; foliis obovato-lanceolatis vel lanceolatis, brevissime apiculatis, in petiolum brevem cuneatim angustatis, margine leviter crenulatis, nervis lateralibus cum venis remotis reticulatis subtus valde prominentibus, canalibus resiniferis valde numerosis costae et nervis lateralibus subparallelis undulatis paullum pellucidis.

An den jungen Zweigen sind die Blätter einander sehr genähert, an den älteren werden sie höchstens 1,5 cm lang. Die kleineren Blätter an den Seitenzweigen sind 2,5—4,5 cm lang und 1—1,5 cm breit, die grösseren Blätter sind 6—8 cm lang und 2,5—3 cm breit.

8. Mokoanhebe.

Combretum Bruchhausenianum Engl. et Diels n. sp.; ramulis atque foliis novellis dense cinereo-pilosis, demum sparse pilosis; internodiis quam folia brevioribus; foliorum petiolo brevi, lamina rigidius-

14*

cula, lepidibus minutis subtus obspersa, obovata, breviter et acute apiculata, basi obtusa, nervis lateralibus utrinque circa 5 atque venis
reticulatis sparse pilosis subtus prominentibus.

Die Zweige und Blätter sind in der Jugend graugrün; später werden
die Zweige rötlich, sind mit 1,5—3 cm langen Internodien versehen,
die Blätter sind mit 1—2 mm langen Blattstielen versehen, 3,5—4,5
cm lang, 2—2,5 cm breit.

Die Art steht zweifelsohne dem C. porphyrolepis Engl. et Diels
nahe und ist von demselben hauptsächlich durch die zerstreut und
weich behaarten Blätter unterschieden.

9. Msese

war nicht zu bestimmen.

10. Mkuruka (Waniamwesi und Suaheli).

Maerua angolensis DC. Prodr. I. 254; Gilg in Engl. Pflanzenwelt Ostafrikas C. 187.

„Ein sehr grosser, schlanker und sehr harter Baum mit schwärzlichen Blüten. Bei Kimamba und am Gerengere."

11. Mkole.

Grewia microcarpa K. Sch. n. sp.; arborea ramis gracilibus teretibus novellis stellato-tomentosis; foliis breviter petiolatis ovatis vel
oblongis nunc subangulatis acutis vel obtusiusculis basi rotundatis vel
subcordatis obliquis supra glabris vel pilosulis subtus stellato-subtomentosis; floribus dichasium simplex axillare efformantibus, parvis; sepalis lanceolatis extus subtomentosis; petalis similibus paullo brevioribus; pyrena parva globosa.

Die Äste, welche mit Blüten oder Früchten beladen sind, erreichen
kaum einen Durchmesser von 2 mm und sind mit schwarzer Rinde
bekleidet; im Neutrieb sind sie rostfarbig filzig. Die Blätter sind
3—6 cm lang, in etwa der Hälfte 1,5—3 cm breit, ausser den gewöhnlichen Grundnerven werden sie von 2—3 Paar Seitennerven durchlaufen. Blütenstiel, Stielchen und Kelch sind getrocknet hell rostfarbig
bekleidet. Der letztere ist nur 5 cm lang, während die Blumenblätter
kaum 4 mm messen. Die Beere hat nur 3—4 mm im Durchmesser.

„Mittelgrosser, gerader, sehr harter Baum."

12. Mlama muitu (Waniamwesi und Suaheli).

Zweige mit dieser Nummer fanden sich nicht vor.

„Mit dem Namen Mlama oder Mkorowanuhe (Makua) kommen
3 Sorten vor (s. Nr. 16, 18 und 20). Mlama muitu wird als der
härteste bezeichnet."

13. Moumba.

Terminalia Brosigiana Engl. et Diels n. sp.; ramulis novellis atque foliis denso cinereo-pilosis; foliis novellis denso serics-pilosis nitidis, foliorum petiolo brevi, lamina lanceolata obtusiuscula, costa dense pilosa, ceterum pilis tenuissimis appressis obspersa, nervis lateralibus tenuissimis utrinque circa 15 patentibus; pedunculo tenui quam spica paullo breviore, cum illa denso cinereo-pilosa, bracteis lineari-lanceolatis longe acuminatis, infimis longioribus, omnibus flores superantibus, receptaculo quam sepala triangularia breviore.

Am Ende der Zweige stehen die Blätter ziemlich dicht bei einander und die Blattpaare sind durch 5—6 mm lange Internodien von einander getrennt. Die Blattstiele sind 4—6 mm lang, die Blattspreiten etwa 8—10 cm lang und 2—2,7 cm breit. Die Stiele der Inflorescenzen sind etwa 3 cm, diese selbst bis 4 cm lang. Die unteren Bracteen sind etwa 6—7 mm, die oberen 3—4 mm lang. Die Blüten sind mit dem unteren Receptaculum nur etwa 3 cm lang.

„Überall gleich benannt, bei den Suaheli auch unter dem Namen Mkaa bekannt. Letzterer Name rührt wohl davon her, dass er die beste Holzkohle für die Eingeborenen-Fundis zum Schmieden etc. liefert.

Der Baum ist bis zum Ansatz der Krone (ca. 3—4 m) gerade gewachsen und liefert wegen seiner Langfaserigkeit und leichter Bearbeitung ein sehr gesuchtes Nutzholz, auch besonders für Bauten der Europäer (Deckenbalken und Bretter). Leider ist derselbe über 4 m hinaus nicht mehr gerade und deshalb unverwendbar. Er erscheint auch besonders geeignet für Wagen- und Stellmacherarbeit. Vielfach vorzufinden in den Uluguru-Vorbergen (bei der Mission Mrogoro) und auch hier bei Kimamba vorkommend.

Er bildet eine starke Daua für Elephantenjäger."

14. Nguhu (Wassagara).
Muwungo (Waniamwesi).
Mgombe (Makua).

Leider kam hiervon nur Holz, daher nicht bestimmbar.

„Seine Früchte sind essbar für Menschen und bilden auch eine beliebte Nahrung für Elephanten."

15. Funga nyumba.

Dichrostachys nutans Benth. in Hook. Lond. Journ. of bot. IV. 353; Engl. Pflanzenwelt Ostafrikas, C. 195.

„Mittelgrosser Baum. Er giebt ein Mittel für die Eingeborenen gegen Klauenseuche und Rotzkrankheit. Abkochung aus Rinde und hauptsächlich der Wurzel werden äusserlich und innerlich verwandt."

16. Mlama ekundu.

Combretum spec.

Nicht zu bestimmen, da nur Früchte vorliegen.

„Sehr hoher gerader Baum mit rötlich braunem Holz. Ist sehr geeignet zu Bauten über der Erde (Bretter und Balken), während er in der Erde sich nicht sehr dauerhaft erweist (s. auch Nr. 12, 18, 20).

17. Mninga oder Mininga (Suaheli).
Mtumball (Makua).

Pterocarpus erinaceus Poir. in Lam. Dict. V. 278; Engl. Pflanzenwelt Ostafrikas, C. 218.

„Schon vielfach als afrikanisches Teakholz bezeichnet, mit rotbraunem Kern und weissem Splint. Der Baum liefert wegen seiner langen Faser sehr gute Bretter, die wegen ihrer Dauerhaftigkeit und schönen Farbe sich ganz besonders zu Thüren und Fenstern, sowie Möbeln eignen. Von ihm stammt das Holzmaterial der neuen Station Kilimatinde, in deren Nähe sich grosse Bestände bei Saronga im Norden und am Kissigo und Mtorube-Fluss im Süden befinden sollen. Auch hier bei der Station Kilossa ist der Baum häufig anzutreffen, sowie am linken Gerengere-Ufer.

Beim Fällen entfliesst zwischen Rinde und Holz reichlich ein purpurroter dickflüssiger Saft.

. Der Sultan Sikke hatte seiner Zeit seine feste Boma aus diesem Holz erbaut. Die Eingeborenen verfertigen daraus ihre Mehlstampfen."

18. Mlama meupe.

Combretum Brosigianum Engl. et Diels n. sp.; arbor, ramulis glabris, internodiis longiusculis; foliorum petiolo supra canaliculato, tenui, purpurascente, quam lamina 6—8-plo breviore, lamina subcoriacea laete viridi, subtus lepidibus parvis densiuscule obspersa, oblongo-lanceolata, basi acuta, apice obtusiuscula, nervis lateralibus I utrinque circa 8 arcuatim adscendentibus atque venis tenuibus reticulatis subtus prominentibus; inflorescentia fructifera folii dimidium aequante, pedicello fructus dimidium aequante; fructu lepidibus porphyreis dense obtecto magno, ambitu late ovato, utrinque subtruncato, apice cono pyramidiformi tetrangulo instructo, late alato, alis latis, fructus partem seminigeram latitudine aequantibus, basi truncatis in alas angustissimas pedicello decurrentes contractis.

. Diese Art ist mit dem in Abyssinien und Ostafrika vorkommenden Combretum collinum Fresen. etwas verwandt. Die Internodien der Zweige sind etwa 2—4 cm lang. Die mit 2—2,5 cm langen Blattstielen versehenen Blattspreiten sind lebhaft grün, oberseits kahl, unterseits mit rotbraunen Schuppen versehen, etwa 1,5 dm lang und in der Mitte 6—7 cm breit. Die fruchttragenden Zweige sind bis 1 dm lang, die Stiele der Früchte 1—1,2 cm, die Früchte sind mit der 4 mm langen pyramidenförmigen Spitze fast 3 cm lang und mit den 6 mm breiten Flügeln etwa 2 cm breit.

Kilossa, auf einem Hügel, dicht im Westen der Station. (Fruchtend im März.)

„Diese Holz- und Blattprobe sollen nach Aussage der Eingeborenen dem weiblichen Baum angehören." (Der Baum ist aber nicht diöcisch, s. unter Nr. 20.) „Dieses Holz ist sehr gesucht als Bauholz über der Erde, nicht in derselben und im Wasser, wo es schnell fault. Am Wege durch die Mkata-Ebene bis zur Station häufig anzutreffen; auf der Karte 1 : 150000 sind grössere Bestände desselben als Myombo-Wald bezeichnet."

19. Mtonga (Suaheli).
Mgurunguja (Makua).

Strychnos Engleri Gilg in Engl. Bot. Jahrb. XVII, 528 und Pflanzenwelt Ostafrikas, C. 310.

„Baum nur brauchbar bis 2—3 m Höhe, wo die Entwicklung der Krone beginnt. Das Holz ist dem heimischen Buchenholz ähnlich. Ist häufig zwischen Kilossa und Kimamba."

20. Mlama meupe.

Combretum kilossanum Engl. et Diels n. sp.; ramulis petiolis atque foliorum costis dense et breviter pilosis; foliis ternatim verticillatis, internodiis inter verticillos longiusculis; foliorum petiolis brevibus, lamina supra obscure viridi et nitidula, subtus flavescenti-viridi, lepidibus minutis densiuscule obsita, nervis lateralibus I. utrinque circa 10 arcuatim adscendentibus atque venis inter illos oblique transversis subtus prominentibus.

An den vorliegenden Zweigen sind die grau behaarten Internodien 2—6 cm lang. Die Blattstiele sind 2—4 mm lang, die Spreiten 1,3—1,6 dm lang und 4—6 cm breit, mit unterseits stark hervortretenden Seitennerven, die etwa 1,5 cm von einander entfernt sind.

Diese Art steht dem C. verticillatum Engl. etwas nahe.

„Diese Teile sollen dem männlichen Baum angehören, sonst s. Nr. 18."

Wie schon bei Nr. 18 bemerkt, sind die Arten von Combretum nicht diöcisch. Was die Eingeborenen als männliche und weibliche Bäume bezeichnen, sind verschiedene Arten.

21. Muanga (Suaheli).
Mgunumbwe (Makua).

Combretum Petersii (Klotzsch) Engl. Pflanzenwelt Ostafrikas, C. 290.

„Trotz des häufigen Vorkommens dieses Baumes, seiner überall gleichen Suaheli-Benennung ist er nach dieser nirgends aufzufinden. Derselbe ist in Beständen schlank und gerade gewachsen bis zur Länge von 10—15 m; wo er einzeln steht, oft krumm und mit niedrig ansetzender Krone. Äusserlich hat er ein weissliches Aussehen, der Kern zeigt eine fast schwarze, der Splint eine gelbliche Färbung. Der Kern hat einen angenehmen Geruch, der besonders beim Sägen hervortritt und dem Baume den Namen Weihrauchholz bei den Missionaren eingebracht hat. Auf die Geruchsnerven wirkt das Sägemehl sehr stark, wie Schnupftabak. Er ist überall verbreitet im Bezirk."

Bisher war der Baum bekannt von Usaramo, wo er nach Dr. Stuhlmann Munongare genannt wird, von Sena in Mossambik und von Benguella.

22. Mpingo.

Dalbergia melanoxylon Guill. et Perr. Fl. seneg. 227 t. 53; Engl. Pflanzenwelt Ostafrikas C, 217.

„Ist vereinzelt im Bezirk sehr häufig; ein engeres Zusammenstehen ist von einer Stelle zwischen Kimamba und Rudewa bekannt."

Der Baum war früher nur nördlich von Kilossa bekannt.

23. Mkambala (Suaheli).
Muhengere (Makua).

Acacia Brosigii Harms n. sp.; arbor glabra; foliis petiolatis glabris, 2—3-jugis, pinnis oppositis vel suboppositis, 1—2-jugis, petiolo glandulis parvis sessilibus 1—2 dissitis munito, foliolis brevissime petiolulatis obliquis obovatis vel obovato-oblongis majusculis, basi obliqua obtusis, apice rotundatis, interdum leviter emarginulatis, glabris, chartaceis; glandula inter foliola parva sessili; spicis in axillis solitariis vel geminis, glabris, foliis brevioribus (vel aequantibus?); legumine juvenili lineari basin versus in stipitem longiusculum attenuato.

Es liegen nur Zweigstücke mit jungen Hülsen vor. Dornen sind an dem Material nicht vorhanden. Blattspindel 8—9 cm lang, davon entfallen auf den Stiel 3—5 cm., Internodien zwischen den Fiedern 2—3 cm lang, Fiedernspindel 1,5—3 cm lang. Blättchen 2—2,5 cm lang, 1,2—2 cm breit. Ähren 6—9 cm lang. Junge Hülsen 3,5 bis 4,5 cm lang, 2—3 mm breit.

Diese Art steht jedenfalls der A. nigrescens Oliv. in Fl. Trop.

Afr. II, 340 nahe, die jedoch nach der Beschreibung kleinere Blättchen besitzt.

„Dieses ist das am häufigsten, in grösseren Beständen sowie vereinzelt vorkommende und zu allen Zwecken bestverwendbare Holz des Bezirks.

Im Anhang des Sacleux'schen Wörterbuchs ist der Baum als Acacia nigrescens bezeichnet.

Der Baum ist leicht kenntlich durch den mit Buckeln besetzten Stamm, welche am Stammende mit der Zeit verschwinden, während sie an den Zweigen noch vorhanden sind.

Er bekleidet sich erst im Baumfrühling, in der kleinen Regenzeit mit dem hellgrünen Blätterschmuck, welcher eine Lieblingsnahrung der Giraffen bildet. Sehr bald nach der Regenzeit verschwindet jegliches Grün von demselben und macht er den Eindruck eines vertrockneten knorrigen Dornbaums. Deshalb ist er für den Laien wohl auch so wenig auffällig, trotzdem die Karawanenstrasse von Gerendere bis Kilossa von demselben begleitet ist. Der Splint ist weisslich, der Kern zeigt verschiedene Färbungen, von dunkelgelb über dunkelbraun bis fast schwarz. Im Wasser färbt sich der Kern dunkler.

Je älter der Baum, um so schwächer wird der Splint und der Kern entsprechend mehr entwickelt. Bei den als „männlichen" bezeichneten ist der Kern stärker, als bei den „weiblichen" Bäumen, der Splint bei letzteren rein weiss.

Der Baum eignet sich wegen seines häufigen Vorkommens in allen Stärken und wegen seines geraden Stammes bei der Härte des Kernholzes und dessen Widerstand gegen Insektenfrass zu Bauholz wie kein anderer. Im Wasser scheint er die Eigenschaften der heimischen Eiche anzunehmen. Er ist hier zu Brückenbauten ausschliesslich verwandt worden, sowie zu Verandapfeilern, Fussboden- und Deckenbalken beim Häuserbau. Ferner liefert er bei der immerhin noch möglichen Bearbeitung mit der Säge gute Bohlen und die Abfälle ein sehr gutes Feuerholz. Der Kern brennt mit einer überaus starken Hitze, erzeugt sehr wenig Rauch und hinterlässt nur geringen Rückstand.

Dieser Baum dürfte, wenn ihm in dem vorhandenen Bestande eine Pflege (Schutz gegen Feuer) und Nachzucht zu Teil wird, ein zu allen Zwecken verwendbares Material in reichen Mengen abgeben. Jetzt finden sich bereits, wild entstanden, zahlreiche sehr dichte Stellen jungen Nachwuchses, welche schon allein durch Aushauen der Kümmerlinge und Krüppel den Anfang einer Forstwirtschaft bilden würden. Einstweilen besorgt die Arbeit des Lichtens das Feuer, welchem allerdings in erster Linie die Schwächlinge zum Opfer fallen, welches aber auch die stärkeren in ihrem Wachstum schwächt."

196 of MUST 474

Hierzu bemerkt Herr Forstassessor von Bruchhausen, dass ein gelernter Jäger — als Unteroffizier — der Station Kilossa beigegeben worden ist, um in forstlicher Beziehung mit thätig zu sein.

Es ist dringend zu wünschen, dass alle Stationsvorstände Deutsch-Ostafrikas in gleicher Weise wie Herr Premierlieutenant Brosig die Holzgewächse ihrer Umgebung beobachten und auf Erhaltung sowie Vermehrung der wertvollen Arten bedacht sein mögen.

II. Über den Ölgehalt der Samen von Telfairia pedata Hook.

Mitteilungen aus dem Pharmazeutisch-Chemischen
Laboratorium der Universität Berlin.

Von

H. Thoms.

Von dem Direktor der Botanischen Centralstelle für die Kolonieen am Kgl. botanischen Garten zu Berlin, Herrn Geh.-Reg.-Rat Prof. Dr. A. Engler, ging mir ein grösseres Quantum einer Ölsaat aus Ostafrika, von Telfairia pedata Hook. herrührend, mit der Aufforderung zu den Prozentgehalt der Samen an Öl, sowie die Qualitätsprobe desselben festzustellen.

Eine chemische Analyse der Samen ist vor einer Reihe von Jahren bereits von Dr. H. Gilbert ausgeführt worden und findet sich mitgeteilt in den von Prof. Dr. Sadebeck veröffentlichten Arbeiten des botanischen Museums in dem „Jahrbuch der Hamburger Wissenschaftlichen Anstalten IX. 1891" und in Sadebeck's „Tropische Nutzpflanzen Ostafrikas" S. 19.

Die chemische Analyse Dr. H. Gilbert's hat ergeben, dass die von den Schalen befreiten Samen 59,31 Proz. fettes Öl enthalten, welches dem Olivenöl gleichgestellt wird. Die von Gilbert gleichfalls ausgeführte Analyse der ganzen Samen in Bezug auf andere Bestandteile lieferte folgendes Ergebnis:

Die ganzen Samen enthalten

6,56	Proz.	Wasser,
2,04	=	Asche,
36,02	=	Fett,
19,63	=	Protein,
7,30	=	Holzfaser,
28,45	=	stickstofffreie Bestandteile.

Meine gemeinsam mit Herrn Apotheker Fendler im hiesigen Institut ausgeführte Analyse der Samen hat nun folgende Resultate zu Tage gefördert:

Zehn Stück der aus einem sehr festen maschigen Bastgewebe, aus einer harten Schale und dem Kern bestehenden Samen wogen 85 g, wovon entfielen

auf das Bastgewebe   6 g =   7,06 Proz.

   » die Schalen . . 28 g = 32,94   »

   » den Kern . . 51 g = 60,00   »

                             100,00 Proz.

Der Kern enthielt 3,95 Proz. Feuchtigkeit (durch Austrocknen bei 105° C im Trockenschrank ermittelt) und gab bei der Extraktion mit Äther im Soxhlet-Apparat an den Äther 64,71 Proz. fettes Öl ab. Berechnet man unter Berücksichtigung der oben erhaltenen Zahlen auf die ganzen, also noch mit Schalen und Bastgewebe bekleideten Samen, so enthalten diese 33 Proz. fettes Öl, welche Zahl mit der von Gilbert ermittelten nahezu Übereinstimmung zeigt.

Zur Prüfung des fetten Öles selbst konnte das durch Extraktion mit Äther gewonnene Produkt nicht benutzt werden, da der Äther eine kleine Menge des die Samenkerne überziehenden Farbstoffes, auch etwas Bitterstoff aufnimmt.

Es wurden daher 2 Kilo der Kerne vom fetten Öl durch Pressen befreit und hierbei 870 g Öl = 43,5 Proz. gewonnen. Das Öl, welches anfangs eine dem Leinöl ähnelnde dunkle Farbe besaß, blasste schon nach Verlauf weniger Tage und bildet nach der Filtration ein hellgelbes angenehm riechendes, aber etwas weichlich schmeckendes Liquidum, das trotz der warmen Sommertemperatur alsbald eine flockige Abscheidung von Glyceriden zeigte.

Die von dem Telfairia-Öl bestimmten chemischen Konstanten zeigen von denjenigen des wichtigsten Speiseöls, des Olivenöls, sehr bemerkenswerte Abweichungen.

Das Telfairia-Öl ergab folgende Konstanten:

Spezifisches Gewicht . . . .   0,9180 bei 15° C.

Säurezahl   0,34

Verseifungszahl   174,8

Esterzahl   174,46

Jodzahl   86,2

Erstarrungspunkt des Öles . . . . + 7° C.

Schmelzpunkt der abgeschiedenen Säuren 44° C.

Erstarrungspunkt derselben . . . . 41° C.

Im Zeiss'schen Butter-Refraktometer zeigt Telfairia-Öl

bei 31° die Ablenkungsziffer 61—62

= 30° = = 61—62

= 29° = = 62

= 28° = = 62—63

= 27° = = 62—63

= 26° = = 63

= 25° = = 63—64.

Für das Olivenöl sind folgende Konstanten ermittelt worden:

Spezifisches Gewicht . . . . 0,9178 bei 15° C.

Säurezahl 0,3

Verseifungszahl . . . . 185—203

Esterzahl . . . . —

Jodzahl . . . . 79—86

Erstarrungspunkt des Öles . . . . + 2° C.

Schmelzpunkt der abgeschiedenen Säuren 23,98—26° C.

Erstarrungspunkt derselben . . . . . 21,2° C. (Hübl.)

Refraktometerzahl . . . . . . 62—62,5 bei 25° C.

Das Telfairia-Öl gehört wie das Olivenöl zu den nicht trocknenden Ölen; es zeigt mit rauchender Salpetersäure die Eleïdin-Reaktion.

Ein wesentlicher Unterschied des Telfairia-Öles vom Olivenöl besteht darin, dass ersteres bei weit höherer Temperatur schon erstarrt und dass der Schmelz- bez. Erstarrungspunkt der Fettsäuren des Telfairia-Öles wahrscheinlich zufolge eines hohen Gehaltes an Stearin- bez. Palmitinsäure sehr hoch liegt. Diese Eigenschaft dürfte der Einführung des Telfairia-Öles als Speiseöl Hindernisse in den Weg stellen. Auch entwickelt sich, was nicht verschwiegen werden darf, schon beim geringen Erhitzen des Telfairia-Öles ein unangenehmer Geruch. Hingegen dürfte das Telfairia-Öl für die Seifen- und besonders für die Kerzenfabrikation von Wichtigkeit werden können, wenn es billig zu beschaffen ist.

Ob der Verwendung des Telfairia-Öles als Speiseöl noch andere Bedenken entgegengestellt werden müssen, kann erst dann entschieden werden, wenn die Natur der Fettsäuren und der Ölsäuren, mit deren eingehender Untersuchung ich zur Zeit noch beschäftigt bin, abgeschlossen sein wird.

In den Schalen und besonders in dem Bastgewebe der Telfairia-Samen befindet sich ein gut krystallisierender, sehr stark bitter schmeckender Körper, der beim Pressen des Öles jedoch nicht in dieses gelangt. Die Schalen enthalten ausserdem in reichlicher Menge einen zu den Gerbstoffen gehörenden gelben Farbstoff, der in Alkohol und teilweise auch in Äther löslich ist. Auch die chemische Untersuchung dieser Körper soll im hiesigen Institut in Angriff genommen und über die Ergebnisse dieser Versuche an anderer Stelle berichtet werden.

Zu vorstehender Mitteilung seien mir einige Bemerkungen gestattet. — Die in Untersuchung genommenen Samen von Telfairia pedata Hook, eines kürbisartigen Gewächses, auf Kisuaheli für gewöhnlich Kwemme, in Useguha Lukungu genannt, stammten von einer grösseren Sendung, die Herr Direktor Eick aus der Umgebung Kwais in Usambara einschickte. Die Pflanze, die als Schlinggewächs bis in die höchsten Bäume hinaufklettert und sie schliesslich laubenartig dicht überkleidet, ist wohl über den grössten Teil Ostafrikas verbreitet, da sie von den Eingeborenen der verschiedensten Stämme in eine Art von Halbkultur genommen wird. Sie säen sie in der Nähe ihrer Hütten am Grunde von Bäumen aus, um eines jederzeit leicht zu erlangenden Vorrats an Samen dauernd gewiss zu sein. Die Samenkerne verzehren sie roh oder geröstet, die ganzen, ungeöffneten Samen benutzen sie auch zum Glätten ihrer Thonkrüge. Einer Anpflanzung im Grossen und damit einer Massengewinnung der Ölsaat steht also kein Hindernis im Wege; selbst in den Gewächshäusern des Berliner Botanischen Gartens und anderwärts haben die Samen fast sämtlich gut gekeimt und stattliche Pflanzen ergeben. Ob aber, ganz abgesehen von der oben gegebenen Charakterisierung des Öles, ein Export sich als rentabel erweisen wird, bleibt noch fraglich. Ein vom Verein Deutscher Ölfabriken zu Mannheim erstattetes Gutachten lautet dahin, dass eine Einführung der Saat im Grossen nach Europa nicht eher zu empfehlen sei, als bis geeignete Maschinen für die schwierige Trennung von Kern und Schale erfunden bezw. konstruiert wären.

Obwohl in unseren westafrikanischen Kolonieen eine verwandte und gewiss ebenso zu verwendende Art, die Telfairia occidentalis Hook, heimisch ist, hat es sich die Botanische Centralstelle doch angelegen sein lassen, auch Telfairia pedata Hook nach dorthin überzuführen. Die Gärten von Lome, Kete-Kratji, Victoria, Johann-Albrechtshöhe und Windhoek haben Sendungen davon erhalten.   G. Volkens.

III. Die Centrifugation der Kautschuksäfte.

Von

K. Schumann.

Schon vor mehreren Jahren erfuhr ich von einem Kautschuk-
importeur, dass er hatte Versuche anstellen lassen, den Kautschuk mit
Hilfe der Centrifuge aus den Säften auszuscheiden. Da die Kügelchen
des Kautschuks in einer wässerigen Lösung flottieren, so war in
gleicher Weise die Aussicht vorhanden, diese Körperchen aus dem
Safte auszuscheiden, wie man durch die schnelle centrisch rotierende
Bewegung eines Gefässes das Blut in Blutkuchen und Serum zerlegen
oder wie man die Butter aus der Milch sondern kann.

Die Erfolge der ersten Versuche waren nicht sehr aufmunternd.
Viel bessere hat aber in in neuester Zeit Biffin erhalten, welcher die
Milchsäfte aller in Amerika ausgebeuteten Kautschukpflanzen in Mexiko,
Nikaragua und Brasilien centrifugierte. Er benutzte einen Apparat, der
im Wesentlichen einem gewöhnlichen Milchprober glich, änderte ihn
aber dahin ab, dass er die Rotationsgeschwindigkeit bedeutend er-
höhte; er machte etwa 6000 Touren in der Minute. Mit Hilfe dieses
Apparates gelang es ihm, schon nach Verlauf von 3—4 Minuten den
gesammten Kautschuk aus der Milch auszuscheiden. Ehe er den Saft
in das Gefäss gab, strich er ihn durch ein feines Drahtsieb, um alle
Spuren von Unreinigkeiten zu entfernen; war er zu dick, so verdünnte
er ihn mit Wasser bis zur Konsistenz gewöhnlicher Milch.

Auf diese Weise behandelte er die Milch von Castilloa elastica
und fand den Gehalt an Kautschuk zu 25 %, während die Hevea
brasiliensis 28—30 % gab; nicht minder centrifugierte er die Säfte
von Hancornia speciosa, Mimusops globosa, Artocarpus incisa und Ficus gamelleira immer mit dem Resultate, dass aus dem
Safte der Kautschuk vollkommen ausschied.

Diesem Verfahren sollte in unseren afrikanischen Kolonien die
vollste Aufmerksamkeit entgegengebracht werden. Wir besitzen dort
unter den Geschlechtern der Apocynaceae gewiss noch manche
Pflanze, welche in ihren Säften brauchbaren Kautschuk enthält. Ich
erinnere neben den verschiedenen Arten von Landolphia vor allen
noch an die hohen, strauch- und baumartigen Formen der Gattung
Tabernaemontana und Voacanga, zumal das Gerücht geht, dass
in Ostafrika in der That eine Pflanze aus dem erstgenannten Geschlecht Kautschuk liefern soll. In der Centrifuge in kleinerer Form
würde zunächst ein Apparat zur Hand sein, mit Hilfe dessen be-

quem geprüft werden kann, ob ein Saft kautschukähnliche Stoffe enthält, in welcher Menge sie vorkommen und welche Eigenschaften sie haben. Hat sich die qualitative Probe als befriedigend erwiesen, so kann daran gedacht werden, die Pflanze in grossem Massstabe auszubeuten.

Wir stehen in Bezug auf die Kautschukgewinnung immer noch vor der Möglichkeit überraschender Erfolge. Erst neuerdings hat die energische Ausbeutung der Hancornia speciosa in Brasilien, namentlich im Staate S. Paulo und die bessere Behandlung des von ihr gewonnenen Kautschuks äusserst befriedigende Resultate gezeitigt. Der Mangabeira-Kautschuk, welcher von der genannten Pflanze stammt, war früher nicht besonders geschätzt und erzielte nur mässige Preise. Vor ganz kurzer Zeit gelangte aber die Nachricht nach Europa, dass bessere Methoden der Gewinnung einen Kautschuk hervorgebracht haben, der im Preise selbst gutem Pará-Kautschuk nur wenig nachsteht.

Die Stammpflanze dieses Mangabeira-Kautschuks hat für uns noch ein erhöhtes Interesse deswegen, weil sie eine echte Steppenpflanze ist, die bei ihren sehr mässigen Lebensansprüchen in den trockneren Gebieten Ost-Afrikas vielleicht einen gedeihlichen Wohnplatz finden dürfte. Es wäre deshalb sehr wünschenswert, an den geeigneten Örtlichkeiten Anpflanzungsversuche zu machen.

IV. Über Gambia-Mahagoni in Ostafrika.

Von

G. Volkens.

Je intensiver die Waldflora Ostafrikas botanisch durchforscht wird, um so mehr vergrössert sich für dieses Gebiet die Zahl solcher Gattungen und Arten, die bisher nur aus dem tropischen Westafrika bekannt waren. Insbesondere sind es eine Reihe höherer Bäume, die vom atlantischen bis zum stillen Ozean durchgehen. So konnte an dieser Stelle (Heft 12, S. 52) vor kurzem auf Chlorophora excelsa (Welw.) Bth et Hk. aufmerksam gemacht werden, heut möchte ich den Blick auf einen anderen Baum lenken, der vielleicht noch grössere Wichtigkeit als dieser beanspruchen kann. Es ist Khaya senegalensis Juss.

Bei meinem Heraufzuge zum Kilimandscharo fand ich den Baum in einer Anzahl schöner, gewiss an 30 m hoher Exemplare in dem Wäldchen, welches den Momofluss begleitet und zwar an der Stelle, wo die nach Masinde führende, von Tanga ausgehende Karawanenstrasse ihn überschreitet. In Gemeinschaft einer noch nicht näher bekannten Parkia und Pterygota und eines im Stamm wie aus Tauen zusammengesetzten

Feigenbaums bildet er dort einen schmalen Streifen typischen Urwaldes. Da es mir nicht möglich war, Blätter und Blüten zu erlangen, musste ich mich damit begnügen, eine Anzahl der ziemlich massenhaft über den Boden verstreuten Früchte aufzulesen. Damals kannte ich den Baum noch nicht, nur so viel war mir klar, dass er zur Familie der Meliaceen gehören müsse. Heut weiss ich mit aller Bestimmtheit, dass er eine Khaya, und höchst wahrscheinlich Khaya senegalensis ist. Die damals aufgelesenen Früchte, die nach langer Pause mir kürzlich wieder in die Hände fielen, lassen kaum einen Zweifel. Es sind fast kugelrunde, 3—4 cm im Durchmesser betragende dickholzige, graubraun erdfarbene Kapseln, die durch zwei sich senkrecht kreuzende, nicht ganz bis zur Basis reichende Medianschnitte sternartig mit 4 Klappen aufspringen. Das Innere ist durchsetzt von zwei sich gleichfalls rechtwinklig schneidenden Scheidewänden, so dass auf diese Weise vier Längskammern entstehen, von denen jede eine sie gerade ausfüllende Reihe in der Weise von Geldrollen aufeinander liegender Samen birgt. Die Samen sind braun-lederig, oval-schüsselförmig, 1,5—2 cm lang und wenig über 1 cm breit, von einem Hautflügel umrandet.[1]) An einem erwachsenen Baume ist natürlich von den weniger als apfelgrossen Früchten kaum etwas zu sehen, aber nach der Reife fallen sie mit einem kurzen, dicken Stiel ab und bedecken dann den Boden in reichlicher Menge.

. Ein weniger charakteristisches Merkmal wie die Früchte bieten die Blätter und Blüten von Khaya senegalensis dar. Erstere sind paarig gefiedert, wenn man von dem mangelnden Endblatt absieht, etwa denen einer Wallnuss ähnlich, nur werden sie wohl manchmal bedeutend grösser. Die Blüten, die nach einer Angabe des in Johann-Albrechtsburg verstorbenen Staudt hell lila, nach Anderen weiss sein sollen, sind zu reichblütigen, traubigen, meist mehr als handlangen Rispen vereinigt, von denen gewöhnlich eine grössere Zahl an der Spitze der hier dichtbeblätterten Zweige beisammenstehen. Die Blüten selbst, die frisch etwa 1 cm im Durchmesser betragen mögen, zeigen 4 kleine Kelchblätter, 4 längliche, oben abgerundete Blumenblätter, eine glockenartige, oben in 8 freie Läppchen gespaltene, innen 8 Staubbeutel tragende Staubgefässröhre und in der Mitte einen kurzen Griffel, der einem fleischigen Polster aufsitzt und an der Spitze in eine tellerförmige Narbe übergeht.

---

[1]) Der einzige Unterschied, den ich zwischen den von mir in Ostafrika gesammelten und solchen aus Westafrika stammenden Früchten von Khaya senegalensis habe finden können, liegt in der Grösse der Samen. Die westafrikanischen sind darum etwas grösser, weil der sie umrandende Hautflügel breiter ist.

Im Botanischen Museum ist Khaya senegalensis in Exemplaren vorhanden aus Sierra Leone, Lagos, Kamerun und Angola, ferner vom oberen Nilgebiet aus dem Lande der Djur und vom Nyassaland. In der Litteratur angegeben findet sich ein sehr reichliches Vorkommen in der Gegend des Kap Verde und am Gambia, wo die Bezeichnung Cail oder Cail-Cedra gangbar ist, endlich, aber als fraglich bezeichnet, von den Manganyahügeln in Mozambik.

Seine Bedeutung für den Handel hat der Baum als Produzent eines sehr wertvollen Nutzholzes, des Gambia Mahagoni oder afrikanischen Mahagoniholzes, wobei freilich zu beachten ist, dass unter dem letzteren Namen auch eine Reihe anderer Hölzer gehen. Die Aufmerksamkeit auf Khaya lenkten als erste Guillemin und Perrottet in ihrer Flora Senegambiens. Sie sagen da, dass der Baum zu den höchsten und schönsten an den Ufern des Gambia und der Ebenen auf der Capverdischen Halbinsel gehöre. Vornehmlich findet er sich in dem Distrikt von Bargny, wo er den Hauptbestandteil der Wälder ausmacht. In Senegal im engeren Sinne fehlt er, wenigstens ist er dort nicht indigen, doch wird er von den Franzosen als Alleebaum angepflanzt. Sein Stamm erreicht einen Meter im Durchmesser und ist vollkommen gerade, so dass die prachtvollsten Bretter aus ihm geschnitten werden können. Das Holz, das sich namentlich für feine Tischlerarbeiten eignet, ist fast so rot wie das vom echten Mahagonibaum, der südamerikanischen Swietenia Mahagoni L., doch ist es weicher, von weniger dichtem Korn und splittert auch beim Trocknen etwas mehr. Das Holz enthält ein Gummi, welches früher als Ersatz für arabisches Gummi ausgeführt wurde. Die Eingeborenen machen Küstenboote von grosser Dauerhaftigkeit aus den Stämmen und behaupten ferner, dass ein Dekokt der Rinde ein vortreffliches Fiebermittel sei, womit wohl der von Lanessan in seinem Buch: „Les plantes utiles des colonies françaises" gebrauchte Name Quinquina du Sénégal zusammenhängt.

Das Kew Bulletin vom Jahre 1895 berichtet über die Ausfuhr des westafrikanischen Mahagoni folgendes: Der Handel damit begann im Jahre 1886 und schon jetzt hat er einen solchen Umfang erreicht, dass die Mahagoniindustrie von British Honduras und anderer Länder davon auf das Empfindlichste berührt wird. Afrikanisches Mahagoniholz findet seinen Weg schon nach Amerika, nach Louisville, da es billiger ist, als das von Central-Amerika und Kuba. Von den afrikanischen Mahagoniwäldern wird behauptet, dass bereits 12 Millionen Fuss Stabholz geschnitten und exportiert worden sind und dass sie versprechen, den dort ansässigen französischen und englischen Kolonisten einen sehr bedeutenden Ertrag abzuwerfen. Das Holz ist etwas blasser rot als das amerikanische. Einzelne Blöcke sind besonders schön geadert und werden diese zu sehr begehrtem Furnierholz verarbeitet.

Ueber den augenblicklichen Stand des Marktes in westafrikanischem Mahagoniholz, soweit dabei Khaya senegalensis in Betracht kommt, ist es zur Zeit nicht möglich, sich eine Vorstellung zu machen. Von Mahagoniholz überhaupt exportierte allein der französische Kongo im Jahre 1897 fast 35000 Doppelzentner. Hamburg erhielt 1895 aus unseren Kolonieen Togo und Kamerun nur 1176 Doppelzentner im Werte von 2750 Mark.

Dass Deutsch-Ostafrika zur Zeit an einen Export der Stämme von Khaya senegalensis denken könne, ist ja völlig ausgeschlossen. Bekannt ist bisher nur der eine von mir aufgefundene und oben näher angegebene Fundort. Aber immerhin schien es mir wichtig, auf das Vorhandensein des wertvollen Baumes hinzuweisen, einmal, um dadurch zu Nachforschungen über seine weitere Verbreitung anzuregen, dann auch, um einer künstlichen Ansamung und Aufzucht das Wort zu reden. Zu suchen hat man den Baum nur in Waldregionen der Ebene, vornehmlich also wohl in den waldigen Ufersäumen der Steppenflüsse. Die Samenbeschaffung und Verteilung könnte die Kulturstation Kwai in die Hand nehmen, da der Standort am Mombofluss ganz in ihrer Nähe liegt.

V. Aufzählung der lebenden Nutzpflanzen u. Sämereien,
die seitens der Botanischen Centralstelle vom 1. Oktober 1897 bis zum 1. Oktober 1898 in die Kolonien entsandt wurden.

Aus der nachstehend abgedruckten Liste geht hervor, dass die Thätigkeit der Botanischen Centralstelle in Bezug auf Versorgung unserer Kolonien mit lebenden Nutzpflanzen und Sämereien sich im vergangenen Jahre erheblich gesteigert hat. In Ward'schen Kästen wurden nach Kwai 30, an die Friedrich-Hoffmannpflanzung 22, nach Victoria, Kamerun, 29 Nutzpflanzenarten in zusammen 274 Exemplaren entsandt. An Sämereien wurden 369 Arten in 831 Prisen verteilt, und zwar empfingen solche in Ostafrika die Gärten und Pflanzungen von Dar-es-salam, Kwai, Moschi, Kilema, Kuirenga und Dabaga, die der Deutsch-Ostafrikanischen Gesellschaft und Friedrich-Hoffmannpflanzung, in Togo die von Lome und Kete-Kratji, in Kamerun die von Victoria, Johann-Albrechtshöhe und Buëa, in Deutsch-Südwestafrika die von

Windhoek und Salem. Die lebenden Pflanzen konnten den reichen und fortdauernd vermehrten Beständen des Botanischen Gartens entnommen werden, die Sämereien wurden zu einem geringen Teil von Klar (Berlin) und William Brothers (Ceylon) bezogen, zum weitaus grössten Teil verdankt sie die Botanische Centralstelle den angeknüpften, auf Tausch beruhenden Verbindungen mit den Botanischen Gärten von Kalkutta, Baroda, Singapore, Buitenzorg, Saigon und Sidney, ferner denen mit Palermo, Florenz, Rom, Marseille, Lissabon und anderen.

Es braucht nicht betont zu werden, dass nicht alle hinausgeschickten Samen auch keimen und sich zu jungen Pflanzen entwickeln werden. Den Leitern der Stationen kann die Erfahrung nicht erspart bleiben, die alle Botanischen Gärten machen müssen, dass nämlich von dem, was ausgesät wird, nur ein Teil, wie man sagt, „kommt". Das darf aber nicht entmutigen. Einzelnes wird immer für die Gärten gewonnen und mit der Zeit pflückt man nicht nur Rosen, sondern auch Sapotilläpfel, Orangen und Granaten.

Den Stationsleitern soll die Liste eine Unterlage abgeben, um danach den Bestand ihres lebenden Materials revidieren, namentlich auch die Rechtschreibung der Namen prüfen zu können. Erwünscht wird vielen auch sein, sich aus der Liste über die Verwendung der Pflanzen und über ihre Heimat belehren zu können.

Nicht in die Liste aufgenommen sind die Sendungen von Gemüsesämereien, Futtergräsern, Getreidearten und Florblumen, welche namentlich die Stationen Dar-es-salam, Kwai, Kete-Kratji und Atakpame empfangen haben.

I. Lebende Pflanzen.

		Kwai	Friedrich Hoffmann-Pflanz.	Victoria	Heimat.
	I. Palmen.		Exemplare		
1.	Cocos eriospatha Mart. . . .	3	2	2	Brasilien
2.	Elaeis guineensis Jacq. . . .		2		Trop. Afrika
3.	Thrinax Morrisii Hort. . . .	5			Süd-Amerika
	II. Obstarten.				
4.	Achras Sapota L.	3		1	Süd-Amerika
5.	Aegle Marmelos Correa . . .			1	Ostindien
6.	Anona Cherimolia Mill. . . .	2		1	Mexiko
7.	A. laurifolia Dun.	4			Westindien

15*

		Kwai	Friedrich Hoffmann-Pflanz.	Victoria	Heimat
		Exemplare			
8.	Anona muricata L.		3		Trop. Amerika
9.	Averrhoa Carambola L. . .	2	1		Ostindien, China
10.	A. Bilimbi L.		2		„ „
11.	Chrysophyllum Cainito L. . .	1			Westindien
12.	Eugenia Jambosa L. . . .		1		Trop. Asien
13.	Flacourtia Ramontchi l'Hérit. .		4		Ostindien, Trop. Afrika
14.	Passiflora edulis Sims. . . .		1		Brasilien
15.	P. quadrangularis L.			2	Trop. Amerika
16.	Spondias dulcis Forst. . .	1	3		Tropen
	III. Nutzhölzer.				
17.	Caesalpinia tinctoria Domb. .			2	Neu-Granada
18.	Chlorophora tinctoria Gaud. .			1	Mexiko
19.	Cedrela odorata L.		2	1	Süd-Amerika
20.	Guajacum sanctum L. . . .	3	1		Trop. Amerika
21.	Haematoxylon campechianum L.	3			„ „
22.	Jacaranda ovalifolia R. Br. .		3		„ „
23.	Pterocarpus santalinus L. . .		3	1	Ostindien
24.	Quillaja Saponaria Mol. . . .			2	Chile
25.	Schleichera trijuga Willd. . .	2			Ostindien
26.	Stadmannia australis Don . .	2			Australien
27.	Tectona grandis L.			1	Ostindien, Burma
	IV. Bambusen.				
28.	Bambusa arundinacea Willd. .	3			Ostindien
29.	Dendrocalamus strictus Nees .		1		„
	V. Schattenbäume.				
30.	Crescentia cucurbitina L. . .		2		Trop. Amerika
31.	Picrodendron arboreum Planch.		2		Jamaica
	VI. Ölpflanzen.				
32.	Illipe latifolia (Roxb.) Engl. .	2	1		Ostindien
	VII. Feigenbäume.				
33.	Ficus bengalensis L.	2	2		Ostindien
34.	F. elastica Roxb.	3			Trop. Asien
35.	F. indica L.	2			„ „
36.	F. religiosa L.	3			Ostindien
	VIII. Kautschuk-Gutta-percha-Harzpflanzen.				
37.	Castilloa elastica Cerv. . . .	6	25		Mexiko
38.	Hymenaea Courbaril L. . . .		1		Süd-Amerika
39.	Mimusops Elengi L.		1		Westindien
40.	Sideroxylon Mastichodendron Jacq.	3			„
	IX. Medizinalpflanzen.				
41.	Croton betulinus Vahl. . . .		1		Westindien
42.	C. Eluteria Benn.		1		Bahamainseln

		Kwai	Friedrich Hoffmann-Pflanz.	Victoria	Heimat
43.	Erythroxylon novogranatense (Morris) Hieron.	Exemplare		1	Neu-Granada
44.	Piper officinarum DC. (= P. Chaba Hunter)	3			Ostindien. Malay. Gebiet
45.	P. angustifolium R. et P. . .	3			Peru
46.	Smilax officinalis H. B. K. .			1	Neu-Granada
47.	Strophanthus hispidus DC. . .	2			Süd-Afrika
48.	S. scandens Griff.			3	Malacca
49.	Toluifera Pereirae Baill. (= Myroxylon Pereirae Kl.)	2		3	Süd-Amerika
	IX. Reiz- und Gewürz pflanzen.				
50.	Cinnamomum zeylanicum Nees	4	25		Ceylon
51.	Cola acuminata Schott u. Endl.	3			West-Afrika
52.	Myristica fragrans Houtt. . .	5	25		Moluccen
53.	Paullinia sorbilis Mart. . . .	2			Venezuela
	X. Faserpflanzen.				
54.	Boehmeria nivea Hook et Arn.		38		Trop. Asien
55.	Calotropis gigantea Ait. . . .		2		Ost-Indien
56.	Ravenala madagascariensis Gmel.			1	Madagascar
	XI. Farb- und Gerbstoff- pflanzen.				
57.	Caesalpinia Coriaria Willd. . .			1	Süd-Amerika
58.	Garcinia cochinchinensis Choisy.	3			China
	XII. Zierpflanzen.				
59.	Chorisia speciosa St. Hil. . .	1			Brasilien
60.	Coelogyne cristata Lindl. . .			2	Himalaya
61.	C. flaccida Lindl.			1	„
62.	Hibiscus rosa-sinensis L. . .	2			Trop. d. alten Welt
63.	Liparis longipes Lindl. . . .			1	Trop. Asien
64.	Oncidium sphacelatum Lindl. .			1	Central-Amerika
65.	Paphiopedilum barbatum Pfitzer			1	Ost-Asien
66.	P. villosum Pfitzer			1	„

II. Sämereien.

	Dar-es-salam	Kwai	Moschi	Kilema	Kuirenga und Dabuga	D. Ostafr. Gesellschaft	Fr. Hoffmann-Pfl.	Lome	Kete-Kratji	Victoria	Joh. Albrechts-höhe u. Buëa	Windhoek und Salem	Heimat
I. Palmen.													
1. Archontophoenix Cunninghamiana Wendl. ...										1			Australien
2. Areca Baueri Hook (= Rhopalostylis Baueri Wendl.)				1	1					1			Insel Norfolk
3. Areca sapida Soland. (= Rhopalostylis sapida Wendl.)										1			Neu-Seeland
4. Arenga saccharifera Labill.	1												Malay. Gebiet
5. Bentinckia nicobarica Becc.										1			Nicobaren
6. Caryota mitis Lour. . .	1												Mal. Geb. Cochinchina
7. C. urens L.										1			Trop. Asien
8. Chamaedorea Ernesti-Augusti Wendl.										1			Neu-Granada
9. Chamaerops excelsa Thunb. (= Trachycarpus excelsus Wendl.)	1												Japan
10. C. Fortunei Hook (= Trachycarpus Fortunei Wendl.)										1			China
11. C. humilis L.	1	1							1				Mediterran
12. C. Palmetto Michx (= Sabal Palmetto Reinw.) . .										1			Westindien
13. Cocos australis Mart. . .	1	1								1			Paraguay
14. C. coronata Mart. . . .	1									1			Brasilien
15. C. eriospatha Mart. . . .	1		1							1			„
16. C. plumosa Hook . . .										1			„
17. C. Romanzoffiana Cham. .			1										„
18. Corypha australis R. Br. (= Livistona australis Mart.)			1							1			Australien
19. C. umbraculifera L . . .										1			Ostindien
20. Iubaea spectabilis H. B. K										1			Chile
21. Kentia Belmoreana F. v. M. (= Howea Belmoreana Becc.)										1			Domingo
22. K. Canterburyana F. v. M. (= Hedyscepe Canterburyana Wendl.)										1			„
23. K. Forsteriana F. v. M. (= Howea Forsteriana Becc.)										1			„
24. K. spec.													
25. Latania borbonica Lam. (= L. Commersonii Gmel.)	1									1	1		Mascarenen
26. Livistona australis Mart.										1			Australien
27. L. oliviformis Mart. . .	1												Java

		Dar-es-salam	Kwai	Moschi	Kilema	Kulrenga und Dahaga	D. Ostafr. Gesellschaft	Fr. Hoffmann-Pfl.	Lome	Keta-Kratji	Victoria	Joh. Albrechts-höhe u. Ituia	Windhoek u. Salem	Heimat
28.	L. sinensis R. Br. . . .									1				China
29.	Phoenix canariensis Hort.	1		1	1					1				Canaren
30.	P. dactylifera L. . . .	1									1		1	Nord-Afr. Arab.
31.	P. Jubae Webb.									1				Canaren
32.	P. paludosa Roxb. . . .	1								1				Ostindien
33.	Ptychoraphis angusta Becc.	1								1	1			Nicobaren
34.	Ptychosperma Cunninghami Wendl. (= Archonto-phoenix Cunninghami)										1			Australien
35.	P. elegans Bl.	1						1		1	1			Australien
36.	Sabal Adansonii Guerns .	1	1								1			Nord-Amerika
37.	S. Blackburnianum Glazeb.										1			Westindien
38.	S. mexicanum Mart. . .										1			Mexiko
39.	S. umbraculifera Mart. (=Sabal Blackburn.Glazeb.)										1			Westindien
40.	Seaforthia elegans R. Br. (=Ptychosperma eleg.Bl.)										1			Australien
41.	Thrinax elegans Hort. (=Thrinax radiata Lodd.)										1			Trinidad
42.	Washingtonia filifera Wendl.										1			Californien
	II Obstarten.													
43.	Achras Sapota L. . . .	1	1	1							1	1		Süd-Amerika
44.	Anacardium occidentale L.			1		1								Ostindien
45.	Anona laurifolia Dun. . .	1												Westindien
46.	A. muricata L.					1								Trop. Amerika
47.	A. reticulata L.			1										„ „
48.	A. squamosa L.	1		1		1			1					Westindien
49.	Arbutus Unedo L. . . .	1		1		1								Mediterran
50.	Averrhoa Carambola L. . .	1				1				1				Ostindien, China
51.	Castanea sativa Mill. . .				1									Europa, Japan
52.	Citrus-Arten			1	1					1				
53.	Diospyros Kaki L. . . .										1			Japan
54.	D. Plumieri Jacq. . . .									1	1	1		Trop. Amerika
55.	Eriobotrya japonica Lindl.	1	1	1		1	1	1	1	1	1	1	1	Japan, China
56.	Flacourtia Jangomas (Lour) Miq. . .	1									1			Ostindien, Malay. Geb.
57.	Hovenia dulcis Thunb. . .	1								1	1			Himal. China, Japan
58.	Inga dulcis Willd. (=Pithe-colobium dulce Bth.) .	1					1							Trop. Amerika
59.	Jambosa australis DC. (=Eugenia myrtifolia Sims)				1									Australien
60.	Jambosa vulgaris DC. (= Eugenia Jambos L.)			1				1			1			Trop. Asien
61.	Morus alba L.										1			Gemäss. Asien
62.	M. nigra L.					1								„ China „
63.	Nephelium Litchi Camb. .										1			Brasilien
64.	Passiflora edulis Sims . .	1	1			1					1			Brasilien
65.	Persea gratissima Gaertn .	1										1		Trop. Amerika
66.	P. indica Spreng. . . .	1												Canaren
67.	Prunus Amygdalus Stokes		1								1			Orient

		Dar-es-salam	Kwai	Moschi	Kilema	Kulrenga und Dabaga	D. Ostafr. Gesellschaft	Fr. Hoffmann-Irf.	Lome	Kete-Kratji	Victoria	Joh. Albrechtshöhe u. Bucia	Windhoek u. Salem	Heimat
68.	P'sidium Cattleyanum Weinw.					1		1		1	1	1		Brasilien
69.	P. Guayava L.	1					1			1	1			Trop. Amerika
70.	P. pyriferum L.				1		1					1		„ „
71.	P. pomiferum L.					1								„ „
72.	Punica Granatum L.			1	1					1	1			Süd-Europa
73.	Spondias mangifera Willd.	1												Trop. Asien
74.	S. Solandri Bth. (= Pleiogynium Solandri Engl.)		1						1					Australien
75.	Tamarindus indica L.									1			1	Trop. Asien u. Afrika
	III. Nutzhölzer.													
76.	Argania Sideroxylon Roem. et Schult.			1	1						1			Marocco
77.	Bauhinia purpurea L.		1				1							Ostindien, China
78.	B. tomentosa L.						1							Trop. Asien u. Afrika
79.	Caesalpinia echinata Lam.							1						Brasilien
80.	C. Sappan L.	1	1	1			1	1	1	1	1	1	1	Trop. Asien
81.	C. sepiaria Roxb.				1			1			1			„ „
82.	C. tinctoria Domb.				1						1		1	Neu-Granada
83.	Calophyllum Inophyllum L.									1	1			Trop. d. alt. W.
84.	Carya amara Nutt		1											Nord-Amerika
85.	C. oliviformis Nutt	1												„
86.	Casuarina muricata Roxb. (= C. equisetifolia L.)									1				Malay. Geb.
87.	C. quadrivalvis Lab.				1	1					1		1	Australien
88.	C. suberosa Otto u. Dietr.				1	1					1		1	„
89.	C. torulosa Ait.									1			1	„
90.	Cedrela odorata L.	1	1	1		1			1		1	1	1	Süd-Amerika
91.	C. sinensis Juss.													China
92.	C. Toona Roxb.	1	1	1		1	1				1	1	1	Malay. Geb. Australien
93.	Cercis Siliquastrum L.										1			Europa, Orient
94.	Cordia Myxa L.						1							Trop. Asien
95.	C. subcordata Lam.	1									1			„ „
96.	Dalbergia Sissoo Roxb.	1									1		1	Ostindien
97.	D. decandra Lour.	1												Cochinchina
98.	D. Lotus L.	1	1							1	1			Gemäss. Asien
99.	D. lucida Wall.													Malay. Geb.
100.	D. virginiana L.	1	1							1	1			Nord-Amerika
101.	Guazuma tomentosa H.B.K.	1	1				1			1	1		1	Trop. Amerika
102.	Haematoxylon campechianum L.	1		1				1	1		1			„ „
103.	Jacaranda mimosaefolia Don. (= J. ovalifolia R.Br.)			1					1					Süd-Amerika
104.	Melia Azadirachata L.	1		1		1			1		1		1	Himalaya
105.	Melia Azedarach L.	1	1	1	1			1		1	1	1	1	Ostindien
106.	Mesua ferrea L.	1	1				1		1	1	1			„
107.	Michelia Champacca L.						1	1	1	1	1	1	1	Malay. Geb.
108.	Osyris tenuifolia Engl.										1			Ost-Afrika
109.	Parinarium salicifol. Engl.										1			„
110.	Quercus suber L.		1	1										Mediterran
111.	Quillaja Saponaria Mol.			1						1		1	1	Chile

		Dar-es-salam	Kwai	Moschi	Kilema	Kuiruuga und Dabaza	D. Ostafr. Gesellschaft	Fr. Hoffmann-Pfl.	Lome	Kete-Kratji	Victoria	Joh. Albrechts-höhe u. Bueä	Windhoek u. Salem	Heimat
112.	Santalum album L.				1						1			Ostindien
113.	Sapindus Saponaria L.						1					1	1	N.-Amerika, Westind.
114.	Swietenia Mahagoni Jacq.			1										Süd-Amerika
115.	Tectona grandis L.								1		1			Ostindien, Burma
	IV. Coniferen.													
116.	Araucaria brasiliana Rich.					1								Brasilien
117.	Callitris Muelleri Hook.		1	1										Australien
118.	C. quadrivalvis Vent			1							1			Nord-Afrika
119.	Cedrus Deodara Loud. (= C. Libani Barrel)				1									Klein-Asien, Himalaya
120.	Cupressus macrocarpa Hartw.				1									Californien
121.	C. guadalupensis Wats										1			,,
122.	Ginkgo biloba L.		1								1			Japan
123.	Juniperus drupacea Labill.			1										Mediterran
124.	J. excelsa Bieb.		1											Klein-Asien
125.	J. Oxycedrus L.		1								1			Süd-Europa
126.	J. procera Hoch.										1			Trop. Afrika
127.	J. virginiana L.		1											Nord-Amerika
128.	Pinus canariensis Sm.										1			Canaren
129.	P. halepensis Mill.		1	1										Mediterran
130.	P. Pinea L.		1	1										,,
131.	P. Torreyana Parry		1											Californien
	V. Eucalypten und Feigenbäume.													
132.	Eucalyptus acmenioides Schau.	1												Australien
133.	E. amygdalina Labill.	1	1			1					1			,,
134.	E. carinocalyx F. v. M.	1												,,
135.	E. citriodora Hook			1	1									,,
136.	E. Globulus Labill.	1	1								1			,,
137.	E. Gunnii Hook											1		,,
138.	E. leucoxylon F. v. M.	1		1										,,
139.	E. resinifera Sm.	1	1								1			,,
140.	E. robusta Sm.										1			,,
141.	E. rostrata Schlecht.										1			,,
142.	E. sideroxylon A. Cunn. (= E. leucoxylon F. v. M.)	1												,,
143.	Ficus altissima Bl.	1		1							1			Tr. Asien, Malay. Geb.
144.	F. elastica Roxb.								1					Trop. Asien
145.	F. indica L.												1	Trop. As. Malay. Geb.
146.	F. religiosa L.				1			1	1		1	1	1	Ostindien
	VI. Schatten- und Zierbäume.													
147.	Adenanthera pavonina L.	1		1		1	1				1	1	1	Trop. As. Malay. Geb.
148.	Ailanthus glandulosa Desf.		1											China
149.	Albizzia Lebbek Bth.	1	1								1			Tropen d. alt. W.
150.	A. lophantha Bth.	1	1	1	1	1			1		1	1		Australien
151.	A. spec.										1			Ost-Afrika

Nr.		Dar-es-salam	Kwai	Moschi	Kilema	Kuirouga und Daboga	D. Ostafr. Gesellschaft	Fr. Hofmann-Prl.	Lome	Kete-Kratji	Victoria	Joh. Albrechts-höhe u. Buëa	Windhoek u. Salem	Heimat
152.	Caesalpinia pulcherrima Sw.	1	1						1		1	1	1	Tropen
153.	C. auriculata L.							1			1	1		Ostindien
154.	C. glauca Lam.	1						1			1	1		Trop. As. u. Austral.
155.	C. siamea Lam.	1										1	1	Ostindien, Malay. Geb.
156.	Castanospermum tomentos. F. v. M.											1		Australien
157.	Catalpa bignonioides Walt.		1								1			Nord-Amerika
158.	C. Bungei C. A. Mey.	1	1								1			China
159.	C. Kaempferi Sieb. et Zucc.			1										Japan
160.	Cercis canadensis L.		1											Nord-Amerika
161.	Crescentia Cujete L.								1					Trop. Amerika
162.	Dalbergia purpurea Wall.	1												Burma
163.	Dracontomelon mangif. Bl.	1												Java
164.	Ehretia laevis Roxb.	1												Trop. As. u. Austral.
165.	Erythrina corallodendron L.	1												Nord-Am. Westindien
166.	E. fusca Lour.	1							1	1	1			Cochinchina
167.	F. indica Lam.								1	1			1	Trop. As. u. Austral.
168.	E. speciosa Andr.										1			Westindien
169.	Eugenia acris Wight										1			Ostindien
170.	E. Michelii Lam. (= E. uniflora L.)									1				Trop. Amerika
171.	E. myrtifolia Sims									1				Australien
172.	Gleditschia horrida Willd. (= G. sinensis Lam.)	1												China
173.	Gmelina Hystrix Schult.	1									1			Trop. Asien
174.	Grevillea robusta Cunn.	1	1										1	Australien
175.	Gymnocladus canadensis Lam.		1											Nord-Amerika
176.	Ixora brachiata Roxb.										1			Ostindien
177.	I. coccinea L.										1			Trop. Asien
178.	Kigelia pinnata DC.										1			Trop. Afrika
179.	Leucaena glauca Bth.	1						1			1			Tropen
180.	Liriodendron tulipifera L.		1	1							1			Nord-Amerika
181.	Magnolia grandiflora L.		1	1							1			„
182.	M. macrophylla Michx										1			„
183.	M. tripetala L. (= M. Umbrella Desv.)		1	1										„
184.	Melaleuca Leucadendron L.	1		1			1				1		1	Australien
185.	Nephelium tomentos. F. v. M.										1			„
186.	Paulownia imperialis Sieb. et Zucc.		1	1	1			1			1	1		Japan
187.	Poinciana Gilliesii Hook. (Caesalpinia Gilliesii Wall.)	1			1						1			Süd-Amerika
188.	P. regia Boj.	1			1		1				1		1	Madagascar
189.	Schinus Molle L.	1	1								1			Trop. Amerika
190.	Spathodea campanul. Beauv.	1						1						Trop. Afrika
191.	Sterculia diversifolia Don.		1									1		Australien
192.	S. platanifolia L.		1	1				1		1	1	1		China, Japan
193.	Terminalia Arjuna Wight et Arn.	1												Ostindien

	Dar-es-salam	Kwai	Moschi	Kilema	Kirienga und Pabaça	D. Ostafr. Gesellschaft	Fr. Hoffmann-Pfl.	Lome	Kete-Kratji	Victoria	Joh. Albrechtshöhe u. Buéa	Windhoek u. Salem	Heimat
VII. Akazien u. Gerbpfl.													
194. Acacia alata R. Br. . . .	l				l	l			l	l		l	Australien
195. A. cyanophylla Lindl. . . .	l									l	l		,,
196. A. dealbata Link	l						l						,,
197. A. decurrens Willd. . . .	l												,,
198. A. Farnesiana Willd. . .	l		l		l	l			l	l		l	Tropen
199. A. horrida Willd.	l												Süd-Afrika
200. A. Julibrissin Willd. (= Albizzia Julibrissin Duraz.) .	l		l	l						l	l		Trop. Asien
201. A. longifolia Willd. . .	l												Australien
202. A. melanoxylon R. Br. . .	l	l		l	l		l			l			,,
203. A. nematophylla F. v. M. .	l	l											,,
204. A. obtusata	l												,,
205. A. paradoxa DC.	l												,,
206. A. pycnantha Bth. . . .	l	l					l			l			,,
207. A. retinodes Schlecht. . .	l	l			l					l			,,
208. A. rostellifera Benth. . . .	l												,,
209. A. stenophylla Cunn. . .	l												,,
210. A. subulata Bonpl. . . .	l	l											,,
211. A. verticillata Willd. . .	l												,,
212. Anogeissus latifolia Wall. .	l	l	l		l	l				l	l		Ostindien
213. Caesalpinia coriaria Willd. .	l	l					l	l	l	l	l	l	Süd-Amerika
214. Terminalia Bellerica Roxb. .											l		Westind., Mal. Geb.
VIII. Oel- und Fettpfl.													
215. Aleurites triloba Forst. . .	l	l	l						l	l	l		Trop. Asien
216. Croton Tiglium L.	l					l							Ostind., Mal. Geb.
217. Guizotia abyssinica Cass. . .				l									Trop. Afrika
218. Helianthus annuus L. . .	l	l	l		l	l	l	l	l	l	l	l	Nord-Amerika
219. Illipe latifolia (Roxb.) Engl. (= Bassia latifolia Roxb.). .	l									l			Ostindien
220. Madia sativa Mol.				l						l	l		Nord- u. Süd-Amer.
221. Olea europaea L.	l	l	l		l					l			Mediterran
222. Pongamia glabra Vent. . .	l					l				l			Trp. Asien u. Austr.
223. Stillingia sebifera Michx. (= Sapium sebiferum Roxb.)				l						l			Tropen
224. Telfairia pedata Hook. . .									l	l	l	l	l	Ost-Afrika
IX. Kautschuk-, Guttapercha- u. Kinopflanzen.													
225. Butea frondosa Roxb. . . .	l												Ostindien, Burma.
226. Manihot Glaziovii Muell. Arg.						l							Brasilien
227. Mimusops Elengi L. . . .	l	l	l		l	l				l	l		Westindien
X. Medizinalpflanzen.													
228. Asclepias curassavica L. . .	l												Süd-Amerika
229. Cerbera lactaria Dietr. (= Cerbera Odollam Gaertn.)													Ostind., Malay.Geb.
230. Cinnamomum Camphora Nees.			l	l								l	China, Japan
231. Clerodendron infortunat. Gaertn.	l												Ostind., Mal. Geb.
232. Convolvulus Scammonia L. .										l	l		Klein-Asien

		Dar-es-salam	Kwai	Moschi	Kilema	Kuirona und Dabaga	D. Ostafr. Gesellschaft	Fr.Hoffmann-Pfl.	Lome	Kete-Kratji	Victoria	Joh. Albrechts-höhe u. Jaen	Windhook u. Salem	Heimat
233.	Erythroxylon Coca Lam.	1	1	1					1	1			1	Peru
234.	Ferula foetidissima Regel.		1											Himal. Turkestan
235.	Ferulago galbanifera Koch (= Ferula Ferulago L.)		1											Süd-Europa
236.	Liquidambar styraciflua L.	1												Nord-Amerika
237.	Phyllanthus Emblica L.										1			Trop. Asien
238.	Putranjiva Roxburghii Wall.	1	1								1			Ostindien, Burma
239.	Quassia amara L.	1									1			Guiana
240.	Rheum palmatum L.		1											Mongolei
241.	R. Rhaponticum L.		1											Sibirien
242.	Styrax officinale L.	1	1	1	1						1			Süd-Eur.,Kl.-Asien
243.	Thevetia neriifolia Juss.	1	1								1			Trop. Amerika
244.	Toluifera Balsamum L. (= Myroxylon toluiferum H. B. K.)	1									1			Trop. Amerika
	XI. Reiz- u. Gewürzpfl.													
245.	Cinnamomum zeylanicum Nees.	1	1						1	1	1			Ceylon
246.	Ilex paraguariensis St. Hil.	1								1	1			Paraguay
247.	Piper nigrum L.	1	1						1	1				Ostind. Malay.Geb.
248.	Thea viridis L.		1											China
249.	Thea assamica Mast.		1											Ostindien
250.	Vitis vinifera L.								1		1			Süd-Europa
	XII. Farbpflanzen.													
251.	Bixa Orellana L.												1	Süd-Amerika
252.	Curcuma longa L.	1	1							1	1	1		Trop. Asien
253.	Indigofera tinctoria L.	1	1						1	1	1		1	Tropen
254.	I. Anil L.								1					Süd-Amerika
	XIII. Faserpflanzen.													
255.	Agave americana L.	1												Trop. Amerika
256.	A. Kerchovei Lem.	1												Mexiko
257.	A. mexicana Lam.										1			„
258.	A. rigida Mill.	1												„
259.	Boehmeria nivea Hook. et Arn.								1					Trop. Asien
260.	Broussonetia papyrifera Vent.	1												Malay. Geb.
261.	Corchorus olitorius L.	1									1			Tropen
262.	C. capsularis L.	1									1			„
263.	Eriodendron anfractuosum DC.	1					1							Trop. As. u. Afrika
264.	Gossypium herbaceum L.											1		Trop. Asien
265.	G. Davidsoni Kellog.										1			Nord-Amerika
266.	Luffa aegyptiaca Mill.	1												Tropen d. alt. W.
267.	Lygeum Spartum Loefl.		1											Mediterran.
268.	Musa superba Roxb.		1								1			Ostindien
269.	Pandanus javanicus Hort.		1										1	Madagascar?
	XIV. Futterpflanzen.													
270.	Atriplex semibaccata R. Br.										1		1	Australien
271.	A. Halimus L.										1			Nord-Afrika
272.	Desmodium molle DC.	1												Nord-Am. Westind.
273.	Euchlaena mexicana Schrad.	1	1								1			Mexiko
274.	Fagopyrum tataricum Gaert.	1	1										1	Europa, Nord-As.
275.	Galega orientalis Lam.	1	1								1			Kaukasus

		Dar-es-salam	Kwai	Moschi	Kilema	Kulrenga und Dabaga	D. Ostafr. Gesellschaft	Fr. Hoffmann-Pfl.	Lome	Kete-Kratji	Victoria	Joh. Albrechts-höhe u. Ilutia	Windhoek u. Salem	Heimat
276.	Lathyrus sylvestris L. . . .	1	1								1			Europa
277.	Lupinus polyphyllus Lindl. .	1	1								1			Californien
278.	Medicago sativa L.	1	1								1			Europa, Orient
279.	Onobrychis sativa Lam. . .	1	1								1			Europa, Asien
280.	Ornithopus sativus Brot. . -	1	1								1			Spanien
281.	Polygonum sacchalin. Schmidt										1			Sacchalin
282.	Sorghum saccharatum Moench.	1									1	1	1	Tropen
283.	Trifolium repens L.										1			Gemäss. Zone
284.	Vicia Faba L.	1	1								1			?
285.	V. villosa Roth										1			Europa, Orient
	XV. Div. Gartenpflanzen.													
286.	Acokanthera spectabilis Hook.											1		Süd-Afrika
287.	Aloë ferox Mill.	1												„
288.	A. succotrina Lam. . . .	1												„
289.	Anthocephalus Cadamba Miq.	1									1			Ostindien
290.	Aralia Sieboldii Hort. . . .	1	1								1			Japan
291.	Araujia sericifera Brot. . .	1												Peru
292.	Ardisia crenata Roxb. . .										1			Malay. Geb. China
293.	Aristolochia cymb. Mart.et Zucc.	1									1			Brasilien
294.	Artabotrys odoratissima R. Br.	1												Ostind. Malay. Geb.
295.	Callistemon coccineus F. v. M.	1	1											Australien
296.	C. phoeniceus Lindl. . . .	1	1											„
297.	C. ruscifolius . . , . .	1	1											„
298.	C. salignus Sweet. . . .	1	1											„
299.	C. speciosus DC. . . . -	1	1											„
300.	Camellia japonica L. . . .			1							1			Japan
301.	Cereus grandiflorus Mill. . .	1												Westindien
302.	Chimonanthus fragrans Lindl.										1			Japan
303.	Cladrastis tinctoria Rafin. . .	1									1	1		Nord-Amerika
304.	Cobaea scandens Cav. . .										1			Mexiko
305.	Colubrina asiatica Brogn. . .						1				1			Trop. As. u. Afrika
306.	Cordyline Sturmii Colenso . .										1			Neu-Seeland
307.	C. australis Hook.										1			„
308.	Coriaria myrtifolia L. . .	1	1								1	1		Mediterran
309.	Cotoneaster lucida Schlecht. .	1	1											Europa, Asien
310.	C. tomentosa Lindl. . . .	1	1											Europa
311.	Dalbergia cochinchinensis . .	1												Cochinchina
312.	Dasylirion longifolium Zucc. .										1			Mexiko
313.	Dialium indum L. . . .	1									1			Java
314.	Dillenia aurea Sm.	1								1				Ostindien
315.	D. ovata Wall.	1												Malay. Geb.
316.	D. pentagyna Roxb. . . .	1									1			Ostindien
317.	Dracaena Drako L.	1	1								1			Canaren
318.	D. indivisa Forst. (= Cordyline indivisa Steud.)										1			Neu-Seeland
319.	Gynerium argenteum Nees. .										1			Brasilien
320.	Haloxylon Ammodendron Bge.	1												Turkestan
321.	Hibiscus Abelmoschus L. . .	1												Trop. d. alt. Welt
322.	Holoptelea integrifolia Planch.	1									1	1		Ostindien
323.	Hura crepitans L.										1			Süd-Amerika
324.	Jatropha multifida L. . . .				1						1		1	Tropen

	Dar-es-salam	Kwai	Moschi	Kilema	Kuirenga und Dabaga	D. Ostafr. Gesellschaft	Fr. Hoffmann-Pfl.	Lome	Keto-Kratji	Victoria	Joh. Albrechts-höhe u. Buëa	Windhoek u. Salem	Heimat
325. Jatropha podagrica Hook. . .										1			Panama
326. Koelreuteria paniculata Laxm.	1									1			China
327. Lagerstroemia indica L. . .										1			Trop. Asien
328. Lantana alba Mill.	1									1			Süd-Amerika
329. L.mixtaHort.(=L.horr.H.B.K.)	1									1	1		Mexiko
330. Laurus nobilis L.			1		1					1			Mediterran
331. Leea sambucina Willd. . .									1	1			Trop. d. alt. Welt
332. Melaleuca hypericifolia Sm. .	1	1											Australien
333. Mespilus prunifolia March. (= Crataegus Crus-galli L.)	1	1											Nord-Amerika
334. M. tomentosa Ait. (= Cotoneaster tomentosa Lindl.) .			1	1									Europa
335. Miliusa Bailloni Pierre . .	1									1			Anam, Philipp.
336. Millingtonia hortensis L. . .	1	1			1					1		1	Burma
337. Modecca Wightiana Wall. .	1									1			Ostindien
338. Mucuna atropurpurea DC. .	1									1			„
339. Musa spec.									1	1			Ost-Afrika
340. Nauclea orientalis L. . . .	1									1			Ostindien
341. Nerium Oleander L. . . .			1	1	1				1	1			Mediterran
342. Nyctanthes arbor-tristis L. .	1		1	1					1	1		1	Ostindien
343. Ochrosia elliptica Labill. . .										1			Neu-Caledon.
344. Pachyrrhizus tuberosus Spreng.										1			Westindien
345. Panax Murrayi F. v. M. . .										1			Australien
346. P. serratum Wall. (= Macropanax oreophilum Miq.) .										1			Malay. Geb.
347. P sessiliflorum Rupr. et Maxim. (=Acanthopanax sessiliß.Seem.)										'			China
348. Parkinsonia aculeata L. . .	1	1											Trop. Amerika
349. Passiflora caerulea L. . . .										1			Brasilien
350. Pistacia Lentiscus L. . . .			1										Mediterran
351. P. Terebinthus L.	1												„
352. Quamoclit coccinea Moench. (= Ipomoea coccinea L.) .	1												Nord-Amerika
353. Quercus Ilex L.	1												Mediterran
354. Rhus copallina L.										1			Nord-Amerika
355. Ricinus spectabilis Bl. (= Ricinus communis L.) . .	1									1			Trop. Afrika
356. Sciadophyllum pulchrum Hort.										1			?
357. Sesbania grandiflora Poir. .	1									1			Ostindien, Austral.
358. Strelitzia augusta Thunb. . .										1			Süd-Afrika
359. S. parvifolia Ait.										1			„
360. Styrax californicum Torr. . .				1									Californien
361. S. japonicum Sieb. et Zucc. .				1									Japan
362. Tecoma stans Juss.	1	1	1	1	1	1				1	1	1	Nord. u.S.-Amerika
363. Thespesia populnea Soland. .	1									1			Trop. As. u. Afrika
364. Xanthorrhoea hastilis R. Br. .												1	Australien
365. Xanthoxylon Bungei Planch. .										1			China
366. X. fraxineum W. (= X. americanum Mill.) . . .										1			Nord-Amerika
367. Yucca gloriosa L.		1											„
368. Zizyphus Lotus Lam. . . .		1											Mediterran
369. Z. vulgaris Lam.		1								1			„

VI. Populus euphratica Olivier subspec. Denhardtiorum Engl. im tropischen äquatorialen Afrika.

Von

A. Engler.

Im Jahre 1896 haben die Gebrüder **Denhardt** eine Expedition den Tana aufwärts ins Werk gesetzt und Herrn F. Thomas mit der Aufgabe des Pflanzensammelns betraut. Derselbe ist bis nach Korokoro unter dem Äquator vorgedrungen und hat von dieser Expedition etwa 160 Arten mitgebracht, unter denen sich mehrere sehr interessante Neuheiten befinden, über welche später berichtet werden soll. Von ganz hervorragendem Interesse ist aber die Auffindung der Populus euphratica Olivier in Uferwäldern von Korokoro nahe unter dem Äquator.

Nach den Angaben des Sammlers tritt die Art dort als 25—30 m hoher Baum mit glatter, silbergrauer Rinde auf und besitzt gelblich weisses, festes Holz, wegen dessen die Stämme zum Bauen von Mians verwendet werden; der Baum wird in Korokoro Mulalati genannt. Die eingesandten Zweige wurden im März 1896 gesammelt und tragen Blätter und Früchte. Die Blätter sind lang gestielt und im Umriss eiförmig, entfernt buchtig gezähnt, wie es bei den aus Ostindien stammenden Exemplaren (Herb. Griffith n. 4493) der Fall ist; fast rundliche und in der Breite die Länge übertreffende Blattspreiten, wie sie bei den vorderasiatischen und algerischen Exemplaren häufig auftreten, finden sich bei unseren Exemplaren nicht; auch treten die zwischen den Seitennerven ersten Grades quer verlaufenden Adern nicht so stark hervor als bei den Exemplaren der bisher bekannten Fundorte. Ferner weicht die äquatorialafrikanische Pflanze ziemlich erheblich von den übrigen Formen ab durch die kurzen höchstens 3 cm langen Fruchtstände mit nur 4—7 Fruchtkapseln, auch sind letztere vollkommen eiförmig, 1 cm lang und 6—7 mm dick, also noch einmal so dick, als bei der gewöhnlichen P. euphratica. Wenn man also sein Vergnügen daran hat, so kann man diese interessante Pappel auch sehr wohl als eine eigene Art bezeichnen; ich halte es aber bei der ausserordentlichen Variabilität, die P. euphratica Oliv. in Blattform, Zahl der weiblichen Blüten an den Blütenständen und in der Grösse der Früchte aufweist, für richtiger, die Pflanze aus Korokoro dem polymorphen Typus P. euphratica unterzuordnen und charakterisiere dieselbe folgendermassen:

P. euphratica Olivier subspec. Denhardtiorum Engl.; foliis longe petiolatis, ambitu ovatis vel oblongis, basi et apice acutis, margine utrinque 2—4-dentatis, dentibus acutissimis; racemis fructiferis brevibus, fructus 4—6 late ovoideos 1 cm longos et 6—7 mm crassos ferentibus.

Im Jahre 1877 konnte Prof. Ascherson*) die Auffindung der P. euphratica in der kleinen Oase der lybischen Wüste als eines der interessantesten Ergebnisse seiner dorthin unternommenen Forschungsreise bezeichnen. Damals kannte man nur das weite Areal der Populus euphratica von der Songarei bis Palästina und bis zum westlichen Tibet, sowie das kleinere an der Grenze von Algier und Marokko und es war von Bedeutung, dass zwischen dem grossen östlichen und dem kleinen westlichen Areal des Baumes ein drittes intermediäres konstatiert wurde. Nunmehr ist noch ein viertes südliches Areal hinzugekommen. Es ist nicht unwahrscheinlich, dass bei weiterer Erforschung des Somalilandes und Arabiens daselbst noch andere Vorkommnisse des interessanten Baumes bekannt werden. Es sei hier auch daran erinnert, dass die im Tertiär Mittel- und Südeuropas verbreitete P. mutabilis Heer der P. euphratica so nahe steht, dass sie von mehreren Paläontologen als Prototyp der letzteren Art angesehen wurde.

Endlich ist auch das Auffinden der P. euphratica unter dem Äquator von praktischer Bedeutung; es kann nunmehr kaum zweifelhaft sein, dass dieselbe auch in den Steppengebieten Deutschostafrikas an Flussufern gedeihen wird, wenn es gelingt, in kurzer Zeit Steckhölzer des schnellwüchsigen Baumes dorthin zu schaffen.

---

*) Mitteilungen der geographischen Gesellschaft in Hamburg 1876/77.

Notizblatt

des

Königl. botanischen Gartens und Museums zu Berlin.

No. 16. (Bd. II.)   Ausgegeben am **22. Dezember 1898.**

I. Kulturnachweisungen ostafrikanischer Stationen für das Jahr vom 1. Juni 1897 bis 31. Mai 1898. Nach amtlichen Berichten zusammengestellt von G. Volkens.

II. Über die Rotfärbung der Spaltöffnungen bei Picea. Von Paul Sorauer.

III. Über ein ostafrikanisches Kino aus Kilossa. Von H. Thoms.

IV. Acacia Perrotii Warb., eine zum Gelbfärben benutzte Akazie Deutsch-Ost-Afrikas. Von O. Warburg. (Mit Abbildung.)

V. Polystachya usambarensis n. sp. Von R. Schlechter.

Nur durch den Buchhandel zu beziehen.

✳

In Commission bei Wilhelm Engelmann in Leipzig.

1898.

Preis 1,00 Mk.

Notizblatt

des

Königl. botanischen Gartens und Museums zu Berlin.

No. 16. (Bd. II.)   Ausgegeben am **22. Dezember 1898.**

Abdruck einzelner Artikel des Notizblattes an anderer Stelle ist nur mit
Erlaubnis des Direktors des botanischen Gartens zulässig.   Auszüge sind bei vollständiger Quellenangabe gestattet.

I. Kulturnachweisungen ostafrikanischer Stationen

für das Jahr vom 1. Juni 1897 bis 31. Mai 1898.

Nach amtlichen Berichten zusammengestellt

von

G. Volkens.

Die Zahl der Stationen, welche in diesem Jahre Berichte über ihre
Pflanzungsthätigkeit eingesandt haben, hat sich im Ganzen vergrössert,
wenn auch noch immer keine Vollständigkeit erreicht ist.   Gar nichts
erfahren wir beispielsweise vom Kilimandscharo, von Iringa, aus dem
Nyassaland und Udjidji. Kilimatinde, Mpapua, Kisaki, Bagamoyo,
ferner die Zollämter von Chole und Simba Uranga geben nur Darlegungen über unternommenen Gemüsebau, eine Mühwaltung, deren
Überflüssigkeit schon im vergangenen Jahre betont wurde.   Sehr ausführlich berichtet Kwai, der Versuchsgarten in Dar-es-salam un-
die Tabak-Versuchsplantage in Mohorro; genügend aufgeklärt werden
wir über den Stand der Kulturen in Msikitini, Kurazini, Lindi, Wild
helmsthal, Kilossa, Lalonga, Tabora und Dabaga.   Was in allen Berichten immer wiederkehrt, ist die bald leise, bald laute Klage über
eine ganz abnorme Trockenheit, die geherrscht hat und die für viele
Anbauversuche vernichtend geworden ist.   Auch die Heuschreckenplage
hat da und dort wieder grossen Schaden angerichtet.

16

A. Kwai.

Es liegen ein Halbjahrs-Bericht des Direktors Eick, ein Jahresbericht des stellvertretenden Stationsleiters Fiedler und zwei Kulturnachweisungen des Gärtners Thienemann vor. Aus allem sei nur
das wiedergegeben, was sich direkt auf Kulturen bezieht, während die
Darlegungen über Häuserbauten, Viehwirtschaft, Arbeiterverhältnisse
u. s. w. der Veröffentlichung an anderer Stelle vorbehalten bleiben.

I. Europäische Kulturen.

Die während des Nordost-Monsuns anhaltende Trockenheit, die
eine Aussaat im November unmöglich gemacht hatte, wurde endlich
im Monat März durch einige wirkungsvolle Regen gebrochen. Sie gestatteten die sofortige Bestellung des gesamten kultivierten Terrains
und es gelangten in ununterbrochener Reihenfolge die verschiedenen
Getreidesorten, Weizen u. s. w. zur Aussaat, welche denn auch in kür-
zester Zeit die Fluren mit einem saftigen Grün bedeckten.

Von den gemachten Getreide-Aussaaten, die sämtlich innerhalb
8 Tagen über der Oberfläche erschienen, hat sich in erster Linie der
Tabora-Weizen vorzüglich bewährt. Kein europäischer Weizen
wird ihm annähernd gleichkommen. Von Roggen steht der Winter-
Roggen oben an, der Anbau des Sommer-Roggens wird wohl kaum
rentabel sein. Gerste verspricht eine gute Ernte, ebenso der Hafer,
nur sollte bei letzterem die hiesige geringe Sorte durch eine bessere
ersetzt werden.

Eine gut gelungene Aussaat ist die des Wickfutters, wobei
Hafer und Wicken gemischt in den Boden kommen. Die Wicken
klettern am Hafer in die Höhe und wird dadurch das Lagern der
Wicken, wie es im vorigen Jahre vorkam, vermieden. Der Neger-
Mais steht ganz ausgezeichnet, ebenso der Pferdezahn-Mais.
Die rote Varietät hat stark vom Winde gelitten; ein grosser Teil der
hohen, kräftigen Stengel ist bei seiner oberen Schwere vom Winde
gepackt und teils umgelegt, teils umgebrochen worden.

Erbsen stehen unübertrefflich, ebenso Lupinen und auch Sorghum verspricht eine gute Ernte. Bei den Leguminosen ist durchweg
die Beobachtung gemacht, dass die als Stickstoff-Magazine bekannten
Knöllchen ihnen gänzlich fehlen, ein Umstand, der die günstige Wirkung dieser Pflanzenfamilie auf die Bodenbeschaffenheit durch Zufuhr
von Stickstoff sehr beeinträchtigt. Ob die Erscheinung ihren Grund
darin hat, dass der hiesige Boden so reichlich mit Stickstoff versehen
ist, dass die Pflanzen dieser Aufspeicherung nicht bedürfen, oder ob
im Boden die nötigen Bedingungen zur Erzeugung der Knöllchen fehlen,

bleibt zweifelhaft.[1] Vielleicht geben bakteriologische Bodenunter-
suchungen darüber Aufschluss und bieten dann im weiteren das Mittel,
dem Übelstande durch Impfungen des Bodens abzuhelfen.

An Gemüsen, Cucurbitaceen u. s. w. gedeihen alle bekannten und
bis jetzt ausgesäten Arten zum Teil sogar mit bemerkenswerter Üppigkeit, nur die Gurken und Melonen versagen, sobald die kältere Zeit
eintritt. Was die Samen-Anzucht angeht, sei Folgendes bemerkt: Die
Kohlsorten arten schon in erster Generation so sehr aus, dass es sich
dringend empfiehlt, auch in Zukunft alljährlich ein geringes Quantum
frischen Samens aus Deutschland zu beziehen. Aus hier geerntetem
Kohlsamen gezogene Pflanzen bildeten noch nicht zu 3 % Köpfe, beinahe sämtliche waren so degeneriert, dass sie eben nur als Viehfutter
verwendet werden konnten. Ähnliches gilt auch vom Kopfsalat. Nur
Erbsen und Bohnen bleiben ganz konstant und ist deren Anbau im
grossen nur zu empfehlen, da sie als Trockengemüse sehr erwünscht
sind.

Der Berg-Reis, der seinerzeit von den Ulugurubergen geschickt
wurde, steht befriedigend; hoffentlich wird es ihm für die nächste Zeit
nicht an Feuchtigkeit mangeln.

Die Kartoffel-Ernte ist im grossen und ganzen sehr befriedigend
gewesen. Abgesehen von den Bombay-Kartoffeln, die sich gut für die
hiesigen Lagen eignen, sind es ganz besonders die Dover'schen Kartoffeln, die den höchsten Ertrag geliefert haben, denn die gelegte Aussaat ist etwa 18fach geerntet worden. Nächst dieser steht die Sechs-
wochen-Kartoffel, die den 10fachen Ertrag gegeben hat.

Eine Gesamt-Übersicht über den Stand der europäischen Kulturen
am 15. Juni 1898 giebt folgendes Schema:

1. Weizen, europäischer . besät 12 Ar mit 13,5 kg, Stand: gering.
2. Weizen von Tabora . = . 13 = = 14 = = sehr gut.
3. = = = . = 36 = = 43 = = gut.
4. Gerste . . . . . . = 51 = = 52 = = gut.
5. Sommer-Roggen . . = 25 = = 25 = = mittel.

---

[1] Die Angabe, dass bei europäischen Leguminosen in Afrika keine Knöllchen zur Ausbildung kämen, wäre, wenn sie sich bewahrheitete, eine sehr auf-
fällige und eine nochmalige genaue Untersuchung daher sehr am Platze. Die afrikanischen Bohnen, so namentlich auch Vigna sinensis, bilden, wie ich mich
selbst am Kilimandscharo überzeugt habe, genau so Knöllchen wie die heimischen.
Andererseits freilich liessen Vignapflanzen, die ich im Berliner Botanischen Garten
aus afrikanischem Samen zog, gleichfalls die Knöllchen vermissen. Die Pflanzen,
die im übrigen üppig in's Kraut schossen, gelangten aber auch niemals zur Blüte.

Volkens.

16*

6.	Winter-Roggen . . .	besät	6 Ar	mit	5	kg,	Stand: gut.
7.	Hafer	=	12	=	= 13	=	=	=
8.	Wickfutter								
	a) Wicken	=	6	=	= 10	=	=	} gut.
	b) Hafer	=		=	= 3	=	=	
9.	Mais, weisser Pferdezahn-,	=	31	=	= 17	=	=	=
10.	Mais, roter	=	22	=	= 14	=	=	mittel.
11.	Mais, Neger-, . . .	=	9	=	= 4	=	=	sehr gut.
12.	Reis	=	12	=	= 8	=	=	=
13.	Erbsen	=	27	=	= 42	=	=	=
14.	Lupinen	=	13	=	= 17	=	=	=
15.	Sorghum	=	10	=	= 2,5	=	=	=

16. Kartoffeln   Geerntet

a) Bombay	=	38	=			50	Ctr.
b) Dover'sche . . .	=	750	□m =	94	Pfd.	16,45	=
c) Sechswochen . .	=	480	= =	98	=	10,16	=
d) Imperator . . .	=	210	= =	67	=	2,20	=
e) Salat	=	45	= =	10	=	1,25	=
f) Fortuna	=	75	= =	10	=	1,09	=
g) Prof. Märker . .	=	45	= =	9	=	0,93	=
h) Lucius	=	30	= =	10	=	1,07	=
i) Reichskanzler . .	=	45	= =	10	=	0,56	=
k) Märtemheimer . .	=	30	= =	9	=	0,62	=
l) Prof. Kühn . . .	=	45	= =	9,5	=	0,73	=
m) Lutter	=	45	= =	7,5	=	0,37	=
n) Blaue Nieren . .	=	15	= =	3	=	0,09	=
o) Magnum bonum .	=	45	= =	8	=	0,37	=

Als empfehlenswert haben sich danach die Sorten a—e und g—l erwiesen.

II. Tropische und subtropische Kulturen.

Um von der europäischen Landwirtschaft auf die tropischen und subtropischen Pflanzungen überzugehen, so kann auch in dieser Richtung ein wesentlicher Fortschritt verzeichnet werden.

An dem westlich von der Station gelegenen Bergabhange ist ein grosser Komplex gerodet worden. Bequeme Wege, an denen Eucalyptus, Casuarinen, Palmen u. s. w. angepflanzt wurden, sind hindurch gelegt und auf dem Terrain selbst 1000 arabische Kaffeebäumchen ausgesetzt worden. Anfangs, während des Nordost-Monsuns, hatten die jungen Pflanzen sehr zu leiden, ihre Blätter wurden vom Winde gebrochen, jetzt, nachdem der Südwest-Monsun und mit ihm die Regenzeit eingesetzt hat, stehen die Bäumchen gut. — Von mehreren Sorten Thee (Ceylon-, Assam- und chinesischer) sind etwa 400 Stück an ihre Standquartiere ausgepflanzt worden und beweisen bereits, dass sie wohl besser als Kaffee für die Lage Kwais geeignet sind.

Ein anderes grosses Stück, auf welchem Wein ausgepflanzt werden soll, ist in Vorbereitung, ebenso ein weiteres, das Bäume und Gesträuche in pflanzengeographischer Anordnung aufnehmen soll. In Verbindung mit den von der Berliner Botanischen Centralstelle gelieferten Nutzpflanzen, unter denen sich namentlich auch viele medizinisch wichtige befanden, wird auf diese Weise die Grundlage zu einem botanischen Garten gewonnen sein, in dem natürlich auch afrikanische Nutzgewächse aus der Umgebung Kwais selbst nicht fehlen werden.

In dem Versuchsgarten östlich von der Station sind Aussaaten verschiedenster Art gemacht worden, indem hier alles in die Beete gelangt, was der Station von auswärts zugeht. Derartige Eingänge sind zu verzeichnen von den Botanischen Gärten zu Berlin, Durban und Peradenya, von der Kultur-Abteilung in Dar-es-salam und den Firmen Klar-Berlin, Haage und Schmidt-Erfurt, Schenkel-Hamburg, Dippe-Quedlinburg, Dammann & Comp.-Neapel, Vilmorin-Paris, Nimmo & Blair-Dunedin (Neu-Seeland). Über die lebenden Pflanzen, welche der Berliner Botanische Garten lieferte, ist in diesem Notizblatt Nr. 15 p. 205 berichtet worden. Von Peradenya kam eine schöne Sammlung Bambusen, bestehend aus den Arten Bambusa arundinacea, Oliveriana, siamensis und vulgaris, Gigantochloa aspera, Ochlandra maculata und Thysanolaena acarifera. Von Sämereien seien hier nur die erwähnt, die gekeimt haben, von denen also zu erhoffen ist, dass sie eine dauernde Vermehrung des Nutzpflanzenbestandes Kwais ausmachen. Es sind:

I. **Palmen,** Phoenix dactylifera, P. canariensis, Washingtonia robusta, W. filifera, Chamaerops tomentosa, Cocos Yatay, Trachycarpus Fortunei.

II. **Coniferen.** Pinus halepensis, P. Pinea, P. canariensis, P. insignis, P. Khasya, C. Macnabiana, C. Tournefortii, Juniperus Bermudiana, Thuja orientalis, T. australis, T. compacta, T. pyramidalis, Ginkgo biloba.

III. **Casuarinen.** Casuarina stricta, C. torulosa, C. paludosa, C. muricata, C. tenuissima, C. distyla, C. equisetifolia.

IV. **Eucalypten.** E. salmonophloja, E. ficifolia, E. resinifera, E. amygdalina, E. pilularis, E. rostrata, E. tereticornis, E. Steigeriana, E. Stuartiana, E. Globulus, E. Lehmannii. Von den Eucalypten wird gesagt, dass sich E. Globulus, der in einem

Jahr 8 Meter hoch wird, am besten bewährt und dass nach ihm E. rostrata kommt.

V. **Acacien und Albizzien.** Acacia cyanophylla, A. melanoxylon, A. nematophylla, A. pycnantha, A. retinodes, A. subalata, A. dealbata, A. heterophylla, Albizzia Lebbek und A. lophantha.

VI. **Tropische Obstbäume und Sträncher.** Passiflora edulis, Eugenia Pitanga, Persea gratissima var. deliciosa, Anona laurifolia, A. muricata, A. reticulata, A. Cherimolia, Psidium pomiferum, P. pyriferum, Eriobotrya japonica, Anacardium occidentale, Morus alba.

VII. **Schattenbäume.** Cassia glauca, Caesalpinia aurea, C. pulcherrima, Poinciana regia, P. Gilliesii.

VIII. **Tropische Nutzhölzer.** Tectona grandis, Melia Azedarach, Pittosporum undulatum, Laurus canariensis, Schinus Molle.

IX. **Bäume der gemässigten und subtropischen Zone.** Juglans cinerea, Sterculia acerifolia, S. diversifolia, Ailanthus glandulosa, Catalpa Bungei, Cercis Siliquastrum, Cladrastis tinctoria.

X. **Gewürze.** Cinnamomum zeylanicum.

XI. **Medizinalpflanzen.** Thevetia neriifolia, Rheum palmatum, R. Rhaponticum, Ferula Asa foetida.

XII. **Faserpflanzen.** Corchorus capsularis, Lygeum spartum.

XIII. **Zierpflanzen.** Genista canariensis, Brunfelsia eximia, Parkinsonia aculeata, Nerium Oleander, Eulalia japonica, Poinsettia pulcherrima.

XIV. **Nutzpflanzen verschiedener Art.** Unter diesen seien genannt: Hopfen, Brombeeren, Erdbeeren, Sojabohne und das Futtergras Euchlaena luxurians.

XV. **In Afrika heimische Nutzpflanzen.** In Kultur genommen wurden bisher die Coniferen Podocarpus falcata, P. elongata, Juniperus procera, Callitris Wightii und die Laubbäume Parinarium salicifolium (Mula), Turraea spec., Maba buxifolia (Munagio), Musa spec. und Phoenix reclinata.

Ausser dem Garten östlich und westlich der Station hat Kwai eine dritte Versuchspflanzung im Mkussuthale angelegt. Es sind daselbst 1100 arabische Kaffeebäumchen ausgesetzt, die zum Teil schon eine Höhe von 40—50 cm erreicht haben. Von den daselbst gemachten weiteren Aussaaten sind namentlich Coniferen wie Pinus canariensis, P. insignis, Thuja orientalis, sowie Palmen, als Phoenix reclinata und Washingtonia robusta, gut aufgegangen. Eine weitere Versuchspflanzung ist unterhalb Wilhelmsthal am Bulabach etwa 1200 m über dem Meeresspiegel geplant. Die ersten Klärungsarbeiten werden im August vorgenommen werden.

B. Wilhelmsthal.

I. Station Wilhelmsthal am Rusotto, 3¹⁄₂ Stunden von Kwai, jedoch tiefer, etwa auf 1450 m Meereshöhe gelegen, am 12. Januar d. J. angelegt.

1. Sämtliche europäischen Gemüse gedeihen hervorragend.

2. Kartoffeln (französische Saat und Saat aus Natal), Ende Januar gelegt, konnten Anfang April bereits mit ungefähr 10facher Frucht reif herausgenommen werden.

3. Kaffee, arabischer, junge Pflanzen, von der Plantage Sakarre bezogen, etwa 1000 Stück halbjährige, steht vorzüglich.

4. An Baumsämereien sind Eucalyptus verschiedener Art ausgelegt und sämtlich gut gekommen, teilweise auch schon als Alleebäume ausgepflanzt, teilweise noch in der Schule, um grössere Strecken aufzuforsten. Akazien zeigten ebenfalls günstige Resultate.

5. Kornkulturen sind noch nicht angelegt, ausser einigen grösseren Maisfeldern, Land ist jedoch zur Aussaat vorbereitet.

II. Posten Masinde, am Westabfall des Gebirges, in der Steppe bei 550 m an der Karawanenstrasse nach dem Kilimandscharo. Anbau beschränkt sich auf die Reste vom vorigen Jahr, neues ist nicht hinzugekommen. Geerntet sind zum ersten Mal: Kokosnüsse, Mangofrüchte und Citronen (grosse, gelbe). Ananas in überreicher Anzahl, Papayen und Limonen wie im Vorjahr.

III. Posten Kisuani, Süd-Pare, in der Steppe auf 700 m an der Karawanenstrasse nach dem Kilimandscharo.

Der im Oktober 1896 ausgelegte Kaffee (100 Bäumchen, Saatkorn aus Bourbon, von der katholischen Missionsstation Kilema erhalten) hat im März dieses Jahres, also nach ungefähr 1¹⁄₂ Jahren, die erste Frucht gebracht. Ist reichlich mit Kuhdung versehen und umgeackert worden, steht wunderschön, voll und dunkelgrün. Sonst auch hier gegen das Vorjahr nichts Neues.

Weiterhin sind im Bezirk in der Nähe der Station des evangelischen Afrikavereins Lutindi Versuche angestellt worden, die Eingeborenen zum Kartoffelpflanzen anzulernen, die nicht unglünstig ausgefallen sind. Die Leute zeigten Lust dazu, und wenn die nötigen Saatfrüchte geliefert werden, könnte bei einiger Aufsicht im Anfang die europäische Kartoffel hiesiges Landesprodukt werden.

C. Dar-es-salam.

Neue Gartenanlagen wurden in der Umgebung des Gouvernements-Krankenhauses geschaffen, wo ein guter Boden aus einer fetten, schweren Dammerde das Verpflanzen sehr begünstigte und dazu beitrug, dass trotz der Dürre das Anwachsen sich zufriedenstellend gestaltete. Um Rasenflächen zu erzielen, wurde ein einheimisches Gras, ähnlich der europäischen Quecke, nicht ausgesät, sondern ausgepflanzt und kann das Resultat als ein sehr gutes bezeichnet werden. Bei geringer Wassergabe hält sich das Gras unverwüstlich in der Trockenheit, während der Regenzeit muss es häufig geschnitten werden. Als Solitärpflanzen und Bosquets wurden Arten aus den Gattungen Croton, Acalypha, Bougainvillea, Eranthemum, Ficus, Hibiscus, Agave u. s. w. verwandt, von Palmen standen Phoenix reclinata, Caryota sobolifera, Latania aurea, Dictyosperma alba, Pritchardia filamentosa zur Verfügung. Als sehr wirkungsvoll erwiesen sich auch einige einheimische Gewächse, wie Encephalartos Hildebrandtii und Calophyllum Inophyllum, nicht minder der aus Madagaskar bezogene Baum der Reisenden (Ravenala madagascariensis).

Um die Lücken wieder auszufüllen, die in dem Versuchsgarten selbst durch die Neuanlagen entstanden waren, wurden die vorhandenen Pflanzen teils durch Stecklinge wieder vermehrt, teils ergaben sich Bereicherungen des Bestandes aus Samensendungen, die von verschiedener Seite her zugingen. Von den auf letztere Weise gewonnenen Pflanzen seien hervorgehoben:

I. **Palmen.** Phoenix farinifera, P. dactylifera, P. Roebelini, P. paradenia, P. tomentosa, P. tenuis, P. paludosa, P. reclinata, P. canariensis, P. edulis, Washingtonia robusta, Chamaerops humilis, C. canariensis, C. hystrix, C. elegans, Kentia Forsteriana, Sabal mexicana, Dypsis madagascariensis, Latania Commersonii, L. borbonica, Lodoicea seychellarum, Livistona humilis, Oreodoxa regia, Erythea edulis, Hyophorbe Verschaffelti.

II. **Eucalypten.** Eucalyptus callosa, E. amygdalina, E. goniocalyx, E. botryoides, E. rudis, E. bicolor, E. fissilis, E. gomphocephala, E. pilularis und E. citriodora. Viele derselben haben schon eine Höhe über 1 Meter. Besonders zeigt E. bicolor und E. fissilis ein schnelles Wachstum, während E. citriodora am langsamsten vorwärts kommt und E. Globulus durch tierische Schädlinge (Thrips) ganz eingegangen ist.

III. **Tropische Obstarten.** Citrus Aurantium, Psidium Guayava, Anona squamosa, A. reticulata, Mangifera indica, Anacardium occidentale.

IV. **Schatten- und Nutzholzbäume.** Casuarina equisetifolin, Poinciana regia, Melia Azedarach, Caesalpinia pulcherrima, Ceiba pentandra, Albizzia lophanta, Thuja compacta.

V. **Gewürzpflanzen.** Piper nigrum, Caryophyllus aromaticus.

VI. **Zierpflanzen.** Nerium Oleander, Argyraea speciosa, Pandanus utilis, P. littoralis, Thespesia populnea u. s. w. Auch ein kleines Sortiment Rosen ist eingeführt worden, wovon ein Teil schon blüht; eine Anzahl von Wildlingen ist bereit, veredelt zu werden.

Die Erfahrungen, die mit einer Reihe von Nutz- und Zierpflanzen im Versuchsgarten bisher gewonnen worden sind, lassen sich in folgender Weise zusammenfassen.

I. Palmen.

Latania Commersonii gedeiht ausgezeichnet selbst bei wenig Wassergabe in der Trockenheit, wird von keinem Ungeziefer befallen, die Wedel halten sich trotz Wind und Hitze tadellos.

L. borbonica ist schwer hochzubringen, da sie als Sämling unter Gelbsucht und tierischen Schädlingen leidet. Auch als herangewachsene Pflanze bedarf sie dauernder Pflege und viel Wasser.

L. aurea ist eine harte Palme, sie wächst langsamer wie L. Commersonii, wirkt aber ebenso dekorativ wie diese. — Alle drei Latanien lassen sich leicht mit Ballen versetzen.

Caryota sobolifera wächst bei viel Wasser rasch, bei Wassermangel jedoch werden die Spitzen der Fiedern sofort schwarz, und Wedel nach Wedel wird unansehnlich. Sie lässt sich bei reichlicher Bewässerung schnell gross ziehen und auch als herangewachsene Pflanze leicht versetzen.

Chamaerops excelsa ging an Wurzelfäule zu Grunde.

C. humilis gedeiht bei nur wenig Pflege, selbst ohne Bewässerung in der Trockenheit.

Pritchardia filamentosa ist eine harte Palme und für das Klima wie geschaffen. Trotzdem sind die Exemplare meist unansehnlich, da ein Insekt die Blätter ansticht und sich um jeden Stich weitergreifende gelbe Flecke bilden.

Dictyosperma alba und *Hyophorbe amaricaulis* entwickeln sich bei wenig Wasser beide gut, leiden auch nicht unter Insektenfrass, dagegen kommt

Hyophorbe Verschaffelti nur schwer fort, da sie besonders von Schild-
läusen befallen wird.

Arenga saccharifera, *Elaeis guineensis* und *Phoenix canariensis* sind
alle drei leicht zu behandeln, brauchen wenig Wasser, können aber
nur zum Teil ohne Schaden versetzt werden.

II. Andere Monokotyledonen.

Ravenala madagascariensis hält sich trotz Dürre und Wind ziemlich
gut, muss aber, um schnell zu wachsen, reichlich begossen werden.

Pandanus utilis und *P. litoralis* sind als grössere Pflanzen schwer
zu versetzen, beanspruchen im übrigen aber wenig Pflege und Bewässerung.

III. Cycadeen und Coniferen.

Cycas circinalis und *Encephalartos Hildebrandtii* wachsen ohne alles
Giessen zu stattlichen Exemplaren heran.

Cupressus horizontalis erweist sich als hart gegen alle Unbilden der
Witterung, lässt sich gut verschulen und wächst zu dekorativen Exemplaren heran.

Araucaria excelsa ist zum Teil eingegangen, was übrig blieb, ist
krank, weil Klima und Boden offenbar zu trocken sind.

A. Cunninghami ist härter, zeigt ein gesundes Aussehen, obwohl
das Wachstum langsam ist. Ein Exemplar, das im dürrsten Sandboden
steht, bekam in der langen Trockenheit von 1897—98 keinen Tropfen
Wasser, erhielt sich trotzdem vortrefflich und trieb nach den ersten
Regen freudig aus.

Biota orientalis hat sich völlig akklimatisiert.

IV. Obstarten.

Anona squamosa und *A. muricata* wachsen beide gut, blühen auch
reichlich, setzen aber bei mangelnder Bewässerung wenig Frucht an.
Anona Cherimolia wächst langsam und leidet unter Milben und Gelbsucht. Es soll versucht werden, die A. squamosa auf A. Cherimolia
zu pfropfen.

Psidium Guayava bringt bei jeder Witterung reichen Fruchtansatz.
Das rasche Wachstum des Baumes, sein grader, glatter Stamm, sein
hartes Holz und seine ungemeine Vermehrungsfähigkeit empfehlen ihn
auch in forstwirtschaftlicher Beziehung. Um die Früchte wohlschmeckender zu machen, sind Aufpfropfungen edler Sorten unerlässlich.

Apfelsinen, Mandarinen, Limonen etc. Alle Citrus-Arten wachsen zu
grossen schönen Bäumen heran, sie tragen indessen infolge der ge-

ringen Bodenfeuchtigkeit verhältnismässig wenig Früchte. Künstliche Bewässerung muss eingreifen, wenn man an einen Export der Früchte denken will. Aussichtslos wäre ein solcher bei dem steigenden Schiffsverkehr vielleicht nicht, da die Früchte hier während der Frühjahrs- und Sommermonate reifen, wo in Europa wenig Ware auf den Markt kommt. Bedingung wäre freilich, dass Edelreiser aus Italien, Smyrna und anderen Orangenexportgebieten eingeführt würden. Das Okulieren lässt sich, wie Versuche gelehrt haben, ohne Schwierigkeit und mit Erfolg betreiben.

Carica Papaya geht wie Unkraut auf und bringt enorme Erträge. In Schiffen mit Kühlräumen würde eine Ausfuhr wohl möglich sein.

Mangobaum. Die grossen, im Küstenlande davon vorhandenen Bestände sind wohl alle mehr oder weniger zufällig entstanden, da wo weggeworfene Steinkerne grade aufgingen. Man findet darum auch gute und schlechte Sorten bunt durcheinander. Bei Anpflanzungen im Inneren achtet man darauf nicht und sät aus, was man von Steinkernen in die Hände bekommt. Um eine gleichmässige Verbesserung des Materials zu erzielen, wird darum vorgeschlagen, in den Versuchsgärten ausgewählte edlere Sorten in Töpfen heranzuziehen, diese ins Innere zu versenden, um dort aus den heranwachsenden Pflanzen Pfropfreiser zu gewinnen. Die Auspflanzung und Versendung in Töpfen bietet auch für viele andere Bäume grosse Vorteile; besonders, wo man Alleen anzulegen beabsichtigt, sollte man sie in Anwendung bringen, da man bei dieser Methode gegenüber der Anzucht aus Samen keinen Ausfall hat.

Persea gratissima kommt nicht recht vorwärts, vermutlich ist das Klima zu trocken. Dasselbe gilt für

Ficus Carica. Die vorhandenen Feigenbäume tragen nur kleine Früchte, vielleicht weil die Sorte schlecht ist, die dann durch Stecklinge aus Italien oder Smyrna verbessert werden könnte, vielleicht auch, weil es an der nötigen Feuchtigkeit fehlt.

Opuntia Ficus indica gedeiht ohne alle Pflege und kann aus jedem Stengelglied ins Ungemessene vermehrt werden, doch sind die Früchte ungeniessbar. Bessere Qualitäten wären unschwer aus Italien zu beziehen.

Anacardium occidentale. Ein Baum in der Nähe des Gouvernements-Gartens hat im vorigen Jahre reichlich getragen und zeigte trotz der Dürre keine Veränderung im Wuchse. Junge, aus Samen gezogene Pflanzen stehen sehr üppig.

Punica Granatum wächst und fruchtet ausgezeichnet, leider werden die meisten Früchte von einem Käfer angestochen und durch die sich entwickelnde Brut zum Abtrocknen gebracht.

Artocarpus integrifolia ist als alter Baum gegen Trockenheit unempfindlich, desto mehr sind es Sämlinge, die nur bei reichlicher täglicher Bewässerung erhalten werden können. Sie treiben tiefe Pfahlwurzeln, was ein Versetzen sehr erschwert und dazu nötigt, mit grossem Erdballen zu verpflanzen. Am besten ist, sie gleich nach dem Aufgehen an den Bestimmungsort zu bringen.

Spondias dulcis ist in einigen Bäumchen und junger Anzucht vorhanden, von der aber der vierte Teil wieder einging. Der Baum ist hart gegen Trockenheit, er verträgt das Versetzen nur mit Erdballen.

Eriobotrya japonica ist nur in einem einzigen Exemplar im Versuchsgarten, dieses beweist indessen, dass der Pflanze das Klima behagt. Da in Südeuropa Eriobotrya vielfach durch Veredeln auf Quitten, Birnen oder Weissdorn vermehrt wird, soll versucht werden, einzuführenden Birnen die Eriobotrya als Unterlage zu geben.

Ceratonia siliqua wächst sparrig und langsam, bildet keinen ordentlichen, sich selbst tragenden Stamm und ist eigensinnig im Versetzen.

Vitis vinifera. Die Weinstöcke zeigen ein recht kümmerliches Aussehen, was aber vielleicht daher rührt, dass sie zu dicht an Kokospalmen gepflanzt sind. Letztere verfilzen den Boden mit ihren Wurzeln auf 2 Meter Tiefe und 4 Meter Weite.

Mandel. Ein Baum vorhanden, der gutes Wachstum zeigt.

Pfirsich. Die im Versuchsgarten vorhandenen Bäume haben einen schönen, gedrungenen Holztrieb, werden aber durch die allzufrüh eintretende Trockenheit behindert, ihr volles Wachstum zu beenden. Sie treten zu früh in Ruhe, um aus dieser wieder nur für kurze Zeit zum Wachstum angeregt zu werden. Nur künstliche Bewässerung kann hier in ausreichendem Masse helfen. Von Krankheiten sind die Bäume bisher frei, nur gewisse Käfer scheinen die Blätter mit Vorliebe anzugreifen.

V. Genussmittel.

Coffea arabica hat, wenn schon kein kräftiges Wachstum, so doch gesundes Ansehen. Eine dauernde Kultur ist nur bei künstlicher Bewässerung möglich.

Thee. Eine Aussaat dreier Sorten Thee ging an Gelbsucht ein.

VI. Gewürze.

Vanilla planifolia. Eine kleine Vanillen-Plantage, dem Gouvernements-Garten anstossend gelegen, zeigt kein rechtes Gedeihen. Der Boden ist zu trocken, auch sind die Schattenbäume (Jatropha Curcas) zu dicht gesetzt. Jatropha Curcas eignet sich wohl auch überhaupt nicht als Schattenbaum, sie braucht zu viel Wasser und Dung für sich und giebt zu viel Schatten.

VIII. Nutzhölzer, Alleebäume u. s. w.

Albizzia Lebbek kann als durchaus eingebürgert gelten. Tausende von jungen und auch bereits fruchtenden Pflanzen finden sich im Versuchsgarten, um als Alleebäume Verwendung zu finden. Misslich ist nur, dass beim Versetzen der Baum oft von der Spitze ab bis zu seiner halben Höhe vertrocknet.

Albizzia moluccana scheint ein feuchteres Erdreich zu benötigen, ist aber, da sie keinen so dichten Schatten wirft wie A. Lebbek, für Plantagen brauchbarer.

Sterculia alata ist in zwei Bäumen vorhanden und erweist sich als harter, schöner Allee- und Zierbaum, der nur das Versetzen besser ertragen sollte.

Peltophorum ferrugineum wächst rasch, ist hart und versetzt sich leicht.

Pithecolobium Saman und *P. dulcis* wuchern förmlich, ebenso wie *Sapindus Saponaria*.

Eucalyptus. Von den Eucalyptusbäumen zeigt E. occidentalis das kräftigste Wachstum, denn er erreicht in derselben Zeit die doppelte Höhe und Stärke wie die übrigen. Nach ihm kommt E. amygdalina, dann E. marginata. E. colossea wächst sehr langsam, E. haemastoma lässt seine Zweige hängen, so dass er wohl als Trauerbaum, bei der schwächlichen Stammbildung aber nicht als Nutzholz in Betracht kommt. Am schlechtesten gedeiht E. Globulus, denn es geht ein Exemplar nach dem andern ein. Der Grund dafür liegt aber wahrscheinlich nicht am Boden oder Klima, sondern nur am Eingriff tierischer Schädlinge. Es ist unglaublich, was dieser Baum von Thrips, besonders aber von roten Spinnen zu leiden hat. Blatt um Blatt wird befallen, wird braun und stirbt ab. Der Baum treibt neue, strengt sich mehr und mehr an, Ersatz für die verdorrten zu schaffen, bis er schliesslich an Erschöpfung eingeht.

Adenanthera pavonina wächst sehr rasch, hat aber den grossen Fehler, dass sie sich nicht versetzen lässt und darum gleich aus dem Samenbeet an Ort und Stelle gebracht werden muss.

Calophyllum Inophyllum. So lange die Bäume jung sind, müssen sie auf trockenem Boden reichlich begossen werden. Das Umpflanzen muss mit grossem Erdballen geschehen.

Terminalia Catappa wächst ausserordentlich langsam in den ersten Jahren, auch das Verpflanzen macht Schwierigkeit.

Tectona grandis. Der Teakbaum hat während der Regenzeit ein riesiges Wachstum, da er dann Triebe von 1—1½ Meter macht. Die im Versuchsgarten auf trockenem Sandboden stehenden Bäume haben bei zweijährigem Alter eine Höhe von 4—5 Meter und sind kerzengerade. Aufforstungen mit dem Baume haben so zu geschehen, dass man die Sämlinge sogleich nach Aufgehen der Samen und noch krautig auspflanzt. Da er eine lange Pfahlwurzel treibt, ist ein späteres Versetzen selbst mit Ballen, wie Versuche ergeben haben, ohne jeden Erfolg.

Melaleuca Leucadendron in 3 Bäumchen vorhanden, wächst langsam, ist aber gesund und frei von Ungeziefer.

Caesalpinia Sappan, *C. Coriaria* und *C. pulcherrima*. Allen 3 Arten sagen Klima und Bodenverhältnisse sehr zu, sie sind leicht aus Samen zu vermehren und lassen sich gut verpflanzen.

Cassia florida, *Moringa oleifera*, *Coccoloba uvifera* gedeihen gut. Moringa, die sich aus Stecklingen schnell vermehren lässt, dürfte als Schattenbaum für Plantagen sehr zu empfehlen sein.

Ceiba pentandra ist gegen jeden Klimawechsel hart, treibt in der trockensten Jahreszeit Blätter und Blüten, kann aus Samen gezogen und zu jeder Zeit versetzt werden.

Acacia arabica gedeiht ausgezeichnet, muss aber schon als Sämling an den Ort der Bestimmung verpflanzt werden.

VIII. Kautschukpflanzen.

Ficus clastica lässt sich willig aus Blattstecklingen in grossen Massen vermehren, verlangt die erste Zeit als bewurzelter Steckling nach dem Verpflanzen einige Pflege, wächst dann aber freudig weiter. In der grossen Dürre des Berichtsjahres bekamen die grösseren Pflanzen keinen Tropfen Wasser, erhielten sich aber trotzdem auffallend schön und trieben dabei.

Manihot Glaziovii wächst noch rascher als Ficus. Die im Versuchsgarten vorhandenen Pflanzen sind Prachtbäume, obgleich nur einige Jahre alt. Die Art besitzt eine ungeheure Vermehrungskraft durch Samen, die schon in ganz jugendlichem Alter erzeugt werden. Neue Pflanzen gehen wie Unkraut überall auf, sowie Regen fällt. Mit wenigen Standbäumen könnte man ganze Flächen, die baumlos und brach daliegen, bewalden. Mit der Zeit findet sich auch wohl eine geeignete Methode, aus ihm Kautschuk zu gewinnen.

D. Mohorro.

Tabak stellt die Hauptkultur dar. Beim Sortieren und feineren Arbeiten fanden hauptsächlich Chinesen Beschäftigung, weil sie sich für das tropische Klima weniger widerstandsfähig als die eingeborenen Arbeiter erwiesen. Vorübergehend haben die Chinesen indessen auch grössere Feldarbeiten, wie Grabenziehen u. s. w. machen müssen. Urbarmachen des Landes, Bäume fällen, Ausroden von Wurzeln, Durchhacken des Bodens, Ebenen, Zerklopfen von Erdklumpen, Holz- und Wassertragen fiel in erster Linie den Tagelöhnern zu und vertheilten sich diese Arbeiten auf das ganze Jahr.

Im Juni 1897 waren 100 Zentner Tabak im Fermentierschuppen aufgestapelt. Im August begann das Sortieren, Ende September konnte der Tabak mit der vom Gouvernement gekauften Presse abgepresst, in Matten genäht und signiert werden. Die Sendung wurde Ende Oktober per Dhau nach Kilwa zur Weitersendung nach Bremen expediert. Die Bremer Firma Leopold Engelhardt u. Comp. übernahm den Verkauf, der erzielte Preis betrug 96 Pfennig pro Kilo loco Bremen.

Während des Sortierens (August) wurden an dem See auf der Plantage Saatbeete angelegt, die leicht mit Guano gedüngt wurden. Als Schutz gegen die Sonnenstrahlen wurden Makutidächer in der Weise errichtet, dass sie leicht jeder Zeit abgenommen werden konnten. Im September kam die erste Saat in die Erde und zwar Sumatra und hiesige, letztere hauptsächlich, weil sie sich bei der Probeaussaat in Kistchen schön entwickelt hatte. Am sechsten Tage ging die hiesige Saat auf, während die Sumatrasaat erst am achten Tage aufging. Die Entwickelung der Saatbeete, deren Zahl nach und nach auf 1400 gebracht wurde, war durchweg zufriedenstellend. Im März 1898 wurden die letzten Saatbeete angelegt. Teilweise wuchsen die Pflänzchen dermassen dicht und üppig, dass viele ausgejätet werden mussten. Begossen wurde täglich zweimal, des Morgens von den Chinesen, des Abends von den Monatsarbeitern und Tagelöhnern. Bei einzelnen Beeten trat die Eigentümlichkeit zu Tage, dass garnichts aufging. Es geschah erst, nachdem ein nochmaliges Umarbeiten stattgefunden hatte.

Am 20. Oktober 1897 begann das Auspflanzen. Von vornherein wurde beabsichtigt, eine recht grosse Ernte zu erzielen und es ist alles daran gesetzt worden, dies zu erreichen. Leider vereitelte das Wetter dieses Vorhaben. Es regnete wenig und je weiter die Zeit vorschritt, desto weniger Niederschläge waren zu verzeichnen. Die Hitze war bedeutend. Ein grosser Prozentsatz der Pflanzen ging auf diese Weise ein, auch verkrüppelten viele. Anfang Dezember kamen noch 30 neue Chinesen von Tanga hinzu. Auch die Witterung in den folgenden Monaten war gegen alles Erwarten. In der grossen Regenzeit (März, April, Mai), für welche Vorkehrungen durch Anlegen und Ausbessern von vielen Abzugsgräben getroffen waren, regnete es fast gar nicht und musste deshalb das Auspflanzen Anfang Mai 1898 eingestellt werden. Regenwolken waren fast täglich am Himmel, die Regen gingen aber den Rufidyi aufwärts nieder.

Beim Einsetzen der jungen Pflänzchen musste der fehlende Regen, so gut es ging, durch Wasserherantragen ersetzt werden. Dies erforderte eine grosse Anzahl von Arbeitern und die Schwierigkeit stieg, je weiter sich die Pflanzfelder von dem See entfernten. Aufhäufelungen halfen wenig, da der Boden eben zu trocken war.

Gedüngt wurde ein Theil der Felder nach Stassfurter Muster mit Kunstdünger und zwar die Hälfte von 5 Feldern. 89400 Pflanzen sind ausserdem mit Holzasche gedüngt worden. In Summa sind etwa 800000 Pflanzen ausgesetzt worden.

Am 20. Januar begann der erste Schnitt und wurden nach und nach 150000 Pflanzen geerntet. Die mit Kunstdünger und Holzasche behandelten kamen in besondere Räume, um den Erfolg beobachten zu können. Im März wurden 56 und im Mai 55 Zentner im Fermentierschuppen gestapelt. Das Probieren sowohl bei gedüngtem, als auch bei ungedüngtem Tabak ergab, dass keine Sorte brennt. Vielleicht lässt sich noch durch gutes Fermentieren ein Brand erzielen. Die Qualität des Tabaks ist besser als im vorigen Jahre, die Blätter sind grösser und elastisch, die Farbe schöner und der Geruch besser.

Kaffee. Es sind mehrere Versuche zu verschiedener Zeit und an verschiedenen Stellen mit Kaffee gemacht worden, es ist aber nicht eine einzige Bohne aufgegangen. Die Kaffeekultur dürfte für Mohorro auch nicht lohnend sein, da hier nur Liberiakaffee, der zu schlecht im Preise steht, in Frage käme.

Reis. Im Februar 1898 wurden 11 Hektar mit 500 Pfund Reis verschiedener Art bepflanzt. Es sollte festgestellt werden, ob sich der Reisbau durch Europäer lohnt. Leider konnte dieser Versuch nicht durchgeführt werden, da die Saat infolge des Nichtregnens verdorrte. Auch Heuschrecken richteten grossen Schaden an.

Jute. Am 16. Februar wurde ¼ Hektar mit Jutesamen besät und da am 13. Februar die Blüte eintrat und Früchte sich zeigten, wurde mit dem Schnitt begonnen. Die Durchschnittshöhe der Pflanzen betrug 1,20 Meter. Das schnelle Reifen kann nur durch die Trockenheit bewirkt sein. Im nächsten Betriebsjahr soll noch ein zweiter Versuch, der hoffentlich bei günstigeren Bedingungen eine längere Faser liefert, gemacht werden. Über die Qualität der gewonnenen Fasern kann kein Urtheil abgegeben werden, da die Produktion der Jute in Mohorro bisher nicht betrieben worden ist.

Kulturstation Buara.

Am 2. März 1898 wurde in Buara, einem grossen vor Winden geschützten Thal 6 Stunden von Mohorro, eine kleine Versuchstation von der Plantage aus errichtet. Der Boden ist dort sandig mit viel Grundwasser bei 3—4 Fuss und wird sich zur Anlage von Gemüsekultur eignen. Wahrscheinlich wird auch Vanille dort ein gutes Fortkommen haben, die ersten Anzeichen wenigstens sprechen dafür. Tabak ist ebenfalls zur Probe gepflanzt worden.

Auch wenn das Betriebsjahr für die Hauptkultur Mohorros, den Tabak, wiederum zu keinem günstigen Resultat geführt hat, so sind doch wenigstens Fortschritte gemacht worden. Herr Prof Dr. Wohltmann hat bei seinem Hiersein im März 1898 den Boden für Tabak durchaus geeignet gehalten. Nach seiner Meinung ist der mangelhafte Brand des Tabaks in den Säuren, die im Boden sind, und in der Üppigkeit des Landes selbst zu suchen. „Durch recht häufige und tiefe Umarbeitung der Felder, durch Anlage von Gräben, die schon in grosser Zahl vorhanden sind, muss Luft hineinkommen und eine regelmässige Fruchtfolge durch Anbau von Reis, Indigo, Mais u. s. w. dem Tabakbau vorangehen; auch eine gute Düngung des Bodens ist vorzubereiten. Dadurch müsse ein Brand des Tabaks erzielt werden. Ohne Schaden für die Qualität kann Tabak einige Jahre auf den schon abgeernteten Feldern gebaut werden". Dies dürfte den Betrieb auf der Plantage bedeutend verbilligen. Für einen lohnenden Betrieb müsste ferner in Zukunft eine Wasseranlage (Windmotor oder dergl.) angeschafft werden, um einmal vom Regen weniger abhängig zu sein und dann auch, um die hohen Kosten für Wassertragen in Wegfall zu bringen. Auch eine Drillmaschine dürfte von Nutzen sein.

E. Kurazini.

Im März 1898 waren ca. 134 Hektar vollständig mit etwa 150000 Agaven bepflanzt. Auf einem Areal von ca. 25 Hektar sind die Pflanzen schon soweit entwickelt, dass mit der Ernte begonnen werden kann. Um das Absterben der Pflanzen, welches eintritt, wenn der Blütenschaft sich vollständig entwickelt hat, zu verhindern, wurden sämmtliche Blütenstände, sowie sie zu treiben begannen, ausgeschnitten. Die Pflanzen bleiben danach frisch grün, setzen aber keine neuen Blätter mehr an. — Durch sorgfältiges Entfernen aller Nachtriebe, die sich nach Entfernung des Blütenschaftes in den Achseln der oberen Blätter bilden, wird es wohl gelingen, die Pflanzen zu zwingen, Seitenschösslinge am Boden zu treiben. Nach Aberntung der ursprünglichen Pflanze und Ausgraben des Strunkes wird auf diese Weise erzielt, dass ein Neupflanzen nicht nötig wird.

Ein abschliessendes Urteil lässt sich noch nicht geben. Der fast vollständige Ausfall beider Regenzeiten hat den Agaven zwar nicht viel

17

geschadet, aber doch ihre Entwickelung verzögert und auch veranlasst,
dass die Blütenschäfte eher ins Treiben kamen, als wohl sonst.

Beträchtlichen Schaden durch den Ausfall der Regenzeiten haben
jedoch die als Zwischenkultur ausgesetzten jungen Palmen erlitten,
von welchen einige Tausende ersetzt werden mussten. Es stehen jetzt
auf 100 Hektar ca. 7000 Palmen.

Durch Ankauf wurde das Gebiet der Pflanzung um 63 Hektar vergrössert. In den hier neuangelegten Saatbeeten sind bis jetzt 130000
Pflänzlinge ausgesetzt.

Der Versuch mit Teakholz darf als gelungen bezeichnet werden.
Alle Pflanzen, die prompt nach 3 Monaten aufgingen, etwa 400—500
Stück, stehen zur Zeit vorzüglich.

F. Msikitini.

Das für die Station gewonnene und gerodete Buschland beträgt ca.
60 Hektar. Auf dem Terrain sind 1500 Palmen in 10 qm Verband
gepflanzt und mit Schutz gegen das Vieh versehen worden. Des aus-
bleibenden Regens wegen konnten nicht mehr angepflanzt werden, der
Boden war zu hart und trocken. Terrain zum weiteren Aufnehmen
von Palmen ist vorbereitet und Pflanzlöcher sind ausgehoben worden.
Ferner liegen 15 Hektar frischer Busch gekappt. Besondere Schwierigkeit macht das Ausroden der hier stellenweise sehr viel vorkommenden
wilden Dattelpalme (Mtende).

Palmpflänzlinge sind noch 1000 Stück vorhanden. An Nüssen
liegen etwa 4000 Stück in den Beeten.

Von dem ausgelegten Teaksamen ist wenig aufgegangen, was aber
aufkam, hat sich sehr gut entwickelt. Die Bäume sind teilweise schon
2 m hoch. Anacardium occidentale, die Cachunuss, kam im April
zur Aussaat, keimte schon nach 4 Wochen und sind die Pflänzlinge
jezt 10—15 cm hoch. Sie leiden aber sehr durch einen von den Eingeborenen „Kupe" genannten Käfer, der die Blätter abfrisst und viele
zum Absterben bringt.

G. Dabaga.

Der Auftrag der Abteilung für Landeskultur, im Uhehegebiet eine
forst- und landwirtschaftliche Station anzulegen, wurde dahin gelöst,
dass zunächst im Einverständnis mit der Kaiserlichen Station Jringa,
im Süden derselben, etwa 10 Stunden von ihr entfernt, auf einem Höhen-
zuge, welcher in leicht welliges Gelände ausläuft, ein Landstück, teils
mit humosem Waldboden, teils mit leichtem Graslandboden ausgewählt
wurde. Dort wurde am 22. Dezember 1897 mit dem Bau der Häuser

begonnen, und am 11. Januar 1898 die ersten von Jringa gekommenen Sämereien in ein Saatkamp eingelegt. Der Kamp liegt in einer Thalsenkung, etwa 80—100 m tiefer wie die Station, etwa 15 Minuten von ihr entfernt, in der Nähe eines Flüsschens, das das ganze Jahr über Wasser führt.

Soweit sich bis jetzt gezeigt hat, gehen sämtliche Forstsämereien vorzüglich fort, während das von den Gemüsesämereien nicht behauptet werden kann. In anbetracht dessen wurde in gleicher Höhe mit der Station ein anderer Garten angelegt und zu ⅔ seiner Ausdehnung mit Stalldung versehen, um gleichzeitig auf gedüngtem und ungedüngtem Boden Aussaaten machen zu können.

Auf einem Teil einer etwa 3 Hektar grossen gerodeten Fläche wurde Getreide und andere Feldfrucht gesät, es ist aber mit Ausnahme von Hafer und Gerste aus Usambara, ferner von Erbsen und holländischem Sommerraps nichts gekommen. Was gekeimt hat, hat sich auch üppig weiter entwickelt und wenn auch der Strohertrag nicht gross, wird doch der Körnerertrag um so grösser sein.

Es regnet hier vom Oktober bis Ende Februar, im Januar am meisten, wonach sich die Arbeitsverteilung so gestaltet, dass mit Ende Dezember der Boden bearbeitet und Anfang Januar mit Säen und Verpflanzen begonnen werden muss.

Die Einführung einer Zucht von Pferden und Wollschafen dürfte sich empfehlen.

H. Militär-, Missions- und Privatstationsgärten.

Es liegen fünf Berichte vor, von Lindi (Plantage Karl Perrot), Kilossa, Lalonga, Tabora und Muanza herrührend.

Lindi pflanzt in erster Linie Liberia- und Bourbonkaffee. Was die Keimung angeht, hat sich bei beiden Arten gezeigt, dass eine vorgenommene Desinfektion der Samen die Keimfähigkeit stark herabdrückt. Vom Liberiakaffee haben 60% das Umschulen gut überstanden, so dass zur Zeit ca. 8000 schön entwickelte Bäumchen im Felde stehen. Bourbonkaffee (25 000 Bäumchen) verträgt das Umschulen besser, hat auch nicht so durch die Dürre gelitten. Für das Verpflanzen hat sich herausgestellt, dass man gut thut, nur Pflänzchen zu versetzen, die nach der Keimung noch mindestens 8—9 Monate im Beet gestanden haben. Vanille. Von den ausgepflanzten, aus Bourbon bezogenen Stecklingen überstanden nur diejenigen die Trockenzeit, welche in unmittelbarer Nähe des Wasserlaufs der Plantage gesetzt waren. — Cola acuminata. Dass in Lindi ein Versuch mit der Anpflanzung der Kolanuss gemacht worden ist, ist als besonders erfreulich zu bezeichnen. Von

Christy in London bezogene Samen, von denen ein Teil schon gekeimt ankam, gingen fast sämtlich innerhalb einer Zeit von 4 Wochen
auf und konnten die Sämlinge bei reicher Wasserzufuhr ohne Schaden
verpflanzt werden. Leider litten sie später sehr durch Frass einer
grossen Spannerraupe, auch erwiesen sie sich, wie das zu erwarten
ist, gegen Trockenheit in Luft und Boden sehr empfindlich. — Eriodendron anfractuosum. Der Kapokbaum ist widerstandsfähig
gegen Hitze und Trockenheit und mit jeder Bodenart zufrieden, aber
auch er wird von tierischen Schädlingen sehr verfolgt. Ein Insekt
zerstört alle Zweigspitzen, indem es den Trieb ringelt und zum Absterben bringt.

Kilossa. Im Gemüsegarten gingen 4 Aussaaten hintereinander
durch Dürre und Heuschreckenfrass zu Grunde, erst die fünfte konnte
hochgebracht werden. — Tabora-Weizen. Auf gehörig tief umgepflügtem
und geeggtem Boden ausgesät, stand die junge Saat sehr gut, fiel aber
dann den Heuschrecken zum Opfer. — Wein zeigt keinen Ansatz zur
Blüten- und Fruchtentwickelung. — Kaffee. Ältere Bäume tragen
schon sehr reichlich Frucht, jüngere, aus Mrogoro bezogene Pflanzen
sterben bei der Hitze ab. — Eucalyptus. Die ausgesäten Arten
(E. amygdalina, E. Globulus und rostrata) keimten alle gut und entwickelten sich auch so, dass sie schon nach 3 Monaten verpflanzt
werden konnten. — Acacia pycnantha und A. dealbata stehen
bereits ein Jahr, wachsen aber nicht ins Holz. — Weitere erfolgreiche
Aussaaten sind mit Anonen, Anacardium occidentale, Pinus
insignis und Kokospalmen gemacht, indessen ist über ihr Gedeihen
noch kein Urteil zu fällen.

Lalonga. Der Garten dieser Missionsstation ist ausserordentlich
reich mit tropischen Obstarten versehen, die alle die Mutterstation
Bagamoyo geliefert hat. — Wein mit langen Trauben wurde von Algier
als Steckling erhalten. Es sind jetzt 6 schöne Stöcke davon vorhanden, welche zweimal im Jahr tragen. Anfängliche, im Garten an-
gestellte Versuche schlugen fehl. Die Stecklinge wuchsen wohl schön
an, trieben auch ins Holz, aber kamen nicht zum Blühen. Sie wurden
darauf auf rotem, felsigem Boden eines Hügels angepflanzt und hier hatte
man Erfolg. Die Ernte ist noch zu klein, um an eine Weinpressung
denken zu können, doch hofft man durch Vermehrung der Stöcke dahin
zu gelangen. — Getreide- und Kartoffelaussaaten haben bisher kein
befriedigendes Resultat ergeben, dagegen wächst Reis vorzüglich.

Tabora. Aus dem Bericht ist nur soviel zu ersehen, dass Dattel-,
Kokos- und Oelpalmen, ferner Mangos, Maulbeerbäume, einige
Eucalyptusarten und der Teakbaum kultiviert werden, alle aber
vorerst noch in ganz jugendlichen Exemplaren vorhanden sind.

Muanza. Es gilt hier das Gleiche wie von Tabora. Aufgeführt werden Oelpalmen, verschiedene Acaciaarten, Eucalypten, Casuarinen, Citronen, Maugo- und Brotfruchtbaum.

II. Über die Rotfärbung der Spaltöffnungen bei Picea.

Von

Paul Sorauer.

In dem beständigen Kampfe zwischen Industrie und Landwirtschaft spielen die Klagen über Beschädigungen der Vegetation durch die Effluvien der Fabriken eine nicht unwesentliche Rolle. Am häufigsten handelt es sich um den Ersatz von Ernteverlusten, die durch die Einwirkung des Rauches gewerblicher Etablissements hervorgerufen werden.

Der als Sachverständiger herbeigezogene Botaniker empfand bisher aber schwer den Mangel genügend scharfer mikroskopischer Merkmale zur Feststellung von Rauchschäden, bei denen es sich meistens um die Wirkung schwefliger Säure handelt. Ohne die Mitwirkung des Chemikers, der den steigenden Gehalt an Schwefelsäure in den Pflanzenteilen nachzuweisen hat, konnte ein einigermassen sicheres Urteil nicht abgegeben werden.

Da erschien 1896 eine Arbeit von R. Hartig[1]), in der eine neue Theorie der Beurteilung von Rauchschäden aufgestellt wurde, wobei eine Mitwirkung des Chemikers entbehrlich erschien. Als sicheres mikroskopisches Merkmal einer Beschädigung durch SO_2 hatte Hartig eine Rötung der Schliesszellen bei der Fichte und einigen anderen Nadelhölzern gefunden. Dieses Merkmal soll schon bei geringen Mengen schwefliger Säure auftreten; bei stärkerer Einwirkung rötet sich auch der Siebteil des Gefässbündels und später sogar der Holzteil desselben, wodurch die Nadel schliesslich vertrocknet. Neben diesem mikroskopischen Merkmal wurde auch ein makroskopisches angegeben. Wenn man nämlich abgeschnittene Fichtenzweige nur wenige Tage der freien Luft bei Besonnung aussetzt, tritt zuerst eine graugrüne Färbung der Nadeln ein; dann schrumpfen und vertrocknen dieselben und fallen ab, während zu dieser Zeit die gesunden Nadeln noch unverändert sind.

Auf die übrigen bemerkenswerten Beobachtungen von Hartig, die den die Erkrankung beschleunigenden Einfluss des Lichtes, die Ein-

---

[1]) R. Hartig, Über die Einwirkung des Hütten- und Steinkohlenrauches auf die Gesundheit der Nadelwaldbäume. München. Rieger'sche Buchhandlung 1896. 8°. 48 S. und 1 kol. Taf.

wirkung von Salzsäure, sowie die verschiedene individuelle Empfindlichkeit betreffen, brauche ich hier nicht weiter einzugehen, weil die im
folgenden kurz angeführten Versuche sich nur auf eine Nachprüfung
der Beobachtung über die Rötung der Spaltöffnungen bei der Fichte infolge des Einflusses von SO_2 beziehen.

Eine solche Nachprüfung schien um so mehr geboten, als einerseits die Industrie hochgradig beunruhigt wurde und andererseits, weil
bald nach Erscheinen der Hartig'schen Arbeit ein Artikel von Ramann[1])
veröffentlicht wurde, der das erwähnte makroskopische Merkmal für
Beschädigung durch SO_2 als ein ganz normales Verhalten bei ab-
geschnittenen, der Luft ausgesetzten Zweigen von Fichten hinstellte.

Die Versuche zur Nachprüfung wurden in den letzten beiden Jahren
teilweise im Berliner Botanischen Garten ausgeführt, dessen Direktor,
Herr Geheimrat Engler, mir in liebenswürdigster Weise die Hilfs-
mittel des Gartens zur Verfügung stellte und dem ich dafür an dieser
Stelle herzlichsten Dank ausspreche.

Frühere Beobachtungen als Sachverständiger hatten mich belehrt,
dass das Krankheitsbild wechselt, je nachdem es sich um die plötzliche
Wirkung grosser Mengen schwefliger Säure oder den Einfluss ständig
wirkender geringer Quantitäten handelt. Demgemäss wurden von einer
Anzahl in Töpfen bezogener, dreijähriger Fichtenpflanzen einige Exemplare unter einer Glasglocke den Dämpfen einer relativ grossen Menge
von flüssiger SO_2 ausgesetzt, während andere Bäumchen derselben Herkunft und Beschaffenheit in einem meterhohen Glaskasten täglich nur
eine Stunde derartigen, übrigens sehr schwachen Dämpfen ausgesetzt
wurden. Letztere Exemplare standen die übrige Zeit frei im Garten
im Halbschatten; sie liessen nach mehreren Monaten eine dem un-
bewaffneten Auge bemerkbare charakteristische Änderung ihrer Nadeln
nicht erkennen. Eine Rötung der Schliesszellen trat bei den Nadeln
dieser Exemplare nur in Ausnahmefällen, die nicht direkt mit der
Wirkung der SO_2 in Verbindung standen, ein.

Bei den einer plötzlichen, starken Einwirkung von Dämpfen der
schwefligen Säure ausgesetzten Pflanzen zeigte sich die bekannte Rotfärbung und Tötung der Nadeln. Dabei liess sich bemerken, dass nicht
nur die einzelnen Fichtenbäumchen unter derselben Glocke, sondern auch
die einzelnen Nadeln an den Zweigen desselben Individuums eine sehr
verschiedene Empfindlichkeit gegenüber den Säuredämpfen an den Tag
legten. Man sah an denselben Zweigen mitten zwischen geröteten und
absterbenden Nadeln noch solche, die vollkommen grün und straff geblieben

---

[1]) E. Ramann. Über Rauchbeschädigungen. Sond. Zeitschrift für Forst- und
Jagdwesen 1896. Seite 551.

waren, und umgekehrt, an den von den Säuredämpfen weniger getroffenen noch grünen Zweigen zerstreute gerötete Nadeln.

Das Absterben der Nadeln erfolgt vorzugsweise von der Spitze aus und steigt meist gleichmässig abwärts; manchmal finden sich auch Nadeln, bei denen ausser der Spitzenregion noch fleckweise einige tiefere Stellen beschädigt sind oder die Bräunung an einer Kante weiter abwärts sich hinzieht.

Untersucht man Nadeln der letzteren Art, bei denen der Basalteil noch vollkommen gesund erscheint, dann lassen sich alle Phasen der zunehmenden Störung bis zum Absterben der Zellen verfolgen. In dem straffen, dunkelgrünen, unteren Nadelteil zeigen die Zellen des Mesophylls die Chlorophyllkörner und den Zellkern in normaler Beschaffenheit. Vorrückend nach der erkrankten Spitzenregion finden sich innerhalb der dem blossen Auge noch gesund erscheinenden Zone einzelne Zellen, deren entweder gebleichte oder noch grüne Chlorophyllkörner gequollene, schliesslich wolkig undeutliche Ränder bekommen und endlich mit einander und dem übrigen Zellinhalt verfliessen. Der nun in seiner Gesamtheit ungleichmässig grün gefärbte Inhalt pflegt sich zunächst hautartig den Wandungen anzulegen. Später sieht man den hautartigen Belag oftmals mannigfach flockig zerteilt und allmählich verbleichend, aber fast immer der Wandung dicht angeschmiegt. Während dieses Prozesses scheiden sich, namentlich in der Nähe des Gefässbündels, Öltropfen aus, und die dort am reichlichsten bereits vorhanden gewesenen Kalkoxalatkrystalle treten deutlich hervor. Einige der Öltropfen erscheinen anfangs grün und werden mit dem immer mehr verarmenden übrigen Zellinhalt allmählich gelb bis braun; andere Tröpfchen bleiben von Anfang an farblos. Der Zellkern verliert häufig an Lichtbrechungs- und Jodspeicherungsvermögen.

In dem intensivsten Erkrankungsstadium, wo der Nadelteil rotbraun oder fahlbraun wird, pflegen auch die Öltropfen zu verschwinden, und der Rest des plasmatischen Zellinhalts zeigt sich als schwacher, fast farbloser bis tiefbrauner Belag den Wandungen fest aufgelagert. Letzteren Farbenton nimmt auch der Inhalt der Schliesszellen an. Neben diesen Inhaltsänderungen treten allmählich in verschiedener Intensität Bräunungserscheinungen an den Zellwänden auf.

Meist erst in dem mittleren Stadium der Erkrankung, nachdem in vielen Zellen die Chlorophyllkörner bereits verschwunden und der gesamte Zellinhalt zu hautartig ausgebreiteten, grünen Massen sich umgebildet, können rote Schliesszellen auftreten. Dabei ist aber dann äusserlich bereits eine Verfärbung der Nadeln ins Gelbgrüne oder Bronzefarbige wahrzunehmen.

Gegenüber solchen nur teilweise und schwach beschädigten Nadeln, bei denen gewisse Regionen in der Nähe des gesund gebliebenen Gewebes nur so spärlich von den Säuredämpfen getroffen sein konnten, dass sie erst nach längerer Zeit auslebten, ergab die Untersuchung der Nadeln von plötzlich während der Säurewirkung bereits abgestorbenen Triebspitzen trotz ihrer rotbraunen Färbung keine charakteristische Rötung des Schliesszelleninhalts, obwohl die Wandungen oftmals gebräunt erschienen. Das ehemals chlorophyllreiche Gewebe ist scheinbar gänzlich verarmt; die Zellen sehen meist wie entleert aus, weil der plasmatische Inhalt fest den teilweise gequollenen und rotbraunen Wandungen aufgelagert ist. Man erkennt aus dem Bilde, dass die Wirkung der schwefligen Säure auf die Zelle auch eine austrocknende ist. Einzelne Mesophyllzellen, namentlich an den Nadelkanten, enthalten noch farblose Körper in Grösse und Lagerung der Chlorophyllkörner und vereinzelte farblose grosse Tropfen. Oxalatkrystalle sind bei jungen Nadeln spärlich und sehr klein, bei alten zahlreich und relativ gross.

Durch den Vergleich der schwachbeschädigten mit den plötzlich getöteten Nadeln wurde die Vermutung nahe gelegt, dass die Rötung der Schliesszellen ein Vorgang sei, der nur bei dem langsamen Tode infolge mehrfacher schwacher Säurewirkungen sich einstellen kann, wie dieses in der Regel bei den gewerblichen Rauchschäden der Fall ist.

Es wurde deshalb frisches, aus dem Oberharz stammendes Material, das von der Rauchschlange benachbarter Hütten geschädigt worden, zur Untersuchung herangezogen. Ich schnitt Zweige solcher Bäume, die dem blossen Auge durch das Auftreten gelber bis brauner Nadeln gelbscheckig erschienen. Solche Nadeln fanden sich stets zwischen dunkel- oder bleichgrünen, annähernd noch gesund aussehenden an diesjährigen und namentlich an vorjährigen Zweigen. Von diesen verfärbten Nadeln sind eine grössere Anzahl von der Spitze aus auf verschiedene Entfernung nach der Basis hin tief rotbraun. Solche zeigen in der Spitzenregion das Mesophyll mit erstarrtem, der Wandung anliegendem, gebräuntem, ziemlich spärlichem Zellinhalt ohne Öltropfen und ohne nennenswerten Krystallbestand. Inhalt der Schliesszellen wie derjenige der gewöhnlichen Epidermiszellen braun, nicht rot. Die Wandungen zeigten dieselbe Färbung. Etwas weiter abwärts, wo die Nadel erst rötlich-gelb erschien, hatte das Mesophyll reichlichen, aber geballten, meist farblosen, hier und da auch noch grünen plasmatischen Inhalt, der bisweilen auch noch in Form verklebter Körner auftrat. Öltropfen zahlreich, in verschiedener Grösse, meist farblos, manchmal grün, bisweilen braun. Wandungen farblos oder stellenweis schwach gebräunt. Schliesszellen sämtlich leuchtend rot. — Die am schwächsten verfärbte Nadelbasis an der Stelle geschnitten, wo sich die sklerenchymatischen Elemente zahlreicher einstellen, um sich schliesslich bis zur gänzlichen

Verdrängung des chlorophyllführenden Parenchyms zu vermehren, zeigte auch rote Schliesszellen; aber statt des karminroten ist nicht selten hier erst ein gelb-roter Farbenton bemerkbar.

Gegenüber diesem Befunde ergaben Nadeln desselben Zweiges mit schwach rötlich-gelber Verfärbung ihrer Spitze noch keine Rötung der Spaltöffnungen.

Es deckt sich also dieses Resultat mit dem Befunde bei den experimentell säurebeschädigten Fichten: Nur in einem mittleren Stadium der Erkrankung bei einer Nadel, welche Zeit zum langsamen Ausleben hat, ist die Rötung des Schliesszelleninhalts zu finden.

Nach diesem Resultat lag die Frage sehr nahe, ob denn dieses Symptom nur auftritt bei Nadeln, die durch den Einfluss der schwefligen Säure allmählich zu Grunde gehen, oder ob auch andere langsame Todesarten eine Rötung der Spaltöffnungen aufweisen?

Während diese Untersuchungen ausgeführt wurden, erschien eine Arbeit von Wieler[1]), die schon nachwies, dass z. B. bei untergetauchten Nadeln abgeschnittener, gesunder Zweige eine rotbraune Färbung in den Schliesszellen und im Gefässbündel sich einstellt. Diese Färbung wurde ferner bei im Abfallen begriffenen sechsjährigen Nadeln von Fichten rauchfreier Orte gefunden, und auch bei einigen grau verfärbten Nadeln von Zweigen, die bei einem Versuch von Salzsäuredämpfen angegriffen waren, beobachtet. Weiterhin spricht Wieler die Ansicht aus, dass man leicht an rauchfreien Orten verschieden verfärbte Fichtennadeln finden wird, welche abgestorben oder im Absterben begriffen sind und „in solchen Nadeln ist stets die Hartig'sche Färbung der Schliesszellen zu beobachten". „Man kann die rotbraune Färbung in den Schliesszellen aber auch willkürlich hervorrufen, wenn man die Nadeln tötet. Als ich Zweige aus vollkommen rauchfreier Gegend einige Tage der Sonne aussetzte, fielen die Nadeln ab. In ihnen war immer die Hartig'sche Färbung der Schliesszellen zu beobachten, während vor dem Versuche nichts davon zu spüren war". So kommt Wieler dann schliesslich zu dem Resultat, „dass die Tötung der Schliesszellen eine Bedingung für das Auftreten der rotbraunen Färbung ist".

Allerdings fand er nun bei seinen Versuchen, dass diese Färbung bei Einwirkung von Salzsäure und schwefliger Säure „in den meisten Fällen nicht zum Vorschein kommt". Es „muss das daran liegen, dass die Säure ausser ihrer tötenden Wirkung noch eine spezifische, vielleicht chemische Wirkung ausübt".

---

[1]) Wieler, Über unsichtbare Rauchschäden bei Nadelbäumen. Zeitschrift für Forst- und Jagdwesen. Sept. 1897.

Nach Kenntnis der Wieler'schen Beobachtungen wurden nun die
Versuche noch weiter ausgedehnt und Fichten auf mannigfache Art
künstlich beschädigt. So wurde die Einwirkung der neuerdings bei Be-
schädigungen durch gewerbliche Etablissements inbetracht kommenden
Bromdämpfe, sowie der Einfluss der Salzsäure und Theerdämpfe unter-
sucht, und die Wirkung heisser Wasserdämpfe, Feuer, Sonnenbrand,
Bodennässe und Bodentrockenheit, die Beschaffenheit der Nadeln an
Gallbildungen, Frassstellen u. s. w. geprüft.

Aus den sehr zahlreichen, später einmal in der Zeitschrift für Pflanzen-
krankheiten zu veröffentlichenden Einzelbeobachtungen bin ich betreffs
des Auftretens geröteter Schliesszellen zu folgender Anschauung gelangt:

Die Erscheinung der Rötung ist nicht gebunden an unsere Fichte,
sondern kommt auch noch bei anderen Nadelhölzern vor. Ausser bei
Picea Engelmanni, pungens u. A. wurde sie beobachtet bei Tsuga
canadensis, Taxodium distichum, Cryptomeria japonica,
Araucaria brasiliensis ohne Einwirkung saurer Gase.

Indess muss man zunächst verschiedene Arten der Rötung aus-
einanderhalten; es kommt ein leuchtendes Karminrot, ein Braunrot, ein
Gelbrot vor, die nicht gleichwertig als Symptom sind und bald ohne,
bald mit gleichzeitiger Bräunung der Wandungen der Schliesszellen, der
gewöhnlichen Epidermiszellen und des Mesophylls auftreten.

Betreffs der reinsten Form der Rötung der Spaltöffnungen, nämlich
des Auftretens eines karminroten Inhalts der Schliesszellen ohne Verfärbung der Wandungen, kann ich insofern die Wieler'sche Beobachtung
bestätigen, dass sie kein spezifisches Merkmal für Beschädigung durch
SO_2 darstellt. Die Erscheinung wird auch nach Einwirkung anderer
Faktoren gefunden. Doch vermag ich dieselbe nicht als Zeichen des
Todes sondern nur eines allmählichen Niederganges der Assimilationsarbeit der Nadel zu betrachten, das erst bei bedeutender Störung des
Chlorophyllapparates und zwar nur dann auftritt, wenn die Nadel Zeit
hat, langsam am Baum auszuleben.

Die dem blossen Auge kenntliche Nadelverfärbung ist kein Zeichen
für das Vorhandensein roter Schliesszellen. Abgesehen von den plötzlichen Todesarten kann auch bei langsamem Verhungern wie z. B. bei
dem Absterben junger, wochenlang in Wasser unter Beleuchtung stehender
Zweige, bei denen der Markkörper schliesslich vertrocknet und zerreisst,
das Merkmal ausbleiben.

Als Zeichen des langsamen Auslebens der Nadel, bei welchem die
Schliesszellen sich röten, betrachte ich die Vermehrung des oxalsauren
Kalkes und das Auftreten ölartiger Tropfen unter Abnahme des übrigen
Zellinhalts. Dieser Vorgang beginnt in den Zellen, die dem Gefäss-
bündel zunächst liegen, und schreitet nach der Peripherie hin fort. Bei

plötzlich sich einstellendem Tode treten (je nach der Todesursache z. T. charakteristische) Veränderungen des Zellinhalts ein, aber der Bestand an oxalsaurem Kalk verbleibt, wie er in der gesunden Nadel zur Zeit des Eintritts der Schädigung gewesen. Natürlich kommt dabei das Alter der Nadel in Betracht; denn an jungen Nadeln ist das Oxalat nur in geringen Mengen, bisweilen erst als spärlicher Krystallsand bemerkbar, während es in älteren Nadeln reichlicher und in grösseren Krystallen auftritt. — Aus dem Unterbleiben der Rötung bei plötzlichen stärkeren Eingriffen der SO_2, wobei ein schnelles Absterben die Folge ist, erklärt sich, weswegen Wieler sehr oft bei seinen Versuchen keine roten Schliesszellen fand. Die von diesem Forscher (l. c. p. 523) ausgesprochene Ansicht, dass alle abgestorbenen oder im Absterben begriffenen Nadeln stets die Hartig'sche Färbung der Schliesszellen zeigen, muss eine Einschränkung erfahren, zumal später gezeigt werden kann, dass rote Spaltöffnungen, die allerdings immer ein Krankheitssymptom, auch an fortlebenden Nadeln manchmal zu finden sind.

Auch glaube ich nicht, dass die von Schroeder und Reuss angegebene Depression der Transpiration bei Einwirkung von SO_2 die Folge eines mechanischen Schlusses der Spaltöffnungen ist. Der anatomische Befund spricht in vielen Fällen dagegen, erklärt aber den Sachverhalt einfach durch die bei den jetzigen Untersuchungen festgestellten Störungen des Chlorophyllapparates lange vor einer erkennbaren Änderung der Spaltöffnungen. Ich habe früher [1]) experimentell nachgewiesen, dass die Transpirationsgrösse ausser nach den anderweit bekannten Faktoren sich unter sonst gleichen Verhältnissen (z. B. Luftfeuchtigkeit, Kohlensäuregehalt u. dgl.) auch nach der Grösse der Assimilationsarbeit, d. h. der Bildung von Trockensubstanz, richtet. Wenn nun bei den säurebeschädigten Pflanzen die Chlorophyllkörner gebleicht sich gezeigt haben oder verschwinden, wird notwendigerweise auf eine Depression der Assimilationsarbeit geschlossen werden müssen. Thatsächlich giebt sich der Einfluss auch in der geringeren Ausbildung der Jahresringe im Gebiete der Rauchschlangen kund.

Durch die hier dargelegten Veränderungserscheinungen des Chlorophyllapparates in den säurebeschädigten Fichtennadeln könnte die Vermutung erweckt werden, dass diese Veränderungen des Zellinhalts allein als brauchbares Merkmal zur Feststellung der SO_2-Schäden an Stelle des nicht benutzbaren Symptoms der Rötung der Schliesszellen Ver-

---

[1]) Sorauer, Studien über Verdunstung. Forschungen auf dem Gebiete der Agrikulturphysik. Bd. III. Heft 4/5.

wendung finden könnten. Dies ist jedoch nicht zulässig, da auch bei anderen schädigenden, nicht mit der Rauchfrage zusammenhängenden Faktoren ähnliche Bilder entstehen. Wir sind daher vorläufig bei der praktischen Beurteilung von Rauchschäden nach wie vor auf die Hülfe der chemischen Analyse angewiesen. Es muss ferner hervorgehoben werden, dass bei der Abschätzung von Rauchschäden eine bei anderweitigen noch nicht publizierten Beobachtungen des Verfassers gefundene Thatsache zu berücksichtigen sein wird. Es können nämlich die nach SO_2 im Chlorophyllkörper beschädigten aber nicht getöteten Nadeln sich durch Aufhören des Einflusses dieses Faktors bis zu einem gewissen Grade wieder ausheilen und Assimilationsgewebe mit normalen Chlorophyllkörnern aufweisen.

III. Über ein ostafrikanisches Kino aus Kilossa.

Mitteilung aus dem Pharmazeutisch-Chemischen Laboratorium der Universität Berlin.

Von

H. Thoms.

Von dem Direktor der Botanischen Centralstelle für die Kolonieen am Kgl. botanischen Garten zu Berlin, Herrn Geh. Reg.-Rat Prof. Dr. Engler, ging mir eine Probe Kino aus Kilossa zu mit der Aufforderung, mich über den Handelswert dieses Produktes gutachtlich zu äussern. Die Probe stammt von Pterocarpus erinaceus Poir., einem Baume, der auf Kisuaheli bald Mninga, bald Mininga genannt wird.

Für den Wert eines Kinos kommen seine physikalischen Eigenschaften und sein chemisches Verhalten in Betracht: Löslichkeit in heissem Wasser, Gehalt an Kinogerbsäure und Asche, Farbreaktionen. Etti[*]) hat aus malabarischem und auch aus australischem Kino einen krystallisierenden Körper abgeschieden, welchen er mit dem Namen Kinoïn belegt. Flückiger berichtet, dass es ihm nicht möglich gewesen sei, aus dem Safte des Pterocarpus indicus Willdenow, welcher wesentlich verschieden von dem des P. Marsupium Roxb. sein soll, Kinoïn zu isolieren.

Die mir übersandte Kinoprobe bildet kleine, leicht zerbröckelnde, eckige Stücke von dunkelroter Farbe. Die dünnen Splitter sind klar durchsichtig. In 4 Teilen heissen Wassers ist das Kino vollständig lös-

---

[*]) Flückiger's Pharmakognosie, III. Aufl. S. 225. R. Gärtner's Verlag in Berlin.

lich. Die wässerige Lösung schmeckt herbe und reagiert sauer. Die kalt bereitete wässerige Lösung wird durch Ferrosulfat unter Zusatz von Brunnen-wasser violett, durch Hinzufügung von Natronlauge rot. Kalkwasser bewirkt einen braunen Niederschlag. Der durch verdünnte Schwefel-säure erhaltene Niederschlag, die Kinogerbsäure, geht bei längerem Kochen in das charakteristische Kinorot über. Viele Metallsalze rufen in der wässerigen Lösung starke Fällungen hervor. In Weingeist ist das Kino mit roter Farbe mässig löslich.

Beim Veraschen des Kinos hinterblieben 0,78 Prozent einer rein weissen Asche.

Versuche, aus der allerdings nur in kleiner Menge vorliegenden Probe das krystallisierende Kinoïn darzustellen, schlugen fehl.

Aus der vorstehenden Untersuchung ergiebt sich, dass das Kino aus Kilossa sowohl hinsichtlich seines physikalischen wie chemischen Verhaltens alle charakteristischen Eigenschaften eines echten Kinos zeigt. Der geringe Aschengehalt dieses Kinos von 0,78 Prozent (Flückiger giebt für Kino gegen 6 Prozent Asche an) stempelt es über-dies zu einer sehr guten Handelsmarke.

IV. Acacia Perrotii Warb., eine zum Gelbfärben benutzte Akazie Deutsch-Ost-Afrikas

von O. Warburg.

(Mit Abbildung.)

Unter Einsendung getrockneter Blütenzweige berichtet Herr Pflanzer B. Perrot aus Lindi: Im hiesigen Busch wächst ein Baum, der nach meiner Meinung in die Familie der Dalbergien gehört, oder doch nahe mit ihnen verwandt ist. Die hiesigen Neger nennen ihn namavele. Das Kernholz des Baumes ist dunkelbraun und sehr hart. Es ähnelt dem Pockholz ungemein, ist aber nicht so harzreich als dieses, soviel wenigstens die Hamburger Holzmakler behaupten. Der Splint ist scharf abgesetzt, gelblich und ziemlich stark. Merkwürdigerweise sagen die Suaheli, dass diese Baumart „Männchen und Weibchen habe". Ich habe bis jetzt nur einen äusserlichen Unterschied gefunden, nämlich die Rinde dieses Baumes hat warzenartige Erhöhungen. Nun sind diese Erhöhungen bei den sogenannten „Männchen" weniger zahlreich und auffallend, während die „Weibchen" ganz bedeckt damit sind. Besonders im Alter von 5—10 Jahren sehen die „Weibchen" ganz eigentümlich aus, denn die stark hervortretenden pyramidenförmigen Warzen umgeben den Stamm in dicht aneinander gereihten, fast systematischen Ringen. Die Warzen des „Weibchens" enthalten auch einen gelben Farbstoff, im Kimakonde „mungamo" genannt, der zum Gelbfärben von Matten benutzt wird. Diese Warzen haben dem Baum auch den Namen gegeben. na mavele heisst im Kimakonde: er hat Brüste. Deshalb ist der Baum mit den grossen Warzen das „Weibchen", der mit den kleinen das „Männchen". Es wäre nun interessant, wenn sich diese Trennung auch botanisch beibehalten liesse, die gesandten Blüten fand ich an einem „Weibchen". Die Blätter gleichen absolut denen des Grenadillholzes, auch die Dornen in den Blattwinkeln und die rissige Rinde hat er mit ihm gemeinsam, auch im Wachstum ähnelt er ihm, doch giebt namavele gewaltige Bäume, viel grösser als das Grenadillholz*), aber die Krone ist auch so verworren. Die Eingebornen verwenden das Holz wegen seiner riesigen Härte nur selten."

Die Untersuchung des eingesandten Herbarmateriales ergab, dass es sich um eine neue Akazienart handle, die der im nördlichen tropischen Afrika weit verbreiteten Acacia mellifera Benth. und der bisher nur von Mozambique bekannten Acacia nigrescens Ol. recht nahe steht; sie unterscheidet sich aber von beiden durch die viel grösseren Blättchen und den traubig verzweigten Blütenstand; von ersterer ferner noch durch die sitzenden Blüten und den gezähnten Kelch, von letzterer durch die dichtstehenden Blüten und die sich beim Trocknen nicht schwärzenden Blätter. Wir haben schon im Oktoberheft des Tropenpflanzer darauf aufmerksam gemacht, dass dieser daselbst als A. Perrotii Warb. benannten und abgebildeten Art eine Akazie der Umgebung von Kilossa recht nahe stehe. Diese von den Eingeborenen Kamballa genannte, hauptsächlich zum Brückenbau verwandte Art wurde von Dr. Harms in der letzten Nummer des Notizblattes als A. Brosigii beschrieben, näheres über den Wuchs und das Vorkommen findet man in dem Bericht des Forstassessors v. Bruchhausen über die Waldbestände bei Kilossa (d. Kolonialblatt 1898 p. 696); diese Akazie besitzt danach gleichfalls einen mit Buckeln besetzten Stamm, hingegen wird von dem Farbstoff derselben weder von Brosig noch von v. Bruchhausen etwas erwähnt. Ob die Blüten und Früchte Unterschiede zeigen, wissen wir nicht, da von A. Perrotii nur Blüten, von A. Brosigii nur Früchte vorliegen. Die Blätter unterscheiden sich vor allem durch das Vorhandensein kleiner Stacheln auf der Rhachis bei A. Perrotii, ferner auch durch die verschiedene Grösse der Blättchen.

---

*) Nach dem im vorigen Jahre von Herrn Perrot eingesandten Material konnten wir den Grenadillbaum als Dalbergia melanoxylon Guill. et Perr. identifizieren (s. Tropenpflanzer 1897 p. 61).

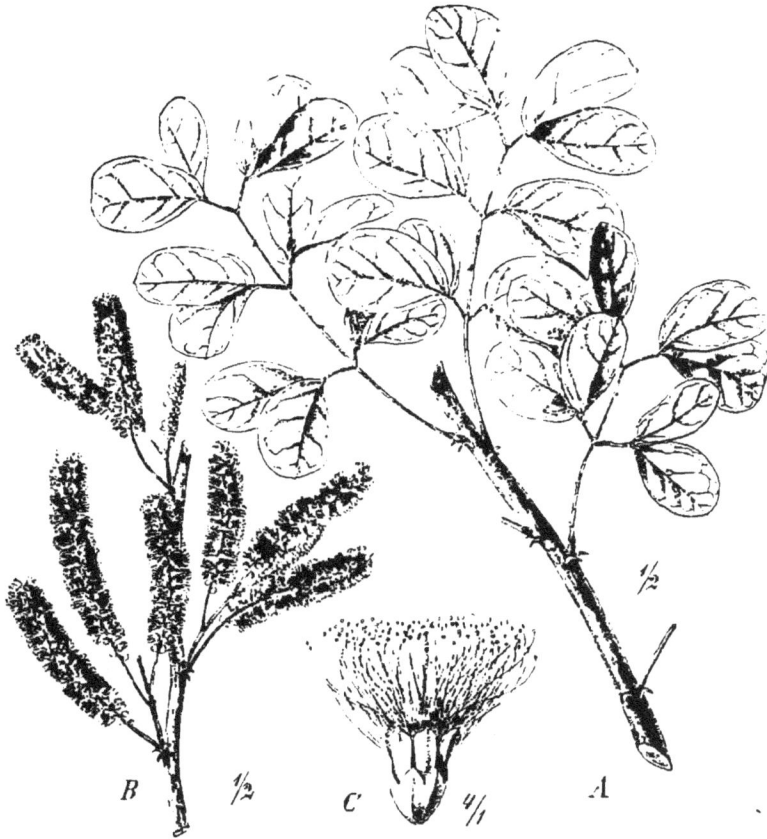

Acacia Perottii Warb.

A Teil eines Zweiges. B Blütenstände. C Blüte.
A und B um die Hälfte verkleinert, C viermal vergrössert.

Acacia Perrotii Warb.

Ramulis brunneis albide punctatis junioribus in sicco striatis glabris; spinis infrastipularibus binis brevibus recurvis nigrescentibus; foliis glabris 2—3-plo pinuatis, rhachi tenui spinis minimis 2—3 instructa; pinnis 1-jugis, foliolis pro rata magnis pergamaceis in sicco praesertim subtus glaucescentibus obovatis apice rotundatis vel subretusis basi obliquis venis utrinque ca 6—7 subdistinctis. Inflorescentiis axillaribus racemosis, rhachi puberula, ramis spicigeris ca 4—7, floribus confertis sessilibus, calyce cupuliformi late dentato, petalis liberis late lanceolatis calyce

$^2/_3$ longioribus, staminibus multis filamentis longissimis luteis antheris
brevissimis globosis, ovario glabro.

Die Zweigdornen sind 3—5 mm lang, die Blätter 8—13 cm, die
Stiele der Fiedern 8—12 mm und $^2/_3$ mm dick, diejenigen der Blättchen
sind 2 mm lang, 1 mm dick. Die Blättchen sind 2—3 cm lang, 2—2½ cm
breit, zuweilen tritt der Mittelnerv als feines kurzes Spitzchen über
den Rand hervor. Die Blütenstände sind 8—10 cm lang, die Ähren
sind nur kurz (meist 1½ cm) gestielt, der blütentragende Teil ist
4—6 cm lang, der Kelch ist kaum 1½ mm im Durchmesser, die
Blumenblätter sind 2 mm lang, die Staubgefässe und der Griffel sind
5 mm lang.

Deutsch-Ost-Afrika, Lindi, leg. Perrot.

Vermutlich findet sich diese Art im ganzen Küstenlande des südlichen Teiles von Deutsch-Ost-Afrika. Stuhlmann berichtet nämlich
über die Busch- und Baumsteppen der Umgebung von Kivindya, nördlich vom Rufidjidelta, im deutschen Kolonialblatt 1898 p. 695: „Unter
den Krüppelbäumen fällt einer auf, dessen weiche und rissige Rinde
vielfach abgekratzt ist. Sie enthält einen intensiv gelben Farbstoff, der
zum Gelbfärben der Mattenstreifen benutzt wird (gestampfte Rinde mit
dem Palmenbast gekocht, der dann gelb wird). Der Baum heisst Mkumbi
oder Mungamo. Industriell wertvoll wird er wohl kaum, denn gelbe
Farben hat man überall massenhaft."

Es wird sich bei der Verwertung vor allem um die Güte des Farbstoffes, die Massenhaftigkeit und Zugänglickeit des Materiales und die
Billigkeit der Arbeitskräfte handeln, also um eine Reihe vor der Hand
noch unbekannter Grössen, über die wir aber bald weitere Auskunft zu
erhalten hoffen dürfen.

V. Polystachya usambarensis n. sp.

Von

R. Schlechter.

Pseudobulbis caespitosis, ovoideo-oblongis heteroblastis, vaginis
foliorum mox caducis vestitis, plurifoliatis; foliis erecto-patentibus
3—4, oblongo-ligulatis, basin versus paulo angustatis apice brevissime ac oblique excisis; scapo basi ancipiti, dimidio inferiore vaginis
ancipitibus glabris arctius vestito; paniculo puberulo, ramis brevibus
3—5-floris, folia excedente; bracteis minutissime puberulis e basi ovata
acuminatis, ovario sessili 2—3 plo brevioribus; floribus illis P. Kirkii

Rolfe fere aequimagnis; sepalo intermedio lanceolato-oblongo, acuminato, extus puberulo, sepalis lateralibus intermedio aequilongis, obliquis, acuminatis, extus puberulis, cum columnae pede producto mentum obtusum bigibbosum formantibus; petalis linearibus breviter apiculatis, sepalo intermedio brevioribus; labello trilobato, dimidio inferiore farinoso-puberulo callo lineari, lamelliformi longitudinaliter ornato, lobis lateralibus oblongis obtusis, lobo intermedio subquadrato-oblongo marginibus undulato, antice breviter exciso; columna brevi; anthera rotundata obtusa, gibbere purpureo ornata; polliniis compressis obliquis, stipite subquadrato, brevi, glandula reniformi.

Deutsch-Ost-Afrika: Usambara (leg. Holst. — Kultiviert im Berliner Botan. Garten.)

Die Blätter sind 10—15 cm lang, über der Mitte 2—2,5 cm breit, von lebhaft grüner Färbung. Die Blüten sind weisslich mit einem rotbräunlich angehauchten Kinn. Das mittlere Sepalum ist 0,5 cm, das Labellum 0,7 cm lang. Letzteres besitzt häufig hellrosenrote Nerven und stets einen goldgelben Callus.

Am nächsten ist die vorliegende Art mit P. Kirkii Rolfe verwandt, aber durch die zahlreichen Laubblätter und stets verzweigte Inflorescenz davon verschieden.

Notizblatt

des

Königl. botanischen Gartens und Museums zu Berlin.

No. 17. (Bd. II.) Ausgegeben am **28. März 1899.**

I. Über giftige Strychnos-Arten und solche mit essbaren Früchten aus Afrika. Von Ernst Gilg.

II. Untersuchung von Pflanzenteilen der Strychnos Dekindtiana Gilg. Mitteilung aus dem Pharm.-Chemischen Laboratorium der Universität Berlin. Von H. Thoms.

III. Die cactusartigen Euphorbien Ostafrikas. Von G. Volkens.

IV. Neue Nutzpflanzen Ostafrikas.
   1. Mascarenhasia elastica K. Sch. (mit Abbildung), 2. Canarium Liebertianum Engl., 3. Erythrophloeum guineense Don., 4. Cordyla africana Lour.

V. Neue Einführungen des Berliner botanischen Gartens.

VI. Diagnosen neuer afrikanischer Pflanzenarten.

Nur durch den Buchhandel zu beziehen.

✳

In Commission bei Wilhelm Engelmann in Leipzig
1899.

Preis 1,50 Mk.

Notizblatt

des

Königl. botanischen Gartens und Museums zu Berlin.

No. 17. (Bd. II.)   Ausgegeben am **28. März 1899.**

I. Über giftige Strychnos-Arten und solche mit essbaren Früchten aus Afrika.

Von

Ernst Gilg.

Dass es zahlreiche Arten von *Strychnos* in Amerika und dem tropischen Asien giebt, welche sehr stark giftig sind, ist allgemein bekannt. Nur wenig dürfte es dagegen verbreitet sein, dass auch *Strychnos*-Arten mit essbaren Früchten vorkommen, denn die Nachrichten hierüber waren in der Litteratur nur sehr versteckt und unklar gehalten. Solche spärliche Litteraturangaben früherer Zeit finden wir z. B. bei Delile[1]), Harvey[2]), Schweinfurth[3]), etwas ausführlichere bei Baillon[4]), sämtliche über afrikanische Arten der Gattung, während man amerikanische und asiatische Arten mit essbaren Früchten gar nicht kennt. Man weiss nur, dass die schleimigen Samen von *Strychnos potatorum* L. in Indien zum Klären des Wassers Verwendung finden, und Baillon[5]) bringt eine Angabe, wonach die Fruchtpulpa mehrerer asiatischer *Strychnos*-

---

[1]) Delile, Cent. pl. afr. Cailiaud voy. Méroé 1826, p. 53.
[2]) Harvey in Hook. Journ. Bot. I. (1842) p. 25.
[3]) Schweinfurth, Plant. quaed. niloticae (1862) p. 30.
[4]) Baillon in Adansonia XII. (1879) p. 366.
[5]) Baillon l. c. p. 371.

Arten nicht giftig sein soll. Dass dieselbe jedoch genossen wird, dass also die Früchte als Obst verwertet werden, ist sicher nicht der Fall.

Neben Arten mit essbaren Früchten kennt man nun in Afrika aber auch schon zahlreiche solche, welche starke Gifte liefern; und sehr interessant und für die Praxis wichtig ist es, dass — wie wir gleich sehen werden — solche sich entgegengesetzt verhaltende Arten oft ausserordentlich nahe mit einander verwandt sein können.

Noch vor kurzem konnte man glauben, dass die Verbreitung der Gattung *Strychnos* fast ausschliesslich auf das tropische Amerika und Asien beschränkt sei, da aus Australien nur eine, aus Afrika nur etwa 5 Arten bekannt waren. Infolge der raschen Erschliessung Afrikas in floristischer Hinsicht war es Solereder und mir möglich, vor kurzem etwa 40 neue Arten der Gattung *Strychnos* zu veröffentlichen[1]); diesen liess Baker noch 15 weitere folgen[2]), wovon allerdings ein grosser Teil unter die Synonyme zu stellen ist[3]).

Da nun ferner jede eintreffende Sammlung aus dem tropischen Afrika neue interessante Arten der Gattung enthält, so glaube ich es als zweifellos aussprechen zu können, dass die Gattung *Strychnos* in Afrika ihr Hauptverbreitungsgebiet besitzt, da sie hier nicht nur in der grössten Artenzahl, sondern auch in der weitgehendsten Differenzierung der Formen auftritt.

Zahlreichen dieser kürzlich beschriebenen Arten waren von den Sammlern Notizen beigegeben, welche für unseren Fall von Wichtigkeit sind, und es soll deshalb im folgenden versucht werden, eine möglichst vollständige Zusammenstellung aller bisher bekannten giftigen *Strychnos*-Arten und derjenigen mit essbaren Früchten zu geben.

Als Arten mit essbaren Früchten sind folgende bekannt:

Strychnos Unguacha A. Rich. (= *Str. innocua* Del.), eine sehr formenreiche und weitverbreitete Art, welche in den trockenen Gebieten des tropischen Afrika kaum irgendwo fehlen dürfte. In welcher Form ihre etwa apfelgrossen Früchte genossen werden, finde ich nirgends angegeben. Sie werden wohl roh als Obst gegessen.

Strychnos Quaqua Gilg (nach dem Eingeborenennamen „mquaqua"). Eine mit der vorigen verwandte Art Ostafrikas, welche, nach den

---

[1]) **Solereder** in Engler's Bot. Jahrb. XVII (1893) p. 554.

Gilg l. c. p. 561 und XXIII. p. 199; in Engler, Pflanzenwelt Ostafrikas, C., p. 310; in Notizblatt des Kgl. Bot. Gartens und Museums zu Berlin I. (1895) p. 75 und (1896) p. 182.

[2]) **Baker** in Kew Bull. 1895 p. 96.

[3]) Vergl. **Gilg** in Engler's Pflanzenwelt Ostafrikas, C., p. 424 und **Hiern** in Catal. of Welwitsch's Plants III. p. 705.

Samen zu schliessen, offenbar riesige Früchte besitzt. Die Früchte werden aufgeschlagen, die ganze Fruchtpulpa samt den Samen wird auf ein Brett ausgebreitet, am Feuer geröstet und sodann genossen.

Strychnos cerasifera Gilg. Eine strauchige *Strychnos*-Art Ostafrikas mit kleinen, kirschgrossen, braunroten Früchten, welche ein weiches (kirschenähnliches) Perikarp besitzen und frisch als Obst gegessen werden. Merkwürdigerweise führt diese Pflanze ganz denselben Eingeborenennamen „mtonga", wie die mit grossen, hartschaligen Früchten versehene *Strychnos Tonga* Gilg und mehrere ihrer Verwandten in Ostafrika.

Strychnos Tonga Gilg. Ein Strauch, dessen junge Zweige sehr wahrscheinlich blattachselständige, an Stelle von Zweigen entstandene Dornen tragen, mit dichtbehaarten Blättern und sehr grossen, dickschaligen Früchten mit reichlicher Pulpa, in welche die zahlreichen Samen locker eingebettet sind. Die Früchte werden roh als Obst gegessen und sind unter dem Namen „mtonga", „tonga" oder „donga" an der Ostküste Afrikas bekannt.

Aus der Verwandtschaft dieser letzteren Pflanze sind noch mehrere Arten bekannt, deren Früchte sehr wahrscheinlich gegessen werden. So berichtete mir Herr R. Schlechter, dass er sehr häufig die Früchte einer *Strychnos*-Art (sehr wahrscheinlich der von ihm im Blütenzustande gesammelten *Str. Carvalhoi* Gilg) in Mossambik gegessen habe. Auch Herr Prof. Volkens hat, wie er mir erzählte, die wie säuerliche Orangen schmeckenden, sehr erfrischenden Früchte einer *Strychnos*-Art (aus der Gruppe der *Str. spinosa* Lam. und *Str. Tonga* Gilg) häufig gegessen. Diese Früchte sind auch im Botanischen Museum in Berlin vertreten, leider wurde jedoch das dazu gehörige Herbarmaterial verwechselt, so dass eine sichere Bestimmung nicht erfolgen kann. Sehr wahrscheinlich stammen jedoch die Früchte von der im Küstengebiet Deutsch-Ostafrikas und nach Norden bis Witu verbreiteten *Strychnos Volkensii* Gilg.

Über die *Strychnos*-Arten aus dieser Verwandtschaft mit essbaren Früchten aus Westafrika soll weiter hinten im Zusammenhang die Rede sein.

Ob *Strychnos spinosa* Lam., welche mit Sicherheit nur auf Madagaskar vorkommt und bisher sehr häufig mit Arten des Festlandes verwechselt, resp. ohne Untersuchung zusammengeworfen wurde, ebenfalls essbare Früchte besitzt, wie z. B. Baillon behauptet, kann ich in der Litteratur nicht feststellen, glaube aber, dass Baillon mit seiner Angabe eine Art oder Arten des afrikanischen Festlandes meint.

Die Angabe Hiern's[1]) bei *Strychnos Welwitschii* Gilg, dass die ess-

---

[1]) Hiern l. c. p. 703.

baren Früchte die Grösse einer kleinen Orange erreichen, beruht wohl zweifellos auf einem Irrtum und ist auf eine andere Art zu beziehen. Denn die von mir beschriebene Pflanze hat höchstens kirschgrosse, einsamige Früchte. Die von **Welwitsch** mit der Nummer 6015 ausgegebene Pflanze, welche den Eingeborenennamen „**Maboca**" besitzt und orangenähnliche Früchte besitzen soll, muss also zweifellos zu einer anderen Art als *Str. Welwitschii* Gilg gehören.

Giftig oder wenigstens schwach giftig sind folgende Arten:

Strychnos Icaja Baill. Heimisch in Gabun, von **Baillon** in durchaus unzulänglicher Weise beschrieben. Die Infusion der Rinde wird zu den bekannten Gottesurteilen der Eingeborenen benutzt. In starker Verdünnung wirkt das Gift berauschend, in stärkeren Dosen bringt es sichern Tod.

Strychnos Kipapa Gilg[1]). **Pogge**, der Sammler dieser Pflanze, machte auf einem beiliegenden, z. T. verfaulten Zettel folgende Angaben: „Kipapa. Aus der roten Rinde der Wurzel wird die „Kipapa", der Gifttrank, bereitet. Die Rinde wird in einer trichterartigen Kalebasse, in welche Stroh gethan ist, durch letzteres mit Wasser gequetscht. Das Wasser bekommt eine rote Farbe und wirkt als Vomitiv oder es tötet. Der Tod soll unter starken Konvulsionen eintreten. Es ist dies ein anderer Baum als der „Bambu" in Malange[2]) Die Kipapa wächst in den Bachwäldern. **Kalamba**, der mir 2 junge Bäume brachte, empfahl mir, die Wurzel nicht in den Mund zu stecken . . . ." (Hier ist die Fortsetzung des Zettels abgefault!)

Offenbar wird die Kipapa also wie viele andere Pflanzengifte im unteren und oberen Congogebiet bei Gottesgerichten oder den sog. Giftproben verwendet.

Strychnos pungens Solered. Dieser durch das ganze tropische Afrika verbreitete, sehr charakteristische Baumstrauch hat sehr grosse Früchte.

---

[1]) Strychnos Kipapa Gilg n. sp.; arbor (ex **Pogge**) foliis maximis, 24—28 cm longis, 8—10 cm latis, glaberrimis, petiolo 7—8 mm longo valde incrassato instructis, ovato-ovalibus usque ovato-oblongis, basi subsensin angustatis, apice longissime et angustissime acuminatis, apice ipso rotundatis (acumine 2,5—3,5 cm longo), subchartaceis, nervis venisque utrinqe subaequaliter prominentibus, nervis 3, jugo superiore costae subaequalido fere usque ad laminae apicem margini stricte subparallelo, venis denissime et pulcherrime reticulatis, validioribis costae sub rectangulo-impositis.

Oberes Kongogebiet: in Bachwäldern bei Mukenge (**Pogge** n. 539).

Verwandt mit *Str. suaveolens* Gilg.

[2]) Vergleiche hinsichtlich „Bambu" **Pogge**: Im Reiche des Muata Jamwo, 1880, p. 37. Die Bambu-Rinde stammt von Erythrophloeum guineense Don.

Obgleich im Berliner Herbarium diese Pflanze von sehr zahlreichen Standorten vertreten ist, fand ich nirgends Angaben, welche für unsern Fall von Wichtigkeit gewesen wären. Hiern giebt jedoch (l. c. p. 704) die Bemerkungen Welwitsch's, wonach *Str. pungens* essbare Früchte haben soll, welche scharf sauer sind und Diarrhoe erregen, wenn man viel von ihnen isst. Welwitsch nennt die Pflanze (resp. ihre Frucht) „Maboca venenosa", zeigt also damit an, dass sie nicht ungefährlich ist wie die echte „Maboca", sondern (schwach) giftig.

Gewiss werden wir noch mehrere oder sogar zahlreiche afrikanische *Strychnos*-Arten kennen lernen, welche mehr oder weniger heftige Giftwirkungen äussern, wenn mehr von festsitzenden Beobachtern als von Reisenden gesammelt wird, welchen letzteren es zu eigenen Untersuchungen oder zum Ausfragen der Eingeborenen an Zeit fehlt.

Nun findet man in der Litteratur manchmal die interessante Angabe, wie z. B. bei Baillon [1]), dass die Früchte von *Strychnos spinosa* Lam. von den Einen als essbar, von den Anderen als giftig angegeben würden. Ferner möchte ich vollständig die Vermutung Ascherson's bestätigen, welcher eine diesbezügliche Angabe Pogge's [2]) (: Ferner kommt in diesen Wäldern [des Congogebietes] eine Frucht vor, welche in reifem Zustande einer reifen Orange gleicht; ihre Schale ist aber fest und muss aufgeschlagen werden. Dieselbe enthält grosse Kerne mit wenig Fleisch aber ziemlich vielem Saft, welcher etwas säuerlich, aber sehr erfrischend schmeckt. Eine Frucht, welche dieser letzteren vollkommen gleicht, so dass der Uneingeweihte sich sehr leicht irren und sie mit der Ersteren verwechseln kann, ist sehr giftig. Dieselbe wächst ebenfalls in der Campine) auf *Strychnos* bezieht, ja ich möchte mit grosser Wahrscheinlichkeit behaupten, dass es sich um die Früchte von *Strychnos*-Arten aus der Verwandtschaft der *Strychnos spinosa* Lam. handelt.

Weiter erzählte mir Herr Dr. Passarge folgende Begebenheit von seiner bekannten Forschungsreise nach Adamaua:

Sehr häufig assen seine eingeborenen Träger, und auch er selbst, Früchte von einer strauchigen, dichte Gebüsche bildenden *Strychnos*-Art (aus der Verwandtschaft von *Str. spinosa* Lam.), welche mit ihrem süss-säuerlichen Geschmack sehr durststillend wirkten und niemals irgend welche Beschwerden verursachten. Eines Morgens jedoch, nachdem am Abend vorher die Schwarzen seiner Karawane von Büschen in der Nähe des Lagers Früchte gegessen hatten, zeigten sich so bedenkliche Vergiftungserscheinungen (Erbrechen unter z. T. furchtbaren Konvul-

---

[1]) **Baillon** l. c. 371.
[2]) **Pogge** l. c. p. 61.

sionen), dass für einige Tage die Fortsetzung der Expedition in Frage
gestellt wurde. Die giftigen Früchte hatten sich nicht oder doch wenigstens nur unbedeutend von den essbaren unterschieden.

Es steht also nach diesen Angaben fest, dass sich Arten von enger
Verwandtschaft in Bezug auf die Essbarkeit oder Giftigkeit ihrer Früchte
sehr verschiedenartig verhalten.

Ungemein lehrreich und interessant ist nun in dieser Hinsicht der
Bericht des Herrn **Dekindt**, Missionars der portugiesischen Mission
in Huilla (Benguella, W.-Afrika), welcher vor kurzem Herrn Geheimrat
Engler zuging und mir zur Veröffentlichung überlassen wurde. Er
zeigt, wie wichtig es ist, dass Männer, welche in noch wenig erforschsten
Gebieten festsitzen, ihre Aufmerksamkeit den Naturprodukten ihres Gebietes zuwenden. Herr Dekindt hat nicht nur prächtige Sammlungen
aus der Flora Huillas zusammengebracht, welche am Kgl. Bot. Museum
zu Berlin bestimmt wurden oder z. T. noch bestimmt werden und schon
eine grosse Zahl von interessanten Neuheiten ergeben haben, sondern
er hat auch durch seinen nun folgenden von mir aus dem Französischen
übersetzten Bericht gezeigt, dass er selbständig zu forschen vermag
und sich nicht scheute, Giftwirkungen am eigenen Körper zu erproben.

Bericht des Herrn Missionars Dekindt in Huilla vom December 1898.

Ich möchte Ihnen berichten über eine sehr giftige Strychnos-Art
unseres Gebietes. Es ist dies ein sehr seltener Baum, weil die Eingeborenen ihn abhauen aus Furcht, ihre Kinder könnten sich mit den
Früchten vergiften, die ausserordentlich leicht mit denjenigen der
Strychnos cocculoides Bak. („Omulondo" der Eingeborenen) verwechselt
werden. Die Eingeborenen nennen den Baum (*Strychnos Dekindtiana*
Gilg[1])) Omuhahandya, was bedeutet: „Breche dich nicht!" — bevor
der Arzt ankommt und dir ein Gegengift giebt; denn die Convulsionen

---

[1]) Strychnos Dekindtiana Gilg. n. sp.: arbor 3—6 m alta quam maxime
affinis *Str. cocculoidi* Bak. differt cortice nigro tenui, undique leviter papilloso-
rugoso (haud flavescente, crasso, profunde inaequaliter longitudinaliter inciso), fructibus
semina numerosa dense conferta gerentibus, pulpa fere omnino deficiente (haud
seminibus paucis in pulpa copiosa immersis) venenosa.
Huilla: in Wäldern 1700—1800 m ü. M. (Dekindt n. 1032.)
Die beiden Arten stehen einander ausserordentlich nahe, wie ich an dem sehr
reichen und prächtig präparierten Material des Herrn **Dekindt** feststellen konnte.
In Blättern und Blüten sind kaum Unterschiede zu finden, obgleich die Blätter von
Str. cocculoides gewöhnlich weniger Longitudinalnerven besitzen als die der *Str.
Dekindtiana.*

des Magens, welche das Brechen hervorrufen, sind das Zeichen des herannahenden Todos.

In dem ganzen Gebiet von Huilla sollen nach den Aussagen der eingeborenen Heilkundigen nur 3 Bäume dieser Art vorhanden sein, von welchen 2, da sie vor kurzem abgeschnitten wurden, nur 1,50 m Höhe besitzen. Der dritte, nach dem ich eine spezielle Exkursion richtete, erreicht eine Höhe von 6 m, der Durchmesser des Stammes beträgt 0,2 m.

Es ist schon vorgekommen, dass die Eingeborenen entweder aus Versehen oder aus Böswilligkeit die Frucht des Omuhahandya den Früchten der *Strychnos cocculoides* Bak. beigemengt haben. Wir erlebten es an einem unserer Missionare, wie leicht diese furchtbare Verwechslung vorkommen kann, welche ihm beinahe das Leben gekostet hätte.

Eines Tages wurde uns ein Korb mit „Mabocas", den Früchten von *Strychnos cocculoides* Bak., zum Geschenke überbracht. Der Bruder Joseph versuchte zum Nachtisch eine dieser Früchte, fand sie bitter und warf sie weg. Obgleich er nun nur ein kleines Stück gegessen hatte, stellten sich sofort Convulsionen, später Schlundverengerungen ein. Glücklicherweise gelang es, durch ein starkes Vomitiv sofort das furchtbare Gift zu entfernen.

Der Genuss einer halben Frucht des Omuhahandya-Baumes führt den sicheren Tod eines Menschen herbei. Vor einigen Jahren verwechselten 4 junge Leute die essbare mit der giftigen Frucht und genossen von der letzteren. Es fand dies etwa um 10 Uhr des Vormittags statt. Der erste der Knaben starb am Mittag, die drei anderen abends und während der folgenden Nacht.

Die Gazellen, welche die Blätter der jungen Sträucher des Omuhahandya gefressen haben, sterben fast momentan an dem Gift. Dies hindert jedoch die gierigen Eingeborenen nicht, die gefallenen Tiere zu verzehren. Nur die Eingeweide werden weggeworfen.

Ich gab einem grossen Frosch eine subcutane Injektion von zwei Centilitern des Saftes der Frucht. Sofort hüpfte er ruhelos umher und konnte nicht mehr ruhig sitzen bleiben; dann sperrte er das Maul weit auf und starb 15 Minuten nach der Einspritzung.

Ich habe an mir selbst versucht, wie die Omuhahandya als Fiebermittel wirkt. Ich liess 80 Gramm der Wurzelrinde in 540 Gramm 30-prozentigen Alkohols ausziehen. Von diesem Alkohol nahm ich nach und nach bis 20 Tropfen, dann zeigten sich leichte angenehme Muskeleinwirkungen (tressaillements musculaires agréables), welche mich zum Arbeiten anregten, und worauf sehr rasch die Steifigkeit der Glieder verschwand, welche gewöhnlich das Sumpffieber begleitet. Aber ich merkte auch als Begleiterscheinung einen leichten Druck auf das Herz und ein dreimaliges Ausbleiben des Gedächtnisses an einem einzigen Abend.

Der am meisten in die Augen fallende Unterschied zwischen der *Strychnos cocculoides* Bak. und der Omuhahandya besteht in folgendem: bei der letzteren trägt die Rinde eine fast ebene, nur wenig rissige schwarze Korkschicht, die Frucht ist ausserordentlich bitter und enthält zahlreiche Samen, weshalb sich nur wenig Pulpa in der Frucht entwickelt findet. Bei *Strychnos cocculoides* dagegen ist die Korkschicht der Rinde gelbweiss, von zahlreichen, tiefen Rissen durchzogen, die Früchte enthalten relativ nur wenige Samen und sind mit einer angenehmen, erfrischenden Pulpa erfüllt. Die Magen der Eingeborenen vertragen bis 6 dieser Früchte auf einmal ohne irgendwelche Beschwerden. Letzthin sah ich, wie ein Junge von 2 Jahren drei Mabocas (Pulpa und Samen) in wenigen Minuten ass.

Wie bei *Strychnos Nux vomica* L. rötet sich auch bei der Omuhahandya die Innenrinde bei Zusatz von Salpetersäure.

Das Gegengift der Eingeborenen besteht darin, dass der Kranke einige Tassen von der Abkochung der Gedärme der Ziege oder des Huhns zu sich nimmt. Diese Abkochung soll nach den eingeborenen Heilkünstlern das Gift gerade wie ein Emeto-Catharticum austreiben.

Die Eingeborenen verwenden die Omuhahandya nur bei lokalen Gliederlähmungen (Paralysis) und besonders bei schmerzenden Zuckungen des Gesichts. In diesen Fällen wird die Wurzelrinde in Pulverform zu Umschlägen verwendet, wird aber auch in kleinen Dosen (etwa eine Fingerspitze voll) innerlich genommen. —

Soweit der Bericht des Herrn Dekindt. Die mitgesandten Früchte, Samen und Rindenstücke wurden Herrn Prof. Dr. **Thoms** zur chemischen Untersuchung übergeben, welcher das Ergebnis in folgender Mitteilung bekannt macht.

Ueber die Arten, welche **Hiern**[1]) als „Mabocas" aufführt, werde ich in Bälde in **Engler's** Bot. Jahrb. berichten.

II. Untersuchung von Pflanzenteilen der Strychnos Dekindtiana Gilg.

Mitteilung aus dem Pharm.-Chemischen Laboratorium der Universität Berlin.

Von **H. Thoms.**

Von dem Direktor des Königl. Botanischen Museums, Herrn Geh. Regierungsrat Professor Dr. **Engler**, gingen mir verschiedene Pflanzen-

---

[1]) **Hiern, Welwitsch's Plants** III. p. 702 ff.

teile der Strychnos Dekindtiana Gilg mit der Aufforderung zur Untersuchung auf Gifte zu.

Mir lagen die Frucht, sowie Wurzel und Stammrinde dieser Strychnos-Art vor. Das Material war jedoch so gering, dass an eine eingehende chemische und physiologische Prüfung auf Giftstoffe nicht gedacht werden konnte. Es musste sich vielmehr die Untersuchung auf den eventuellen Nachweis der in Strychnos-Arten vorkommenden giftigen Alkaloide, Strychnin und Brucin, beschränken. Zu dem Zwecke wurden

a. die Fruchtschale,
b. das Fruchtmus,
c. die von dem Fruchtmus durch warmes Wasser befreiten Samen,
d. die Wurzelrinde und
e. die Stammrinde

auf Alkaloide mit besonderer Rücksichtnahme auf Strychnin und Brucin geprüft.

Aus der Fruchtschale wurde in sehr kleiner Menge ein bitter schmeckender Körper isoliert, der jedoch mit Strychnin und Brucin nicht identifiziert werden konnte.

Das Fruchtmus lieferte nach der Extraktion mit Alkohol, Abdampfen des Filtrates auf dem Wasserbade und Aufnehmen mit Wasser beim Ausschütteln der alkalisch gemachten wässerigen Lösung mit Äther nach Verdampfen des letzteren einen geschmacklosen Rückstand, mit welchem Alkaloidreaktionen nicht erhalten wurden.

Hingegen liess sich in dem nicht unangenehm schmeckenden und an Tamarindenmus erinnernden Fruchtmus dieser Strychnos-Art Weinsäure in nicht unbedeutender Menge nachweisen.

Die Untersuchung der Samen auf Alkaloide lieferte ebenfalls ein negatives Resultat. (!)

Aus der Wurzel- und Stammrinde liessen sich mit Äther sehr bitter schmeckende Körper ausziehen, welche als Strychnin und Brucin aber nicht angesprochen werden konnten, da die hierfür charakteristischen Farbreaktionen nicht in voller Schärfe auftraten.

Es muss daher weiteren Untersuchungen mit grösseren Mengen Material vorbehalten bleiben, um die bitter schmeckenden Körper der Fruchtschale, der Wurzel- und Stammrinde chemisch und physiologisch eingehender prüfen zu können.

III. Die cactusartigen Euphorbien Ostafrikas.

Von

G. Volkens.

Dem Reisenden, der von Europa her zum ersten Mal den Boden Ostafrikas betritt, werden dort von allen Vertretern des Pflanzenreichs die baumartigen Cactuseuphorbien sicherlich ganz besonders in die Augen fallen. Sie bilden schon in der Küstenzone, noch mehr aber auf den ungeheuren Steppenflächen des Innern eine Beigabe der Vegetation, die uns auf der einen Seite durch ihre ungewohnte Seltsamkeit und Starrheit der Linienführung überrascht, auf der andern Seite, bei jedem Freunde kolonialer Entwicklung wenigstens, ein Gefühl der Enttäuschung hervorruft. Auch für den, der in die Gesetze der Harmonie zwischen Pflanzengestaltung und äusserer Umgebung nicht eingeweiht ist, ist beim Anblick der blattlosen, oft von Dornen starrenden, bei jeder Verletzung einen giftigen Milchsaft entlassenden Gebilde doch soviel klar, dass auf gleichem Boden mit ihnen die Erzeugnisse einer Plantagenwirtschaft und eines Farmbetriebes schwerlich hervorragend gedeihen werden. Eine abnorme, kulturfeindliche Trockenheit des Gebietes spricht sich in ihnen aufs deutlichste aus.

Trotzdem aber die grosse Verbreitung und Häufigkeit der cactusartigen Euphorbien kein erfreuliches Kennzeichen für den Wert Ostafrikas darstellen, können sie doch in anderer Richtung, als Charaktergewächse, unser Interesse beanspruchen und es schien mir darum angemessen, durch die folgenden Ausführungen zu ihrer Kenntnis nach Möglichkeit beizutragen. Ich gebe zunächst einen Schlüssel, um sie nach diesem an Ort und Stelle bestimmen zu können und lasse dann eine ausführliche auf lebendes und Spiritusmaterial gegründete Beschreibung aller derer folgen, die mir auf meinen Reisen bekannt geworden sind.

A. Die noch grünen, saftigen Zweige sind drehrund *E. Tirucalli.*
B. Die noch grünen, saftigen Zweige sind kantig.
    a. Bäume, also Stamm und Krone ausgliedernd.
        I. Die grünen Zweige 4-flügelig . . . *E. Reinhardtii.*
        II. „   „   „ 2-, später 3-flügelig *E. Nyikae.*
        III. „   „   „ 5-kantig . . . . *E. quinquecostata.*
    b. Sträucher, d. h. vom Grunde an verzweigt.
        I. Die Zweige 4-kantig. Cyathien[1] an

---

[1] Unter Cyathien versteht man die scheinbaren Blüten. Sie bestehen aus einer Hülle, dem Involucrum, zahlreichen scheinbaren Staubgefässen, die aber in Wahrheit ebensoviele verkümmerte, männliche Blüten darstellen, und einer centraler, meist nur aus einem Fruchtknoten gebildeten und mehr oder weniger herausragenden weiblichen Blüte.

den Kanten zwei Reihen bildend.
Involucren gestielt. Dornen 8 mm lang   *E. heterochroma.*

II. Die Zweige 4-flügelig. Cyathien an
den Kanten der Sprossgipfel dicht ge-
drängt. Involucren sitzend . . .   *E. confertiflora.*

III. Die Zweige 4- oder 5-kantig. Cyathien an den Kanten zwei Reihen
bildend. Involucren gestielt. Dornen
noch nicht 1 mm lang . . . . .   *E. Stuhlmannii.*

Euphorbia Tirucalli L. Hort. Cliff. 197. Bis 10 m hoher Baum,
kommt aber auch strauchig vor, mit grünen, dicht und wirr ineinander
geschobenen, drehrunden, succulenten, bis fingerstarken Endauszweigungen. An den jüngsten, 2- oder 3-gabligen, gänsekieldicken
Sprossen, die an der Spitze 4 Cyathien tragen, findet sich meist kurz
nach der Regenzeit eine geringe Anzahl sehr bald abfälliger, linealer,
sitzender, 4—5 mm langer und 1 mm breiter, von 2 bräunlichen, punkt-
förmigen Nebenblattdrüsen begleiteter Blättchen. Cyathien zu 2 nebeneinander auf gemeinsamem, kurzem, dickem Postament, von 3 kleinen,
dreieckigen Schuppen gestützt. Involucrum glockig, in 5 spitze ge-
wimperte Zähne auslaufend. Die 5 Drüsen zwischen den Zähnen oval,
dickfleischig. Männliche Blüten (d. s. also die scheinbaren Staubgefässe!) zahlreich, umgeben von hyalinen, zerschlitzten oder tief aus-
gefranzten Schuppenblättern. Griffel 3, an der Spitze umgebogen und
2-lappig. Fruchtkapsel von Erbsengrösse, dicht behaart. Samen eiförmig,
glatt, mit fleischiger Warze (Caruncula).

An der Küste im Gebüsch, auch längs der Flussläufe, überall
häufig, aber meist als Strauch. Vielleicht wurde er hier seitens der
Araber angepflanzt. Sicher wild traf ich die Pflanze in Gestalt dicker
und verhältnismässig hoher Bäume besonders in der überaus dürren
Steppe zwischen Gondja und Kinhiro. Stellenweis bildet sie dort förm-
liche kleine Wäldchen.

Euphorbia Reinhardtii Vlks n. sp.; 12—15 m hoher, über
mannsdicker Baum von typischem Kandelaberwuchs. Die Äste, die bei ausgewachsenen Exemplaren gegen 3 m über dem Boden beginnen, bilden
zusammen eine Krone, die in den Umrissen oft der einer jugendlichen
Rosskastanie gleicht, häufiger aber oben abgeflacht erscheint, so dass
etwa der Umriss des bauchigen Theiles eines Rheinweinglases heraus-
kommt. Die Äste steigen, soweit sie schon mehr oder weniger verholzt
sind, schräg im Bogen aufwärts und tragen die grünen, succulenten
Endauszweigungen senkrecht nach oben gewendet. Letztere sind in
20—30 cm langen Abständen gegliedert, aber nicht tiefer eingeschnürt.
Ihr Querschnitt ist ein Quadrat von 3—4 cm Seitenkante, an dessen

Ecken sich 4 keilige Flügel ansetzen. Zwei gegenüberstehende von diesen springen 3,5, die beiden andern bis 2,5 cm vor. Mitunter schiebt sich noch ein Flügel ein, oder es fehlt auch einer, so dass dann im Querschnitt statt des gewöhnlich 4-strahligen ein 5- bezw. 3-strahliger Stern resultiert. Die Flügelkanten sind glatt, hart und in Abständen von 2—3,5 cm mit einem Paar spreizender, 1 cm langer, unten 3 mm dicker, holziger Dornen versehen. Die allein die Cyathien bezw. Früchte tragenden Endglieder der Zweige sind scharf durch eine tiefere Einschnürung abgesetzt, am Grunde bauchig, darüber sich zu einer Kegelspitze verjüngend. Die Cyathien brechen eine kurze Strecke oberwärts jedes gegen den Gipfel hin immer kleiner werdenden, zuletzt fast schwindenden Dornpaares hervor und zwar in dicht gedrängter Gruppe von 4—8. Jedes von ihnen oder 2 vereint haben ein kurzes Fussstück, das aus den verwachsenen Basaltheilen zweier gegenüberstehender, bis ⅓ oder ½ am Involucrum hinaufreichender, rundlicher, fleischiger Schuppen hervorgeht. Ist nur ein ausgebildetes Cyathium vorhanden, so umschliessen die Schuppen gewöhnlich noch 2 unausgebildete von der Gestalt eines linsenförmigen Körperchens. Involucrum 6—7 mm hoch und ebenso breit, dickfleischig, röhrig-glockig, in der Mitte ein wenig zusammengezogen, 5-zähnig. Die Zähne membranös, in unregelmässige, spitze Zipfel zerfranzt. Die 5 gelben Drüsen zwischen den Zähnen 3 mm lang, 2 mm breit, oval, glatt, der vordere Rand nach oben aufgebogen. Männliche Blüten 30—40, kahl, zwischen ihnen zahlreiche, hyaline, vielfältig und teilweise bis unten zerschlitzte Schuppen. Weibliche Blüten fanden sich in allen Cyathien einer von mir in Spiritus konservierten Zweigspitze nicht vor, dagegen in einer ebenso präparierten von Holst unter No. 8821 in Usambara gesammelten. An ihr sitzen die Cyathien und zwar immer zu dreien durch ein gemeinsames Fussstück vereint in Gruppen von 6—9 oder noch mehr längs der Kanten beisammen. Von den drei vereinten ist das mittelste rein männlich, die beiden seitlichen zwittrig. Der Fruchtknoten ist im Querschnitt völlig rund, die 3 Griffel an der Spitze kurz 2-lappig. Die Früchte sind niedergedrückt-kuglig. Solche, die ich selber am Baume sah, waren rot und etwa von Kirschengrösse. — Euphorbia Reinhardtii Vlks, die ich nach meinem Freunde, dem Privatdozenten Dr. Otto Reinhardt, benenne, ist unter den baumförmigen Kandelaber-Euphorbien Ostafrikas die häufigste. Ich fand sie im Küstengebiet, im Hinterland von Tanga bis Usambara, dann auf dem ganzen Wege zum Kilimandscharo meist in einzelstehenden Exemplaren, seltener in Gemeinschaft mit anderen Dornsträuchern grössere Dickichte bildend. Blühend sah ich sie im Juli.

Wenn von Reisenden für den Baum ein wissenschaftlicher botanischer

Name gegeben wird, ist es entweder Euphorbia abyssinica Räusch oder E. Caudelabrum Trém. Von der letzteren unterscheidet er sich aber durch die fast sitzenden Cyathien, von der ersteren, dem Kolquall der Abyssinier, der er allerdings sehr nahe steht, durch die Vierflügligkeit der Zweige, durch kleinere und vor allem runde, nicht dreilappige Früchte. Ausgeschlossen ist natürlich nicht, sogar wahrscheinlich, dass *E. abyssinica* und *E. candelabrum* im deutschostafrikanischen Schutzgebiete auch vorkommen, doch habe ich sichere Belege dafür nicht ermitteln können.

Euphorbia Nyikae Pax in Pflanzenwelt Ostafr. 1. 242. In der Jugend fast vom Grunde an sich verzweigend, mit weitausladenden, stockwerkartig über einander stehenden, horizontalen Ästen. Im Alter bis 15 m hoher Baum und dann auf 10 m hohem, geradem Stamm eine verhältnismässig kleine Kugelkrone aus bogig aufsteigenden, nach dem Centrum gekrümmten, ineinander geschobenen, bläulich bereiften Zweigen tragend. Letztere bestehen, solange sie fleischig sind, aus 10—20 cm langen, durch eine tiefe Einschnürung von einander abgesetzten Gliedern. Die Glieder erscheinen in der Jugend der Pflanze flach, laubblattartig, bei den späteren Auszweigungen werden sie 3-kantig, indem sich die Ecken eines daumenstarken Mittelteils zu 3—4 cm langen Flügeln ausziehen. Der harte Rand der Flügel ist in centimeterweiten Abständen mit 6—7 mm langen, unten 1—2 mm dicken, spitzen, spreizenden Dornen bewehrt. Die Cyathien sitzen an einem keulenartigen Endglied der Zweige und zwar entweder über dem Polster, das jedes unten verschmolzene Dornpaar bildet, oder etwas abgerückt davon. Ein gemeinsamer Stiel trägt 2 bräunliche Schuppen, aus deren Achseln im rechten Winkel je ein fertiles Cyathium entsteht, während dazwischen gewöhnlich noch ein drittes verkümmertes oder rein männliches zur Ausbildung kommt. Jedes Involucrum ist wiederum kurz gestielt und am Grunde mit 2 gegenüberstehenden Schuppen versehen; seine Form ist schüsselförmig, oben tellerförmig, 8 mm breit, der Rand 5 fast quadratische, in Zähnchen ausgefranzte, aufrechte, membranöse Lappen tragend. Zwischen letzteren 5 gelbe, sich seitlich berührende, ovale, flache Drüsen. Männliche Blüten zahlreich, von zerschlitzten hyalinen Schuppen umgeben. Weibliche Blüten sitzend mit deutlicher dreizähniger Hülle, rundlichem, dreilappigen Fruchtknoten und 3 an der Spitze 2-lappigen Griffeln, die einem knorpligen, wie ein Krönchen erscheinenden Polster aufsitzen. — Der Baum, der vom vorigen sich durch den hohen Stamm und die kleine Krone schon von weitem unterscheidet, kommt in den Steppengebieten Ostafrikas, häufig auch an den Abhängen der Gebirge von Usambara und Pare, gewöhnlich in Gruppen vor, selten sah ich auf weiter Flur mal einen alleinstehenden. Blühend fand ich ihn im Januar.

Euphorbia quinquecostata Vlks n. sp. Kleiner 3—5 m hoher Baum mit geradem, schenkelstarkem Stamm und kugliger Krone aus bogig nach innen gekrümmten, ineinander gewirrten Zweigen. Solange letztere noch succulent sind, erscheinen sie dunkelgrün, daumstark, 5-kantig. Die Kanten sind verdickt, hart und tragen in centimeterweiten Abständen auf kleinen, nach unten und zum nächsten spitz verlaufenden Polstern je zwei 1—2 mm lange, schwach nach oben gebogene Dornen. Cyathien auf Fingerlänge an den Zweigspitzen vereint, immer je eins, rechts und links von einem rudimentär bleibenden begleitet, dicht über dem Polster in der Achsel eines Schuppenblattes. Involucrum 3 mm hoch, 4 mm breit, röhrig-trichterartig, unten eingeschlossen von 2 halbovalen, dazu je 1 verkümmertes, linsenförmiges Cyathium bergenden Schuppenblättern, oben 5-zählig, die Zähne ausgefranzt. Zwischen ihnen 5 gelbe, sich berührende, 2 mm lange, 1 mm breite, oben konkave und punktierte, unten konvexe muschelartige Drüsen. Männliche Blüten zahlreich zwischen vielfach zerschlitzten Bracteolen. Weibliche Blüten fehlten. — Der Baum wurde von mir nur einmal (No. 407) an den basaltischen Steilabstürzen zum Dschallasee im Kilimandscharogebiet und zwar im Juni blühend beobachtet.

Euphorbia heterochroma Pax in Pflanzenwelt Ostafr. C. 242. Bis 2 m hoher Strauch mit aufrechten, vom Boden an sich erhebenden, hellgrünen, fleischigen, mehr als fingerstarken, vierkantigen, in 10—20 cm weiten Abständen gegliederten Zweigen. An den rotbraunen Kanten in centimeterweiten Abständen kleine, nach unten spitz verlaufende Polster mit je 2 spreizenden, 8 mm langen, fast schwarzen Dornen. Cyathien an einem verdickten, handlangen Endglied der Zweige zu je zwei in der Achsel der Polster auf einem gemeinsamen, fast kugligen, am Rande zwei winzige, gegenüberstehende Schüppchen tragenden Fussstück. Involucrum auf 4 mm langem, walzlichem, etwas gekrümmtem, oben mit 2 angedrückten, häutigen Schuppen versehenem Stiel, flach schüssel-, oben tellerförmig, 4 mm breit, der Rand in 5 breite, aufrechte, membranöse, ausgefranzte Zähne ausgezogen. Die 5 Drüsen schwach halbmondförmig, zu einem Ringe vereinigt. Männliche Blüten gegen 10 zwischen zerschlitzten hyalinen Schuppen. Weibliche Blüten an einem langen, aus dem Involucrum herausragenden, nach abwärts gekrümmten Stiel. Fruchtknoten kahl, 3-lappig. Griffel 3 mit gemeinsamer knopfartiger Basis, an der Spitze breit-, 2-lappig. — Die Drüsen sind anfangs schwefelgelb, der Fruchtknoten grün, später werden die ersteren gelbrot, der letztere dunkelrot. — Ich fand den Strauch in der Kilimandscharosteppe im Januar blühend, besonders längs des Himoflusses.

Euphorbia confertiflora Vlks n. sp. Bis 1 m hoher, habituell dem vorigen ähnlicher Strauch mit 4-flügligen Ästen. Die Flügel 2 cm lang, keilig im Querschnitt; an den Kanten in centimeterweiten Abständen spitz nach unten verlaufende Polster mit je 2 spreizenden, 5 mm langen Dornen. Cyathien sitzend, dicht gedrängt längs der Kanten, wo diese sich zum Scheitel der Endsprosse zusammenneigen, immer zu 3 in der Achsel von Schuppenblättern. Involucrum sitzend, kurz-trichterig, oben tellerförmig, 6 mm im Durchmesser, in 5 zerfranzte Zähne ausgehend. Die 5 Drüsen zwischen diesen 3 mm lang, 2 mm breit, oval, um die kurze Achse ein wenig nach unten gebogen, sich berührend, punktiert. Männliche Blüten kahl, zahlreich zwischen zerschlitzten hyalinen Schuppen. Weibliche Blüten sitzend mit winziger 4-zähniger Hülle.. Fruchtknoten oben zu einer Griffelsäule verjüngt. Die 3 Griffeläste im oberen Drittel gegabelt. — Von Holst unter No. 8821 zugleich mit Euphorbia Reinhardtii Vlks in Spiritus konservirt und dem Botanischen Museum eingeschickt. Ich habe die Pflanze auch gesehen, aber nicht gesammelt. Sie kam gemeinsam mit einer noch nicht näher bekannten, breit 3-flügligen, sehr langdornigen, strauchigen Cactus-Euphorbie massenhaft in den trockenen Steppenstrichen des nordwestlichen Usambara vor, auch am Fusse des Paregebirges.

Euphorbia Stuhlmannii Schwfrth mscrpt. Bis 1½ m hoher, vom Grund an verzweigter Strauch. Die Zweige mit 4 oder 5 schwach flügelig vorspringenden Kanten, fingerstark, kaum gegliedert. An den braunen Kanten in 1,5 cm weiten Abständen 2 winzige, noch nicht 1 mm lange Dornen auf wenig hervortretenden Polstern. Cyathien zu 2 auf 2 mm langem, fleischigem Stiel in den Achseln der Polster. Involucrum am Grunde mit schwieligem Ring auf 4 mm langem, walzlichem Stiel, von 2 anliegenden Schuppen gestützt, kurz röhrig, oben tellerförmig, 1,5 mm hoch, 3 mm breit, am Rande von 5 breiten, zerfranzten Abschnitten gesäumt. Die Drüsen am vorderen Rande ein wenig eingebuchtet, zu einem Ringe zusammenfliessend. Männliche Blüten zwischen zerschlitzten Schuppen. Weibliche Blüten lang gestielt, mit winziger 3-zähniger Hülle. Fruchtknoten kahl, ausgeprägt 3-lappig, fast 3-flügelig. 3 an der Spitze wenig deutlich 2-lappige Griffel auf kurzer Säule. In den Steppen des Küstengebietes überall häufig.

Sicher ist mit den oben aufgeführten Arten die Zahl der Cactus-Euphorbien Ostafrikas bei weitem nicht erschöpft. So hat Pax aus der Sammlung Fischer's eine Euphorbia quadrangularis beschrieben, eine Euphorbia Lemaireana DC. ist von Zanzibar bekannt, aber ich gehe auf diese nicht ein, da ich sie nicht aus eignem Augenschein kenne. Die Reisenden scheuen sich ja im allgemeinen derartige dornige und succulente Pflanzen zu sammeln, weil ihnen die Schwierigkeit des Pressens zu gross dünkt und darum sind sie in allen Herbarien wenig und schlecht

vertreten. Gerade deswegen aber lohnt es, ihnen eine besondere Aufmerksamkeit zu schenken. Die Schwierigkeit des Pressens ist auch
nicht so bedeutend, wenn man folgendes beachtet. Ganze Zweige zu
trocknen ist gar nicht notwendig. Man schneide aus solchen dünne
Querscheiben heraus und trenne daneben die harten Ränder, an denen
die Blüten und Früchte sitzen, von dem ganzen fleischigen Mittelteile
los. Es genügt, diese Querscheiben und Randpartien getrocknet einzusenden, womöglich von einer Bleistiftskizze des Habitus der ganzen
Pflanze begleitet und mit Angaben über Höhe, Blütenfarbe und der-
gleichen versehen. Wer Spiritus zur Verfügung hat, kann sich das
Trocknen auch ganz sparen, indem er herausgeschnittene Quer- und
natürlich immer nur mit Blüten oder Früchten besetzte Längsschnitte
nach Schweinfurth'scher Methode zwischen mit Alkohol durchtränktes
Papier legt und in verlöteten Zinkkästen zur Versendung bringt.

IV. Neue Nutzpflanzen Ostafrikas.

1. Mascarenhasia caustica K. Schum.,
ein neuer Kautschukbaum Ostafrikas.
(Mit einer Figur.)

Die wichtigste Entdeckung, welche Herr Regierungsrat Dr. Stuhlmann während der letzten Hälfte des vorigen Jahres in dem Bereiche
der technisch wichtigen und verwertbaren Pflanzen gemacht hat, war
die Auffindung eines Baumes, der sehr brauchbaren Kautschuk liefert.
Im Kolonialblatt vom 1. November 1898 berichtet er über eine Reise,
die er unternahm, um den Küstenstrich von Dar-es-Salâm bis Kilwâ
zu besichtigen. Am ersten Tage seiner Reise kam er über Mtoni und
Vikindo in den Distrikt Vilausi, einem trotz der auffallenden Dürre
im vergangenen Jahre noch sehr wasserreichen Teilgebiet. Breitere
Sumpfstreifen begleiten die Wasserläufe, an denen schöne Farnkräuter
und Gruppen von Pandanus-Arten auffallen.

Von dem Ort Vikindo bis nach Mbaffu tritt nun an solchen feuchten
Stellen ein wirklicher, kräftiger Baum auf, der Kautschuksaft enthält
und einen guten und vollwertigen Kautschuk liefert. Der sich gewöhnlich schon tief unten verzweigende Stamm erreicht eine Höhe von 10 m.
Die hellgraue Rinde ist von den Hiebnarben bedeckt, welche die Messer
der Kautschuksammler hinterlassen haben. Diese entnehmen von ihm
denjenigen Kautschuk, welcher in grossen Ballen im Sansibar-Handel
unter dem Namen Mgoa geht. Er ist nicht besonders rein, sondern
durch Rindenpartikeln etc. verunreinigt.

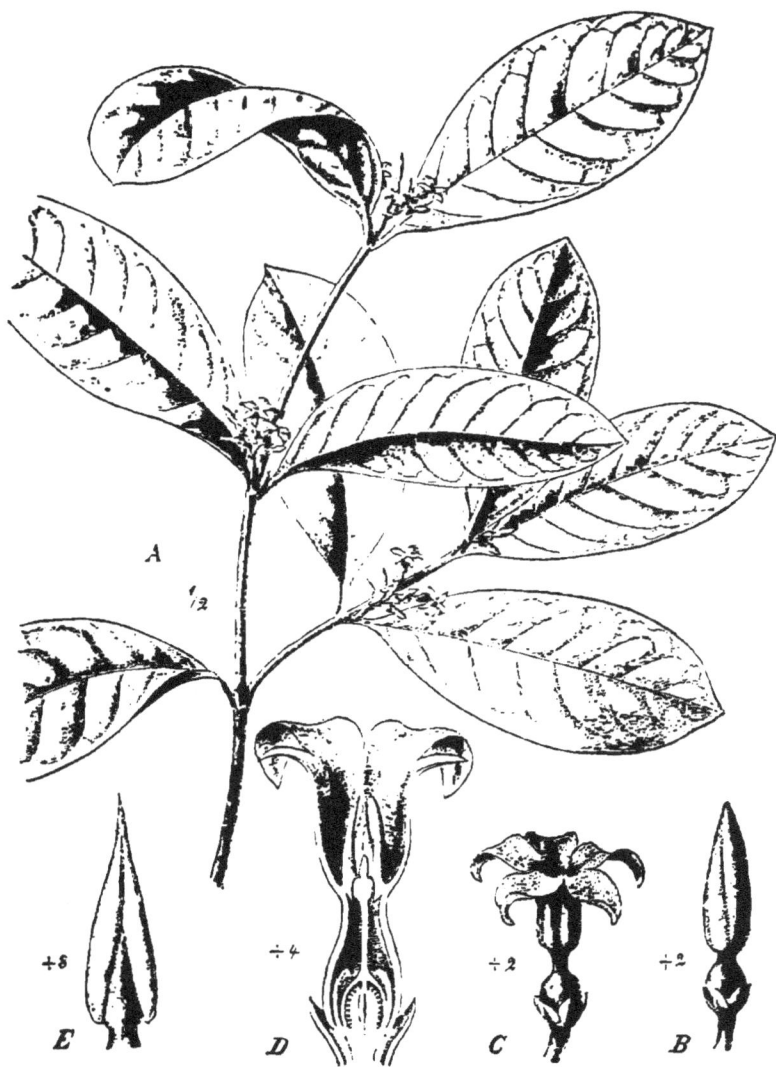

Mascarenhasia elastica K. Sch.

A. Tracht der Pflanze; B. Knospe; C. Blüte; D. Längsschnitt durch
die Blüte; E. Staubblatt.

Welche Bedeutung diesem Funde zukommt, wird man ermessen, wenn man erwägt, dass die erfolgreiche Kultur von Kautschukgewächsen in Ostafrika in erster Linie von der Auffindung eines anbaufähigen Baumes abhängig ist. Es liegt kein Grund zu der Annahme vor, dass sich der Mgoa-Baum nicht in beliebigen Mengen anzüchtigen liesse. Er erzeugt viele Samen und diese sind in der Familie der *Apocynaceae*, wohin er gehört, allgemein willig zur Keimung.

Ich teile in folgendem die Beschreibung des Baumes mit.

Mascarenhasia elastica K. Sch., arbor elata ramis gracilibus teretibus dein complanatis, novellis ipsis glabris, foliis breviter petiolatis, petiolo supra applanato, lamina oblonga obtusa vel breviuscule et obtuse acuminata coriacea utrinque glaberrima; dichasio brevi oligantho, floribus breviter petiolatis; sepalis triangulari-ovatis, acutis glandulis latis denticulatis; corolla hypocraterimorpha at basi constricta subgloboso-dilatata, manifeste valvata extus subtomentosa; disco e phyllis 5 distinctis vel binis concretis late ellipticis obtusis efformato, phyllis binis prope commissuram ovarii carinatis; ovario apice puberulo, stilo pariter pilosulo; coma seminum decidua.

Ein bis 10 m hoher, schenkeldicker Baum, dessen letzte Verzweigungen etwa 2—3 mm dick sind. Der Blattstiel wird bis 3 mm lang; die Spreite hat an den ausgewachsenen Blättern eine Länge von 8—12,5 cm und eine Breite von 3,5—5,5 cm; sie hat das Aussehen derjenigen mancher Tabernaemontanen, ist unterseits matt und oberseits nur wenig glänzend und wird nur von etwa 10 Paar oberseits eingesenkter, unterseits vorspringender Nerven durchlaufen. Der Kelch ist 2,5 mm lang. Die Blumenkrone ist im Ganzen 11—12 mm lang, davon kommen auf die sehr eigentümlich kugelförmig aufgetriebene Unterröhre 3 mm, während die Zipfel bis 4 mm lang werden. Die Staubgefässe messen 3,5 mm. Die Discusschuppen sind nur sehr wenig kleiner als der Kelch. Der Fruchtknoten ist 2 mm, der Griffel 3,5 mm lang. Die Frucht ist 8—9 cm lang, purpurschwarz und kahl, schwach gerieft, die Samenwolle ist braun.

Sansibarküstengebiet: zwischen Dar-es-Salâm und dem Orte Mbaffu bei Vikindo im Distrikte Vilansi (**Stuhlmann**).

K. Schumann.

2. Canarium Liebertianum Engl. n. sp.

arbor alta dense foliata, cortice valde resinoso; foliis impari-pinnatis 4-jugis subcoriaceis, utrinque opacis, 4—5-jugis; rhachi teretiuscula; foliolis petiolulo teretiusculo supra anguste sulcato longiusculo (1,5 cm) instructis, oblongis (1,7—1,9 cm longis, 6—7 cm latis), breviter et obtusiuscule acuminatis, nervis lateralibus I. utrinque circ. 12—15 patentibus atque venis dense reticulatis subtus valde prominentibus; fructibus immaturis oblongo-ovatis (3,5 cm longis, 2 cm crassis) exocarpio tenui, endocarpio crassissimo, trigono, triloculari.

Sansibarküstengebiet: Einheimischer Name: Mpaffu. In feuchten, sandigen Thälern bei Mbaffu südlich von Dar-es-Salâm (F. Stuhlmann. — Blätter und Früchte im August 1898).

Dr. F. Stuhlmann bemerkt über diesen Baum, den ich zu Ehren des Herrn Gouverneurs Generalmajor Liebert benenne, in seinem Reisebericht (Deutsches Kolonialblatt 1898, S. 694) folgendes: „Bei dem Orte Mbaffu (Mpaffu) wurde gelagert. Der Name des Ortes erinnert mich an einen Baum, den ich in Uganda sah, und der unter demselben Namen am Tanganyikasee bekannt ist. Nachfragen ergaben, dass that-sächlich hier in der Nähe der Mpaffubaum vorkommt (Canarium sp.), das erste Mal, dass ich ihn hier fand. Aus der Rinde schwitzt ein hell-grünliches, an der Luft weisswerdendes Harz aus, das ähnlich wie „Ubani" (Harz von Boswellia-Arten, das Gummi olibanum des Handels) riecht und das vielleicht hier auch noch einen Handelsartikel bilden kann.

Dieses Canarium ist weder mit C. Schweinfurthii Engl. nahe ver-wandt, noch steht es zu Pachylobus in näherer Beziehung.

A. Engler.

3. Erythrophloeum guineense Don.

Durch Herrn Regierungsrat Dr. F. Stuhlmann wurden der Botanischen Centralstelle Blätter, Früchte, Samen und Holzproben eines auf Kisuaheli Muavi oder Moavi genannten Baumes aus dem Sachsen-walde bei Dar-es-Salâm übermittelt. Die durch Herrn Dr. Harms vor-genommene Bestimmung ergab, dass es sich um einen interessanten Vertreter der Caesalpiniaceae handelt, um Erytrophloeum guineense Don nämlich. Während der Baum im ganzen westlichen tropischen Afrika, auch in Kamerun (hier unter dem Namen elloñg) und in Togo, weit ver-breitet ist, war sein Vorkommen im Osten des Kontinents bisher nur für das Land der Djur und Niamniam einerseits und für Mossambik und das Nyassaland andererseits festgestellt. Der von Herrn Dr. Stuhlmann aufgefundene erste Standort in der deutsch-ostafrikanischen Kolonie bildet somit eine Brücke zwischen zwei sehr getrennten Ver-breitungsbezirken im Norden und Süden und lässt die Vermutung ge-rechtfertigt erscheinen, dass der Baum in unserem Schutzgebiet keine Seltenheit darstellt.

Um seine Erkennung zu ermöglichen und um gleichzeitig die Stationsleiter im Innern zu einer Umschau nach dem Baume zu ver-anlassen, gebe ich eine kurze Beschreibung. Der Stamm, der bis 30 m Höhe und unten eine Dicke von $1/2$—3 m erreicht, ist mit einer rissigen dunkelbraunen Rinde bekleidet. Die glatten, etwas glänzenden Blätter werden unterarmslang und sind in der Weise doppelt gefiedert, dass sich 2—4 Fiedern paarig gegenüberstehen. Die Fiedern sind 20—30 cm lang, die an ihnen vorhandenen 6—11 sich nicht gegenüberstehenden, kurzgestielten Fiederblättchen sind etwas schief-oval oder elliptisch, am Grunde abgerundet, oben zu einer kurzen Spitze verschmälert, 5—9 cm lang und $3\frac{1}{2}$—$5\frac{1}{2}$ cm breit. Die bräunlich-weissen Blüten finden sich am Ende der Zweige in dichten, gestielten, fingerlangen Ähren, die zusammen eine oder mehrere Rispen bilden. Die Blüten, die stark und angenehm duften, sind kaum 5 mm lang, besitzen 5 freie Kelchblätter und eben so viele wenig darüber hinausragende behaarte Blumenblätter, 10 freie Staubgefässe und einen gestielten, eiförmigen, behaarten Fruchtknoten mit kurzem, sich später verlängerndem Griffel und punktförmiger Narbe. Die Früchte sind flache, auf der Rückenseite stärker, auf der Bauchseite wenig gekrümmte, etwas über fingerlange und 4—5 cm breite Hülsen, die mit zwei holzigen, flachbleibenden Klappen aufspringen und 5—8 braunschwarze, glatte, ovale, etwas zusammengedrückte, $1\frac{1}{2}$ cm lange, 10—13 mm breite, von einer Pulpa umgebene Samen bergen.

Was dem Baum einen Nutzwert giebt, ist einmal ein vorzügliches, technisch verwendbares Holz und dann seine für medizinische Zwecke in Betracht kommende, äusserst giftige Rinde. Das Holz ist schwer, mahagonifarben, leicht polierbar und wie Mahagoni für feinere Möbelfabrikation geeignet. Nach einem Gutachten der Firma J. C. Pfaff in Berlin würden Stämme von wenigstens $\frac{1}{2}$ m Dicke ab Hamburg mit 150—180 Mk. für den Kubikmeter bezahlt werden und zur Zeit um so mehr marktfähig sein, als das für gleiche Zwecke geschätzte Calophyllumholz, namentlich von Neu-Guinea aus, nicht mehr in genügender Menge zur Verladung kommt. Polierte Querscheiben des Holzes lassen ziemlich weite Jahresringe erkennen und daneben auf dunkelbraunem Grunde eine helle, von Parenchym herrührende Tüpfelung. Markstrahlen sind nur bei stärkerer Vergrösserung als feine helle Linien sichtbar.

Die Rinde giebt mit Wasser einen roten, giftigen Auszug, der nach den Berichten vieler Reisenden bei den Ordalien der westafrikanischen Neger eine bedeutsame Rolle spielt. Von Mossambik, wo der Baum ebenfalls Moavi heisst und von wo er durch Bertoloni als Mavea judicialis beschrieben worden ist, giebt Peters auf einem im Berliner Herbar die betreffende Pflanze begleitenden Zettel folgendes an: „Die Rinde wird bei den Schwüren der Neger applizirt, aber nicht den Schwörenden selbst, sondern zwei Katzen oder Hunden gegeben. Der, dessen Katze stirbt, wird durch diese Art des Gottesurteils verdammt". Untersucht ist die Rinde mehrfach worden und hat sich herausgestellt, dass sie ein

Alkaloid Erythrophlaeïn enthält, welches schon zu 0,0005—0,002 g bei Fröschen Herzstillstand in Systole erzeugt.

Eine 0,05—0,2 prozentige Lösung übt starke örtlich anästhetische Wirkungen aus und erzeugt auf der Hornhaut transitorische Trübungen[1]).

Eine Feststellung der Verbreitung des Baumes in Deutsch-Ostafrika wäre sehr erwünscht. G. Volkens.

4. Cordyla africana Lour.

Bei einem Besuch der Kaheoase am Fusse des Kilimandscharo lernte ich daselbst einen gewiss an 30 m hohen Baum mit schlankem, gradem Stamm kennen, von dem ich aber weder Blätter noch Blüten, sondern nur die am Boden verstreuten Früchte zu erlangen vermochte. Diese, die in Gestalt und Farbe einer Mangofrucht glichen, aber nur Birnengrösse erreichten, zeichneten sich durch besonderen Wohlgeschmack aus, so dass sie mir als das beste, von einer wilden Pflanze Ostafrikas herrührende Obst in der Erinnerung stehen. Ich erwähnte den Baum in meinem Kilimandscharobuche, konnte ihm aber keinen Namen geben, sondern bemerkte nur, dass er mir zur Familie der Anacardiaceen zu gehören scheine. Vor einiger Zeit nun hatte Herr Hauptmann Johannes von der Moschistation die grosse Freundlichkeit, mir nachträglich Blätter des Baumes einzusenden und war es danach möglich, ihn als eine Leguminose, als Cordyla africana Lour., zu bestimmen. Fast gleichzeitig erhielt die Botanische Centralstelle durch Herrn Oberleutnant Brosig aus Kilossa Blätter und Blüten des Baumes mit der Bemerkung, dass er von den Eingeborenen Mkwata genannt würde und sich als hoher, starker Schattenbaum zur Anpflanzung und Schonung sehr empfehle. Letzterem kann ich nur zustimmen. Zur Erkennung des Baumes, der bisher nur aus Senegambien, aus Gondokorro, dem Ghasal-Quellen- und Sambesigebiet bekannt war, möge genügen, dass er Blätter wie unsere Robinie trägt und büschlige, meist an alten Zweigen, selten in den Blattachseln stehende gelbliche Blüten hat. Die Früchte, die das in die Augen springendste Merkmal abgeben, sind, wie schon gesagt, etwas schief birnenförmig, gelb, ziemlich langgestielt, und besitzen in einer breiigen Pulpa 2—3 schwarze nierenförmige Samen eingebettet. G. Volkens.

---

[1]) Vergl. hierzu die Angaben von Lewin in Lehrbuch der Toxicologie, II. Aufl. Berlin 1897, p. 290.

V. Neue Einführungen des Berliner botanischen Gartens.

a. Freilandpflanzen.

Dactylis Aschersoniana Graebner nov. spec. Rhizomate
repente simplici vel subsimplici; caule laxo elato internodiis elongatis; foliis laete viridibus languidis asperis saepius angustis
elongatis, inflorescentia elongata laxa nutante internodiis elongatis, ramulis longe petiolatis sub anthesi adpressis erectis (nec refractis)
postea nutantibus; spiculis elongatis plerumque 6-floribus glumis
trinerviis paleis inferioribus glabris dorso asperis (nec pilis rigidis
fimbriatis) nerviis 3 distinctis et 2 obscuris, summis abbre-
viátis obtusis, thecis basi divergentibus, apice ¼ connatis.

D. glomerata var. *lobata* Drejer z. T.?

D. glomerata var. *nemorosa* Klatt u. Richter z. T.

D. glabra Mann in Opiz Verz. p. 58? (nomen nudum).

Grundachse kriechend bis 1 dm lang, Stengel bis 7 dm hoch,
schlaff. Blätter bis über 3 dm lang, schlaff überhängend, meist schmal
(bis 7 mm breit), lebhaft hellgrün, getrocknet, scharf gerippt und stark
rauh. Blatthäutchen sehr verlängert, spitz. Rispe bis 2 dm lang überhängend, die bis fast 1 dm langen Rispenäste oft mit einem grundständigen Ast, im unteren bis 5 cm lange Teile ohne Ast, Ährchen
verlängert, nicht geknäuelt, meist 6 blütig. Hüllspelzen 3 nervig.
Deckspelzen, schmal, kahl, auf dem Rücken rauh, mit 3 deutlichen
und 2 undeutlichen Nerven, die unteren zugespitzt, die oberen gestutzt, stachelspitzig. Antherenhälften unterwärts bis fast zur Mitte
getrennt, divergierend, oberwärts nur etwa auf ¼ ihrer Länge zu-
sammenhängend.

Deutschland: im nordostdeutschen Flachlande und im mittel-
deutschen Berglande zerstreut auf buschigen sonnigen Hügeln, besonders
im Weichselgebiete westlich beobachtet bis ins Magdeburgische: Hakel-
wald und bis Nauen: Bredower Forst. Scheint in Mecklenburg und
an der Pommerschen Ostseeküste zu fehlen. Polen.

Unterscheidet sich von *D. glomerata* so wesentlich und bleibt auch
in der Kultur so konstant, dass ich diese Form für systematisch sehr
selbständig anzusehen geneigt bin, zumal sie eine bestimmte geographische
Verbreitung zeigt. Die Unterschiede von *D. glomerata* sind kurz folgende:
Grundachse kriechend (nicht dicht rasenbildend); die Gestalt der Rispe
ist vollständig abweichend und gleicht etwa der von *Phalaris arundinacea* L., die Ährchen sind viel schlanker als bei *D. glom.*, meist
grün (nicht violett überlaufen), und meist 6 blütig (nicht 4 blütig wie

bei *D. glom.),* die Hüllspelzen von *D. glom.* sind 1 nervig, die Deckspelzen undeutlich 3 nervig und am Rücken mit langen borstlichen Haaren
gewimpert, auch die obersten sind zugespitzt. Die Antherenhälften bei
D. glom. sind parallel und nur auf ein kurzes Stück getrennt.

Nach Prof. Dr. Paul Ascherson in Berlin genannt.

Dentaria digitata L. und **D. Petersiana** Graebn. Unter den
im hiesigen Garten als Dentaria digitata kultivierten Pflanzen
lassen sich bereits seit Jahren 2 vollständig verschieden gestaltete und
gefärbte Formen unterscheiden; denn während die eine niedrigere dicht
belaubte Form mit verhältnismässig wenigen, meist mehr oder weniger
traubig angeordneten hellvioletten Blüten sich stark vermehrt und dichte
grüne Rasen bildet, ist die zweite, bei weitem schönere und höhere
Abart mit zahlreichen, scheinbar doldig angeordneten dunkelvioletten
Blüten versehen. Die Untersuchung des Herbarmaterials des hiesigen
botanischen Museums hat ergeben, dass wir es hier mit 2 geographischen
Rassen zu thun haben, von denen die schönere von beiden fast das
ganze Areal der Art bewohnt, während die niedrigere Form auf die
nördliche Schweiz, den Jura, den Elsass und das Oberrheingebiet beschränkt zu sein scheint. Die genaue Untersuchung ergab denn auch
eine ganze Reihe von Merkmalen, die anscheinend völlig konstant vorkommen. — Einen Namen für die seltenere der beiden Formen zu
ermitteln ist mir leider nicht gelungen, da keine der mir bekannt
gewordenen Varietäten oder „Arten" sich mit der vorliegenden Form
deckt. Da ich diese Form mindestens als Unterart von *D. digitata*
ansehen muss, sehe ich mich genötigt, ihr einen neuen Namen zu
geben.

D. Petersiana Graebn. nov. spec. Rhizomate ramoso squamis
carnosis rotundatis haut acutis; caule crassiusculo humili, basi
semper folio longi-petitiolato, foliolis latioribus, basi sensim cuneatis,
inflorescentia elongata thyrsoidea, floribus albi-violaceis.

Grundachse kriechend mit breiten rundlichen gänzlich stumpfen Schuppen.
Stengel bis kaum 3 dm hoch am Grunde stets mit 1 bis 2 (bis 1,5 dm) lang-
gestielten Blättern. Blättchen bis fast 4 cm breit. Blütenstand bis 8 cm lang,
Blüten hellviolett.

Unterscheidet sich von *D. digitata* ausser durch die obengenannten Merkmale
sehr auffällig durch die stumpfen Rhizomschuppen, die bei *D. digitata* in einen
spitzen Zahn ausgezogen erscheinen und durch die stets am Grunde der Blüten-
triebe sitzenden grundständigen Blättern, die der *D. digitata* fehlen.

Nach Obergärtner Carl Peters am Botanischen Garten in Berlin
genannt, der die Formen zuerst unterschied.

Pirus Aria × **suecica** (*P. Conwentzii* Graebn. Ber. Naturf. Ges.
Danzig IX, 1. [1895]). Von diesem bisher nur in einem Exemplar in
Hinterpommern beobachteten Bastarde, der für gärtnerische Zwecke

sehr geeignet erscheint, ist ein Exemplar im hiesigen Garten entstanden und stellt bereits einen stattlichen Strauch dar.

Cytisus Spachianus (Webb). — (*Genista Spachiana* Webb in Hook. Bot. Mag. t. 4195) gehört als Vertreter der Sect. *Telline* zu *Cytisus*, vgl. Benth. et Hook. Gen. pl. I (1865), p. 484.

Myriophyllum scabratum Mich. Die im hiesigen Garten kultivierte, von Herrn Moenkemeyer selbst stammende als *M. Nitschei* Moenkemeyer Aquar. und Terrar. Pfl. (1897) bezeichnete Form ist vollkommen identisch mit *M. scabratum Mich.*

Cuscuta Gronovii Willd., die häufigste Art dieser Gattung im atlantischen Nordamerika, ist neuerdings am Rhein, an der Elbe und Weichsel auf den an jenen Flussläufen aus Amerika eingeschleppten Aster-Arten, besonders *A. salicifolius* und *A. Novi Belgii* in grosser Menge aufgetreten und hat sich anscheinend fest angesiedelt. Seit einigen Jahren tritt die Art auch im hiesigen botanischen Garten auf den amerikanischen Astern auf und verbreitet sich immer mehr. Die Pflanze und ihre Einwanderung zu konstatieren, ist deshalb von besonderem Interesse, weil sie am Rhein, wo sie zuerst von der *C. europaea* unterschieden wurde, bis jetzt für die südeuropäische *C. Cesatiana* Engelm. gehalten worden ist und unter diesem Namen auch in die botanischen Gärten übergegangen ist. Die von Cesati selbst ausgegebene Pflanze unterscheidet sich indessen sehr wesentlich durch die dünnen Stengel (nur wenig stärker als bei *C. Epithymum*), die kleineren Kapseln, die weniger tief glockenförmige Corolla mit nicht gestutzten, verhältnismässig längeren Zipfeln. *C. Gronovii* besitzt einen dickeren Stengel als *C. europaea*, grosse kugelige genabelte Kapseln, eine sehr tief glockige Corolla und sehr kurze, gestutzte abstehende Zipfel; die Blüten stehen sehr locker. — Die am Rhein, an der Oder und Weichsel gesammelten, wie auch die Pflanzen des Berliner Gartens stimmen vollständig mit dem Willdenowschen Originalen des hiesigen Herbars überein, so dass über die Identität der rheinischen und hiesigen Form mit der amerikanischen *C. Gronovii* kein Zweifel mehr bestehen kann. (Vgl. auch Aschs. u. Graebn. Flora des Nordostdeutschen Flachlandes.)

P. Graebner.

b. Gewächshauspflanzen.

Hoffmannia phoenicopoda K. Sch. n. sp.; herba succulenta, ramis validis tetragonis puberulis mox glabratis; foliis amplis sessilibus oblongis vel obovato-oblongis acutis basi longe attenuatis, bullatis discoloribus supra glaberrimis subtus ad nervos puberulis margine praesertim juventute manifeste ciliatis, serius revolutis et minus conspicue indutis; stipulis triangularibus ciliolatis, diutius persistentibus et crasso carnescentibus; inflorescentia cincinnum erectum referente longe pedunculata, pedunculo puberulo; bracteis bracteolisque brevissimis triangularibus; floribus sessilibus; ovario tetragono, inter costas primarias secundariis solis onusto, subglabro in angulos tantum pilulum hinc inde gerente; sepalis 4 subulatis prope apicem ciliolatis glandulis binis terni.ve interjectis, corolla hypocrateriformi, tubo brevi, laciniis oblanceoletis curvatis dorso prope medium apicali sparse pilosis duplo brevioribus; antheris sessilibus anguste linearibus erectis; stilo tubum corollae subtriplo superante superne incrassato papilloso; disco annulari.

Die oberen, blühenden, fleischigen Zweige sind bis 1 cm dick und dunkel rotbraun gefärbt. Die Blätter sind 9—25 cm lang und im oberen Drittel 6—11 cm breit; die Textur ist ziemlich derb, oberseits sind sie dunkel ölgrün und sehr zart sammetglänzend, unterseits violettrot, die Nerven schimmern von der kurzen Behaarung grau; zwischen den Primärseitennerven sind sie wie der Kamm eines Gebirges aufgetrieben der wieder kerbig gegliedert ist. Der Blütenstand ist wie bei jeder Wickel gekrümmt und wird kaum über 2 cm lang; der Stiel hat eine Länge von 7—8 cm, ist schön rot gefärbt, aber etwas grau behaart. Der Fruchtknoten ist 5 mm lang, weiss und nur sehr zart rostrot überlaufen. Die Kelchblätter messen 2 mm und sind rot. Die Blumenkronenröhre ist kaum 2 mm, die Zipfel sind 10 mm lang; die Knospe derselben erscheint wegen der gekielten, behaarten Zipfel vierkantig. Die Staubgefässe haben eine Länge von 5 mm; der 9—10 mm lange Griffel ist im ganzen weiss wie jene, nur am Grunde hat er einen roten Fleck.

Die Pflanze wurde im Orchideenhause des Königlichen Botanischen Gartens von Berlin kultiviert. Woher sie stammt ist nicht bekannt, jedenfalls ist aber Central-Amerika ihr Vaterland.   K. Schumann.

Echinocactus (Discocactus) alteolens (Lem.) K. Sch. in Fl. Brasil. bact. 246. — Diese Pflanze wurde in sehr wenigen Stücken 1845 in Frankreich und Deutschland eingeführt, ging aber bald zu Grunde und kam seitdem nicht wieder nach Europa, es sei denn, dass sie **Lindmann** lebend von Mato Grosso an den Generalarzt Dr. **Weber** in Paris geschickt hätte, worüber ich keine genügenden Mitteilungen besitze. Ich erhielt sie in drei Exemplaren von Herrn Prof. **Anisits** in Asuncion, Paraguay, der mir im Sommer des vorigen Jahres eine ganz vollständige Sammlung von Kakteen in Spiritus und im Dezember dieselben Arten im lebenden Zustande zugehen liess. Ich kann die Liebenswürdigkeit und Uneigennützigkeit desselben nicht genug rühmen, da wir nun in den Stand gesetzt sind, eine genaue Einsicht in die Kakteenflora des nördlichen Theiles dieses interessanten Gebietes zu erlangen.

Echinocactus Schilinzkyanus F. Hge. jun. bei K. Sch. in Monatsschr. f. Kakteenk. VII. 108. — Diese zuerst als Varietät von *E. pumilus* bestimmte Art wurde später in der Deutschen Kakteen-Gesellschaft als neu erkannt und bestimmt. Sie wurde in der Umgebung von Paraguari aufgefunden. **Echinocactus Grahlianus** F. Hge. jun. in Monatsschr. f. Kakteenk. VIII. 174. — Ich erkannte dieselbe in Gesellschaft einiger Kakteenzüchter als neu, da ich im Herbst die Sammlung des Herrn Bauer in Coppitz bei Dresden besichtigte. **F. Haage** jun. hatte sie aus Paraguay eingeführt und unter dem Namen *Ects. Schilinzkyanus* F. Hge. jun. var. *grandiflora* F. Hge. jun. verkauft. Sie ist eine sehr charakteristische Pflanze, welche mit jener, ferner mit *Ects. gracillimus Lem.* und *Ects. pumilus Lem.* eine natürliche kleine Gruppe in meiner Untergattung *Notocactus* bildet.

Ausser diesen Arten wurden noch drei ausgezeichnete neue Arten derselben Gattung ebenfalls aus Paraguay, neuerdings aber mehrere aus Chile in den Garten eingeführt, die nächstens beschrieben werden sollen.   K. Schumann.

Cissus Hauptiana Gilg n. sp.; herba vel suffrutex cirrhosus, scandens, glaberrimus, caule crassiusculo teretiusculo; foliis longe et crasse petiolatis, crassiusculis sed membranaceis, cordato-oblongis, lobis basalibus brevibus vel brevissimis rotundatis, apice longe vel longissime acuminatis, apice ipso acute apiculatis, aequaliter leviter sed acute serratis, utrinque nitidis, nervis lateralibus utrinque 5—6 parallelis marginem petentibus, venis laxissime et parcissime reticulatis; cymis breviter pedunculatis, repetito-dichotomis, floribus modice pedicellatis pseudumbellulatis, pedunculis pedicellisque crassiusculis vel carnoso-crassis, glaberrimis; calyce cupulari brevi, sepalis haud evolutis; petalis 4 scaphiformibus sub anthesi patentibus, extus cinnabarinis, intus roseis; disco pulvinari aureo; staminibus 4 quam stylus crassus manifeste longioribus.

Die Blattstiele sind 3—5 cm lang, stark fleischig verdickt, das Blatt selbst ist 8—12 cm lang, 5—7 cm breit, die Träufelspitze wird bis 2,3 cm lang und ist 2—3 mm breit. Der Blütenstand ist im ganzen 3—4 cm lang, davon beträgt der Pedunculus 1—2 cm. Die Blütenstielchen sind ca. 7 mm lang. Die Blumenblätter sind 4—5 mm lang, 2—2,2 mm breit. Die Staubblätter sind 2—2,2 mm lang, der Griffel höchstens 1,8 mm lang.

Kamerun, Victoria (Haupt n. 16. — Blühte im Kgl. Botanischen Garten zu Berlin im Februar 1899).

Die beschriebene Pflanze, die im Berliner Botanischen Garten aus Samen erzogen wurde, gehört wohl am meisten in die Verwandtschaft der

C. producta Afz., mit welcher sie auch ganz die Blattform gemeinsam hat. Sie weicht jedoch sehr stark ab durch die fleischige Ausbildung ihrer Blattstiele, Blätter und Blütenstandsachsen, ferner auch durch die grossen Knospen und Blüten, wie sie sich in dieser Gattung sehr selten nur finden.

Die Blüten lassen sehr deutlich den scharfen Gegensatz zwischen *Cissus* und *Vitis* erkennen: denn hier sind die 4 schiffchenförmigen Blumenblätter flach ausgebreitet und fallen erst beim Verblühen ab, während bei *Vitis* die verklebten 5 Blumenblätter als Mütze beim Aufblühen abfallen.

Cissus Hauptiana ist besonders zur Blütezeit eine recht hübsche und dekorative Pflanze. Zwischen den oberseits dunkelgrünen, unterseits hellgrünen, elegant geformten Blättern leuchten dann die zahlreichen kleinen aber vielblütigen Blütenstände hervor, deren Knospen dunkelrot gefärbt sind, während die Blumenblätter auf der Innenseite eine zarte Rosa-, die Nektarien eine leuchtende Goldfarbe aufweisen.

E. Gilg.

Philodendron pinnatifidum × ? **Melinoni** Engl. in Bot. Jahrb. XXVI. (1899) p. 552; caudice abbreviato; foliorum petiolo lamina longiore, subterete, antice plano, lamina triangulari-sagittata, utrinque 10-lobulata, basi sinu latissimo et profundo instructa, nervis lateralibus I. validis infimis 4 inferne in costas posticas, fere horizontaliter patentes in sinu longe denudatas conjunctis; pedunculo brevi; spathae tubo elongato-oblongo, lamina lanceolata; spadicis quam spatha brevioris inflorescentia feminea spathae oblique adnata quam mascula circ. triplo breviore, mascula sterili conoidea quam fertilis triplo breviore; pistillis oblongis, stigmate leviter 6-lobulato coronatis; ovulis in loculis pluribus funiculis longis insidentibus; staminodiis subclaviformibus, inferioribus pistilla superantibus, superioribus minoribus; staminibus breviter prismaticis, latitudine sua circ. 4½-plo longioribus.

Der kurze Stamm trägt zahlreiche Blätter mit 7—8 dm langem Stiel und 6—7 dm langer, 4 dm breiter Spreite. Die Spatha wird 2 dm lang, hiervon kommt auf die 4—5 cm weite Röhre 1 dm. Die weibliche Infloreszenz ist an der Rückseite 2 cm, vorn 4 cm lang, 1,5 cm dick, die männliche sterile 3 cm lang, die fertile 1 dm, in der Mitte 1,5 cm dick. Die Pistille sind etwa 3 mm lang, die unteren Staminodien 4 mm, die Staubblätter 2 mm.

Die Pflanze wurde schon längere Zeit im Berliner botanischen Garten als *Ph. pinnatifidum* × *Simsii* kultiviert; da jedoch sowohl bei *Ph. pinnatifidum* wie bei *Ph. Simsii* die Samenanlagen an kurzen Funiculis dem Centralwinkel in seiner ganzen Länge inseriert sind, bei unserer Pflanze aber die Samenanlagen an langen Funiculis am Grunde stehen, so glaube ich, dass die Pflanze durch Hybridisation von *Ph. pinnatifidum* und *Ph. Melinoni* entstanden ist, bei welchem letzteren der Bau der Ovarien ähnlich ist.

Die Pflanze ist ansehnlich und wie die beiden Stammarten im Warmhaus leicht zu kultivieren.

Ph. pinnatifidum × **Wendlandii** Engl. in Bot. Jahrb. XXVI. (1899) p. 553; caudice abbreviato; foliorum petiolo dimidium laminae paullum superante, semiterete, supra plano, marginibus valde acietato, lamina ambitu lanceolato-sagittata, utrinque circ. 8—12-lobata, lobulis latis et brevibus, infimis atque summis brevissimis, costa e basi lata sursum valde attenuata, nervis lateralibus I. patentibus, infimis (4) valde approximatis; cataphyllis albis? inflorescentias aequantibus; pedunculo brevi; spathae tubo breviter ovato quam lamina ovata et breviter apiculata $1\frac{1}{2}$-plo breviore; spadicis inflorescentia feminea cylindrica quam mascula $2\frac{1}{2}$-plo breviore, mascula conoidea, inferne sterili et femineae aequicrassa; ovariis obovoideis, stigmate latiore coronatis, 6—7 locularibus, loculis pluriovulatis; ovulis funiculo longiore probe basin affixis; floribus masculis 4—6-andris; staminibus latitudine sua paullo longioribus.

Diese im Berliner botanischen Garten entstandene Hybride trägt an kurzem Stamm zahlreichere Blätter mit 2,5 dm langem, 2 cm breitem Blattstiel, 5—6 dm langer, in der Mitte 1,5 dm, am Grunde 1 dm breiter Spreite, deren basale Lappen etwa 5 cm lang und breit sind. Der Stiel der Infloreszenz ist etwa 3—5 cm lang. Die Röhre der 1,2—1,3 dm langen Spatha ist etwa 5 cm lang und breit, der Spreitestiel derselben 6—7 cm lang und 5 cm breit. Die weibliche Infloreszenz ist 4 cm lang und 1,2 cm dick, die männliche 8—9 cm lang, nach oben verdünnt.

Es ist dies eine prächtige Pflanze, deren saftig grüne kleinlappige Blätter recht dekorativ wirken.

Philodendron Eichleri Engl. in Bot. Jahrb. XXVI. p. 556; caudice sympodiali arborescente demum crassissimo; foliorum petiolo quam lamina $1\frac{1}{2}$-plo longiore, inferne subterete, superne semiterete, antice plano, marginibus obtusangulo, lamina subcoriacea, nitidula ambitu triangulari, acuta, sagittata, lobis posticis sinu profundo parabolico sejunctis, utrinque circ. 15—16-lobulato, lobulis lobi antici obtuse triangularibus, sinubus obtusis separatis, lobulis loborum posticorum late triangularibus obtusis, costis posticis angulo recto distantibus, nervis lateralibus I. lobi antici utrinque circ. 8 patentibus, in lobis posticis inferne 5, superne 3 a costa abeuntibus; pedunculis brevibus; spathae tubo ovoideo quam lamina lanceolato duplo breviore, spadicis inflorescentia feminea cylindrica quam mascula sterilis oblonga fere triplo breviore, inflorescentia mascula fertili crasse conoidea quam sterilis breviore; pistillis 6—8-locularibus, loculis 2—3-ovulatis; ovulis funiculo aequilongo affixis.

Es ist dies eine der schönsten und stattlichsten Araceen, welche mit den bekannten Arten *Ph. bipinnatifidum* Schott und *Ph. Selloum* C. Koch verwandt ist. Der Stamm unserer Exemplare ist 3—5 dm hoch, wird aber auch länger und besitzt eine Dicke von 1 dm. Die Blattstiele sind 8—9 dm lang, unten 2 cm, oben 1 cm dick; sie tragen eine 5 dm lange und unten 4 dm breite Spreite mit 3,5 dm langen Mittelrippen und etwa ebenso langen hinteren Rippen; die seitlichen Lappen der vorderen Abschnitte sind 5—7 cm lang, 4—5 cm breit. Der Stiel der Infloreszenz ist nur 5—6 cm lang. Der weibliche Teil des Kolbens ist vorn 3,5 cm, hinten nur 2 cm lang und 3 cm dick, der sterile männliche Teil 8 cm lang, 3 cm dick, der fertile Teil 6 cm lang, 2,5 cm dick. Die Pistille sind etwa 5 mm lang, die Staminodien 8—9 mm; die Staubblätter 6 mm. Die Pflanze stammt aus Minas Geraës in Brasilien, wo sie von Direktor A. Glaziou bei Carandahy an Flussufern entdeckt wurde. Herr Direktor Glaziou hatte vor etwa 12 Jahren die Güte, mir die Pflanze nach Breslau zu senden; ich habe dieselbe vermehren lassen und erfreue mich immer an der kräftigen Entwicklung dieser Pflanze, welche, wie ihre Verwandten, sehr viel Raum einnimmt und als Solitärpflanze in einem grösseren Warmhaus besonders effektvoll ist.

Culcasia striolata Engl. in Bot. Jahrb. XXVI. 417.

Aus Kamerun von Viktoria dem botanischen Garten im Jahre 1894 durch Herrn Direktor Dr. Preuss zugesendet.

Diese Art weicht von der bekannten *C. scandens* P. Beauv. unter anderem auch dadurch ab, dass sie nicht klettert; auch sind bei ihr schon mit blossem Auge die von längeren Schlauchzellen herrührenden Strichel auf der Unterseite der Blätter wahrnehmbar.

Anubias nana Engl. in Bot. Jahrb. XXVI. 423.

Aus Kamerun von Viktoria durch Herrn Gärtner Lehmbach eingesendet. Es ist ein kleines Pflänzchen von dem Habitus eines Chamaecladon, das nur für den Botaniker von Interesse ist.

A. Engler.

VI. Diagnosen neuer afrikanischer Pflanzenarten.

1. Opiliaceae   von **A. Engler.**
2. Olacaceae   von **A. Engler.**
3. Myrtaceae   von **A. Engler.**
4. Anonaceae   von **A. Engler** u. **L. Diels.**
5. Sterculiaceae von **K. Schumann.**

Im folgenden gebe ich vorläufig Diagnosen einer Anzahl neuer afrikanischer Arten, welche später in den Monographien afrikanischer

Pflanzenfamilien und Gattungen ausführlich bearbeitet werden sollen. Vielleicht tragen diese Diagnosen dazu bei, dass mir noch weiteres afrikanisches Material aus den hier behandelten Familien zugeht. Namentlich würde ich es gern sehen, dass von afrikanischen Anonaceen recht reichliches Blüten- und Fruchtmaterial eingesendet würde.

1. Opiliaceae.

Von A. Engler.

Opilia Roxb.

O. Afzelii Engl. n. sp.; ramulis tenuibus viridibus minutissime albo-pilosis, flexuosis; foliis breviter petiolatis subcoriaceis cinereo-viridibus, subtus pallidioribus, lanceolatis, breviter et obtusiuscule acuminatis, nervis lateralibus I. utrinque 4—5 adscendentibus; pedunculis folia superantibus multifloris; pedicellis tenuissimis flore 5—6-plo longioribus, binis vel ternis fasciculatis; calyce brevissime piloso truncato; petalis oblongis acutis; staminibus quam petala $2\frac{1}{2}$—3-plo longioribus; disco crasso 5-sulcato; ovario discum paullo superante; fructu ovoideo pedicello aequilongo incrassato insidente.

Sierra Leone (Afzelius in herb. Upsala).

O. umbellulata H. Baill. var. **Marquesii** Engl. ramulis atque foliorum costis dense ferrugineo-pilosis; foliis subsessilibus oblongis acutis, subtus sparse pilosis.

Angola: in feuchten Thälern des Quango (**L. Marques** n. 183 in herb. mus. Coimbra).

O. Sadebeckii Engl. n. sp.; ramulis tenuibus, juvenculis compressis internodiis brevibus; foliis coriaceis utrinque glabris lanceolatis obtusis, basi cuneatim contractis, nervis lateralibus I. utrinque 4 tenuibus adscendentibus haud prominentibus; pedunculis axillaribus quam folio 3—4-plo brevioribus; floribus umbellatis; pedicellis basi pulvine annuliformi inclusis; fructibus parvis ovoideis.

Sansibar-Insel (**Stuhlmann** coll. I n. 661. — Fruchtend im Oktober 1889.)

Sansibarküste: Pangani (**Stuhlmann** coll. I. n. 659. — Fruchtend im November 1889).

Einheimischer Name: mla ndege. — Vogelfutter.

Rhopalopilia Pierre

(vergl. Engl. u. Prantl, Natürl. Pflanzenfam. Nachtrag S. 143).

Rh. Poggei Engl. (nomen tantum in Nat. Pflanzenfam., Nachtrag 143); frutex ramulis flexuosis viridibus novellis brevissime pilosis; foliis brevissime petiolatis subcoriaceis supra nitidulis, subtus pallidis

oblongo-lanceolatis acuminatis, nervis lateralibus 1. utrinque 3—4 adscendentibus atque venis remotis vix prominulis; pedunculis brevissimis
axillaribus racemum brevem ferentibus; pedicello pulvini crassiusculo
insidente quam alabastrum duplo breviore; receptaculo breviter turbinato; calycis dentibus latis obtusis; petalis ovato-triangularibus apice
inflexo; staminibus quam petala brevioribus, filamentis sursum dilatatis,
thecis breviter ovalibus juxtapositis.

Oberes Kongogebiet: im Buschwald bei Mukenge (**Pogge** n.
1324. — Blühend im Februar 1882).

2. Olacaceae.

Von A. Engler.

Ptychopetalum Benth.

Pt. acuminatissimum Engl. n. sp.; frutex arborescens, glaberrimus; ramulis leviter compressis; foliis brevissime petiolatis chartaceis rigidis supra nitidulis, (circ. 1,2—1,8 dm $\times$ 4—6 cm) e basi
cuneata lanceolatis, a triente inferiore sursum angustatis, longissime
acuminatis acutis; nervis lateralibus 1. utrinque 3—4 patentibus, sursum
arcuatis procul a margine conjunctis, supra insculptis, subtus prominentibus; racemis brevissimis; pedicellis florem aequantibus vel duplo
longioribus; petalis 5 linearibus concavis infra medium et paullum supra
medium albo-pilosis; staminibus 7; filamentis filiformibus, antheris breviter
ovatis; ovario fere cylindrico truncato, stylo 3-plo breviore coronato;
fructibus purpureis.

Kamerun: (**Dusén** n. 350ᵃ.), Lolodorf um 570 m (**Staudt** n. 19.
— Blühend im Januar 1895).

Pt. petiolatum Oliv. var. paniculata Engl.; foliis majoribus
e basi cuneata oblongo-lanceolatis, usque 9—12 cm longis, inferne
2,5—5 cm latis; floribus in paniculas breves 2—2,5 cm longas digestis.

Kamerun: Bipinde, um 500 m (**Zenker** n. 1597. — Blühend im
Dezember 1897).

Olax L.

O. Stuhlmannii Engl. n. sp.; frutex, ramulis flavo-viridibus;
foliis breviter petiolatis subcoriaceis glabris, utrinque laete viridibus,
lanceolatis (circ. 3 $\times$ 1 cm), obtusiusculis; floribus in axillis foliorum
solitariis vel racemum foliis parvis lanceolatis instructum efformantibus;
pedicellis flore 1½—2-plo longioribus; calyce tenui truncato; petalis 5,
saepius binis magis coalitis; staminibus et staminodiis inferne cum
petalis connatis; staminibus fertilibus 3, antheris oblongis quam filamenta longioribus; staminodiis 5, filamento in laminam anguste bifidam
transeunte; ovario subgloboso, in stylum duplo longiorem contracto; stig-

mate capitato; fructu ovoideo, calyce aucto tenui calycem haud omnino includente.

Sansibarküstengebiet: Usaramo, Mkurutuni, im Buschwald, um 100 m (**Stuhlmann** n. 8562. — Blühend im Sept. 1894.)

Sofala-Gasa-Land: Lourenço-Marques (**Schlechter** n. 11620. — Fruchtend im Dezember 1897).

O. Zenkeri Engl. n. sp.; frutex, ramulis compressis; foliis sessilibus tenuiter chartaceis, subtus pallidioribus, oblongis, basi obliquis, longe acuminatis, (1,8—2 dm lg., 6—7 cm lat.), nervis lateralibus I. utrinque 5—7 adscendentibus supra insculptis, subtus valde prominentibus; racemis densifloris deflexis, bracteis persistentibus ovatis concavis; pedicellis bracteas aequantibus; calyce tenui truncato; corolla breviter ovoidea quam bractea circ. triplo longiore, ovario ovoideo in stylum crassum duplo longiorem attenuato.

Kamerun: Bipinde, im Urwald (**Zenker** n. 930. — Blühend im Mai 1896).

O. latifolia Engl. n. sp.; frutex, ramulis compressis; foliis sessilibus membranaceis supra nitidulis, subtus pallidioribus, oblongis vel oblongo-ovatis, basi obtusissimis, apice breviter acuminatis, nervis lateralibus I. utrinque 3—4 subtus valde prominentibus procul a margine conjunctis; racemis brevibus, densifloris; bracteis ovatis concavis, pedicello bracteam aequante quam calyx duplo longiore; petalis lineari-oblongis inferne cohaerentibus subaurantiacis; staminibus 3, staminodiis 5; ovario ovoideo-conoideo in stylum $1\frac{1}{2}$-plo longiorem attenuato; stigmate crasso subtrilobo; fructu depresso-globoso, aurantiaco.

Kamerun: Johann-Albrechtshöhe, um 300 m (**Staudt** n. 465. — Blühend im Nov. 1895); Batanga, auf tiefschattigem, halbfeuchtem Waldboden (**Dinklage** n. 1388. — Blühend im Okt. 1891); Klein-Batanga (**Dinklage** n. 1070. — Blühend im Jan. 1891); Bipinde (**Zenker** n. 856. — Fruchtend im April 1896); bei den Ebea-Fällen (**Dinklage** n. 178. — Blühend und fruchtend im Okt. 1889).

O. longiflora Engl. n. sp.; frutex humilis, ramulis leviter flexuosis compressis; foliis brevissime petiolatis subcoriaceis utrinque opacis, subtus pallidioribus, oblongo-lanceolatis acutis; nervis lateralibus I. utrinque 3—4 arcuatim adscendentibus; racemis brevissimis 6—7-floris; bracteis ovatis subacutis; pedicellis brevissimis; calyce tenui; alabastris cylindricis quam pedicellus 4—5-plo longioribus; petalis anguste linearibus inferne cohaerentibus; staminibus 3, staminodiis 5; filamentis linearibus medio undulatis, staminodiis bifidis, laciniis angustissime linearibus; ovario conoideo in stylum aequilongum attenuato, stigmate capitato; fructu depresso-globoso in calyce purpureo aucto omnino incluso.

Liberia: Grand Bassa, an feuchten, bebuschten Stellen des

sandigen Vorlandes (**Dinklage** n. 1740. — Blühend und fruchtend im Sept. 1896).

O. macrocalyx Engl. n. sp.; frutex, ramulis viridibus leviter angulosis; foliis subcoriaceis utrinque costa pallida excepta saturate viridibus, brevissime petiolatis, oblongo - ellipticis, acuminatis obtusiusculis margine crispulis, nervis lateralibus utrinque 4 — 5 patentibus procul a margine conjunctis supra insculptis, subtus valde prominentibus; racemis quam petioli 2—3-plo longioribus, 5—6-floris; bracteis ovatis acutis; pedicellis bracteas aequantibus; alabastris cylindricis quam pedicelli pluries longioribus; petalis linearibus obtusiusculis; staminibus 3 quam petala paullo brevioribus; staminodiis 5 petala fere aequantibus, supra medium angustissime bifidis; ovario conoideo in stylum duplo longiorem attenuato; fructu depresso-globoso, in calyce aurantiaco valde aucto (2 cm diametiente) incluso.

Kamerun: Johann-Albrechtshöhe, im Urwaldgebiet (**Staudt** n. 904. — Blühend und fruchtend im März 1897).

O. viridis Oliv. var. **Staudtii** Engl. n. var.; frutex 1—1,5 m altus, fructibus majoribus 8 mm diametientibus.

Kamerun: Lolodorf (**Staudt** n. 364. — Blühend und fruchtend im Juli 1895).

O. Poggei Engl. n. sp.; ramulis viridibus, juvenculis angulosis leviter flexuosis; foliis brevissime petiolatis subcoriaceis, saturate viridibus, oblongis, basi acutis, acuminatis obtusiusculis, nervis lateralibus I. utrinque 4—5 patentibus cum venis remote reticulatis subtus valde prominentibus; racemis longiusculis multifloris; bracteis oblongis acutis, pedicellis brevissimis; calyce truncato; petalis 5 linearibus cohaerentibus; staminibus 3, filamentis late linearibus quam antherae ovales duplo longioribus; staminodiis 5 inferne late linearibus sursum angustatis, binis connatis; ovario ovoideo in stylum duplo longiorem attenuato.

Oberes Kongogebiet: Baschilange, im Urwald bei Muene Muketela unter 6° s. Br. (**Pogge** n. 649. — Blühend im Okt. 1881).

O. longifolia Engl. n. sp.; frutex, ramulis viridibus; foliis subcoriaceis lacte viridibus subtus pallidioribus, breviter petiolatis, oblongo-lanceolatis, basi acutis, sursum acuminatis obtusiusculis, nervis lateralibus I. utrinque 5 — 6 patentibus, procul a margine sursum versis; racemis multifloris; bracteis ovatis concavis acutis; pedicellis quam bracteae 4—5-plo longioribus; calyce truncato; petalis 5 lineari-oblongis obtusis quam pedicelli $1\frac{1}{2}$-plo longioribus; staminibus 5—6 quam petala brevioribus; filamentis linearibus quam antherae circ. 4-plo longioribus, staminodiis 3 anguste linearibus petala aequantibus; ovario semiovoideo in stylum duplo longiorem petala aequantem stigmate capitato coronatum attenuato; fructu globoso in calyce aucto aurantiaco incluso.

Kamerun: Yaunde, im Urwald (**Zenker** n. 438. — Blühend im März 1890), als Unterholz im Urwald um 800 m (**Zenker u. Staudt** n. 547, 575. — Blühend und fruchtend im Nov. u. Dez. 1894).

O. Aschersoniana Büttn. et Engl.; ramulis viridibus angulosis, dense foliatis; foliis brevissime petiolatis basi acutis, subcoriaceis rigidis oblongo-lanceolatis, basi obtusis, sursum angustatis obtusiusculis, nervis lateralibus I. utrinque 4—5 patentibus, acutis; racemis brevibus multifloris et densifloris; bracteis lanceolatis acutis; pedicellis quam bracteae duplo longioribus; calyce truncato; petalis 5 linearibus obtusis citreis; staminibus 5 petalis oppositis iisque adnatis; filamentis latis quam antherae lineari-sagittatae $1\frac{1}{2}$-plo longioribus; staminodiis 3 superne elongato-triangularibus; ovario conoideo in stylum longiorem attenuato.

Oberes Kongogebiet: Muene Putu Kassongos Stadt, am Ganga, unfern des Quango (**Büttner**, Reise n. Westafr. n. 613. — Blühend im August 1885).

O. denticulata Engl. n. sp.; frutex, ramulis viridibus densiuscule foliatis; foliis subsessilibus subcoriaceis, saturate viridibus, subtus pallidioribus, oblongis, basi acutis, acuminatis obtusiusculis vel mucronulatis, triplinerviis, nervis lateralibus I. infimis procul a margine adscendentibus infra apicem evanescentibus, nervos reliquos conjungentibus; racemis multifloris; bracteis ovatis acutis; pedicellis quam bracteae duplo longioribus; petalis lineari-oblongis obtusis; staminibus 6 quam petala brevioribus, filamentibus late linearibus apice denticulatis quam antherae ovales triplo longioribus; staminodiis anguste linearibus superne etiam magis angustatis et apice paullum dilatatis, ovario late conoideo in stylum duplo longiorem attenuato; stigmate late capitato.

Kamerun: bei Yaunde, am Weg nach Fioridundesdorf, um 800 m, im Urwald (**Zenker u. Staudt** n. 583. — Blühend im Dez. 1894); bei Bipinde, an schattigen Flussufern (**Zenker** n. 1231. — Blühend im Nov. 1896).

O. Durandii Engl. n. sp.; ramulis viridibus, novellis angulosis, adultis teretiusculis; foliis brevissime petiolatis, subcoriaceis, utrinque viridibus, lanceolatis, basi acutis, apicem versus magis angustatis, acutis; racemis folia aequantibus, bracteis inferioribus foliaceis anguste lanceolatis acutis; pedicellis flore duplo brevioribus; petalis 5 linearibus cohaerentibus; staminibus 5 epipetalis, filamentis linearibus quam antherae elongato-sagittatae $1\frac{1}{2}$-plo longioribus; staminodiis angustissime linearibus supra medium bifidis, laciniis angustissime linearibus sursum dilatatis petalorum apicem attingentibus; ovario ovoideo in stylum tenuem triplo longiorem attenuato.

Kongogebiet (**É. Laurent** in Herb. Brüssel).

Aptandra Miers.

A. Zenkeri Engl. in Nat. Pflanzenfam., Nachtrag 147; frutex, ramulis viridibus; foliis breviter petiolatis membranaceis, subtus pallidioribus, oblongo-ellipticis acuminatis acutis, nervis lateralibus tenuibus vix prominulis; racemis 2 vel pluribus axillaribus multi- et densifloris petiolum superantibus; bracteis semiovatis apiculatis; pedicellis tenuibus flore duplo longioribus; calyce cupuliformi brevissime 3—4-dentato; petalis 3—4 linguiformi-cochleariformibus, supra medium angustatis; staminibus 3—4 in columnam connatis; ovario conoideo in stylum duplo longiorem attenuato; pedicello fructifero apice turbinato incrassato; fructu oblongo-obovoideo atro-coeruleo in calyce valde aucto et late infundibuliformi incluso.

Kamerun: in parte occidentali Yaunde (**Zenker** n. 307, 660), im Urwald um 800 m (**Zenker** u. **Staudt** n. 643, 680. — Blühend im Febr. 1895).

Angola: im Thal des Low (**L. Marques** n. 208 in herb. Coimbra var. latifolia Engl.; foliis ovato-oblongis.

Kongogebiet (Herb. Brüssel).

Lavalleopsis van Tiegh.

L. densivenia Engl. (nomen tantum in Nat. Pflanzenfam. Nachtr. 148); arbor 10—20 m alta; ramulis viridibus flexuosis, foliis longe petiolatis; petiolo semiterete, lamina cinereo-viridi, supra nitida, subtus opaca ovato-oblonga, plerumque basi obtusa, rarius acuta, apice breviter et obtuse acuminata, nervis lateralibus I. utrinque 4—6 adscendentibus, nervis secundariis tenuissimis et numerosissimis inter primarios transversis; florum fasciculis axillaribus petioli dimidium aequantibus, pedicellis crassiusculis angulosis flore longioribus; sepalis ovatis scariosis quam petala oblonga obtusa intus breviter pilosa 5-plo brevioribus; staminibus petalorum ³/₄ aequantibus, filamentis e basi latiore sursum attenuatis, antheris ovalibus; ovario breviter ovoideo in stylum breviorem contracto; fructu ovoideo pedicello aequilongo insidente in calyce aucto apice brevissime 5-lobo omnino incluso.

Lavalleopsis Klaineana (Pierre) van Tieghem differt pedicellis tenuioribus longioribus atque foliis longioribus.

Kamerun: Lolodorf (**Staudt** n. 226. — Blühend im April 1895). Victoria, an Bachufern (**Preuss** n. 1329. — Blühend im Februar 1898). Bipinde, im Urwald (**Zenker** n. 1725, 1732. — Blühend und fruchtend im März 1898). Johann-Albrechtshöhe um 380 m (**Staudt** n. 750. — Nov. 1896). Yaunde um 800 m (**Zenker** n. 619. — Blühend im Dez. 1897).

Heisteria Jacq.

H. Zimmereri Engl. n. sp.; arbor parva, ramulis tenuibus, flexuosis, leviter compressis, internodiis brevibus; foliis longiuscule petiolatis, petiolo laminae $^1/_8$—$^1/_{10}$ aequante, supra sulcato, lamina subcoriacea supra nitidula, subtus opaca, oblongo-elliptica vel oblonga, breviter vel longius et obtuse acuminata, nervis lateralibus I. utrinque 6—7 tenuissimis subtus vix prominulis; floribus pluribus fasciculatis, pedicellis tenuibus quam alabastra circ. 5-plo longioribus; calycis dentibus 5 breviter triangularibus; petalis oblongis quam calycis dentes circ. $2^1/_2$-plo longioribus intus pilosis, staminibus 15; ovario depresso-globoso in stylum·brevem contracto; fructu obovoideo, in calyce valde aucto, late campaniformi, breviter 5-lobo incluso; semine valde oleoso.

Gabun: Munda, Sibange-Farm (**Soyaux** n. 64. — Fruchtend im Febr. 1880).

Kamerun: Barombi-Station, am Ufer des Kribi-Flusses (**Preuss** n. 274. — Blühend und fruchtend im April 1890); Ebea-Fälle (**Dinklage** n. 861. — Blühend und fruchtend im Febr. 1890); Bipinde (**Zenker** n. 1653).

3. Myrtaceae.

Von A. Engler.

Eugenia L.

A. Suffrutices vel frutices. Flores in axillis foliorum solitarii.

E. Laurentii Engl. n. sp.; suffrutex, ramulis tenuibus, internodiis longiusculis (4—5 cm), foliis oppositis vel interdum paullum distantibus, lanceolatis obtusiusculis (6—7 cm longis, 2—2,5 cm latis), basin versus magis angustatis, nervis lateralibus I. utrinque circ. 7 tenuibus in nervum antemarginalem conjunctis; pedicellis tenuibus quam baccae obovoideae (9 mm longae) duplo longioribus.

Kongogebiet (**E. Laurent**. — Fruchtend im Dezember 1895).

E. togoensis Engl. n. sp.; frutex, ramulis angulosis novellis, petiolis atque foliorum costis breviter albo-pilosis, foliis subsessilibus coriaceis infimis parvis lanceolatis, superioribus oblongis, obtusiusculis, basi subacutis (8—9 cm longis, 4—5 cm latis), nervis lateralibus utrinqe 6—7 patentibus, nervo collectivo antemarginali conjunctis; pedicellis (3—3,5 cm longis) cum prophyllis oblongis atque sepalis breviter ovatis albo-pilosis; petalis obovatis quam sepala circ. duplo brevioribus.

Togo: in der Steppe bei Schifuma bei Bismarckburg (**R. Büttner** n. 413. — Blühend im Februar 1891).

E. angolensis Engl. n. sp.; frutex vel suffrutex, ramulis parce pilosis; internodiis inferioribus longioribus; foliis oppositis vel distantibus, subcoriaceis, anguste lanceolatis obtusiusculis (4—5 cm longis, 0,8—1 cm latis), nervis lateralibus utrinque paucis tenuissimis, paullum prominulis; pedicellis tenuibus quam folia 2—2½-plo brevioribus; prophyllis parvis oblongis sparse pilosis; sepalis rotundatis ciliolatis; petalis obovatis quam sepala duplo longioribus.

E. coronata Vahl var. salicifolia (Welw.) Hiern Catal. of Welw. afr. pl. II. 359.

Benguella: Huilla, altit. 1300—1800 m (Welwitsch n. 4391, 4392, 4393); Mossamedes, ad Humpata (P. A. de Melho Ramalho in herb. univ. Coimbra).

E. Dusenii Engl. n. sp.; fruticosa, valde ramosa, internodiis brevibus; foliis subcoriaceis anguste lanceolatis obtusis, basi acutis (majoribus 3—4 cm longis, 3—4 mm latis), nervis lateralibus paucis subtus vix prominulis, nervo antemarginali magis distincto; pedicellis brevissimis; prophyllis parvis ovatis obtusis; sepalis rotundato-ovatis; petalis obovatis quam sepala duplo longioribus.

Kamerun (Dusén n. 295).

E. Poggei Engl. n. sp.; suffrutex, ramis tenuibus angulosis breviter pilosis, internodiis quam folia 2—3-plo brevioribus; foliis subcoriaceis linearibus obtusiusculis, basin versus cuneatim angustatis (4—5 cm longis, 3—4 mm latis), pedicellis tenuibus, quam folia 4—5-plo brevioribus; prophyllis parvis oblongis sparse pilosis; sepalis rotundatis; petalis obovatis quam sepala duplo longioribus.

Oberes Kongogebiet: Kimbundo unter 10° s. Br. (Pogge n. 5. — Blühend im August 1876).

B. Frutices. Folia ovata usque lanceolata. Flores parvi fasciculati vel racemosi.

E. mossambicensis Engl. n. sp.; frutex, ramulis novellis ferrugineis, adultis cortice tenui solubili instructis, internodiis brevibus; foliis breviter petiolatis, subcoriaceis, oblongis, basi acutis, apice obtusis (3—4 cm longis, 1,2—1,5 cm latis), nervis lateralibus utrinque 4—5 atque nervo collectivo antemarginali tenuibus subtus paullum prominulis; pedicellis tenuibus quam alabastra duplo longioribus 2—3-fasciculatis; prophyllis parvis ovatis quam receptaculum turbinatum duplo brevioribus; sepalis glabris suborbicularibus; petalis obovatis quam sepala duplo longioribus.

Mossambik, an der Küste bei Beira (R. Schlechter. — Blühend im Mai 1895).

E. bukobensis Engl. n. sp.; frutex, ramulis breviter pilosis, internodiis brevibus; foliis breviter petiolatis subcoriaceis oblongo-ellipticis (6—7 cm longis, 3—4 cm latis), apice obtusiusculis basi acutis, nervis lateralibus utrinque 6 7 tenuibus procul a margine conjunctis

subtus paullum prominentibus; pedicellis tenuibus 2—4 fasciculatis atque
prophyllis minutis ovatis breviter pilosis quam receptaculum 4-plo brevioribus; sepalis ovatis obtusiusculis, punctatis; petalis obovatis quam
sepala $2\frac{1}{2}$-plo longioribus et latioribus.

E. cotinifolia Jacq. var. elliptica (Lam.) Bak. ex Engl. in
Pflanzenwelt Ostafrikas C. 287.

Centralafrikanisches Seengebiet: Bukoba (Stuhlmann in
Emin Pascha-Expedition n. 3261, 3749, 3756, 3794, 3881. — Blühend
Februar bis April 1892).

E. nyassensis Engl. n. sp.; frutex, ramulis tenuibus breviter
pilosis; foliis breviter petiolatis subcoriaceis, lanceolatis apicem obtusum
versus magis angustatis, obtusis, basi subacutis (5—6 cm longis, 2,5 bis
3 cm latis), nervis lateralibus tenuissimis procul a margine conjunctis;
racemis 3—4-floris quam folia 3—4-plo brevioribus, cum pedicellis et
receptaculis breviter pilosis; prophyllis minimis oblongis quam receptaculum breviter turbinatum 4-plo brevioribus; sepalis semiovatis obtusis;
petalis quam sepala 3—4-plo longioribus.

„E. Mooniana Wight" in Engl. Pflanzenwelt Ostafr. B. 221.
Nyassaland (**Buchanan** n. 146).

E. Marquesii Engl. n. sp.; ramulis rufescentibus; foliis approximatis, sessilibus, coriaceis, supra opacis, lanceolatis, obtusiusculis, basin
versus magis angustatis (circ. 1 dm longis, 3 cm latis), nervis lateralibus
utrinque circ. 8—10 adscendentibus procul a margine conjunctis, subtus
prominentibus; floribus 3—8 in axillis foliorum fasciculatis vel brevissime et irregulariter racemosis, bracteis ovatis vel oblongis breviter
pilosis; pedicellis quam alabastra globosa 5—6-plo longioribus, bracteolis
parvis lanceolatis; receptaculo breviter turbinato; sepalis semiovatis
rotundatis; petalis oblongo-ovatis quam sepala 4-plo longioribus; staminibus petalis aequilongis; fructu subgloboso.

Angola: Malandsche (**L. Marques** n. 343 in herb. univ. Coimbra).

E. nodosa Engl. n. sp. frutex, ramulis tenuibus, internodiis longis,
nodis incrassatis; foliis breviter petiolatis tenuibus, supra nitidis, lanceolatis, basi obtusis, longe acuminatis acutiusculis (circ. 1 dm longis,
2,5—3 cm latis), nervis lateralibus utrinque circ. 8—9 horizontaliter
patentibus tenuibus subtus paullum prominulis; pedicellis 2—3 fasciculatis vel racemum brevem efformantibus; fructibus oblongis (1—3 cm
longis, 7 mm crassis).

Gabun: Agonbro, am Rembo (**Buchholz** im August 1874).

C. Frutices. Folia majuscula. Flores parvi fasciculati vel glomerati.

E. Afzelii Engl. n. sp. ramulis tenuibus, brevissime pilosis; foliis
subcoriaceis nitidulis; foliis subsessilibus, subcoriaceis, supra nitidis,

oblongis, acuminatis obtusiusculis (circ. 6—10 cm longis, 3—4 cm latis), nervis lateralibus utrinque 6—7 tenuibus patentibus procul a margine conjunctis; floribus glomeratis; pedicellis brevissimis; bracteolis ovatis breviter pilosis; sepalis semiovatis, petalis obovatis, quam sepala 2—3-plo longioribus.

Sierra Leone (Afzelius).

E. Soyauxii Engl. n. sp.; arborescens (3 m alta), ramulis tenuibus; internodiis longis (3—5 cm); foliis breviter petiolatis, tenuibus, magnis, lanceolatis, longiuscule acuminatis, obtusiusculis, basi subacutis (1,5—2 dm longis, 4—8 cm latis), nervis lateralibus I. utrinque 7—8 patentibus subtus valde prominentibus procul a margine conjunctis; floribus pluribus fasciculatis; pedicellis tenuibus, atque prophyllis ovatis cum receptaculo turbinato sericeo-pilosis sepalis suborbicularibus; petalis obovatis quam sepala 2½—3-plo longioribus, fructibus magnis subglobosis (circ. 1,5 cm crassis).

Gabun: Munda, als Unterholz bei der Sibange-Farm (**Soyaux** n. 109, 162ª. — Blühend und fruchtend 1880).

Kamerun (**W. Kalbreyer** n. 157 in herb. Kew.).

E. kameruniana Engl. n. sp.; frutex ramis glabris, internodiis quam folia 3—4-plo brevioribus; foliorum petiolo brevi, lamina coriacea, supra nitidula, subtus pallidiore, late oblonga, breviter et obtuse acuminata, basi obtusa (1,2—1,3 dm longa, 7—8 cm lata), nervis lateralibus I. utrinque 6 patentibus procul a margine conjunctis subtus (in sicco) valde prominentibus, nervis II. et venis remote reticulatis prominulis; floribus pluribus fasciculatis glaberrimis, pedicellis flore 1½—2-plo longioribus, prophyllis minutis oblongis, receptaculo late turbinato; sepalis ovatis; petalis breviter obovatis valde concavis margine ciliolatis.

Kamerun (**Dusén** n. 9).

E. Zenkeri Engl. n. sp.; frutex, ramis tenuibus breviter pilosis; internodiis longiusculis; foliis brevissime petiolatis subcoriaceis, ellipticis, breviter acuminatis, basi acutis (0,9—1,1 cm longis, 4 cm latis), nervis lateralibus I. utrinque circ. 5 patentibus procul a margine conjunctis subtus prominentibus; floribus pluribus in axillis glomeratis; fructibus depresso-globosis.

Kamerun: Bipindi, um 150 m (**Zenker** n. 1697. — Fruchtend im Februar 1898).

D. Frutices. Folia parva ovata, longe acuminata. Flores in axillis solitarii sessiles.

E. Buchholzii Engl. n. sp.; ramulis tenuibus, cum petiolis et floribus et breviter et dense ferrugineo-pilosis; foliis breviter petiolatis, tenuibus, ovatis, basi acutis, apice longe acuminatis (cum acumine 1 cm longo circ. 5—6 cm longis, 2,5—3 cm latis), nervis lateralibus I.

tenuibus utrinque 5—6 patentibus subtus paullum prominulis prope marginem conjunctis; floribus in axillis solitariis sessilibus; fructu subgloboso.

Kamerun: Mungo (Buchholz. — Mit unreifen Früchten im April 1874).

4. Anonaceae.

Von
A. Engler u. L. Diels.

Uvaria L.

Uv. crassipetala Engl. n. sp.; foliorum petiolo brevissimo, lamina glabra papyracea oblonga (20—30 cm long., 8—10 cm lat.) apice longe acuminata basin versus angustata basi ipsa subcordata, nervis lateralibus I. 10—15 utrinque adscendentibus II. tenuissimis; inflorescentia racemosa vel paniculata ampla; bracteis subamplexicaulibus, bracteolis iis conformibus; floribus conspicuis; sepalis basi connatis late-triangularibus petala subaequantibus; petalis subaequalibus utrinque tenuiter sericeis.

Kamerun: Urwald bei Station Johann - Albrechtshöhe (**Staudt** n. 813).

Uv. bipindensis Engl. n. sp.; caule volubili, foliorum petiolo brevissimo ferrugineo-piloso, lamina papyracea supra praeter costam ferrugineo-pilosam glabra subtus pilis longiusculis sparsis obsita, oblonga vel obovato-oblonga (25—35 cm long., 12—14 cm lat.), apice ± acuminata basin versus angustata, basi ipsa subcordato-rotundata, nervis lateralibus I. 10—15 utrinque adscendentibus, subtus cum secundariis venisque conspicue prominentibus; inflorescentiis brevibus ramulos breves terminantibus paucifloris; floribus mediocribus; sepalis basi leviter connatis triangulari-orbicularibus vel late-ovatis petala non aequantibus cum petalis utrinque breviter velutinis.

Kamerun: Urwald bei Bipinde (**Zenker** n. 1116).

Uv. Staudtii Engl. & Diels n. sp.; foliorum petiolo perbrevi crassiusculo, lamina rigide coriacea supra glabra, subtus pilis stellatis sparsis obsita, lanceolato-oblonga (15—25 cm long., 4—5 lat.), utrinque angustata apice acuminata, nervis lateralibus I. 10—14 utrinque acutangulo-adscendentibus, secundariis irregulariter eos conjungentibus cum venis vix prominentibus; floribus singulis vel binis ramulos brevissimos terminantibus; sepalis coriaceis late-ovatis extus pilis stellatis tomentellis, intus glabris; petalis subaequalibus glabris.

Kamerun: Zerstreut im Urwald bei Lolodorf (**Staudt** n. 133).

Uv. gigantea Engl. n. sp. arbor; foliorum petiolo supra canaliculato, lamina amplissima novella ferrugineo-pilosa demum glaberrima papyracea oblongo-oblanceolata (45 cm et ultra long., 15—20 cm lat.) apice breviter

acuminata basi rotundata, nervis lateralibus I. 25 circ. utrinque adscendentibus subtus cum iis II. flexuosis venisque prominentibus; floribus
o ramulis abbreviatis brevissimis ortis amplis; prophyllis connatis
sepaloideis; sepalis late ovatis extus dense sericeo-pilosis intus tenuiter
pilosulis; petalis extus sericeis intus tenuiter pilosulis, exterioribus quam
interiora paulo amplioribus.

Kamerun: Yaunde (**Zenker & Staudt** n. 108, n. 698) Bipinde
(**Zenker** n. 1738).

Uv. Zenkeri Engl. n. sp.; arbor; foliorum petiolo canaliculato lamina
novella supra pilis stellatis sparse obsita adulta supra glabrescente
subtus albido-lepidota, chartacea, oblonga utrinque angustata, apice in
acumen angustum producta basi acuta, nervis lateralibus I. 8—12 patentibus
arcu intramarginali conjunctis, floribus conspicuis solitariis; pedunculo
longiusculo; sepalis parvis; petalis late-ovatis acutis, exterioribus extus
micanti-lepidotis intus cum interioribus similibus stellato-tomentellis;
fructibus subsessilibus cylindricis extus omnino-lepidotis polyspermis.

Kamerun: Yaunde im Urwald (**Zenker** n. 873, 1864).

Uv. Ieonensis Engl. & Diels n. sp.; foliorum petiolo brevi, lamina
supra praeter costam glabra, subtus pilis fasciculatis + vestita, subcoriacea,
oblonga vel ovato-oblonga apice breviter acuminata, nervis lateralibus
I. 6—8 adscendentibus, floribus mediocribus solitariis; calycis segmentis
extus ferrugineo-pilosis intus cum petalis molliter tomentellis.

Sierra-Leone (Afzelius).

Uv. Denhardtiana Engl. & Diels n. sp.; ramulis patentibus;
foliorum petiolo brevi, lamina novella dense, adulta sparse pilis stellatis
vestita, papyracea, oblonga (5—7 cm long., 2—2,5 cm lat.), apice
obtusa vel brevissime acuminata, nervis lateralibus I. 6—8 adscendentibus paulum prominulis; floribus solitariis, pedicello longiusculo;
bracteola minuta subovata; sepalis ciliatis suborbicularibus subacutis
quam petala triplo brevioribus; fructibus longe stipitatis oblique-globosis,
stipite quam corpus subduplo longiore.

Somali-Tiefland: Dünen bei Lamu, Witu (**Thomas [Denhardt]**
n. 194).

Uv. Schweinfurthii Engl. & Diels n. sp.; foliorum petiolo brevi
tomentoso, lamina supra pilis stellatis scabra, subtus iisdem pilis densiuscule tomentella, papyracea, oblonga (8—12 cm lg., 3—5 cm lt.) utrinque
angustata, apice acuminata, basi obtusata vel subcordata, nervis lateralibus
I. circ. 8—11 adscendentibus subtus prominulis ceteris tomento immersis;
floribus subparvis solitariis; sepalis extus dense ferrugineo-tomentellis
quam petala subconformia molliter grisco-pilosa duplo brevioribus;
fructibus stipitatis irregulariter ovoideis, hinc inde constrictis, stipite
quam corpus 1½-plo-longiore.

Ghasalquellen-Gebiet: Kuddu (**Schweinfurth** n. 2816) Nganje
(**Schweinfurth** n. 3919).

Uv. Baumannii Engl. & Diels n. sp.; caule volubili; foliorum
petiolo brevi, lamina supra praeter costam glabrescente saturate viridi
subtus pilis stellatis dense tomentella, papyracea, oblonga, (8—10 cm lg.,
3 cm circ. lat.), basi subcordata, apicem versus angustata longiuscule
acuminata, nervis lateralibus I. 15—20 utrinque adscendentibus supra
insculptis subtus prominentibus, II. subrectangulo eos conjungentibus
vix conspicuis; fructibus (immaturis) longe stipitatis omnino stellato-
tomentosis.

Oberguinea: Togo, Misahöhe (**Baumann** n. 527).

Uv. Klaineana Engl. & Diels n. sp.; caule volubili; foliorum
petiolo brevissimo tomentello, lamina supra demum glabra laevi, subtus
pilis stellatis dense tomentella, coriacea, oblonga (6—7 cm lg., 2—2,5 cm
lt.), basi obtusa vel subcordata, apice obtusiuscula, nervis lateralibus I.
7—10 arcuatim adscendentibus paulum conspicuis; floribus majusculis;
sepalis triangulari-subreniformibus quam petala late ovata extus sericeo-
tomentella compluries brevioribus; carpellis vertice stellato-tomentellis.

Gabun: Libreville (**Klaine** n. 235).

Uv. Dinklagei Engl. & Diels n. sp.; caule volubili; foliorum
petiolo brevissimo fusco-piloso, lamina supra hinc inde pilosa
demum glabrescente, subtus pilis fasciculatis vestita, chartacea,
oblonga vel obovato-oblonga, (15—20 cm lg., 5—7 cm lt.), basin versus
sensim angustata, apice acutissime acuminata, nervis lateralibus I.
circ. 10 utrinque adscendentibus subtus prominulis, floribus solitariis
mediocribus flavo-viridibus.

Oberguinea: Grand-Bassa in Liberia (**Dinklage** n. 1717).

Uv. verrucosa Engl. & Diels n. sp.; foliorum petiolo brevi, lamina
supra sparse subtus densius pilis fasciculato-stellatis vestita, chartacea,
oblonga vel obovato-oblonga (10—12 cm lg., 5—6 cm lt.), basi rotundata
apice breviter acuminata, nervis lateralibus I. circ. 12—16 utrinque
adscendentibus subtus cum secundariis prominentibus; fructibus omnino
stellato-pilosis longissime stipitatis; corpore verrucoso.

Ghasalquellen-Gebiet: Am Kambele im Mombuttuland (**Schweinfurth** n. 3683).

Uv. Poggei Engl. & Diels n. sp.; foliorum petiolo ferrugineo-piloso,
lamina supra pilis plerumque simplicibus pilosula, saturate viridi, subtus
pilis fasciculatis inprimis ad nervos vestita, membranacea, ovata vel
ovato-elliptica (8—14 cm lg., 5—9 cm lt.), basi late-rotundata, apice
± acuminata, nervis lateralibus I. circ. 15—18 utrinque adscendentibus
cum iis II. subtus prominentibus; floribus solitariis subamplis; sepalis late
cordatis tomentellis quam petala ovata coriacea utrinque tenuissime

pilosula margine revoluta subtriplo brevioribus; carpellis tomentellis; fructibus numerosissimis omnino stellato-pilosis longissime stipitatis: corpore oblique globoso.

Angola: Malandsche (**Marques** n. 209).

Oberes Kongogebiet: Mukenge, im Urwald (**Pogge** n. 622, 627, 1635).

Uv. mollis Engl. & Diels n. sp.; caule volubili, foliorum petiolo brevi, lamina supra praeter nervos primarios demum glabrescente, subtus pilis fasciculato-stellatis ± pilosis, ovata vel ovato-oblonga, basi cordato-ovata, apice acuminata, nervis lateralibus I. circ. 10—15 utrinque adscendentibus secundariis rectangulo eos conjungentibus; floribus amplis; sepalis triangularibus tomentellis quam petala interiora subduplo brevioribus; petalis exterioribus interiora non aequantibus suborbicularibus, interioribus late-spathulatis, omnibus extus tomentellis, intus glabris.

Kamerun: Yaunde (**Zenker** n. 475, **Zenker & Staudt** n. 3).

Uv. insculpta Engl. & Diels n. sp.; arbuscula; foliorum petiolo brevi, lamina supra praeter costam glaberrima, subtus primo adpresse pilosa demum glabrescente, papyracea, oblonga vel oblanceolato-oblonga (15 cm circ. lg., 4—4,5 cm lat.), basi angustato-rotundata, apice longe acuminata, nervis lateralibus I. 10—12 utrinque patentibus arcu a margine distante conjunctis, supra alte insculptis subtus valde prominentibus; floribus majusculis; sepalis extus ferrugineo-pilosis quam petala brevioribus; petalis exterioribus interiora superantibus omnibus utrinque appresse pilosis.

Kamerun: Johann-Albrechtshöhe, in schattigem Urwald (**Staudt** n. 740, n. 900).

Uv. angustifolia Engl. & Diels n. sp.; arbuscula; foliorum petiolo supra sulcato, pilosiusculo, lamina novella sericea demum utrinque glabra, papyracea, anguste-oblonga (12—15 cm lg., 3—4 cm lt.), utrinque angustata apice acuminata, nervis lateralibus I. 8—10 utrinque acutangulo adscendentibus subtus prominulis; bracteolis calyci approximatis; floribus majusculis; sepalis extus ferrugineo-sericeis, late rotundato-triangularibus acutiusculis; petalis quam sepala duplo longioribus extus sericeo-tomentellis, interioribus quam exteriora duplo angustioribus.

Kamerun: Johann-Albrechtshöhe, in schattigem Urwald (**Staudt** n. 742 ⁎).

Uv. Buchholzii Engl. & Diels n. sp.; foliorum petiolo supra sulcato, lamina adulta supra glabra, subtus hinc inde pilis minutis conspersa, papyracea, obovato-oblonga (15—25 cm lg., 7—10 cm lt.), basi rotundato-cuneata, apice acuminata, nervis lateralibus I. 10 circ. utrinque acutangulo-adscendentibus, subtus prominentibus; fructibus longe stipitatis oblique-globosis omnino ferrugineo-tomentellis.

Kamerun: Balong (**Buchholz** n. 103).

Uv. gabonensis Engl. & Diels n. sp.; ramulis nigrescentibus; foliorum petiolo supra sulcato, lamina supra praeter costam glaberrima subtus fere glabra, pilis stellatis minutis rarissimis conspersa, papyracea, oblonga (8—14 cm lg., 4,5 cm circ. lt.), basi angustata apice acuminata, nervis lateralibus I. circ. 8 utrinque arcuatim adscendentibus inter se confluentibus arcum intramarginalem formantibus; floribus mediocribus, petalis extus pilosulis intus subglabris.

Gabun: Sibange Farm (**Soyaux** n. 308).

Uv. huillensis Engl. & Diels n. sp.; ramulis cinereis; foliorum petiolo brevissimo sulcato, lamina supra praeter costam pilosulam glabra, coriacea, oblonga, apice obtusa vel levissime emarginata, nervis lateralibus I. 8—12 utrinque acutangulo-adscendentibus, subtus vix prominulis; fructibus subsessilibus irregulariter ovoideis verrucosulis, saepe hinc inde constrictis.

Benguella: Huilla (**Antunes** n. 266).

Unona L. fil.

Un. congensis Engl. & Diels n. sp.; foliorum petiolo supra sulcato piloso, lamina praeter costam supra glabra, subtus hinc inde pilosa, firme membranacea elliptica, (10—12 cm lg., 5—6 cm lt.), basi obtusata apice triangulari-acuminata, nervis lateralibus I. 6—8 adscendentibus, subtus prominentibus; floribus mediocribus solitariis; sepalis quam petala duplo brevioribus, omnibus extus pilosis; fructibus elongato-cylindricis saepe medio valde constrictis, stipitatis.

Kongo-Gebiet: Bangala (**Laurent** in H. Bruxell.!).

Un. elegans Engl. n. sp.; frutex; foliorum petiolo brevi hinc inde piloso, lamina supra saturate viridi, subtus glauca, demum utrinque glabra tenuiter papyracea, lanceolato-oblonga (12—16 cm lg., 4 cm circ. lat.), apicem versus sensim angustata, nervis lateralibus I. 8—10 utrinque adscendentibus, subtus prominulis; fructibus ellipsoideis apiculatis brevissime stipitatis adpresse pilosis.

Kamerun: Bipinde (**Zenker** n. 1321).

Un. montana Engl. & Diels n. sp.; frutex volubilis; foliorum petiolo brevi, lamina supra saturate viridi, subtus glaucescente, papyracea, elliptica vel oblonga-elliptica (6—10 cm lg., 3—4,5 cm. lt.), apicem versus acuminata vel obtusa, nervis lateralibus I. 6—10 utrinque adscendentibus subtus prominentibus.

Kamerun: Yaunde (**Zenker & Staudt** n. 431).

Un. glauca Engl. & Diels n. sp.; foliorum petiolo brevissimo, lamina supra praeter costam pilosulam glabra, subtus ad nervos pilosa ceterum glabra, glaucescente, papyracea, cuneato-oblonga (7—12 cm lg., 3—4 lt.), basi angustata subcordata, apice acuminata, nervis **lateralibus**

I. 8—10 utrinque adscendentibus subtus prominentibus; floribus mediocribus solitariis; sepalis parvis subcurvatis scaphiformibus; petalis exterioribus interiora paulum superantibus ovatis acutis, interioribus unguiculatis cordatis; fructibus brevissime stipitatis $\pm$ ellipsoideis saepe biarticulatis, pilosis.

Gabun: Munda, Sibange (**Soyaux** n. 203).

Unteres Kongo-Gebiet: Bingila (**Dupuis** in H. Bruxell.!).

Un. albida Engl. n. sp.; caule alte volubili, ramulis nigrescentibus, foliorum petiolo supra sulcato, lamina utrinque glabra subtus glauca, subcoriacea, obovato-elliptica (7—12 cm lg., 3—5 cm lt.), basi angustata apice acuminata, nervis lateralibus I. 5—8 adscendentibus; floribus mediocribus fasciculatis; sepalis late-triangularibus petalorum exter. dimidium non aequantibus cum petalis margine ciliolatis, ceterum glabris; petalis exterioribus quam interiora aequilonga subduplo latioribus.

Kamerun: Bipinde, Liane des Urwaldes (**Zenker** n. 1715).

Oxymitra Blume.

O. Staudtii Engl. & Diels n. sp.; foliorum petiolo longo, supra sulcato, lamina utrinque demum glabra, subcoriacea, oblonga (10—15 cm lg., 3,5–4 cm lt.), utrinque angustata, apice acuminata, nervis lateralibus I. circ. 10 adscendentibus; floribus parvis solitariis vel paucis fasciculatis; sepalis late-triangularibus parvis; petalis exterioribus lanceolatis sepala ac petala interiora pluries superantibus; petalis interioribus triangularibus.

Kamerun: Johann-Albrechtshöhe (**Staudt** n. 957).

O. gabonensis Engl. & Diels n. sp.; foliorum petiolo canaliculato, lamina utrinque pilis adpressis brevibus conspersa, firme membranacea obovato-oblonga, (15—20 cm lg., 6—7,5 cm lt.), utrinque angustata, apice acuminata, nervis lateralibus I. circ. 7—10 adscendentibus; floribus insignibus solitariis longe pedunculatis; bracteolis 2 minutis; pedunculo apice clavato-incrassato; sepalis minutissimis late-triangularibus acuminatis; petalis exterioribus lanceolatis pilosulis, sed parte basali triangulari interioribus adpressa margine in limbum liberum angustissimum producta glabris, interioribus quam exteriora 3—4-plo brevioribus, parte basali genitalibus adpressa pilosis, apice cucullato-incrassatis intus glabris, extus pilosulis; fructibus stipitatis fusiformibus, omnino adpresse pilosis.

Gabun: Munda, Sibange-Farm (**Soyaux** n. 117, n. 165).

Piptostigma Oliv.

P. longepilosum Engl. n. sp.; arbor; ramulis atque omnibus partibus novellis longe-pilosis; foliorum petiolo brevissime interdum subnullo, lamina ampla supra glabrescente sublucida, subtus ad costam utrinque pilis longis ciliata, ad nervos hinc inde pilosa, ceterum glabra, opaca membranacea obovato-oblonga, basi rotundata vel subcordata apice acuminata (20—25 cm lg., 8—12 cm lt.), nervis lateralibus I. 25 circ. utrinque adscendentibus subtus prominentibus; racemis paniculatis; bracteis amplexicaulibus subcordatis acuminatis omnino longe-pilosis; floribus amplis; sepalis petalisque exterioribus cordato-triangularibus acuminatis quam interiora pluries brevioribus, interioribus lineari-lanceolatis acutis striato-nervosis, omnino pilosulis extus longe-pilosis; fructu amplo ellipsoideo latere ventrali curvato, verrucoso, omnino tomentoso.

Kamerun: Bipinde (**Zenker** n. 1075).

Uvariopsis Engl. n. gen.

Flores unisexuales monoeci? Sepala 2 mediocria. Petala 4 aequalia valvata, basi connata. Stamina ∞, connectivo ultra antheram subsessilem non producto. Carpella ∞ obovoideo-ellipsoidea, pilosa, ovulis ∞ ad suturam ventralem biseriatis. — Frutex. Foliorum nervi laterales I. arcu intramarginali conjuncti. Flores solitarii.

U. Zenkeri Engl. n. sp.; foliorum petiolo sulcato, supra incrassato, lamina supra glabra subtus hinc inde pilosa, tenuiter papyracea, obovata vel obovato-oblonga, basin versus cuneatim angustata apice longe acuminata (12—16 cm lg., 4,5—6 cm lt.), nervis lateralibus primariis utrinque 7—10 patentibus arcu intramarginali coniunctis subtus prominentibus; sepalis concavis late triangularibus vel suborbicularibus apice acutiusculis; petalis usque ad medium connatis ovatis acutis, extus (cum sepalis) ferrugineo-pilosis intus glabris albis purpureisque.

Kamerun: Bipinde (**Zenker** n. 1117).

Xylopia L.

X. Staudtii Engl. & Diels n. sp.; arbor; foliorum petiolo crassiusculo sulcato, lamina supra glabra subtus pilis sparsis instructa, subglaucescente, coriacea, obovata vel elliptica, basi cuneatim angustata, apice breviter recurvato-acuminata (10—12 cm lg., 5—6 cm lt.); floribus paucis fasciculatis; sepalis late triangularibus basi connatis quam petala pluries brevioribus; petalis exterioribus triangularibus apicem versus incrassatis coriaceis, extus et intus versus apicem pilosulis, interioribus minoribus triangularibus carinatis; connectivo staminum et carpellis pilosis.

Kamerun: Johann-Albrechtshöhe (**Staudt** n. 530).

X. Dinklagei Engl. & Diels n. sp.; frutex; foliorum petiolo brevi supra sulcato, lamina supra praeter costam glabra, subtus pilis longis appressis vestita, papyracea, ovato vel elliptico-oblonga, basi rotundata

apice acuminata (7—8 cm lg., 2,5—3,5 cm lt.), nervis lateralibus I.
utrinque 10—12 patentibus subtus cum secundariis et tertiariis irregularibus prominulis; floribus plerumque solitariis; sepalis subcordatis
basi connatis; petalis exterioribus crassis lanceolatis acutis, extus albo-
sericeis, intus pilosulis; interioribus minoribus e basi contracta concava
lineari-lanceolatis acutis, crassis, pilosulis; connectivo staminum et
carpellis subglabris; fructibus crasse-stipitatis cylindraceis introrsum
concavis hinc inde constrictis, intus corallinis.

Oberguinea: Liberia, Grand Bassa (Dinklage n. 1760, n. 1858).

X. tenuifolia Engl. & Diels n. sp.; frutex; foliorum petiolo
crassiusculo, lamina supra praeter costam glaberrima, subtus pilis raris
longis instructa ceterum glabra, membranacea vel tenuissime papyracea,
oblonga vel elliptico-oblonga, utrinque angustata, apice acuminata
(10—13 cm lg., 4—5 cm lt.), nervis lateralibus I. 10—12 utrinque
patentibus subtus cum nervis II. et III. irregularibus prominulis; floribus
plerumque solitariis; sepalis late triangularibus basi connatis, petalis
exterioribus e basi dilatata longe linearibus subcarinatis extus margineque
pilosis, interioribus subconformibus minoribus.

Kamerun: Urwald zwischen Mowange und Isongo (**Preuss,**
März 1897).

X. Antunesii Engl. & Diels n. sp.: foliorum petiolo piloso, lamina
supra et inprimis subtus pilis sparsis instructa, tenuiter coriacea, ovata
vel ovato-oblonga, basi rotundata, apice obtusiuscula (6—7 cm lg.,
3—3,5 cm lt.), nervis lateralibus I. utrinque 8 patentibus cum nervis
II. et III. reticulatis utrinque prominentibus; floribus solitariis: sepalis
triangulari-cordatis basi connatis, petalis exterioribus e basi dilatata
linearibus extus ferrugineo-sericeis, interioribus subconformibus minoribus
pilosulis.

Benguella: Huilla (**Antunes** n. 64).

Artabotrys R. Br.

A. dahomensis Engl. & Diels n. sp.; ramulis hispidis; foliorum
petiolo brevissimo sulcato, lamina supra glabra, subtus ad nervos hinc
inde hispida tenuiter papyracea, ovato-vel elliptico-oblonga, basi rotundata, apice obtuse acuminata (6—8 cm lg., 3—3,5 cm lt.), nervis
lateralibus I. 5—7 utrinque adscendentibus arcu intramarginali coniunctis
subtus prominulis; sepalis triangularibus acuminatis; petalis extus
sericeo-hispidis, exterioribus lineari-lanceolatis, interioribus e basi lata
incrassata clavato-linearibus.

Oberguinea: Dahome (**Newton** in herb. univ. Coimbra).

A. Antunesii Engl. & Diels n. sp.; ramulis et partibus novellis
hispidis; foliorum lamina adulta supra glabra subtus ad costam atque

hinc inde ad nervos pilis sparsis instructa, coriacea, ovato-elliptica, basi rotundata, apice rotundata vel breviter et obtuse-acuminata (7—10 cm lg.. 4—4,5 cm lt.), nervis lateralibus I. 5—7 utrinque adscendentibus arcu intramarginali obsoleto coniunctis, cum nervis II. et III. utrinque prominentibus; sepalis ovato-triangularibus acuminatis; petalis utrinque hispido-velutinis, interioribus paulo minoribus.

Benguella: Huilla (**Antunes** n. 100 ª).

A. stenopetalus Engl. n. sp.; ramulis et partibus novellis hispidis; foliorum lamina adulta supra omnino, subtus fere glabra, papyracea, ovata, basi rotundata, apice acuminata (5—9 cm lg., 3—4 cm lt.), nervis lateralibus I. utrinque 6—8 adscendentibus arcu intramarginali coniunctis, prominulis; inflorescentiis multifloris; sepalis triangularibus acuminatis; petalis utrinque sericeo-hispidulis anguste linearibus, interioribus exteriora aequantibus sed dimidio angustioribus.

Kamerun: Bipinde (**Zenker** n. 1222).

A. aurantiacus Engl. n. sp.; ramulis et partibus novellis hispidis; foliorum lamina adulta supra glaberrima lucida, subtus pilis sparsis instructa, ceterum glabra, coriacea, ovato-oblonga, basi rotundata, apice acuminata (10—15 cm lg., 4—6 cm lt.), nervis lateralibus I. 8—10 utrinque adscendentibus arcu intramarginali coniunctis prominentibus; floribus maiusculis sepalis ovato-triangularibus acuminatis, petalis utrinque sericeis aurantiacis, exterioribus lanceolatis, interioribus e basi dilatata lanceolato-linearibus quam exteriora multo angustioribus.

Kamerun: Yaunde (**Zenker** n. 690).

Anona L.

A. Laurentii Engl. & Diels n. sp.; foliorum petiolo brevi glaberrimo, lamina ampla glaberrima membranacea, ovato elliptica basin versus sensim in petiolum angustata, apice breviter acuminata (3—4 dm lg., 1,3—1,6 cm lt.), nervis lateralibus primariis I. circ. 14 utrinque patentibus subtus prominentibus, secundariis angulatis tenuibus; sepalis late ovatis, quam petala duplo brevioribus; petalis adpresse pilosis.

Kongo-Gebiet. Ohne näheren Standort (**Laurent** in H. Bruxell.!).

Isolona (Pierre) Engl. in Nat.-Pflanzenfam., Nachtr. 161.

I. Heinsenii Engl. & Diels n. sp.; frutex; ramulis pilosis; foliorum petiolo brevissimo, lamina adulta supra praeter costam glaberrima, subtus hinc inde pilis brevibus conspersa, visu glabra, membranacea vel tenuiter papyracea, oblonga, utrinque angustata, apice longe acuminata (1,2—2 dm lg., 4—5 cm lt.), nervis lateralibus I. circ. 12 arcuatim adscendentibus, subtus prominulis; floribus mediocribus; sepalis quam corolla pluries brevioribus, petalis extus pilosulis.

Usambara: Nderema, im Hochwald (**Heinsen** n. 19).

I. Zenkeri Engl. n. sp.; frutex; ramulis nigrescentibus glabris; foliorum petiolo brevissimo incrassato, lamina adulta ampla, glabra, firme membranacea vel tenuiter papyracea, obovato-oblonga utrinque angustata, apice acuminata (2—2,5 dm lg., 7—9 cm lt.), nervis lateralibus I. circ. 9 utrinque arcuatim adscendentibus subtus prominentibus; floribus majusculis; sepalis quam corolla pluries brevioribus; petalis subglabris involutis.

Kamerun: Bipinde (**Zenker** n. 1186).

Monodora Dun.

M. Preussii Engl. & Diels n. sp.; arbor; foliorum petiolo brevissimo, lamina glabra tenuiter papyracea, elliptica vel obovato-elliptica, basi rotundata apice acuminata (2—3 dm lg., 1—1,5 dm lt.), nervis lateralibus I. circ. 11—15 utrinque arcuatim patentibus subtus prominentibus; floribus solitariis; sepalis ovatis quam petala brevioribus; petalis exterioribus obovatis amplis, margine crispato ciliolatis ceterum glabris, interioribus ex ungue lato subcordatis quam exteriora brevioribus intus pilosulis.

Kamerun: Barombi (**Preuss** n. 444). Johann-Albrechtshöhe (**Staudt** n. 495, n. 648). Lolodorf (**Staudt** n. 40). Victoria (**Preuss** n. 1314). Bonjongo (**Preuss** n. 1364). Buea (**Lehmbach** n. 121).

M. Zenkeri Engl. n. sp.; caule volubili; foliorum petiolo brevissimo, lamina glabra membranacea, elliptica, basi rotundata, apice conspicue acuminata (8—10 cm lg., 3,5—4 cm lt.), nervis lateralibus I. utrinque circ. 10 arcuatim patentibus prominentibus; floribus amplis solitariis; sepalis ovato-lanceolatis quam petala exteriora subduplo brevioribus; petalis exterioribus amplissimis ovatis, margine non vel vix crispatis, paralleli-nerviis, interioribus multo brevioribus cucullatis carnoso-incrassatis, e basi cuneata orbiculari-ampliatis, margine revolutis, deinde apice longe acuminatis.

Kamerun: Yaunde Zenker n. 776).

M. crispata Engl. n. sp.; frutex; foliorum petiolo brevi, lamina glabra, membranacea, elliptica vel obovato-elliptica basi angustata, obtusa, apice breviter acuminata (12—14 cm lg., 5 cm circ. lt.), nervis lateralibus I. 10—12 utrinque arcuatim patentibus subtus tenuiter prominulis; floribus solitariis amplis; sepalis lanceolatis crispatis; petalis exterioribus longissimis lineari-lanceolatis valde crispatis, interioribus longe unguiculatis lamina late-triangulari crispata instructis quam exteriora pluries brevioribus, intus sparse pilosis.

Kamerun: Zwischen Isongo und Mowange (**Preuss** s. n.).

M. Junodii Engl. & Diels n. sp.; foliorum petiolo mediocri, lamina glabra membranacea, oblonga vel obovato-oblonga, basin versus sensim angustata et in petiolum subdecurrente, apice obtusa vel obtuse

acuminata (1—1,5 dm lg., 4—5 cm lt., an adulta?), nervis I. utrinque
10—12 adscendentibus; floribus solitariis; bractea sessili orbiculari (an
semper?) emarginata; sepalis ovatis obtusiusculis quam petala exteriora
multo brevioribus; petalis exterioribus late ovatis vel elliptico-
orbicularibus vix acuminatis non crispatis, interioribus longe
unguiculatis lamina cucullata cordata instructis.

Sulu-Natal: Delagoa Bay (**Junod** n. 411). Lourenco Marques
(**Schlechter** n. 11630).

5. Sterculiaceae.
Von K. Schumann.

Melhania Forst.

M. Dehnhardtii K. Sch. n. sp. herba perennis suffruticosa ramis
lignescentibus gracilibus teretibus superne complanatis subtomentosis;
foliis pro rata longiuscule petiolatis ovatis vel suborbicularibus obtusissimis
basi cordata saepius complicatis, serratis herbaceis utrinque at subtus
densius pilis stellatis inspersis subtus pallidioribus submollibus; stipulis
subulatis parce pilosis; floribus axillaribus binis pedunculo communi
sustentis pedicellatis; involucri phyllis ovato-lanceolatis angustis; sepalis
subulatis acuminatis subtomentosis, petalis obovatis; staminodiis anguste
spathulatis cum filamentis basi tantum conjunctis; ovario villoso; carpidiis ovula 3 includentibus.

Somali-Hochland: Tanafluss bei Ngad auf bewaldeten Hügeln
(**F. Thomas** n. 139, blühend am 9. April 1896).

Dombeya Cav.

D. Stuhlmannii K. Sch. n. sp. arborea ramis modice validis
teretibus, novellis complanatis tomentosis tardius glabratis; foliis longe
petiolatis angulatis vel trilobis, lobo medio manifeste producto, acuminatis,
basi cordatis crenulatis supra pilis stellatis inspersis subtus tomentosis
mollibus; stipulis subulatis acuminatis subtomentosis; inflorescentia longe
pedunculata, pedunculo petiolum ubique superante, simpliciter racemosa
raro semel dichotoma primum globosa dein extensa; floribus pedicellatis
demum refractis; pedicellis gracilibus ut rachis et pedunculi tomentosis; sepalis lanceolatis acuminatis, petalis subduplo haec superantibus;
staminibus 3 pro phalangis inaequilongis, staminodiis calyci subaequi-
longis angustissime linearibus; ovario pentamero, loculis biovulatis,
stigmatibus 5 recurvis.

Sansibar-Küstengebiet: Landschaft Ukwira bei Kissema, im
Buschwald (**Stuhlmann** n. 8414, blühend im Juli 1894).

D. myriantha K. Sch. n. sp. arbor parva ramis validis glabris;

foliis longe petiolatis suborbiculatis acutis vel obtusiusculis basi cordatis
utrinque statu adulto saltem glabris, crenulatis coriaceis; inflorescentiis
e ligno vetere copiosissimis, specialibus paniculatis pedunculatis statu
juvenili subglobosis, dein corymbosis saepius semel vel bis dichotomis
vel trichotomis, ramis et pedicellis papillosis potius quam tomentellis;
floribus pedicellatis; sepalis ovato-oblongis acuminatis extus tomentellis;
petalis vix dimidio longioribus; staminibus cujusque paris inaequilongis,
staminodiis anguste spathulatis sepala aequantibus; ovario trimero,
ovulis binis pro loculo, stilis fere ad basin liberis, hoc loco pilosulis.

Baschilange-Gebiet (**Buchner** n. 527, blühend zur Trockenzeit,
Mundutu der Eingeborenen).

Hermannia Linn.

II. (Euhermannii) albiensis K. Sch. n. sp. fruticosa ramis
gracilibus teretibus glabris, novellis complanatis subtomentosis; foliis
longiuscule petiolatis lanceolatis vel oblongo-lanceolatis acutis vel obtusis basi cuneatis infima breviter rotundatis dentatis juventute plicato-
nervosis supra subtomentellis, subtus subtomentosis; stipulis subulatis
haud herbaceis subtomentosis; inflorescentia terminali subumbellata
pedunculata; floribus pedicellatis, pedicellis gracilibus ut bracteae
bracteolae lineares calyxque subtomentosis; calyce campanulato ad
medium vel ultra in lacinias subulatas saepe apice cohaerentes diviso;
petalis obovatis glabris prope unguem callosis; staminibus petalis brevioribus, thecis ciliatis, filamentis linearibus; ovario angulato tomentoso,
stilo glabro.

Englisch-Ostafrika: Alhi-Plateau (**Pospischil**, blühend am
27. Februar 1896).

H. (Euhermannia) phaulochroa K. Sch. n. sp. fruticulosa
ramis florentibus gracilibus teretibus, novellis complanatis stellato-
subtomentosis; foliis breviter petiolatis lanceolatis vel ovato-lanceolatis
vel oblongis late acutis vel obtusis basi rotundatis serrulatis supra pilis
stellatis inspersis, subtus subtomentosis, stipulis brevibus triangularibus
acutis; floribus solitariis axillaribus pedicellatis, pedicellis gracillimis,
bracteolis minutissimis; calyce campanulato ad trientem inferiorem in
lacinias subulatas diviso stellato-subtomentoso; petalis brevibus obovatis,
subauriculatis margine a triente superiore inflexis, glabris; staminibus
calycem superantibus, filamentis obovatis apice sublobatis hoc loco parce
pilosis; anthera ciliolata; pistillo calycem aequante.

Delagoa-Bai (**Junod** n. 29); Lourenco-Marques, auf sandigen
Stellen 30 m ü. M. (**Schlechter** n. 11576, blühend am 1. Dezember 1897).

H. (Acriocarpus) cyclophylla K. Sch. n. sp. fructiculosa vel
herbacea basi lignescens ramosa, ramis teretibus gracilibus erectis

strictis stipitato-glaudulosis et stellato-pilosis tardius glabratis; foliis petiolatis parvis orbicularibus vel late ellipticis summis oblongis obtusis vel brevissime acutis basi rotundatis stellato-pilosis et glandulosis, herbaceis; stipulis brevibus triangularibus floribus axillaribus solitariis, pedunculatis, bracteolis parvis at manifestis ut pedicelli glandulosis; calyce campanulato ultra medium in lacinias subulatas pilosas et glandulosas diviso; petalis calycem aequantibus supra unguem intus pilosis; antheris ciliolatis, filamentis obovatis; stilo ad medium piloso.

Mossambik: bei Kilimane auf sandigem Boden (**Peters**).

H. (Acriocarpus) tephrocapsa K. Sch. n. sp. suffruticosa ramis virgatis erectis strictis gracilibus teretibus, novellis complanatis stellato-tomentellis et capitellato-glandulosis tarde glabratis; foliis parvis petiolatis lineari-oblongis vel lanceolatis acutis vel truncatis basi cuneatis serratis supra pilis stellatis inspersis margine glanduloso-ciliolatis subtus stellato-tomentosis; stipulis minutissimis triangularibus; floribus pedicellatis axillaribus solitariis, bracteolis parvis, pedunculis et pedicellis glandulosis; calyce subcupulato alte ultra medium in lacinias subulatas diviso stellato-piloso et glanduloso; petalis duplo calyce brivioribus margine inferiore incurvatis hoc loco stellato-ciliolatis; staminibus calycem dimidio superantibus, filamento dilatato superne stellato-ciliolato, anthera simpliciter ciliata; stilo paulo ulterioribus breviore.

Transvaal: bei Lydenburg (**Wilms** u. 68, blühend im Dezember 1894).

H. (Acriocarpus) stenopetala K. Sch. n. sp. fruticulosa at probabiliter herba annua basi mox lignescens a basi ramosissima ramis erectis superne gracillimis teretibus stellato-tomentosis haud stipitato-glandulosis; foliis breviter petiolatis lanceolatis vel subovato-lanceolatis acuminatis basi rotundatis serratis, utrinque at subtus densius stellato-pilosis herbaceis; stipulis brevibus subfalcatis; floribus axillaribus solitariis longe pedunculatis parvis, pedunculis filiformibus parce pilosis, bracteolis haud procul a calyce ad corpuscula bina minutissima carnosa reductis; calyce campanulato parce piloso ad medium in lacinias subulatas diviso; petalis spathulatis pro rata angustis glabris; staminibus triente petalis brevioribus, antheris ciliolatis, filamentis obovatis; ovario parce stellato-piloso; stilo glabro hoc aequante.

Hermannia Kirkii Bak. non Mast.

Nyassaland (**Buchanan** n. 1270).

H. (Acriocarpus) Pfeilii K. Sch. n. sp. fruticulosa ramis gracilibus teretibus glabris, novellis complanatis minute tomentellis; foliis petiolatis obovatis vel cuneatis truncatis vel recisis basi angustatis serratis inferne integerrimis utrinque stellato-tomentosis rigide coriaceis; stipulis brevibus subulatis suobliquis; floribus binis pro axilla pedunculo brevi communi suffultis pedicellatis; calyce amplo campanulato repando-dentato pilis stellatis insperso; petalis obovatis obtusis margine inferiore involutis hoc loco dente brevi munitis; staminum filamentis obovatis glabris; antheris suboblongis haud ciliolatis; ovario pentagono acutangulo tomentoso.

Damaraland: zwischen Port Nolloth u. Oakup (Pfeil n. 34).

H. (Mahernia) staurostemon K. Sch. n. sp. suffruticosa vel fruticosa ramis gracilibus teretibus subtomentosis; foliis breviter petiolatis lanceolatis acutis basi angustatis utrinque tomentosis mollibus coriaceis; stipulis foliaceis lanceolatis vel ovato-oblongis acutis basi non raro rotundatis trinerviis pariter tomentosis; floribus binis pro axilla pedunculo brevi suffultis, pedicellatis; bracteolis non raro lobulatis; calyce turbinato ad medium in lacinias subulatas diviso, tomentoso et glanduloso; petalis calyce paulo longioribus utrinque ultra medium a basi tomentosis; staminibus quam petala triente brevioribus, filamentis superne dense tomentosis; ovario oboviformi apice glanduloso, stilo ad medium parce stellato-piloso.

Transvaal: bei Lydenburg (**Wilms** n. 118, blühend im Oktober 1895).

H. (Mahernia) pedunculata K. Sch. n. sp. fruticulosa ramis gracilibus teretibus, novellis complanatis stellato-subtomentosis tarde glabratis; foliis petiolatis elongatis subovato-lanceolatis acutis basi rotundatis serratis utrinque pilis stellatis inspersis vix scabridis subcoriaceis; stipulis amplis subfoliaceis ovatis nunc sublobatis; floribus binis axillaribus pedunculi communi longissimo conjunctis, breviuscule pedicellatis bracteolis stipulis similibus comitatis; calyce campanulato dentato subtomentoso; petalis obovato-oblongis late et alte unguiculatis ultra medium utrinque stellato-pilosis; filamentibus processu transversali pilosis, thecis ciliolatis; ovario stellato-tomentoso stilo glabro.

Transvaal: zwischen Ermeloo und Klippstaapel (**Wilms** n. 110, blühend im Oktober 1888).

H. (Mahernia) brachymalla K. Sch. n. sp. fruticulosa ramosissima ramis gracilibus teretibus, novellis sulcatis angulatis subtomentosis tardius glabratis; foliis petiolatis lanceolatis acutis basi cuneatis serrulatis utrinque subtomentosis; stipulis subfoliaceis lanceolatis vel oblongis acuminatis, obliquis nunc sublobatis; floribus binis oppositifoliis pedunculo communi brevi suffultis breviter pedicellatis, pedicellis ut pedunculus et calyx alte quinquefidus subtomentosis; petalis extus vix ad medium pilis stellatis inspersis; staminibus gracillimis processubus lateralibus brevibus pilosis; ovario tomentoso, stilo basi piloso.

Transvaal: bei Lydenburg (**Wilms** n. 117, blühend im Sept. 1885); auf Abhängen am Elandspruit bei 2400 m ü. M. (**Schlechter** n. 3840).

H. (Mahernia) adenotricha K. Sch. n. sp. fruticosa ramis
florentibus gracilibus teretibus, novellis complanatis parce stellato-
pilosis et glandulosis tarde glabrescentibus; foliis petiolatis lanceolatis
vel subovato-lanceolatis apice attenuatis et acutis basi cuneatis serratis
utrinque pilis stellatis inspersis et margine glandulosis; stipulis sub-
herbaceis oblongis vel ovato-oblongis integerrimis vel lobulatis; floribus
binis axillaribus pedunculo communi conjunctis, pedicellatis, pedicellis
ut pedunculi et calyx glandulosis; calyce ad medium in lacinias subulatas
diviso; petalis obovatis parum calycem superantibus extus parcissime
pilosulis; staminibus calycem subaequantibus processubus lateralibus
pilosis; ovario tomentoso, stilo alte piloso.

Transvaal: Lydenburg (**Wilms** n. 112, blühend im Oktober 1895).

Octolobus Welw.

O. heteromerus K. Sch. n. sp. arborea ramis modice validis
teretibus, novellis complanatis superne tomentellis; foliis longe vel longissime petiolatis ellipticis vel late obovatis breviter et obtuse acuminatis
basi late acutis vel rotundatis coriaceis, utrinque glabris; stipulis subulatis
minute papillosis; floribus in axillis foliorum inferiorum fasciculatis,
bracteolis pluribus triserialibus suffultis; calyce hexa-vel octomero extus
chryseo-tomentoso, intus glabro coriaceo; androgynophoro columnari
glabro; flore foemineo . . .; carpidiis jam immaturis acuminatis chryseo-
tomentosis.

Kamerun: Bipinde, im Urwald an schattigen Stellen bei Lokundje
(**Zenker** n. 1579, blühend am 6. Dezember 1897).

Cola R. Br.

C. flavo-velutina K. Sch. n. sp. arbuscula ramis modice validis
teretibus; foliis longiusculo petiolatis oblongis breviter et obtuse acuminatis acumine angusto, subrostratis basi cuneatis utrinque glabris
coriaceis; stipulis subulatis brevibus glabris; floribus e ligno vetere
fasciculatis pedicellatis bracteis bracteolisque oblongis obtusis extus ut
priores et calyx aureo-tomentosis; flore masculo: calyce campanulato
ad trientem inferiorem in lacinias triangulares acutas diviso; androeceo
calycem medium aequante, androgynophoro subtomentoso, thecis elongatis
juxtapositis 20; flore foemineo: calyce majore altius diviso; carpidiis 5 tomentosis, stilo erecto, stigmatibus 5 recurvatis fimbriatis,
ovulis 8 pro carpidio, staminodiis majusculis basin pistilli sessilis
cingentibus.

Kamerun: Bipinde am Miabogeberge im Urwalde, 300 m ü. M.
(**Zenker** n. 1325, blühend am 27. März 1897).

C. hypochrysea K. Sch. arbor mediocris gracilis ramis flo-

rentibus validis teretibus, novellis complanatis speciosissime aureo-
lepidotis; foliis longe et robuste petiolatis ovatis obtusissimis et apiculatis
basi obtusis vel subcordatis quinquenerviis utrinque at subtus multo densius lepidotis loco ulteriore aureis; stipulis caducissimis haud visis;
pannicula axillari basi tantum parce ramosa, ramis spicam compositam
strictam erectam elongatam aureo-lepidotam referentibus; floribus sessilibus
vel brevissime pedicellatis pentameris; calyce ultra medium in lacinias
lanceolatas acutas cucullatas diviso; androeceo minuto, capitulum the-
carum 20 superpositarum referente androgynophoro aequante basi pilosulo.

Kamerun: Batanga, im feuchten Walde (Dinklage n. 1013,
fruchtend am 2. März 1891, n. 1424 u. 1431, blühend am 27. Januar).

C. lateritia K. Sch. n. sp. arborea ramis florentibus modice validis teretibus glabris, novellis complanatis tomentellis mox glabratis;
foliis longe vel longissime petiolatis late ovatis acutis basi truncatis vel
cordatis, statu juvenili utrinque tomentellis dein utrinque glaberrimis quinque- vel septemnerviis coriaceis; stipulis ovato-oblongis
acuminatis tomentellis; panniculis pluribus ex axillis foliorum summorum,
tomentellis; floribus pentameris pedicellatis; calyce campanulato triente
superiore in lacinias acutas recurvatas diviso pilis stellatis insperso;
flore masculo: androgynophoro duplo calyce breviore staminibus 7
thecis orbicularibus superpositis; rudimentis carpidiorum 3 vel 4 alte
antheras superantibus; flore foemineo: carpidiis 3 tomentosis, stigmate
oblique capitato conjunctis stellato-tomentosis, ovulis 4—6 pro carpidio;
folliculis 1—3 teretibus acuminatis.

Kamerun: Yaunde-Station, bei Infunti im Urwalde, 800 m ü. M.
(Zenker n. 786, blühend am 3. März 1895); bei Bipinde im Urwalde (Derselbe n. 1705, blühend u. fruchtend am 2. März 1898); Johann-Albrechtshöhe, im Urwalde (Staudt n. 822, blühend am 31. Januar 1897).

C. micrantha K. Sch. n. sp. arborea ramis gracilibus teretibus
superne subtomentosis; foliis prope apicem ramulorum angustis, breviter
petiolatis, petiolo subtomentoso mox glabrato, oblanceolatis breviter et
obtuse acuminatis vel acumine angusto lineari subrostratis utrinque glabris
coriaceis; stipulis caducissimis haud visis; floribus e ligno vetere haud
procul a fasciculo foliorum, pentameris fasciculatis pedicellatis, pedicello
gracillimo minutissime stellato-piloso; calyce fere ad basin in lacinias
lanceolatas acutas pilis stellatis extus inspersas diviso; flore masculo;
androgynophoro minuto glabro, thecis 10 juxtappositis capitatim conjunctis.

Kamerun: Johann-Albrechtshöhe (Staudt n. 602, blühend am
11. Februar 1899).

C. rhodoxantha K. Sch. n. sp. arbor mediocris torulosa ramis
modice validis teretibus, novellis angulatis tomentellis; foliis longe

petiolatis ellipticis vel ovatis vel late ovatis obtusiis vel acutis basi
truncatis utrinque glabris coriaceis quinquenerviis; stipulis ovato-
oblongis acuminatis tomentellis; panniculis pluribus ex axillis, rachi et
ramis ut pedicelli tomentellis; calyce campanulato-infundibuliformi,
inferne pilis stellatis insperso, ad medium in lacinias oblongo-ovatas
acutas diviso, floris foeminei quam masculini majoris; flore masculo:
androgynophoro basi pilosulo brevi, thecis 20 superpositis suborbicularibus,
pistillodio parvo; flore foemineo: pistillo e carpidiis 3 efformato,
stilis distinctis recurvatis bilobulatis, ovulis 6 pro carpidio.

Kamerun: Station Johann-Albrechtshöhe am Seeufer bei 220 m ü. M.
(Staudt n. 510, blühend am 5. Januar 1896); Ebea-Fälle (Güssfeldt).

C. semecarpophylla K. Sch. n. sp. arbor parva, ramis validissimis teretibus, novellis dense fulvo-lanuginoso-tomentosis mollibus;
foliis longe petiolatis amplis lanceolatis vel obovato-lanceolatis breviter et
obtuse acuminatis vel rostratis basi late acutis trinerviis utrinque glabris,
statu juvenili lanuginoso-tomentosis, coriaceis; stipulis subulatis elongatis
curvatis; floribus copiosis e ligno vetere parvis sessilibus bracteis
bracteolisque tomentellis; flore masculo: calyce campanulato tomentello vix ad medium in lacinias ovato-triangulares acutas diviso;
androeceo parvo, androgynophoro antheras aequante; thecis 16 juxtappositis capitulum subglobosum referentibus; pistillodiis vix conspicuis.

Kamerun: Station Bipinde, im Urwalde bei 400 m ü. M. (Zenker
n. 1767); auch **Dinklage** fand die Pflanze.

Verlag von Wilhelm Engelmann in Leipzig.

Die Vegetation der Erde.

Sammlung pflanzengeographischer Monographien

herausgegeben von

'A. Engler	und	O. Drude
ord. Professor der Botanik und Direktor des botan. Gartens in Berlin		ord. Professor der Botanik und Direktor des botan. Gartens in Dresden.

Soeben erschien:

Grundzüge der Pflanzenverbreitung in den Kaukasusländern

von der unteren Wolga über den Manytsch-Scheider bis zur Scheitelfläche Hocharmeniens

von **Dr. Gustav Radde.**

Mit 13 Textfiguren, 7 Heliogravüren und 3 Karten.

Lex.-8. Geh. M. 23,—; geb. (in Ganzleinen) M. 24,50.

Subscriptionspreis. geh. M. 19,—; geb. (in Ganzleinen) M. 20,50.

Früher erschien:

I.

Grundzüge der Pflanzenverbreitung auf der iberischen Halbinsel

von **Moritz Willkomm.**

Mit 21 Textfiguren, 2 Heliogravüren und 2 Karten.

gr. 8. 1896. Geh. M. 12,—; geb. (in Ganzleinen) M. 13,50.

Subscriptionspreis: Geh. M. 10,—; geb. in Ganzleinen) M. 11,50.

II.

Grundzüge der Pflanzenverbreitung in den Karpathen

von **F. Pax.**

I. Band: Mit 9 Textfiguren, 3 Heliogravüren und 1 Karte.

Lex.-8. 1898. Geh. M. 11,—; geb. (in Ganzleinen) M. 12,50.

Subscriptionspreis: Geh. M. 9,—; geb. (in Ganzleinen) M. 10,50.

Die Muskatnuss

ihre Geschichte, Botanik, Kultur, Handel und Verwerthung

sowie ihre

Verfälschungen und Surrogate.

Zugleich ein Beitrag

zur Kulturgeschichte der Banda-Inseln

von

Dr. O. Warburg,

Privatdozent der Botanik an der Universität Berlin, Lehrer am orientalischen Seminar.

Mit 3 Heliogravüren, 4 lithograph. Tafeln, 1 Karte und 11 Abbild. im Text.

gr. 8. 1897. geh. M. 20,—; geb. M. 21,50.

Druck von E. Buchbinder in Neu-Ruppin.

Notizblatt

des

Königl. botanischen Gartens und Museums zu Berlin.

No. 18. (Bd. II.)   Ausgegeben am **15. Mai 1899.**

Handliste der in unseren Warm- und Kalthäusern, sowie anderweitig als Topfpflanzen zu kultivierenden Liliifloren.

Nur durch den Buchhandel zu beziehen.

— ✳ —

In Commission bei Wilhelm Engelmann in Leipzig

1899.

Preis 1,20 Mk.

Notizblatt

des

Königl. botanischen Gartens und Museums zu Berlin.

No. 18. (Bd. II.)   Ausgegeben am 15. Mai 1899.

Handliste

der in unseren Warm- und Kalthäusern, sowie anderweitig als Topfpflanzen zu kultivierenden Liliifloren.

Diese Handliste ist in erster Linie für den Gebrauch der Beamten und Gärtner im Königl. botanischen Garten zu Berlin bestimmt, sie wird aber auch für Handelsgärtner von Wichtigkeit sein, da in derselben die Namen der Pflanzen und die Angaben über ihr Vaterland genau kontrolliert sind.

Stemonaceae.

1. **Stemona** Lour.

S. Curtisii Hook. f. — Indien.
„ tuberosa Lour. — Indien und China.

Roxburghia Banks = Stemona.

R. gloriosoïdes Jones = Stemona tuberosa.
„ viridiflora Smith = Stemona tuberosa.

Liliaceae.

1. Unterfamilie Melanthioideae.

1. **Zygadenus** Michaux

Z. elegans Pursh — N. Amer.
„ Nuttallii A. Gray — Californien.

2. **Kreysigia** Rchb.

K. Cunninghamii (Don) F. v. Muell. — O. Australien.
„ multiflora Rchb. = Cunninghamii.

22

3. **Gloriosa** L. (Methonica Tourn.)

G. abyssinica A. Rich. = speciosa.
„ Leopoldii Hort. = virescens.
„ Plantii Hort. = virescens.
„ simplex L. — Trop. Africa.
„ speciosa (Hochst.) Engl. — Abyssinien.
„ superba L. — Trop. Asien.
„ virescens Lindl. — Trop. Africa.
    var. grandiflora (Hook.) Bak.
    var. Leopoldii Lemaire.

4. **Littonia** Hook. f.

L. modesta Hook. f. — S. Africa.
    var. Keitii Leichtlin

5. **Sandersonia** Hook.

S. aurantiaca Hook. — S. Africa.

6. **Androcymbium** Willd.

A. litorale Eckl. — S. Africa.

7. **Dipidax** Laws.

D. triquetra (L. fil., Thunb.) Baker
    — S. Africa.
Melanthium L. f. = Dipidax.
M. junceum Jacq. = Dipidax triquetra.

8. **Iphigenia** Kunth

I. indica (R. Br.) Kunth — Indien u. Australien.

9. **Merendera** Ram.

M. Eichleri (Regel) Boiss. — Caucasus.

10. **Bulbocodium** L.

B. Eichleri Regel = Merendera Eichleri.
„ ruthenicum Bunge — O. Europa, Nördl. Orient.
„ vernum L. — O. Europa.
    var. Raddeanum Hort.

11. **Colchicum** L.

C. catacuzenium Heldr. — S. Europa.

2. Unterfamilie **Asphodeloideae**.

12. **Asphodelus** L.

A. acaulis Desf. — Barbarei.
„ albus Willd. — Mittelmeergbt.
    var. microcarpus (Viv.) Hort.
„ cerasiferus Gay = racemosus.
„ microcarpus Viv. = albus.
„ ramosus L. — S. Europa.
    var. cerasiferus (J. Gay).
„ Villarsii Verl. = ramosus.

13. **Asphodeline** Rchb.

A. brevicaulis (Bert.) Gay — Östl. Mittelmeergebiet, Kleinasien.
„ liburnica (Scop.) Rchb. — Südöstliches Europa.
„ lutea (L.) Rchb. — Mittelmeergebiet, Caucasus, Kleinasien.

14. **Eremurus** M. B.

E. Olgae Regel — Turkestan.
„ Kaufmannii Regel — Turkestan.
„ spectabilis M. B. — Kleinasien, Persien.

15. **Bulbinella** Kunth (Chrysobactron Hook. f.)

B. Hookeri (Colenso) Baker — Neu-Seeland.
„ Rossii (Hook. fil.) Baker — Neu-Seeland.

16. **Bulbine** L.

B. aloides (L.) Willd. — S. Africa.
„ bulbosa (R. Br.) Haw. — Australien.
„ caulescens L. — S. Africa.
„ frutescens Willd. — S. Africa.

Bulbine latifolia (L.) Schult. fil. —
S. Africa.
B. mesembryanthemoides Haw. —
S. Africa.
„ pugioniformis (Jacq.) Link —
S. Africa.
„ rostrata Willd. — S. Africa.

17. **Anthericum** L. (Phalangium
Kunth)

A. echeandioides Baker — Mexico?
„ elatum Ait. = Chlorophytum
elatum.
„ Gerrardi Baker — S. Africa.
„ Hookeri Colenso = Bulbinella
Hookeri.
„ pachyphyllum Baker — S.
Africa.
„ Rossii Hook. f. = Bulbinella
Rossii.
„ triflorum Ait. — S. Africa.
„ variegatum Hort. in Fl. Mag.
N. S. = Chlorophytum elatum.

18. **Chlorophytum** Ker-Gawl.

C. Bowkeri Baker — S. Africa.
„ brachystachyum Baker — Nyassaland.
„ comosum (Thunb.) Baker —
S. Africa.
„ elatum (Ait.) R. Br. — S. Africa.
var. variegatum Hort.
„ glaucum Dalz. — Indien.
„ inornatum Ker-Gawl. — Trop.
Africa.
„ longifolium Schweinf. — Abyssinien.
„ macrophyllum (Rich.) Aschs. u.
Schweinf. — Trop. Africa.
„ nepalense (Lindl.) Baker —
Indien.
„ Orchidastrum Lindl. — Trop.
Africa.

Chlorophytum Sternbergianum
Steud. = comosum.

19. **Thysanotus** R. Br.

T. multiflorus R. Br. — Australien.

20. **Dichopogon** Kth.

D. humilis Kth. — Australien.
„ strictus (R. Br.) Baker —
Australien.

21. **Anthropodium** R. Br.

A. cirrhatum (Forst.) R. Br. — Neu-
Seeland.
„ panniculatum (Andrz.) R. Br. —
Australien.

22. **Echeandia** Ortega

E. eleutherandra K. Koch —
Mexico.
„ reflexa (Cavan.) Hort. Berol. —
Mexico.
„ terniflora Ortega = reflexa.

23. **Pasithea** D. Don

P. coerulea (Ruiz et Pav.) D. Don
— Chile.

24. **Chamaescilla** F. v. Muell.

C. corymbosa (R. Br.) F. v. Muell.
— Australien.

25. **Chlorogalum** Kth.

C. angustifolium Kellogg — Californien.
„ pomeridianum (Ker-Gawl.) Kth.
Californien.

26. **Bowiea** Harv.

B. volubilis Harv. — S. Africa.

27. **Eriospermum** Jacq.

E. Bellendeni Sweet — S. Africa.
„ brevipes Baker — S. Africa.

22*

Eriospermum caponse (L.) Thunb. — S. Africa.

E. folioliferum Andrews — S. Africa.

E. latifolium Jacq. — S. Africa.

28. Xeronema Brong.

X. Moorei Brong. — Neu-Caledonien.

29. Styphandra R. Br.

S. caespitosa R. Br. — Australien.

„ glauca R. Br. — Australien.

30. Dianella Lam.

D. aspera Regel — Tasmanien.

„ caerulea Sims — Australien.

„ elegans F. Muell. = laevis.

„ ensifolia (L.) Red. — Australien.
var. latifolia Hort.

„ graminifolia Kth. et Bché. = caerulea.

„ laevis R. Br. — Australien.

„ longifolia R. Br. = laevis.

„ mauritiana Blume = nemorosa.

„ nemorosa Lam. — Trop. Asien u. Australien.

„ revoluta R. Br. — Australien.
var. divaricata (R. Br.) Hort. Berol.

„ strumosa Lindl. = laevis.

„ tasmanica Hook.f. — Australien.
var. variegata Hort.

31. Hemerocallis L.

H. minor Mill. — N. Asien.

32. Phormium Forst.

P. Colensoi Hook. f. = Cookianum.

„ Cookianum Le Jolis — Neu-Seeland.
fol. varieg.

„ Forsterianum Hook. = Cookianum.

Phormium Hookeri Gunn. — Neu-Seeland.

P. tenax L. fil. — Neu-Seeland.
var. atropurpureum Hort.
var. brevifolium Hort.
var. purpureum Hort.
var. variegatum Hort.
var. Veitchii Hort.

33. Blandfordia Sm.

B. aurea Hook. fil. — Australien.

„ Cunninghamii Lindl. — Australien.

„ flammea Lindl. — Australien.

„ grandiflora R. Br. — Tasmanien.

„ marginata Herb. — Australien.

„ nobilis Sm. — Australien.

34. Leucocrinum Nutt.

L. montanum Nutt. — Californien.

35. Hesperocallis A. Gray

H. undulata A. Gray — Colorado-Wüste.

36. Kniphofia Moench
(Triloma Ker—Gawl.).

K. aloïdes Moench = K. Uvaria.

„ breviflora Harv. — S. Africa.

„ Burchellii Kunth — S. Africa.

„ caulescens Baker — S. Africa.

„ comosa Hochst. — Abyssinien.
var. splendens Leichtl.

„ Leichtlini Baker — Abyssinien.
var. aurea Hort.

„ Mac-Owani Baker — S. Africa.

„ pauciflora Baker — S. Africa.

„ praecox Baker = Uvaria.

„ Uvaria (L.) Hook. — S. Africa.
var. praecox (Baker).

37. Aloe L.

A. abyssinica Lam. — Abyssinien.
var. percrassa (Tod.) Baker

Aloe africana Mill. — S. Africa.
A. agavifolia Tod. — Trop. Africa.
„ albispina Haw. — S. Africa.
„ albicincta Haw. = striata.
„ albocincta × grandidentata.
„ arborescens Mill. — S. Africa.
var. frutescens (Salm-Dyck).
„ aristata Haw. — S. Africa.
„ Atherstonei Baker = pluridens.
„ aurantiaca Baker — S. Africa.
„ Bainesii Dyer — S. Africa.
„ barbadensis Mill. = vera.
„ Barberae Dyer = Bainesii.
„ Barteri Baker — Trop. West-
africa.
„ Bolusii Baker = africana.
„ borbonensis Hort. — Hab.?
„ brachystachys Baker — Zanzibar.
„ brevifolia Mill. — S. Africa.
„ Brownii Baker — S. Africa.
„ Buchananii Baker – Trop. Africa.
„ caesia Salm-Dyck — S. Africa.
„ Camperi Schweinf. — Abyssinien.
„ capitata Baker — Madagascar.
„ cernua Tod. = capitata.
„ chinensis Steud. — China.
„ ciliaris Haw. — S. Africa.
„ Commelynii Willd. = mitriformis.
„ commutata Tod. — Abyssinien.
„ concinna Baker — Zanzibar.
„ consobrina Salm-Dyck — S.
Africa.
„ Cooperi Baker — S. Africa.
„ Croucheri Hook. f. = Gasteria
Croucheri.
„ dichotoma L. — Namaqualand.
„ distans Haw. — S. Africa.
„ drepanophylla Baker — S.
Africa.

Aloe elegans Tod. — Abyssinien.
A. falcata Baker — S. Africa.
„ ferox Mill. — S. Africa.
var. subferox (Spreng.) Baker
„ foliolosa Haw. = Apicra foliolosa.
„ frutescens Salm-Dyck = arborescens.
„ gasterioides Baker — S. Africa.
„ glauca Mill. — S. Africa.
„ grandidentata Salm-Dyck — S.
Africa.
„ Greenii Baker — S. Africa.
„ Hanburyana Naud. = striata.
„ heteracantha Baker — S. Africa.
„ Hildebrandtii Baker — Trop.
Ostafrica.
„ humilis Mill. — S. Africa.
var. echinata (Willd.).
var. incurva (Haw.).
var. subtuberculata (Haw.).
„ imbricata Hort. non Haw. – Hab.?
„ inermis Forsk. — Arabien.
„ inermis (Hort.) Baker = heteracantha.
„ Kirkii Baker — Trop. Ostafrica.
„ Lanzae Hort. = chinensis.
„ latifolia Haw. — S. Africa.
„ leptophylla N. E. Br. – S. Africa.
„ lineata Haw. — S. Africa.
„ longiflora Baker — S. Africa.
„ Luntii Baker — S. Arabien.
„ Lynchii Baker (hybr.)
„ Macowani Baker — S. Africa.
„ macracantha Baker — S. Africa.
„ macrocarpa Tod. — Abyssinien.
„ macrosiphon Baker — Trop.
Africa.
„ marmorata Hort. non Hitchen?
„ micracantha Haw. — S. Africa.
„ microstigma Salm-Dyck — S.
Africa.

Aloe mitriformis Mill. — S. Africa.
  var. Commelyni (Willd.) Baker
  var. flavispina (Haw.) Baker
  var. spinulosa (Salm - Dyck)
    Baker
  var. xanthacantha (Willd.)
    Baker
A. myriacantha Schult. f. — S.
  Africa.
„ neglecta Tenore — S. Africa.
„ nitens Baker — S. Africa.
„ nobilis Haw. — S. Africa.
„ obscura Mill. — S. Africa.
  var. picta (Thunb.).
„ panniculata Jacq. = striata.
„ pendens Forsk. — Arabien.
„ penduliflora Baker — Zanzibar.
„ percrassa Tod. = abyssinica.
„ Perryi Baker — Socotra.
„ picta Thunb. = obscura.
„ platylepis Baker — S. Africa.
  var. lutea Hort.
„ plicatilis Mill. — S. Africa.
  var. major Hort.
„ pluridens Haw. — S. Africa.
„ pratensis Baker — S. Africa.
„ purpurascens Haw. — S. Africa.
„ Rebutii Hort. — Hab.?
„ rubri - violacea Schweinf. — S.
  Arabien.
„ Sabaea Schweinf. — Arabien.
„ Salm-Dyckiana Schult. f. — S.
  Africa.
„ Saponaria Haw. — S. Africa.
  var. maculata (Lam.).
  var. variegata Hort.
„ Schimperi Todaro — Abyssinien.
„ Schweinfurthii Baker — Obere
  Nilländer.
„ Serra D.C. — S. Africa.
„ serrulata Haw. — S. Africa.

Aloe setosa Schultes f. = Haworthia setata.
A. Simoniana Hort. — Hab.?
„ smaragdina Hort. — Hab.?
„ speciosa Baker — S. Africa.
„ spicata L. fil. — S. Africa.
„ stenostachya Tod. = chinensis.
„ Steudneri Schweinf. — Abyssinien.
„ striata Haw. — S. Africa.
  var. Hanburyana Naud.
  var. rhodocincta Hort.
„ striatula Haw. — S. Africa.
„ subferox Spreng. = ferox.
„ subtuberculata Haw. = humilis.
„ succotrina Lam. — S. Africa.
„ supralaevis Haw. — S. Africa.
„ tenuifolia Lam. — Trop. Ostafrica.
„ tenuior Haw. — S. Africa.
„ Thraskii Baker — S. Africa.
„ tricolor Baker — S. Africa.
„ umbellata D.C. = Saponaria.
„ variegata L. — S. Africa.
„ vera L. — Mittelmeergebiet.
„ virens Haw. — S. Africa.
„ Volkensii Engler — Trop. O.
  Africa.
„ vulgaris Lam. = vera.
„ xanthacantha Willd. = mitriformis.

38. Gasteria Duval

G. acinacifolia (Jacq.) Haw. — S.
  Africa.
  var. pluripuncta Baker
  var. nitens Baker
„ angulata Haw. = disticha.
„ apicroides Baker — S. Africa.
„ Bayfieldii Baker — S. Africa.
„ bicolor Haw. — S. Africa.
„ brevifolia Haw. — S. Africa.

Gasteria candicans Haw. — S. Africa.

G. carinata (Mill.) Haw. — S. Africa.

„ cheilophylla Baker — S. Africa.

„ Croucheri Baker — S. Africa.

„ decipiens Haw. — S. Africa.

„ dicta N. E. Br. — S. Africa.

„ disticha (L.) Haw. — S. Africa.

    var. angulata Baker

    var. angustifolia Baker

    var. conspurcata Baker

„ elongata Baker — S. Africa.

„ excavata (Willd.) Haw. — S. Africa.

„ excelsa Baker — S. Africa.

„ fusci-punctata Baker — S. Africa.

„ glabra (Salm-Dyck) Haw. — S. Africa.

    var. major Kunth

„ laetipunctata Haw. — S. Africa.

„ Lingua (Thunb.) Hort. Berol. nec Link etc. — S. Africa.

„ maculata (Thunb.) Haw. — S. Africa.

„ marmorata Baker — S. Africa.

„ nigricans Haw. — S. Africa.

    var. fasciata Baker

    var. hystrix Hort.

    var. polyspila Baker

    var. platyphylla Baker

    var. subnigricans Baker

„ nitida Haw. — S. Africa.

„ obliqua Haw. = maculata.

„ obtusifolia (Salm-Dyck) Haw. — S. Africa.

„ parvifolia Baker — S. Africa.

„ picta Haw. — S. Africa.

„ radulosa Baker — S. Africa.

„ spiralis Baker — S. Africa.

„ subverrucosa (Salm-Dyck) Haw. — S. Africa.

Gasteria sulcata (Salm-Dyck) Haw. = Lingua.

G. transvaalensis Bak. — S. Africa.

„ triangularis Hort. = trigona.

„ trigona (Salm-Dyck z. T.) Haw. — S. Africa.

„ verrucosa (Mill.) Haw. — S. Africa.

    var. intermedia Haw.

    var. latifolia Haw.

    var. major Hort.

39. Apicra Willd.

A. aspera (Haw.) Willd. — S. Africa.

„ bicarinata Haw. — S. Africa.

„ congesta Baker — S. Africa.

„ foliosa (Haw.) Willd. — S. Africa.

„ pentagona (Ait.) Willd. — S. Africa.

    var. spirella Willd.

    var. Willdenowii Baker

„ spiralis (L.) Baker — S. Africa.

„ turgida Baker — S. Africa.

40. Haworthia Duval

H. albicans Haw. — S. Africa.

    var. virescens Haw.

„ altilinea Haw. — S. Africa.

„ angustifolia Haw. — S. Africa.

„ arachnoidea (Mill.) Haw., Duval — S. Africa.

„ asperiuscula Haw. — S. Africa.

„ atrovirens Haw. — S. Africa.

„ attenuata Haw. — S. Africa.

    var. clariperla Baker

„ chloracantha Haw. — S. Africa.

„ coarctata Haw. — S. Africa.

„ columnaris Baker — S. Africa.

„ Cooperi Baker — S. Africa.

„ cuspidata Haw. — S. Africa.

Haworthia cymbiformis Haw. — S. Africa.
  var. obtusa Baker
  var. plenifolia (Haw.) Baker
H. denticulata Haw. — S. Africa.
„ fasciata Haw. — S. Africa.
  var. major Haw.
„ glabrata Baker — S. Africa.
  var. concolor Baker
  var. perviridis Baker
„ granata Haw. = margaritifera.
„ hybrida Haw. — S. Africa.
„ laetevirens Haw. — S. Africa.
„ margaritifera (Ait. z. T.) Haw.
  — S. Africa.
  var. corallina Baker
  var. granata Baker
  var. semimargaritifera Baker
„ mucronata Haw. = altilinea Haw.
„ nigra Baker — S. Africa.
„ Peacockii Baker — S. Africa.
„ pilifera Baker — S. Africa.
„ polyphylla Baker — S. Africa.
„ pseudorigida (Salm-Dyck) Haw.
  — S. Africa.
„ Radula (Jacq.) Haw. — S. Africa.
„ Reinwardtii Haw. — S. Africa.
  var. major Hort.
  var. minor Hort.
„ retusa (L.) Haw. — S. Africa.
„ rugosa Baker — S. Africa.
„ semiglabrata Haw. — S. Africa.
„ sessiliflora Baker — S. Africa.
„ setata Haw. — S. Africa.
„ setosa Roem. = setata.
„ subattenuata Baker — S. Africa.
„ subfasciata Baker — S. Africa.
„ subrigida (Roem. et Schult.)
  Baker = pseudorigida.
„ subulata Baker — S. Africa.
„ tessellata Haw. — S. Africa.
  var. parva Baker

Haworthia torquata Haw. = viscosa.
H. tortuosa Haw. — S. Africa.
  var. curta Baker
„ translucens (Soland.) Haw. —
  S. Africa.
„ turgida Haw. — S. Africa.
„ viscosa (L.) Haw. — S. Africa.
  var. torquata (Haw.) Baker
„ vittata Baker — S. Africa.
„ xiphiophylla Baker — S. Africa.

41. **Lomatophyllum** Willd.
L. borbonicum Willd. = purpureum.
„ macrum (Haw.) Salm-Dyck —
  Mauritius.
„ purpureum (Lam.) l. prior. —
  Bourbon, Mauritius.
„ ruficinctum (Haw.) Salm-Dyck
  — Mauritius.

42. **Lomandra** Labill.
  (Xerotes R. Br.)
L. flexifolia (R. Br.) Hort. Berol.
  — Australien.
„ longifolia Labill. — Australien.
„ Ordii (F. v. Muell.) l. prior. —
  Australien.

43. **Xanthorrhoea** Smith
X. arborea R. Br. — Australien.
„ australis R. Br. — Victoria u.
  Tasmania.
„ Brunonis = Preissii.
„ gracile Endl. — Australien.
„ hastile R. Br. — Australien.
„ Preissii Endl. — Australien.
„ quadrangulatum F. v. Muell. —
  Australien.
„ semiplanum F. v. Muell. —
  Australien.
„ Tateanum F. v. Muell. —
  Australien.

3. Unterfamilie **Allioideae.**

44. Agapanthus L'Hérit.

A. africanus (L.) Hoffmannsegg — S. Africa.
  var. alba Hort.
  var. maximus Hort.
  var. medius (Lodd.)
  var. minor (Lodd.) Desf.
  var. Mooreanus (Baker).
  var. praecox (Willd.).
  var. variegatus Hort.
  flore pleno.
„ minor Lodd. = africanus.
„ Mooreanus Baker = africauus.
„ umbellatus L'Hérit. = africanus.

45. Tulbaghia L.

T. acutiloba Harv. — S. Africa.
„ alliacea L. fil. — S. Africa.
„ cernua Avé-Lall. — S. Africa.
„ Ludwigiana Harv. = alliacea.
„ natalensis Baker — Natal.
„ violacea Harv. — S. Africa.

46. Nothoscordum Kunth

N. nidulum Phil. — Chile.
„ striatellum (Lindl.) Kunth — Chile.

47. Bloomeria Kellogg

B. aurea Kellogg = crocea.
„ Clevelandii S. Wats. — Californien.
„ crocea (Torr.) Hort. Berol. — Californien.

48. Brodiaea Sm.
(Hesperoscordon Lindl.)

B. aurea Hort. — Hab.?
„ capitata Benth. — Californien.
„ congesta Sm. = pulchella.
„ coronaria (Salisb.) l. prior. — Californien.

Brodiaea grandiflora Sm. = coronaria.
B. hyacinthina (Lindl.) l. prior. — Westl. N. America.
„ lactea (Lindl.) S. Wats. = hyacinthina.
„ laxa (Benth.) S. Wats. — Californien.
„ multiflora Benth. — Westl. N. America.
„ peduncularis (Lindl.) S. Wats. — Californien.
„ porrifolia (Poepp.) l. prior. — Chile.
„ pulchella (Salisb.) l. prior.
„ stellaris S. Wats. — Californien.
„ uniflora (Lindl.) l. prior. — Argentinien.
„ volubilis (Morrière) Baker = Stropholirion californicum.

Dichelostemma Kunth
D. congestum Kunth = Brodiaea pulchella.

Milla Cav. = Brodiaea.
M. capitata Baker = Brodiaea capitata.
„ uniflora Lindl. = Brodiaea uniflora.

Triteleia Dougl. = Brodiaea.
T. uniflora Lindl. = Brodiaea uniflora.

49. Bessera Schultes fil.

B. elegans Schult. f. — Mexico.

50. Stropholirion Torr.

S. californicum Torr. — Californien.

51. Lilium L.

L. Heldreichii Freyn — Griechenland.

Lilium Thomsonianum (D. Don in Royle) Lindl. — Ind. or.

52. Frittilaria L.

F. aurea Schott = lutea.

„ latifolia Willd. — Caucasus, Persien.

„ lutea Mill. — Kl.-Asien, Caucasus.

„ Thomsoniana D. Don in Royle = Lilium Thomsonianum.

53. Calochortus Pursh

C. albus (Benth.) Dougl. = Englerianus.

„ albus (Nutt.) Hort. Berol. — N. W. America.

„ Englerianus Hort. Berol. — Californien.

„ luteus Dougl., Lindl. — Californien.

„ medius S. Wats. — Californien.

„ Nuttallii Torr. et Gray = albus.

„ pulchellus (Benth.) Dougl. — Californien.

„ splendens (Benth.) Dougl. — Californien.

„ venustus (Benth.) Dougl. — Californien.

var. purpurascens Hort.

var. oculatus Hort.

54. Albuca L.

A. abyssinica Dryand. — Abyssinien.

„ angolensis Welw. — Angola.

„ angustifolia Hort. — Hab.?

„ aurea Jacq. — S. Africa.

„ Buchananii Baker — Trop. Africa.

„ caudata Jacq. — S. Africa.

„ corymbosa Baker — S. Africa.

„ fastigiata Dryand. — S. Africa.

Albuca juncifolia Baker — S. Africa.

A. longifolia Fisch. — S. Africa.

„ Mac Owani Naud. — S. Africa.

„ major L. — S. Africa.

„ Melleri Baker — Zambesi.

„ minor L. — S. Africa.

„ Nelsoni N. E. Br. — Natal.

„ polyphylla Baker — S. Africa.

„ tenuifolia Baker — S. Africa.

„ vittata Ker-Gawl. = Ornithogalum vitattum.

„ Wakefieldii Baker — S. Africa.

55. Urginea Steinh.

U. altissima (L.) Baker — S. Africa.

„ exuviata (Jacq.) Steinh. — S. Africa.

„ filifolia Steinh. — S. Africa.

„ fugax (Moris) Steinh. — Mittelmeergebiet.

„ lilacina Baker — Natal.

„ maritima (L.) Baker — Europa u. S. Africa.

„ micrantha (Rich.) Solms — Trop. Africa.

„ Petitiana (A. Rich.) Solms — Abyssinien.

„ Scilla Steinh. = maritima.

„ simensis (Hochst.) Schweinf. — Abyssinien.

56. Galtonia Dcne.

„ candicans (Baker) Dcne. — S. Africa.

„ clavata Baker — S. Africa.

„ Princeps (Baker) Dcne. — S. Africa.

57. Drimia Jacq. (Idothea Kunth)

D. acuminata Lodd. = Scilla lanceifolia.

„ altissima Hook. — S. Africa.

„ anomala Benth. — S. Africa.

Drimia haworthioides Baker — S. Africa.

D. elata Jacq. — S. Africa.

„ lanceifolia Ker-Gawl. = Scilla lanceaefolia.

„ purpurascens Jacq. — S. Africa.

„ robusta Baker — S. Africa.

„ villosa Lindl. — S. Africa.

58. Dipcadi Med.
(Uropetalon Ker-Gawl.)

D. erythraeum Webb — Arabien u. N. Africa.

„ hyacinthoïdes (Sprengel) Baker — S. Africa.

„ Mechowii (Eichl.) Hort. Berol. — Trop. W. Africa.

„ serotinum Medic. — Mittelmeergebiet.

„ viride (L.) Moench — S. Africa.

59. Scilla L.

S. Buchanani Baker — Nyassaland.

„ cameruniana Baker — Trop. W. Africa.

„ chinensis Benth. — O. Africa.

„ Cupani Guss. — Sicilien.

„ fastigiata Viv. — Corsica.

„ Galpinii Baker — Transvaal.

„ Hughii Bertol. = peruviana.

„ hyacinthoides L. — S. Europa.

„ Kraussii Baker — Natal.

„ lanceifolia Baker — S. u. Trop. Africa.

„ Ledienii Engler — Trop. W. Africa.

„ leucophylla Baker

„ lingulata Poir. — N. Africa.

„ livida Baker — S. Africa.

„ lusitanica L. — Spanien, Portugal.

Scilla maritima L. = Urginea maritima.

S. messeniaca Boiss. — Griechenland (v. Taygetos).

„ monophyllos Lindl. — Portugal.

„ natalensis Planch. — Natal.

„ obtusifolia Poir. — Sardinien, N. Africa.

„ parviflora Desf. — Algier.

„ peruviana L. — Mittelmeergeb.
var. glabra Boiss.
var. subnivalis Nym. — M. Parnes.
var. Vivianii (Bertol.).

„ plumbea Lindl. — S. Africa.

„ Ramburei Boiss. = verna.

„ rigidifolia Kunth — S. u. trop. Africa.

„ undulata Desf. — N. Africa, Sardinien, Corsica.

60. Camassia Lindl.

C. esculenta (Nutt.) Lindl. = Quamash.

„ Fraseri Torr. — Östliches N. America.

„ Quamash (Pursh) Hort. Berol. — Westl. N. America.

61. Eucomis L'Hérit.

E. amaryllidifolia Baker — S. Africa.

„ auctumnalis (Mill.) Hort. Berol. — S. Africa.
var. striata (Benth. et Mey.) Hort. Berol.

„ macrophylla Hort. = regia.

„ nana Ait. — S. Africa.

„ pallidiflora Baker — S. Africa.

„ punctata L'Hérit = comosa.

„ regia Ait. — S. Africa.

„ undulata Ait. = auctumnalis.

„ zambesiaca Baker — S. Africa.

62. Ornithogalum L.

O. acuminatum Baker = Ecklonii.
„ altissimum L. fil. — S. Africa.
„ anomalum Baker = Drimia anomala.
„ arabicum L. — Mittelmeergebiet.
„ aureum Curt. = thyrsoides.
„ biflorum D. Don — Chile u. Peru.
„ caudatum Jacq. — S. Africa.
„ corymbosum Ruiz et Pav. = arabicum.
„ Ecklonii Schlecht. — S. Africa.
    var. acuminatum Baker
„ fimbriatum Willd. — Taurus, Griechenland, Klein-Asien.
„ Huetii Boiss. — S. Eur., Orient.
„ juncifolium Jacq. — S. Africa.
„ lacteum Jacq. — S. Africa.
„ longibracteatum Jacq. — S. Africa.
    var. variegatum Hort.
„ Melleri Baker = Albuca Melleri.
„ narbonense L. — Mittelmeergebiet, Orient.
„ Paterfamilias Godr. — Südfrankreich.
„ revolutum Jacq. — S. Africa.
    var. major Hort.
„ scilloides Jacq. — S. Africa.
„ Saundersiae Baker — S. Africa.
„ Schlechterianum Schinz — S. Africa.
„ thyrsoides Jacq. — S. Africa.
    var. aureum Ait.
„ uniflorum Ker-Gawl. — W. Spanien, Portugal.
„ vittatum Kunth — S. Africa.

63. Drimiopsis Lindl.

D. Holstii Engler — O. Africa.
„ Kirkii Hook. f. — Zanzibar.
„ maculata Lindl. et Paxt. — Natal.

64. Chionodoxa Boiss.

C. nana (Schult. fil.) Boiss. — Creta.

65. Puschkinia Adams.

P. scilloides Adams. — Caucasus, Klein-Asien.
„ sicula Van Houtte = scilloides.

66. Hyacinthus L.
(Bellevalia Lapeyr.; Foxia Parlat. Hyacinthella Schur)

H. ciliatus Cirillo — Oran, Algier.
„ Hackelii Freyn — S. Portugal.
„ leucophaeus Stev. — S. Russland.
„ lineatus (Kunth) Steud. — Kl.-Asien.
„ nanus Schult. fil. = Chinodoxa nana.
„ paradoxus Fisch. et Mey. — Orient.
„ spicatus Sibth. et Sm. — Griechenland.

67. Pseudogaltonia O. Kuntze
P. Pechuelii O. Kuntze — Hereroland.

68. Muscari Mill. (Leopoldia Parl.).

M. commutatum Guss. — Sicilien.
„ pulchellum Heldr. et Sart.

    Botryanthes Kunth
B. parviflorus Kunth = Muscari parviflorum.

69. Veltheimia Gleditsch
V. capensis (L.) DC. in Red. — S. Africa.
„ glauca (Ait.) Jacq. — S. Africa.
    var. curvifolia Hort.
    var. latifolia Hort.

70. **Lachenalia** Jacq.

L. aloides (L. fil.) Pers., l. prior.
— S. Africa.
var. aurea (Lindl.).
var. quadricolor (Jacq.).
" aurea Lindl. = aloides.
" bulbifera (Cyrillo) l. prior. —
S. Africa.
var. Aureliana Hort.
" Camii Hort. — Hab.?
" contaminata Soland. in Ait. —
S. Africa.
" glaucina Jacq. — S. Africa.
" hirta Thunb. — S. Africa.
" hyacinthoides Lam. = orchioides.
" Nelsoni Hort. — Hab.?
" orchioides (L.) Ait. — S. Africa.
" orthopetala Jacq. — S. Africa.
" pallida Soland. in Ait. — S.
Africa.
" pendula Soland. in Ait. = bulbifera.
var. Aureliana Hort.
" purpurea Jacq. = unicolor.
" pustulata Jacq. — S. Africa.
" quadricolor Jacq. = aloides.
" racemosa Ker-Gawl. = pallida.
" reflexa Thunb. — S. Africa.
" Regeliana Hort.
" rosea Andr. — S. Africa.
" rubida Jacq. — S. Africa.
var. tigrina (Jacq.) Baker
" stolonifera Hort. = Scilla
hispanica.
" tigrina Jacq. = rubida.
" tricolor Thunb. = aloides.
" unicolor Jacq. — S. Africa.
var. purpurea (Jacq.).
" violacea Jacq. — S. Africa.
" versicolor Baker = unicolor.

71. **Massonia** Thunb.

M. jasminiflora Burch. — S. Africa.
" pustulata Jacq. — S. Africa.

72. **Yucca** Dill.

Y. aloifolia L. — Südl. Verein.
Staat. u. W.-Indien.
var. aurei-lineata Hort.
var. aurei-marginata Hort.
var. conspicua (Haw.) Hort.
Berol.
var. Draconis (L.) Baker
var. purpurea (Hort.) Baker
var. quadricolor Baker
var. serrulata Baker
var. tricolor Baker
var. variegata Hort.
" angustifolia Pursh — S. Verein.
Staaten.
var. stricta Baker
" australis Torr. — Sierra Blanka.
" baccata Torr. — Mexico.
" baccifera Engelm. — Texas.
" brevifolia Engelm. — Mexico.
" canaliculata Hook. = Treculiana.
" circinata Baker = baccata.
" constricta Baker = baccata.
" Desmetiana Baker — Mexico.
" elata Engelm. — Mexico.
var. albi-marginata Hort.
" Engelmannii Mast. = Whipplei.
" ensifolia Baker = guatemalensis.
" falcata Hort. = flexilis.
" filamentosa L. — S. Verein.
Staaten.
var. variegata Hort.
" filifera (Hort. ex Engelm.)
Chab. — Mexico.
" flexilis Carr. — Mexico.
var. falcata Baker

Yucca glauca Nutt. in Fras. — S. Verein. Staaten.

Y. gloriosa L. — Atlant. N. America, Carolina.
　　var. obliqua (Haw.) Baker
　　var. recurvifolia (Salisb.).
　　var. tortulata Baker
„ guatemalensis Baker — Mexico u. Guatemala.
„ macrocarpa Engelm. — Arizona.
„ Peacockii Baker — Mexico?
„ semicylindrica Baker = flexilis.
„ Treculiana Carr. — Mexico.
„ Whipplei Torr. — Californien u. Arizona.

73. Hesperaloe Engelm.

H. Engelmannii Krauskopf = yuccifolia.
„ yuccifolia Engelm. — N.-W. America.

74. Nolina Mich. (Beaucarnea Lem.)

N. Beldingii Brand. — Mexico.
„ Bigelowii (Torr.) S. Wats. — Arizona.
„ erumpens S. Wats. — Texas.
„ Hartwegiana Hemsl. — Mexico.
„ longifolia (Zucc. et Karwinski) Hemsl. — Mexico.
„ recurvata (Lem.) Hemsl. — Mexico.
„ texana S. Wats. — Texas.
„ tuberculata Hort. = recurvata.

75. Dasylirion Zucc.

D. acrotrichum (Schiede) Zucc. — Mexico.
„ Bigelowii Torr. = Nolina Bigelowii.
„ glaucophyllum Hook. — Mexico.
„ glaucum Zucc. = glaucophyllum.

Dasylirion graminifolium Zucc. — Mexico.

D. Hartwegianum Hook. = Hookeri.
„ Hookeri Lem. — Mexico.
„ Palmeri Hort. = Nolina Palmeri.
„ quadrangulatum S. Wats. — Mexico.
„ serratifolium Zucc. — Mexico.
„ Wheeleri S. Wats. — Mexico.

76. Cohnia Kunth

C. floribunda Kunth — Mauritius.
„ mauritiana (Willd. Herb.) Baker = macrophylla.
„ macrophylla Kunth — Bourbon.

77. Cordyline Comm.

C. australis (Forst.) Hook. f. — Neu-Seeland.
　　var. lineata Hort.
　　var. Doucettii Hort.
　　var. lentiginosa Linden
„ Banksii Hook. f. — Neu-Seeland.
„ Baueri Hook. f. = obtecta.
„ brasiliensis Planch. — Brasilien.
„ calocoma Hort. in Baker = australis.
„ cannifolia R. Br. = terminalis var.
„ colossea Hort. — Hab.?
„ congesta (Sweet) Endl. = stricta.
„ congesta (Sweet) Steud. (nec Endl.). — Australien.
„ Doucettii Hort. = australis var.
„ dracaenoides Kth. — Brasilien.
„ erythrorachis Hort. nach Baker = Banksii.
„ floribunda K. Koch — Mauritius = Cohnia floribunda.
„ Forsteri F. Muell. = australis.
„ Haageana K. Koch — Australien.

Cordyline Hookeri T. Kirk — Neu-Seeland.

C. hybrida Hort. — Div. var.

„ indivisa (Forst.) Steud., Kunth — Neu-Seeland.

„ lentiginosa Lind. u. André = australis var.

„ mauritiana Hort. Kew. = Cohnia macrophylla.

„ nutans Hort. in Goepp. — Hab. — ?

„ obtecta (R. Lah.) Baker — Norfolk-Ins.

„ Pumilio Hook. f. — Neu-Seeland.

„ rubra Hügel in Otto et Dietr. — Neu-Seeland.

var. latifolia Bruanti

„ stricta (Sims) Endl. — Australien.

„ stricta Hook. f. = Pumilio.

„ Sturmii Colenso — Neu-Seeland.

„ superbiens K. Koch = australis.

„ Terminalis (L.) Kunth — Trop. Asien.

var. cannifolia (R. Br.) Hort. Kew.

var. ferrea (K. Koch) Baker

„ Veitchii Regel = australis.

78. **Dracaena** Vand.

D. angustifolia Roxb. — Indien etc.

„ arborea (Willd.) Link — Trop. Africa.

„ Aubryana A.Brong. = thalioides.

„ australis Forst. = Cordyline australis.

„ Braunii Engler — Trop. W. Africa.

„ Cantleyi Baker — Singapore.

„ cernua Jacq. = reflexa.

„ Cinnabari Balf. — Socotra.

Dracaena concinna Kth. — Mauritius.

D. congesta Sweet = Cordyline congesta.

„ Draco L. — Canar. Ins.

„ elliptica Thunb. — Trop. Asien.

„ ensifolia Regel = fruticosa.

„ ferrea L. = Cordyline terminalis.

„ floribunda Baker — Hab.?

„ Fontanesiana Schult. f. — Madagascar.

„ fragrans (L.) Ker-Gawl. — Trop. Africa.

var. Lindeni (Hort.).

var. Massangeana (Hort.).

„ fruticosa K. Koch — Hab.?

„ Godseffiana Baker — Trop. W. Africa.

„ Goldieana Hort. — Trop. W. Africa.

„ Hookeriana K. Koch — S. Africa.

var. latifolia (Regel) Hort. Kew.

„ indivisa Forst. = Cordyline indivisa.

„ Kochiana Regel — Hab.?

„ Lindeni Hort. Kew. = fragrans.

„ marginata Lam. — Madagascar.

„ Massangeana Hort. = fragrans.

„ mauritiana Bojer = Cohnia floribunda.

„ mauritiana Lam. = Dianella nemorosa.

„ nigra Regel = Fontanesiana.

„ phrynioides Hook. f. — Trop. W. Africa.

„ reflexa Lam. — Mauritius.

var. cernua (Jacq.) Baker

„ Rothiana Carr. — Hab.?

„ Rumphii Regel = Hookeriana.

Dracaena salicifolia Regel = reflexa.

D. Sanderiana Hort. — Trop. W. Africa.

" Saposchnikowii Regel — Hab.?

" schizantha Baker — Hab.?

" Smithii Baker — Trop. Africa.

" stenophylla K. Koch — Hab.?

" surculosa Lindl. — Trop. W. Africa.

" Terminalis Jacq. = Cordyline Terminalis.

Dracaena thalioides Hort. Makoy. nach Morren —Trop.W.Africa.

D. umbraculifera Jacq.—Mauritius.

79. **Astelia** Banks

A. Banksii A. Cunn. — Neu-Seeland.

" montana Seem. — Fidji Ins.

" nervosa Banks u. Soland. — Neu-Seeland.

" spicata Colenso — Neu-Seeland.

4. Unterfamilie **Asparagoideae.**

80. **Asparagus** L. (Asparagopsis Kunth).

A. acutifolius L. — Mittelmeergeb.

" aethiopicus L. — Africa.

" arborescens L. — Mittelmeergeb.

" Cooperi Baker — S. Africa.

" crispus Lam. — S. Africa.

" declinatus L. — S. Africa.

" decumbens Jacq. = crispus.

" falcatus L. — Trop. Asien u. Africa.

" Krausii Baker — S. Africa.

" laricinus Burchell — S. Africa.

" lucidus Lindl. — China u. Japan.

" medeoloides Thunb. — S.Africa.

" plumosus Baker — S. Africa.

    var. albanensis Hort.

    var. cristatus Hort.

    var. nanus Hort.

    var. tenuissimus Hort.

" racemosus Willd. — Trop. Asien u. Africa.

    var. tetragonus Baker

" reflexus Hort. — Hab.?

" retrofractus L. — S. Africa.

" sarmentosus L. — S. Africa.

" scaber Brign. — Caucasus.

" scandens Thunb. — S. Africa.

Asparagus schoberioides Kunth — Japan.

A. Sprengeri Regel — Natal.

" tetragonus Presl = racemosus.

" umbellatus Sieb. — Mauritius.

Myrsiphyllum Willd. = Asparagus.

M. asparagoides Willd. = Asparagus medeoloides.

81. **Danaë** Medic.

D. androgyna Webb = Semele androgyna.

" racemosa (L.) Moench —Syrien, Transkaukas. — N. Persien.

82. **Semele** Kunth

S. androgyna (L.) Kunth — Canar. Ins.

83. **Ruscus** L.

R. aculeatus L. — Madera, Mittelmeergeb.

" Hypoglossum L. — Mittelmeergeb.

" Hypophyllum L. — Madera, Mittelmeergeb.

84. **Disporum** Salisb.

D. Hookeri Nichols. — Californien.
„ Leschenaultianum (Wall.) Don
— Indien.
„ pullum Salisb. — Indien u.
China.

85. **Polygonatum** Tourn.

P. oppositifolium Royle — Himalaya.

86. **Speiranthe** Baker

S. convallarioides Baker — Japan,
China.

87. **Theropogon** Maxim.

T. pallidus Maxim. — Himalaya.

88. **Reineckia** Kunth

R. carnea (Andrews.) Kunth —
Japan, China.

89. **Rhodea** Roth

R. japonica (Thunb.) Roth —
China, Japan.
fol. varieg.

90. **Gonioscypha** Baker

G. cucomoides Baker — Himalaya.

91. **Tupistra** Ker-Gawl.

T. macrostigma Baker — Himalaya.
„ nutans Wall. — Himalaya.
„ squalida Ker-Gawl. — Amboina.

92. **Aspidistra** Ker-Gawl.
(Plectogyne Link)

A. elatior Blume — Japan.
„ lurida Ker-Gawl. — China.
var. punctata (Lindl.).
var. variegata Hort.
„ typica Baill. — China.

5. Unterfamilie **Ophiopogonoideae.**

93. **Sansevicra** Thunb.

S. cylindrica Bojer — Trop.
Africa.
„ Ehrenbergii Schweinf. — Trop.
Africa.
„ grandicuspis Haw. — Trop.
Africa?
„ guineensis (Jacq.) Willd. —
Trop. Africa.
„ hyacinthoides (L.) Hort. Steud.
= zeylanica.
„ javanica Blume — Java.
„ Kirkii Baker — Zanzibar.
„ Roxburghiana Schultes — Indien.
„ subspicata Baker — S. Africa.
„ sulcata Bojer — Trop. Africa.
„ thyrsiflora Thunb. — S. Africa.
„ zebrina Hort. = guineensis.

Sanseviera zeylanica Willd. —
Trop. Africa u. Asien.

94. **Liriope** Lour.

L. graminifolia (L.) Baker — China,
Japan.
fol. varieg.

95. **Ophiopogon** Ker-Gawl.

O. graminifolius (L. fil.) Ker-Gawl.
— Japan, China.
„ Jaburan (Thunb.) Lodd. —
Japan, China.
fol. varieg.
„ japonicus (L. fil.) Ker-Gawl. —
Japan. var. Wallichianus (Kunth)
Hort. Berol. — Japan.

23

Ophiopogon minimus Hort. = Liriope graminifolia.

96. **Peliosanthes** Andr.

P. albida Baker — Penang.
„ Bakeri Hook. f. — Himalaya.
„ humilis Andr. — Penang.

Peliosanthes javanica (A. Dietr.) Hassk. — Java.
P. lurida Ridl. — Penang.
„ stellata Ridl. — Penang.
„ Teta Andr. — Indien.
„ violacea Wall. — Indien.

6. Unterfamilie **Luzuriagoideae.**

97. **Geitonoplesium** A. Cunn.
G. angustifolium K. Koch — Australien.
„ cymosum (R. Br.) A. Cunn. — Australien.

98. **Eustrephus** R. Br.
E. latifolius (Poir.) R. Br. — N. S. Wales.

99. **Luzuriaga** Ruiz et Pav. (Callixene Juss.)
L. radicans Ruiz et Pav. — Chile u. Peru.

100. **Behnia** Didrichs
B. reticulata (Thunb.) Didrichs — S. Africa.

Dictyopsis Haw. = Behnia.
D. Thunbergii Haw. = Behnia reticulata.

101. **Philesia** Comm.
P. buxifolia Lam. — Chile.
„ magellanica Gmel. = buxifolia.

102. **Lapageria** Ruiz et Pav.
L. rosea Ruiz et Pav. — Chile.
var. albiflora Hook.

Philageria Mast = Philesia × Lapageria
P. Veitchii Mast. = Ph. buxifolia × L. rosea.

7. Unterfamilie **Smilacoideae.**

103. **Smilax** L.
S. argyraea Lind. u. Rod. — Bolivia.
„ aspera L. — Europa, Orient, Ind. or.
fol. varieg.
„ australis R. Br. — Australien.
„ Bonanox L. — Carolina, Georgia.
Subsp. polyodonta D.C.
var. alpina (Willd.) D.C.
var. enticosa (Kunth) D.C.
var. hastata (Willd.) D.C.
Subsp. hederifolia (Kunth) D.C.

Smilax discolor Schlecht. — Mexico.
S. glycyphylla Sm. — Australien.
„ latifolia R. Br. = australis.
„ macrophylla Roxb. — Ostindien.
„ officinalis H. B. K. — Columbien.
„ ornata Lem. — Mexico.
„ ovalifolia Roxb. = macrophylla.
„ prolifera Roxb. — Indien.

Haemodoraceae.

1. Wachendorfia L.

W. hirsuta Thunb. — S. Africa.
„ paniculata L. — S. Africa.
„ thyrsiflora L. — S. Africa.

2. Xiphidium Loefl.

X. albidum Lam. = coeruleum.
„ coeruleum Aubl. — Trop. America.
„ floribundum Sw. = coeruleum.

Amaryllidaceae.

1. Unterfamilie Amaryllidoideae.

1. Hessea Herb.

H. crispa (Jacq.) Kunth — S. Africa.
„ gemmata (Herb.) Benth. — S. Africa.
„ undulata Hort. = Strumaria undulata.

2. Haemanthus L.

H. abyssinicus Herb. = multiflorus.
„ albiflos Jacq. — S. Africa.
  var. intermedius (Roem.) Hort.
  var. pubescens Herb.
„ albimaculatus Baker — Natal.
„ amarylloides Jacq. — S. Africa.
„ Baurii Hort. Kew. Gard. Chron. 1885 — S. Africa.
„ brevifolius Herb. = carneus.
„ candidus Hort. — Natal.
„ carneus Ker-Gawl. — S. Africa.
„ cinnabarinus Desne. — Trop. W. Africa.
„ Clarkei W. Watson — S. Africa.
„ coarctatus Jacq. = coccineus.
„ coccineus L. — S. Africa.
  var. coarctatus (Jacq.) Baker
„ curisiphon Harms — Kilimandjaro.
„ incarnatus Burch. — S. Africa.
„ insignis Hook. = magnificus.
„ Kalbreyeri Baker = multiflorus.
„ Katherinae Baker — Natal.

Haemanthus Lindeni N. E. Br. — Congo.
H. longipes Engler — Kamerun.
„ magnificus Herb. — Natal.
  var. insignis Baker
  var. superbus Hort.
„ Mannii Baker — Trop. W. Africa.
„ multiflorus Martyn — Trop. Africa.
  var. splendens Hort.
„ natalensis Hook. — Natal.
„ Ottonis Hort. — Hab.?
„ pubescens L. — S. Africa.
„ puniceus S. — S. Africa.
„ quadrivalvis Jacq. = pubescens.
„ rotundifolius Ker-Gawl. — S. Africa.
„ Rouperi Hort. = magnificus.
„ tigrinus Jacq. — S. Africa.

3. Buphane Herb.

B. ciliaris (L.) Herb. — S. Africa.
„ disticha (L. fil.) Herb. — S. Africa.
„ toxicaria Herb. = disticha.

4. Griffinia Ker-Gawl.

G. Blumenavia K. Koch et Bché. — Brasil.
„ hyacinthina (Ker-Gawl.) Herb. — Brasil.
„ ornata Moore — Brasil.

5. **Clivia** Lindl.
(Himanthophyllum Hook.)

C. cyrtanthiflora Hort. — Hab.?
„ Gardeni Hook. — S. Africa.
„ miniata (Hook.) Regel — Natal.
„ nobilis Lindl. — S. Africa.

6. **Strumaria** Jacq.

S. crispaKer-Gawl.=Hesseacrispa.
„ gemmata Ker-Gawl. = Hessea
   gemmata.
„ undulata Jacq. — S. Africa.

7. **Lapiedra** Lag.

L. Martinezii Lag. — S.W.Europa.

8. **Leucojum** L.

L. autumnale L. — Mittelmeergeb.
„ Hernandezii Cambess. = pulchellum.
„ pulchellum Salisb. — Sardin.,
   Balear.

9. **Nerine** Herb.

N. appendiculata Baker — Natal.
„ corusca Herb. = sarniensis.
„ crispa Hort. = undulata.
„ curvifolia (Jacq.) Herb. — S.
   Africa.
      var. Fothergillii (Andrz.)
      Baker
„ Elwesii Leichtlin = pudica
„ filifolia Baker — S. Africa.
„ flexuosa (Jacq.) Herb. — S.
   Africa.
      var. angustifolia Baker
      var. pulchella (Herb.) Baker
„ Fothergillii (Andrz.) Roem. =
   curvifolia.
„ humilis (Jacq.) Herb.—S.Africa.
„ japonica Miq.=Lycoris radiata.
„ Moorei Leichtlin — S. Africa.
„ pancratioides Baker — S.Africa.

Nerine Plantii Hort. = sarniensis.
N. pudica (Sweet) Hook. fil. — S.
   Africa.
      var. Elwesii (Leichtl.)
„ sarniensis (L.) Herb. — S.
   Africa.
      var. corusca (Gawl.) Herb.
      var. rosea (Herb.) Baker
      var. venusta (Herb.) Baker
„ undulata (L.) Herb. — S. Africa.
„ venusta Herb. = sarniensis.
„ amabilisHort.(pudica✕humilis).
„ atrorubens Hort. — (Hybr.)
„ atrosanguinea Hort. (Plantii ✕
   flexuosa).
„ Camii Hort. (curvifolia ✕ undulata).
„ cinnabarina Hort. (Fothergillii ✕
   flexuosa).
„ curvifolia ✕ sarniensis Pax
„ elegans Hort. (flexuosa✕rosea).
„ excellens Hort. (flexuosa ✕ humilis).
„ Mansellii Hort. (flexuosa ✕
   Fothergillii).
„ Meadowbankii Hort. (sarniensis
   ✕ Fothergillii).
„ O'Brieni Hort.(pudica✕Plantii).

10. **Amaryllis** L.

A. Atamasco L. = Zephyranthes
   Atamasco.
„ aurea L'Hérit. = Lycoris aurea.
„ Belladonna L. — S. Africa.
      var. alba Hort.
      var. blanda (Ker-Gawl.).
      var. kewensis Hort.
      var. major Hort.
      var. pallida (Red.).
„ candida Lindl. = Zephyranthes
   candida.
„ carinata Spr. = Zephyranthes c.

Amaryllis formosissima L. = Sprekelia formosissima.

A. Hallii Hort. = Lycoris squamigera.

„ multiflora Tratt. = Haemanthus
multiflorus.

„ striatifolia Herb.= Hippeastrum
reticulatum var. striatifolium.

„ reticulata L'Hérit. = Hippeastrum reticulatum.

„ tubispatha Herb. = Zephyranthes tubispatha.

„ versicolor Spr. = Zephyranthes
versicolor.

11. Brunsvigia Heist.

B. gigantea Heist. — S. Africa.

„ humilis Ecklon = minor.

„ Josephinae (Red.) Ker-Gawl.
— S. Africa.

„ minor Lindl. — S. Africa.

„ multiflora Ait. = gigantea.

„ Radula (Jacq.) Ait. — S. Africa.

„ toxicaria Ker-Gawl. = Buphane
disticha.

12. Vallota Herb.

V. purpurea(Ait.)Herb.—S.Africa.
var. magnifica Hort.
var. superba Hort.

13. Ungernia Bunge

U. trisphaera Bunge — N. Indien.

14. Zephyranthes Herb.
(Habranthus Herb. z. Th.)

Z. Andersonii (Herb.) Benth. —
Montevideo.

„ andicola Baker — Chile.

„ Atamasco (L.) Herb. — Verein.
Staaten v. America.

„ candida (Lindl.) Herb. — La
Plata.

Zephyranthes carinata (Spreng.)
Herb. — W. Indien.

Z. citrina Baker — Guiana.

„ chloroleuca (Ker-Gawl.) Herb.
— Trop. America.

„ depauperata Herb. — S. Chile.

„ grandiflora Lindl. = carinata.

„ lilacina Liebm. — Mexico.

„ Lindleyana Herb. — Mexico.

„ mesochloa Herb. — Buenos
Ayres.

„ robusta Baker — Buenos Ayres.

„ rosea (Spreng.) Lindl. — Cuba.

„ sessilis Herb. = verecunda.

„ Taubertiana Harms — Brasil.

„ texana Herb. — Texas.

„ Treatiae S. Wats. — Florida.

„ tubispatha (L'Hérit.) Herb. —
W. Indien u. Columbien.

„ verecunda Herb. — Mexico.

„ versicolor (Herb.) Baker —
Maldonado.

„ vestita Hort. — ? Trop.
America.

15. Cooperia Herb.

C. Drummondii Herb. — Texas u.
Mexico.

„ Oberwetteri Hort. — Hab.?

„ pedunculata Herb. — Texas.

16. Sternbergia Waldst. et Kit.

S. Fischeriana Rupp. — Caucasus.

„ lutea (L.) Ker-Gawl. in Schult.fil.
var. sicula (Tin.) — Sicil.

17. Genthyllis L.

G. afra L. — S. Africa.

„ ciliaris L. — S. Africa.

„ odorata Hort. — S. Africa.

„ plicata Hort. — S. Africa.

„ spiralis L. — S. Africa.

18. **Chlidanthus** Herb.

C. fragrans Herb. — Peru.

19. **Crinum** L.

C. abyssinicum Hochst. — Abyssinien.
„ amabile Don — Sumatra.
„ americanum L.—Verein.Staaten.
„ amoenum Roxb. — Himalaya u. Khasia.
„ angustifoliumHerb.—Australien.
„ aquaticum Burchell = campanulatum.
„ arenarium Herb. = angustifolium.
„ asiaticum L. — Trop. Asien.
var. japonicum Hort.
var. variegatum Hort.
„ Angustum Roxb. — Mauritius u. Seychellen.
„ australasicum Herb. = angustifolium.
„ australe Herb. = pedunculatum.
„ Bainesii Baker — Trop. Africa.
„ brachynema Herb. — Bombay.
„ bracteatum Willd. — Seychellen.
„ Braunii Harms — Madagascar.
„ Broussonetii Herb. = yucciflorum.
„ campanulatum Herb. — S.Africa.
„ canaliculatum Roxb. = pedunculatum.
„ capense Herb. = longifolium.
„ Careyanum Herb. — Mauritius u. Seychellen.
„ Colensoi Hort. = Moorei.
„ Commelynii Jacq. — S.America.
„ crassifolium Herb. = variabile.
„ crassipes Baker — ? Trop. Africa.
„ cruentum Ker-Gawl. — Mexico.
„ defixum Ker-Gawl. — Indien.
var. ensifolium Roxb. — Pegu.

Crinum distichum Herb. — Sierra Leone.
C. Doriae Hort. Dammann. — Abyssinien.
„ erubescens Soland. in Ait. — Trop. America.
var. minus Hort.
„ flaccidum Herb. — Australien.
„ fimbriatulum Baker — Angola.
„ Forbesianum Herb. — Delagoa-Bai.
„ giganteum Andr.—Trop.Africa.
var. album Hort.
„ grandiflorum Hort. = Powellii.
„ Hildebrandtii Vatke — Johanna Insel.
„ Kirkii Baker — Zanzibar.
„ Lastii Baker—Trop.Ost-Africa.
„ latifolium L. — Trop. Asien.
var. yemense (Deflers) — Arabien.
„ leucophyllum Baker — Damaraland.
„ Lindleyanum Herb. = Commelynii.
„ lineare L. fil. — S. Africa.
„ longifolium Thunb. — S. Africa.
var. Farinianum Baker
„ Mackenii Hort. = Moorei.
„ Macowani Baker — Natal.
„ Macoyanum Carr. = Moorei.
„ Massaianum Linden = Kirkii.
„ meldense Quétier (longifolium × taitense).
„ moluccanum Roxb.= latifolium.
„ Moorei Hook. fil. — S. Africa.
var. album Hort.
var. variegatum Hort.
„ natalense Hort. = Moorei.
„ nobile Hort. = giganteum.
„ ornatum Bury = Sanderianum.
„ parvum Baker — Zambesi.

Crinum pedunculatum R. Br. —
Australien.
    var. pacificum Hort.
C. podophyllum Hooker — Alt
Calabar.
    var. magnificum Hort.
  „ Powellii Hort. (longifolium ×
Moorei).
    var. album Hort.
    var. rubrum Hort.
  „ pratense Herb. — O. Indien.
  „ purpurascens Herb. — Trop.
W. Africa.
  „ revolutum Lindl. = Commelynii.
  „ riparium Herb. = longifolium.
  „ Roozenianum O'Brien = erubescens var. minus.
  „ Sanderianum Baker — Trop. W.
Africa.
  „ scabrum Herb. — Trop. Africa.
  „ Schimperi Vatke — Abyssinien.
  „ Schmidtii Regel = Moorei var.
album.
  „ speciosum Herb. = latifolium.
  „ submersum Herb. — Brasilien.
  „ superbum Roxb. = amabile.
  „ taitense D.C. in Red. = pedunculatum.
  „ vanilliodorum Wellw. = giganteum.
  „ variabile Herb. — O. Africa.
  „ yemense Defers = latifolium.
  „ yucciflorum Salisb. — Sierra
Leone.
  „ zeylanicum L. — Trop. Asien
u. Africa.
    var. reductum Baker

20. Ammocharis Herb.

A. falcata (L'Hérit.) Herb. — S.
Africa.

21. Cyrtanthus Ait.
(Gastronema Herb.)

C. angustifolius (L.) Ait. — S. Africa.
    var. ventricosus (Willd.).
  „ breviflorus Harv. = Anoiganthus
breviflorus.
  „ carneus Lindl. — S. Africa.
  „ collinus Burch. — S. Africa.
  „ Galpinii Baker — S. Africa.
  „ glaucus Herb. — Hab.?
  „ helictus Lehm. — S. Africa.
  „ Huttoni Baker — S. Africa.
  „ hybridus N. E. Br. — Hab.?
  „ intermedius Hort. — S. Africa.
  „ lutescens Herb. — S. Africa.
  „ Mackenii Hook. f. — Natal.
  „ Macowanii Baker — S. Africa.
  „ obliquus (L.) Ait. — S. Africa.
  „ O'Brieni Baker — Natal.
  „ odorus Ker-Gawl. — S. Africa.
  „ parviflorus Baker — S. Africa.
  „ sanguineus Hook. — S. Africa.
  „ spiralis (Herb.) Burch. — S.
Africa.
  „ Tuckii Baker — S. Africa.
  „ uniflorus Ker-Gawl. — S. Africa.

22. Ixiolirion Fisch.

I. montanum (Labill.) Herb. —
Orient, Sibirien.
  „ Pallasii F. v. Müll. = montanum.

23. Calliphruria Herb.

C. Hartwegiana Herb. — Bogota.
  „ subedentata Baker = Eucharis
subedentata.

24 Hymenocallis Salisb.
(Ismene Salisb.)

H. acutifolia Herb. = littoralis.
  „ adnata Herb. = littoralis.
  „ Amancaes (Herb.) Nichols. —
Peru.

Hymenocallis Andreana Nichols. —
 Ecuador.
H. calathina (Herb.) Nichols. —
 Peru u. Bolivien.
„ caribaea (L.) Herb. — W.
 Indien.
 var. patens (Redouté).
„ concinna Baker — Mexico.
„ eucharidifolia Baker — Trop.
 America.
„ expansa Herb. — W. Indien.
„ glauca Roem. — Mexico.
„ guianensis Herb. = tubiflora.
„ Harrisiana Herb. — Mexico.
„ lacera Salisb. — Vereinigte
 Staaten v. America.
 var. paludosa Salisb.
„ littoralis (Jacq.) Salisb. — Trop.
 America.
„ Macleana (Herb.) Nichols. —
 Peru.
„ macrostephana Baker
„ mexicana Herb. = lacera.
„ nutans Baker — Brasilien.
„ ovata (Mill.) Roem. — W. Indien.
„ paludosa Salisb. = lacera.
„ rotata Herb. = lacera.
„ senegambica Kunth — Trop.
 W. Africa.
„ speciosa Salisb. — W. Indien.
„ tubiflora Salisb. — S. America.
„ undulata (H. B. K.) Herb. —
 Venezuela.

25. **Elisena** Herb. (Plagiolirion)
E. longipetala Herb. — Peru u.
 Ecuador.
„ Horsmannii (Baker) Hort. Berol.

Plagiolirion Baker = Elisena.

P. Horsmannii Baker = Elisena
 Horsmanni.

26. **Eucharis** Planch.
E. amazonica Hort. = grandiflora.
„ candida Planch. et Paxt. —
 Anden v. Neu-Granada.
„ Elmetiana Hort. — Hab.?
„ grandiflora Planch. — Columbia.
 var. Lowii (Baker).
 var. Moorei (Baker).
„ Mastersii Baker — Columbia.
„ Sanderi Baker — Columbia.
„ Stevensii Krelage — Hab.?
„ subedentata Benth. — Columbia.

27. **Eurycles** Salisb.
E. amboinensis Loud. = sylvestris.
„ australasica Loud. = australis.
„ australis (Spreng.) Schult. —
 N. Australien.
„ Cunninghamii Ait. — Australien.
„ sylvestris Salisb. — Malay.
 Arch. u. Australien.

28. **Calostemma** R. Br.
C. album R. Br. — Golf von
 Carpentaria.
„ luteum Sims — Australien.
„ purpureum R. Br. — Australien.

29. **Narcissus** L.
 (Hermione Herb.)
N. abscissus Schult. fil. = Pseudo-
 Narcissus.
„ Barrii Hort. — Hab.?
„ Bernardii D.C.inHen.=Macleayi.
„ biflorus Curt. — S. Europa.
„ Bulbocodium L. — Westl. Mittelmeergebiet.
 var. citrinus Baker
 var. monophyllus (Dur.).
 var. nivalis (Graells) —
 Span. Astur.
 var. obesus (Salisb.).
 var. tenuifolius (Salisb.).

Narcissus Burbidgei Hort.

N. cernuus Bourg. = triandrus.

„ corcyrensis Herb. = Tazetta.

„ elegans Spach — Italien, Sicil., Algier.

„ incomparabilis Mill. — S. W. Europa.

    var. alba Haw.

    var. concolor Haw.

    var. Stella Hort.

„ Johnstonii Baker = Pseudo-Narcissus.

„ juncifolius Lag. — S. Europa.

    var. rupicola Duf.

„ Leedsii Hort. (Gartenbastard)

„ Macleayi Lindl. — Pyren.

„ minimus Kunth = Pseudo-Narcissus.

„ muticus Gay = Pseudo-Narcissus.

„ nanus Steud. = Pseudo-Narcissus.

„ Nelsonii Hort. = incomparabilis.

„ obesus Salisb. = Bulbocodium.

„ obvallaris Salisb. = Pseudo-Narcissus.

„ odorus L. — S. Europa.

„ pallidulus Graells = triandrus.

„ poeticus L. — Europa.

    var. ornatus Haw.

„ Princeps Hort. — Hab.?

„ Pseudo-Narcissus L. — Europa. fl. pleno.

    var. albicans Spreng.

    var. bicolor L.

    var. cambricus Haw.

    var. cyclamineus Baker

    var. Johnstonii (Baker).

    var. major (L.).

    var. minimus Haw.

    var. minor (L.).

    var. moschata (L.).

    var. nanus (Haw.).

    var. muticus (Gay).

Narcissus rupicola Duf. = juncifolius.

N. scoticus Hort. — Hab.?

„ stellatus Sprun. = Tazetta.

„ Tazetta L. — Algier, S. Europa.

    var. Bertolonii (Parl.).

    var. corcyrensis (Herb.).

    var. glaucus Hort.

    var. Panizzianus (Parl.).

    var. papyraceus (Ker-Gawl.).

    var. polyanthos (Lois.)

    var. syracusansus Tod.

    var. venustus Tod.

„ triandrus L. — Spanien, Portugal.

30. **Pancratium** Dill.

P. aegyptiacum Roem. — Egypten.

„ arabicum Sickenb. — Egypten u. Arabien.

„ calathiforme Red. — S. America.

„ canariense Ker-Gawl. — Canar. Inseln.

„ caribaeum L. = Hymenocallis caribaea.

„ carolinianum L. — Carolina, Florida.

„ collinum Coss. et Dur. — Algerien.

„ foetidum Pomel. — Algerien.

„ guianense Ker-Gawl. = Hymenocallis tubiflora.

„ illyricum L. — S. Europa.

„ maritimum L. — Mittelmeergeb.

    var. tortuosum Herb.

„ nutans Ker-Gawl. = Hymenocallis nutans.

„ parviflorum Desf. = Vagaria parviflora.

„ rotatum Ker-Gawl. = Hymenocallis lacera.

Pancratium Saharae Coss. — Sahara.
P. Sickenbergeri Aschs. u. Schweinf.
— Egypten u. Arabien.
„ tortusum Herb. — Arab. u. Egypt.
„ trianthum Herb. — Trop. Africa.
„ verecundum Soland. in Ait. —
Nördl. Indien.
„ zeylanicum L. — Trop. Asien.

31. Stenomesson Herb.
(Coburgia Sweet)

S. aurantiacum (H. B. K.) Herb.
— Ecuador.
„ Hartwegii Lindl. = aurantiacum.
„ incarnatum (H. B. K.) Baker —
S. America.
    var. fulvum Hort.
    var. trichromum Hort.
    var. lineatum Hort.
    var. quitense Hort.
„ luteiviride Baker — Ecuador.
„ Pearcei Baker — Peru.
„ stramineum Hort. — Trop. W.
America.
„ suspensum Baker — Peru.
„ viridiflorum (R. P.) Benth. —
Peru.

32. Placea Miers
P. lutea Phil. — Chile.

33. Sprekelia Heist.
S. formosissima (L.) Herb. —
Mexico u. Guatemala.

34. Hippeastrum Herb.
(Habranthus Herb. z. Th.; Phycella
Lindl.)

H. Ackermanni Hort.
„ ambiguum Hook. (= H. dri-
florum × vittatum).
„ Advena Herb. — Chile.
  var. coccineum Hort.

Hippeastrum Andreanum Hort.
Jamaic. (non Baker) = Amaryllis Belladonna.
H. aulicum (Ker-Gawl.) Herb. —
Brasilien.
„ bicolor (Ruiz et Pav.) Baker —
Chile.
„ bifidum (Herb.) Baker — Buenos
Ayres.
„ brachyandrum Baker — Parana.
„ chilense Baker — Chile.
„ equestre (L.) Herb. — Trop.
America.
    var. major Bot. Reg.
„ Gravinae M. Roem. (H. Reginae × vittata).
„ Herbertianum Baker — Chile.
„ Leopoldii Dombrain — Peru.
„ pardinum Dombrain — Peru.
„ perilutum Hort. — Hab.?
„ pratense (Herb.) Baker — Chile.
„ procerum Lem. — Brasilien.
„ psittacinum (Ker-Gawl.) Herb.
— Brasilien.
„ Reginae (L.) Herb. — S. America.
„ reticulatum (L'Hérit.) Herb. —
Brasilien.
    var. striatifolium Baker
„ robustum A. Dietr. = aulicum.
„ Roezlii Baker — Bolivia.
„ roseum Baker — Chile.
„ rutilum (Ker-Gawl.) Herb.
„ solandriflorum Herb. — Brasilien.
„ solandriflorum × vittatum = H.
ambiguum.
„ spectabile Lodd. — Gartenbastard.
„ stylosum (Burg.) Herb. — Brasilien.
„ uniflorum Baker — Chile.
„ vittatum (Ait.) Herb. — Peru.

35. **Vagaria** Herb.

V. parviflora(Deaf.)Herb.—Syrien.

36. **Lycoris** Herb.

L. aurea (Ait.) Herb. — China.
„ radiata (L'Hérit.) Herb. — China u. Japan.
„ sanguinea Maxim. — Japan.
„ Sowerzowii Regel = Ungernia trisphaera.
„ squamigera Maxim. — Japan.
„ Terracianoi Hort. Damm. — Hab.?

37. **Urceolina** Reichb.
(Pentlandia Herb.)

U. aurea Lindl. = pendula.
„ miniata Benth. — Peru u. Bolivia.
„ pendula Herb. — Peru.

Urceocharis Masters (Eucharis × Urceolina)
U. Clibrani Mast.

38. **Eucrosia** Ker-Gawl.

E. aurantiaca (Baker) l. prior. — Ecuador.
„ Lehmanni Micron. — Ecuador.
„ mirabilis (Baker)l.prior.— Peru.

Callipsycho Herb. = Eucrosia
C. aurantiaca Baker = Eucrosia aurantiaca.
„ mirabilis Baker = Eucrosia mirabilis.

39. **Phaedranassa** Herb.

P. angustior Harms = Carmiolii.
„ Carmiolii Baker — Costa Rica.
„ chloraera Herb. = dubia.
„ dubia (H. B. K.) l. prior. — Ecuador.
„ fuchsioïdes Hort. = dubia.
„ gloriosa Hort. — Trop. America.
„ Lehmannii Regel — Columbia.
„ obtusa Herb. = dubia.
„ schizantha Baker — Ecuador.
„ ventricosa Baker = dubia.
„ viridiflora Baker — Ecuador.

2. Unterfamilie **Agavoideae**.

40. **Bravoa** Llav. et Lex.

B. Bulliana Baker = Prochnyanthes Bulliana.
„ geminiflora Llav. et Lex. — Mexico.

41. **Polianthes** L.

P. tuberosa L. — Mexico.

42. **Prochnyanthes** S. Wats.

P. Bulliana Baker — Mexico.
„ viridescens Wats. — Mexico.

43. **Agave** L.

A. albicans Jacobi — Mexico.
„ albicans var. variegata Hort.

Agave albicans × mitis Hort. Berol.
A. amoena Lem. = Scolymus.
„ americana L. — Trop. America.
   var. albimarginata Hort.
   var. longifolia Hort.
   var. lutea, viride marginata Hort.
   var. medio picta Hort.
   var. ornata Jacobi
   var. picta (Salm-Dyck) Baker
   var. striata Hort.
   var. variegata Hort. Steud.
„ amurensis Jacobi = xylonacantha.

Agave ananasoides De Jonghe = Regeliana.

A. angustissima Engelm. — Mexico.
„ applanata Lem. — Mexico.
„ asperrima Jacobi — Texas.
„ atrovirens Karw. — Mexico.
  var. latissima (Jacobi).
  var. mitriformis (Jacobi).
„ attenuata Salm-Dyck — Mexico.
  var. compacta Hort.
„ Baxteri Baker — Mexico.
„ Beaucarnei Lem. == Kerchovei.
„ Besseriana Jacobi = macracantha.
„ Bonnetiana Peacock = ferox.
„ Botterii Baker — Mexico.
„ Bouchei Jacobi — Mexico.
„ brachystachys Cav. — Mexico.
„ bromeliifolia Salm-Dyck — Mexico.
„ bulbifera Salm-Dyck = vivipara.
„ caerulescens Salm-Dyck = lophantha.
„ caespitosa Podaro = Sartorii.
„ californica Jacobi = falcata.
„ Canartiana Jacobi = atrovirens.
„ Candelabrum Todaro = rigida var. elongata.
„ Cautula Roxb. = vivipara.
„ caribaea Hort. Kew. ex Baker — Martinique.
„ Celsii Hook. — Mexico.
„ chiapensis Jacobi = polyacantha.
„ chloracantha Salm-Dyck — Mexico.
„ cinerascens Jacobi = applanata.
„ coarctata Jacobi = atrovirens var. latissima.
„ coccinea Roezl — Mexico.
„ cochlearis Jacobi — Mexico.
„ Cohniana Jacobi = yuccifolia.
„ concinna Baker — Mexico.

Agave Consideranti Carr. = Victoriae-Reginae.

A. Corderoyi Baker — Mexico.
„ crenata Jacobi = Scolymus.
„ cucullata Lem. — Mexico.
„ cyanophylla Jacobi = mexicana.
„ dasylirioides Jacobi — Mexico.
„ dealbata Lem. = dasylirioides.
„ decipiens Baker — Florida.
„ densiflora Hook. — Mexico.
„ Deserti Engelm. — California.
„ Desmetiana Hort. = horrida.
„ Ehrenbergii Jacobi — Mexico.
„ elegantissima Hort. — Hab.?
„ Ellemeetiana Jacobi — Mexico.
„ elongata Jacobi = rigida.
„ Engelmanni Trelease — Mexico.
„ ensifera Jacobi = univittata.
„ excelsa Jacobi — Mexico.
„ falcata Engelm. — Mexico.
„ ferox K. Koch — Mexico.
„ filamentosa Salm-Dyck = filifera.
„ filifera Salm-Dyck — Mexico.
  var. filamentosa (Salm-Dyck).
  var. longifolia Jacobi
„ fourcroydes Lem. = rigida var. elongata.
„ Franzosinii Baker — Mexico.
„ geminiflora Ker-Gawl. — Mexico.
„ Ghiesbrechtii K. Koch — Mexico.
  var. grandidentata Hort. Lyon.
  var. subalbispina Hort. Lyon.
  var. albicincta Hort. Lyon.
  var. micrantha Hort. Lyon.
„ Gilbeyi Hort. = horrida.
„ glaucescens Hook. = attenuatta.
„ Goeppertiana Jacobi — Mexico.
„ grandidentata Hort. Belg. ex Jacobi = horrida var. micracantha.
„ gracilispina Jacobi = coccinea.

Agave guttata Jacq. et Bché.

A. Haselofñi Jacobi — Mexico.

„ Haynaldii Todaro — Mexico.

„ Henriquesii Baker — Mexico.

„ heteracantha Hort. ex Jacobi —
Texas u. Mexico.

„ heteracantha $\times$ univittata Hort.
Berol.

„ Hookeri Jacobi — Mexico.

„ horizontalis Jacobi — Mexico.
var. Rovelliana Hort.

„ horrida Lem. — Mexico.
var. Gilbeyi Hort.
var. macrodonta Baker
var. micracantha Baker

„ Houlletii Hort. Par. ex Jacobi
— Mexico.

„ huachucensis Baker — Arizona.

„ Humboldtiana Jacobi — Mexico.

„ hystrix Hort. ex Baker = striata
var. stricta.

„ inermis Ortg. = Kerchovei.

„ integrifolia Baker — Mexico.

„ intermedia Hort. — Hab.?

„ Ixtlii Karw. = rigida.

„ ixtlioides Hook. = rigida var.
elongata.

„ Jacobiana Salm-Dyck = atrovirens.

„ Karatto Mill. — W. Indien.

„ Kellockii Jacobi = pruinosa.

„ Kerchovei Lem. — Mexico.
var. canaliculata Hort.
var. major Hort.
var. inermis Hort.
var. Veitchii Hort.

„ kewensis Jacobi — Mexico.

„ Kochii Jacobi = xylonacantha.

„ latissima Jacobi = atrovirens.

„ laxifolia Baker — Mexico.

„ Lecheguilla Torr. = heteracantha.

Agave Lehmannii Jacobi = atrovirens var. latissima.

A. Leopoldii Hort. — Hab.?

„ linearis Jacobi = macracantha.

„ lophantha Schiede — Mexico.
var. coerulescens (Salm-
Dyck).
var. Funkiana (K. Koch et
Bché).

„ lurida Ait. — Mexico.
var. Jacquiniana (Schult.).

„ macrantha Todaro —? Mexico.

„ macroacantha Zucc. — Mexico.

„ macrodonta Lem. = Kerchovei.

„ maculata Regel — Texas and
Mexico.

„ Marensi Hort. — Hab.?

„ Margaritae Hort. = applanata.

„ maritima Rose — Mexico.

„ marmorata Roezl — Mexico.

„ Martiana K. Koch — Mexico.

„ Maximiliana Hort. Saunders. ex
Baker — Mexico.

„ Mescal Ellem. bei K. Koch =
Scolymus.

„ mexicana Lam. — Mexico.

„ micracantha Salm - Dyck —
Mexico.
var. picta Hort.

„ Milleri Hort. Kew. = americana.

„ miradorensis Jacobi — Mexico.

„ mitis Mart. — Mexico.

„ mitriformis Jacobi = atrovirens.

„ Morrisii Baker — Jamaica.
var. variegata Hort.

„ multilineata Baker — Mexico.

„ Nissonii Baker — Mexico.

„ Noackii Jacobi = Sartorii.

„ oblongata Jacobi —? Mexico.

„ ornata Jacobi = americana.

„ Ottonis Jacobi = atrovirens.

Agave Ousselghemiana Jacobi = albicans.

A. Palmeri Engelm. — Arizona.
„ Parryi Engelm. — Arizona und Neu-Mexico.
„ Peacockii Croucher — Mexico.
„ perbella Hort. ex Baker = xylonacantha.
„ polyacantha Haw. — Mexico.
   var. chiapensis (Jacobi).
„ Poselgerii Salm-Dyck = heteracantha.
„ Potasina Weber — Hab.?
„ Potatorum Zucc. — Mexico.
„ Pringlei Engelm. — Californien.
„ protuberans Engelm. — Mexico.
„ pruinosa Lem. — Mexico.
„ pulcherrima Otto bei M. Roem. — Mexico.
„ pumila Hort. —? Mexico.
„ recurva Zucc. = striata.
„ Regeliana Jacobi — Mexico.
„ revoluta Klotzch — Mexico.
„ rigida Mill. — Mexico.
   var. angustifolia Hort.
   var. elongata (Jacobi).
   var. Ixtlii (Karw.).
   var. sisalana Engelm. — Missouri.
„ Roezliana Baker — Mexico.
„ rubescens Salm-Dyck — Mexico.
„ rufi-cincta Jacobi = Sartorii.
„ rupicola Regel — Mexico.
„ Salmiana Otto = atrovirens.
„ Saponaria Lindl. = brachystachys.
„ Sartorii K. Koch — Mexico u. Guatemala.
„ Saundersii Hook. = Scolymus.
„ scabra Salm-Dyck = Wislizenii.
„ schidigera Lem. — Mexico.
„ Schottii Engelm. — Arizona.

Agave Scolymus Karw. — Mexico.
   var. brevifolia Hort.
   var. crenata (Jacobi).
   var. Leopoldii Hort.
   var. pulchra Hort.
   var. Saundersii (Hook.).
A. Seemaniana Jacobi — Guatemala.
„ Shawii Engelm. — Californien.
„ sisalana Engelm. = rigida.
„ sobolifera Salm-Dyck — W. Indien.
„ spectabilis Todaro — Mexico.
„ spicata Cav. — Cuba.
„ striata Zucc. — Mexico.
   var. echinoides (Jacobi).
   var. recurva (Zucc.).
   var. striata (Salm-Dyck).
„ Taylorii Williams — (Hybr.).
„ Terracianoi Pax — Mexico.
„ thuacanensis Karw. = atrovirens.
„ Thomsoniana Jacobi — Mexico.
„ Toneliana Hort. Peacock. ex Baker — Mexico.
„ triangularis Jacobi = horrida.
„ uncinata Jacobi = polyacantha.
„ univittata Haw. — Mexico.
   var. longifolia Hort.
„ univittata × marginata.
„ utahensis Engelm. — Utah und Arizona.
„ Veitchii Hort. = Kerchovei.
„ Vera-Crucis Haw. = lurida.
„ Verschaffeltii Lem. = Scolymus.
„ vestita Hort. — Hab.?
„ Victoriae-Reginae T. Moore — Mexico.
„ virginica L. — S. United States.
„ vivipara L. — Mexico und Honduras.
   var. variegata Hort.
   var. Veitchii Hort.
„ Wildingii Tod. — Mexico.

Agave Wislizenii Engelm. — Mexico.

A. xalapensis Roezl — Mexico.

„ xylonacantha Salm-Dyck — Mexico.

 var. perbella Hort.

„ yuccifolia D. C. — Mexico.

„ Yxtlii Karw. = rigida.

44. Furcroya Schult.

F. Bedinghausii K. Koch — Mexico.

„ Commelyni (Salm-Dyck) Kunth — Trop. America.

„ cubensis (Jacq.) Haw. — Trop. America.

 var. inermis Baker

 var. Lindeni (Jacobi).

 var. valleculata (Jacobi).

„ depauperata Jacobi — Trop. America.

„ Desiderantii Hort. — Trop. America.

„ elegans Todaro — Mexico.

„ flavi-viridis Hook. — Mexico.

„ foetida (L.) Haw. — Trop. America.

 var. variegata (Hort.) l. prior.

 var. Willemeetiana (Roem.) l. prior.

„ geminispina Jacobi — Trop. America.

„ gigantea Vent. — Trop. America = F. foetida.

„ Lindeni Jacobi = cubensis.

Furcroya longaeva Karv. et Zucc. — Mexico.

F. macrophylla Baker — Bahamas.

„ pubescens Todaro — Trop. America.

„ Roezlii André = Bedinghausii.

„ Selloii K. Koch — Mexico u. Guatemala.

„ stricta Jacobi — Trop. America.

„ tuberosa (Mill.) Ait. — Trop. America.

„ undulata Jacobi — Mexico.

Roezlia Hort. = Furcroya

R. regia Hort. = Furcroya Bedinghausii.

45. Beschorneria Kunth

B. bracteata Jacobi — Mexico.

„ Cohniana Hort. = tubiflora.

„ Decosteriana Baker — Mexico.

„ Schlechtendahlii Jacobi — Mexico.

„ superba Hort. — Mexico.

„ Toneliana Jacobi — Mexico.

„ tubiflora (Kunth et Bouché) Kunth — Mexico.

„ yuccoides Hook. — Mexico.

46. Doryanthes Correa

D. excelsa Correa — N. S. Wales.

„ Guilfoylei Bailey — Queensland.

„ Larkini Bailey — Queensland.

„ Palmeri W. Hill. — Queensland.

3. Unterfamilie Hypoxidoideae.

47. Alstroemeria L.

A. aurantiaca D. Don — Chile.

„ bicolor Hook. = Ligtu var. pulchella.

„ brasiliensis Spreng. — Centr. Brasil.

Alstroemeria chilensis Lem. — Chile.

A. haemantha Ruiz et Pav. — Chile.

„ Ligtu L. Chile.

 var. pulchra (Sims) Hort.

„ oculata = Bomarea Salsilla.

Alstroemeria Pelegrina L. — Chile.
A. psittacina Lehm. = pulchella.
„ pulchella L. fil. — N. Brasil.
„ pulchra Sims = Ligtu.
„ revoluta Ruiz et Pav. — Chile.
„ Simsii Spreng. = haemantha.
„ venustula Phil. — Chile.

48. **Bomarea** Mirb.

B. acutifolia Herb. — Mexico.
„ Caldasii (H. B. K.) Willd. — Colombia.
„ Carderi Mast. — Colombia.
„ chontalensis Seem. = edulis.
„ conferta Benth. — Ecuador.
„ edulis (Tuss.) Herb. — Trop. America.
　　var. chontalensis (Seem.).
„ Lehmannii Baker — Colombia.
„ frondea Mast. — Colombia.
„ multiflora(L.)Mirb. — Venezuela et Colombia.
„ oculata Lodd. = Salsilla.
„ oligantha Baker — Peru.
„ patacocensis Herb. — Ecuador u. Colombia.
„ Salsilla (L.) Mirb. — Chile.
„ Shuttleworthii Mast. = Carderi.

49. **Leontochir** Phil.

L. Ovallei Phil. — Chile.

50. **Curculigo** Gärtn.

C. latifolia Dryand — Malaya.
„ orchioïdes Gaertn. — Trop. Asien.
„ recurvata Dryand — Trop. Asien.
　　var. variegata Hort.
„ seychellensis Bojer — Mascarenen.

51. **Hypoxis** L.

H. angustifolia Lam. — S. Africa.
„ colchicifolia Baker — S. Africa.
„ decumbens Lam. = villosa.
„ decumbens L. — Argentin. u. Brasil.
„ elata Hook.f. — hemerocallidea.
„ elegans Poir. = stellata.
„ erecta L. — N. America.
„ flavescens Ecklon — S. Africa.
„ hemerocallidea Fisch. — S. Africa.
„ latifolia Hook. — S. Africa.
„ longifolia Baker — S. Africa.
„ multiceps Buching in Krauss — S. Africa.
„ obtusa Burch. — S. Africa.
„ pannosa Baker = villosa.
„ regia Hort. — Hab.?
„ Rooperi Moore — S. Africa.
„ scabra Lodd. = villosa.
„ serrata L. — S. Africa.
„ sobolifera Jacq. = villosa.
„ stellata L. — S. Africa.
　　var. elegans Pers.
„ stellipilis Ker-Gawl. — S. Africa.
„ villosa L. fil. — S. Africa.

52. **Conanthera** Ruiz et Pav.
（Cummingia D. Don)

C. campanulata Lindl. = Simsii.
„ Simsii Sweet — Chile.
„ trimaculata (D.Don) Hort. Berol. Chile.

53. **Cyanella** L.

C. capensis L. — S. Africa.
„ coerulea Eckl. = capensis.
„ lutea L. — S. Africa.
„ odoratissima Lindl. = lutea.

54. **Tecophilaea** Bert.

T. Cyanocrocus Leyb. — Chilo.

55. **Anigosanthus** Labill.

A. bicolor Endl. — Australien.
„ flavidus Red — Australien.

Anigosanthus Manglesii Don —
Australien.
A. pulcherrimus Hook. — Australien.
„ rufus Labill. — Australien.
„ thyrianthinus Hook. = rufus.

Velloziaceae.

1. **Vellozia** Vand.
(Herophyta Juss.)

V. candida Mik. — Brasilien.
„ compacta Mart. — Brasilien.
„ elegans Talbot — S. Africa.
„ equisetoides Baker — S. Africa.

Vellozia phalocarpa Pohl — Brasilien.
V. retinervis Baker — S. Africa.

2. **Barbacenia** Vand.

B. squamata Paxt. — Brasilien.

Taccaceae.

1. **Tacca** Forst. (Attaccia Presl.)

T. artocarpifolia Scem. — Madagascar.
„ cristata Jacq. — Malaya.

Tacca palmata Blume — Java.
T. pinnatifida Forst. — Trop. Asien.
„ viridis Hemsl. — Indien.

Dioscoreaceae.

1. **Dioscorea** L.

D. alata L. — Indien.
„ brasiliensis Willd. — Brasilien.
„ marmorata Hort. — Trop. America.
„ multicolor Lind. et André — Brasilien.
    var. chrysophylla Hort.
    var. melanolaena Hort.
„ pentaphylla L. — Indien und Africa.
„ prachensilis Benth. — Trop. Africa.
„ quinqueloba Thunb. — Japan.

Dioscorea retusa Mast. — S. Africa.
„ rhipogonoides Oliver — Hongkong.
„ sativa L. — Tropen.
„ sinuata Vel. — Brasilien.
„ transversa R. Br. — Australien.

2. **Testudinaria** Salisb.

T. Elephantipes Burch. — S. Africa.
„ sylvatica Kunth — S. Africa.

3. **Trichopus** Gaertn.

T. zeylanicus Gaertn. — Indien.

Iridaceae.

1. Unterfamilie Crocoideae.

1. Syringodea Hook. f.

S. pulchella Hook. f. — S. Africa.

2. Romulea Maratti
(Trichonema Ker-Gawl.)

R. aurea Klatt = sublutea.
„ bulbocodioides (Laroch.) Eckl.
— S. Africa.
„ Bulbocodium (L.) Seb. et Mauri
— Europa.
„ candida Tenore — S. Afiica.
„ Clusiana Baker — Spain.
„ Columnae (Schult.) Seb. et Mauri
— Europa u. Azoren.
„ filifolia (Del. in Redout.) Eckl.
— S. Africa.
„ gracillima Baker — Namaqua-
land.
„ grandiscapa Gay — Canar.,
Ins. Madera.

Romulea hirsuta Eckl. — S. Africa.
R. ligustica Parl. — N. Italien.
„ Linaresii Parl. — S. Europa u.
Kleinasien.
„ longifolia Baker — S. Africa.
„ Parlatorei Todaro = ramiflora.
„ purpurascens Ten. = ramiflora.
„ pulchella Jord. = Bulbocodium.
„ ramiflora Ten. — Mittelmeergeb.
var. Parlatorei (Tod.).
„ rosea (L.) Eckl. — S. Africa.
var. speciosa (Andr.) Baker
„ sublutea Baker — S. Africa.

3. Galaxia Thunb.

G. fugacissima (L.) Hort. Berol. —
S. Africa.
„ graminea Thunb. = fugacissima.
„ ovata Thunb. — S. Africa.
var. versicolor (Salisb.).

2. Unterfamilie Iridoideae.

4. Hermodactylus Adans.

H. tuberosus Salisb. — Mittelmgbt.
var. longifolius (Sw.) Baker

5. Iris L. (Gynandiris Parl.;
Thelysia Salisb.; Xiphium Mill.)

I. aphylla L. — Caucasus.
„ arenaria Waldst. et. Kit. —
Ungarn, Siebenbürgen, S.
Russland.
„ bicolor Lindl. = Moraea bicolor.
„ chinensis Curt. = japonica.
„ compressa L. fil. = Moraea
iridioides.

Iris crassifolia Lodd. = Moraea
iridioides.
I. hexagona Walt. — S. Verein.
Staaten.
„ japonica Thunb. — Japan u.
China.
„ martinicensis L. = Trimezia
martinicensis.
„ moraeoides Ker-Gawl. = Moraea iridioides.
„ pabularis Ch. Ndn. — Hab. ?
„ Pavonia Curt. = Moraea glau-
copsis.
„ Pavonia L. = Moraea Pavonia.
„ persica L. — Persien.
var. major Siehe.
var. coerulea Siehe.

Iris pumila L. — Europa, Asien bor.
var. attica Boiss. et Heldr.
fl. violaceis.
I. Robinsonia F. Müll. = Moraea
Robinsoniana.
„ tristis L. fil. = Moraea tristis.
„ villosa Ker-Gawl. = Moraea
Pavonia var.

6. **Moraea** L. (Dietes Salisb.;
Vieus euxia Delar.)

M. barbigera Salisb. = ciliata.
„ bicolor Spaë — S. Africa.
„ Candolleana Spreng. — S. Africa.
„ candida Baker — S. Africa.
„ chinensis Thunb. = Belem-
canda chinensis.
„ ciliata (Thunb.) Ker-Gawl. —
S. Africa.
var. barbigera Salisb.
„ collina Thunb. = Homeria
collina.
„ edulis (Thunb.) Ker-Gawl. —
S. Africa.
var. longiflora (Sweet).
„ glaucopis (D.C.) Baker — S.
Africa.
„ iridioides L. — S. Africa.
„ juncea L. — S. Africa.
„ longiflora Ker-Gawl. — S. Africa.
„ papilionacea (Thunb.) Ker-
Gawl. — S. Africa.
„ Pavonia (Ait.) Ker-Gawl. —
S. Africa.
„ Robinsoniana F. Muell. — Lord
Howes Ins.
„ spathacea (Pers.) Ker-Gawl. —
S. Africa.
„ spicata (R. S.) Ker-Gawl. —
S. Africa.
„ tricuspis (L. fil.) Ker-Gawl. —
S. Africa.

Moraea tristis (Thunb., L. fil.)
Ker-Gawl. — Kapstadt.
M. viscaria (Thunbg.) Ker-Gawl.
— S. Africa.

7. **Cypella** Herb. (Phalocallis
Herb.)

C. coerulea Seub. = Marica
coerulea.
„ gracilis Klatt = Marica gracilis.
„ Herbertii (Lindl.) Herb. — S.
America.
„ peruviana Baker — Peru.
„ plumbea Lindl. — S. Brasilien,
Buenos Ayres.

8. **Trimezia** Salisb

T. caracasana Benth. et Hook. —
Trop. America.
„ martinicensis (Thunb.) Herb.
— Trop. America.

9. **Marica** Ker-Gawl.

M. brachypus Baker — Trinidad.
„ californica (Dryand) Ker-Gawl.
„ coerulea Ker-Gawl. — Trop.
America.
„ gracilis Herb. — Trop. America.
„ humilis Lodd. — Brasilien.
„ longifolia Link et Otto — Brasilien.
„ Northiana Ker-Gawl. — Trop.
America.
„ occidentalis Baker — Peru.

10. **Alophia** Herb.

A. coerulea Herb. — Texas.

11. **Rigidella** Lindl.

R. flammea Lindl. — Mexico.
„ orthanta Paxt. = flammea.
„ immaculata Herb. — Guatemala.

12. **Tigridia** Ker-Gawl. (Hydrotaenia Lindl.)

T. aurea Hort. = Pavonia.
,, buccifera S. Wats. — Mexico.
,, conchiiflora Sweet = Pavonia.
,, grandiflora Salisb. = Pavonia.
,, Pavonia (L.) Ker-Gawl. —
Mexico u. Guatemala.
var. aurea Hort.
var. alba Hort.
var. conchiiflora (Sweet).
,, Pringlei S. Wats. — Mexico.
,, Van Houttei (Bak.) l. prior —
Mexico.
,, violacea Schiede — Mexico.

13. **Ferraria** L.

F. antherosa Ker-Gawl. — S.
Africa.
,, Tigridia Ker-Gawl. = Tigridia
Pavonia.
,, undulata L. — S. Africa.
,, viridiflora Andr. = antherosa.

14. **Hexaglottis** Vent.

H. longifolia (Jacq.) Vent. — S.
Africa.

15. **Nemastylis** Nutt.

N. acuta Herb. — Texas, Arcansas.

16. **Homeria** Vent.

H. collina (Thunb.) Vent. — S.
Africa.
,, aurantiaca (Zucc.) Sweet. —
S. Africa.
,, elegans (Jacq.) Sweet — S.
Africa.
,, lineata Sweet — S. Africa.
,, mineata Sweet — S. Africa.

17. **Diplarrhena** Labill

D. Moraea Labill. — Australien.

18. **Libertia** Spreng.

L. coerulescens Kunth — Chile.
,, formosa Grah. — Chile.
,, grandiflora (R. Br.) Sweet —
Neu-Seeland.
,, ixioides (Forst.) Spreng. — Neu-
Seeland.
,, orbicularis Colenso = ixioides.
,, paniculata (R. Br.) Spreng. —
Australien.
,, pulchella (R. Br.) Spreng. —
Australien u. Neu-Seeland.
,, tricocca Phil. — Chile.

19. **Bobartia** Ker-Gawl.

B. aphylla (Thunb.) Ker-Gawl.
— S. Africa.

20. **Belamcanda** Adans.
(Pardanthus Ker-Gawl.)

B. chinensis (L.) Leman in Red.
— China u. Japan.

21. **Sisyrinchium** L.

S. angustifolium Mill. — N.
America, Schottland.
,, californicum Dryand — Californien.
,, chilense Hook. — Trop. America.
,, Gaudichaudii A. Dietr. — Falk-
landinsel.
,, graminifolium Lindl. — Chile.
,, majale Link = graminifolium.
,, Moritzianum Klatt = Ortho-
santhus chimboracensis.
,, striatum Smith — S. America.

22. **Patersonia** R. Br.

P. glabrata R. Br. — Australien.
,, longiscapa Sweet — Australien.
,, occidentalis R. Br. — W.
Australien.

23. **Eleutherine** Herb.

E. plicata (Sw.) Herb. — Trop. America.

24. **Orthrosanthus** Sweet

O. gramineus Benth. — W. Australien.

„ chimboracensis (H. B. K.) Baker — Mexico u. Peru.

„ multiflorus Sweet — W. Australien.

25. **Aristea** Soland.

A. africana (L.) Pax — S. Africa.

„ capitata (L.) Ker-Gawl. — S. Africa.

„ corymbosa Benth. = Nivenia corymbosa.

Aristea cyanea Soland. = africana.

A. dichotoma (Thunb.) Ker-Gawl. — S. Africa.

„ Ecklonii Baker — S. Africa.

„ intermedia Eckl. = dichotoma.

„ Kitchingii Baker — Centr. Madagascar.

„ major Andr. = capitata.

„ platycaulis Baker — S. Africa.

„ pusilla (Eckl.) Ker-Gawl. — S. Africa.

26. **Witsenia** Thunb.

W. Maura (L.) Thunb. — S. Africa.

27. **Nivenia** Vent.

N. corymbosa (Ker-Gawl.) Bak. — S. Africa.

3. Unterfamilie Ixioideae.

28. **Schizostylis** Backh. et Harv.

S. coccinea Backh. et Harv. — S. Africa.

29. **Geissorhiza** Ker-Gawl.

G. Bellendenii Macowan — S. Africa.

„ excisa (Thunb.) Ker-Gawl. — S. Africa.

„ hirta (Thunb.) Ker-Gawl. — S. Africa.

„ humilis (Thunb.) Ker-Gawl. — S. Africa.

„ imbricata (Delar.) Ker-Gawl. var. obtusata (Don) Ker-Gawl.

„ obtusata (Don) Ker-Gawl. = imbricata.

„ quadrangula Ker-Gawl. — S. Africa.

„ Rocheana Sweet, Ker-Gawl. — S. Africa.

30. **Hesperantha** Ker-Gawl.

H. cinnamomea (Thunb.) Ker-Gawl. — S. Africa.

„ falcata (Thunb.) Ker-Gawl. — S. Africa.

„ graminifolia Sweet — S. Africa.

„ pilosa (L.) Ker-Gawl. — S. Africa.

„ Woodii Baker — Natal.

31. **Ixia** L. (Morphixia Ker-Gawl.)

I. bulbifera = Sparaxis bulbifera.

„ Bulbocodium L. = Romulea Bulbocodium.

„ conica Salisb. = maculata.

„ crateroides Ker-Gawl. = speciosa.

„ crispa L. fil. = Tritonia undulata.

„ falcata L. fil. = Hesperanthera falcata.

Ixia fistulosa Ker-Gawl. = Micranthus fistulosus.
I. flexuosa L. — S. Africa.
„ grandiflora Ker-Gawl. = Sparaxis grandiflora.
„ lilacina Eckl. — S. Africa.
„ longiflora (L. fil.) Ait. — S. Africa.
„ maculata L. — S. Africa.
„ monadelpha Delar. — S. Africa.
„ paniculata Delar. = longiflora.
„ patens Ait. — S. Africa.
„ polystachya L. — S. Africa.
    var. albi-tardiva Hort.
    var. grandiflora Hort.
    var. pallida Hort.
„ polystachya Jacq. = Tritonia scillaris.
„ speciosa Andr. — S. Africa. ·
„ tricolor Curt. = Sparaxis tricolor.
„ viridiflora Lam. — S. Africa.

32. Dierama K. Koch

D. pendula (Thunb.) Baker — S. Africa.
„ pulcherrima (Eckl.) Baker — S. Africa.

33. Melasphaerula Ker-Gawl. (Diasia D. C.)

M. graminea (L.) Ker-Gawl. — S. Africa.

34. Tritonia Ker-Gawl. (Montbretia D. C.).

T. aurea Pappe — S. Africa.
    var. imperialis (Leichtlin).
    var. maculata (Baker).
    var. miniata (Jacq.) Ker-Gawl.
„ crocosmiiflora (Hort.) — Hab. ?
„ crispa (L.) Ker-Gawl. – S. Africa.

Tritonia crocata (L.) Ker-Gawl. — S. Africa.
    var. miniata (Jacq.) Ker-Gawl.
T. fenestrata (Jacq.) Ker-Gawl. = hyalina.
„ hyalina (L. fil.) Baker — S. Africa.
„ lineata Ker-Gawl. = Sparaxis lineata.
„ longiflora (L. fil.) Ker-Gawl. = Ixia longiflora.
„ miniata (Jacq.) Ker-Gawl. — S. Africa.
„ odorata Lodd. = Freesia refracta.
„ Pottsii Benth. — S. Africa.
„ refracta Ker-Gawl. = Freesia refracta.
„ rosea (Jacq.) — S. Africa.
„ scillaris (L.) Baker — S. Africa.
„ securigera (Ait.) Ker-Gawl. — S. Africa.
„ squalida (Ait.) Ker-Gawl. —
„ Templemanni Baker — S. Africa.
„ undulata Baker — S. Africa.
„ watsonioides Baker — Swaziland.
„ xanthospila Ker-Gawl. — S. Africa.

Crocosmia Planch. = Tritonia
C. aurea Planch. = Tritonia aurea.

35. Sparaxis Ker-Gawl.

S. albiflora Eckl. = bulbifera.
„ bulbifera (L.) Ker-Gawl. — S. Africa.
„ grandiflora (Delar.) Ker-Gawl. — S. Africa.
„ Jaubertii Eckl. = Freesia refracta.
„ lineata (Salisb.) Pax (unter Tritonia) — S. Africa.

Sparaxis pendula (Thunb. L. fil.)
Ker-Gawl.= Dierama pendula.
S. pulcherrima Hook. f. = Dierama
pulcherrima.
„ tricolor (Curt.) Ker - Gawl. —
S. Africa.

36. Acidanthera Hochst.

A. aequinoctialis Baker — Sierra
Leone.
„ bicolor Hochst. — Abyssinien
u. Zambesi.

37. Synnotia Sweet.

S. bicolor (Thunb.) Sweet. —
S. Africa.
„ variegata Sweet. — S. Africa.

38. Babiana Ker.

B. angustifolia (Sweet.) Eckl. =
stricta.
„ Bainesii Baker — S. Africa.
„ disticha (R. S.) Ker-Gawl. —
S. Africa.
„ fragrans Eckl. — S. Africa.
„ macrantha Mac Ovan — S.
Africa.
„ plicata (Thunb.) Ker-Gawl. =
S. Africa.
„ purpurea Ker-Gawl. = stricta.
„ pygmaea Spr., Steud.—S.Africa.
„ ringens (L.) Ker-Gawl. — S.
Africa.
„ rubro-coerulea Reichb.=stricta.
„ spathacea (L.) Ker - Gawl. —
S. Africa.
„ stricta (Ait.) Ker-Gawl. — S.
Africa.
var. angustifolia (Sweet).
var. rubri - cyanaea Ker-
Gawl.
var. villosa Ker-Gawl.

Babiana sulphurea (Ait.) Ker-Gawl.
— S. Africa.
B. tubata (Jacq.) Sweet. — S. Africa.
„ tubiflora (L.) Ker-Gawl. —
S. Africa.
„ villosa (Ait.) Ker-Gawl.

39. Gladiolus L.

G. Adlamii Baker — Transvaal.
„ alatus L. — S. Africa.
„ Alexandrinus Hort. — Damm.
„ angustus L. — S. Africa.
„ arenarius Baker — S. Africa.
„ aurantiacus Klatt — Natal.
var. rubri - tinctus — Baker
„ biflorus Klatt — S. Africa.
„ blandus Soland. ex Ait. — S.
Africa.
var. albidus (Jacq.).
„ brevifolius Jacq. — S. Africa.
„ cardinalis Curt — S. Africa.
„ Childsii Hort. — Hab.?
„ Colvillei Sweet. — (Hybr.)
var. alba Hort.
„ Cooperi Baker = psittacinus.
„ crassifolius Baker — S. Africa.
„ cruentus Moore — Natal.
„ cuspidatus Jacq. — S. Africa.
„ decoratus Baker — Moramballa.
„ dracocephalus Hook. f. — Natal.
„ Ecklonii Lehm. — S. Africa.
„ floribundus Jacq. — S. Africa.
„ gandavensis Van Houtte. —
(Hybr.)
„ gracilis Jacq. — S. Africa.
„ grandis Thunb. — S. Africa.
„ hastatus Thunb. — S. Africa.
„ hirsutus Jacq. — S. Africa.
„ Kirkii Baker — Zanzibar.
„ Lemoinei Hort. — Hab.?
„ lineatus Salisb. = Tritonia
lineata.

Gladiolus Lucidor Baker — S. Africa.

G. Ludwigii Pappe — S. Africa.

„ Macowanianus Klatt = angustus.

„ macrocephalus Hook — S. Africa.

„ maculatus Sweet = recurvus.

„ Merianellus Thunb. — S. Africa.

„ Milleri Ker-Gawl. = S. Africa.

„ Nanceianus Hort.

„ natalensis Reinw. = psittacinus.

„ oppositiflorus Herb. — S. Africa.

„ Papilio Hook. — S. Africa.
var. fl. albo.

„ permeabilis (Burm.) Delar. —
S. Africa.

„ platyphyllus Baker — S. Africa.

„ primulinus Baker — S. O. Africa.

„ psittacinus Hook. — S. Africa.
var. Cooperi Baker

„ pudibundus Sweet.

„ purpurei-auratus Hook fil. —
S. Africa.

„ Quartinianus A. Rich. — Trop.
Africa.

„ recurvus L. — S. Africa.

„ refractus Jacq. — Freesia —
refracta.

„ Saundersii Hook. f. — S. Africa.

„ sulphureus Jacq. = Babiana
stricta.

„ superbus Fisch. — Hab.?

„ trichonemifolius Ker-Gawl. —
S. Africa.

„ trimaculatus Lam. = angustus.

„ tristis L. — S. Africa.
var. concolor (Salisb.).

„ Tysonii Baker — S. Africa.

„ undulatus (L.) Jacq. — S. Africa.
var. roseus Hort.

„ venosus Willd. = (Tritonia)
Sparaxis lineata.

„ versicolor Andr. = grandis.

Gladiolus villosus Ker-Gawl. — S.
Africa.

G. Watsonius Thunb. = Antholyza
Watsonia.

„ xanthospilus D. C. in Red =
Freesia xanthospila.

40. Antholyza L.

A. abyssinica A. Brongn. —
Abyssinien.

„ aethiopica L. — S. Africa.
var. bicolor (Gasp.) Hort.
var. minor Lindl. = bicolor.
var. ringens (Andr.) Hort.

„ caffra Ker-Gawl. — S. Africa.

„ Cunonia L. — S. Africa.

„ fulgens Andr. = Watsonia
angusta.

„ Meriana L. = Watsonia Meriana.

„ Merianella L. — S. Africa.

„ paniculata Klatt — S. Africa.

„ pracalta D. C. = aethiopica.

„ revoluta Burm. — S. Africa.

„ Schweinfurthii Baker — Abyssinien.

„ speciosa Hort. — S. Africa.

„ Watsonia (Thunb.) Pax —
S. Africa.

41. Micranthus Pers.

M. fistulosus Eckl. — S. Africa.

„ plantagineus (Ait.) Eckl. —
S. Africa.

42. Lapeyrousia Poir.
(Anomatheca Ker-Gawl.)

L. azurea Eckl. = corymbosa.

„ corymbosa (L.) Ker-Gawl. —
S. Africa.
var. azurea (Eckl.).

„ cruenta (Lindl.) Benth. — S.
Africa.

Lapeyrousia Drummondii Hort. —
S. Africa.
L. fissifolia (Jacq.) Ker-Gawl. —
S. Africa.
„ grandiflora Baker — Zambesi.
„ juncea Pourr. — S. Africa.

43. **Watsonia** Miller

W. alba Hort. = Meriana.
„ aletroides (Burm.) Ker-Gawl.
— S. Africa.
„ angusta Ker-Gawl. — S.
Africa.
„ Ardernei Hort. = Meriana.
„ coccinea Herb. — S. Africa.
„ densiflora Baker — S. Africa.
„ fulgida Salisb. = angusta.
„ humilis Mill. — S. Africa.
„ iridifolia (Jacq.) Ker-Gawl. =
Meriana.
var. fulgens (Pers.) Ker-Gawl.
= angusta.

Watsonia marginata (L.) Ker-Gawl.
— S. Africa.
W. Meriana (L.) Mill. — S. Africa.
var. Ardernei Hort. = var.
O'Brieni.
var. iridifolia (Jacq.) Baker
var. O'Brieni N. E. Br.
„ plantaginea (Ait.) Ker-Gawl. =
Micranthus plantagineus.
„ punctata (R. S.) Ker-Gawl. —
S. Africa.
„ rosea (Eckl.) Ker-Gawl. — S.
Africa.
„ tubulosa Pers. = aletroides.

44. **Freesia** Klatt

F. Leichtlinii Klatt — S. Africa.
var. odorata (Lindl.) Klatt
„ refracta (Jacq.)Klatt — S.Africa.
„ undulata Hort. = Ferraria undulata.
„ xanthospila Klatt — S. Africa.

Register
der Gattungen und Synonyme.

Acidanthera Hochst. 347.
Agapanthus L'Hérit. 317.
Agave L. 335.
Agavoideae 335.
Albuca L. 318.
Allioideae 317.
Aloë L. 312.
Alophia Herb. 343.
Alstroemeria L. 339.
Amaryllidaceae 327.
Amaryllidoideae 327.
Amaryllis L. 328.
Ammocharis Herb. 331.
Androcymbium Willd. 310.

Anigosanthus Labill. 341.
Anomatheca Ker-Gawl. 348.
Anthericum L. 311.
Antholyza L. 348.
Anthropodium R. Br. 311.
Apicra Willd. 315.
Aristea Soland. 345.
Asparagoideae 324.
Asparagopsis Kunth 324.
Asparagus L. 324.
Asphodeline Rchb. 310.
Asphodeloideae 310.
Asphodelus L. 310.
Aspidistra Ker-Gawl. 325.

Astelia Banks 324.
Attaccia Presl 341.

Babiana Ker-Gawl. 347.
Barbacenia Vand. 341.
Beaucarnea Lem. 322.
Bohnia Didrichs. 326.
Belamcanda Adans. 344.
Bellevalia Lapeyr. 320.
Beschorneria Kunth 339.
Bessera Schultes fil. 317.
Blandfordia Sm. 312.
Bloomeria Kellogg 317.
Bobartia Ker-Gawl. 344.
Bomarea Mirb. 340.
Botryanthes Kunth 320.
Bowiea Harv 311.
Bravoa Llav. et Lex. 335.
Brodiaea Sm. 317.
Brunsvigia Heist. 329.
Bulbine L. 310.
Bulbinella Kunth 310.
Bulbocodium L. 310.
Buphane Herb. 327.

Calliphruria Herb. 331.
Callixene Juss. 326.
Calochortus Pursh 318.
Calostemma R. Br. 332.
Camassia Lindl. 319.
Chamaescilla F. v. Muell. 311.
Chionodoxa Boiss. 320.
Chlidanthus Herb. 330.
Chlorogalum Kth. 311.
Chlorophytum Ker-Gawl. 311.
Clivia Lindl. 328.
Coburgia Sweet 334.
Cohnia Kunth 322.
Colchicum L. 310.
Conanthera Ruiz et Pav. 340.
Cooperia Herb. 329.
Cordyline Comm. 322.
Crinum L. 330.
Crocoideae 342.
Cummingia D. Don 340.

Curculigo Gärtn. 340.
Cyanella L. 340.
Cypella Herb. 343.
Cyrtanthus Ait. 331.

Danaë Medic. 324.
Dasylirion Zucc. 322.
Dianella Lam. 312.
Diasia D. C. 346.
Dichopogon Kunth 311.
Dictyopsis Hard. 326.
Dierama K. Koch 346.
Dietes Salisb. 343.
Dioscorea L. 341.
Dioscoreaceae 341.
Dipcadi Med. 319.
Dipidax Laws. 310.
Diplarrhena Labill. 341.
Disporum Salisb. 325.
Doryanthes Correa 339.
Dracaena Vand. 323.
Drimia Jacq. 318.
Drimiopsis Lindl. 320.

Echeandia Ortega 311.
Eleutherine Herb. 345.
Elisena Herb. 332.
Eremurus M. B. 310.
Eriosperum Jacq. 311.
Eucharis Planch. 332.
Eucomis L'Hérit. 319.
Eucrosia Ker-Gawl. 335.
Eurycles Salisb. 332.
Eustrephus R. Br. 326.

Ferraria L. 344.
Foxia Parlat. 320.
Freesia Klatt 349.
Fritillaria L. 318.
Furcroya Schult. 339.

Galaxia Thunb. 342.
Galtonia Dene. 318.
Gasteria Duval 314.
Gastronema Herb. 331.
Geissorhiza Ker-Gawl. 345.

Geitonoplesium A. Cunn. 326.
Genthyllis L. 329.
Gladiolus L. 317.
Gloriosa L. 310.
Gonioscypha Baker 325.
Griffinia Ker-Gawl. 327.
Gynandiris Parl. 342.

Habranthus Herb. z. Th. 329.
Habranthus Herb. z. Th. 334.
Haemanthus L. 327.
Haemodoraceae 327.
Haworthia Duval 315.
Hemerocallis L. 312.
Hermione Herb. 332.
Hermodactylus Adans. 342.
Hesperaloë Engelm. 322.
Hesperantha Ker-Gawl. 345.
Hesperocallis A. Gray 312.
Hessea Herb. 327.
Hexaglottis Vent. 344.
Himanthophyllum Hook. 328.
Hippeastrum Herb. 334.
Hoomeria Vent. 344.
Hyacinthella Schur 320.
Hyacinthus L. 320.
Hydrotaenia Lindl. 344.
Hymenocallis Salisb. 331.
Hypoxidoideae 339.
Hypoxis 340.

Idothea Kunth 318.
Iphigenia Kunth 210.
Iridaceae 342.
Iridoideae 342.
Iris L. 342.
Ismene Salisb. 331.
Ixia L. 345.
Ixioideae 345.
Ixiolirion Fisch. 331.

Kniphofia Moench 312.
Kreysigia Rchb. 309.

Lachenalia Jacq. 321.
Lapageria Ruiz et Pav. 326.

Lapeyrousia Poir. 318.
Lapiedra Lag. 328.
Leontochir Phil. 340.
Leopoldia Parl. 320.
Leucocrinum Nutt. 312.
Leucojum L. 328.
Libertia Spreng. 344.
Liliaceae 309.
Lilium L. 317.
Liriope Lour. 325.
Littonia Hook. f. 310.
Lomandra Labill. 316.
Lomatophyllum Willd. 316.
Luzuriaga Ruiz et Pav. 326.
Luzuriagoideae 326.
Lycoris Herb. 335.

Marica Ker-Gawl. 343.
Massonia Thunb. 321.
Melanthioideae 309.
Melanthium L. f. 310.
Melasphaerula Ker-Gawl. 346.
Merendera Ram. 310.
Methonica Tourn. 310.
Micranthus Pers. 348.
Montbretia D. C. 346.
Moraea L. 343.
Morphixia Ker-Gawl. 345.
Muscari Mill. 320.
Myrsiphyllum Willd. 324.

Narcissus L. 332.
Nemastylis Nutt. 344.
Nerine Herb. 328.
Nivenia Vent. 345.
Nolina Mich. 322.
Nothoscordum Kunth 317.

Ophiopogonoideae 325.
Ophiopogon Ker-Gawl. 325.
Ornithogalum L. 320.
Orthrosanthus Sweet 345.

Pancratium Dill. 333.
Pardanthus Ker-Gawl. 344.
Pasithea D. Don 311.

Patersonia R. Br. 344.
Peliosanthes Andr. 326.
Pentlandia Herb. 335.
Phaedranassa Herb. 335.
Phalangium Kunth 311.
Phalocallis Herb. 343.
Philageria Mast. 326.
Philesia Comm. 326.
Phormium Forst. 312.
Phycella Lindl. 334.
Placca Miers 334.
Plagiolirion Baker 332.
Plectogyne Link 325.
Polianthes L. 335.
Polygonatum Tourn. 325.
Prochnyanthes S. Wats. 335.
Pseudogaltonia O. Kuntze 320.
Puschkinia Adams. 320.

Reineckia Kunth 325.
Rhodea Roth 325.
Rigidella Lindl. 343.
Romulea Maratti 342.
Roxburghia Banks 309.
Ruscus L. 324.

Sandersonia Hook. 310.
Sanseviera Thunb. 325.
Schizostylis Backh. et Harv. 345.
Scilla L. 319.
Semele Kunth 324.
Sisyrinchium L. 344.
Smilacoideae 326.
Smilax L. 326.
Sparaxis Ker-Gawl. 346.
Speiranthe Baker 325.
Sprekelia Heist. 334.
Springodea Hook. f. 342.
Stemona Lour. 309.
Stemonaceae 309.
Stenomesson Herb. 334.
Sternbergia Waldst. et Kit. 329.
Stropholirion Torr 317.

Strumaria Jacq. 328.
Styphandra R. Br. 312.
Synnotia Sweet 347.

Tacca Forst. 341.
Taccaceae 341.
Tecophilaea Bert. 341.
Testudinaria Salisb. 341.
Thelysia Salisb. 342.
Theropogon Maxim. 325.
Thysanotus R. Br. 311.
Tigridia Ker-Gawl. 344.
Trichonema Ker-Gawl. 342.
Trichopus Gaertn. 341.
Trimezia Salisb. 343.
Tritoma Ker-Gawl 312.
Tritonia Ker-Gawl. 346.
Tulbaghia L. 317.
Tupistra Ker-Gawl. 325.

Ungernia Bunge 329.
Urceocharis Masters 335.
Urceolina Reichb. 335.
Urginea Steinh. 318.
Uropetalon Ker-Gawl. 319.

Vagaria Herb. 335.
Vallota Herb. 329.
Vellozia Vand. 341.
Velloziaceae 341.
Veltheimia Gleditsch 320.
Vieusscuxia Delar. 343.

Wachendorfia L. 327.
Watsonia Miller 348.
Witsenia Thunb. 345.

Xanthorrhoea Smith 316.
Xeronema Brong 312.
Xerophyta Juss. 341.
Xiphidium Loefl. 327.
Xiphium Mill. 342.

Yucca Dill. 321.

Zephyranthes Herb. 329.
Zygadenus Michaux 309.

Notizblatt

des

Königl. botanischen Gartens und Museums zu Berlin.

No. 19. (Bd. II.)　　　　Ausgegeben am 20. Juli 1899.

I. Über westafrikanische Kickxia-Arten. Mit 1 Figur und 2 Tafeln. Von P. Preuss.

II. Die Oasenkulturen in der Provinz Tarapacá. Von Dr. Kaerger.

III. Kleinere Mitteilungen aus dem Pharmazeutisch-Chemischen Laboratorium der Universität Berlin. Von Prof. H. Thoms.
  1. Über afrikanische Gummiproben.
  2. Über Laretia-Harz.
  3. Über das Kautschukharz einer Euphorbie aus dem Hererolande.
  4. Rinde von Acacia Perrottii Warb. aus Deutsch-Ostafrika.

IV. Notizen über einige Pflanzen des Berliner botan. Gartens. Von U. Dammer.
  1. Fraxinus sogdiana Bunge.
  2. Dianthus Hoeltzeri Regel et Winkler.
  3. Livistona Mariae F. v. Mueller.

V. Kulturnotizen aus der Kaiserl. Versuchsstation Kwai in Usambara. Nach amtlichen Berichten zusammengestellt von G. Volkens.

Nur durch den Buchhandel zu beziehen.

✳

In Commission bei Wilhelm Engelmann in Leipzig

1899.

Preis 1,00 Mk.

Notizblatt

des

Königl. botanischen Gartens und Museums zu Berlin.

No. 19. (Bd. II.)   Ausgegeben am **20. Juli 1899.**

I. Über westafrikanische Kickxia-Arten.

Von

P. Preuss.

Unsere Kenntnis des Genus *Kickxia*, von welchem 1861 der erste Repräsentant in Westafrika durch Mann entdeckt und in Hooker: Icones Plantarum III als *Kickxia africana* Benth. beschrieben und abgebildet (Taf. 1276) worden ist, ist neuerdings durch die Entdeckung zweier neuer Arten erweitert worden. Die eine dieser Arten ist *Kickxia latifolia* Stapf (Bulletin of miscellaneous information, Kew, 1898 p. 307), die andere wird in folgendem beschrieben als

Kickxia elastica Preuss sp. nov.

Arbor 30 m alta, trunco erecto terete, cortice pallide maculato. — Folia 15—23 cm longa, lanceolata longe acuminata basi angustata coriacea nitida margine undulata et retrorsa, nervis utrinque 10 fere parallelis. — Petiolus brevis, 5 mm longus. — Cymis axillaribus densis multifloris, pedicellis brevibus (3 mm) robustis, bracteis late ovatis obtusis vel subacutis coriaceis ciliatis. — Calycis segmenta 5, raro 6, ovata vel rotunda, obtusa coriacea ciliolata 4—5 mm longa; glandulis calycinis in squamellas plerumque duas crenatas vel partitas connatis. — Corolla carnosula, alba vel flavescens, alabastro 15 mm longa. Tubus medio dilatatus, 7 mm longus; limbi lobi oblongi obtusiusculi, basi latere obtegente abrupto angustati, longitudine tubum adaequantes. — Stamina filamentis brevissimis pilosis. Antherae faucem non attingentes. Discus in squamellas 5 latas, crenatas, ovarium multo ($^1/_3$) superantes partitus. Fructus folliculi ad 16 cm longi, coriacei obtusi vel apice rotundati. Semina Kickxiae africanae simillima, sed multo maiora. — Fundort: Kamerun. Am rechten Ufer des Mungo zwischen Malende und Nyoke und zwischen Mojuka und Nyoke im Urwalde und Buschwalde. No. 1381. 24. 10. 98. leg. P. Preuss.

Im Habitus besitzt die *Kickxia elastica* die grösste Ähnlichkeit mit *K. africana* Benth., jedoch ist sie in allen Teilen derber als diese. Die Blätter sind schmäler, länger zugespitzt, lediger, am Rande stärker gewellt und umgebogen und gleichen denen der *Coffea arabica*. Nach den Angaben der Fantis, welche diese mir über den Kautschukbaum von Lagos, den sog. „*Ofuntum*" machten (vergl.: Der Tropenpflanzer No. 7, Juli 1898, S. 206), ist es mir sehr wahrscheinlich, dass die *K. elastica* eben dieser „*Ofuntum*" und die Quelle des Lagoskautschuks ist. Diese Vermutung wird auch durch folgendes bestätigt: In dem Herbar des Berliner Museums befindet sich eine *Kickxia* mit folgender Bezeichnung: „No. 217. 15. 1. 96. Rubber-Tree, 30 to 40 feet high. — *Kickxia africana*. Ashanti-Expedition 1895/96. — Coll. Surgeon-Captain H. A. Cummins." Diese stammt also aus dem Hinterlande der Goldküste. Von dorther aber, und zwar von Aburi, erhielt ich vor kurzer Zeit durch den bekannten Missionsarzt Dr. Fisch Samen einer *Kickxia* zugeschickt. Herr Dr. Fisch schreibt dazu: „Endlich ist es mir gelungen, Samen der *Kickxia africana*, hier *Ofuntum* genannt, zu bekommen. Der Kurator der botanischen Station hier, ein Herr W. H. Johnson, war so freundlich, mir dieselben zu geben" etc. etc. — „*Ofruntum* oder *Ofuntum* ist, wie Sie wohl wissen, eine hier einheimische Pflanze, von der Kautschuk gewonnen wird. Sie fragten mich in einem Brief vom 28. 2. 97 an, ob ich Ihnen Samen etc. davon verschaffen könne. Es ist mir leid, dass es nun ein volles Jahr bis zur Erfüllung Ihrer Bitte gegangen ist" etc. Da nun die vorhin erwähnte Herbarpflanze No. 217 nicht *Kickxia africana*, sondern *K. elastica* ist, so ist sicher diese Pflanze auch eine der Quellen des an der Goldküste exportierten Kautschuks.

Ferner befindet sich im Berliner Herbar eine Pflanze mit folgender Bezeichnung: „No. 180. Lagos. Botanical Station. *Kickxia africana* Benth. Comm. M. H. Millen. March 26. 1896." Leider sind keine Blüten vorhanden, jedoch liess sich schon aus den Knospen ersehen, dass die Pflanze mehr mit *K. elastica* als mit *K. africana* Benth. übereinstimmt, von der sich ein Originalexemplar mit der Aufschrift: No. 817. Bagroo-River. W. Afrika. Mann 1861 im Berliner Herbar befindet. Um mir Sicherheit über die Lagospflanze zu verschaffen, bat ich den Direktor des Königl. botanischen Museums in Kew, Herrn Thiselton-Dyer, um Blütenmaterial von No. 180. Ich erhielt die Antwort, dass von No. 180 im Kew-Herbar überhaupt Nichts zurückbehalten sei, da mehrere Exemplare derselben Pflanze, von demselben Sammler an derselben Stelle gesammelt, unter No. 178 sich im Herbar befänden. Von No. 178 fehlten indessen auch Blüten, und eine der Früchte sei im Kew-Bulletin 1895, p. 246 abgebildet worden.

Wenn nun No. 178 und 180 identisch sind, so ist No. 178 sicherlich nicht *K. africana* Benth., und die im Kew-Bulletin 1895, p. 246 abgebildete Frucht gehört nicht zu den auf derselben Tafel abgebildeten Blüten- und Blattteilen der *K. africana* Benth., sondern zu der *K. elastica* oder einer dieser sehr ähnlichen Art. Mit der *K. elastica* von Kamerun lässt sie sich nicht ohne weiteres identifizieren, da sie bedeutend kleinere, weniger gewellte, auf jeder Blatthälfte nur 7—8 Rippen aufweisende Blätter und ausserdem schmälere Früchte besitzt; das längste Blatt ist nur 14 cm lang, gegen 15—23 cm der *K. elastica*. Da jedoch die vorliegenden Herbarexemplare von einem in der Entwickelung zurückgebliebenen Aste entnommen zu sein scheinen, so ist es wahrscheinlich, dass die Lagospflanze mit der *K. elastica* von Kamerun und von der Goldküste übereinstimmt.

Die Hauptunterschiede zwischen *K. elastica* und *K. africana* liegen in folgendem:

Die Früchte der *K. africana* sind fast spindelförmig, in eine lange Spitze anslaufend, meist aufwärts gebogen, an der Nahtseite ganz flach, mit zwei hervorragenden seitlichen Längsrippen. Der Querschnitt ist fast genau halbkreisförmig. — Die Früchte der *K. elastica* sind viel dicker und plumper, am Ende stumpf oder rund. Der Querschnitt ist etwa oval und die Längskanten treten nur undeutlich hervor.

Die Blütenzipfel der *K. africana* sind linearisch, etwa 15 mm lang, diejenigen der *K. elastica* eiförmig, halb so lang wie vorige und am Grunde an der deckenden Seite stark eingeschnürt. — Die Discuslappen sind bei ersterer bedeutend kürzer als das Ovar, bei der letzteren überragen sie das Ovarium etwa um $1/2$ ihrer Länge. Die Samen der ersteren sind kaum halb so schwer als die der letzteren, 100 von ihnen wiegen etwa 3 g, bei letzterer 7 g.

Von der *K. latifolia* Stapf, deren Früchte leider nicht bekannt sind, unterscheidet sich die *K. elastica* wesentlich durch die Blätter, welche bei jener viel breiter, am Grunde abgerundet, am Rande weniger gewellt und weniger umgebogen sind. Die Blüten beider Arten sind einander sehr ähnlich, jedoch sind die Discuslappen bei *K. latifolia* kürzer als das Ovar, also wie bei *K. africana*. —

Eine richtige Abbildung der Frucht von *K. africana* Benth. ist bisher meines Erachtens nicht gegeben worden. Wie in dem schon erwähnten Kew-Bulletin 1895, p. 246, so sind auch in der Revue des Cultures coloniales No. 1 1897, p. 15, und im Notizblatt des Königl. botanischen Gartens und Museums von Berlin No. 7 vom 24. 3. 1897 Blätter und Blüten oder Knospen von *K. africana* mit den Früchten von *K. elastica* zusammengestellt worden. — Die Abbildung aus dem

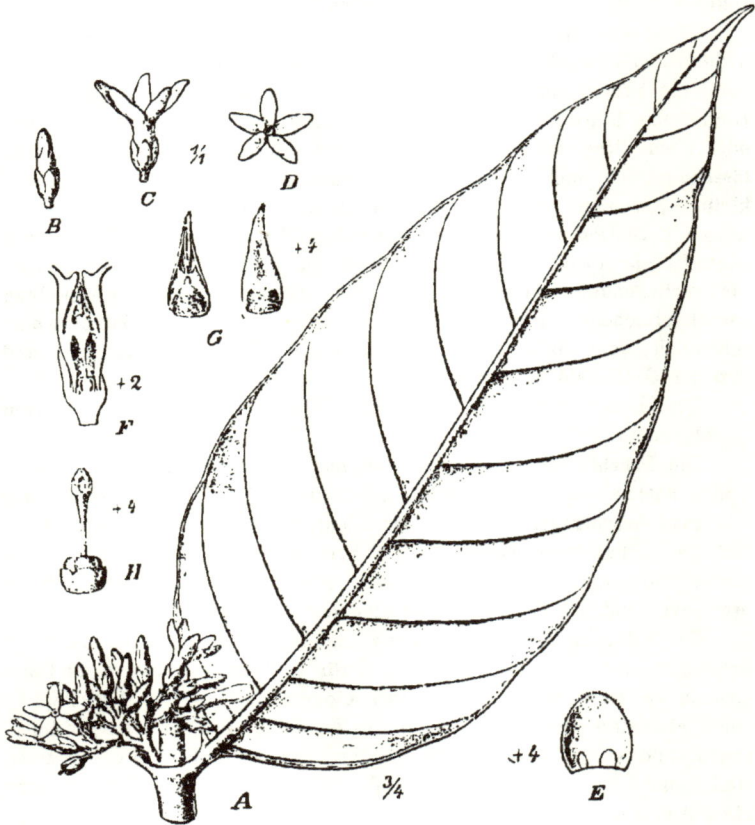

Kickxia latifolia Stapf.

A Blühender Zweig, *B* Knospe, *C* Blüte, *D* Blüte von oben gesehen, *E* Kelchblatt von innen mit dem Drüsenläppchen, *F* Blütenlängsschnitt, *G* Staubblatt von innen und von aussen gesehen, *H* Fruchtknoten und Griffel.

Notizblatt No. 7 war die Veranlassung, dass ich die in Kamerun entdeckte *K. elastica* zunächst für *K. africana* und die *K. africana* Benth. für eine neue Art hielt, zumal mir weitere Litteratur nicht zur Verfügung

stand. Erst auf Grund der Untersuchungen des ganzen in Berlin vorhandenen Materials konnte die richtige Scheidung getroffen werden.

Mir scheint es jetzt endgiltig festzustehen, dass die *K. africana*
Benth. keinen Kautschuk liefert, sondern dass alles, was in dieser Hinsicht über diese Art gesagt worden ist, sich auf *K. elastica* Preuss oder
in Lagos eventuell auch noch auf eine andere sehr ähnliche Art bezieht.

Die *K. elastica* liefert einen sehr guten Kautschuk. Die Probe von
Milchsaft, die ich im November 1898 gesammelt und nach Berlin
gesandt hatte, ist hier durch Herrn Dr. Henriques geprüft worden,
welcher darüber folgendes berichtet:

An das Auswärtige Amt, Kolonial-Abteilung.

Auf Veranlassung von Herrn **Dr. Preuss** ist mir die mit
Schreiben dieses Herrn vom 3. 1. angekündigte Probe Kautschuk-
milch von der echten *Kickxia africana* aus Victoria nunmehr zugegangen. Über die Resultate meiner Untersuchung dieses Materials
erlaube ich mir in folgendem zu berichten.

Ich erhielt eine zu etwa $^3/_4$ gefüllte Weinflasche, enthaltend eine
dünne, leichtbewegliche, rein weisse Flüssigkeit, und darin schwim-
mend eine grosse Kugel freiwillig koagulierten Kautschuk. Die
letztere wurde von der Milch getrennt, nach Möglichkeit aus-
gedrückt, dann mit Wasser gut ausgespült und oberflächlich getrocknet. Das Gewicht des so gewonnenen Kautschuks betrug 102 g.
Durch eine Wasserbestimmung einer kleineren Probe wurde festgestellt, dass diesen 102 g ein Trockengewicht von 57 g entsprach.
Der Gehalt des trockenen Kautschuks an löslichen Bestandteilen
(Harzen) betrug 3,78 %. Das Volumen der Milch, die noch stark
nach Salmiakgeist roch, betrug 350 ccm. Aus 25 ccm liessen sich
7,2 g feuchter = 4,64 g wasserfreier Kautschuk mit einem Harz-
gehalt von 3,29 % gewinnen.

Es waren also in der ganzen Sendung 57 + 65 = 122 g wasserfreier, entsprechend etwa 150 g gutem Handels-Kautschuk enthalten.
Das Volumen der frischen, unkoagulierten Flüssigkeit mag 450 bis
500 ccm betragen haben. Da nun Herr Dr. Preuss der Milch
ca. 15 % Salmiakgeist zugefügt hat, so entspricht obige Menge etwa
400 ccm Milch, die hiernach einen Kautschukgehalt von rund 31 %
besessen hat.

Der freiwillig koagulierte Kautschuk sowohl, als der auf weiter
unten beschriebene Art aus der Milch gewonnene — die beide ziemlich gleichwertig waren — stellen sehr elastische, reine, nicht im
mindesten klebrige Muster dar, die in feuchtem Zustande rein weisse
Farbe besitzen, trocken dagegen durchsichtig braun sind. Dem-

gemäss wird beim Liegen an der Luft die Oberfläche hellbraun, wie es die beiden mitfolgenden Muster von freiwillig (dickes Stück) resp. künstlich (schmales, langes Stück) koaguliertem Kautschuk zeigen. Ihr Gehalt an Wasser und wasserlöslichen Stoffen beträgt im augenblicklichen Trockenheitsstadium etwa 30 %.

Die in der Sendung noch vorhandene Milch verhielt sich insofern anders als alle bisher von mir untersuchten Kautschukmilchproben, als weder durch Zusatz von Säuren, noch von Alkalien, noch von Kochsalz in der Kälte eine Koagulation zu bewirken war. Durch Alkoholzusatz trat eine solche allerdings momentan und vollkommen ein. Sonst aber war es nur möglich, unter Zuhilfenahme von Wärme den Kautschuk zur Abscheidung zu bringen. Erwärmt man die Milch auf dem Wasserbade, so bedeckt sich alsbald die Oberfläche mit Fäden und Häuten von Kautschuk, der sich aber nur hier an der Berührungsfläche mit der Luft ausscheidet, und wickelt man ihn auf einen Glasstab und fährt so fort, alle ausgeschiedenen Häutchen zu entfernen, so kann man allmählich die ganze Milch zur Koagulation bringen. Man wäscht alsdann das erhaltene „Würstchen" in fliessendem Wasser aus und trocknet an der Luft. So ist das dünne beifolgende Stückchen erhalten worden.

Die soeben beschriebene Art der Ausscheidung macht es mir nicht unwahrscheinlich, dass die Milch der echten *Kickxia*, die also einen sehr schönen und brauchbaren Kautschuk liefert, sich auch durch Räuchern koagulieren lassen muss, wie die Milch der *Hevea brasiliensis* von Para. Kleine Versuche mit der erhaltenen Milch haben diese Vermutung bestätigt, während die *Landolphia*-Milcharten, die mir zur Verfügung standen, sich für eine derartige Behandlung nicht eigneten.

Es muss allerdings darauf verwiesen werden, dass meine diesbezüglichen Versuche nicht massgeblich sind, da ich ja nicht die Milch so zur Untersuchung hatte, wie sie aus dem Baume fliesst, sondern einerseits durch freiwillige Koagulation, andererseits durch den reichlichen Salmiakzusatz stark verdünnt. Nach den Beobachtungen von Dr. Preuss gerinnt die Milch unter der Einwirkung der Tropensonne bereits am Baume, und lässt sich direkt zu Wickelgummi bearbeiten. Inwieweit hierbei die Koagulation eine vollständige ist, und ob dies Verfahren nicht jedes andere überflüssig macht, vermag ich natürlich nicht zu beurteilen.

Was zum Schluss die beabsichtigte Bewertung der beigelegten Proben durch im Gummihandel erfahrene Praktiker betrifft, so möchte ich nicht unterlassen darauf hinzuweisen, dass diese Proben jedenfalls von denen wesentlich abweichen werden, die als marktgängiges Handelsprodukt aus der *Kickxia* zu erhalten wären. Insbesondere wird das grosse Stück gewiss mehr Salmiakgeist und Serum einschliessen, als andere gute afrikanische Provenienzen, was aber nichts mit dem Wert des *Kickxia*-Kautschuks zu thun hat, sondern lediglich auf die freiwillige Koagulation dieses Klumpens zurückzuführen ist.

Hochachtend und ergebenst

gez. Dr. Rob. Henriques.

Die durch Herrn Dr. Henriques hergestellten Kautschukproben wurden alsdann durch Vermittelung des Herrn Professor Sadebeck in Hamburg dem Herrn Dr. Traun zur Prüfung vorgelegt, und Herr Professor Sadebeck berichtet darüber folgendes:

An das Auswärtige Amt, Kolonial-Abteilung.

Mit Bezug auf das vor einigen Tagen eingesendete Schreiben beehre ich mich mitzuteilen, dass Herr Dr. Traun ebenfalls die zugesendete Probe *Kickxia*-Kautschuk als eine hervorragende Ware betrachtet, welche bei Abwesenheit jeglicher Klebrigkeit eine vorzügliche Elastizität besitzt. Herr Dr. Traun kann zur Zeit leider keine chemische Analyse vornehmen, da er beim Empfang meines Schreibens im Begriff stand, für einige Wochen zu verreisen; er schreibt mir aber:

„Ich halte eine solche auch kaum mehr erforderlich, nachdem Herr Dr. Henriques bereits alle dahin gehenden Versuche durchaus sachlich erledigt hat. Sorgen Sie nur, dass wir möglichst bald einige tausend Centner dieses Produktes auf dem Kautschukmarkt finden."

Ich habe alsdann auch die Proben hiesigen Maklern vorlegen lassen, dieselben waren ebenfalls überrascht von der Güte des Kautschuks.

Was die Verbreitungsgebiete der genannten Arten anbetrifft, so kommt die *K. africana* Benth. von Monrovia bis zum Kongo, also in ganz Ober-Guinea und dem grössten Teile von Nieder-Guinea vor. Die *K. elastica* erstreckt ihr Verbreitungsgebiet, soweit bis jetzt bekannt ist, von der Goldküste bis nach Kamerun. Die *K. latifolia* Stapf ist bisher nur im Kongogebiet beobachtet. Vielleicht tritt sie in Nieder-Guinea an Stelle der *K. elastica* in Ober-Guinea. Es wäre sehr interessant zu erfahren, ob diese Art brauchbaren Kautschuk liefert.

Taf. I. **Kickxia elastica** Preuss.

A Blühender Zweig, *B* Kelchblatt von innen mit dem Drüsenläppchen, *C* Blütenlängsschnitt, *D* Staubblatt von innen und von aussen gesehen, *E* Fruchtknoten und

Griffel, *F* Frucht, *G* Fruchtquerschnitt, *H* Frucht, aufgesprungen, *I* Samen, *K* Samenquerschnitt.

Taf. II. **Kickxia africana** B:h.

A Blühender Zweig, *B* Kelchblatt von innen mit den Drüsenläppchen, *C* Blüten-längsschnitt, *D* Staubblatt von innen und von aussen gesehen, *E* Fruchtknoten und Griffel, *F* Frucht, *G* Fruchtquerschnitt, *H* Frucht, aufgesprungen, *I* Samen, *K* Samenquerschnitt.

II. Die Oasenkulturen in der Provinz Tarapacá.

Von

Dr. Kaerger.

In der im Osten der absolut vegetationslosen Salpeterzone der Provinz Tarapacá sich erstreckenden, langsam nach den Cordilleren ansteigenden Ebene, die wegen der an einigen Stellen dort wachsenden, tamarugas genannten Akazien Pampa tamarugal genannt wird, liegen einige Oasen, deren Kulturen teils durch künstliche Bewässerung, teils durch das Wasser des Untergrundes ermöglicht werden. Von ersteren sind besonders die nahe nebeneinander liegenden Oasen Pica und Matilla bemerkenswert, von denen Pica ihr Wasser durch lange unterirdische, schon seit Jahrhunderten bestehende Kanäle, sogenannte socabones, aus den Vorbergen der Anden, Matilla aber aus einem Flüsschen bezieht, das zwischen hohen Bergwänden sich bis zu deren Mündung in die Ebene durchschlängelt, wo sein Wasser gestaut und in Bewässerungskanäle geleitet wird.

In beiden Oasen wird Wein-, Obst- und Alfalfabau mit gutem Erfolge betrieben und es werden die Produkte dieses Gartenbaus zu hohen Preisen in den Salpeterwerken der Provinz abgesetzt.

Ungleich interessanter wie diese Bewässerungskulturen sind die sogenannten canchones, die in den salares, den grossen Salzflächen der Pampa Tamarugal angelegt sind. Es sind das Gräben, die durch Aushebung der Salzkruste geschaffen werden und in denen die angesäeten Pflanzen ohne jede Bewässerung infolge einer unterirdischen, von den Anden herkommenden Wasserströmung prächtig gedeihen. Billinghurst in seinem 1893 in Santiago erschienenen Buche: La Irrigación de Tarapacá giebt an, dass diese canchones regelmässig 100 varas[1]) lang und 5 varas breit und dass sie gewöhnlich in Distanzen von 10 varas an-

---

[1]) gleich 0,836 m.

gelegt seien, nachdem man eingesehen hätte, dass die früher innegehaltene Distanz von 5 varas zu gering sei, weil dann die Pflanzen nicht die genügende Feuchtigkeit in den canchones hätten. Nach meinen an Ort und Stelle bei den canchoneros selbst eingezogenen Erkundigungen sind die Dimensionen der canchones sehr verschieden. Ihre Länge richtet sich nach dem Vermögen und der Arbeitslust der canchoneros und wechselt von 100—400 varas. Unter 100 varas wird allerdings kein canchon gelegt. Die Breite richtet sich nach der grösseren oder geringeren Feuchtigkeit des Untergrundes, die in derselben Gegend an verschiedenen Stellen oft ganz verschieden ist. Bei sehr feuchtem Untergrund kann man die canchones bis 8, bei trockenem dagegen nur 2 $\frac{1}{2}$ varas breit machen. Da die abgehobene Salzkruste auf die zwischen den canchones liegen gelassenen Stellen, die sogenannten camellones geworfen wird, so ist ihre Distanz bis zu einem gewissen Grade von der Breite der canchones abhängig, weil diese natürlich die Masse des Abhubs bestimmt. Doch hilft man sich bei breiteren canchones gern dadurch, dass man den Abhub höher auftürmt und vermeidet es, diese Rücken breiter als 5—6 varas zu machen, um nicht allzuviel Terrain zu verlieren.

In der Regel muss man 1 m tief graben, bis man auf die kultivierbare salzfreie Erde, die tierra dulce stösst, doch habe ich selbst canchones gesehen, die nur etwa 40 cm tief waren und Billinghurst giebt als Minimum der Tiefe 20 cm an.

Man pflanzt in den canchones Alfalfa, Melonen, Wassermelonen, Kürbisse, Tomaten, Weizen, Gerste und Algarroben und zwar alles in Löchern, nichts durch breitwürfige Aussaat.

Die mir gemachten Angaben über diese Kulturen weichen von denen, die sich bei Billinghurst finden, etwas ab und zwar in der Richtung, dass sie für die Gegend, in der ich die Erkundigungen eingezogen habe, den canchones von Cominalla, eine grössere Bodenfruchtbarkeit voraussetzen, als für die — leider in seinem Buche nicht näher bezeichnete — Gegend, in der Billinghurst seine Daten gesammelt hat. Ihmzufolge wird die Alfalfa in 10—15 cm breiten Löchern gesäet, deren Erde bis zur Tiefe von 45 cm herausgenommen, zu zwei Dritteln mit 1 Pfund Mist und 2—3 Unzen Guano vermengt und dann wieder in der Weise in die Löcher hineingethan worden ist, dass zuerst die zwei Dritteile gedüngte Erde und darauf das ungedüngte Drittel hineingeworfen wurde. Nach 6 Monaten kann der erste Schnitt gemacht werden, davon im Jahre 4 möglich sind, von denen aber der letzte nur eine schwachblätterige „rachitische" Alfalfa liefert. In einem canchon von 100 varas Länge und 5 varas Breite, also von 500 ☐ varas oder rund 350 ☐ m Fläche werden bei jedem Schnitt 4 qtls. à 46 k.

Alfalfa geerntet, was auf den Hektar eine Jahresernte von 158 Doppelzentnern ausmacht.

In der Gegend von Cuminalla werden für die Düngung eines Canchons von 100 : 5 varas 8 Sack Mist und 1 qtl. Guano benutzt, welch letzter an Ort und Stelle 4 p. per qtl. kostet.

Die Alfalfa-Ernte wird dort für die gleiche Fläche auf 5 qtl. von jedem der vier Schnitte angegeben, was 195 dz. per ha ausmachen würde. Eine Alfalfaanlage hält sich dort 20—25 Jahre. Nach dieser Zeit muss der ganze canchon um eine quarta, gleich $\frac{1}{4}$ vara, tiefer ausgehoben und kann sodann von neuem bepflanzt werden, eine Massregel, die auch bei den anderen Kulturen stets notwendig ist, von der Billinghurst aber nichts erwähnt.

In neuerer Zeit ist von immer grösserer Bedeutung für die canchones die Kultur der Algarrobe geworden, einer aus Peru eingeführten Akazienart, nach der Bestimmung des Botanikers Raymondi, wie Billinghurst angiebt, Prosopis dulcis, die weit wertvoller als die in Chile verbreitete, gleichfalls als Algarrobe bezeichnete Prosopis siliquastrum ist.[1]) Man pflanzt sie entweder in geschlossenen Beständen oder an den Rändern der canchones und zwar nach Billinghurst in Entfernungen von 12 m, nach dem was ich gesehen habe, aber oftmals in viel geringeren Entfernungen von einander an. Doch ist es nach Angabe der canchoneros von Cuminalla für das Gedeihen des Baumes nicht günstig, wenn die Entfernungen geringer als 10 m sind. Die Samen werden nur selten an Ort und Stelle, sondern meist in Saatbehältnisse ausgelegt, die man sich aus alten Kisten oder aus Blech herstellt. Der Samen wird vor der Aussaat 8 Tage gewässert, da er sonst sehr schwer keimt, und es werden zur Vorsicht je 2 Körner in ein Saatbehältnis gelegt, da öfters die Körner trotz der Bewässerung nicht aufgehen. Am Ort der Auspflanzung werden möglichst tiefe Löcher gegraben und mit der durch Dünger und Guano, manchmal aber nur durch Guano verbesserten Erde wieder aufgefüllt. In diese werden die Saatbehältnisse hineingelegt und sodann so vorsichtig abgenommen, dass möglichst viel Erde an der Pflanze sitzen bleibt. Um diese schwierige Manipulation ganz zu vermeiden, machen manche canchoneros die Saatbehältnisse aus alten Säcken oder aus Rohrgeflecht und graben sie dann vollständig an Ort und Stelle in die Erde ein,

---

[1]) Ein nahe verwandter Baum ist die in den Steppengebieten Argentiniens häufig vorkommende Prosopis nigra (Gsb.) Ilieron. (syn. Prosopis Algarobilla var. nigra Gsb.), deren Schoten ebenfalls gegessen werden und aus welchen die Eingeborenen eine Art Syrup und den sogenannten Patey, eine nahrhafte Masse in Brotform, bereiten.

wo sie so schnell mürbe werden, dass sie dem Eindringen der Wurzeln
in den Boden keinen Widerstand entgegensetzen.

Die Algarrobe liefert ein sehr dauerhaftes Holz, nahrhafte Blätter
für das Vieh und sehr süsse Hülsenfrüchte, die ein ausgezeichnetes
Futter für alle Arten Vieh, insbesondere aber für Schafe und Pferde
bilden und von Menschen sowohl roh gegessen als auch zur Syrupbe-
reitung benutzt werden. Letzteres geschieht, indem man die Früchte
so lange kocht, bis sie weich geworden sind, sodann die äusseren
Schalen entfernt und dann die Masse zu Honigdicke einkocht.

Nach Billinghurst liefert ein Baum nach 5 Jahren 20, nach 6
Jahren 30, nach 7 Jahren 50 und nach 8 Jahren 100 lbs. Früchte. In
Cuminalla wurde mir dagegen mehrfach versichert, dass ein Baum nach
5 Jahren schon $\frac{1}{2}$ qtl. (50 lbs.) und von 8 Jahren an jährlich 4—5 qtls.
Früchte trägt.

Da ich glaubte, dass die Prosopis dulcis sich zur Anpflanzung in
den Steppengegenden der deutschen Schutzgebiete gut eignen würde,
so suchte ich mir Samen des Baumes zu verschaffen, konnte aber
leider, da er im Hochsommer trägt und ich im Juli in Tarapacá war,
nur einige wenige, zufällig an einzelnen Bäumen hängen gebliebene
Hülsen mir abpflücken, nirgends aber grössere Quantitäten erhalten.
Solche mir, noch während meines Aufenthalts in Chile, sicher aber zur
Erntezeit zu verschaffen, haben mir die Herren der Salpeterfirma Fölsch
& Martin versprochen. Ich habe aus diesem Grunde bis jetzt mit der
Absendung dieses Berichtes gewartet, habe aber trotz nochmaligen
schriftlichen Mahnens keinerlei Samen erhalten. Obwohl ich nun be-
zweifele, dass die von mir gesammelten, am Baum schon ganz einge-
trockneten Samen keimfähig sind, glaube ich doch, dieselben mit dem
gehorsamsten Ersuchen mitsenden zu müssen, dieselben dem Direktor
des botanischen Gartens zwecks Anstellung von Versuchen mit ihrer
Anpflanzung zu übergeben. Wenn ich im Hochsommer grössere Mengen
der Früchte nach Buenos Aires nachgesandt erhalten sollte, so werde
ich mich beehren, dieselben unter Bezugnahme auf den gegenwärtigen
Bericht an das Auswärtige Amt einzusenden.

Die Wüsten des nördlichen Chile könnten in weit ausgedehnterem
Maasse, als es bis jetzt geschieht, der Kultur unterworfen werden, wenn
man sich entschlösse, Bewässerungswerke in grossem Stile aufzuführen.
Für die Provinz Tarapacá sind in dem oben erwähnten Buch von
Billinghurst eingehende Vorschläge in dieser Richtung gemacht.

III. Kleinere Mitteilungen aus dem Pharmazeutisch-Chemischen Laboratorium der Universität Berlin.

Von

Prof. Dr. H. Thoms.

Von dem Direktor der Botanischen Centralstelle für die Kolonieen am Königl. Botanischen Garten zu Berlin, Herrn Geheimen Regierungsrat Professor Dr. Engler, gingen mir mehrere Drogen zur chemischen Begutachtung zu, über deren Untersuchung ich, wie folgt, berichte.

1. Über afrikanische Gummiproben.

Zur Untersuchung gelangten zwei Gummiproben aus Ostafrika, von denen die eine, opake, von einem Mpama genannten Leguminosenbaume stammt, welcher zu der Gattung *Brachystegia* gehört, während die andere durchsichtige Probe von *Albizzia versicolor* Welw. herrührt.

Eine dritte Gummisorte von *Cynometra cauliflora* Hk. f. war aus Kamerun übersandt.

Alle drei Proben erwiesen sich nur zum kleinsten Teile in Wasser löslich und können daher an Stelle des Gummi arabicum eine technische oder pharmazeutische Verwendung nicht finden. Bemerkenswert ist, dass die „Mpama" genannte Sorte ein ausserordentlich starkes Quellungsvermögen zeigt, wenn sie mit kaltem destilliertem Wasser geschüttelt wird. Mit absolutem Alkohol lässt sich aus dieser Sorte eine reichliche Menge Harz extrahieren, das beim Abdampfen der alkoholischen Lösung zu einer leicht zerreiblichen Masse eintrocknet.

2. Über Laretia-Harz.

Dieses Harz, von Herrn Dr. C. Reiche eingesandt, stammt von einer Umbellifere *Laretia acaulis* Guil. et Hook. aus Chile und spielt dort in der Volksmedizin eine gewisse Rolle. Die mir zur Verfügung gestellte Probe stellt eine mit Blatt- und Stengelteilen sehr reichlich durchsetzte halbflüssige Masse dar, welche einen auffällig an Galbanum erinnernden Geruch besitzt. Nach mechanischer Befreiung des Harzes von den pflanzlichen Organteilen liess sich ersteres durch Alkohol in zwei Fraktionen zerlegen. Der in Alkohol lösliche Teil hinterbleibt nach dem Verdampfen des Alkohols als ein halbflüssiger Balsam von kräftigem Geruch. Wird der Balsam der Destillation unterworfen, so geht gegen 160° eine kleine Menge eines Terpens über, das mit Pinen vielleicht identisch ist. Dann steigt plötzlich der Quecksilberfaden des

Thermometers über 300°, und es gehen saure Zersetzungsprodukte des Harzes über. Aus dem Harze konnte Umbelliferon isoliert werden.

Der in Alkohol unlösliche Teil lässt sich nach dem Trocknen durch Behandeln mit Wasser bis auf einen kleinen Rückstand in Lösung bringen. Diese wässerige Lösung trocknet auf dem Wasserbade zu einer gummiartigen Masse ein, die sich in Form kleiner, glänzender, durchsichtiger und schwach bräunlich gefärbter Schuppen abblättern lässt.

Die im Arzneibuch für das Deutsche Reich für Galbanum angegebene Salzsäure-Reaktion konnte in schwachem Grade auch mit dem *Laretia*-Harz erhalten werden. Die Ammoniak-Reaktion hingegen, darin bestehend, dass man 1 Teil Galbanum mit 3 Teilen Wasser übergiesst und wenig Ammoniakflüssigkeit hinzufügt, worauf eine bläuliche Fluorescenz eintritt, wurde beim *Laretia*-Harz nicht beobachtet.

In dem *Laretia*-Harz liegt, wie die vorstehende vorläufige Untersuchung beweist, ein Gummiharz vor, das in physikalischer und chemischer Hinsicht dem Galbanum nahesteht. Ein Versuch, das *Laretia*-Harz an Stelle des Galbanums zu pharmazeutischen Zwecken zu verwenden, dürfte lohnend sein, wenn es billiger als das letztere zu beschaffen wäre.

3. Über das Kautschukharz einer Euphorbie aus dem Hererolande.

Die im Hererolande angeblich in grossen Mengen vorkommende Euphorbie liefert eine kautschukähnliche Masse von ausserordentlicher Klebkraft. Behandelt man die Masse in der Wärme mit Aceton, so lassen sich gegen 60 pCt. eines goldgelb gefärbten, sauer reagierenden Weichharzes extrahieren. Dasselbe besitzt stark toxische Eigenschaften. Wird eine kleine Menge desselben, die etwa dem vierten Teil der Grösse eines Stecknadelkopfes entspricht, auf die Zunge gebracht, so tritt schon nach wenigen Minuten ein heftiges Brennen auf. Besonders im Schlunde macht sich ein brennendes, bis zur Schmerzhaftigkeit sich steigerndes Gefühl bemerkbar, das mehrere Stunden lang anhält. Auf empfindlichere Stellen der Haut aufgetragen, ruft das Weichharz Rötung der Haut und die Bildung kleiner Bläschen hervor.

Die nach der Acetonbehandlung hinterbleibende Substanz bildet eine weiche, zähe, nur noch wenig klebende Masse, die zur Beimischung zu billigeren Kautschuksorten vielleicht Verwendung finden könnte.

Das Kautschukharz, wie es mir zur Untersuchung vorlag, als solches zur Herstellung von Kautschukwaren zu benutzen, erscheint ausgeschlossen. Die Befreiung von dem Weichharz aber dürfte in der

Technik Schwierigkeiten begegnen und im Hinblick auf die Giftigkeit nicht ohne Gefahr für die Arbeiter durchführbar sein.

4. Rinde von Acacia Perrotii Warb. aus Deutsch-Ostafrika.

Die Eingeborenen benutzen den in pyramidenförmigen Warzen der Rinde abgelagerten gelben Farbstoff, welcher in Kimakonde den Namen „nungamo" führt, zum Gelbfärben von Matten. Eine hierher gelangte Anfrage, ob sich ein Transport der Rinde als Farbrinde nach Deutschland lohnen dürfte, muss wohl in verneinendem Sinne beantwortet werden, da der Farbstoff nur in geringer Menge in der Rinde vorkommt und die Färbekraft desselben eine mässige ist. Die Rinde der *Acacia Perrotii* ist aber sehr gerbstoffreich, und dürfte vielleicht mit Rücksicht hierauf eine technische Verwertung der Rinde in's Auge zu fassen sein. Dahin gebende praktische Versuche werden die Frage entscheiden, ob die Rinde als „Gerbrinde" brauchbar ist.

IV. Notizen über einige Pflanzen des Berliner botan. Gartens.

Von

U. Dammer.

1. Fraxinus sogdiana Bunge.

Von dieser schönen Esche brachte ich im Jahre 1886 Samen aus Petersburg mit, welche mir der verstorbene E. von Regel „zum Andenken" mit einigen anderen selteneren asiatischen Sämereien gegeben hatte. Aus diesen Samen erzog ich ein Exemplar, welches jetzt im Garten meines Vaters steht, im Herbst dieses Jahres aber in den botanischen Garten übergeführt werden wird. Die Pflanze ist jetzt ca. 3 m hoch und hat einen Kronendurchmesser von etwa $1\frac{1}{2}$ m bei einer Stammdicke von ca. 5 cm. Trotz ihrer Jugend hat sie in diesem Frühjahre bereits zum ersten Male geblüht und erfreulicher Weise auch eine Anzahl Früchte angesetzt. Es ist demnach zu hoffen, dass die Art jetzt dauernd in unseren Gehölzsammlungen vertreten sein wird.

Wie E. Koehne in seiner neuesten Arbeit über die kultivierten *Fraxinus*-Arten (Gartenflora 1899 p. 282 ff.) gezeigt hat, ist *Fraxinus sogdiana* Bunge bisher in den grossen Gehölzsammlungen nicht vertreten. Zwar findet man den Namen *Fraxinus sogdiana* wiederholt in der Gartenbau-Litteratur, aber unter diesem Namen war, wie **Koehne** (l. c. p. 285) gezeigt hat, *F. syriaca* Boiss. versteckt. Die von mir erzogene Pflanze dagegen ist die echte *F. sogdiana* Bunge, da sie sowohl morphologisch mit dem im Berliner botanischen Museum aufbewahrten Exemplare, als auch anatomisch mit demselben übereinstimmt: Spaltöffnungen fehlen auf der Blattoberseite vollständig.

Die Pflanze hat schwärzlichgrüne, ziemlich dicke, kahle Zweige mit 0,5—5 cm langen Internodien. Die bis 5 cm lang gestielten Blätter erreichen eine Länge bis zu 25 cm und sind 2—5jochig. Die Rhachis ist hellgrün; die Fiederblättchen sind eilanzettlich, an der Basis keilförmig, mehr oder weniger in ein 0,5—1 cm langes Stielchen verschmälert, vorn lang zugespitzt, am Rande scharf gesägt, hin und wieder auch doppelt gesägt, mit nach vorn gerichteten Sägezähnchen, welche in eine scharfe Spitze auslaufen, beiderseits kahl, oberseits dunkel glänzend grün, unterseits matt hellgrün. In der Jugend sind die Blätter zunächst kupferroth, später hellgrün. Die an 8—10 cm langer Inflorescenzachse sitzenden, 8—10 mm langgestielten Früchte sind jetzt 4 cm lang (unreif), verkehrteiförmig, vorn breit abgerundet mit kurzaufgesetzter 1—2 mm langer Stachelspitze versehen.

Die Pflanze bildet neben Langtrieben zahlreiche Kurztriebe, wodurch sie ein ziemlich dichtes Aussehen erhält, das aber doch infolge der verhältnismässig langen und schmalen Fiederblättchen (bis 10 cm lang und 2—3 cm breit) gefällig bleibt. Die Seitenäste stehen mehr oder weniger horizontal ab.

2. Dianthus Hoeltzeri Regel et Winkler.

Wie **Winkler** in der Gartenflora (1881 p. 1 Tab. 1032) auseinandergesetzt hat, ist diese Art ausserordentlich variabel in der Gestaltung der Petalen. Ich erhielt Samen aus Petersburg von Regel und Kesselring, aus denen ich eine Anzahl kräftiger Pflanzen erzog, welche im zweiten Jahre blühten. Diese Exemplare gehören sämtlich zur Form *fimbriata*. Sie weichen aber von der in der Gartenflora gegebenen Abbildung in mehrfacher Hinsicht ab. Die Blätter haben mehr als die doppelte Länge (8—10 cm statt 3—4 cm) erreicht, die Stengel sind doppelt so lang geworden (30 statt 15 cm), die Petalen sind grösser geworden, so dass die Blumen 6 cm und etwas mehr Durchmesser haben (statt 4,5), der dunkelbraune Bart auf den Petalen hat sich weiter ausgedehnt und ist schärfer markiert. Da die Pflanze also viel Neigung zur Variation zeigt, die Blumen ferner auf langen Stielen einzeln stehen und dabei sehr wohlriechend sind, so dürfte diese Art, die bis jetzt noch selten in Kultur ist, sich sehr zur Züchtung einer neuen Nelkenklasse empfehlen.

3. Livistona Marine F. v. Mueller.

Von dieser seltenen australischen Fächerpalme gelang es mir im Jahre 1897 frische Samen aus dem Vaterlande zu erhalten, welche verhältnismässig schnell keimten. Die jungen Sämlinge, zur Zeit wohl die einzigen in Europa, zeichnen sich vor allen anderen Livistonen-Sämlingen auffallend aus. Die jungen Blätter sind lineal 1—1,5 cm breit, bis 30 cm lang, am Rande scharf gestachelt, gestielt. Ihre Farbe ist ein sehr eigentümliches dunkles Blaugrün mit rotem Blattrande. Die Pflanzen entwickeln sich ziemlich schnell, so dass zu hoffen ist, dass sie in einigen Jahren charakteristische Wedel haben werden.

V. Kulturnotizen aus der Kaiserl. Versuchsstation Kwai in Usambara.

Nach amtlichen Berichten zusammengestellt

von

G. Volkens.

I. Obstbäume.

a. Vom Bezirksrichter Herrn v. Reden bezogen, waren vorher etwa ein halbes Jahr in Tanga eingepflanzt:

Pflaumen, $3/4$ m hoch, stehen im allgemeinen gut, an einigen sind Wildlingsschosse, die entfernt werden müssen.

Pfirsiche, $1/2$ m hoch, leidlich gut.

Birnen zeigen viel Insektenfrass, viel Augen, aber einstweilen nur wenig Blüten, die Bäume sind klein geblieben.

Äpfel machen neue Schosse von unten, nur einige Exemplare sehen kräftig aus.

Alle durch Herrn v. Reden eingeführten Bäume haben augenscheinlich durch den Aufenthalt in Tanga gelitten.

b. Von Ernst u. Sprekelsen in Hamburg geliefert. Stehen hier etwa $5/4$—$1\frac{1}{2}$ Jahre.

Birnen sehr stark, ein sehr schönes im Spalier gezogenes Exemplar hat geblüht, aber nicht angesetzt, durchweg gutes Aussehen.

Äpfel und Quitten zeigen gute, gesunde Triebe.

Pfirsiche auf Pflaumen-Unterlage lassen äusserlich nichts zu wünschen übrig, haben aber nicht viel Triebe gemacht.

Kirschen sind klein geblieben, tragen aber einzelne Schosse von $1/2$ m Länge. Ein Exemplar hat drei reife Früchte.

Wallnüsse. 5 Stück mit leidlichen Schossen, aber wenigen Blättern. Die Bäume sind $2\frac{1}{2}$ m hoch.

c. Durch Vermittelung des Botanischen Gartens zu Berlin vom Gärtner Heddo überführt. — Von mehreren Hundert, die im Schatten eingeschlagen sind, haben nur etwa 6 Edelreiser getrieben und an 10 sind die Wildlinge ausgeschossen. Der Misserfolg ist einem unzeitgemässen Transport zuzuschreiben. Es hat sich gezeigt, dass der Herbst die allein passende Jahreszeit für die Überführung ist.

Alle europäischen Obstbäume sind infolge der Trockenheit des vergangenen Jahres nur langsam gewachsen. Für ihre Kultur hat sich Planieren des Grundes, Düngung und Ausputzen vor der Regenzeit als nötig erwiesen.

d. Von Dammann & Comp. in Neapel:

Citronen, 15 Stück, $1\frac{1}{2}$ m hoch, stehen sehr gut und haben viel Laub.

e. Von Schiele in Tanga:

Anona muricata L.
» reticulata L. } sind alle klein geblieben, sehen aber
» squamosa L. } sonst gut aus.

f. Vom Botanischen Garten in Berlin:

Anona Cherimolia Mill., $1\frac{1}{2}$ m hoch, wächst ausgezeichnet.

Eugenia Jambos L., 1 m hoch, ein gutes, zwei schlechte Exemplare.

II. Pflanzen aus den unteren Saatbeeten.

(Zum grössten Teil vom botanischen Garten zu Berlin geliefert.)

a. Coniferen.

Pinus insignis Dougl., klein und schlecht stehend, 1 Exemplar gut.

P. canariensis C. Sm., stehen fast alle schlecht, leiden unter Trockenheit.

P. Khasya Royle, fast alle eingegangen.

P. Pinea L., 9 leidliche Exemplare.

Thuja orientalis L. und Varietäten sehr gut.

Cupressus Macnabiana Andr., C. sempervirens L. sind alle vortrefflich und können in Anlagen ausgepflanzt werden.

Juniperus bermudiana L.,

J. procera Hoch. und

Callitris Whytei (Rendle) Engl., ebenso

Araucaria brasiliana A. Rich., einige gut aussehende, aber noch kleine Sämlinge.

Ginkgo biloba ist 10 cm hoch.

b. Palmen.

Washingtonia filifera Wendl. Die Pflanzen sehen gut aus, lassen sich aber schwer verpflanzen und müssen deshalb bald umgesetzt werden. Phoenix canariensis Hort. und Ph. reclinata Jacq. gut. Phoenix dactylifera L., viele kräftige Sämlinge, die nach Mombo, Kisuani und Kitivo überführt werden sollten. Chamaerops tomentosa(?), gute Sämlinge. Pritchardia filifera Linden, 8 leidliche Exemplare.

c. Tropische Obstbäume.

Anona laurifolia Dunal, 1 gutes Exemplar. A. muricata L., viele Sämlinge. Psidium Guajava L. (P. pomiferum L.), gut, $1/_2$ m hoch. Eugenia Pitanga(?), gute, kleine Sämlinge. Eriobotrya japonica Lindl., viele bald auszupflanzende, starke Sämlinge. Zizyphus vulgaris Lam., kleines Exemplar. Diospyros Lotus L., 11 gute Sämlinge. Anacardium occidentale L., eingegangen.

d. Europäische und amerikanische Obstbäume und Beerenpflanzen.

Brombeeren sind gut, stehen aber zu dicht, haben noch nicht geblüht. Himbeeren mässig. Erdbeeren in 2—3 Arten stehen gut und tragen schon Früchte. Maulbeeren, sehr gut und kräftig, sehr geeignet für Wegeeinfassungen. Australische Weine, gut, müssen in nächster Regenzeit verpflanzt werden. Bittere und süsse Mandeln, schöne $1^1/_2$ m hohe Bäumchen.

e. Nutzhölzer, Schatten- und Zierbäume.

Eucalyptus rostrata Schlecht., steht gut, $1/_2$—1 m hoch.

E. Lehmanni Preiss, gut, als dichter Strauch mit Blättern wie die der Mangroven gewachsen.

E. leucoxylon F. v. M., $1/_2$ m hoch.

Casuarina torulosa Ait., gute, $1/_2$ m hohe Bäumchen.

Caesalpinia Gilliesii Wall. (Poinciana Gilliesii Hook.), gut und kräftig, giebt einen sehr brauchbaren Park- und Wegebaum ab.

P. regia Boj., gute, kleine Pflanzen.

Parkinsonia aculenta L., recht starke Pflanzen mit schönen Blüten.

Albizzia lophanta Benth., sehr gut, $2^1/_2$ m hoch.

Melia Azedarach L. gedeiht sehr gut und ist als Alleebaum zu verwenden.

Grevillea robusta A. Cunn., nur einige, aber gute Exemplare, als Schattenbaum empfohlen.

Pittosporum undulatum Vent., 3 schöne Exemplare.

Santalum album L., 5 gute Bäumchen. Cassia glauca Lam. steht vortrefflich. Laurus canariensis Webb, gut, $1/_2$ m hoch. Capparis spinosa L., 1 kleines kümmerliches Exemplar.

Schinus Molle L., sehr schöne, 2½ m hohe Bäumchen.
Cytisus canariensis Steud., 2 m hoch. Erythrina spec., gute, 15 cm
hohe Sämlinge, lässt sich leicht durch Stecklinge vermehren. Nerium
Oleander L., gute Sämlinge. Cercis canadensis L., 3 leidliche Exem-
plare. Catalpa Bungei C. A. Mey., gut. Parinarium Holstii Engl.,
Mulabaum des Gebirges, geht spärlich auf. Ailanthus glandulosa Desf., gut.

f. Gerberakazien.

Acacia melanoxylon R. Br. und A. pycnantha Benth., gute 2 m
hohe Bäume. A. cyanophylla Lindl., 1 m hoch. A. dealbata Link
wächst gut.

g. Medizinalpflanzen.

Thevetia neriifolia Juss., gute Pflanzen von ½—1 m Höhe.
Ferula Assa foetida L., 7 schöne Stöcke.

h. Reiz- und Gewürzpflanzen.

Bourbon-Kaffee steht sehr schön. Assam-Thee zeigt gute, China-
Thee schlechte Sämlinge. Cinnamomum zeylanicum Nees (Laurus cinnamomum L.), gute Exemplare.

i. Futter- und Gespinnstpflanzen.

Sonnenblumen gedeihen ganz ausgezeichnet. Köpfe bis 30 cm
Durchmesser. Es wäre empfehlenswert, wenn Sonnenblumen als Viehfutter felderweis angebaut würden. Euchlaena mexicana Schrad. steht
vortrefflich. Lygeum Spartum Loefl., 6 Exemplare.

III. Pflanzen in den oberen Saatbeeten.
(Zum grössten Teil vom Botanischen Garten zu Berlin geliefert.)

a. Coniferen.

Pinus Jeffreyi A. Murr., gute kleine Sämlinge.

b. Obst- und Beerenpflanzen.

Carica Papaya L., gute Sämlinge. Weinstecklinge mässig, weil
schlecht gegossen.

c. Laubbäume.

Eucalyptus corynocalyx F. v. M., 6 Stück, 20 cm hoch, E. resini-
fera Sm. steht gut, 20 cm hoch. E. amygdalina Labill., aus hier ge-
wonnener Saat erwachsen. Bignonia Catalpa L., 6 gute Pflänzchen.
Acacia heterophylla Willd., schöne Sämlinge. Albizzia odoratissima
Benth. und Am. oluccana Miq., gute Pflänzlinge. Robinia pseudacacia L.,
Cytisus Laburnum L. und Acer Negundo L., gut aufgegangen.

d. Sonstige Nutzpflanzen.

Guizotia abyssinica Cass. steht reich in Frucht. Cannabis sativa L. (Cannabis indica Lam.) gedeiht vorzüglich, ebenso wie Galega officinalis L. und Cassia Tora L.

IV. Versuchsgarten.

a. Coniferen und Casuarinen.

Podocarpus elongata L'Hérit., 1 m hoch, aus hiesiger Saat gezogen. Callitris Whytei (Rendle) Engl., schöne 1 m hohe Bäume. Cupressus Lawsoniana Andr. steht ausgezeichnet. Casuarina torulosa Ait. 4 m hoch.

b. Laubbäume.

Cocos eriospatha Mart. gut. Mimusops Elengi L. gesund, 40 cm hoch. M. Balata Gaertn., kleine gesunde Pflanze. Eucalyptus Globulus Labill., 4 Monate alt, $3\frac{1}{2}$ m hoch, nach 2 Jahren tritt Wechsel in der Blattform ein. Bassia (Illipe) latifolia Roxb., 30 cm hoch, gesund, wächst aber langsam. Schleichera trijuga Willd., 50 cm, schön. Terminalia Bellerica Roxb., gesund, $\frac{1}{2}$ m hoch. Amyris balsamifera L., 3 Bäume von 2 m Höhe. Acacia pycnantha Benth., 4 m hoch, sehr schön. A. heterophylla Willd., gut, $1-1\frac{1}{2}$ m hoch. A. dealbata Link, Stämme dünn, aber gutes Wachstum. Sambucus glauca Nutt., 3 m hoch, sehr üppig, mit Früchten. Bixa Orellana L. bleibt klein, aber gesund. Pterocarpus santalinus L., 2 Exemplare, 20 cm hoch, wächst langsam. P. indicus Willd., schlecht entwickelt. Caesalpinia tinctoria Domb., $2\frac{1}{2}$ m hoch. C. odorata(?), 1 m hoch, sehr schön. C. Sappan L., 3 m hoch, brachte bereits 3 Kilo Samen. Albizzia moluccana, 3 m hoch, sehr schön. Haematoxylon campechianum L., wächst sehr langsam, jetzt 30 cm hoch. Pithecolobium Saman Benth., wächst hier schecht. Hymenaea Courbaril L., 1 kleines Exemplar, wächst sehr langsam. Jacaranda ovalifolia R. Br., 5 m hoch, sehr schön. Cedrela odorata L., 3—4 m hoch. Maba buxifolia Pers., hier einheimisch, wächst gut. Cinnamomum (Laurus) Camphora Nees et Eberm., 1 m hoch, wuchs erst langsam, jetzt vortrefflich. Quillaia Saponaria Mol., 2—3 m hoch, 2 schöne Exemplare. Ficus elastica Roxb., 5 gut wachsende Exemplare, 2 sind 2 m hoch. Cinchona robusta How., 1 m hoch, jetzt sehr gut, Rest aller von Berlin aus überführter Pflanzen. Pimenta officinalis Lindl., 1 m hoch.

e. Andere Nutzpflanzen.

Java-Kaffee, 30—40 cm, im Mai 1898 verpflanzt, steht schön, nur an einigen Wurzellaus. Hopfen, einige kümmerliche Exemplare. Passiflora edulis Sims, sehr üppig, mit Früchten. Averrhoa Carambola L., wächst schlecht. Agaven stehen gut. Boehmeria nivea Hook. et Arn., 1¼ m hoch. Sechium edulo Sw., sehr üppig, fruchtet. Maranta arundinacea L. gedeiht gut. Strophanthus scandens Griff. gesund.

V. Neue, im November 1898 vom Berliner Botanischen Garten eingeführte Pflanzen.

Sehr gut treiben: Ficus indica L., F. religiosa L., F. bengalensis L., Piper officinarum DC., P. angustifolium R. et P., Anona laurifolia Dunal, Cinnamomum zeylanicum Nees, Strophanthus hispidus DC., Chorisia speciosa St. Hil., Stadmannia australis Don., Aegle Marmelos Correa, Guajacum officinale L., Garcinia cochinchinensis Choisy, Toluifera Pereirae Baill., Cola acuminata Schott. et Endl., Achras Sapota L., Bassia (Illipe) latifolia Roxb., Spondias dulcis Forst., Paullinia sorbilis Mart., Haematoxylon Campechianum L. — Castilloa elastica Cerv. kam tot an.

VI. Es blühen und tragen teils schon Früchte:

Eucalyptus rostrata Schlecht., E. gomphocephala DC., E. drepanophylla F. v. M., E. maculata Hook., E. robusta Sm., E. cornuta Labill.

An grossen Exemplaren sind ausgepflanzt:

Eucalyptus drepanophylla F. v. M. (scheidet bereits Kino aus), E. globulus Labill. (10—13 m hoch), E. rostrata Schlecht. (4—7 m hoch), E. maculata Hook., Acacia pycnantha Benth. (scheidet schon Gummi aus). Thee existiert in 4 Sorten (Ceylon, Assam, Assam hybrida, Chinesischer). Alle haben viel von Wind und Insektenfrass gelitten. Kaffee sieht recht gut aus und ist nur zu 1—2 % durch Wurzellaus eingegangen.

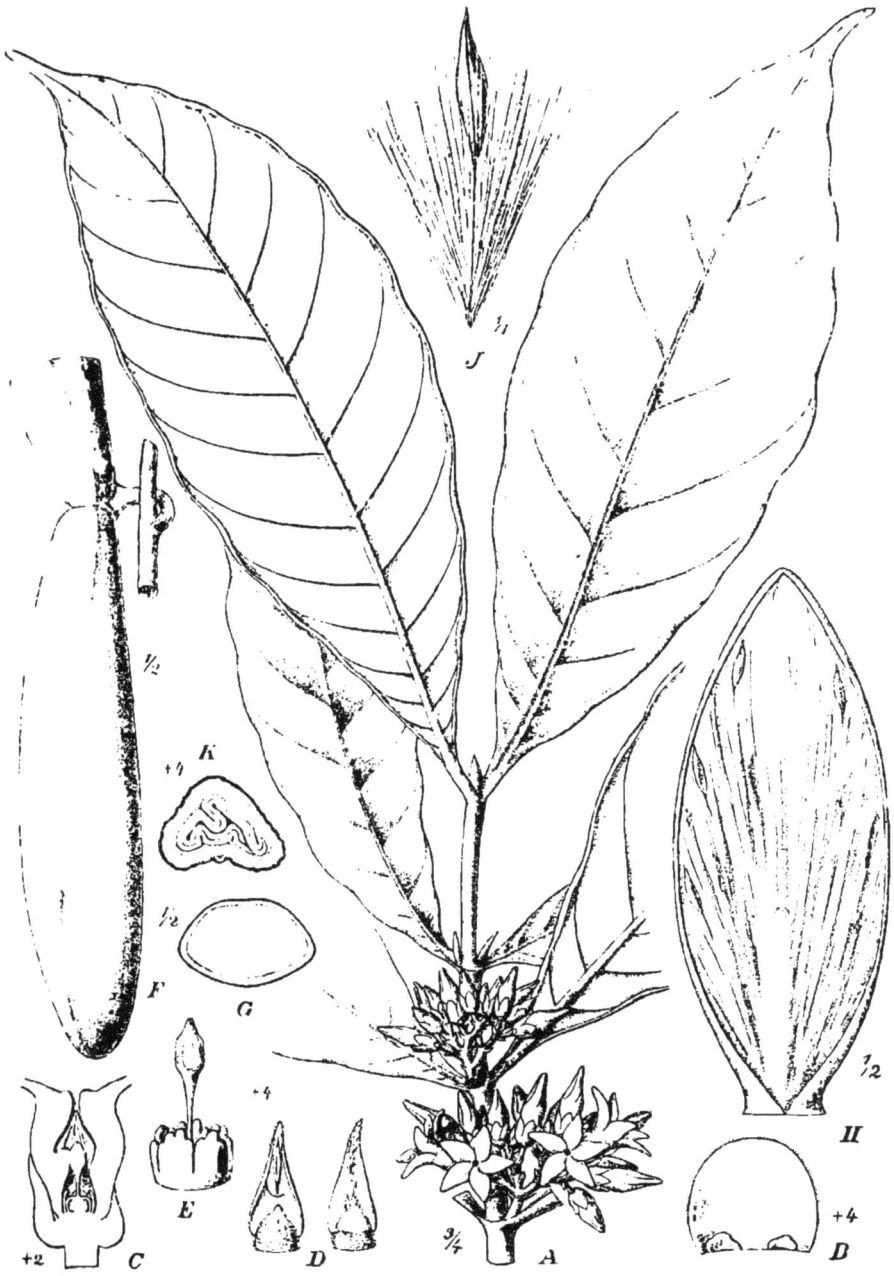

Kickxia elastica Preuss.

Kickxia africana Bth.

Verlag von Wilhelm Engelmann in Leipzig.

Synopsis der mitteleuropäischen Flora

von

Paul Ascherson
Dr med. et phil.
Professor der Botanik an der Universität zu Berlin

und

Paul Graebner
Dr. phil.

Bisher sind erschienen:

1. **Lieferung, I. Band**, Bogen 1—5: Hymenophyllaceae. Polypodiaceae: Aspidioideae und Asplenoideae. gr. 8 . . . . M. 2.—.
2. **Lieferung, I. Band**, Bogen 6—10: Polypodiaceae (Pteridoideae und Polypodiaceae). Osmundaceae. Ophioglossaceae. Hydropterides. Equisetaceae. Lycopodiaceae. gr. 8 . . . . M. 2.—.
3. **und 4. Lieferung, I. Band**, Bogen 11—20: Selaginellaceae. Isoëtaceae. Gymnospermae. Typhaceae. Sparganiaceae. Potamogetonaceae (Zosiereae, Posidonieae, Potamogetoneae). gr. 8 . . . . . M. 4.—.
5. **Lieferung, I. Band**, Bogen 21—25: Potamogetonaceae. Najadaceae. Juncaginaceae. Alismataceae. Butomaceae. Hydrocharitaceae. gr. 8. M. 2.—.
6. **Lieferung, I. Band**, Bogen 26 und Einleitung: Hydrocharitaceae, Register. — **II. Band**, Bogen 1—4: Gramineae. gr. 8 . . . M. 2,—.
7. **Lieferung, II. Band**, Bogen 5—9: Gramina. Paniceae (Schluss). Chloideae. Stupeae. Nardeae. Agrosteae: Miborinee. Phleinae. gr. 8. M. 2,—.

Vollständig liegt vor:

Erster Band

Embryophyta zoidiogama. Embryophyta siphonogama (Gymnospermae. Angiospermae. [Monocotyledones (Pandanales). Helobiae.]).

gr. 8. 1898. Geh. M. 10.—; geb. M. 12,50.

Monographieen
afrikanischer

Pflanzen-Familien und -Gattungen
herausgegeben von

A. Engler.
Veröffentlicht mit Unterstützung der Königl. preussischen Akademie der Wissenschaften.

Bisher erschienen:

I. Moraceae (excl. Ficus)
bearbeitet von
A. Engler.
Mit Tafel I—XVIII und 4 Figuren im Text. gr. 4. 1898. M. 12.—.

II. Melastomataceae
bearbeitet von
E. Gilg.
Mit Tafel I—X. gr. 4. 1898. M. 10.—.

In Vorbereitung befindet sich:

III. Combretaceae-Combretum
bearbeitet von
A. Engler und L. Diels.
gr. 4.

Druck von E. Buchbinder in Neu-Ruppin.

Notizblatt

des

Königl. botanischen Gartens und Museums zu Berlin.

No. 20. (Bd. II.)   Ausgegeben am **29. December 1899.**

I. Über das Sammeln von Kakteen. Von K. Schumann.

II. Neue Einführungen:
  1. Rodriguezia Juergensiana Krzl.
  2. Polygonum Spaethii Dammer.

III. Einige neue auf Freilandpflanzen des Berliner botanischen Gartens beobachtete Pilze. Von P. Hennings.

IV. Über eine Verbenacee mit stachligen Blättern. Von Th. Loesener.

V. Über essbare japanische Pilze. Von P. Hennings.

VI. Über das Wutung-Holz. Von A. Engler.

VII. Nach den Kolonieen abgegangene Sendungen von lebenden Pflanzen und Samen.

VIII. Neue wissenschaftliche Publikationen der Beamten des botanischen Gartens und Museums, sowie anderer Personen, welche das Material dieser Anstalten benutzten.

IX. Kleinere Notizen.

X. Register für Heft 11—20.

Nur durch den Buchhandel zu beziehen.

✳

In Commission bei Wilhelm Engelmann in Leipzig

1899.

Preis 1,20 Mk.

Notizblatt

des

Königl. botanischen Gartens und Museums zu Berlin.

No. 20. (Bd. II.) Ausgegeben am **29. December 1899.**

I. Über das Sammeln von Kakteen.

Von

K. Schumann.

Dem erfolgreichen Studium aller succulenter Pflanzen steht die Unzulänglichkeit unserer Herbarmaterialien äusserst hemmend entgegen. Dem Reisenden, welcher den Ort seines Aufenthaltes schnell wechselt, müssen auch in der That die schwierig zu trocknenden Objekte grosse Ungelegenheiten und Hemmnisse bereiten. In diesem Umstande liegt die Ursache, dass zumal die Kakteen in durchaus ungenügendem Masse als Herbarpflanzen zu uns gekommen sind. In einer besseren Lage befindet sich der in den Kakteengegenden Ansässige. Da ich schon wiederholt von Apothekern, Ärzten und Kaufleuten, welche mir gern behilflich sein wollten, weitere Materialien zu meinen Kakteenstudien zusammenzubringen, gefragt worden bin, in welcher Weise sie mir ihre Hilfe zu teil werden lassen könnten, so will ich hier in kurzen Zügen eine Vorschrift für das Sammeln von Kakteen mitteilen.

Dasselbe kann in dreifacher Weise geschehen:

I. Das Sammeln lebender Materialien. Da sich Kakteen ohne die geringste Gefahr für ihr Leben monatelang aufbewahren lassen, so kommt bei denselben mehr als bei irgend welchen anderen Pflanzen, die Zwiebelgewächse vielleicht ausgenommen, diese Art des Sammelns in Betracht. Man hat im allgemeinen keine Rücksicht darauf zu nehmen, dass etwa ganze Pflanzen mit den Wurzeln aus der Erde gehoben werden, ein Verfahren, das sich bei den grossen, baumartigen Formen

26

von selbst verbietet. Bei solchen Gewächsen ist es zweckmässig, die Spitzen der Äste von etwa Handlänge oder darüber glatt abzuschneiden. Von grosser Bedeutung ist, dass die Schnittwunde in der Sonne vollkommen abtrocknet, weil von hier aus unter ungünstigen Transportbedingungen die Fäulnis nicht selten in den übrigen Theil des Körpers eindringt. Die Befähigung der Kakteen, Wurzeln auch aus dem Grunde grösserer oder umfangreicherer Zweigstücke zu treiben, ist so gross, dass derartige Körper als Stecklinge vorzüglich anwachsen und fast nie versagen. Kleinere Pflanzen wird man sorgfältiger mit den Wurzeln aus der Erde heben und ihr Wurzelsystem schonend behandeln, weil sich aus demselben noch leichter neue Wurzeln entwickeln.

Bei dem Transport solcher Objekte hat man vor allen Dingen darauf zu sehen, dass sie luftig verpackt werden. Namentlich wenn der Transport mehrere Wochen währt, dürfen sie niemals dicht zusammengepackt in geschlossenen Kisten verschickt werden. Jedes Stück wird einzeln in Papier geschlagen und sorgfältig in Holzwolle gelegt; es ist sehr zweckmässig, in die Kiste, welche die Pflanzen aufgenommen hat, einige Löcher zu bohren, um Luft durchzulassen. Kleinere Pflanzen werden sehr zweckmässig in Schachteln als Proben geschickt.

II. Das Sammeln trockner Objekte. Die umfangreichen körperlichen Gebilde der Kakteen erfordern zur genauen Erkenntniss ihrer Formen mindestens 2 Schnitte, einen Querschnitt, um die Zahl der Rippen zu ermitteln, und einen Längsschnitt von ansehnlicher Dicke, um die Form derselben bez. von Warzen und Höckern zu erkennen. Die Anwendung von Druck wird am besten bei der Trocknung ganz vermieden. Neben diesen beiden Stücken hat man namentlich auf die Spitzen der Kakteenkörper zu achten, weil sich hier häufig Verhältnisse beobachten lassen, die entweder weiter unten überhaupt nicht vorliegen, wie das Vorhandensein von Schopfbildungen, oder im Alter an denselben Stellen verschwinden (Wollfilzbildung auf den Areolen etc.). Häufig stehen auch die Blüten an den Enden der Zweige; deswegen ist es immer von Werth, neben einem Längs- und Querschnitte auch ein Ende der Achse mit zu trocknen.

Die Blüten können ebenso wie die Früchte, und die Samen trocken aufbewahrt werden. Da die Kakteen sehr häufig zarte und weiche Blütenhüllblätter und kräftige mit Schleimschläuchen versehene Griffel haben, so ist es nicht empfehlenswert, die Blüten beim Trocknen stark zu pressen; unter Umständen ist es sogar besser, sie ohne Druck womöglich schnell in der Sonne zu trocknen; ebenso verfährt man mit trockneren, nicht zu saftigen Früchten. Häufig sitzt die Blütenhülle noch auf der Frucht, die man selbstredend nicht beseitigen darf; der

Charakter ist an sich von Bedeutung; ausserdem kann man aus diesem Rest häufig einen Schluss auf die Beschaffenheit der Blüte überhaupt ziehen.

Bei allen getrockneten Objekten ist die genaue Bezeichnung der Farben äusserst erwünscht; sowohl die Farbe der Stammoberfläche als die zarten Nuancen der Blüthen werden durch das Trocknen so weit verändert, dass sie ihrer wahren Natur nicht mehr entsprechen. Nicht minder sind die Ausmessungen von Blüten und Stämmen möglichst genau bis in die Einzelheiten hinein zu geben.

III. Das Sammeln in Spiritus. Bei der so reichlichen Durchtränkung der Kakteenkörper mit Flüssigkeit ist die Veränderung, welche sie beim Trocknen erfahren, eine sehr grosse. Der Beobachter wird stets im Zweifel darüber sein, ob die Ansicht, die er sich durch die Untersuchung der getrockneten Reste verschafft hat, der Wahrheit entspricht oder nicht. Diese letzteren bleiben also immer ein Nothbehelf, der ja sehr erwünscht sein kann, der aber niemals die lebenden Gebilde zu ersetzen vermag. Viel brauchbarer sind, weil bei ihnen die Veränderung sehr gering ist oder gar nicht eintritt, alle Präparate, welche in Alkohol aufbewahrt werden. Mit Ausnahme alter, verholzter Körper kann man zweckmässig alle Teile in Spiritus legen; sehr wichtig sind aber auch bei diesem Verfahren sorgfältige Aufzeichnungen über die Farben der betreffenden Gegenstände.

II. Neue Einführungen.

1. **Rodriguezia Juergensiana** Krzl. n. sp.; bulbis approximatis tenuibus fusiformibus 3—4 cm longis 4 mm crassis monophyllis, folio lineari brassavoliformi lineari carnoso canaliculato, apice acuto, 10 cm longo, 2 mm crasso, racemo brevi 5 cm longo v. longiore, folio uno pellucido acuminato in medio scapo, spica densiuscula pluri-multiflora, bracteis minutis ovatis acutis pellucidis quam ovaria 2—3 mm longa bene brevioribus; sepalo dorsali anguste ovato acuto lateralibus basi tantum connatis sacculum vix prominulum formantibus ovatis acutis subobliquis, petalis obovatis apiculatis, labello basi lineari lobulis lateralibus in auriculos vix prominulos reductis subito in laminam transverso oblongam v. suborbicularem medio apiculatam dilatato, parte basilari v. unguiculo pilosa lamellis 2 satis crassis brevibusque in ima basi; gynostemio brevi antice longe rostrato, anthera longe producta lati lineari uniloculari, glandula lineari acuta, caudicula filiformi, polliniis minutis globosis. —

Flores odoratissimi minuti albidi sepala petalaque extus linea fusca notata, lamellae disci aureae, sepala petalaque 2 mm longa, labellum 3 mm longum antice 2—2,5 mm latum.

Brasilien: (Juergens). — Blühte im Königl. Botan. Garten zu Berlin.

Habituell der Rodr. inconspicua Krzl. nahe verwandt, unterschieden durch die beinahe drehrunden Blätter und durch die Einzelnheiten der Säule. Der schnabelförmige Fortsatz, die Anthere, die Caudicula sind in beiden Arten völlig verschieden. Die Sepalen sind hier deutlich getrennt bis auf eine ganz kurze etwas sackförmig vertiefte Partie an der Basis, auch die Sepalen sind anders. Der Unterschiede sind also genug, um — abgesehen von der ganz verschiedenen Heimat (Rodr. inconspicua ist in Mexiko und Guatemala einheimisch) — die Aufstellung einer Art zu rechtfertigen. Die habituelle Ähnlichkeit zwischen beiden Arten ist allerdings gross und die Dimensionen sind bei beiden dieselben.

2. **Polygonum Spaethii** Dammer nov. spec.; caule erecto crasso noduso, minute puberulo, demum glabro, ramis novellis dense puberulis subhirsutisve; foliis petiolatis cordato ovatis, acutis acuminatisve, summis lanceolatis acuminatis basi attenuatis in petiolum decurrentibus, utrinque molliter puberulis, nervis utrinque pilosis, margine subundulato ciliato; petiolo subtriangulato, supra canaliculato, piloso demum subglabro, infra medium ochreae abeunte; ochrea hypocraterimorpha, multinervia extus dense pilosa, limbo foliaceo crenato ciliato-piloso, reticulato-venoso; spicis paniculatis ovato-oblongis vel oblongis, paucifloris, bracteis late ovatis acutis acuminatisve, pubescentibus, margine ciliato, 1—3-floris; floribus breviter pedicellatis, perigonio 5—6-partito eglanduloso, staminibus 5—6 squamulis perigynis alternantibus, stylo staminibus breviori stigmatibus duobus capitatis; achaenio lenticulari faciebus orbicularibus laevibus atro, cotyledonibus accumbentibus.

Diese prächtige, 3 und mehr Meter hohe Art bildet sehr starke hohle Stengel von 2—3 cm Durchmesser, welche an den Blattknoten bis zu 4 cm anschwellen. Die Internodien werden bis 0,25 m lang; sie sind anfänglich weichhaarig, später fast glatt; die obersten Triebspitzen sind dicht behaart, fast rauhhaarig. Die langgestielten herzeiförmigen Blätter sind mehr oder weniger lang zugespitzt, beiderseits weichhaarig, auf den Nerven sowohl oberseits wie unterseits etwas länger behaart, am Rande feingewimpert; die Blattfläche wird bis 20 cm breit und 25 cm lang. Der bis 15 cm lange blutrote Blattstiel entspringt unterhalb der Mitte der Tute; er ist fast dreikantig, oberseits etwas vertieft, weichhaarig, später fast kahl; die Tute ist präsentierellerförmig, von zahlreichen parallelen Nerven durchzogen, aussen dicht

behaart, 2—3 cm lang; ihr Saum ist blattartig, netzadrig, gekerbt, lang
gewimpert; die an den Enden der Triebe in den Achseln der obersten
Blätter im Oktober erscheinenden Blüthenstände sind rispig verzweigte
Ähren. Die Ähren sind eiförmig-länglich bis länglich, wenigblütig;
die breiteiförmigen spitzen bis lang zugespitzten Brakteen sind weichhaarig, am Rande gewimpert, 1—3blütig; die karminroten Blüten sind
kurz gestielt, drüsenlos; das Perigon ist 5—6-teilig; Staubblätter 5—6
mit Drüsenschuppen alternierend; der Griffel, welcher kürzer als die
Staubfäden ist, trägt zwei kopfförmige Narben. Die linsenförmige
mattschwarze Frucht ist glatt. Die Keimblätter liegen seitlich neben
dem Stämmchen ◯ ⚯.

China: in prov. Schantung pr. Wei-Hsien et Tsinan-Fu: E seminibus a clarissimo E. Faber missis in horto Spaethiano anno 1899
cultum.

Die Pflanze hat habituell viel Ähnlichkeit mit Polygonum sachalinense, von dem sie durch die Behaarung und die sehr dicken, stark
knotigen Stengel, sowie später durch die Blüten leicht zu unterscheiden
ist. Die oberen Triebspitzen haben grosse Ähnlichkeit mit Polygonum
orientale L. Der Bau der Frucht zeigt aber, dass diese Art in die
Sektion Persicaria und nicht Amblygonum gehört. Hier steht sie
am nächsten dem tropisch amerikanischen P. hispidum Kunth.

Die Pflanze wurde in der Späth'schen Baumschule aus Samen
herangezogen, welche der vor kurzem verstorbene Missionar Dr. E. Faber
aus der Provinz Schantung eingesandt hatte. Sie erreichte im ersten
Jahre eine Höhe von etwa 3 m. Die Blüten erschienen leider erst
im Oktober. Ob die Art einjährig oder ausdauernd ist, muss die Zukunft lehren. Jedenfalls bedeutet ihre Einführung in unsere Gärten
eine grosse Errungenschaft. Als Einzelpflanze im Rasen wird sie mit
ihrem hellgrünen grossen Laube und den dunkelkarminroten Blattstielen
vorzüglich wirken. Ich habe die Art Herrn Ökonomierat F. Spaeth zu
Ehren benannt, dem der Gartenbau schon so viele wertvolle Einfüh
rungen verdankt.

III. Einige neue auf Freilandpflanzen im Berliner botanischen Garten beobachtete Pilze.

Von

P. Hennings.

Metasphaeria Galactis P. Henn. n. sp.; peritheciis gregariis, primo epidermide tectis dein erumpentibus, punctiformibus, subglobosis, membranaceis, atris, ca. 90—140 μ diametro; ascis clavatis vel subfusoideis apice obtusiusculis, basi attenuato-pedicellatis: 8 sporis ca. 35 — 50 × 9 — 13 μ; sporis fusoideis vel oblongo cylindraceis; hyalinis primo 4—6 grosse guttulatis, dein obsolete 3—5 septatis.

Hort. Berol.: nordamerik. Gruppe auf abgestorbenen lederigen Blättern von **Galax aphylla** L. — Juni 1899.

Die sehr kleinen schwarzen Perithecien treten herdenweise als schwarze Punkte auf der Blattoberseite auf; die Blätter werden zuerst braunfleckig und trocknen zuletzt ganz ab. Der Pilz ist für die Pflanzen anscheinend ziemlich unschädlich, da nur die untersten Blätter von demselben befallen werden, während die übrigen kräftig entwickelt sind und die Pflanzen kräftig gedeihen.

Phoma lespedezicola P. Henn. n. sp.; peritheciis globoso-depressis subcuteaneo-erumpentibus, sparsis vel aggregatis, atris, papillatis, contextu parenchymatico, ca. 110—200 μ; conidiis oblonge ellipsoideis vel subcylindraceis, utrinque obtusiusculis, hyalinis, eguttulatis, 5—7 × 3—3½ μ.

Hort. Berol.: japanische Gruppe auf abgestorbenen vorjährigen Stengel von **Lespedeza Siboldiana**. — 21. Mai 1899.

Die schwarzen, halbkugeligen, papillaten Perithecien brechen meist herdenweise aus der Rinde hervor, doch finden sich dieselben oft von grösserem Durchmesser und mehr kugeliger Form auf Stengeln, von denen die Rinde abgefault ist.

Ph. Baptisiae P. Henn. n. sp.; peritheciis hemisphaericis vel ovoideo-subglobosis, subcuteaneo-erumpentibus sparsis vel caespitosis, atris subnitentibus, poro pertuso, contextu parenchymatico, ca. 80—120 μ diametro; conidiis ellipsoideis, continuis, eguttulatis 5—7 × 4—5 μ.

Hort. Berol.: amerikan. Gruppe auf vorjährigen Stengeln von **Baptisia australis**. — Mai 1899.

Ph. thermopsidicola P. Henn. n. sp.; peritheciis subglobosis, depressis sparsis, subcuteaneo-crumpentibus, atris, poro pertusis ca. 110—130 μ diametro, contextu parenchymatico atrobrunneo; conidiis ellipsoideis 2 guttulatis, utrinque obtusis 5—7 × 3½ μ.

Hort. Berol.: nordamerik. Gruppe, auf vorjährigen Stengeln von **Thermopsis fabacea**. — Mai 1899.

Die Art ist von **Macrophoma Thermopsidis** Ell. et Ev. ganz verschieden, der vorigen Art aber nahestehend.

Ph. Calophacae P. Henn. n. sp.; peritheciis sparsis, subglobosis, subcuteaneo-erumpentibus, atris, poro pertusis ca. 180 — 220 μ diametro; conidiis subfusoideis utrinque obtusiusculis vel acutiusculis, pluriguttulatis, hyalinis 7—10 $\times$ 2$^1/_2$—3$^1/_2$ μ.

Hort. Berol.: auf trockenen Zweigen von **Calophaca wolgarica**. — 25. Mai 1899.

Ph. Rhodotypi P. Henn. n. sp.; peritheciis pulvinato-hemisphaericis rotundis vel oblongis, sparsis vel gregariis subcuteaneo-erumpentibus, atris subnitentibus, poro pertusis ca. 300 μ diametro; conidiis ellipsoideis, utrinque obtusis, 2-guttulatis hyalinis 6—8 $\times$ 3$^1/_2$ μ.

Hort. Berol.: japanische Gruppe an vorjährigen trockenen Fruchtstielen von Rhodotypus kerrioides S. et Z. Häufig in Gesellschaft von **Helmintosporium** spec. und **Epicoccum Rhodotypi**. — Mai 1899.

Ph. Quillayae P. Henn. n. sp.; peritheciis subglobosis, sparsis subcuteaneo-erumpentibus, atris, poro pertusis ca. 90—110 μ diametro; conidiis subfusoideis vel oblonge ellipsoideis hyalinis, 2 guttulatis, utrinque obtusiusculis 7—9 $\times$ 3—3$^1/_2$ μ.

Hort. Berol.: officinelles System an trockenen Zweigspitzen von **Quillaya Saponaria**.

Ph. Marleae P. Henn. n. sp.; peritheciis globosis, subcuteaneo-erumpentibus, poro pertusis, contextu parenchymatico fusco-brunneo ca. 180—200 μ diametro; conidiis ovoideis vel ellipsoideis, continuis, eguttulatis, hyalinis 5—8 $\times$ 3$^1/_2$—4 μ.

Hort. Berol.: japanische Gruppe an dürren Zweigspitzen von **Marlea platanifolia**. — 15. Juli 1899.

Die Art ist von **Ph. perforans** (Lev.) Sacc. verschieden.

Ph. clerodendricola P. Henn. n. sp.; peritheciis subglobosis innato-erumpentibus, fusco-brunneis, poro pertusis ca. 170—210 μ diametro; conidiis ellipsoideis vel subovoideis, eguttulatis, continuis 6—8 $\times$ 3$^1/_2$—4 μ.

Hort. Berol.: japanische Gruppe auf abgestorbenen Zweigen von **Clerodendron trichostomum** Th. — Juli 1899.

Die Art ist von **Ph. lirelliformis** Sacc. durch die bleicheren Perithecien sowie durch die Conidien verschieden.

Ph. Cephalanthi P. Henn. n. sp.; peritheciis gregariis subcuteaueo-erumpentibus, rufobrunneis dein atris, poro pertusis 120—150 μ diametro; conidiis subovoideis vel ellipsoideis, hyalinis, eguttulatis 5—8 $\times$ 3$^1/_2$—4 μ.

Hort. Berol.: nordamerikanische Gruppe auf trockenen Zweigspitzen von **Cephalanthus occidentalis** L. — Juni 1899.

Ph. galacticola P. Henn. n. sp.; peritheciis hemisphaericis vel subglobosis, erumpentibus, atris subnitentibus, poro pertusis, ca. 90—120 μ diametro; conidiis late ellipsoideis vel ovoideis, intus granulosis, hyalinis 8—12 × 7—9 μ.

Hort. Berol.: nordamerikanische Gruppe auf abgestorbenen Blattstielen und Blättern von Galax aphylla L. — Juli 1899.

Von Ph. Galacis Cooke ganz verschieden.

Cytospora Ceanothi Schwein. Syn. Am. bor. 2158 (?) Conidiis cylindraceo-curvulis utrinque obtusis, continuis, hyalinis 7—9 × 1 ½ μ, basidiis fasciculatis, filiformibus, hyalinis 10—20 × 1½ μ.

Hort. Berol.: nordamerikanische Gruppe an trockenen Zweigen von **Ceanothus americanus** L. — Mai 1899.

Der Pilz dürfte voraussichtlich mit obiger Art, von der die Conidien und Conidienträger nicht beschrieben sind, übereinstimmen.

C. Marleae P. Henn. n. sp.; stromatibus tuberculiformibus, depressis sub epidermide nidulantibus, longitudinaliter erumpentibus, sparsis atris, ca. 250 μ diametro; basidiis fasciculato-caespitosis, filiformibus ca. 30 μ longis, 0,5—0,8 μ crassis, hyalinis; conidiis cylindraceis utrinque obtusiusculis curvatis, continuis, hyalinis 7—10 × 1—1 ½ μ.

Hort. Berol.: japanische Gruppe an abgestorbenen Zweigen von **Marlea platanifolia.** — Mai 1899.

C. Actinidiae P. Henn. n. sp.; stromatibus sparsis epidermide rupta tectis, atris, oblonge hemisphaericis, intus pallidis; conidiis oblonge cylindraceis, utrinque obtusiusculis, subcurvulis, continuis 8—9 × 3 μ, basidiis fasciculatis, filiformibus, hyalinis 6—13 × 2½—3 μ.

Hort. Berol.: japanische Gruppe an trockenen berindeten Zweigen von **Actinidia Kalomicta.** — Mai 1899.

C. Corylopsis P. Henn. n. sp.; stromatibus sparsis vel gregariis, pulvinatis, subcuteaneis, subatris, disculo erumpenti, pallido-fuligineo, ca. 200 μ diametro; cirrhis albidis; basidiis filiformibus simplicibus, flexuosis, hyalinis ca. 30 × 1 μ; conidiis oblonge fusoideis vel clavatis, rectis, pluriguttulatis, continuis, hyalinis 8—11 × 3—3½ μ.

Hort. Berol.: an abgestorbenen Zweigen von **Corylopsis spicata.** Juli 1899.

C. Fothergillae P. Henn. n. sp.; stromatibus sparsis, pulvinato-hemisphaericis, subcuteano-erumpentibus, epidermide fissa velatis, subatris intus pallidis; basidiis fasciculatis brevibus, hyalinis; conidiis cylindraceis, curvatis, continuis, hyalinis 4 ½—5½ × 0,6—0,8 μ.

Hort. Berol.: in trockenen Zweigen von **Fothergilla alnifolia.** — Juli 1899.

Diplodia Galactis P. Henn. n. sp.; peritheciis sparsis in masculis pallidis, subglobosis, atris ca. 200 μ diametro; conidiis ovoideis vel ellipsoideis, utrinque obtusis primo hyalinis continuis dein fuscidulis vel atrofuscis 1 septatis, constrictis 15—20 × 8—15 μ.

Hort. Berol.: auf der Oberseite lederiger, trockener Blätter von **Galax aphylla** L. — Juli 1899.

Camarosporium Halimodendri P. Henn. n. sp.; peritheciis sparsis subcuteaneo-erumpentibus, pulvinatis atris subpapillatis ca. 0,5 mm diametro, epidermide fissa velatis; conidiis oblongis vel subclavatis utrinque obtusis, 4—7 septatis muriformibus paulo constrictis, melleis dein olivaceo-atris 18—25 × 10—13 μ.

Hort. Berol.: auf trockenen Zweigen von **Halimodendron argenteum**. — Mai 1899.

Mit C. Coluteae (P. et. C.) nahe verwandt, aber durch Vorkommen und Conidien etwas verschieden, ebenfalls von C. Coronillae Sacc.

Fusarium Baptisiae P. Henn. n. sp.; sporodochiis erumpentibus, sparsis, hemisphaericis vel oblonge pulvinatis, interdum confluentibus, carneis 180—200 μ diametro; basidiis fasciculatis, repetito-dichotomis articulatis 4—6 μ crassis; conidiis falcato-fusoideis, 1 septatis, haud constrictis 20—28 × 4—6 μ hyalino subcarnescentibus.

Hort. Berol.: auf trockenen vorjährigen Stengeln von **Baptisia tinctoria**. — Mai 1899.

Epicoccum Rhodotypi P. Henn. n. sp.; sporodochiis caespinosis atrobrunneis vel atroolivaceis, subglobosis, vel hemisphaerico-depressis, ca. 180—220 μ diametro; conidiis sessilibus subglobosis, reticulatis, brunneis, vel atroolivaceis 18—24 μ.

Hort. Berol.: japanische Gruppe auf vorjährigen trockenen Fruchtstielen von **Rhodotypus kerrioides** unterhalb der trockenen Kelchblätter.

Mit E. purpurascens Ehr. verwandt, aber stets ohne Flecken, oft in Gesellschaft von Phoma Rhodotypi und Helminthosporium. Durch die ungestielten Conidien von den meisten Arten verschieden, ebenso durch das Fehlen von Flecken.

IV. Über eine Verbenacee mit stachligen Blättern.

Von

Th. Loesener.

Seit längerer Zeit hatte ich meine Aufmerksamkeit einer Pflanze zugewandt, die sich im hiesigen botanischen Garten als **Ilex scopulorum** H. B. K. aus Ecuador in Kultur befindet. Wenn auch die Blätter äusserlich eine gewisse Ähnlichkeit mit denen gewisser stachelblättriger Ilices zeigen, so ist doch schon die streng dekussierte Anordnung derselben ein auffallender Hinweis dafür, dass die Pflanze unmöglich zu den Aquifoliaceen gehören kann. Trotzdem gelang es bisher infolge mangelnder Blüten und Früchte nicht, ihre natürliche Verwandtschaft zu ermitteln. In dem für die Vegetation so überaus günstigen Spätsommer dieses Jahres gelangte sie nun zum Blühen. Leider wurde die Blütezeit selbst verpasst, so dass ich genötigt war, die Pflanze nach den Früchten zu bestimmen. Nach verschiedenen vergeblichen Versuchen gelangte ich mit Hilfe eines vor mehreren Jahren angefangenen Verzeichnisses solcher Gewächse, die wegen des Besitzes stachliger Blätter mit Ilex-Arten verwechselt werden könnten, zu der Annahme, dass wir es bei der fraglichen Pflanze höchstwahrscheinlich mit einer **Verbenacee** und zwar mit Citharexylum ilicifolium H. B. K. zu thun haben. Die Exemplare erreichen fast Mannshöhe und stammen wahrscheinlich noch aus der Zeit Bouché's.

Die Blätter stimmen in Form und Grösse mit denen der genannten Art recht gut überein und ihre Stiele sitzen an eben so deutlichen Blattkissen wie bei C. ilicifolium H. B. K. Mittels einer scharfen Lupe bemerkt man sowohl auf der Blattoberseite als auch besonders auf der Unterseite eine feine, grubige, pünktchenförmige Behaarung. Die mikroskopische Untersuchung ergab, dass dieselbe aus fast sitzenden, in Vertiefungen eingesenkten und daher kaum über das Niveau der Epidermis-Aussenseite hervorragenden, mehrzelligen, kopfförmigen Drüsenhaaren bestehen. Die Früchte sind zu kurzen endständigen Trauben angeordnet und sitzen an kurzen Blütenstielen. Der Kelch ist mehr oder weniger regelmässig fünfspaltig. Der oberständige Fruchtknoten entwickelt sich zu einer schwarzen, runden, glänzenden Beere, deren weiches und saftiges Epikarp einen intensiven, dunkelvioletten, aber, wie es scheint, leicht zersetzlichen Farbstoff enthält. Im Innern befinden sich 2 durch eine rundliche Lücke getrennte Kerne mit je 2 einsamigen Fächern.

Alle diese Merkmale, besonders aber auch die mikroskopische Vergleichung der Struktur des Blattes mit der des im Berliner Herbar befindlichen Originales von Citharexylum ilicifolium H. B. K. tilgten jeden Zweifel darüber, dass unsere Pseudo-Ilex zu dieser Art gehört.

V. Über essbare japanische Pilze.

Von

P. Hennings.

In Japan und China spielen bekanntlich die fleischigen sowie einzelne gallertartige Pilze als Nahrungsmittel eine ganz bedeutende Rolle und bilden in ersterem Lande einen sehr wichtigen Exportartikel. Einzelne fleischige Hutpilze werden in Japan seit alter Zeit in grossem Maassstabe kultiviert, so eine Agarieacee, welche „Shiitake" genannt wird, ferner unser Austernpilz, **Pleurotus ostreatus**, der **Chiratake** der Japaner. Ersterer Pilz wird teils im Lande selbst gegessen, teils nach China jährlich im Werte von über 100000 M ausgeführt. Professor **J. Schröter** hat im 35. Jahrgange der Gartenflora (1886) S. 101 u. 134 eine sehr beachtenswerte Arbeit über essbare Pilze und Pilzkulturen in Japan veröffentlicht, welche sich z. T. auf mündliche Mitteilungen des Herrn Nagai aus Tokio bezieht.

Einzelne der in dieser Arbeit aufgeführten Pilzarten sind vom Verfasser, da demselben teils unvollständige Exemplare, teils nur Abbildungen vorgelegen haben, irrig gedeutet worden. Im Besitze vollständigeren Materials, welches das K. bot. Museum dem Herrn Prof. **Shirai** aus Tokio verdankt, sowie gestützt auf dessen freundliche Mitteilungen über einzelne Pilzarten, dürfte es mir gestattet sein, obige Irrtümer an dieser Stelle kurz zu berichtigen.

1. Der **Shiitake** ist ein derbfleischiger, gestielter, weisssporiger Hutpilz, dessen eingerollter Hutrand im Jugendzustande durch einen seidenfädigen Schleier mit dem Stiele verbunden ist. An ausgebildeten Exemplaren verschwindet der Schleier und wurde diese Art von **Schröter** als **Collybia Shiitake** bezeichnet. Der Pilz gehört aber besser zu der Gattung **Cortinellus** Roze und ist als **C. Shiitake** (Schröt.) P. Henn. zu bezeichnen, mit C. vaccinus (Pers.) Roze nahe verwandt.

Derselbe wächst an Stämmen des Shiibaumes (**Pasania cuspidata**), doch wird derselbe auch an Hölzern anderer Laubbäume kultiviert. Die gefällten Bäume werden in 1½—2 Meter lange Leisten geschnitten und diese dann auf feuchter Erde in Längsreihen gelegt oder schräge aufgestellt. Nach längerer Zeit entwickeln sich die Fruchtkörper des Hutpilzes oft in grosser Menge aus dem Holze und werden dann gesammelt, getrocknet oder eingemacht.

Höchst wahrscheinlich dürfte das Mycel des Pilzes bereits in den lebenden Stämmen vorhanden sein.

2. Von **Berkeley** wurde in den Berichten der Challenger Expe-

dition III, p. 50 eine Armillaria edodes beschrieben und irrtümlich
als „Shiitaki" bezeichnet. Dieser ebenfalls als Nahrungsmittel sehr
geschätzte Pilz wächst aber auf Erdboden in Kiefernwäldern und wird
„Matsutake", d. i. Kiefernpilz, genannt. Auch diese Art wurde dem
K. bot. Museum von Herrn Prof. Shirai in jugendlichen Exemplaren in
Alkohol übergeben. Der fleischige, weisssporige Pilz, dessen Hutrand
durch einen häutigen als Ring verbleibenden Schleier mit dem Stiele
verbunden ist, gehört in die Gattung Armillaria und ist etwa mit
A. robusta (A. et Sch.) verwandt.

3. Der Chiratake, d. i. Fächerpilz, dürfte mit Pleurotus ostreatus (Jacq.) identisch sein, derselbe wird ebenfalls häufig au gefälltem
Holz kultiviert und als Speisepilz besonders geschätzt.

4. Von Schröter wird l. c. S. 157 ein Pilz als „Iwatake" (Felsenpilz) aufgeführt, welcher oberseits braun punktiert und kleiig, unterseits schwarz sein soll und auf schroffen Felsenwänden wächst.

Nach freundlicher Mitteilung des Herrn Prof. Shirai ist dieser
Iwatake jedoch eine Flechte und zwar Gyrophora esculenta Miyoshi, welche gleichfalls als Nahrungsmittel geschätzt wird.

5. Bereits von Thunberg wird ein eigenthümlicher Pilz als Trüffel-
art erwähnt, welcher in Kieferwäldern wächst und nach Regen knollen-
förmig aus dem Boden hervortritt. Derselbe wird in Japan als „Sioro"
bezeichnet und gegessen.

Nach Schröter's Ansicht soll dieser Pilz mit Rhizopogon virens
(A. et Schw.) identisch sein. Von Herrn Prof. Shirai wurde derselbe
in Alkohol-Exemplaren dem Museum übergeben und ist durch die Untersuchung festgestellt worden, dass die Art als Rh. aestivus (Wulf) Fr.
zu bezeichnen ist.

VI. Über das Wutung-Holz in Shantung.

Der Kaiserliche Vice-Konsul Herr Lenz in Tschifu hat dem Auswärtigen Amt eine Probe des Wutung-Holzes eingesendet und darüber
folgende Mitteilungen gemacht: „In der von dem hiesigen chinesischen
Seezollamt veröffentlichten Statistik für das Jahr 1898 ist zum ersten
Male das Holz des Wutung-Baumes als Ausfuhrartikel aus Tschifu
aufgeführt und zwar mit 5500 dz (9200 Pikul) im Werte von ungefähr
100000 Mark (33000 Tael). Das oben angeführte Gewicht entspricht
einer Menge von 18000 Stämmen dieses Baumes, welche sämtlich aus
der Provinz Shantung kommen. Das Holz wird ausschliesslich von

Japanern geholt und nach Japan verschifft, wo es für Schuhsockel und Sandalen verwendet wird, die noch immer von der grösseren Mehrzahl der japanischen Bevölkerung getragen werden und die man sogar bei Männern in der ersten Eisenbahnklasse beobachten kann. Das Wutung-Holz ist leicht und von angenehmem Geruch. Die Chinesen benutzen es zu Kochkesseldeckeln, Absätzen für Frauenschuhe, Bauten, reiche Leute auch zu Särgen. Je älter der Baum, für desto wertvoller wird sein Holz gehalten; besonders geschätzt wird dasjenige eines einsam auf einer Anhöhe stehenden alten Baumes, der alle seine Brüder in der Nachbarschaft überlebt hat. Nach dem Botanicum sinicum des Dr. med. Bretschneider ist der botanische Name des Wutung Sterculia platanifolia."

Glücklicherweise lagen den Holzproben Blätter und Blütenknospen bei, durch deren Untersuchung festgestellt werden konnte, dass wir es hier mit dem Holz von **Paulownia Fortunei** Hemsley zu thun haben. Auch teilte mir Herr Prof. Dr. Shirai aus Tokio, der gegenwärtig am hiesigen botanischen Museum arbeitet, mit, dass das Holz von **Paulownia imperialis** Sieb. et Zucc. in der angegebenen Weise in Japan verwendet wird. A. Engler.

VII. Nach den Kolonieen abgegangene Sendungen von lebenden Pflanzen und Samen.

1. An die Station Kete Kratschy, Togo:
   Eine grössere Sendung von Dattelkernen, Samen guter Kultursorten, welche im Nilthale gewachsen sind und von denen anzunehmen ist, dass sie im Klima Togos gedeihen.
2. An den Versuchsgarten in Lome, Togo:
   a) Eine ebensolche Sendung von Dattelkernen wie nach Kete Kratschy,
   b) 4 Ward'sche Kasten mit 150 Arten lebender wichtiger Kulturpflanzen in 225 Exemplaren (auf der Reise besorgt vom Gouvernementsgärtner Warnecke).
3. An die Douglas-Gesellschaft im Hinterlande von Togo:
   Ein Ward'scher Kasten mit 23 Arten lebender Kulturpflanzen, besonders Kautschukpflanzen, in 84 Exemplaren (auf der Reise besorgt durch den Gärtner Thienemann).
4. An den botanischen Garten in Victoria, Kamerun:
   a) Eine grössere Sendung von Samen des Mate-Thees (**Ilex**

paraguariensis St. Hil.) aus Brasilien, welche eine Behandlung durchgemacht haben, die ihnen eine grosse Keimfähigkeit sichert,

   b) ein Ward'scher Kasten mit 24 Arten wichtiger tropischer
Nutzpflanzen in 62 Exemplaren,

   c) Samen von ca. 20 verschiedenen tropischen Nutzpflanzen,
welche bisher hauptsächlich oder ausschliesslich in Süd-
amerika kultiviert werden.

5. An die Kulturabteilung in Deutsch-Ostafrika zur Verteilung auf
die verschiedenen Stationen:

   a) Eine grosse Sendung von Dattelkernen (wie vorher nach
Kete Kratschy beschrieben!),

   b) Samen von ca. 20 verschiedenen tropischen Nutzpflanzen,
welche bisher hauptsächlich oder ausschliesslich in Süd-
amerika kultiviert werden.

VIII. Neue wissenschaftliche Publikationen
der Beamten des botanischen Gartens und Museums, sowie anderer Personen, welche das Material dieser Anstalt benutzten.

A. Engler, Die Entwickelung der Pflanzengeographie in den letzten
hundert Jahren und weitere Aufgaben derselben. 247 S. gr. 8⁰
in der Humboldt-Centenar-Schrift der Gesellschaft für Erdkunde
zu Berlin, 1899. (Verlag von J. Kühl, Berlin.)

Die Gesellschaft für Erdkunde zu Berlin hat den Mitgliedern des
internationalen geographischen Kongresses, welcher Ende September
d. J. in Berlin abgehalten wurde, ein Buch, „Wissenschaftliche Beiträge
zum Gedächtnis der hundertjährigen Wiederkehr des Antritts von Alexander von Humboldt's Reise nach Amerika am 5. Juni 1799" dar-
geboten, „um einen Rückblick auf die Entwickelung der Ideen und
Methoden vorzuführen, welche der Altmeister und Begründer der phy-
sischen Geographie angebahnt hat". Das Buch enthält ausser dem
oben angeführten Teil Alexander von Humboldt's Aufbruch zur
Reise nach Süd-Amerika, nach ungedruckten Briefen desselben an
Baron von Forell dargestellt von Eduard Lentz und die Entwickelung der Karten der Jahres-Isothermen von A. von Humboldt
bis auf H. W. Dove von Wilhelm Meinardus. Die umfangreiche
Darstellung der Entwickelung der Pflanzengeographie behandelt I. die

ersten Anfänge der Pflanzengeographie (S. 5—13); II. die Entwickelung
der floristischen Pflanzengeographie und weitere Aufgaben derselben (S.
13—159) in ihren drei Richtungen, 1) der floristisch-statistischen oder
floristisch-systematischen, 2) der floristisch-physiognomischen, 3) der
floristisch-geographischen (S. 159—195); III. der physiologischen Pflanzengeographie mit ihren 4 Richtungen, 1) der physikalisch-physiolo-
gischen, 2) der bionto-physiologischen, 3) der ökologischen, 4) der
physiologischen Formationslehre oder Formationsbiologie; IV. der ent-
wickelungsgeschichtlichen Pflanzengeographie (S. 195—237) mit 1) der
florengeschichtlichen und 2) der systematisch-entwickelungsgeschicht-
lichen oder phylogenetischen Richtung. Phänologie und Geographie der
Kulturperioden konnten wegen Mangels an Raum nicht behandelt werden.
Den Schluss der Abhandlung bildet ein Autoren-Register.

**A. Engler, Monographieen afrikanischer Pflanzenfamilien und Gat-
tungen. III. Combretaceae-Combretum bearbeitet von A. Engler
und L. Diels, mit Taf. I—XXX und 1 Figur im Text. 116 S.
gr. 4⁰. — W. Engelmann, Leipzig. 1899.**

Auf die Bearbeitung der afrikanischen Moraceae (excl. Ficus) und
Melastomataceae folgt jetzt die Bearbeitung der in Afrika so reich vertretenen Familie der Combretaceen und zwar zunächst der Gattung Combretum. Die Verf. haben hierbei die ganze Gattung zum Zweck einer
natürlichen Einteilung durchgearbeitet, so dass die Abhandlung für das
Studium der Gattung Combretum überhaupt unentbehrlich ist. Die Abhandlung enthält zunächst nach der Uebersicht über die Litteratur einen
Abschnitt über die Gruppierung der Gattungen der Combretaceen nach
ihrer Verwandtschaft, einen künstlichen Schlüssel zur Bestimmung der
afrikanischen Gattungen, sodann einen längeren Abschnitt über die
Gliederung der Gattung Combretum in natürliche Gruppen, deren 55
unterschieden werden; davon kommen 29 in Afrika vor. Die 184 afrikanischen Arten sind ausführlich beschrieben und von 129 Arten sind
Zweige oder Blätter sowie Analysen der Blüten und Früchte abgebildet.
Den Schluss bildet eine Besprechung der geographischen Verbreitung
aller Gruppen von Combretum.

**Ign. Urban, Symbolae antillanae seu Fundamenta Florae Indiae
occidentalis.** Berlin, Gebrüder Borntraeger, Schönebergerstr. 17a;
Paris, Paul Klincksieck, 52 rue des écoles; London, Williams
& Norgate, 14 Henrietta Street, Covent Garden. Vol. I, fasc.
I—II 1898—99.

Das Werk, welches in Lieferungen von 8—12 Bogen erscheint,
ist der Flora Westindiens gewidmet und soll möglichst gründliche Be-
arbeitungen der schwierigsten oder am meisten vernachlässigten Fa-

milien, die Beschreibung neuer Gattungen und Arten und ausserdem auch pflanzengeographische Studien und Pflanzenverzeichnisse einzelner Inseln bringen. Das erste Fascikel füllt die Bibliographia Indiae occidentalis botanica, eine bibliographisch genaue Aufzählung sämtlicher auf Westindien bezüglicher botanischer Werke, Abhandlungen und Aufsätze nebst kritischer Besprechung derselben und unter Angabe des Aufbewahrungsortes der Originalsammlungen. Das zweite Fascikel enthält die Bearbeitung der Araliaceen vom Herausgeber, der Polygonaceen von Dr. G. Lindau, der Asclepiadaceen von R. Schlechter und die Beschreibung zahlreicher neuer Arten hauptsächlich von Portorico vom Herausgeber. Bei der Darstellung der Familien ist die Synonymik und die geographische Verbreitung der einzelnen Arten besonders eingehend berücksichtigt. Die neuen Arten Portoricos, fast durchweg Sträucher und Bäume des Urwaldes und der Salzsteppe von Guanica, sind meist auf die Sammlungen von P. Sintenis (1884—87) gegründet.

K. Schumann, Monographie der Zingiberaceae von Malaisien und Papuasien. In Engler's botanischen Jahrbüchern XXVII. 259. 91 S. 5 Tafeln. 8⁰. Engelmann, Leipzig 1899.

Auf Grund eines sehr umfangreichen Materiales, das neben demjenigen des Königlichen botanischen Museums die Herbarien von Beccari, sowie der Universitäten von Leiden und Utrecht umschloss, hat Verf. den Versuch gemacht, die bisher arg vernachlässigte Familie innerhalb des angegebenen Gebiets genauer durchzuarbeiten. Mit welchem Erfolg bezüglich der Zahl der Arten wird man aus der Thatsache erkennen, dass sich dieselbe gegen früher verdoppelte: sie stieg von 90 auf 177 Arten. Zwei neue Gattungen wurden aufgestellt, Haplochorema, gegründet auf einen Fruchtknoten mit sehr wenigen bodenständigen Samenanlagen, Nanochilus mit dem Typ Hedychium palembanicum Miq.; ferner wurde die von Petersen gegründete Gattung Brachychilus mit der in der Kultur weit verbreiteten Art Br. Horsfieldii (R. Br. sub Hedychium) G. O. Peters. anerkannt. Besonders bemerkenswert ist das Anschwellen der Artenzahl in der Gattung Tapecnochilus. Bis zu der Besitzergreifung von Kaiser-Wilhelmsland durch die deutsche Reichsregierung gab es nur eine Art; heute beträgt ihre Zahl 13—14. Die Verbreitung der Gattung zeigt eine eigenartige Übereinstimmung mit derjenigen der Paradiesvögel.

K. Schumann, Die Verbreitung der Cactaceae im Verhältnis zu ihrer systematischen Gliederung. — Aus Anhang zu den Abhandlungen der Königl. Preuss. Akademie der Wissenschaften zu Berlin vom Jahre 1899. 114 S. 4⁰ u. 2 Tafeln. In Kommission bei Georg Reimer.

Verfasser giebt zunächst eine Übersicht über die systematische Gliederung dieser bisher von den Botanikern in ihrer Gesamtheit nicht genug berücksichtigten Familie, wie sie aus der Monographia Cactacearum desselben Verfassers erwuchs und bespricht dann die geographische Verbreitung. Bezüglich der ersten Abteilung weist er auf die gleitenden Formen hin, welche die heute von den Kennern der Kakteen allgemein angenommenen Gattungen verbinden und zeigt, dass diese Gattungen gewissermassen Kerne darstellen, die mit den benachbarten vielstrahlig verbunden sind.

Bekanntlich sind die Kakteen fast ausschliesslich amerikanisch; nur die Gattung Rhipsalis ist bisher in Afrika mit mehreren wohl geschiedenen Arten vertreten; jedenfalls aber eine Form und zwar R. Cassitha Gärtn. aus Amerika nach Afrika verschleppt worden. Bezüglich der Verwandtschaft vertritt Verfasser die Ansicht, dass Reihe der Opuntiales aufzuheben und dass die Cactaceae in die Reihe der Centrospermae einzustellen seien, in der sie eine Familie zwischen den Portulacaceae und Aizoaeeae bilden sollen.

Ascherson und **Graebner,** Flora des nordostdeutschen Flachlandes (ausser Ostpreussen). 875 S. 8°. Gebrüder Borntraeger, Berlin, 1898—99. 20 M.

Die Flora ist als 2. Auflage von Ascherson's Flora der Provinz Brandenburg anzusehen, zugleich aber auf das ganze norddeutsche Flachland ausgedehnt.

Th. Loesener, Plantae Selerianae III. Die von Dr. Ed. Seler und Frau Caecilie Seler in Mexico und Centralamerika gesammelten Pflanzen. Unter Mitwirkung von Fachmännern veröffentlicht. (Bull. de l'Herb. Boissier. VII. 1899. p. 534—579.)

Enthält eine Aufzählung der von Prof. Dr. Seler und seiner Gemahlin in den Jahren 1895—1897 in Oaxaca, Chiapas und Guatemala gesammelten Pflanzen nebst Beschreibung der neuen Arten. Wird fortgesetzt.

L. Diels, Cyatheaceae, Polypodiaceae in Engler und Prantl. Die natürlichen Pflanzenfamilien, Lieferungen 188—192 (I. Teil, S. 112—336, Fig. 77—174). W. Engelmann, Leipzig 1899.

Enthält die Bearbeitung der beiden Farn-Familien der Cyatheaceen und Polypodiaceen in der bei dem Engler-Prantl'schen Werke üblichen Weise.

Eugen Obach, Die Guttapercha. Mit einem Vorwort von K. Schumann. 114 Seiten mit vielen Tafeln und Figuren im Text. 8°. Dresden-Blasewitz. Steinkopf & Springer. 1899.

Das Werk ist keine Übersetzung der Cantor-Vorlesung über diesen Gegenstand, welche Obach im Winter 1897 gehalten hat. Der Verfasser war ein Vierteljahrhundert hindurch Vorsteher des chemischen Laboratoriums in den Kabelwerken von William Siemens Brs. in London und durch seine Thätigkeit wie kein Mann befähigt, die gründlichste Auskunft über diese so ausserordentlich wichtige Substanz zu geben. Wer sich nach irgend einer Richtung über die Guttapercha unterrichten will, wird das Buch stets mit Nutzen in die Hand nehmen. Abgesehen von der technischen Verarbeitung, die ja das vornehmliche Gebiet der Thätigkeit des Verfassers ausmachte, in der er selbst neue Wege wies und neue zweckmässige Verfahren entdeckte, sind auch die Geschichte der Guttapercha, die Verbreitung der Stammpflanzen, die Anbauversuche derselben genau behandelt. Man wird viele neue und bisher vernachlässigte Thatsachen darin finden.

Leider hat der Tod den arbeitsamen Forscher von seiner Thätigkeit weggeführt. Ich bin gern seinem Wunsche nachgekommen, ein Vorwort zu dem Werke zu schreiben, und habe die Korrekturen gelesen. In nicht genug zu rühmender Hochherzigkeit hat Obach seine gesamte Bibliothek über Guttapercha und Kautschuk, sowie die kostbare Sammlung von Rohstoffen und Präparaten dem Königlichen botanischen Museum zu Berlin übergeben, in dem die erstere für sich aufgestellt und der Benutzung der Interessenten bereit gestellt ist.

K. Schumann.

IX. Kleinere Notizen.

In den letzten beiden Jahren ist eine auffallend grosse Zahl von Gärtnern, welche am Königl. botanischen Garten zu Berlin thätig gewesen sind, nach den Kolonieen gegangen, teils an staatliche Versuchsstationen, teils in den Dienst von Plantagengenossenschaften.

1898 A. nach Kamerun: Deistel, Schönfeld.
　　B. nach Deutsch-Ostafrika: Scholz, Scheffler, Hedde.
1899 A. nach Kamerun: Jansen, Stehr, Figarrewski, Köpchen, Eunicke, Sievert, Niepel.
　　B. nach Liberia: Schwab.
　　C. nach Deutsch-Ostafrika: von Fritschen, Albers.
Ferner begleitet der Gärtner Baum die Expedition des kolonialwirtschaftlichen Komitees nach Benguella.

In dem neuen botanischen Garten zu Dahlem beginnt jetzt die Pflanzung des Arboretums und eines Teiles der pflanzengeographischen Anlagen. Auch ist der Bau der Kulturhäuser in Angriff genommen.

Register

zum

Notizblatte des Königl. botanischen Gartens und Museums.

No. 11—20.

Abelmoschus
esculentus (L.) W. et Arn. 134.
Abies
firma Sieb. et Zucc. 47, Veitchii Lindl. 47.
Abroma
molle P. DC. 134.
Abrus
precatorius L. 122.
Abutilon
indicus (L.) G. Don 133.
Acachu-Baum 24
Acacia 239
albida Del. 177, arabica Willd. 41, 178, 232, Brosigii Harms 194, 248, Catechu Willd. 49, cyanophylla Lindl. 224, 371, dealbata Link 41, 48, 224, 238, 371, 372, decurrens Willd. 48, etbaica Schweinf. 178, glaucophylla Stend. 178, heterophylla Willd. 41, 224, 371, 372, Holstii Taub. 178, homalophylla A. Cunn. 20, melanoxylon R. Br. 20, 48, 224, 371, mellifera Benth. 178, 248, nematophylla F. Müll. 224, nigrescens Ol. 194, 195, 248, pennata Willd. 178, Perrotii Warbg. 247, 248, 249, 366, pycnantha Benth. 20, 48, 224, 238, 371, 372, 373, retinodes Schlecht. 224, Senegal Willd. 178, 180, Seyal Del. 178, spirocarpa Hochst. 179. stenocarpa Hochst. 178, Stuhlmannii

Taub. 178, subalata Vatke 178, 224, tortilis Hayne 179, usambarensis Taub. 178, 180.
Acacien 19, 224.
Acaena
glauca Cockayne 184.
Acalypha 226.
boehmerioides Miq. 127, grandis Müll.-Arg. 127, hispida Burm. 128, indica L. 127, Sanderiana N. E. Br. 127, Wilkesiana Müll.-Arg. 128.
Acer
Negundo L. 371.
Acetabularia 70.
dentata Solms 71.
Achras
Sapota L. 373.
Achyranthes
aspera L. 113.
Acrocarpus
fraxinifolius Wight et Arn. 167.
Actinidia
Kalomicta Maxim. 382.
Actinotrichia
rigida (Lamx.) Dcne. 73.
Adenanthera 48.
pavonina L. 48, 231.
Adenostemma
viscosum Forst. 156.
Adiantum
lunulatum Burm. 83.

27*

Aegle
 Marmelos Correa 45, 373.
Äpfel 46, 368.
Agauria
 salicifolia (Comm.) Hook. f. 15.
Agaven 27, 28, 40, 226, 235, 373.
Ageratum
 conyzoides L. 156.
Aglaonema
 Treubii Engl. 185.
Aglaozonia
 reptans (Crn.) Kg. 72.
Ailanthus
 glandulosa Desf. 224, 371.
Akazien 36, 225, 247, 360, 362.
 Schatten- 39.
Akaziengummi 180.
Alang-Alang 90, 91, 92.
Albizzia 25.
 fastigiata E. Mey. 180, Lebbek Benth.
 19, 38, 41, 48, 224, 231, lophantha
 Benth. 20, 224, 227, 370, moluccana
 Miq. 42, 48, 167, 231, 371, 372,
 odoratissima Benth. 371, Pospischilii
 Harms 189, procera Benth. 118, sti-
 pulata Boiv. 167, versicolor Welw.
 364.
Albizzien 19, 224.
Aleurites
 moluccana (L.) Willd. 170, triloba
 Forst. 49.
Alfalfa 360, 361, 362.
Algarrobe 361, 362, 363.
Alleebäume 40, 231.
Allophylus
 littoralis Bl. 132, timorensis Bl. 132.
Alocasia
 porphyroneura Hallier f. 185.
Alpinia
 Engleriana K. Sch. 102, Galanga
 Willd. 163, grandis K. Sch. 103,
 malaccensis Rosc. 103, nutans Engl.
 102, nutans (L.) K. Sch. 103.
Alsomitra
 Hookeri F. v. Müll. 155, trifoliolata
 (F. v. Müll.) K. Sch. 155.

Alsophila
 lunulata R. Br. 82, Naumannii Kuhn
 82.
Alternanthera
 sessilis R. Br. 113.
Amarantus
 gangeticus L. 114, melancholicus L.
 114, var. tricolor Lam. 114, oleraceus L. 114, spinosus L. 114.
Amorphophallus 99.
 campanulatus Bl. 99.
Amphiroa
 cuspidata (Ell. et Sol.) Lamx. 74.
Amyris
 balsamifera L. 372.
Anacamptis
 pyramidalis Rich. 107.
Anacardium 17.
 occidentale L. 24, 224, 227, 229,
 236, 238, 370.
Anamirta
 Cocculus Wight et Arn. 116.
Ananas 45, 225.
Andropogon
 Nardus L. var. flexuosa Hack. 91,
 serratus Thunbg. 91.
Aneilema
 acuminatum R. Br. 100, papuanum
 Warbg. 100.
Angiopteris
 caudata de Vriese 87, longifolia Grev.
 et Hook. 87.
Anisomeles
 salviifolia R. Br. 145.
Anodendron
 Aambe Warbg. 139.
Anona 45.
 Cherimolia Mill. 40, 165, 224, 228,
 369, Laurentii Engl. et Diels n. sp.
 300, laurifolia Dun. 224, 370, 373,
 muricata L. 40, 224, 228, 369, 370,
 reticulata L. 164, 224, 227, 369,
 squamosa L. 45, 164, 227, 228, 369.
Anonen 238.
Anthurium
 Eichleri Engl. 185, insculptum Engl.

185, longilaminatum Engl. 185, longi-
petiolatum Engl. 185, nitidulum
Engl. 185.
Antidesma
sphaerocarpum Müll.-Arg. 130.
Antrophyum
semicostatum Bl. 82.
Anubias
nana Engl. 281.
Apfelsinen 45, 228.
Apluda
mutica L. 91.
Aprikosen 46.
Aptandra
Zenkeri Engl. 287, var. latifolia
Engl. 287.
Arachis
hypogaea L. 49.
Aralia
Naumannii March. 138.
Araucaria
brasiliana A. Rich. 369, brasiliensis
Lond. 244, Cunninghamii Sweet 42,
228, excelsa R. Br. 42, 47, 228.
Areca
Catechu L. 166, jobiensis Becc. 99,
macrocalyx Zipp. 99.
Arenga
saccharifera Labill. 42, 47, 228.
Argyraea
speciosa Boj. 227.
Arisaema
costatum (Wall.) Mart. 186, Davi-
dianum Engl. 185, intermedium Bl.
186, Lackneri Engl. n. sp. 185, 186,
speciosum Mart. 186.
Aristolochia 113.
megalophylla K. Sch. 113.
Armillaria 386.
edodes Berk. 386, robusta (A. et Sch.)
386.
Artabotrys
Antunesii Engl. et Diels n. sp. 299,
aurantiacus Engl. n. sp. 300, dahomensis Engl. et Diels n sp. 299,
stenopetalus Engl. n. sp. 300.

Artocarpus 17.
incisa Forst. 110, 200, integrifolia
Forst. 168, 230.
Aspidium
camerunianum (Hook.) Mett. 184,
dissectum (Forst.) Mett. 86, Harveyi
(Carr.) Mett. 85, truncatum (Presl)
Mett. 86.
Asplenum
affine Sw. 84, cuneatum Lam. 84,
macrophyllum Sw. 84, Nidus L. 84,
resectum Sm. 84.
Aster
Novi Belgii L. 276, salicifolius Ait.
276.
Ataun 132.
Athanasia
parviflora L. 185.
Athrixia
capensis Ker-Gawl. 185.
Auricularia
delicata (Fr.) P. Henn. 74.
Austernpilz 385.
Averrhoa
Carambola L. 164, 372.
Avicennia 22.
officinalis L. 22, 173, 174.
Avrainvillea
longicaulis (Kg.) Murray 71, Mazei
Murray 71, papuana (Zan.) Murray 71.
Azadirachta
indica Juss. 18.

Baea
Commersonii R. Br. 149.
Balanites
aegyptiaca Delile 188.
Balansaea
Paspali P. Henn. 81.
Ballota
nigra L. 145.
Bambu 256.
Bambus 42.
Bambusa
arundinacea Willd. 171, 223, Oli-
veriana 223, regia Thoms. 171, sia-

mensis Kurz 223, vulgaris Schrad.
223.
Bambusen 223.
Bangia
elegans Chauv. 70.
Banyanbaum 111.
Baphia
Kirkii Bak. 18, 25, nitida Afzel. 18,
19, 25.
Baptisia
australis R. Br. 380, tinctoria R Br.
383.
Barringtonia 137.
speciosa L. 136.
Barringtoniopsis 137.
Bassia
(Illipe) latifolia Roxbg. 372, 373,
longifolia L. 170.
Bauhinia
Volkensii Taub. 185.
Bauholz 52.
Baum
der Reisenden 226.
Baumwolle 49.
Begonia
Rieckei Warbg. 135.
Beerenpflanzen 371.
europäische und amerikanische 370.
Benincasa
hispida (Thunbg.) Cogn. 156.
Berlinia
Eminii Taub. 23.
Bersama
usambarensis Gürke 17, Volkensii
Gürke 17.
Betelnusspalme 166.
Beten
rote 43.
Bidens
pilosa L. 158.
Bignonia
Catalpa L. 371.
Bikkia
grandiflora Reinw. 151.
Biota
orientalis Endl. 228.

Birnen 46, 368.
Bixa
orellana L. 39, 49, 135, 372.
Blaubeeren 46.
Blumea
laciniata P. DC. 158.
Boehmeria
nivea Hook. et Arn. 373.
Boerhavia
diffusa L. 114.
Bohnen 221.
Bonnaya
veronicifolia Spr. 149.
Boswellia 271.
Bougainvillea 226.
Brachystegia 364.
Breynia
cernua (Poir.) Müll.-Arg. 127.
Brochoneura
usambarensis Warb. 16.
Brombeeren 46, 224, 370.
Brotfruchtbaum 239.
Bruguiera 22.
gymnorrhiza (L.) Lam. 21, 173,
174, 185.
Brunfelsia
eximia Bosse 224.
Bryonia 155.
Bryonopsis
laciniosa Naud. 156.
Buchweizen 37.
Bulbophyllum
oncidiochilum Krzl. 107.
Buplenrum
difforme L. 185.
Butyrospermum
Parkii (Don) Kotschy 17.

Cacao 39, 50.
Cachu - Baum 24.
Cachunuss 236.
Caesalpinia
aurea (?) 224, Bonducella Flem. 119,
Coriaria Willd. 19, 232, echinata
Lam 19, Gilliesii Wall. 370, Nuga
Ait. 118, odorata (?) 372, pulcherrima

Sw. 118, 224, 227, 232, Sappan L.
29, 232, 372, tinctoria Domb. 170,
372.
Cail 203.
-Cedra 203.
Calamus
  ralumensis Warbg. 98.
Callicarpa
  cana L. 144, var. repanda Warbg. 144,
  repanda K. Sch. et Warb. 144.
Callitris
  Whytei (Rendle) Engl. 14, 369, 372,
  Wightii (?) 48, 224.
Calonyction
  grandiflorum Chois. 143, speciosum
  Chois. 142.
Calophaca
  wolgarica Fisch. 381.
Calophyllum
  inophyllum L. 18, 48, 135, 166,
  226, 231.
Calotropis'
  gigantea Dryand. 171.
Camarosporium
  Colutcae (P. et. C.) 383, Coronillae
  Sacc. 383, Halimodendri P. Henn.
  n. sp. 383.
Campanula
  abietina Griseb et Schenk 183.
Camptostylus Gilg. nov. gen. 57, 58.
  caudatus Gilg n. sp. 57.
Camwood 18, 25.
Canaigre 28.
Canarium 271.
  Liebertianum Engl. n. sp. 270,
  Schweinfurthii Engl. 271, striatum
  (? etwa C. strictum Roxbg.?) 48,
  Zeylanicum Bl. 168.
Canavalia
  ensiformis (L.) P. DC. 122, obtusi-
  folia P. DC. 122.
Cannabis
  indica Lam. 372, sativa L. 372.
Cape goseberry 45.
Capparis
  spinosa L. 370.

Carapa
  moluccensis Lam. 22, 173, obovata
  Bl. 22, 173.
Cardamom 49.
Cardiogyne
  africana Bur. 54.
Cardiopteryx
  moluccana Bl. 130.
Carex
  alpina Sw. 183, appressa R. Br. 184.
Careya 137.
  Niedenzuana K. Sch. n. sp. 136,
  137.
Carica
  Papaya L. 135, 229, 371.
Carijo 7.
Carpodiptera
  africana Mast. 17.
Carumbium
  populneum (Geisel.) Müll.-Arg. 129.
Caryophyllus
  aromaticus L. 227.
Caryota
  Rumphiana Mart. var. papuana Warbg.
  98, sobolifera Wall. 226, 227, urens
  L. 42.
Cassia 25, 47.
  auriculata L. 175, Fistula L. 189,
  florida Vahl 41, 232, glauca Lam.
  224, 370, mimosoides L. 119, occi-
  dentalis L. 119, Tora L. 119, 372.
Cassytha
  filiformis L. 117.
Castilloa
  elastica Cerv. 49, 200, 373.
Casuarina 167.
  distyla Vent. 223, equisetifolia Forst.
  18, 24, 42, 108, 223, 227, muricata
  Roxbg. 223, paludosa Sieb. 223, quadrivalvis Labill. 42, stricta Ait. 223,
  tenuissima Sieb. 42, 223, torulosa
  Ait. 223, 370, 372.
Casuarinen 48, 223, 239, 372.
Catalpa
  Bungei C. A. Mey. 224, 371, syringifolia Bunge 48.

Caulerpa
    Boryana J. Ag 70, cupressoides (Vahl)
    Ag. 70, Freycinetti Ag. 70, sedoides
    (R. Br.) Ag. 70.
Caúna 11.
Ceanothus
    americanus L. 382.
Ceder
    virginische 17.
Cedrela
    odorata L. 372.
Cedrus
    deodara Loud. 47, Libani Barrel. 47.
Ceiba
    pentandra (L.) Gaertn. 134, 227, 232.
Celosia
    argentea L. 114.
Centotheca
    lappacea Desv. 95.
Cephalanthus
    occidentalis L. 381.
Ceratonia
    siliqua L. 40, 230.
Cerbera
    floribunda K. Sch. 139, lactaria Ham.
    139.
Cercis
    canadensis L. 371, Siliquastrum L.
    224.
Cerealien 50.
Ceriops 175.
    Candolleana Arn. 21, 173, 175,
    Roxburghiana Arn. 175.
Cerolepis 58.
Chalymotta
    campanulata (L.) Karst. 78.
Chamaecladon 281.
Chamaerops
    canariensis (?) 226, elegans (?) 226,
    excelsa Thunbg. 42, 227, humilis L.
    226, 227, hystrix Fras. 226, tomen-
    tosa Ch. Morr. (?) 223, 370.
Champia
    compressa Harv. 73.
Cheilanthes
    hirsuta Mett. 84.

Chiratake 385, 386.
Chlorophora
    excelsa (Welw.) Benth. et Hook f.
    16, 52, 201.
Chlorophytum
    inornatum Gawl. 184.
Chloroplegma
    papuanum Zan. 71.
Chloroxylon
    Swietenia DC. 19.
Chorisia
    speciosa St. Hil. 373.
Chrysophyllum 19.
    Msolo Engl. 15.
Chrysymenia
    concrescens J. Ag. 73, Kaernbachii
    Grun. 73.
Cinchona
    robusta How. 372.
Cinnamomum
    Camphora (L.) Nees et Eberm. 163,
    372, zeylanicum Breyn. 49, 160, 224,
    371, 373.
Cissus 279.
    adnata Roxbg. 131, Hauptiana Gilg.
    n. sp. 278, 279, pedata Lam. 131,
    producta Afz. 279.
Citharexylum
    ilicifolium H. B. K. 384.
Citronellgras 91.
Citronen 45, 225, 239, 369.
Citrullus
    vulgaris Schrad. 155.
Citrus 228.
    Aurantium L. 227, hystrix P. DC. 124.
Cladophora 70.
    patentiramea (Mont.) Kg. 70.
Cladosporium
    flexuosum Corda 82, graminum Lk. 82.
Cladrastis
    tinctoria Raf. 224.
Claoxylon
    longifolium (Bl.) Müll. Arg. 127.
Cleisostoma
    Hansemannii Krzl. 107, Micholitzii
    Krzl. 107.

Clematis
Pickeringii A. Gr. 117.
Clerodendron
fallax Lindl. 145, inerme Gärtn. 145,
Novae Pommeraniae Warbg. 145,
trichostomum Th 381.
Clinogyne
grandis (Miq.) Benth. et Hook. 104.
Clitoria
ternatea L. 122.
Coca 38.
Coccoloba
uvifera L. 41, 232.
Cocos 42.
eriospatha Mart. 372, nucifera L. 98,
Yatay Mart. 223.
Codiaeum
variegatum Bl. 127.
Coffea
arabica L. 39, 152, 230, 354, liberica
Hiern. 39, 42.
Coix
lacryma Jobi L. 90, var. stenocarpa
Oliv. 90, tubulosa 90.
Cola
acuminata Schott et Endl. 17, 237,
373, flavo-velutina K. Sch. n. sp. 306,
hypochrysea K Sch. n. sp. 306, late-
ritia K. Sch. n. sp. 307, micrantha
K. Sch. n. sp. 307, rhodoxantha
K. Sch. n. sp. 307, semecarpophylla
K. Sch. n. sp. 308.
Coleus
scutellarioides Benth. 145.
Collybia
Shiitake Schröt. 385.
Colobanthus
acicularis Hook. f. 184, quitensis Baill.
184, subulatus Hook. f. 184.
Colubrina
asiatica Brongn. et Rich. 131.
Combreten 20.
Combretopsis
pentaptera K. Sch. 130.
Combretum 193.
Brosigianum Engl. et Diels n. sp. 192,

Bruchhausenianum Engl. et Diels n.
sp. 189, collinum Fresen. 192, kilossa-
num Engl. et Diels n. sp. 193, Petersii
(Kl.) Engl. 194, porphyrolepis Engl.
et Diels n. sp. 190, spec. 192, verti-
cillatum Engl. 193.
Commelina
cyanea R. Br. 99, nodiflora L. 100,
undulata R. Br. 100.
Commersonia
echinata R. et G. Forst. 134.
Condurango-Rinde 163.
Conferva
patentiramea Mont. 70.
Coniferen 36, 223, 228, 369, 371, 372.
Conyza
ivifolia Less. 185.
Copaiba
Mopane (Kirk) O. Ktze. 18.
Corallina
cuspidata Ell. et Sol. 74, lapidescens
Sol. 73, opuntia L. 71, rugosa Sol. 73.
Corallomyces
novo-pommeranus P. Henn. 80.
Corchorus
acutangulus Lam. 132, capsularis L.
40, 224, var. attariya 171.
Cordia
Holstii Gürke 17, subcordata Lam. 144.
Cordiceps
Mölleri P. Henn. 81, Muscae P. Henn.
81.
Cordyla
africana Lour. 273.
Cordyline
terminalis Kth. 100.
Cortinellus 385.
Shiitake (Schröt.) P. Henn. 385, vac-
cinus (Pers.) Roze 385.
Corylopsis
spicata Sieb. et Zucc. 382.
Corypha
Gebanga Bl. 167, umbraculifera L.
167.
Costus
speciosus (Koenig) Sm. 101.

Cotula
Trailii Kirk 184.
Crescentia
cucurbitana L. 169, Cujete L. 169.
Crinum
macrantherum Engl. 100.
Crotalaria
alata Ham. 119, biflora L. 120, linifolia L. f. 119.
Croton 42, 127, 226.
macrostachys Hochst. 19, Tiglium L. 162.
Cryptocarya
depressa Warbg. 117.
Cryptomeria
japonica D. Don 244.
Cubeben 161.
Cucumis
Melo L. 155, var. agrestis Naud. 156.
Cudrania
javanensis Tréc. 111.
Culcasia
humilis Engl. 184, scandens P. Beauv. 281, striolata Engl. 281.
Cupressus 47.
Lawsoniana Andr. 47, 372, Macnabiana Andr. 223, 369, sempervirens L. 369, Tournefortii Ten. 223.
Curcuma
aromatica Salisb. 163, leucorrhiza Roxbg. 163, longa Engl. 103, longa L. 163.
Cuscuta
Cesatiana Engelm. 276, Epithymum Murr. 276, europaea L. 276, Gronovii Willd. 276.
Cutleria
multifida Harv. 72, pacifica Grun. 72.
Cyathula
geniculata Lour. 114.
Cyathus
striatus (Huds.) Hoffm. 80.
Cycadeen 228.
Cycas
circinalis L. 88, 228, revoluta Thunbg. 88.

Cylicodaphne 117.
Cynodon
Dactylon Pers. 95.
Cynometra
enuliflora Hook. f. 48, 364.
Cyperus
canescens Vahl 96, cylindrostachys Bcklr. 96, esculentus L. 96, ferax L. 96, Iria 95, longus L. 96, pennatus Lam. 96, rotundus L. 96, Sieberianus (Nees) K. Sch. 96, umbellatus Miq. 96.
Cypripedium
Charleworthii (?) 186.
Cyrtopera
papuana Krzl. n. sp. 104, Zollingeri Rchb. f. 105.
Cyrtopodium
Parkinsonii Krzl. 107.
Cytisus 276.
canariensis Steud. 371, Laburnum L. 371, Spachianus (Webb.) Graebn. 276.
Cytospora
Actinidiae P. Henn. n. sp. 382, Ceanothi Schwein. 382, Corylopsis P. Henn. n. sp. 382, Fothergillae P. Henn. n. sp. 382, Marleae P. Henn. n. sp. 382.

Dactylis
Aschersoniana Graebner n. sp. 274, glabra Mann 274, glomerata 274, 275, var. lobata Drejer 274, var. nemorosa Klatt u. Richter 274.
Dalbergia
latifolia Roxbg. 48, melanoxylon Guill. et Perr. 194, 248, Melanoxylon L. 20, 24.
Daldinia
concentrica de Not. et Ces. 81.
Dasylepis 58.
Davallia
solida Sw. 86.
Deeringia
indica Zoll. u. Moritzi 113.

Dendrobium
Brymerianum Rchb. f. 106, Cognauxianum Krzl. 106, eboracense Krzl. 106, podograria Hook. f. 105, Schwartzkopffianum Krzl. n. sp. 106.
Dendrocalamus
strictus Nees 171.
Dentaria
digitata L. 275, Petersiana Gracbn. n. sp. 275.
Derris
elliptica Benth. 124, uliginosa (Willd.) Benth. 123.
Desmodium
dependens Bl. 121, gangeticum (L.) P. DC. 120, latifolium (Roxbg.) P. DC. 121, ormocarpoides P. DC. 121, polycarpum (Lam.) P. DC. 121, umbellatum (L.) P. DC. 120.
Dianthus
Hoeltzeri Regel et Winkler 367, form. fimbriata 367.
Dichrocephala
latifolia (Lam.) P. DC. 157.
Dichrostachys
nutans Benth. 24, 191.
Dictyophora
phalloidea Desv. var. Lauterbachii E. Fisch. 79.
Dictyopteris 84.
Dictyosperma
alba H. Wendl. et Drude 226, 227.
Dioscorea
pentaphylla L. 101.
Diospyros 20.
Lotus L. 370.
Diplodia
Galactis P. Henn. n. sp. 382.
Dipterocarpus 17.
Dischidia
Collyris Wall. 141, neurophylla Laut. et K. Sch. n. sp. 141, Nummularia R. Br. 141.
Dobera
glabra (Forsk.) Juss. 188, 189, var. subcoriacea Engl. et Gilg 188.

Dodonaea
viscosa L. 132.
Dombeya
Bourgessiae Gerr. 185, Leucoderma K. Sch. 17, myriantha K. Sch. n. sp. 302, reticulata Mast. 17, Stuhlmannii K. Sch. n. sp. 302.
donga 255.
Dorstenia
multiradiata Engl. 184, prorepens Engl. 184, scabra (Bur.) Engl. var. denticulata Engl. 184, subtriangularis Engl. 184.
Draba
Dedeana Boiss. 183, scabra C. A. Mey. 183.
Dracaenen 42.
Drymaria
cordata (L.) Willd. 115.
Durio
zibethinus Murr. 40, 45.
Dypsis
madagascariensis (?) 226.
Dysoxylon
amooroides Miq. 125, Forsaythianum Warbg. 124, Kunthianum (A. Juss.) Miq. 124, 125, vestitum Warbg. 125.

Ebenholz 20, 24.
Echinocactus
altcolens (Lem.) K. Sch. 277, gracillimus Lem. 278, Grahlianus F. Hge. jun. 278, pumilus Lem. 278, Schilinskyanus F. Hge. jun. 278, var. grandiflora F. Hge. jun. 278.
Echinophallus P. Henn. 80.
Dahlii P. Henn. 80, Lauterbachii P. Henn. 80.
Eclipta
alba (L.) Hassk. 157.
Eisenholz 24.
Ekebergia
Rueppelliana A. Rich. 15.
Elaeis
guineensis Jacq. 42, 228.

Elaeocarpus
  Ganitrus Roxbg. 132, Parkinsonii
  Warbg. 132.
Eleusine
  indica Gaertn. 95.
ellofig 271.
Emilia
  sonchifolia (L.) P. DC. 158.
Enalus
  acoroides (L. fil.) Steud. 89.
Encephalartus
  Hildebrandtii A. Br. et Bouché 42,
  226, 228.
Endospermum
  Formicarum Becc. 129.
Enteromorpha
  crinita (Roth) J. Ag. 70, lingulata
  J. Ag. 70.
Epicoccum
  purpurascens Ehr. 383, Rhodotypi
  P. Henn. n. sp. 381, 383.
Epilobium
  Cockayniauum Petrie 184, Hectori
  Hausskn. 184, luteum Pursh 184,
  melanocaulon Hook. f. 184, nummu-
  larifolium A. Cunn. 184, supinum
  L. 183.
Epipremnum
  Dahlii Engl. 99.
Eragrostis
  elongata Jacq. 95, zeylanica Nees 95.
Eranthemum 226,
  pacificum Engl. 149.
Erbsen 37, 43, 44, 220, 221, 222, 237.
Erdbeeren 224, 370.
Erdnuss 49.
Erigeron
  albidum (L.) A. Gray 157, leiomerus
  A. Gray 184, trifidus Hook. 184.
Eriobotrya
  japonica Lindl. 40, 45, 224, 230,
  370.
Eriodendron
  anfractuosum DC. 48, 238.
Eriophyllum
  coronarium (A. Gray) Graebner 184.

Erva
  canchada 9, Mate 1 u. ff., moida 9.
Erythea
  edulis S. Wats. 226.
Erythrina 169, 371.
  corallodendron L. 168, indica Lam.
  41, 48, 122, lithosperma Bl. 169,
  tomentosa R. Br. 41, umbrosa H.
  B. K. 169.
Erythrophloeum
  guineense Don 256, 271.
Erythroxylon
  Coca Lam. 39.
Eschweilera
  Pfeilii Warbg. 138.
Eucalypten 223, 226.
Eucalyptus 19, 20, 36, 41, 48, 225,
  231, 238, 239.
  amygdalina Labill. 223, 226, 231,
  238, 371, bicolor A. Cunn. 226,
  botryoides Sm. 226, callosa (?) 226,
  citriodora Hook. 41, 226, colossea
  F. Müll. 231, cornuta Labill. 373,
  corynocalyx F. v. Müll. 371, drepanophylla F. v. M. 48, 373, ficifolia F. Müll. 223, fissilis (?) 226,
  Globulus Labill. 41, 48, 223, 226,
  231, 238, 372, 373, gomphocephala
  DC. 226, 373, goniocalyx F. Müll.
  226, haemastoma Sm. 231, Lehmannii Preiss. 223, 370, leucoxylon
  F. v. Müll. 370, maculata Hook.
  373, marginata Sm. 231, occidentalis
  Endl. 41, 48, 231, pilularis Sm. 223,
  226, resinifera Sm. 223, 371, robusta
  Sm. 48, 373, rostrata Schlecht. 223,
  224, 238, 370, 373, rudis Endl.
  226, salmonophloja F. Müll. 223,
  Steigeriana F. Müll. 223, Stuartiana
  F. Müll. 223, tereticornis Sm. 223.
Eucareya 137.
Euchlaena
  luxurians Dur. et Aschers. 224, mexi-
  cana Schrad. 371.
Eugenia
  Afzelii Engl. n. sp. 290, angolensis

Engl. n. sp. 288, brasiliensis Lam.
48, Buchholzii Engl. n. sp. 291,
bukobensis Engl. n. sp. 289, cornifolia (Bl.) K. Sch. 137, coronata
Vahl var. salicifolia (Welw.) Hiern
289, cotinifolia Jacq. var. elliptica
(Lam.) Bak. 290, Dusenii Engl. n.
sp. 289, edulis Benth. et Hook. 45,
Jambos L. 369, jambosa Crantz 40,
45, kameruniana Engl. n. sp. 291,
Laurentii Engl. n. sp. 288, ma-
luccensis L. 137, Marquesii Engl.
n. sp. 290, Mooniana Wight 290,
mossambicensis Engl. n. sp. 289, nodosa Engl. n. sp. 290, nyassensis
Engl. n. sp. 290, Pitanga (?) 224,
370, Poggei Engl. n. sp. 289,
Soyauxii Engl. n. sp. 291, togoensis
Engl. n. sp. 288, Zenkeri Engl. n.
sp. 291.
Eulalia
japonica Trin. 224.
Eulophia 105.
alismatophylla Rchb. f. 105, Dahliana Krzl. n. sp. 105, guineensis
Lindl. 105.
Euphorbia 39, 365.
abyssinica Räusch 265, Atoto Först
130, candelabrum Trém. 265, confertiflora Volkens n. sp. 263, 266,
gummifera Boiss. 49, heterochroma
Pax 263, 266, Lemaireana DC. 267,
Nyikae Pax 262, 265, pilulifera L.
129, quadrangularis Pax 267, quinquecostata Volkens n. sp. 262, 266,
Reinhardtii Volkens n. sp. 262, 263,
264, 267, serrulata Reinw. var. pubescens Warbg. 129, Stuhlmannii
Schweinf. 263, 267, thymifolia Burm.
129, Tirucalli L. 262, 263.
Euphorbien
cactusartige Ostafrikas 262 ff.
Euterpe
edulis Mart. 167.
Evodia
hortensis Forst. 124, form. laci-

niosa K. Sch. 124, tetragona K.
Sch. 124.
Exarrhena
Traversii Hook f. 184.
Excoecaria
Agallocha L. 129.
Fächerpilz 386.
Farbholz 54.
Farbpflanzen 49, 170.
Faserpflanzen 40, 49, 171, 224.
Fatoua
pilosa Gaud. 110.
Faurea
speciosa Welw. 189.
Fecho 7.
Feigen 45, 111—113.
-bäume 229.
Felsenpilz 386.
Ferula
Asa foetida L. 224, 371.
Ficus 25, 226.
bengalensis L. 373, Carica L. 229,
Dahlii K. Sch. n. sp. 111, durius-
cula King 113, elastica L. 16, elastica
Roxbg. 39, 232, 372, fistulosa Reinw.
112, gamelleira (?) 200, Holstii
Warbg. 16, indica L. 373, ralumensis
K. Sch. n. sp. 112, religiosa L. 170,
373, retusa L. 112, semicordata
Miq. 112.
Fimbrystilis
diphylla Vahl 97, ferruginea Vahl
98, glomerata (Retz.) Nees 98, mi-
liacea Vahl 98, Novae Britanniae
Bcklr. 97, Warburgii K. Sch. 98.
Flacourtia
inermis Roxb. 165.
Flemingia
strobilifera (L.) R. Br. 123.
Fleurya 110.
interrupta (L.) Gaud. 120.
Fogaõ 6, 7.
Folia matico 161.
Fomes
Dahlii P. Henn. 76, pectinatus
Klotzsch 76.

Forstsämereien 237.
Fothergilla
  alnifolia L. 382.
Fourcroya 28.
  gigantea Vent. 27.
Fraxinus 366.
  sogdiana Bunge 366, 367, syriaca
  Boiss. 367.
Fruchtbäume 40.
Fucus
  cupressoides Vahl 70, Pavonius L.
  73, sedoides R. Br. 70.
Funga nyumba 191.
Fusarium
  Baptisiae P. Henn. n. sp. 383.
Futtergras 224.
Futterpflanzen 50, 51, 371.

Galax
  aphylla L. 380, 382, 383.
Galaxaura
  lapidescens (Sol.) Lamx. 73, rigida
  Lamx. 73, rugosa (Sol.) Lamx. 73.
Galega
  officinalis L. 372.
Galium
  aetnicum Biv. 183.
Garcinia 170.
  cochinchinensis Choisy 165, 170,
  373, kilossana Engl. n. sp. 189,
  Kola Heckel 170, Mangostana L.
  170, Xanthochymus Hook. 49, 165,
  170.
Garcinien 17.
Gardenia
  Hansemannii K. Sch. 151.
Geaster
  fimbriatus Fries 80.
Geitonoplesium
  cymosum Cunn. 100.
Gemüse 36, 44, 221, 225, 235,
  -bau 43, -sämereien 237.
Genista
  canariensis L. 224, Spachiana Webb.
  276.
Genussmittel 230.

Geophila
  reniformis G. Don 153.
Gerberakazien 48, 371.
  australische 41.
Gerste 37, 51, 220, 221, 237, 361.
Gespinnstpflanzen 371.
Getreide 237, 238.
Getreidearten 36.
Gewürze 39, 224, 230.
Gewürzpflanzen 49, 160, 227, 371.
Gigantochloa
  aspera (?) 223.
Ginkgo biloba L. 223, 369.
Girao 7.
Globba
  marantina L. 104.
Glossostephanus
  linearis (Thunbg.) E. Mey. 185.
Glycine
  javanica L. 122.
Gongronema
  glabriflorum Warbg. 141, membrani-
  folium Laut. et K. Sch. n. sp. 140.
Goniothalamus
  uniovulatus Laut. et K. Sch. n. sp. 115.
Goniotrichum
  elegans (Chauv.) Le Jol. 70.
Gonolobus
  Condurango Triana 163.
Gracilaria
  dumosa Harv. 73.
Grammatophyllum
  Guilelmi Secundi Krzl. 105.
Granatapfel 45.
Graptophyllum
  pictum (L.) Griff. 150.
Grenadillbaum 248.
Grenadilleholz 24.
Grevillea
  robusta A. Cunn. 20, 48, 370.
Grewia
  microcarpa K. Sch. n. sp. 190.
Guajacum
  officinale L. 373, sanctum L. 166.
Guepinia
  üssa Berk. 74, ralumensis P. Henn. 75.

Gnettarda
  speciosa L. 153.
Guizotia
  abyssinica Cass. 372.
Gummi 176, 364, 373.
  Kordofan- 180, Senegal- 180, deutsch-
  ostafrikanisches 176, 181.
Gummigutt 17.
Gummi olibanum 271.
Gurken 43, 44, 221.
Gymnosporia
  laurina (Eckl. et Zeyh.) Szysz. 185.
Gyrophora
  esculenta Miyoshi 386.

Habenaria 107.
  Dahliana Krzl. n. sp. 106, stauro-
  glossa Krzl. 107, viridiflora R. Br. 107.
Haematoxylon
  campechianum L. 19, 372, 373.
Hafer 37, 51, 220, 222, 237.
  -anbau 51.
Hagebutten 46.
Hagenia
  abyssinica Willd. 15.
Hahnenkamm 114.
Halimeda
  macroloba Dcne. 71, opuntia (L.)
  Lamx. 71, papyracea Zanard. 71.
Halimodendron
  argenteum Fisch. 383.
Halymenia
  ceylanica Harv. 74, Durvillei Bory
  74, formosa Harv. 74.
Hancornia
  speciosa Gomez 200, 201.
Harz
  Gummi- 365, Kautschuk- 365, La-
  retia- 364, 365.
Haselnüsse 46.
Hearnia
  sapindina F. v. Müll. 125.
Heisteria
  Zimmereri Engl. n. sp. 288.
Heleocharis
  plantaginea R. Br. 97.

Helmintosporium 381, 383.
Hemigraphis
  reptans (Forst.) Engl. 149.
Hemileia 39.
Heritiera
  littoralis Dryand. 22, 134.
Hermannia
  adenotricha K. Sch. n. sp. 306, al-
  hiensis K. Sch. n. sp. 303, brachymalla K. Sch. n. sp. 305, cyclophylla K. Sch. n. sp. 303, pedunculata
  K. Sch. n. sp. 305, Pfeilii K. Sch.
  n. sp. 304, phaulochroa K. Sch. n.
  sp. 303, staurostemon K. Sch. n.
  sp. 305, stenopetala K. Sch. n. sp.
  304, tephrocapsa K. Sch. n. sp.
  304.
Hernandia
  peltata Meissn. 116.
Herva mate 12.
Heteroneuron
  repandum (Bl.) Fée 82.
Hevea
  brasiliensis (H. B. K.) Müll.-Arg.
  169, 200, 358.
Hexagonia
  Wightii Klotzsch 77.
Hibiscus 226.
  tiliaceus L. 133.
Himbeeren 370.
Hoffmannia
  phoenicopoda K. Sch. n. sp. 276.
hog-plum 165.
Homalonema
  cordata (Houtt.) Schott 99.
Hopfen 224, 372.
Horsfieldia
  Novae Lauenburgiae Warbg. 117,
  ralumensis Warbg. 117, tuberculata
  (K. Sch.) Warbg. 117.
Hoya
  carnosa R. Br. 142, papillantha K.
  Sch. n. sp. 142, Rumphii Bl. 142.
Hülsenfrüchte 44.
Hydroclathrus
  cancellatus Bory 72.

Hymenaea
  Courbaril L. 372.
Hyophorbe
  amaricaulis Mart. 47, 227, Verschaffeltii Wendl. 47, 226, 228.
Hypnea 70.
  pannosa J. Ag. 73.

Iberis
  commutata Schott et Kotschy 183.
Ichnocarpus
  frutescens (L.) R. Br. 140, ovatifolius A. DC. 140.
Ilex 384.
  amara (Vell.) Loes. 11, brevicuspis Reiss. 12, Humboldtiana Bonpl. 11, ovalifolia Bonpl. 11, paraguariensis St. Hil. 11, 12, scopulorum H. B. K. 383.
Illipe cfr. auch Bassia,
  latifolia (Roxbg.) Engl. 170, malabrorum König 170.
Imperata
  arundinacea Cyr. var. Koenigii Benth. 90.
Indigofera
  hirsuta L. 120, trifoliata L. 120.
Ipecacuanha 164.
Ipomoea
  biloba Forsk. 143, congesta R. Br. 143, denticulata (Desr.) Choisy 143, peltata Choisy 143, Pes caprae (L.) Roth 143.
iroko 52.
Irvingia
  gabonensis (Aub.-Lec.) Baill 17.
Isanthera
  lanata Warbg. 149, permollis Nees 149.
Ischaemum
  intermedium Brongn. 91, muticum L. 91, Turneri Hack. 91.
Isolona
  Heinsenii Engl. et Diels n. sp. 300, Zenkeri Engl. n. sp. 301.
Iwatake 386.

Jacaranda
  ovalifolia R. Br. 372.
Jackbaum 168.
Jambosa
  vulgaris DC. 164.
Jasminum
  Sambac (L.) Ait. 139.
Jatropha
  Curcas L. 39, 230.
Johannisbrotbaum 46.
Juglans
  cinerea L. 224.
Juniperus
  Bermudiana L. 47, 223, 369, procera Hochst. 14, 48, 224, 369, virginiana L. 17.
Juniperuswaldungen 31.
Jute 49, 171, 234.

Kaempheria
  Galanga L. 163.
Kaffee 38, 51, 222, 224, 225, 234, 238, 373.
  arabischer 49, Bourbon- 237, 371, Java- 372, Liberia- 49, 234, 237.
Kakteen 375.
Kamballa 248.
Kampferbäume 163.
Kandelia
  Rheedii Walk. et Arn. 175.
Kapokbaum 134, 238.
Kartoffeln 37, 44, 221, 222, 225, 238.
Kastanien
  echte 46.
Kautschuk 268.
  Lagos- 354, Mangabeira- 201, Pará- 201.
Kautschukpflanzen 49, 169, 232.
Kautschuksäfte
  Centrifugation derselben 200.
Kedrostis
  nana Cogn. 185.
Kentia
  Forsteriana F. Müll. 226.
Khaya 202, 203.
  senegalensis Juss. 17, 201, 202, 203, 204.

Kickxia 353, 354, 358, 359.
  africana Benth. 39, 49, 353, 354,
  355, 356, 357, 359, 360, elastica
  Preuss n. sp. 353, 354, 355, 356,
  357, 359, latifolia Stapf 353, 355,
  356, 359.
  westafrikanische Arten 353.
Kigelia
  aethiopica Dene. 24.
Kino 246, 247, 373.
  ostafrikanisches 246.
kipapa 256.
Kirkia
  acuminata Oliv. 26, Wilmsii Engl. 25.
Kirschen 46, 368.
Klee 37.
  Inkarnat- 51, Rot- 51.
Kleinhofia
  hospita L. 134.
Klettergurke
  japanische 44.
Knoxia
  corymbosa Willd. 152.
Kohlarten 43, -rabi 44, -sorten 221.
Kokosnuss 46, 225, -palmen 28.
Kolanuss 237.
Kopalbaum 23.
Kopfsalat 221.
Kornkulturen 225.
koroscho 24.
Kümmel 49.
Kürbis 44, 361.
kunguru 33.
kurazini 27.
Kwai 41.
kwemme 199.
Kyllingia
  monocephala Rottb. 96, triceps Rottb.
  97.

Lachnocladium
  cladonioides P. Henn. 75, Englerianum
  P. Henn. 76, ralumense P. Henn. 75,
  subpteraloides P. Henn. 75.
Landolphia 200, 358.
  Watsoni Dyer 170.

Laportea
  crenulata (Roxb.) Gand. 110, sessiliflora Warbg. 110.
Laretia
  acaulis Guil. et Hook. 364.
Laschia
  Lauterbachii P. Henn. 77.
Latania
  amara (?) 47, aurea Duncan 226,
  227, borbonica Lam. 42, 47, 226,
  227, Commersonii Gmel. 47, 226,
  227, Loddigesii Mart. 47.
Latourea
  oncidiochila Krzl. 107.
Laubbäume 371, 372.
Laurus
  canariensis Webb 224, 370, cinna-
  momum L. 371.
Lavalleopsis
  densivenia Engl. 287, Klaineana
  (Pierre) van Tiegh. 287.
Lawsonia
  alba Lam. 48.
Layia
  heterotricha Hook. et Arn. 184.
Leea
  macropus Laut. et K. Sch. 130,
  Naumannii Engl. 130.
Lentinus
  novo-pommeranus P. Henn. 78.
Lepidagathis
  hyalina Nees 149.
Lepidium
  sisymbrioides Hook. f. 184.
Lepistemon
  asterostigma K. Sch. 144.
Lespedeza
  Sieboldiana Miq. 380.
Leucaena
  glauca Benth. 47.
Leucosyke
  capitellata Wedd. 109.
Liagora
  elongata Zanard. 73.
Ligusticum
  latifolium Hook. f. 184.

28

Limonen 45, 225, 228.
lindi 23.
Lindsaya
  retusa (Cav.) Metten. 86.
Linsen 37.
Livistona
  humilis R. Br. 226, Mariae F. v.
  Mueller 368.
Locellina
  noctilucens P. Henn. 79.
Lochnera
  rosea (L.) Reich. 139.
Lodoicea
  seychellarum Labill. 226.
Lophopyxis
  pentaptera (K. Sch.) Engl. 130,
  Schumannii Boerl. 130.
Luffa 49.
lukungu 199.
Lumnitzera
  racemosa Willd. 22.
Lupine 37, 51, 220, 222.
Luzerne 37, 51.
Lycopersicum
  esculentum Mill. 146.
Lycopodium
  carinatum Desv. 87, cernuum L. 87,
  Phlegmaria L. 87.
Lygeum
  Spartum Loefl. 224, 371.
Lygodium
  circinnatum Sw. 86, scandens Sw. 87.
Lyngbya
  aestuarii (Jürg.) Liebm. 70.
Lyonsia
  pedunculata Warbg. 140.

Maba
  buxifolia Pers. 224, 372.
maboca 256, 259, 260.
  venenosa 257.
Macaranga
  densiflora Warbg. 128, Harveyana
  Müll.-Arg. 128, quadriglandulosa
  Warbg. 129, Schleinitziana K. Sch.
  128, Tanarius (L.) Müll.-Arg. 128.

Macrophoma
  Thermopsidis Ell. et Ev. 381.
Maerua
  angolensis DC. 190.
Maesa
  Hernsheimiana Warbg. 138.
magwede 180.
Mahagoni 166.
  Gambia- afrikanisches 203, ostafri-
  kanisches 201, westafrikanisches 203.
Mais 50, 51, 225.
  Neger- 220, 222, Pferdezahn- 220,
  weisser Pferdezahn- 222, roter 222.
Mallotus
  acuminatus K. Sch. 128, philippi-
  nensis (Lam.) Müll.-Arg. 128, 170,
  ricinoides (Juss.) Müll.-Arg. 128.
Mammeapple 135.
Mandarinen 228.
Mandeln 46, 230.
  bittere u. süsse 370.
Mangifera 17.
  indica L. 165, 227, minor Bl. 125.
Mango 165, 238, 239.
  -baum 45, 229, -früchte 225.
Mangrove
  -bäume 173, -rinden 173.
Manihot
  Glaziovii Muell.-Arg. 39, 167, 232
Manisuris
  granularis L. fil. 90.
Maoutia
  rugosa Warb. 109.
Maranta
  arundinacea L. 373.
Marasmius
  Dahlii P. Henn. 78, novo-pomme-
  ranus P. Henn. 78.
Mariscus
  albescens Gaud. 96, Sieberianus Nees
  96.
Marlea
  platanifolia Sieb. et Zucc. 381, 382.
Marsdenia
  Condurango Rchb. f. 163, verrucosa
  Warbg. 141.

Mascarenhasia
    elastica K. Sch. n. sp. 268, 269, 270.
Mate 1, 9.
Matsntake 386.
Maulbeerbaum 46, 238, 370.
Mavca
    judicialis Bertol. 272.
mbiba 24.
mbibo 24.
mbundu 52.
mea-gea 25.
Medicago
    Pironae Vis. 183.
Medizinalpflanzen 162, 224, 371.
Melaleuca 20.
    Leucadendron L. 41, 48, 232, var.
    Cajeputi Roxbg. 170.
Melia 19.
    Azedarach L. 42, 125, 224, 227, 370.
Melhania
    Dehnhardtii K. Sch. n. sp. 302.
Melonen 221, 361.
Melonen-Baum 135.
Melothria
    indica Lour. 155, maderaspatana (L.)
    Cogn. 155.
Mesua
    ferrea L. 17, 166.
Metasphaeria
    Galactis P. Henn. n. sp. 380.
mfrikiu 189.
mfule 25.
mgoa 268, 270.
mgombe 191.
mgunumbwe 194.
mgurunguja 193.
mguruti 24.
Michelia
    Champaca L. 19, 166.
Microchaete
    vitiensis Asken. 70.
Microlepia
    exserta Metten. 86.
Mikania
    scandens (L.) Willd. 157.
milaegea 25.

milana 21, 173.
Mimulus
    subreniformis Greene 184.
Mimusops
    Balata Gaertn. 372, Elengi L. 372,
    globosa Gaertn. 200, usambarensis
    Engl. 19.
mininga 192, 246.
miongo 23.
mkaa 191.
mkaka 21, 173.
Mkambala 194.
    -Bäume 188.
mkandaa 21, 173.
mkemini 189
mkoko 21, 189.
    „ mkandala 21.
    „ mpia 22.
mkole 190.
mkomavi 22, 173.
mkonga 188.
mkorowanuhe 190.
mkowe 189.
mkumbi 23, 250.
mkurudi 18, 25.
mkuruka 190.
mkwata 273.
mkwatschu 23.
mkwisimkwi 189.
mlama 190.
    ekundu 192, meupe 192, 193, mnitu
    190.
mla ndege 282.
mlibu 24.
mninga 192, 246.
moavi 271.
Möhren 44.
mogongoonga 24.
mogongo ongo 22.
mokoanhehe 189.
Mombinpflaume 165.
Momordica
    Charantia L. 155.
Monodora
    crispata Engl. n. sp. 301, Junodii
    Engl. et Diels n. sp. 301, Preussii

28*

Engl. et Diels n. sp. 301, Zenkeri
Engl. n. sp. 301.
Morinda
  citrifolia L. 153.
Moringa
  oleifera Lam. 232.
Morus
  alba L. 224.
Moschosma
  polystachya (L.) Benth. 146.
moumba 191.
mpaffu 271.
mpama 364.
mpinga 25.
mpingo 24, 194.
mpinju 24.
mquadju 23.
mquaqua 254.
mrongamo 23, 173.
mrungkwitschi 24.
msese 190.
mshanti 22.
mshinzi 21.
msiga 188.
msimsi 21, 173.
mtakala 189.
mtanga 25.
mtende 236.
mtere 188.
mtonga 193, 255.
mtschu 22, 173.
mtumbali 192.
mtunda 24.
mtundu 25.
mtwuim-twui 22.
muanga 194.
muavi 271.
muba 23.
mucamba-camba 52.
Mucuna
  gigantea (Willd.) P. DC. 123.
Mühlenbeckia
  platyclada (F. v. Müll.) Meissn. 113.
Muhengere 194.
mula 224.
Mulabaum 371.

mulalati 217.
munagio 224.
mungamo 23, 248, 250.
Musa 224.
Muskatnuss 161.
Mussaenda
  frondosa L. var. pilosissima Engl.
  151, var. tomentosa Laut. et K.
  Sch. n. var. 151, tenuiflora Benth. 185.
muwungo 191.
mwinja 24.
Mycena
  pellucida P. Henn. 79.
myombo 23.
  -Wald 23, 193.
Myoporum
  laetum Forst. 186.
Myosotis
  antarctica Hook. f. 184.
Myrianthus
  arboreus Beauv. 52.
Myriophyllum
  Nitschei Moenkem. 276, scabratum
  Mich. 276.
Myristica
  bialata Warbg. 117, fragrans Houtt.
  161, nesophila Warbg. 117, pinnae-
  formis Warbg. 117, Schleinitzii Engl.
  117, tuberculata K. Sch. 117.
Myrmecodia
  Albertisii Becc. 154, Dahlii K. Sch
  n. sp. 153, jobiensis Becc. 154, oninensis Becc. 154, pentasperma K.
  Sch. n. sp. 154.

namavele 247.
Naucoria
  Dahliana P. Henn. 78.
Nephelium
  Longana Cambess. 165.
Nephrodium
  cucullatum (Bl.) Bak. 85, invisum
  Carr. 86, melanocaulon (Bl.) Bak. 85,
  nudum Bak. 85, pachyphyllum (Kze.)
  Bak. forma scabra Kuhn 85, subtri-
  phyllum (Hook.) Bak. 85.

Nephrolepis
  biserrata Schott 86, hirsutula (Sw.)
  Prsl. 86.
Nerium
  Oleander L. 224, 227, 371.
nguhu 191.
ngundi 180.
novire 188.
ntandi 24.
nungamo 366.
Nuss-Arten
  europäische 46.
Nutzhölzer 40, 47, 166, 227, 231, 370,
  aus Kilossa 187, tropische 224.
Nutzpflanzen 224, 372.
  neue, Ostafrikas 268—273.
Nyanda 189.

Obst, Obstarten, etc. 228, 360, 368, 371.
  amerikanische 370.
  europäische 36, 46, 51, 370.
  tropische und subtropische 45, 164,
  224, 227, 238, 370.
Ochlandra
  maculata (?) 223.
Ochna
  alboserrata Engl. 23, 173.
Ocimum
  basilicum L. var. acutifolia Briq.
  146, canum Sims 146, sanctum L.
  146.
Ocotea
  usambarensis Engl. 16.
Octolobus
  heteromerus K. Sch. n. sp. 306.
Octomeles
  moluccana Warbg. 135, sumatrana
  Miq. 135.
odum 52.
Odumholz 16.
Öl
  Oliven- 198, Telfairia- 197, 198.
Ölpalmen 46.
Ölpflanzen 49, 170.
ofruntum 354.
ofuntum 354.

Olax
  Aschersoniana Büttn. et Engl. 286,
  denticulata Engl. n. sp. 286, Du-
  randii Engl. n. sp. 286, latifolia
  Engl. n. sp. 284, longiflora Engl.
  n. sp. 284, longifolia Engl. n. sp.
  285, macrocalyx Engl. n. sp. 285,
  Poggei Engl. n. sp. 285, Stuhl-
  mannii Engl. n. sp. 283, viridis Oliv.
  var. Stuudtii Engl. n var. 285,
  Zenkeri Engl. n. sp. 284.
Oldenlandia
  corymbosa L. 150, herbacea (L.)
  P. DC. 150, tenelliflora (Bl.) K.
  Sch. 150.
Olea
  chrysophylla Lam. 17.
Oleum
  Crotonis 162.
Olinia
  Volkensii Gilg 17.
olus sanguinis 130.
Omphalia
  collybioides P. Henn. 79, ralumensis
  P. Henn. 79.
omuhahandya 258, 259, 260.
omulondo 258.
Onobrychis
  hypargyrea Boiss. 183.
Onychium
  auratum Kaulf. 84.
Operculina
  peltata (L.) Hallier 143.
Ophiorrhiza
  uniflora Laut. et K. Sch. n. sp. 150.
Opilia
  Afzelii Engl. n. sp. 282, Sadebeckii
  Engl. n. sp. 282, umbellulata H.
  Baill. var. Marquesii Engl. 282.
Oplismenus
  compositus (L.) Pal. Beauv. 93, var.
  pubescens Hack. 93, setarius (Lam.)
  Roem. et Schult. 93.
Opuntia
  Ficus indica Mill. 229.
Orangen 45.

Orelho de burro 12.
Oreodoxa
    regia H. B. K. 47, 226.
Ormocarpus
    sennoides P. DC. 120.
Oscillatoria
    aestuarii Jürg. 70.
Otauthera
    bracteata Korth. 138.
Ourouparia
    ferrea (DC.) K. Sch. 151.
Oxalis
    corniculata L. 124.
Oxymitra
    gabonensis Engl. et Diels n. sp. 297,
    Staudtii Engl. et Diels n. sp. 297.

Pachylobus 271.
    edulis G. Don 168, var. Preussii
    Engl. 168, var. Saphu Engl. 168.
Padina
    Pavonia (L.) Gaill. 73, reptans Crn. 72.
Palisota
    Staudtii K. Schum. 184.
Palmen 42, 46, 166, 223, 226, 227,
    236, 370.
    Bambu- 182, 183, Dattel- 238,
    wilde Dattel- 236, Kokos- 238, Öl-
    238, 239, Piassave- 182, 183.
Panax
    fruticosum L. 138, pinnatum Lam.
    138.
Pandanus 40, 268.
    dubius Spr. 88, fascicularis Lam. 89,
    Kurzianus Solms 89, littoralis Kurz
    227, 228, utilis Bory 40, 227, 228.
Panicum
    ambiguum Trin. 92, carinatum Prsl.
    92, distachyum L. 93, Microbachne
    Prsl. 92, neurodes Schult. 93, pilipes
    Nees et Arn. 93, plicatum Lam. 93,
    sanguinale L. var. microbachne Hack.
    92, sulcatum Aubl. 93, trachyrachis
    Benth. 92, trigonum Retz. 92.
Papayen 45, 225.
Parákautschuk 169.

Parietaria 110.
Parinarium
    Holstii Engl. 15, 371, salicifolium
    Miq 224.
Parkia 19, 201.
Parkinsonia
    aculeata L. 224, 370.
Parsonsia
    spiralis Wall. 140.
Pasania
    cuspidata Oerst. 385.
Paspalum
    longifolium Roxbg. 92, orbiculare
    Forst. 92.
Passiflora
    edulis Sims 45, 224, 372.
Paullinia
    sorbilis Mart. 373.
Paulownia
    Fortunei Hemsl. 387, imperialis Sieb.
    et Zucc. 387.
Paxiodendron
    usambarense Engl. 16.
Peltophorum
    ferrugineum Benth. 231.
Pemphis
    acidula R. et G. Forst. 136.
Pennisetum
    macrostachyum Trin. 94.
Pentadesma
    butyraceum Don 17.
Pentastemon
    glaucus Grah. 184.
Perotis
    indica (L.) K. Sch. 94, latifolia
    Ait. 94.
Persea 17.
    gratissima Gaertn. 40, 45, 229, var.
    deliciosa (?) 224.
Perubalsam 163.
Petraeovitex
    Riedelii Oliv. 145.
Peucedanum
    ferulaceum Thunbg. 185.
Pfeffer 39, 161.
    Betel- 161.

Pfirsiche 46, 230, 368.

Pflaumen 46, 368.

Phalaris
arundinacea L. 274.

Phegopteris
Brongniartii Bory 85, Dahlii Hieron.
n. sp. 84.

Philodendron
bipinnatifidum Schott. 281, Eichleri
Engl. 280, Melinoni Brongn. 280,
pinnatifidum Schott 279, pinnatifidum
× ? Melinoni Engl. 279, pinnati-
fidum × Simsii 279, pinnatifidum ×
Wendlandii Engl. 280, Selloum C.
Koch 281, Simsii Sweet 279.

Phoenix 47.
canariensis Hort. 223, 226, 228, 370,
dactylifera L. 223, 226, 370, edulis
(?) 226, farinifera Roxb. 226, paludosa Roxb. 226, paradenia (?) 226,
reclinata Jacq. 224, 226, 370, Roebelini (?) 226, silvestris Roxb. 42,
tenuis Versch. 226, tomentosa (?)
226.

Phoma
Baptisiae P. Henn. n. sp. 380, Calophacae P. Henn. n. sp. 381, Cephalanthi P. Henn. n. sp. 381, clerodendricola P. Henn. n. sp. 381, galacticola
P. Henn. n. sp. 382, lespedezicola
P. Henn. n. sp. 380, lirelliformis
Sacc. 381, Marleae P. Henn. n. sp.
381, perforans (Lev.) Sacc. 381,
Quillayae P. Henn. n. sp. 381, Rho-
typi P. Henn. n. sp. 381, 383, thermopsidicola P. Henn. n. sp. 380.

Phormium 40.

Phyllanthus
Finschii K. Sch. 126, Niruri L. 126,
philippinensis Müll. Arg. 126, societatis Müll. Arg. 126.

Physalis
minima L. 146, peruviana L. 45.

Picea 239 ff.
Engelmanni Engelm. 244, pungens
Engelm. 244.

Pilocratera
Hindsii (Berk.) P. Henn. 82, tricholoma (Mont.) P. Henn. 81.

Pilze
essbare japanische 385.

Pimenta
officinalis Lindl. 372.

Pinus
canariensis C. Sm. 47, 223, 224,
369, excelsa Wall. 47, halepensis
Mill. 223, insignis Dougl. 223, 224,
238, 369, Jeffreyi A. Murr. 371,
Khasya Royle 47, 223, 369, Pinea
L. 223, 369.

Piper 109.
angustifolium R. et P. 161, 373,
Betle L. 108, 161, Cubeba L. 161,
nigrum L. 161, 227, officinarum
(Miq.) DC. 161, 373, Seemannianum
C. DC. 108.

Piptadenia
Buchananii Bak. 15.

Piptostigma
longepilosum Engl. n. sp. 297.

Pipturus
incanus Wedd. 109.

Pirus
Aria × suecica 275, Conwentzii
Graebn. 275.

Pisonia
Brunoniana Endl. 115, excelsa Bl.
115.

Pithecolobium
dulce Benth. 41, 231, Saman Benth.
48, 169, 231, 372.

Pittosporum
Krügeri Engl. 26, tenuifolium Banks
et Sol. 186, undulatum Vent. 224,
370, viridiflorum Sims 26.

Plantago
Raoulii DC. 184.

Pleurotus
ostreatus (Jacq.) 385, 386.

Pockholz 247.

Podocarpus 47.
elongata L'Hérit. 14, 224, 372, fal-

cata (Thunbg.) R. Br. 14, 224, Mannii Hook. f. 14.

Pogonia
flabelliformis Lindl. 106.

Poinciana
Gilliesii Hook. 224, 370, pulcherrima L. 48, regia Boj. 38, 41, 48, 224, 227, 370.

Poinsettia
pulcherrima R. Grah. 224.

Pollia
sozorgonensis (E. Mey.) Endl. 99.

Polybotrya
tenuifolia (Desv.) Kuhn 84.

Polygonum
hispidum Kunth 379, orientale L. 379, sachalinense F. Schmidt 379, Spaethii Dammer n. sp. 378.

Polypodium
acrostichoides Forst. 83, invisum Forst. 86, Phymatodes L. 83, punctatum (L.) Sw. 83.

Polyporus
arcularius (Batsch) Fries 76, dichrous Fries 76.

Polyscias
fruticosum (L.) Harms 138, pinnata Först. ? 138, Rumphiana Harms 138.

Polystachya
Kirkii Rolfe 250, 251, usambarensis Schlechter n. sp. 250.

Polystictus
Dahlianus P. Henn. 77, flabelliformis Klotzsch 77, hirsutus Fries 77, occidentalis (Klotzsch) Sacc. 76, Personii Fries 76.

Polytoca
macrophylla Benth. 89.

Pometia
pinnata Forst. 131.

Pongamia
glabra Vent. 48, 123.

Populus
euphratica Olivier 217, 218, subsp. Denhardtiorum Engl. 217, 218, mutabilis Heer 218.

Portulaca
oleracea L. 115.

Pothos
insignis Engl. 99, macrophyllus de Vriese 185.

Pouzolzia
indica Gaud. 109, pentandra (Roxb.) R. Br. 110.

Premna
integrifolia L. 144.

Pritchardia
filamentosa (?) 226, 227, filifera Linden 370.

Prosopis
dulcis Kunth 362, 363, nigra (Grsb.) Hieron. 362, siliquastrum DC. 362.

Psidium 17, 45, 165.
Araça Raddi 165, Guayava L. 165, 227, 228, 370, pomiferum L. 224, 370, pyriferum L. 165, 224.

Psoralea
pinnata L. 185.

Psychotria
Schmielei Warbg. 152.

Ptaeroxylon
obliquum (Thunbg.) Radlk. 17.

Pteleopsis
variifolia Engl. 19.

Pteris
ensiformis Burm. 83, indica Gaud. 83, moluccana Bl. 83, var. ralumensis Hieron. 83, tripartita Sw. 83.

Pterocarpus 17.
erinaceus Poir. 18, 192, 246, indicus Willd. 48, 246, 372, Marsupium Roxbg. 246, santalinus L. 372.

Pterygota 19, 201.

Ptychopetalum
acuminatissimum Engl. n. sp. 283, petiolatum Oliv. var. paniculata Engl. 283.

Pueraria
novo guineensis Warbg. 123.

Punica
Granatum L. 229.

Quamoclit
  vulgaris Chois. 143.
Quebrachoholz 174.
Quillaja
  Saponaria Mol. 372, 381.
Quinquina
  du Sénégal 203.
Quitten 368.

Ranunculus
  Buchananii Hook. f. 184.
Raphia
  Hookeri Mann et Wendl. 183, Ruffia
  Mart. 47, vinifera Pal. Beauv. 183.
  -Palmen, westafrikanische 182.
Raphidophora
  Dahlii Engl. 99, oblongifolia Schott
  185, peeploides Engl. 185, sylvestris
  (Bl.) Engl. 185.
Rasenflächen 226.
Ravenala 47.
  madagascariensis Gmel. 42, 226,
  228.
Reis 50, 222, 234, 238.
  Berg- 221.
Reizmittel 39.
Reizpflanzen 49, 161, 371.
Remirea
  maritima Aubl. 98.
Rheum
  palmatum L. 224, Rhaponticum L.
  224.
Rhizophora 22.
  Mangle L. 174, mucronata Lam. 21,
  136, 173, 174.
Rhizopogon
  aestivus (Wulf) Fr. 386, virens (A.
  et Schw.) 386.
Rhodotypus
  kerrioides S. et Z. 381, 383.
Rhopalopilia
  Poggei Engl. 282.
Rhus
  cuneifolia L. f. 185.
Rhyssopteris
  timorensir (P. DC.) Juss. 126.

Robertsia
  taraxacoides DC. 183.
Robinia
  pseudacacia L. 371.
Rodriguezia
  inconspicua Krzl. 378, Juergensiana
  Krzl. n. sp. 377.
Roggen 37, 51.
  Winter- 220, 222, Sommer- 220, 221.
roko 52.
Rosen 227.
Rosenholz 166.
  afrikanisches 18.
Rotkohl 43.
Rottboellia 90.
Rubus
  moluccanus L. 118, rosifolius Sm. 118.
Rüben 51.
Runkelrüben 37. 51.

Sabal
  mexicana Mart. 226.
Saccharum
  edule Hassk. 90, officinarum L. 90,
  spontaneum L. 90.
Sambucus
  glauca Nutt. 372.
Sanseviera 40.
Santalum
  album L. 370.
Sapecar 7.
Saphu 168.
  echter 168, unechter 168.
Sapindus
  Saponaria L. 48, 231.
Sargassum
  duplicatum J. Ag. 72.
Saxifraga
  leucanthemifolia Michx. 184.
Scabiosa
  africana L. 185.
Scaevola
  Koenigii Vahl 156.
Schattenbäume 47, 167, 224, 227, 370.
Schinus
  Molle L. 224, 371.

Schismatoglottis
calyptrata (Roxb.) Zoll. et Mor. var.
Dahlii Engl. 99.
Schizolobium
excelsum Vog. 41.
Schizophyllum
alneum (L.) Schröt. 78.
Schleichera
trijuga Willd. 166, 372.
Schnittlauch 44.
Scindapsus
grandifolius Engl. 185, Treubii Engl.
185.
Scirpus
Duvalii Hoppe 183, setaceus L. 97,
squarrosus L. 97.
Scleria
elata Thw. 98.
Sechium
edule Sw. 49, 373.
Selaginella
Belangeri (Bory) Spring 88, birarensis Kuhn 88, canaliculata (L.)
Bak. 88.
Selago
spuria L. 185, tephrodes E. Mey
185.
Sellerie 44.
Senecio
aetnensis Jan. 183.
Senegal-Ebenholz 24.
Senf 49.
Sesuvium
portulacastrum L. 115.
Setaria
glauca (L.) Pal. Beauv. var. aurea
K. Sch. 94, verticillata (L.) Pal.
Beauv. 94.
shandaruzi 23.
Shiibaum 385.
Shiitake 385.
Shiitaki 386.
Shorea
robusta Gaertn. fil. 17.
Sida
rhombifolia L. 133.

Sideroxylon
inerme L. 24.
Siegesbeckia
orientalis L. 157.
sikundazi 22.
sioro 386.
Sisal-Agaven 28.
Smilax
timorensis A. DC. 100.
Sojabohne 224.
Solanum
Dammerianum Laut. et K. Sch. n.
sp. 147, decemdentatum Roxbg. 147,
Dunalianum Gaud. 148, eriophyllum
Dun. 148, ferox L. 148, graciliflorum
Dun. 148, lasiophyllum Dun. 148,
nigrum L. 146, nigrum Warbg. 146,
nodiflorum Jacq. 146, parvifolium
R. Br. 148, pulvinare Scheff. 148,
repandum Först 148, verbascifolium
L. 147, viride R. Br. 148.
Sommerraps
holländischer 237.
Sonnenblumen 371.
Sonneratia
caseolaris (L.) 21, 173, 174
Sophora
tomentosa L. 119.
Sorghum 220, 222.
Sparganium
diversifolium Graebner 183.
Spargel 44.
Spathoglottis 108.
albida Krzl. n. sp. 107.
Sperlingia
opposita Vahl 142.
Sphacelaria
furcigera Kg. 72, tribuloides Menegh.
72.
Spinat 44.
Spiranthes
australis Lindl. 105.
Spondias
dulcis Forst. 40, 45, 125, 230,
373, lutea L. 165, Mombin Jacq.
165.

Sporobolus
  elongatus R. Br. 94.
Stadmannia
  australis Don 166, 373.
Steinnüsse
  polynesische 47.
Stephania
  hernandiifolia (Willd.) Walp. 116.
Stephegyne
  parvifolia Korth. 151.
Sterculia
  acerifolia A. Cunn. 224, alata Roxbg.
  41, 231, diversifolia G. Don. 224,
  platanifolia L. 387, quadrifolia (?) 41.
Stereum
  lobatum Fries 75.
Strelitzia
  reginae Ait. 47.
Strongylodon
  lucidus Sem. 123.
Strophantus 163.
  Aambe Warbg. 139, gratus (?) 163,
  hispidus DC. 163. 373, Kombé Oliv.
  163, scandens Griff. 163, 373.
Strychnos 253, 254, 255, 257. 258, 261.
  Carvalhoi Gilg 255, cerasifera Gilg
  255, cocculoides Bak. 258, 259, 260,
  Dekindtiana Gilg 258, 260, 261,
  Engleri Gilg 193, Icaja Baill. 256,
  innocua Del. 254, Kipapa Gilg 256,
  Nux vomica L. 163, 260, potatorum
  L. 253, pungens Solerd. 256, 257,
  Quaqua Gilg 254, spinosa Lam. 255,
  257, suaveolens Gilg 256, Tonga
  Gilg 255, Unguacha A. Rich. 254,
  Volkensii Gilg 255, Welwitschii
  Gilg 255, 256.
Swietenia
  Mahagoni L. 19, 48, 166, 203.

Tabak 28 u. ff., 50, 232, 235.
Tabak (= Carica) 135.
Tabernaemontana 200, 270.
Tacamahac 18.
Tacca
  pinnatifida Forst. 101.

Tamarindenbaum 23.
Tamarindus
  indica L. 19, 23, 40.
tamaruga 360.
Tapeinochilus
  Dahlii K. Sch. 101, Naumannianus
  Warbg. 102.
Taxodium 47.
  distichum Rich. 244.
Teakbaum 231, 238.
Teakholz 166, 236.
  afrikanisches 192.
Teckbaum 48.
-Samen 40.
Tectona
  grandis L. 17, 19, 40, 48, 166, 224,
  231.
Telfairia
  occidentalis Hook. 199, pedata Hook.
  (Ölgehalt d. Samen) 196, 199.
  -Samen 198.
tengah 175.
Terminalia 20.
  Bellerica Roxbg. 372, Brosigiana
  Engl. et Diels 191, Catappa L. 41,
  137, 170, 231, Chebula Retz. 175,
  spinosa Engl. 189, tomentosa Bedd.
  17, 41, 48.
Tetracera 25.
Thalassia
  Hemprichii Aschers. 89.
Thamnosma
  africanum Engl. 26, var. crenatum
  Engl. 26.
Thea
  sinensis L. 161, var. assamica J. W.
  Mast. 161.
Thee 38, 39, 50, 51, 161, 223, 230,
  373.
  Assam- 371.
  China- 371.
Thelephora
  caperata Berk. et Mont. 76, ralu-
  mensis P. Henn. 75.
Themeda
  gigantea (Cav.) Hack. 92.

Thermopsis
  fabacea DC. 380.
Thespesia
  macrophylla Bl. 133, populnea Corr.
  133, 227.
Thevetia
  neriifolia Juss. 224, 371.
Thonarea
  sarmentosa Pers. 94.
Thuja 47.
  australis Hort. 223, compacta Stand.
  223, 227, orientalis L. 223, 224,
  369, pyramidalis Ten. 223.
Thysanolaena
  acarifera Arn. et Nees 223.
Timonius
  pleiomera Laut. et K. Sch. n. sp.
  152.
Toluifera
  Pereirae (Kl.) Baill. 163, 373.
Tomaten 361.
tonga 255.
Tournefortia
  argentea L. 144.
Trachycarpus
  Fortunei Wendl. 223.
Trachylobium
  verrucosum (Gaertn.) Oliv. 18, 23.
Trametes
  elegans (Spr.) Fries 77.
Trema
  amboinensis (Willd.) Bl. 109, guine-
  ensis (Schum.) Engl. 19.
Tremella
  Dahliana P. Henn. 74.
Trichilia
  emetica Vahl 15.
Trichostachys
  Lehmbachii K. Schum. 185.
Tristellateia
  australasica A. Rich. 126.
Triumfetta
  rhomboidea Jacq. 133.
Trüffel 386.
Tsuga
  canadensis Carr. 244.

Turbinaria
  vulgaris J. Ag. 72.
Turraea 224.

ubani 271.
ucot 183.
Unona
  albida Engl. n. sp. 297, congensis
  Engl. et Diels n. sp. 296, elegans
  Engl. n. sp. 296, glauca Engl. et Diels
  n. sp. 296, montana Engl. et Diels
  n. sp. 296.
Uragoga
  Ipecacuanha Baill. 164.
Uraria
  lagopodoides (Burm.) P. DC. 121,
  picta (Jacq.) Desv. 121.
Urena
  lobata L. 133.
Urochloa
  paspaloides Prsl. 92.
Urtica 110.
  incisa Poir. 184.
Uvaria
  angustifolia Engl. et Diels n. sp. 295,
  Baumannii Engl. et Diels n. sp. 294,
  bipindensis Engl. n. sp. 292, Buch-
  holzii Engl. et Diels n. sp. 295, crassi-
  petala Engl. n. sp. 292, Denhardtiana
  Engl. et Diels n. sp. 293, Dinklagei
  Engl. et Diels n. sp. 294, gabonensis
  Engl. et Diels n. sp. 296, gigantea
  Engl. n. sp. 292, huillensis Engl. et
  Diels n. sp. 296, insculpta Engl. et
  Diels n. sp. 295, Klaincana Engl. et
  Diels n. sp. 294, leonensis Engl. et
  Diels n. sp. 293, mollis Engl. et Diels
  n. sp. 295, Poggei Engl. et Diels n. sp.
  294, Schweinfurthii Engl. et Diels
  n. sp. 293, Staudtii Engl. et Diels n. sp.
  292, verrucosa Engl. et Dies 294,
  Zenkeri Engl. n. sp. 293.
Uvariopsis Engl. n. gen. 298.
  Zenkeri Engl. n. sp. 298.

Yuhen 39.
  madagascariensis Boj. 49.
Valonia
  Forbesii Harv. 71, ovalis Crn. 71,
  ventricosa J. Ag. 71.
Vandellia
  crustacea (L.) Benth. 148.
Vanilla
  planifolia Andr. 230.
Vanille 39, 49, 235, 237.
Vernonia
  cinerea (L.) Less. 156.
Vigna
  sinensis Endl. 221.
Vinca
  rosea L. 139.
Viola
  gracilis Sibth. et Sm. var. aetnensis
  Guss. 183.
Vitex
  trifolia L. 144.
Vitis 279.
  vinifera L. 230.
voacanga 200.
Volvaria
  ralumensis P. Henn. 79.

Wallnüsse 46, 369.
Washingtonia
  filifera Wendl. 42, 47, 223, 370,
  robusta Wendl. 223, 224, 226.
Wassermelonen 361.
Wedelia
  strigulosa (P. DC.) K. Sch. 157.
Weihrauchholz 194.

Wein, -reben, -stecklinge, -stöcke etc. 36,
  38, 46, 223, 230, 238, 360, 370
  (australische), 371.
Weizen 37, 50, 51, 361.
  europäischer 221, Tabora- 220, 221,
  238.
Wermut 49
Wicken 37, 222.
Wickfutter 220, 222.
Wutung
  -Baum 386, -Holz 386.

Xylocarpus
  Granatum Koen. 22, 173, obovatus
  A. Juss 22, 173.
Xylopia
  Antunesii Engl. et Diels n sp. 299,
  Dinklagei Engl. et Diels n. sp. 298,
  Staudtii Engl. et Diels n. sp. 298,
  tenuifolia Engl et Diels n. sp. 299.

Zamia 42.
Zierbäume 370.
Zierpflanzen 42, 224, 227.
Zimmt 49, 160.
Zingiber
  officinale Rose. 104.
Zizyphus
  vulgaris Lam. 370
Zonaria
  parvula Grev. var. duplex Heydr. 72.
Zwiebeln 43.
Zygostates
  Alleniana Krzl. n. sp. 55, 56, Gree-
  niana Rch. f. 56, pellucida Lindl. 56.

Druck von E. Buchbinder in Neu-Ruppin.

www.ingramcontent.com/pod-product-compliance
Lightning Source LLC
Chambersburg PA
CBHW020905210326
41598CB00018B/1779